金属饰面装饰施工手册

饶　勃　主编

中国建筑工业出版社

图书在版编目（CIP）数据

金属饰面装饰施工手册/饶勃主编. —北京：中国建筑工业出版社，2005
ISBN 7-112-07453-3

Ⅰ. 金… Ⅱ. 饶… Ⅲ. 金属饰面材料-建筑装饰-工程施工-技术手册 Ⅳ. TU767-62

中国版本图书馆 CIP 数据核字（2005）第 054979 号

金属饰面装饰施工手册
饶 勃 主编
*
中国建筑工业出版社出版、发行（北京西郊百万庄）
新华书店经销
北京二二〇七工厂印刷
*
开本：880×1230 毫米 1/32 印张：19⅛ 字数：513 千字
2005 年 8 月第一版 2005 年 8 月第一次印刷
印数：1—4000 册 定价：**52.00** 元
ISBN 7-112-07453-3
(13407)

（邮政编码 100037）
本社网址：http://www.china-abp.com.cn
网上书店：http://www.china-building.com.cn

本手册是一部介绍金属饰面装饰施工的读物。书中详尽地介绍了基本知识、工具、材料、金属幕墙、金属饰面、隔墙与隔断、金属门窗、金属扶手、栏杆（栏板）、楼梯、金属吊顶、金属屋面等内容。对施工工艺、操作规程等作了详细阐述。

本手册图文并茂，通俗易懂，是从事金属饰面装饰施工人员的必备工具书，也可作为其他与金属饰面相关从业人员的参考用书。

责任编辑：周世明

责任设计：赵　力

责任校对：李志瑛　张　虹

《金属饰面装饰施工手册》编写人员名单

主　　编： 饶　勃

编写人员： 黄美霞　饶　琛　饶　璜　杨芊芊　杨　杰　饶　历　饶　志　饶　健　黄幼霞　黄晓霞　刘　硕　刘　垠

前 言

现代化促进了人们生活水平的提高，对生活质量的关注和改善的要求推动了建筑装饰业的快速发展。金属材料进入建筑装饰业，满足了现代社会人们崇尚简洁、明快、高雅、精美风格的要求。金属饰面因其独有的光洁外表、坚韧质地、全新的艺术魅力越来越赢得人们的青睐。金属饰面不仅耐久、轻盈、易加工、表现力强，更因为它的防火、防腐蚀、无污染等优点，和它的多品种、多规格、系列化的特性，使它成为取代木材和其他材料的最佳选择。

无论是高层建筑的金属幕墙，还是室内的柱、隔墙、门窗、吊顶及屋面、饰面，金属饰面都可用于其中。尤其因它优良的质地，在整个建筑装饰工程中特有的画龙点睛之功效，是任何其他材料都无法替代的。

为了适应金属饰面装饰工程施工的需要，作者编写了此书。全书共分为：基础知识、工具、材料、金属幕墙、金属柱面、金属内墙、隔墙、隔断、金属门窗、金属扶手、栏杆（栏板）及楼梯、金属吊顶和金属屋面。书中较为详尽地介绍了金属饰面装饰施工工艺、操作要点及质量检验标准。

本书不仅是从事金属饰面装饰工程设计、施工、预算人员的必备参考书，更是广大从事金属饰面装饰工人和技术人员的良师益友。

由于作者水平有限、时间总是仓促，更因为建筑装饰业的飞速发展。书中缺点、错误在所难免，恳请读者朋友多提宝贵意见，以利今后的修改。更希望广大读者朋友在金属饰面装饰工程施工中创造出更新、更美的效果来。

编者

目　录

第一章　基础知识

第二章　工　　具

第三章　金属饰面常用材料

第四章 金属幕墙

第五章　金属内墙、隔墙与隔断

第六章　金属柱面装饰

第七章　金属门窗

第八章　金属扶手、栏杆（栏板）及楼梯

第一章 基础知识

第一节 常用单位及其换算

一、法定计量单位

（一）法定计量单位

法定计量单位，见表1-1。

法定计量单位 **表1-1**

量的名称	单位名称	符号	进位关系
长　度	米 分米 厘米 毫米	m dm cm mm	1m＝10dm ＝100cm ＝1000mm
质量(重量)	千克(公斤) 吨	kg t	1t＝1000kg
体　积	升	L、l	1L＝1dm³ ＝10×10×10(cm³)
时　间	秒 分 时 天	s min h d	1min＝60s 1h＝60min 1d＝24h
电　流	安[培]	A	
电　压	伏[特]	V	
功　率	瓦[特]	W	
平面角	[角]秒 [角]分 度	″ ′ °	1′＝60″ 1°＝60′
旋转速度 (频率)	转/分 赫[兹]	r/min Hz	1r/min＝1/60Hz 1Hz＝60r/min

注：[ ] 号内的字，在不致混淆的情况下，可以省略。

（二）习用计量单位与法定计量单位换算

习用计量单位与法定计量单位换算，见表 1-2。

习用计量单位与法定计量单位换算　　表 1-2

量的名称	习用计量单位		法定计量单位		换算关系
	名称	符号	名称	符号	
力	千克力（公斤力）	kgf	牛［顿］	N	1kgf＝9.80665N
	吨力	tf	千牛［顿］	kN	1tf＝9.80665kN
线分布力	千克力每米	kgf/m	牛每米	N/m	1kgf/m＝9.80665N/m
面分布力、压强	千克力每平方米	kgf/m^2	牛每平方米（帕［斯卡］）	N/m^2（Pa）	$1kgf/m^2＝9.80665Pa (N/m^2)$
	吨力每平方米	tf/m^2	千牛每平方米（千帕）	kN/m^2（kPa）	$1tf/m^2＝9.80665kPa (kN/m^2)$
应力、强度	千克力每平方毫米	kgf/mm^2	牛每平方毫米（兆帕）	N/mm^2（MPa）	$1kgf/mm^2＝9.80665 MPa (N/mm^2)$
	千克力每平方厘米	kgf/cm^2			$1kgf/cm^2＝0.0980665 MPa (N/mm^2)$
弹性模量	千克力每平方厘米	kgf/cm^2	牛每平方毫米（兆帕）	N/mm^2（MPa）	$1kgf/cm^2＝0.0980665 MPa (N/mm^2)$
力矩、弯矩、扭矩	千克力米 吨力米	kgf·m tf·m	牛顿米 千牛米	N·m kN·m	1kgf·m＝9.80665N·m 1tf·m＝9.80665kN·m
功率	米制马力		瓦［特］	W	1 米制马力＝735.499W
	电工马力		瓦［特］	W	1 电工马力＝746W
	锅炉马力		瓦［特］	W	1 锅炉马力＝9809.5W
	千卡每小时	kcal/h	瓦［特］	W	1kcal/h＝1.163W
热量	国际蒸汽卡	cal	焦［耳］	J	1cal＝4.1868J
传热系数	卡每平方厘米秒摄氏度	$cal/(cm^2·s·℃)$	瓦特每平方米开尔文	$W/(m^2·K)$	$1cal/(cm^2·s·℃)＝41868W/(m^2·K)$

续表

量的名称	习用计量单位		法定计量单位		换算关系
	名称	符号	名称	符号	
导热系数	卡每厘米秒摄氏度	cal/(cm·s·℃)	瓦特每米开尔文	W/(m·K)	1cal/(cm·s·℃)=418.86W/(m·K)
	千卡每米小时摄氏度	kcal/(m·h·℃)	瓦特每米开尔文	W/(m·K)	1kcal/(m·h·℃)=1.163W/(m·K)

二、常用单位换算

(一) 长度单位及其换算

1. 主要长度单位换算

主要长度单位换算见表1-3。

主要长度单位换算表 **表1-3**

cm	m	km	市尺	市里	in	ft	yd	mile	n mile
1	0.01		0.03		0.3937	0.0328			
100	1	0.001	3	0.002	39.37	3.2808	1.0936		
	1000	1	3000	2	39370	3280.8	1093.6	0.6214	0.5396
33.33	0.3333		1		13.12	1.0936	0.3645		
	500	0.5	1500	1		1640.4	546.8	0.3107	0.2698
2.54	0.0254		0.0762		1	0.0833	0.0278		
30.48	0.3048		0.9144		12	1	0.3333		
	0.9144		2.7432		36	3	1		
	1609.3	1.6093	4828	3.2187		5280	1760	1	0.8684
	1853	1.853	5559.6	3.7064		6080	2026.6	1.1515	1

注：1日尺=0.3030米　　1俄尺=0.3048米
=0.9091市尺　　=0.9144市尺
=0.33313码　　=0.3333码
=0.9939英尺　　=1英尺
=0.9942俄尺　　=1.0058日尺

2. 英寸的分数、小数、习惯称呼与毫米对照表

英寸的分数、小数、习惯称呼与毫米对照表见表1-4。

英寸的分数、小数、习惯称呼与毫米对照表 **表1-4**

英寸分数	英寸小数	我国习惯称呼	mm
1/64	0.015625	一厘二毫半	0.396875
1/32	0.031250	二厘半	0.793750

续表

英寸分数		英寸小数	我国习惯称呼	mm
3/64		0.046875	三厘七毫半	1.190625
	1/16	0.062500	半分	1.587500
5/64		0.078125	六厘二毫半	1.984375
	3/32	0.093750	七厘半	2.381250
7/64		0.109375	八厘七毫半	2.778125
	1/8	0.125000	一分	3.175000
9/64		0.140625	一分一厘二毫半	3.571875
	5/32	0.156250	一分二厘半	3.968750
11/64		0.171875	一分三厘七毫半	4.365625
	3/16	0.187500	一分半	4.762500
13/64		0.203125	一分六厘二毫半	5.159375
	7/32	0.218750	一分七厘半	5.556250
15/64		0.234375	一分八厘七毫半	5.953125
	1/4	0.250000	二分	6.350000
17/64		0.265625	二分一厘二毫半	6.746875
	9/32	0.281250	二分二厘半	7.143750
19/64		0.296875	二分三厘七毫半	7.540625
	5/16	0.312500	二分半	7.937500
21/64		0.328125	二分六厘二毫半	8.334375
	11/32	0.343750	二分七厘半	8.731250
23/64		0.359375	二分八厘七毫半	9.128125
	3/8	0.375000	三分	9.525000
25/64		0.390625	三分一厘二毫半	9.921875
	13/32	0.406250	三分二厘半	10.318750
27/64		0.421875	三分三厘七毫半	10.715625
	7/16	0.437500	三分半	11.112500
29/64		0.453125	三分六厘二毫半	11.509375
	15/32	0.468750	三分七厘半	11.906250
31/64		0.484375	三分八厘七毫半	12.303125
	1/2	0.500000	四分	12.700000
33/64		0.515625	四分一厘二毫半	13.096875
	17/32	0.531250	四分二厘半	13.493750
35/64		0.546875	四分三厘七毫半	13.890625

续表

英寸分数	英寸小数	我国习惯称呼	mm
9/16	0.562500	四分半	14.287500
37/64	0.578125	四分六厘二毫半	14.684375
19/32	0.593750	四分七厘半	15.081250
39/64	0.609375	四分八厘七毫半	15.478125
5/8	0.625000	五分	15.875000
41/64	0.640625	五分一厘二毫半	16.271875
21/32	0.656250	五分二厘半	16.668750
43/64	0.671875	五分三厘七毫半	17.065625
11/16	0.687500	五分半	17.462500
45/64	0.703125	五分六厘二毫半	17.859375
23/32	0.718750	五分七厘半	18.256250
47/64	0.734375	五分八厘七毫半	18.653125
3/4	0.750000	六分	19.050000
49/64	0.765625	六分一厘二毫半	19.446875
25/32	0.781250	六分二厘半	19.843750
51/64	0.796875	六分三厘七毫半	20.240625
13/16	0.812500	六分半	20.637500
53/64	0.828125	六分六厘二毫半	21.034375
27/32	0.843750	六分七厘半	21.431250
55/64	0.859375	六分八厘七毫半	21.828125
7/8	0.875000	七分	22.225000
57/64	0.890625	七分一厘二毫半	22.621875
29/32	0.906250	七分二厘半	23.018750
59/61	0.921875	七分三厘七毫半	23.415625
15/16	0.937500	七分半	23.812500
61/61	0.953125	七分六厘二毫半	24.209375
31/32	0.968750	七分七厘半	24.606250
63/64	0.984375	七分八厘七毫半	25.003125
1	1.000000	一英寸	25.400000

3. 英寸与毫米对照表

英寸与毫米对照表见表1-5。

（二）常用面积单位换算

常用面积单位换算见表1-6。

英寸与毫米对照表

表 1-5

吋	0	1/16	1/8	3/16	1/4	5/16	3/8	7/16	1/2	9/16	5/8	11/16	3/4	13/16	7/8	15/16
0	毫米	1.588	3.175	4.763	6.350	7.938	9.525	11.113	12.700	14.238	15.875	17.463	19.050	20.638	22.225	23.813
1	25.400	26.988	28.575	30.163	31.750	33.338	34.925	36.513	38.100	39.688	41.275	42.863	44.450	46.038	47.625	49.218
2	50.800	52.388	53.975	55.563	57.150	58.738	60.325	61.913	63.500	65.083	66.675	68.263	69.850	71.438	73.025	74.613
3	76.200	77.788	79.375	80.963	82.550	84.138	85.725	87.313	88.900	90.488	92.075	93.663	95.250	96.838	98.425	100.01
4	101.60	103.19	104.78	106.36	107.95	109.54	111.13	112.71	114.30	115.89	117.48	119.06	120.65	122.24	123.83	125.41
5	127.00	128.59	130.18	131.76	133.35	134.94	136.53	138.11	139.70	141.29	142.88	144.46	146.05	147.64	149.23	150.81
6	152.40	153.99	155.58	157.16	158.75	160.34	161.93	163.51	165.10	166.69	168.28	169.86	171.45	173.04	174.63	176.21
7	177.80	179.39	180.98	182.56	184.15	185.74	187.33	188.91	190.50	192.09	193.68	195.26	196.85	198.44	200.03	201.61
8	203.20	204.79	206.38	207.96	209.55	211.14	212.73	214.31	215.90	217.49	219.08	220.66	222.25	223.84	225.43	227.01
9	228.60	230.19	231.78	233.36	234.95	236.54	238.13	239.71	241.30	242.89	244.48	246.06	247.65	249.24	250.83	252.41
10	254.00	255.59	257.18	258.76	260.35	261.94	263.53	265.11	266.70	268.29	269.88	271.46	273.05	274.64	276.23	277.81
11	279.40	280.99	282.58	284.16	285.75	287.34	288.93	290.51	292.10	293.69	295.28	296.86	298.45	300.04	301.63	303.21
12	304.80	306.39	307.98	309.56	311.15	312.74	314.33	315.91	317.50	319.09	320.68	322.26	323.85	325.44	327.03	328.61
13	330.20	331.79	333.38	334.96	336.55	338.14	339.73	341.31	342.90	344.49	346.08	347.66	349.25	350.84	352.43	354.01
14	355.60	357.19	358.78	360.36	361.95	363.54	365.13	366.71	368.30	369.89	371.48	373.06	374.65	376.24	377.83	379.41
15	381.00	382.59	384.18	385.76	387.35	388.94	390.53	392.11	393.70	395.29	396.88	398.46	400.05	401.64	403.23	404.81
16	406.40	407.99	409.58	411.16	412.75	414.34	415.93	417.51	419.10	420.69	422.28	423.86	425.45	427.04	428.63	430.21
17	431.80	433.39	434.98	436.56	438.15	439.74	441.33	442.19	444.50	446.09	447.68	449.26	450.85	452.44	454.03	455.61
18	457.20	458.79	460.38	461.96	463.55	465.14	466.73	468.31	469.90	471.49	473.08	474.66	476.25	477.84	479.43	481.01
19	482.60	484.19	485.78	487.36	488.95	490.54	492.13	493.71	495.30	496.89	498.48	500.06	501.65	503.24	504.83	506.41
20	508.00	509.59	511.18	512.76	514.35	515.94	517.53	519.11	520.70	522.29	523.88	525.46	527.05	528.64	530.23	531.81
21	533.40	534.99	536.58	538.16	539.75	541.34	542.93	544.51	546.10	547.69	549.28	550.86	552.45	554.04	555.63	557.21
22	558.80	560.39	561.98	563.56	565.15	566.74	568.33	569.91	571.50	573.09	574.68	576.26	577.85	579.44	581.03	582.61
23	584.20	585.79	587.38	588.96	590.55	592.14	593.73	595.31	596.90	598.49	600.08	601.66	603.25	604.84	606.43	608.01
24	609.60	611.19	612.78	614.36	615.95	617.54	619.13	620.71	622.30	623.89	625.48	627.06	628.65	630.24	631.83	633.41
25	635.00	636.59	638.18	639.76	641.35	642.94	644.53	646.11	617.70	649.29	650.88	652.46	654.05	655.64	657.23	658.81

续表

吋	0	1/16	1/8	3/16	1/4	5/16	3/8	7/16	1/2	9/16	5/8	11/16	3/4	13/16	7/8	15/16
26	660.40	661.99	663.58	665.16	666.75	668.34	669.93	671.51	673.10	674.69	676.28	677.86	679.45	681.04	682.63	684.21
27	685.80	687.39	688.98	690.56	692.15	693.74	695.33	696.91	698.50	700.09	701.68	703.26	704.85	706.44	708.03	709.61
28	711.20	712.79	714.38	715.96	717.55	719.14	720.73	722.31	723.90	725.49	727.08	728.66	730.25	731.84	733.43	735.01
29	736.60	738.19	739.78	741.36	742.95	744.54	746.13	747.71	749.30	750.89	752.48	754.06	755.65	757.24	758.83	760.41
30	762.00	763.59	765.18	766.76	768.35	769.94	771.53	773.11	774.70	776.29	777.88	779.46	781.05	782.64	784.23	785.81
31	787.40	788.99	790.58	792.16	793.75	795.34	796.93	798.51	800.10	801.69	803.28	804.86	806.45	808.04	809.63	811.21
32	812.80	814.39	815.98	817.56	819.15	820.74	822.33	823.91	825.50	827.09	828.68	830.26	831.85	833.44	835.03	836.61
33	838.20	839.79	841.38	842.96	844.55	846.14	847.73	849.31	850.90	852.49	854.08	855.66	857.25	858.84	890.43	862.01
34	863.60	865.19	866.78	868.36	869.95	871.54	873.13	874.71	876.30	877.89	879.48	881.06	882.65	884.24	885.83	887.41
35	889.00	890.59	892.18	893.76	895.35	896.94	898.53	900.11	901.70	903.20	904.88	906.46	908.05	909.64	901.23	912.81
36	914.40	915.99	917.58	919.16	920.75	922.34	923.93	925.51	927.10	928.69	930.28	931.86	933.45	935.04	936.63	938.21
37	939.80	941.39	842.98	944.56	946.15	947.74	949.33	950.91	952.50	954.09	955.68	957.26	958.85	960.44	962.03	963.61
38	965.20	966.79	968.38	969.96	971.55	973.14	974.73	976.31	977.90	979.49	981.08	982.66	984.25	985.84	987.43	989.01
39	990.60	992.19	993.78	995.36	996.95	998.54	1000.1	1001.7	1003.3	1004.9	1006.5	1008.1	1009.7	1011.2	1072.8	1014.4
40	1016.0	1017.6	1019.2	1020.8	1022.4	1023.9	1025.5	1027.1	1028.7	1030.3	1031.9	1033.5	1035.1	1036.6	1038.2	1039.8
41	1041.4	1043.0	1044.6	1046.2	1047.8	1049.3	1050.9	1052.5	1054.1	1055.7	1057.3	1058.9	1060.5	1062.0	1063.6	1065.2
42	1066.8	1068.4	1070.0	1071.6	1073.2	1074.7	1076.3	1077.9	1079.5	1081.1	1082.0	1084.3	1085.9	1087.4	1089.0	1090.6
43	1092.2	1093.8	1095.4	1097.0	1098.6	1100.1	1101.7	1103.3	1104.9	1106.5	1108.1	1109.7	1111.3	1112.8	1114.4	1116.0
44	1117.6	1119.2	1120.8	1122.4	1124.0	1125.5	1127.1	1128.7	1130.3	1131.9	1133.5	1135.1	1136.7	1138.2	1139.8	1141.4
45	1143.0	1144.6	1146.2	1147.8	1149.4	1150.9	1152.5	1154.1	1155.7	1157.3	1158.9	1160.5	1162.1	1163.6	1165.2	1166.8
46	1168.4	1170.0	1171.6	1173.2	1174.8	1176.3	1177.9	1179.5	1181.1	1182.7	1184.3	1185.9	1187.5	1189.0	1190.6	1192.2
47	1193.8	1195.4	1197.0	1198.6	1200.2	1201.7	1203.3	1204.9	1206.5	1208.1	1209.7	1211.3	1212.9	1214.4	1216.0	1217.6
48	1219.2	1220.8	1222.4	1224.0	1225.6	1227.1	1228.7	1230.3	1231.9	1233.5	1235.1	1236.7	1238.3	1239.8	1241.4	1243.0
49	1244.6	1246.2	1247.8	1249.4	1251.0	1252.5	1254.1	1255.7	1257.3	1258.9	1260.5	1262.1	1263.7	1365.2	1266.8	1268.4
50	1270.0	1271.6	1273.2	1274.8	1276.4	1277.9	1279.5	1281.1	1282.7	1284.3	1285.9	1287.5	1289.1	1290.6	1292.2	1293.8

常用面积单位换算表 **表 1-6**

平方米	平方厘米	平方毫米	平方市尺	平方英尺	平方英寸
1	10000	1000000	9	10.7639	1550
0.0001	1	100	0.0009	0.001076	0.1550
0.000001	0.01	1	0.000009	0.000011	0.001550
0.111111	1111.11	111111	1	1.1960	172.23
0.092903	929.03	92903	0.83613	1	144
0.000645	6.4516	645.16	0.005816	0.006944	1

（三）常用重量单位换算表

常用重量单位换算见表 1-7。

常用重量单位换算表 **表 1-7**

吨	公斤	市担	市斤	英吨	美吨	磅
1	1000	20	2000	0.98421	1.1023	2204.6
0.001	1	0.02	2	0.000984	0.001102	2.2046
0.05	50	1	100	0.04921	0.0551	110.231
0.0005	0.5	0.01	1	0.000492	0.000551	1.1023
1.01605	1016.05	20.3209	2032.0	1	1.1200	2240
0.90719	907.19	18.1437	1814.37	0.8929	1	2000
0.000454	0.4536	0.009072	0.9072	0.000446	0.0005	1

（四）力的单位换算

力的单位换算见表 1-8。

力的单位换算表 **表 1-8**

单　位	N	kN	MN	kgf
N	1	0.001	0.000001	0.102
kN	1000	1	0.001	102
MN	1000000	1000	1	102000
kgf	9.807	0.009807	0.000009807	1

第二节　金属材料的力学性能

一、金属材料力学性能

（一）金属材料力学性能的名称及含义

金属材料力学性能的名称及含义，见表 1-9。

金属材料力学性能的名称及含义　　　　表 1-9

名称	符号	单位	含　义
抗拉强度	σ_b	MPa	试样拉断前承受的最大标称拉应力
抗压强度	σ_{bc}	MPa	试样压至破坏前承受的最大标称压应力
抗弯强度	σ_{bb}	MPa	试样在弯曲断裂前所承受的最大正应力
抗剪强度	τ_b	MPa	试样剪切断裂前所承受的最大切应力
弹性极限	σ_e	MPa	金属材料能保持弹性变形的最大应力
屈服点	σ_s	MPa	试样在试验过程中，力不增加（保持恒定）仍能继续伸长（变形）时的应力
伸长率	δ	%	材料在拉伸过程中，试样上标距的伸长与原始标距的百分比。δ_5、δ_{10}分别表示试样的标距尺寸等于 5 倍、10 倍直径时的伸长率
断面收缩率	ψ	%	试样拉断后，缩颈处横截面积的最大缩减量与原始横截面积的百分比
冲击韧度	a_K	J/cm^2	冲击试样缺口底部单位横截面积上的冲击吸收功
硬度	见硬度表示方法及应用范围		材料抵抗局部变形，特别是塑性变形、压痕或划痕的能力。是衡量金属软硬的判据
疲劳极限	σ_{-1} σ_{-1K}	MPa	指定循环基数下的中值疲劳强度。循环基数一般取 10^7 或更高些 σ_{-1}为光滑试件，σ_{-1K}为缺口试件
蠕变极限	$\sigma_{\frac{变形量}{时间}}$	MPa	在规定的温度及恒定力作用下，材料塑性变形随时间而增加的现象称为蠕变。在规定温度下，引起试样在一定时间内蠕变总伸长率或恒定蠕变速率不超过规定值的最大应力称为蠕变极限。分子数字表示变形量的百分数，分母数字表示产生该变形量所经历的时间（单位为小时）

（二）普通钢的机械性能

甲类钢和特类钢钢材的机械性能和冷弯试验指标（摘自 GB 700—88），见表 1-10。

（三）铝及铝合金的机械性能

1. 铝及铝合金型材的机械性能

（1）铝及铝合金型材的机械性能，见表 1-11。

（2）铝及铝合金型材的横向机械性能，见表 1-12。

甲类钢和特类钢钢材的机械性能和冷弯试验指标（摘自 GB 700—88）

表 1-10

牌号	等级	拉伸试验														冲击试验	
		屈服点 σ_s(MPa)						抗拉强度 σ_b (MPa)	伸长率 δ_s(%)						温度(℃)	V型冲击功(纵向)(J)
		钢材厚度(直径),mm							钢材厚度(直径),mm							
		≤16	>16~40	>40~60	>60~100	>100~150	>150		≤16	>16~40	>40~60	>60~100	>100~150	>150		
		不小于							不小于							不小于
Q195	—	(195)	(185)	—	—	—	—	315~390	33	32	—	—	—	—	—	—
Q215	A	215	205	195	185	175	165	335~410	31	30	29	28	27	26	—	—
	B														20	27
Q235	A	235	225	215	205	195	185	375~460	26	25	24	23	22	21	—	—
	B														20	27
	C														0	
	D														−20	
Q255	A	255	245	235	225	215	205	410~510	24	23	22	21	20	19	—	—
	B														20	27
Q275	—	275	265	255	245	235	225	490~610	20	19	18	17	16	15	—	—

牌号	试样方向	冷弯试验 $B=2a$180°		
		钢材厚度(直径),mm		
		60	>60~100	>100~200
		弯心直径 d		
Q195	纵	0	—	—
	横	0.5a		
Q215	纵	0.5a	1.5a	2a
	横	a	2a	2.5a
Q235	纵	a	2a	2.5a
	横	1.5a	2.5a	3a
Q255		2a	3a	3.5a
Q275		3a	4a	4.5a

注：B 为试样宽度，a 为钢材厚度（直径）。

铝及铝合金型材的机械性能（摘自 GB 6892—86）　表 1-11

合金牌号	状态	试样部位厚度 (mm)	抗拉强度 σ_b(MPa)	屈服强度 $\sigma_{0.2}$(MPa)	伸长率 δ(%)
			不小于		
L2～L16	R·M	所有	≤127	—	20
LF2			245	—	12
LF3			177	78	
LF5、LF11			255	127	15
LF6			314	157	
LF21	R·M	所有	≤186	—	16
LD2	CZ		177	—	12
	CS		294	226	10
LY11	CZ	≤10.0	333	186	12
		10.1～20.0	353	196	10
		＞20.0	363	206	
	M	所有	≤245	—	12
LY12	CZ	≤5.0	392	294	10
		5.1～10.0	412	294	
		10.1～20.0	422	304	
		＞20.2	441	314	
	M	所有	≤245	—	12
LC4	CS	≤10.0	500	431	6
		10.0～20.0	530	441	
		＞20.0	559	461	
	M	所有	275	—	10
LD30	CZ		177	108	16
	CS		265	245	8
LD31	CS		206	177	
	RCS		157	103	

铝及铝合金型材的横向机械性能　表 1-12

牌　号	材料状态	取样部位	机械性能		
			抗拉强度 σ_b (MPa)	屈服强度 $\sigma_{0.2}$ (MPa)	伸长率 δ(%)
LY12	CZ	横向	400	290	6
		高向	350	290	4
LC4	CS	横向	500	—	4
		高向	480	—	3

2. 铝合金板的力学性能

(1) 铝合金热轧板的力学性能

1) 铝合金热轧板室温横向力学性能，见表1-13。

2) 铝合金热轧板室温纵向力学性能，见表1-14。

铝合金热轧板室温横向力学性能（GB 10568—89） 表1-13

牌号	试样状态	厚度（mm）	抗拉强度 σ_b（N/mm²）	规定残余伸长应力 $\sigma_{r0.2}$（N/mm²）	伸长率 δ_{10}（%）
			不小于		
LG2，LG1	R	7～10	59	—	20
		11～20	59	—	18
L1,L2 L3,L4	R	7～10	69	—	15
		11～25	78	—	18
		26～80	64	—	10
L5,L6 L5—1	R	7～10	69	—	18
		11～25	78	—	18
		26～80	64	—	15
LF2	R	7～25	177	—	7
		26～80	157	—	6
LF3	R	7～10	186	78.0	15
		11～25	177	69.0	12
		26～50	167	59.0	11
LF21	R	7～10	108	—	15
		11～25	118	—	15
		26～50	108	—	12
LD2	CZ	7～25	177	—	14
		26～40	167	—	12
		41～80	167	—	10
	CS	7～25	294	—	7
		26～40	284	—	6
		41～80	274	—	6
LD10	CS	7～40	431	343	5

续表

牌号	包铝分类	试样状态	板材厚度 (mm)	抗拉强度 σ_b (N/mm^2)	规定残余伸长应力 $\sigma_{r0.2}$ (N/mm^2)	伸长率 δ_{10}(%)
				不小于		
LF21	—	M	0.5～0.7	98～147	—	18
			＞0.7～3.0			22
LF21	—	M	＞3.0～4.0	98～147	—	20
		Y_2	0.5～4.0	147～216	—	6
		Y	0.5～0.8	186	—	2
			＞0.8～1.2			3
			＞1.2～4.0			4
LF3	—	M	0.5～4.0	196	98	15
		Y_2		226	196	8
LD2	—	M	0.5～4.0	≤147	—	20
		CZ	0.5～0.6	196	—	18
			＞0.6～3.0			20
			＞3.0～4.0			18
		CS	0.5～4.0	294	—	10
LD10	工艺包铝	M	0.5～4.0	≤245	—	10
		CS		422	333	5
LY11	包铝	M	0.5～2.5	≤226	—	12
			＞2.5～4.0	≤235		
		CZ	0.5～2.5	363	177	15
			＞2.5～4.0	373	196	
LY12	包铝	M	0.5～4.0	≤216	—	14
		CZ	0.5～2.5	407	270	13
			＞2.5～4.0	427	275	11
		CZY	1.5～2.5	427	333	10
			＞2.5～4.0	456	343	8
LC4	包铝	M	0.5～4.0	≤245	—	10
		CS	0.5～2.5	481	402	7
			＞2.5～4.0	490	412	
		CSY	1.2～4.0	520	451	6
LC9	包铝	M	0.5～4.0	≤245	—	10
		CS	0.5～2.5	481	412	7
			＞2.5～4.0	490	422	
		CSY	1.2～4.0	500	461	6

续表

牌　号	试样状态	厚度(mm)	抗拉强度 σ_b (N/mm²)	规定残余伸长应力 $\sigma_{r0.2}$ (N/mm²)	伸长率 δ_{10}(%)
			不　小　于		
LY6	CZ	11～25 26～40 41～70 71～80	421 392 372 343	274 255 245 245	7 5 4 3
LY11	CZ	7～10 11～25 26～40 41～70 71～80	353 372 333 314 284	186 216 196 196 196	12 11 8 6 4
LY12	CZ	7～10 11～25 26～40 41～70 71～80	412 421 392 372 343	255 274 255 245 245	10 7 5 4 3
LC4 LC9	CS	7～10 11～25 26～40	490 490 490	412 412 412	6 4 3

注：凡是可热处理强化的合金以热轧状态供应时，如合同中不加注明，只提供淬火自然时效或人工时效状态性能。

铝合金热轧板室温纵向力学性能（GB 10568—89）　表 1-14

牌　号	状态	厚度(mm)	抗拉强度 σ_b (N/mm²)不小于	伸长率 δ_{10}(%)不小于
LY11	CZ	35～80	294	4
LY12	CZ	35～80	343	3
LC4,LC9	CS	35～40	392	2

(2) 铝合金冷轧板的力学性能

铝合金冷轧板的力学性能，见表 1-15。

(四) 铜及铜合金的机械性能

1. 铜板的机械性能

铝合金冷轧板的力学性能（GB 10569—89）　　　表 1-15

牌　号	包铝分类	状态	板材厚度 (mm)	抗拉强度 σ_b (N/mm^2)	规定残余伸长应力 $\sigma_{r0.2}$ (N/mm^2)	伸长率 δ_{10}(%)
				不　小　于		
L1 L2 L3 L4 L5 L6 L5-1	—	M	0.5～0.9	59～108	—	25
			>0.9～4.0			28
		Y2	0.5～0.7	98	—	4
			>0.7～1.0			5
			>1.0～4.0			6
		Y	0.5～0.9	137	—	2
			>0.9～4.0			3
LF2	—	M	0.5～1.0	167～226	—	16
			>1.0～4.0			18
		Y2	0.5～1.0	235	—	4
			>1.0～4.0			6
		Y	0.5～1.0	265	—	3
			>1.0～4.0			4

铜板的机械性能，见表 1-16。

铜板的机械性能（摘自 GB 2040—80）　　　表 1-16

制造方法和材料状态	抗拉强度，σ_b (MPa)	伸长率，$\delta(l_0=11.2\sqrt{F_0})$ (%)
	不　小　于	
热轧	2000	30
软	2000	30
硬	3000	3

注：厚度大于 15mm 的板材不做拉力试验。

2. 黄铜板的机械性能

黄铜板的机械性能，见表 1-17。

二、金属硬度表示方法与强度换算

(一) 金属硬度表示方法及使用范围

金属硬度表示方法及使用范围，见表 1-18 所示。

黄铜板的机械性能（摘自 GB 2532—81）　　表 1-17

<table>
<tr><th rowspan="3">牌　号</th><th rowspan="3">代　号</th><th rowspan="3">材料状态</th><th colspan="2">抗拉强度 σ_b (MPa)</th><th colspan="2">伸长率 $\delta(l_0=11.3\sqrt{F_0})$ (%)</th></tr>
<tr><th colspan="4">⩾</th></tr>
<tr><th>热轧板材</th><th>冷轧板材</th><th>热轧板材</th><th>冷轧板材</th></tr>
<tr><td>80 黄铜</td><td>H80</td><td>M</td><td>—</td><td>270</td><td>—</td><td>50</td></tr>
<tr><td rowspan="3">68 黄铜</td><td rowspan="3">H68</td><td>M</td><td>—</td><td>300</td><td>—</td><td>40</td></tr>
<tr><td>Y2</td><td>—</td><td>350</td><td>—</td><td>25</td></tr>
<tr><td>Y</td><td>—</td><td>400</td><td>—</td><td>15</td></tr>
<tr><td rowspan="4">62 黄铜</td><td rowspan="4">H62</td><td>M</td><td>300</td><td>300</td><td>30</td><td>40</td></tr>
<tr><td>Y2</td><td>—</td><td>350</td><td>—</td><td>20</td></tr>
<tr><td>Y</td><td>—</td><td>420</td><td>—</td><td>10</td></tr>
<tr><td>T</td><td>—</td><td>600</td><td>—</td><td>2.5</td></tr>
<tr><td rowspan="2">59 黄铜</td><td rowspan="2">H59</td><td>M</td><td>300</td><td>300</td><td>25</td><td>25</td></tr>
<tr><td>Y</td><td>—</td><td>420</td><td>—</td><td>5</td></tr>
</table>

注：表中“材料状态”符号，意义如下：M—软，Y2—1/2 硬，Y—硬，T—特硬。

金属硬度表示方法及使用范围　　表 1-18

<table>
<tr><th colspan="2">名　　称</th><th>代　号</th><th>使　用　范　围</th></tr>
<tr><td colspan="2">布氏硬度</td><td>HBS
(HBW)</td><td>测量方法简单、较准确。压头为淬火钢球时，用 HBS 表示，用于测量布氏硬度值在 450 以下的材料。压头为硬质合金球时，用 HBW 表示，用于测量布氏硬度值在 650 以下的材料</td></tr>
<tr><td rowspan="3">洛氏硬度</td><td>A 级</td><td>HRA</td><td>测量表面淬硬层、渗碳层很厚的材料</td></tr>
<tr><td>B 级</td><td>HRB</td><td>测量有色金属、退火和正火后较软的金属</td></tr>
<tr><td>C 级</td><td>HRC</td><td>测量调质钢、淬火钢等较硬的金属</td></tr>
<tr><td rowspan="2">表面洛氏硬度</td><td>N 级</td><td>HRN</td><td rowspan="2">适用于测量钢材经表面渗碳、渗氮等处理的表面层硬度以及测量小试件、薄试件的硬度</td></tr>
<tr><td>T 级</td><td>HRT</td></tr>
<tr><td colspan="2">维氏硬度</td><td>HV</td><td>测量值比布氏和洛氏硬度精确，以测定压痕的对角线来求得硬度。适宜测量零件表面的硬化层、化学处理的表面层以及很薄零件的硬度</td></tr>
<tr><td colspan="2">肖氏硬度</td><td>HS</td><td>硬度计体积小、便于携带，适宜测量大型焊件硬度，误差较大</td></tr>
<tr><td colspan="2">里氏硬度</td><td>HL</td><td>硬度计质量轻、体积小，可以直接测定。特别适用于其他硬度计难以测定的、不易移动的大型焊件以及不易拆卸的大型部件及构件的硬度测定</td></tr>
</table>

黑色金属 HRC 硬度与其他硬度、强度换算 **表 1-19**

硬度							抗拉强度(MPa)									
洛氏		表面洛氏			维氏	布氏	碳钢	铬钢	铬钒钢	铬镍钢	铬钼钢	铬镍钼钢	铬锰硅钢	超高强度钢	不锈钢	不分钢种
HRC	HRA	HR15N	HR30N	HR45N	HV	$HB30D^2$										
(70.0)	86.6				1037											本栏适用于换算精度要求不高的一般钢种
(69.5)	86.3				1017											
(69.0)	86.1				997											
(68.5)	85.8				978											
(68.0)	85.5				959											
(67.5)	85.2				941											
67.0	85.0				923											
66.5	84.7				906											
66.0	84.4				889											
65.5	84.1				872											
65.0	83.9	92.2	81.3	71.7	856											
64.5	83.6	92.1	81.0	71.2	840											
64.0	83.3	91.9	80.6	70.6	825											
63.5	83.1	91.8	80.2	70.1	810											
63.0	82.8	91.7	79.8	69.5	795											
62.5	82.5	91.5	79.4	69.0	780											
62.0	82.2	91.4	79.0	68.4	766											
61.5	82.0	91.2	78.6	67.9	752											
61.0	81.7	91.0	78.1	67.3	739											
60.5	81.4	90.8	77.7	66.8	726											
60.0	81.2	90.6	77.3	66.2	713									2639		2557
59.5	80.9	90.4	76.9	65.6	700									2572		2502
59.0	80.6	90.2	76.5	65.1	688									2509		2448
58.5	80.3	90.0	76.1	64.5	676									2448		2396
58.0	80.1	89.8	75.6	63.9	664									2390		2345
57.5	79.8	89.6	75.2	63.4	653									2334		2296
57.0	79.5	89.4	74.8	62.8	642									2281		2249
56.5	79.3	89.1	74.4	62.2	631									2230		2203
56.0	79.0	88.9	73.9	61.7	620									2181		2158
55.5	78.7	88.6	73.5	61.1	609									2135		2115

续表

硬度							抗拉强度(MPa)									
洛氏		表面洛氏			维氏	布氏	碳钢	铬钢	铬钒钢	铬镍钢	铬钼钢	铬镍钼钢	铬锰硅钢	超高强度钢	不锈钢	不分钢种
HRC	HRA	HR15N	HR30N	HR45N	HV	$HB30D^2$										
55.0	78.5	88.4	73.1	60.5	599				2026	2057			2046	2090		2074
54.5	78.2	88.1	72.6	59.9	589				1994	2021			2008	2047		2034
54.0	77.9	87.9	72.2	59.4	579				1961	1986			1971	2005		1995
53.5	77.7	87.6	71.8	58.8	570				1930	1952			1936	1966		1956
53.0	77.4	87.4	71.3	58.2	561				1900	1917	1888	1947	1901	1929		1919
52.5	77.1	87.1	70.9	57.6	551				1869	1883	1856	1913	1866	1893		1884
52.0	76.9	86.8	70.4	57.1	543			1845	1839	1851	1825	1881	1834	1857		1849
51.5	76.6	86.6	70.0	56.5	534			1805	1809	1818	1795	1850	1801	1824		1815
51.0	76.3	86.3	69.5	55.9	525	(501)		1768	1781	1786	1764	1818	1769	1792		1782
50.5	76.1	86.0	69.1	55.3	517	(494)		1733	1752	1755	1735	1788	1739	1760		1750
50.0	75.8	85.7	68.6	54.7	509	(488)	1710	1698	1724	1724	1705	1758	1708	1731	1725	1719
49.5	75.5	85.5	68.2	54.2	501	(481)	1681	1665	1697	1695	1677	1728	1679	1701	1690	1689
49.0	75.3	85.2	67.7	53.6	493	(474)	1653	1634	1699	1665	1649	1699	1650	1674	1655	1659
48.5	75.0	84.9	67.3	53.0	485	(468)	1626	1603	1643	1637	1622	1671	1622	1647	1623	1631
48.0	74.7	84.6	66.8	52.4	478	(461)	1599	1574	1617	1608	1595	1644	1596	1620	1592	1603
47.5	74.5	84.3	66.4	51.8	470	(455)	1575	1546	1592	1581	1568	1616	1569	1594	1561	1577
47.0	74.2	84.0	65.9	51.2	463	449	1550	1519	1566	1553	1543	1589	1543	1569	1533	1550
46.5	73.9	83.7	65.5	50.7	456	442	1526	1493	1542	1527	1517	1562	1517	1545	1505	1525
46.0	73.7	83.5	65.0	50.1	449	436	1503	1468	1517	1501	1493	1537	1493	1520	1479	1499
45.5	73.4	83.2	64.6	49.5	443	430	1481	1444	1493	1476	1468	1511	1469	1496	1453	1475
45.0	73.2	82.9	64.1	48.9	436	424	1459	1420	1469	1451	1444	1487	1446	1473	1429	1451
44.5	72.9	82.6	63.6	48.3	429	418	1438	1398	1446	1427	1420	1462	1422	1449	1405	1429
44.0	72.6	82.3	63.2	47.7	423	413	1417	1376	1424	1403	1397	1439	1399	1427	1383	1406
43.5	72.4	82.0	62.7	47.1	417	407	1397	1355	1401	1381	1375	1415	1378	1404	1360	1384
43.0	72.1	81.7	62.3	46.5	411	401	1378	1335	1380	1358	1352	1393	1357	1382	1340	1362
42.5	71.8	81.4	61.8	45.9	405	396	1359	1315	1358	1336	1331	1370	1336	1358	1319	1342
42.0	71.6	81.1	61.3	45.4	399	391	1341	1296	1338	1314	1310	1348	1316	1336	1299	1321
41.5	71.3	80.8	60.9	44.8	393	385	1322	1278	1317	1294	1290	1327	1296	1313	1280	1301
41.0	71.1	80.5	60.4	44.2	388	380	1305	1259	1296	1273	1269	1305	1277	1290	1261	1282
40.5	70.8	80.2	60.0	43.6	382	375	1288	1243	1277	1252	1249	1285	1258	1266	1243	1262

续表

硬度							抗拉强度(MPa)									
洛氏		表面洛氏			维氏	布氏	碳钢	铬钢	铬钒钢	铬镍钢	铬钼钢	铬镍钼钢	铬锰硅钢	超高强度钢	不锈钢	不分钢种
HRC	HRA	HR15N	HR30N	HR45N	HV	HB30D²										
40.0	70.5	79.9	59.5	43.0	377	370	1271	1225	1257	1233	1230	1265	1240	1243	1226	1243
39.5	70.3	79.6	59.0	42.4	372	365	1254	1208	1238	1214	1211	1245	1222	1219	1209	1226
39.0	70.0	79.3	58.6	41.8	367	360	1239	1192	1219	1195	1192	1226	1204	1194	1192	1208
38.5		79.0	58.1	41.2	362	355	1222	1176	1201	1177	1174	1207	1188	1170	1177	1191
38.0		78.7	57.6	40.6	357	350	1207	1161	1183	1159	1156	1189	1171		1161	1174
37.5		78.4	57.2	40.0	352	345	1192	1145	1165	1142	1140	1171	1154		1145	1157
37.0		78.1	56.7	39.4	347	341	1177	1131	1148	1126	1122	1153	1139		1131	1141
36.5		77.8	56.2	38.8	342	336	1162	1116	1131	1109	1106	1136	1124		1116	1125
36.0		77.5	55.8	38.2	338	332	1147	1102	1114	1093	1090	1119	1108		1101	1109
35.5		77.2	55.3	37.6	333	327	1134	1088	1098	1078	1074	1103	1093		1088	1093
35.0		77.0	54.8	37.0	329	323	1119	1074	1083	1063	1058	1087	1080		1074	1079
34.5		76.7	54.4	36.5	324	318	1105	1061	1067	1048	1043	1071	1065		1060	1064
34.0		76.4	53.9	35.9	320	314	1091	1047	1051	1034	1029	1056	1052		1046	1049
33.5		76.1	53.4	35.3	316	310	1079	1035	1037	1020	1015	1041	1039		1034	1036
33.0		75.8	53.0	34.7	312	306	1065	1022	1022	1007	1000	1027	1026		1021	1022
32.5		75.5	52.5	34.1	308	302	1052	1009	1007	993	989	1012	1013		1008	1008
32.0		75.2	52.0	33.5	304	298	1040	996	993	982	974	997	1000		995	995
31.5		74.9	51.6	32.9	300	294	1027	985	980	969	961	986	989		984	982
31.0		74.7	51.1	32.3	296	291	1014	972	966	957	948	972	977		971	970
30.5		74.4	50.6	31.7	292	287	1001	960	953	945	937	959	966		959	957
30.0		74.1	50.2	31.1	289	283	989	948	940	935	925	947	954		947	945
29.5		73.8	49.7	30.5	285	280	978	937	928	924	913	935	943		936	933
29.0		73.5	49.2	29.9	281	276	965	925	915	914	901	922	933		924	922
28.5		73.3	48.7	29.3	278	273	953	914	903	904	890	912	922		913	910
28.0		73.0	48.3	28.7	274	269	942	902	891	894	880	900	912		901	899
27.5		72.7	47.8	28.1	271	266	931	891	880	885	870	889	902		890	888
27.0		72.4	47.3	27.5	268	263	919	881	869	876	860	880	892		880	878
26.5		72.2	46.9	26.9	264	260	908	870	858	867	850	869	884		868	867
26.0		71.9	46.4	26.3	261	257	896	859	847	859	840	859	875		858	857
25.5		71.6	45.9	25.7	258	254	886	848	837	851	831	849	865		847	847

续表

硬度							抗拉强度(MPa)									
洛氏		表面洛氏			维氏	布氏	碳钢	铬钢	铬钒钢	铬镍钢	铬钼钢	铬镍钼钢	铬锰硅钢	超高强度钢	不锈钢	不分钢种
HRC	HRA	HR15N	HR30N	HR45N	HV	$HB30D^2$										
25.0		71.4	45.5	25.1	255	251	875	838	827	843	822		857		837	837
24.5		71.1	45.0	24.5	252	248	864	828	817	836	814		848		827	828
24.0		70.8	44.5	23.9	249	245	853	818	807	829	805		839		816	819
23.5		70.6	44.0	23.3	246	242	843	808	797	822	797		832		806	809
23.0		70.3	43.6	22.7	243	240	833	798	787	815	789		824		796	800
22.5		70.0	43.1	22.1	240	237	823	788	779	809	782		816		786	792
22.0		69.8	42.6	21.5	237	234	813	779	770	803	774		809		777	784
21.5		69.5	42.2	21.0	234	232	803	770	761	797	767		801		767	776
21.0		69.3	41.7	20.4	231	229	793	760	752	791	760		794		758	767
20.5		69.0	41.2	19.8	229	227	784	751	744	786	753		787		749	759
20.0		68.8	40.7	19.2	226	225	775	742	736	782	746		781		739	752
(19.5)		68.5	40.3	18.6	223	222	765	734	729	777	740		774		731	744
(19.0)		68.3	39.8	18.0	221	220	756	725	721	773	735		767		723	737
(18.5)		68.0	39.3	17.4	218	218	747	717	713	768	729		761		714	730
(18.0)		67.8	38.9	16.8	216	216	738	709	705	764	723		754		705	723
(17.5)		67.6	38.4	16.2	214	214	730	700	698	760	717		748		697	717
(17.0)		67.3	37.9	15.6	211	211	722	692	691	757	712		742		689	710

注：1. 带括号的硬度值仅供参考。

2. 表列各钢系换算值对含碳量由低到高的钢种基本适用。

3. 抗拉强度值是按 $1kgf/mm^2=9.80665MPa$ 换算成法定单位值，以下同。

（二）金属硬度与强度换算

1. 黑色金属硬度与强度换算

黑色金属硬度与强度换算，见表 1-19。

2. 铝合金硬度与强度换算

铝合金硬度与强度换算，见表 1-20。

铝合金硬度与强度换算　　表 1-20

硬度							抗拉强度 σ_b(MPa)					
布氏	维氏	洛氏		表面洛氏			退火、淬火人工时效				淬火自然时效		变形铝合金
HB 10D²	HV	HRB	HRF	HR 15T	HR 30T	HR 45T	LY11 LY12	LC4	LD5	LD10	LY11 LY12	LD5 LD10	
55.0	56.1	—	52.5	62.3	17.6	—	193	203	204	203	—	—	211
56.0	57.1	—	53.7	62.9	18.8	—	197	205	205	205	—	—	214
57.0	58.2	—	55.0	63.5	20.2	—	200	208	207	207	—	—	217
58.0	59.8	—	56.2	64.1	21.5	—	204	212	211	211	—	—	220
59.0	60.4	—	57.4	64.7	22.8	—	207	216	215	215	—	—	223
60.0	61.5	—	58.6	65.3	24.1	—	211	221	219	219	—	—	226
61.0	62.6	—	59.7	65.9	25.2	—	219	226	224	225	—	—	228
62.0	63.6	—	60.9	66.4	26.5	—	218	230	228	229	—	—	230
63.0	64.7	—	62.0	67.0	27.7	—	221	235	234	235	—	—	233
64.0	65.8	—	63.1	67.5	28.9	—	225	241	240	241	—	—	236
65.0	66.9	6.9	64.2	68.1	30.0	—	228	247	246	247	—	—	239
66.0	68.0	8.8	65.2	68.6	31.5	—	231	252	252	253	—	—	242
67.0	69.1	10.8	66.3	69.1	32.3	—	234	258	258	258	—	—	245
68.0	70.1	12.7	67.3	69.6	33.4	—	238	264	264	264	—	—	248
69.0	71.2	14.6	68.3	70.1	34.4	—	241	269	269	270	—	—	251
70.0	72.3	16.5	69.3	70.6	35.5	—	245	274	275	275	—	—	254
71.0	73.4	18.2	70.2	71.0	36.5	0.8	248	279	279	279	—	—	258
72.0	74.5	20.0	71.1	71.5	37.4	2.3	252	283	285	284	—	—	261
73.0	75.6	21.9	72.1	72.0	38.5	3.9	255	288	289	289	—	—	264
74.0	76.7	23.4	72.9	72.3	39.3	5.2	259	292	294	293	—	—	267
75.0	77.7	25.1	73.8	72.8	40.3	6.7	262	296	299	297	—	—	270
76.0	78.8	26.8	74.7	73.2	41.3	8.2	266	300	303	301	—	—	273
77.0	79.9	28.3	75.5	73.6	42.1	9.5	269	304	306	304	—	—	276
78.0	81.0	29.8	76.3	74.0	43.0	10.8	273	307	310	308	—	—	279
79.0	82.1	31.3	77.1	74.4	43.8	12.1	276	310	313	311	—	—	282
80.0	83.2	32.9	77.9	74.8	44.7	13.4	279	313	316	313	—	—	285
81.0	84.2	34.2	78.6	75.2	45.4	14.6	282	316	319	316	—	—	288

续表

硬度							抗拉强度 σ_b(MPa)						
布氏	维氏	洛氏		表面洛氏			退火、淬火人工时效				淬火自然时效		变形铝合金
HB $10D^2$	HV	HRB	HRF	HR 15T	HR 30T	HR 45T	LY11 LY12	LC4	LD5	LD10	LY11 LY12	LD5 LD10	
82.0	85.3	35.5	79.3	75.5	46.2	15.7	286	319	321	318	—	—	292
83.0	86.4	36.9	80.0	75.8	46.9	16.9	289	321	323	320	—	—	295
84.0	87.5	38.2	80.7	76.2	47.7	18.0	293	324	325	322	—	—	298
85.0	88.6	39.5	81.4	76.5	48.4	19.2	296	326	327	324	—	—	301
86.0	89.7	40.8	82.1	76.9	49.2	20.3	300	328	328	326	—	—	305
87.0	90.7	42.0	82.7	77.2	49.8	21.3	303	330	330	328	—	—	308
88.0	91.8	43.1	83.3	77.5	50.4	22.3	307	330	330	329	—	—	311
89.0	92.9	44.3	83.9	77.8	51.1	23.3	310	332	331	330	—	—	315
90.0	94.0	45.4	84.5	78.1	51.7	24.2	314	334	332	331	344	406	318
91.0	95.1	46.5	85.1	78.3	52.4	25.2	317	335	333	333	350	409	322
92.0	96.2	47.7	85.7	78.6	53.0	26.2	321	337	334	334	356	413	325
93.0	97.2	48.6	86.2	78.9	53.5	27.0	324	339	335	336	361	417	329
94.0	98.3	49.6	86.7	79.1	54.1	27.9	328	340	336	338	367	421	331
95.0	99.4	50.7	87.3	79.4	54.7	28.8	330	342	338	339	372	425	334
96.0	100.5	51.7	87.8	79.7	55.2	29.7	334	343	339	341	378	428	338
97.0	101.6	52.6	88.3	79.9	55.8	30.5	337	345	340	343	382	431	342
98.0	102.7	53.4	88.7	80.1	56.2	31.1	341	347	342	345	388	435	345
99.0	103.7	54.3	89.2	80.4	56.7	32.0	344	349	344	347	394	439	349
100.0	104.8	55.3	89.7	80.6	57.3	32.8	348	351	346	350	399	442	352
101.0	105.9	56.0	90.1	80.8	57.7	33.4	351	353	348	352	405	446	356
102.0	107.0	57.0	90.6	81.1	58.2	34.3	355	355	350	355	410	450	359
103.0	108.1	57.7	91.0	81.2	58.6	34.9	358	358	353	357	416	454	363
104.0	109.2	58.5	91.4	81.4	59.1	35.6	362	360	356	360	421	457	367
105.0	110.2	59.3	91.8	81.6	59.5	36.2	365	363	359	363	427	461	370
106.0	111.1	60.0	92.2	81.8	59.9	36.9	369	365	363	366	432	465	373
107.0	112.4	60.8	92.6	82.0	60.4	37.5	372	368	366	369	437	470	378
108.0	113.5	61.5	93.0	82.2	60.8	38.2	376	371	370	372	443	473	380
109.0	114.6	62.3	93.4	82.4	61.2	38.8	379	374	375	376	448	476	384
110.0	115.7	63.1	93.8	82.6	61.6	39.5	382	376	379	379	454	480	388
111.0	116.7	63.6	94.1	82.8	62.0	40.0	385	380	383	382	459	483	392
112.0	117.8	64.4	94.5	83.0	62.4	40.7	389	383	388	386	465	487	395
113.0	118.9	65.0	94.8	83.1	62.7	41.1	392	387	394	389	470	490	399
114.0	120.0	65.7	95.2	83.3	63.1	41.8	396	391	399	393	476	494	403

续表

硬 度							抗拉强度 σ_b(MPa)						
布氏	维氏	洛 氏		表面洛氏			退火、淬火人工时效				淬火自然时效		变形铝合金
HB $10D^2$	HV	HRB	HRF	HR 15T	HR 30T	HR 45T	LY11 LY12	LC4	LD5	LD10	LY11 LY12	LD5 LD10	
115.0	121.1	66.3	95.5	83.5	63.5	42.3	399	395	405	397	482	498	407
116.0	122.2	67.0	95.9	83.7	63.9	43.0	403	399	411	401	486	502	411
117.0	123.2	67.6	96.2	83.8	64.2	43.4	406	403	417	405	492	506	414
118.0	124.3	68.2	96.5	84.0	64.5	43.9	410	407	424	409	497	509	418
119.0	125.4	68.8	96.8	84.1	64.8	44.4	413	411	429	413	503	513	422
120.0	126.5	69.3	97.1	84.2	65.2	44.9	417	415	435	417	509	517	426
121.0	127.6	69.9	97.4	84.4	65.5	45.4	420	419	442	421	514	521	430
122.0	128.7	70.6	97.8	84.6	65.9	46.1	424	423	448	424	520	524	433
123.0	129.7	71.2	98.1	84.7	66.2	46.6	427	427	455	428	525	528	437
124.0	130.8	71.6	98.3	84.8	66.4	46.9	431	431	461	431	530	532	441
125.0	131.9	72.2	98.6	85.0	66.8	47.4	433	435	466	435	535	535	445
126.0	133.0	72.7	98.9	85.1	67.1	47.9	437	439	473	439	541	539	449
127.0	134.1	73.3	99.2	85.3	67.4	48.4	440	443	479	443	547	542	453
128.0	135.2	73.9	99.5	85.4	67.7	48.9	444	448	483	446	552	546	457
129.0	136.2	74.4	99.8	85.6	68.0	49.3	447	452	488	450	558	550	461
130.0	137.3	74.8	100.0	85.7	68.3	49.7	451	456	493	454	563	554	465
131.0	138.4	75.4	100.3	85.8	68.6	50.2	454	460	497	458	569	—	469
132.0	139.5	76.0	100.6	86.0	68.9	50.7	458	464	501	462	574	—	473
133.0	140.6	76.3	100.8	86.1	69.1	51.0	461	468	504	465	580	—	477
134.0	141.7	76.9	101.1	86.2	69.4	51.5	465	471	507	469	585	—	482
135.0	142.7	77.3	101.3	86.3	69.6	51.8	468	475	509	474	590	—	485
136.0	143.8	77.9	101.6	86.5	70.0	52.3	472	479	511	478	596	—	489
137.0	144.9	78.2	101.8	86.6	70.2	52.6	475	482	512	482	601	—	493
138.0	146.0	78.8	102.1	86.7	70.5	53.1	479	485	513	486	607	—	497
139.0	147.1	79.2	102.3	86.8	70.7	53.5	482	488	—	491	—	—	502
140.0	148.2	79.8	102.6	87.0	71.0	53.9	485	492	—	496	—	—	506
141.0	149.2	80.1	102.8	87.1	71.2	54.3	488	495	—	501	—	—	510
142.0	150.3	80.5	103.0	87.2	71.5	54.6	492	499	—	507	—	—	514
143.0	151.4	81.1	103.3	87.3	71.8	55.1	495	502	—	514	—	—	519
144.0	152.5	81.5	103.5	87.4	72.0	55.4	499	505	—	520	—	—	523
145.0	153.6	81.9	103.7	87.5	72.2	55.7	502	509	—	528	—	—	527
146.0	154.7	82.2	103.9	87.6	72.4	56.1	506	512	—	535	—	—	532

续表

硬度							抗拉强度 σ_b(MPa)						
布氏	维氏	洛氏		表面洛氏			退火、淬火人工时效				淬火自然时效		变形铝合金
HB 10D²	HV	HRB	HRF	HR 15T	HR 30T	HR 45T	LY11 LY12	LC4	LD5	LD10	LY11 LY12	LD5 LD10	
147.0	155.7	82.6	104.1	87.7	72.6	56.4	509	516	—	544	—	—	535
148.0	156.8	83.0	104.3	87.8	72.8	56.7	513	519	—	553	—	—	539
149.0	157.9	83.4	104.5	87.9	73.1	57.1	516	523	—	564	—	—	544
150.0	159.0	83.9	104.8	88.0	73.4	57.6	520	527	—	575	—	—	548
151.0	160.1	84.3	105.0	88.1	73.6	57.9	523	531	—		—	—	—
152.0	161.2	84.7	105.2	88.2	73.8	58.2	527	534	—		—	—	—
153.0	162.2	85.1	105.4	88.3	74.0	58.5	530	539	—		—	—	—
154.0	163.3	85.5	105.6	88.4	74.2	58.9	533	543	—		—	—	—
155.0	164.4	85.8	105.8	88.5	74.4	59.2	536	548	—		—	—	—
156.0	165.5	86.2	106.0	88.6	74.7	59.5	540	553	—		—	—	—
157.0	166.6	86.6	106.2	88.7	74.9	59.9	543	559	—	—	—	—	—
158.0	167.7	86.8	106.3	88.8	75.0	60.0	547	565	—	—	—	—	—
159.0	168.7	87.2	106.5	88.9	75.2	60.3	550	571	—	—	—	—	—
160.0	169.8	87.5	106.7	89.0	75.4	60.7	554	577	—	—	—	—	—
161.0	170.9	87.9	106.9	89.1	75.6	61.0	—	583	—	—	—	—	—
162.0	172.0	88.3	107.1	89.2	75.8	61.3	—	590	—	—	—	—	—
163.0	173.1	88.7	107.3	89.3	76.0	61.7	—	598	—	—	—	—	—
164.0	174.2	89.3	107.6	89.4	76.4	62.1	—	605	—	—	—	—	—
165.0	175.2	89.6	107.8	89.5	76.6	62.5	—	613	—	—	—	—	—
166.0	176.3	90.0	108.0	89.6	76.8	62.8	—	622	—	—	—	—	—
167.0	177.4	90.4	108.2	89.7	77.0	63.1	—	631	—	—	—	—	—
168.0	178.5	90.8	108.4	89.8	77.2	63.5	—	638	—	—	—	—	—
169.0	179.6	91.3	108.7	90.0	77.5	64.0	—	647	—	—	—	—	—
170.0	180.7	91.7	108.9	90.1	77.8	64.3	—	656	—	—	—	—	—

3. 铜及铜合金硬度与强度换算

铜及铜合金硬度与强度换算，见表 1-21。

铜及铜合金硬度与强度换算（GB 3771—83）　　表 1-21

硬度							抗拉性能（MPa）							
布氏	维氏	洛氏		表面洛氏			黄铜		铍青铜					
HB 30D²	HV	HRB	HRF	HR 15T	HR 30T	HR 45T	板材	棒材	板材			棒材		
							σ_b	σ_b	σ_b	$\sigma_{0.2}$	$\sigma_{0.01}$	σ_b	$\sigma_{0.2}$	$\sigma_{0.01}$
90.0	90.5	53.7	87.1	77.2	50.8	26.7	—	—	—	—	—	—	—	—
91.0	91.5	53.9	87.2	77.3	51.0	26.9	—	—	—	—	—	—	—	—
92.0	92.6	54.2	87.4	77.4	51.2	27.2	—	—	—	—	—	—	—	—

续表

硬度							抗拉性能 (MPa)							
布氏	维氏	洛氏		表面洛氏			黄铜		铍青铜					
HB $30D^2$	HV	HRB	HRF	HR 15T	HR 30T	HR 45T	板材	棒材	板材			棒材		
							σ_b	σ_b	σ_b	$\sigma_{0.2}$	$\sigma_{0.01}$	σ_b	$\sigma_{0.2}$	$\sigma_{0.01}$
93.0	93.6	54.5	87.6	77.5	51.4	27.6	—	—	—	—	—	—	—	—
94.0	94.7	54.8	87.7	77.6	51.6	27.7	—	—	—	—	—	—	—	—
95.0	95.7	55.1	87.9	77.7	51.8	28.4	—	—	—	—	—	—	—	—
96.0	96.8	55.5	88.1	77.8	52.0	28.4	—	—	—	—	—	—	—	—
97.0	97.8	55.8	88.3	77.9	52.3	28.8	—	—	—	—	—	—	—	—
98.0	98.9	56.2	88.5	78.0	52.5	29.1	—	—	—	—	—	—	—	—
99.0	99.9	56.6	88.8	78.2	52.9	29.6	—	—	—	—	—	—	—	—
100.0	101.0	57.1	89.1	78.3	53.2	30.1	—	—	—	—	—	—	—	—
101.0	102.0	57.5	89.3	78.5	53.5	30.5	—	—	—	—	—	—	—	—
102.0	103.1	58.0	89.6	78.6	53.8	31.0	—	—	—	—	—	—	—	—
103.0	104.1	58.5	89.9	78.8	54.2	31.5	—	—	—	—	—	—	—	—
104.0	105.1	58.9	90.1	78.9	54.1	31.9	—	—	—	—	—	—	—	—
105.0	106.2	59.4	90.4	79.1	54.8	32.4	—	—	—	—	—	—	—	—
106.0	107.2	60.0	90.7	79.2	55.1	32.9	—	—	—	—	—	—	—	—
107.0	108.3	60.5	91.0	79.4	55.5	33.4	—	—	—	—	—	—	—	—
108.0	109.3	61.0	91.3	79.6	55.8	33.9	—	—	—	—	—	—	—	—
109.0	110.4	61.5	91.6	79.7	56.2	34.4	—	—	—	—	—	—	—	—
110.0	111.4	62.1	91.9	79.9	56.5	35.0	372	384	—	—	—	—	—	—
111.0	112.5	62.6	92.2	80.1	56.9	35.5	374	387	—	—	—	—	—	—
112.0	113.5	63.2	92.6	80.3	57.4	36.2	375	389	—	—	—	—	—	—
113.0	114.6	63.7	92.8	80.4	57.6	36.5	377	392	—	—	—	—	—	—
114.0	115.6	64.3	93.2	80.6	58.1	37.2	379	395	—	—	—	—	—	—
115.0	116.7	64.9	93.5	80.8	58.4	37.7	380	398	—	—	—	—	—	—
116.0	117.7	65.4	93.8	81.0	58.8	38.2	382	400	—	—	—	—	—	—
117.0	118.8	66.0	94.2	81.2	59.3	38.9	384	403	—	—	—	—	—	—
118.0	119.8	66.6	94.5	81.4	59.6	39.4	386	406	—	—	—	—	—	—
119.0	120.9	67.1	94.8	81.5	60.0	40.0	388	409	—	—	—	—	—	—
120.0	121.9	67.7	95.1	81.7	60.3	40.5	390	412	—	—	—	—	—	—
121.0	122.9	68.2	95.4	81.9	60.7	41.0	392	414	—	—	—	—	—	—
122.0	124.0	68.8	95.8	82.1	61.2	41.7	394	417	—	—	—	—	—	—
123.0	125.0	69.4	96.1	82.3	61.5	42.2	396	420	—	—	—	—	—	—
124.0	126.1	69.9	96.4	82.5	61.9	42.7	399	423	—	—	—	—	—	—
125.0	127.1	70.5	96.7	82.6	62.2	43.2	401	426	—	—	—	—	—	—
126.0	128.2	71.0	97.0	82.8	62.6	43.7	404	429	—	—	—	—	—	—
127.0	129.2	71.5	97.3	83.0	63.0	44.3	406	431	—	—	—	—	—	—

续表

硬度							抗拉性能（MPa）							
布氏	维氏	洛氏		表面洛氏			黄铜		铍青铜					
HB $30D^2$	HV	HRB	HRF	HR 15T	HR 30T	HR 45T	板材	棒材	板材			棒材		
							σ_b	σ_b	σ_b	$\sigma_{0.2}$	$\sigma_{0.01}$	σ_b	$\sigma_{0.2}$	$\sigma_{0.01}$
128.0	130.3	72.1	97.7	83.2	63.4	44.9	409	434	—	—	—	—	—	—
129.0	131.3	72.6	97.9	83.3	63.7	45.3	411	437	—	—	—	—	—	—
130.0	132.4	73.1	98.2	83.5	64.0	45.8	417	440	—	—	—	—	—	—
131.0	133.4	73.6	98.5	83.6	64.4	46.3	417	443	—	—	—	—	—	—
132.0	134.5	74.1	98.8	83.8	64.7	46.8	420	447	—	—	—	—	—	—
133.0	135.5	74.7	99.2	84.0	65.2	47.5	423	450	—	—	—	—	—	—
134.0	136.6	75.1	99.4	84.1	65.5	47.9	426	453	—	—	—	—	—	—
135.0	137.6	75.6	99.7	84.3	65.8	48.4	429	456	—	—	—	—	—	—
136.0	138.6	76.1	100.0	84.5	66.2	48.9	431	459	—	—	—	—	—	—
137.0	139.7	76.6	100.2	84.6	66.4	49.2	434	463	—	—	—	—	—	—
138.0	140.7	77.0	100.5	84.8	66.8	49.8	437	466	—	—	—	—	—	—
139.0	141.8	77.5	100.8	84.9	67.1	50.3	440	469	—	—	—	—	—	—
140.0	142.8	77.9	101.0	85.0	67.4	50.6	444	472	—	—	—	—	—	—
141.0	143.9	78.4	101.3	85.2	67.7	51.1	447	476	—	—	—	—	—	—
142.0	144.9	78.8	101.5	85.3	67.9	51.5	451	479	—	—	—	—	—	—
143.0	146.0	79.2	101.7	85.4	68.2	51.8	454	482	—	—	—	—	—	—
144.0	147.0	79.7	102.0	85.6	68.5	52.3	458	485	—	—	—	—	—	—
145.0	148.1	80.1	102.2	85.7	68.8	52.7	461	488	—	—	—	—	—	—
146.0	149.1	80.5	102.5	85.8	69.1	53.2	465	492	—	—	—	—	—	—
147.0	150.2	80.8	102.6	85.9	69.3	53.4	469	495	—	—	—	—	—	—
148.0	151.2	81.2	102.9	86.1	69.6	53.9	473	499	—	—	—	—	—	—
149.0	152.3	81.6	103.1	86.2	69.8	54.2	477	502	—	—	—	—	—	—
150.0	153.3	82.0	103.3	86.3	70.1	54.6	480	506	—	—	—	—	—	—
151.0	154.3	82.3	103.5	86.4	70.3	54.9	483	509	—	—	—	—	—	—
152.0	155.4	82.7	103.7	86.6	70.6	55.3	488	513	—	—	—	—	—	—
153.0	156.4	83.0	103.9	86.7	70.8	55.6	492	516	—	—	—	—	—	—
154.0	157.5	83.3	104.1	86.8	71.0	56.0	496	520	—	—	—	—	—	—
155.0	158.5	83.7	104.3	86.9	71.3	56.3	500	524	—	—	—	—	—	—
156.0	159.6	84.0	104.5	87.0	71.5	56.6	504	527	—	—	—	—	—	—
157.0	160.6	84.3	104.7	87.1	71.7	57.0	509	530	—	—	—	—	—	—
158.0	161.7	84.6	104.8	87.2	71.9	57.2	513	534	—	—	—	—	—	—
159.0	162.7	84.9	105.0	87.3	72.1	57.5	518	537	—	—	—	—	—	—
160.0	163.8	85.2	105.2	87.4	72.3	57.9	522	541	—	—	—	—	—	—
161.0	164.8	85.5	105.3	87.5	72.5	58.0	527	545	—	—	—	—	—	—
162.0	165.9	85.8	105.5	87.6	72.7	58.4	531	549	—	—	—	—	—	—

续表

硬度							抗拉性能 (MPa)							
布氏	维氏	洛氏		表面洛氏			黄铜		铍青铜					
HB $30D^2$	HV	HRB	HRF	HR 15T	HR 30T	HR 45T	板材	棒材	板材			棒材		
							σ_b	σ_b	σ_b	$\sigma_{0.2}$	$\sigma_{0.01}$	σ_b	$\sigma_{0.2}$	$\sigma_{0.01}$
163.0	166.9	86.0	105.6	87.6	72.8	58.5	535	553	—	—	—	—	—	—
164.0	168.0	86.3	105.8	87.7	73.1	58.9	540	556	—	—	—	—	—	—
165.0	169.0	86.6	106.0	87.9	73.3	59.2	545	560	—	—	—	—	—	—
166.0	170.1	86.8	106.1	87.9	73.4	59.4	550	564	—	—	—	—	—	—
167.0	171.1	87.1	106.3	88.0	73.7	59.7	555	568	—	—	—	—	—	—
168.0	172.1	87.4	106.4	88.1	73.8	59.9	560	572	—	—	—	—	—	—
169.0	173.2	87.6	106.5	88.1	73.9	60.1	565	576	—	—	—	—	—	—
170.0	174.2	87.9	106.7	88.2	74.1	60.4	570	580	545	467	326	649	367	285
171.0	175.3	88.1	106.8	88.3	74.2	60.6	575	583	548	470	329	652	371	288
172.0	176.3	88.4	107.0	88.4	74.5	61.0	580	587	551	473	330	654	375	291
173.0	177.4	88.6	107.1	88.5	74.6	61.1	585	591	555	477	333	657	379	294
174.0	178.4	88.8	107.2	88.5	74.7	61.3	590	595	558	480	335	660	382	297
175.0	179.5	89.1	107.4	88.6	75.0	61.6	596	599	561	483	337	662	386	300
176.0	180.5	89.3	107.5	88.7	75.1	61.8	601	603	565	486	340	665	390	303
177.0	181.6	89.6	107.7	88.8	75.3	62.2	607	607	568	489	342	668	394	306
178.0	182.6	89.8	107.8	88.9	75.4	62.3	612	612	571	493	345	670	398	308
179.0	183.7	90.0	107.9	88.9	75.6	62.5	618	616	575	496	347	673	402	311
180.0	184.7	90.3	108.1	89.0	75.8	62.8	624	620	578	499	349	676	406	314
181.0	185.8	90.5	108.2	89.1	75.9	63.0	630	624	581	503	352	678	410	317
182.0	186.8	90.8	108.4	89.2	76.1	63.4	635	628	584	506	354	681	414	320
183.0	187.8	91.0	108.5	89.3	76.3	63.5	640	633	587	510	357	684	418	323
184.0	188.9	91.3	108.7	89.4	76.5	63.9	646	636	591	513	359	686	422	326
185.0	189.9	91.5	108.8	89.4	76.6	64.1	653	640	594	516	361	688	426	329
186.0	191.0	91.8	109.0	89.5	76.9	64.4	659	645	597	520	364	691	430	330
187.0	192.0	92.0	109.1	89.6	77.0	64.6	665	649	601	523	366	694	433	333
188.0	193.1	92.3	109.2	89.7	77.1	64.7	671	653	604	527	389	697	437	336
189.0	194.1	92.5	109.4	89.8	77.3	65.1	677	658	608	530	371	700	441	339
190.0	195.2	92.8	109.5	89.8	77.5	65.3	684	662	611	533	373	703	445	342
191.0	196.2	93.1	109.7	89.9	77.7	65.6	689	667	614	536	376	705	449	345
192.0	197.3	93.3	109.8	90.0	77.8	65.8	696	671	618	539	378	708	453	348
193.0	198.3	93.6	110.0	90.1	78.0	66.1	702	676	621	542	380	711	457	351
194.0	199.4	93.9	110.2	90.2	78.3	66.5	709	680	625	546	382	714	461	353
195.0	200.4	94.2	110.3	90.3	78.4	66.6	715	685	628	549	384	717	465	356
196.0	201.5	94.4	110.4	90.3	78.5	66.8	722	688	631	553	387	720	469	359
197.0	202.5	94.7	110.6	90.4	78.8	67.2	729	693	634	556	389	723	473	362
198.0	203.5	95.0	110.8	90.6	79.0	67.5	735	698	637	559	392	726	477	365
199.0	204.6	95.3	111.0	90.7	79.2	67.8	742	702	641	563	394	729	481	368

续表

硬 度							抗拉性能 (MPa)								
布氏	维氏	洛氏		表面洛氏			黄铜		铍青铜						
HB $30D^2$	HV	HRB	HRF	HR 15T	HR 30T	HR 45T	板材	棒材	板材			棒材			
							σ_b	σ_b	σ_b	$\sigma_{0.2}$	$\sigma_{0.01}$	σ_b	$\sigma_{0.2}$	$\sigma_{0.01}$
200.0	205.6	95.6	111.1	90.7	79.4	68.0	749	707	644	566	396	732	484	371
201.0	206.7	95.9	111.3	90.8	79.6	68.4	—	—	648	570	399	735	488	374
202.0	207.7	96.2	111.5	90.9	79.8	68.7	—	—	651	573	401	737	492	376
203.0	208.8	96.5	111.7	91.1	80.1	69.0	—	—	654	576	404	740	496	378
204.0	209.8	96.8	111.8	91.2	80.2	69.2	—	—	658	580	406	743	500	381
205.0	210.9	97.2	112.1	91.3	80.5	69.7	—	—	661	583	408	746	504	384
206.0	211.9	97.5	112.2	91.4	80.7	69.9	—	—	665	586	411	749	508	387
207.0	212.9	97.8	112.4	91.5	80.9	70.2	—	—	668	589	413	752	512	390
208.0	214.0	98.1	112.6	91.6	81.1	70.6	—	—	672	592	416	755	516	393
209.0	215.0	98.4	112.7	91.7	81.3	70.8	—	—	675	596	418	758	520	396
210.0	216.1	98.8	113.0	91.8	81.6	71.3	—	—	679	599	420	761	524	398
211.0	217.2	17.8	59.1	67.8	38.7	17.1	—	—	682	602	423	764	528	401
212.0	218.2	18.0	59.2	67.9	38.9	17.3	—	—	685	606	425	767	532	404
213.0	219.3	18.2	59.3	68.0	39.0	17.6	—	—	688	609	428	770	535	407
214.0	220.3	18.4	59.4	68.2	39.2	17.8	—	—	692	613	430	774	539	410
215.0	221.3	18.6	59.5	68.3	39.4	18.0	—	—	695	616	431	777	543	413
216.0	222.4	18.8	59.6	68.4	39.6	18.3	—	—	699	619	434	780	547	416
217.0	223.4	18.9	59.7	68.4	39.7	18.4	—	—	702	623	436	783	551	419
218.0	224.5	19.1	59.8	68.5	39.9	18.6	—	—	706	626	438	786	555	421
219.0	225.5	19.3	59.9	68.7	40.1	18.9	—	—	709	630	441	788	559	424
220.0	226.6	19.5	60.0	68.8	40.3	19.1	—	—	713	633	443	792	563	427
221.0	227.6	19.7	60.1	68.9	40.5	19.3	—	—	716	635	446	795	567	430
222.0	228.7	19.9	60.2	69.0	40.7	19.6	—	—	720	639	448	798	571	432
223.0	229.7	20.0	60.2	69.1	40.8	19.7	—	—	723	642	450	801	575	435
224.0	230.8	20.2	60.3	69.2	40.9	19.9	—	—	727	645	453	804	579	438
225.0	231.8	20.4	60.4	69.3	41.1	20.1	—	—	730	649	455	808	583	441
226.0	232.9	20.6	60.5	69.4	41.3	20.4	—	—	734	652	458	811	586	443
227.0	233.9	20.8	60.6	69.5	41.5	20.6	—	—	736	656	460	814	590	446
228.0	235.0	20.9	60.7	69.6	41.6	20.7	—	—	740	659	462	817	594	449
229.0	236.0	21.1	60.8	69.7	41.8	21.0	—	—	743	662	465	821	597	452

第三节 金属焊接

金属饰面工程施工中，金属连接主要的方式之一是焊接。因此，焊接的质量直接影响到金属饰面工程的质量。从事金属饰面工程技术人员应该了解焊接工艺的施工要点及质量检验标准，这样才能保证金属饰面工程的质量。

在金属饰面工程施工中，常用的焊接方法有三种：一是焊条电弧焊，一是钨极氩弧焊，还有气焊。

金属饰面装饰中常用三种焊接方法，比较见表1-22。

常用三种焊接方法比较　　表1-22

焊接方法	焊条电弧焊	钨极氩弧焊(TIG)	CO_2 气体保护焊
焊接设备	交、直流电弧焊机	TIG焊机	CO_2 焊机
焊接位置	平、立、横、仰	平、立、仰	平、立、横、仰
母材及厚度	低碳钢、高强度钢、不锈钢、特种钢、铜合金、铸铁等 焊件厚度在1.6mm以上	低碳钢、不锈钢、特种钢、铝、铜、钛及其合金等 焊件厚度在0.5mm以上	低碳钢、高强度钢、特种钢等 焊件厚度在1.6mm以上
焊接材料	焊条	焊丝、氩气	CO_2 气焊用焊丝、CO_2
焊接辅具	焊钳	导电嘴、钨极	导电嘴、喷嘴
焊接装置操作范围	焊钳和焊机间距50m以下	焊枪与焊机间距4～8m	焊枪与送丝装置间距3m；送丝装置与焊机间距25m以下
备注	灵活性高，薄板、厚板都能焊，效率低	适用于各种金属焊接，质量好，效率低	薄板、厚板均能焊接，效率高，焊缝外观稍差

一、焊条电弧焊

(一) 不锈钢焊条电弧焊

1. 不锈钢焊缝的坡口形式与尺寸

奥氏体不锈钢焊缝的坡口形式与尺寸，见表1-23。

奥氏体不锈钢焊缝的坡口形式与尺寸　　表1-23

	板　厚	钢　板　对　接
对接接头	≤1.2	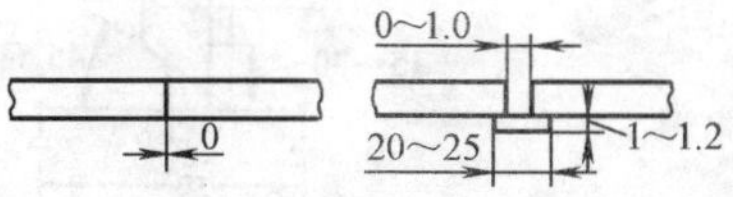 0 0～1.0　20～25　1～1.2

续表

	板厚	钢板对接
对接接头	1.2～6	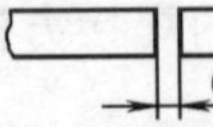 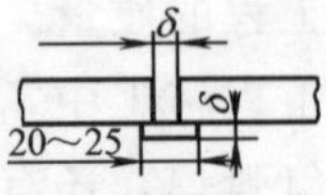 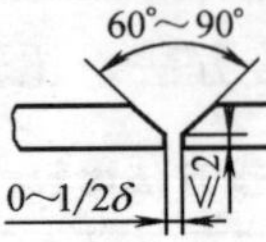 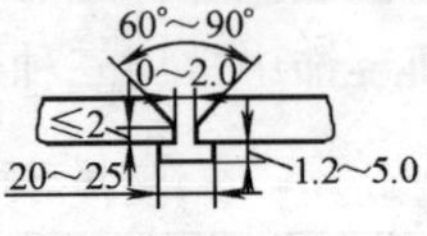 δ; 0～1/2δ; δ; 20～25; 60°～90°; 0～1/2δ; ≤2; 60°～90°; 0～2.0; ≤2; 20～25; 1.2～5.0
	6～12	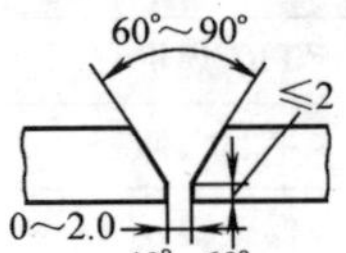 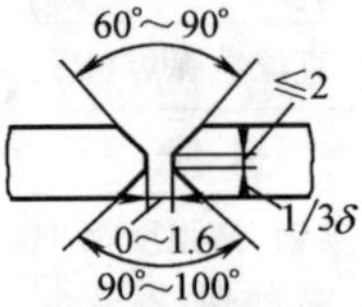 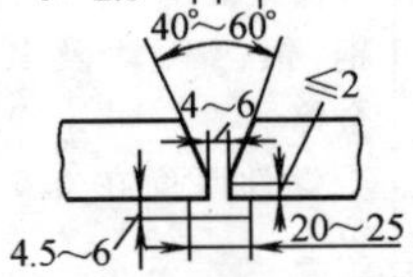 60°～90°; ≤2; 0～2.0; 60°～90°; ≤2; 1/3δ; 0～1.6; 90°～100°; 40°～60°; 4～6; ≤2; 4.5～6; 20～25
	12～25	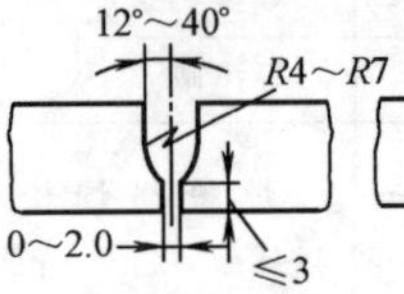 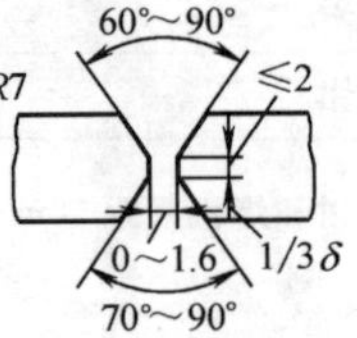 12°～40°; R4～R7; 0～2.0; ≤3; 60°～90°; ≤2; 0～1.6; 1/3δ; 70°～90°
	≥25	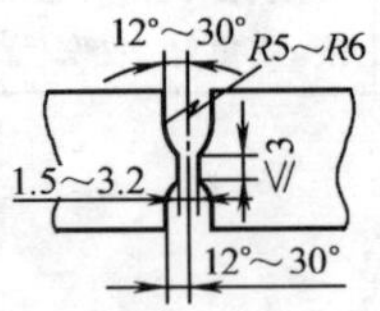 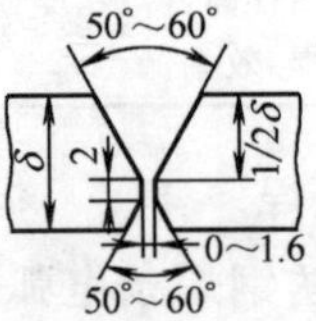 12°～30°; R5～R6; ≤3; 1.5～3.2; 12°～30°; 50°～60°; δ; 2; 1/2δ; 0～1.6; 50°～60°
T形接头	≤12	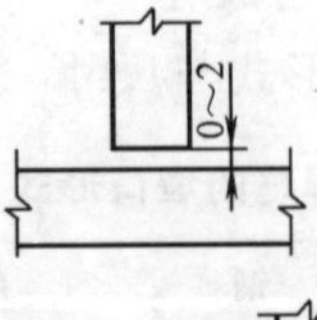 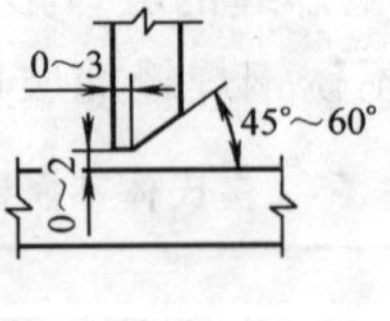 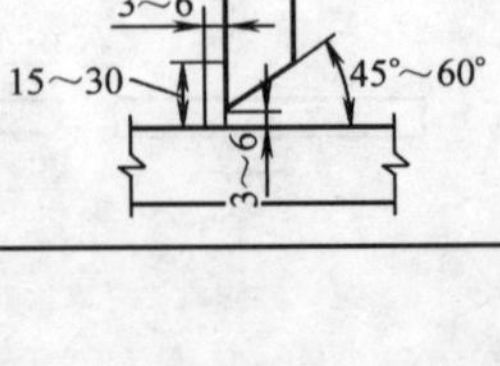 0～2; 0～3; 45°～60°; 0～2; 3～6; 15～30; 45°～60°; 3～6

续表

	板 厚	钢 板 对 接
T形接头	>12	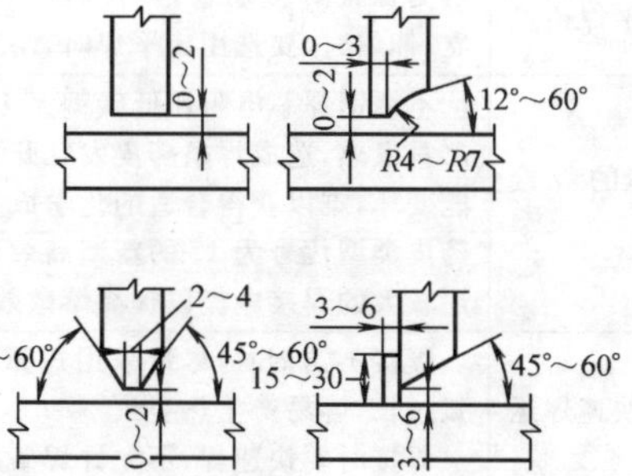 0~2 0~3 0~2 12°~60° R4~R7 2~4 45°~60° 45°~60° 0~2 3~6 15~30 45°~60° 3~6

2. 不锈钢焊条电弧焊的施焊要点

不锈钢焊条电弧焊的施焊要点，见表 1-24。

不锈钢焊条电弧焊的施焊要点　　表 1-24

施焊要点	简 要 说 明
根据不同类别的不锈钢实际工作条件选用焊条	焊接在高温工作的耐热不锈钢的焊条，应满足焊缝金属的抗热裂纹性能和焊接接头的高温性能 对 Cr/Ni≥1 的奥氏体耐热钢，一般均采用奥氏体-铁素体不锈钢焊条。焊缝金属中含体积分数为 2%~5%的铁素体为宜。铁素体含量过低时，焊缝金属抗裂性差；铁素体含量过高时，在高温长期使用或热处理时易产生 σ 脆化相，造成焊缝金属裂纹 对 Cr/Ni<1 的稳定型奥氏体耐热钢，在保证焊缝金属具有与母材化学成分大致相近的同时，还要在焊缝金属中增加 Mo、W、Mn 等元素的含量，既保证焊缝金属的热强性，又提高焊缝的抗裂性
根据不同类别的不锈钢实际工作条件选用焊条	对在腐蚀介质中工作的耐蚀不锈钢，应按腐蚀介质和工作温度选择焊条： 1. 工作温度在 300℃以上，介质腐蚀性较强的焊件，需选用含有 Ti 或 Nb 稳定化元素或超低碳的不锈钢焊条 2. 焊件内腐蚀介质含有稀硫酸或盐酸时，应选用含 Mo 或含 Mo 和 Cu 的不锈钢焊条 3. 在常温下工作，介质腐蚀性弱或仅为避免锈蚀污染的焊件，可选用不含 Ti 或 Nb 的不锈钢焊条 总之，选用不锈钢焊条时，还要考虑含碳量，即熔敷金属的含碳量不高于母材的含碳量，药皮类型代号为 17 或 16 的焊条

续表

<table>
<tr><th>施焊要点</th><th>简要说明</th></tr>
<tr><td>尽量采用平焊位置</td><td>为保证焊接质量，焊接时应尽量采用平焊位置，当必须进行立、仰焊时，要选用比平焊时直径小的焊条</td></tr>
<tr><td>选用较小的焊接电流</td><td>不锈钢焊芯电阻比低碳钢大4～5倍，焊接时焊芯会因电阻热严重发热，造成焊条药皮发红开裂，使后半根焊条的焊接工艺性能变坏，难以获得合适的化学成分及造成不可避免的焊接缺陷，药皮类型代号为17的新型高效不锈钢焊条（如E316-17），可采用较大的焊接电流以提高熔敷效率</td></tr>
<tr><td>采用短弧快速焊运条方法</td><td>焊接不锈钢时，尽量采用短弧焊接，弧长以2～3mm为宜，电弧过长，容易产生热裂纹
焊接时要快速焊，不允许焊条作横向摆动，目的是提高焊缝金属抗晶间腐蚀能力和减少产生热裂纹的倾向</td></tr>
<tr><td>加强焊道清渣</td><td>多层焊时，每焊完一层焊缝后，都应彻底清除焊渣，且必须使用不锈钢钢丝刷，禁止使用碳素钢钢丝刷</td></tr>
<tr><td>焊前焊条要进行烘干，烘干后的焊条要保管好，以免再次受潮</td><td>在用吸潮的焊条焊接马氏体不锈钢及铁素体不锈钢时，容易产生延迟裂纹；焊接奥氏体不锈钢时，焊缝表面易产生气孔或凹坑缺陷，所以，不锈钢焊条焊前要进行烘干，烘干温度如下：
<table>
<tr><th>焊条类别</th><th>药皮类型</th><th>烘干温度(℃)</th><th>保温时间(min)</th></tr>
<tr><td rowspan="2">铬不锈钢</td><td>低氢型</td><td>300～350</td><td rowspan="4">30～60</td></tr>
<tr><td>钛钙型</td><td>200～250</td></tr>
<tr><td rowspan="3">奥氏体不锈钢</td><td>低氢型</td><td>200～300</td></tr>
<tr><td>钛钙型</td><td>150～250</td></tr>
<tr><td>钛酸型</td><td>280～350</td><td>60</td></tr>
</table>
焊条烘干不得超过3次，以免药皮变质开裂影响焊接质量。烘干后的焊条，应立即放在焊条保温筒内，以免再次吸潮。在露天大气存放时间，普通低氢型焊条不应超过4～8h，抗拉强度大于590MPa以上的低氢型高强度钢焊条应在1.5h以内</td></tr>
<tr><td>焊前做好预热处理</td><td>铬不锈钢的预热，主要是为了避免马氏体和粗大铁素体造成的组织硬化和脆化
铁素体不锈钢采用奥氏体不锈钢焊条焊接时，预热可以免除
焊接奥氏体不锈钢时，可不必预热</td></tr>
<tr><td>焊后要及时进行热处理</td><td>铬不锈钢焊后热处理的目的，是改善热影响区和焊缝金属的力学性能以及防止产生延迟裂纹
马氏体不锈钢焊后热处理的目的，是恢复塑性、韧性，得到良好的力学性能
铁素体不锈钢可通过焊后热处理恢复塑性
奥氏体不锈钢的焊后热处理通常是进行固溶处理和消除应力处理</td></tr>
</table>

3. 不锈钢焊条电弧焊接参数

（1）不锈钢焊条推荐焊接电流范围，见表 1-25。

不锈钢焊条推荐焊接电流范围　　表 1-25

焊条种类		焊接位置	焊条直径(mm)			
			2.5	3.2	4	5
马氏体型 铁素体型	G202、G207 等	平、横	75～85	75～115	100～145	135～180
		立、仰	50～80	65～105	95～140	—
奥氏体型	A102、A307 等	平、横	50～85	75～115	95～145	135～180
		立、仰	45～80	65～105	85～135	—
	A102A 等	平、横	50～85	70～130	95～160	150～220

（2）不锈钢焊前预热及焊后热处理，见表 1-26。

不锈钢焊前预热及焊后热处理　　表 1-26

类别	钢号	焊条类别	预热及层间温度(℃)	焊后热处理(℃)
马氏体不锈钢	1Cr13 2Cr13	铬不锈钢焊条	300～350	700～750 空冷
		奥氏体不锈钢焊条	200～300	—
	1Cr17Ni2	铬不锈钢焊条	300～350	700～750 空冷
		奥氏体不锈钢焊条	200～300	—
铁素体不锈钢	00Cr12	铬不锈钢焊条	200～300	700～760 空冷
		奥氏体不锈钢焊条	150～300	—
	1Cr17 0Cr13Al	铬不锈钢焊条	100～200	700～760 空冷
		奥氏体不锈钢焊条	70～150	—
奥氏体不锈钢	奥氏体型不锈钢	奥氏体不锈钢焊条	—	1050～1100℃固溶化热处理，然后迅速冷却，对含有Ti、Nb等元素不锈钢的稳定化处理为850 ～ 950℃，保温 2h

（二）铝及铝合金的焊条电弧焊

铝及铝合金由于导热性好、热容量大、线胀系数大、熔点低、极易氧化、高温强度及塑性低等特点，所以很少采用焊条电弧焊方法焊接铝及铝合金，只是少量地用在铸件的补焊上。

铝及铝合金焊条电弧焊的施焊要点，见表 1-27。

铝及铝合金焊条电弧焊的施焊要点　　表 1-27

施焊要点	简要说明
焊前烘干焊条	铝及铝合金焊条药皮是以氯化物和氟化物为主的盐基型，极易吸潮，所以焊前应在 150℃左右烘干 1～2h 再使用
焊前仔细清理焊件待焊处	焊件焊前必须仔细清理待焊处表面的油污、氧化物等，防止在焊接过程中焊缝产生夹渣及气孔等焊接缺陷
焊件焊前要预热	铝及铝合金导热性好，焊接时不仅要求大的焊接热输入，而且还要将焊件预热到 200～300℃
焊接时，焊缝背面加垫板	铝及铝合金固态和液态色泽不易区别，焊接时掌握温度较困难。同时，铝及铝合金在高温时强度很低，焊接过程中容易引起金属塌陷或下漏，为此，焊接时焊缝背面要采用垫板
焊接操作正确	焊接过程中，焊条要垂直焊件表面，电弧尽可能短，焊条不作横向摆动，更换焊条必须迅速
控制焊接变形	铝及铝合金线膨胀系数比铁大 1 倍，凝固时收缩率比铁大 2 倍。所以，焊接变形较大，应采用适当的焊接工艺措施减少焊接变形和避免产生焊接裂纹
焊后去除焊渣	应及时清理干净，焊后停留在焊缝及附近的残存焊渣，否则在空气、水分作用下焊渣会破坏具有防腐作用的氧化铝薄膜

（三）铜及铜合金焊条电弧焊

1. 铜及铜合金焊缝的坡口形式

铜及铜合金焊缝的坡口形式，见表 1-28。

铜及铜合金焊缝的坡口形式　　表 1-28

焊接方法 / 板厚及坡口尺寸（mm） / 坡口形式	焊条电弧焊			
	板厚	根部间隙 b	钝边 p	角度 α(°)
(α, δ, p, b)	5～10	0～2	1～3	60～70

续表

坡口形式 \ 板厚及坡口尺寸(mm) \ 焊接方法	焊条电弧焊			
	板厚	根部间隙 b	钝边 p	角度 α(°)
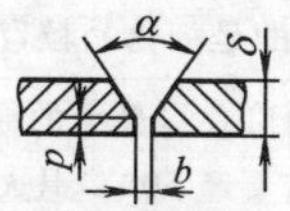 (V形坡口图示：α、δ、p、b)	—	—	—	—
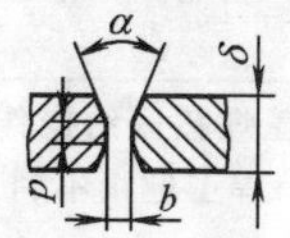 (V形坡口图示：α、δ、p、b)	10～20	0～2	1.5～2	60～80

2. 铜及铜合金焊条电弧焊的施焊要点

铜及铜合金焊条电弧焊的施焊要点，见表 1-29。

铜及铜合金焊条电弧焊的施焊要点　　表 1-29

<table>
<tr><th>施焊要点</th><th colspan="2">简要说明</th></tr>
<tr><td>焊前焊条要烘干</td><td colspan="2">铜及铜合金焊接时，易产生氢气孔，氢、氧同时存在也能形成气孔，使晶界产生裂纹。所以，焊前焊条应严格经 200～250℃烘干 2h，较彻底地去除药皮中吸附的水分</td></tr>
<tr><td>焊前仔细清理焊件待焊处</td><td colspan="2">铜及铜合金在焊前应仔细地清理待焊处表面的油污、氧化铜、潮气等，目的是减少或避免焊缝产生夹渣，避免焊缝出现气孔</td></tr>
<tr><td rowspan="8">焊件焊前要预热</td><td colspan="2">焊前预热的目的是使焊件获得足够的能量，保证焊缝的良好成形及随后的冷却中气体充分地析出，预热温度要根据母材的热导率和焊件的厚度来确定，详见下表</td></tr>
<tr><td>材料类别</td><td>预热温度(℃)</td></tr>
<tr><td>纯铜(δ=4～40mm)</td><td>300～600
(最高 750～800)</td></tr>
<tr><td>黄铜</td><td>200～400</td></tr>
<tr><td>锡青铜、硅青铜</td><td>小于 200</td></tr>
<tr><td>磷青铜</td><td>不小于 250</td></tr>
<tr><td>铝青铜(厚板)</td><td>600～650</td></tr>
<tr><td>白铜</td><td>不预热，层间温度<70</td></tr>
</table>

续表

施焊要点	简 要 说 明
制定合理的焊接工艺	铜及铜合金焊接时，应采用直流反接电源，预热温度要高，焊接电流要小，短弧施焊，焊条不作横向摆动，尽量使焊缝窄而薄，对有坡口的焊道，焊条摆动的宽度应小于两倍焊条直径 焊后允许用小圆头锤锤击焊缝，目的是细化晶粒，消除应力
焊后热处理	磷青铜焊后加热至500℃快速冷却可获得最大的韧性 w(Al)>7%的铝青铜厚板，焊后需要经600℃退火处理 在海水或氨气介质中工作的黄铜焊件焊后需经300～400℃退火处理
焊接时加强通风	铜及铜合金焊接时，烟雾较大，覆盖焊接区给操作带来困难，特别是黄铜焊接，锌元素大量蒸发，对焊工健康不利，所以，焊接处应加强通风，以防中毒
焊接接头设计合理	铜的线膨胀系数比铁大15%，而收缩率比铁大1倍以上，冷却凝固时变形量较大，所以焊接接头间隙、坡口角度要大

二、钨极氩弧焊（TIG）

（一）钨极氩弧焊（TIG）焊接技术

1. TIG焊焊接工艺

TIG焊焊接过程中，焊工应是左手握焊丝，右手握焊枪，用食指和拇指勾夹住焊枪，其余三指触及管壁作为支点运弧。钨极应伸出焊枪喷嘴端面6～9mm，电弧长度保持在2～4mm，使电弧达到稳定地燃烧。焊枪喷嘴与焊件的夹角，通常为70°～85°。焊丝与焊件的夹角较小，一般为10°～15°，如图1-1所示。

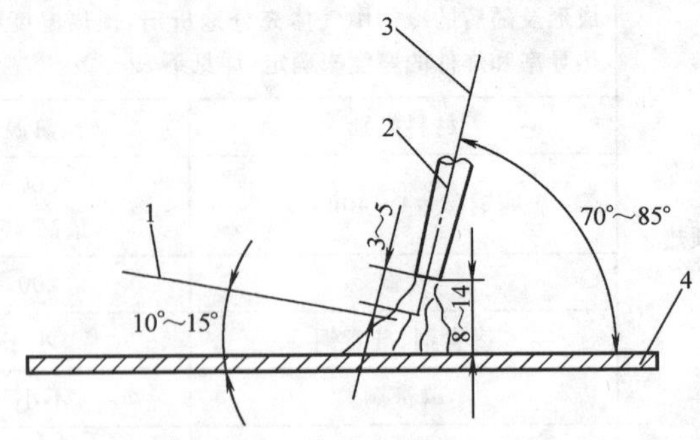

图1-1 焊丝、焊嘴与焊件的夹角

1—焊丝；2—喷嘴；3—钨极；4—焊件

2. TIG 焊引弧技术

TIG 焊有三种弧方法：接触引弧、高频引弧、高压脉冲引弧等。三种引弧方法的特点见表 1-30。

TIG 焊焊接引弧方法及特点 **表 1-30**

引弧方法	特　点
接触(短路)引弧	依靠钨极和引弧板或碳板块接触引弧，然后再将稳定的电弧从引弧板上过渡到焊缝上，这种引弧方法简单，容易掌握，特别适合初学者进行 TIG 焊时使用 缺点：引弧过程钨极损耗大，容易造成焊缝夹钨缺陷；同时还容易使钨极端部形状受到破坏，使焊接电弧不稳，对焊缝质量不利，应尽量少用接触引弧方法
高频引弧	高频引弧法是利用高频振荡器产生的高频高压击穿钨极与工件之间的间隙(3mm 左右)而引燃电弧的方法 高频振荡器工作时产生 150～260kHz、1500～3000V 高频高压电。高频振荡器与焊接回路有并联及串联两种连接方式。采用串联方式连接，因为没有分流回路，引弧可靠，目前多采用串联式连接引弧 缺点：焊接电缆或回路中其它电气元件容易被击穿；焊接引弧过程中，高频高压容易使焊工触电；高频高压电容易干扰无线电接收或其它电子仪器的正常工作。特别值得注意的是，在焊前调节焊枪喷嘴和钨极，以及停止焊接时，必须及时切断高频振荡器的电源，否则焊工有可能遭受严重的电击伤。同时高频振荡器还能使刚灭弧、尚没足够冷却的钨极，在更大的间隙条件下引弧
高压脉冲引弧	高压脉冲引弧法，是在钨极与工件之间加一高压脉冲，使两极间气体介质电离而引弧。高压脉冲引弧避免了高频高压电对人体的危害、对电子仪器零部件的击穿，以及对无线电接收系统工作的干扰。在交流钨极氩弧焊时，往往是既用高压脉冲引弧、又用高压脉冲稳弧

3. TIG 焊送丝技术

TIG 焊接时，根据焊件的位置、焊件的形状、根部间隙大小等，焊丝的送丝技术有多种。常用的焊丝送丝技术及应用，见表 1-31。

TIG焊焊丝送丝技术及应用　　　　表1-31

送丝方法	送丝技术及应用
连续送丝法	焊接时，焊丝连续熔化进入熔池的一种方法。常用于焊接坡口间隙小、钝边大的焊缝，要求焊工技术熟练，能控制焊缝背面成形及余高
断续点滴送丝法	焊接时，焊丝端部在气体保护区范围内前后往复移动2～2.5mm距离，一拉一送地把熔化的焊丝液体一滴一滴地加入熔池。焊枪可以作轻微摆动。这种送丝方法常用于坡口间隙大或坡口钝边小的薄板焊接及焊件的缺陷修复
紧贴法送丝	焊接前，将焊丝弯成弧形，紧贴在坡口间隙处，焊接过程中，让焊接电弧同时熔化坡口钝边和焊丝。这种送丝法常用在坡口根部间隙小于焊丝直径、焊接区域狭小、不方便或无法按正常送丝手法送丝的焊接

（二）不锈钢钨极氩弧焊（TIG）

1. 不锈钢钨极氩弧焊（TIG）焊缝的坡口形式与尺寸

不锈钢钨极氩弧焊（TIG）焊缝的坡口形式及尺寸，见表1-23（奥氏体不锈钢焊缝的坡口形式及尺寸）。

2. 不锈钢钨极氩弧焊（TIG）操作要点

不锈钢钨极氩弧焊（TIG）操作要点，见表1-32。

TIG焊操作技术　　　　表1-32

技术项目	焊接操作要点
合理选用焊枪喷嘴与焊件间倾角	焊接时多采用左向焊，板厚在3mm以上时，焊枪的倾角为70°～75°，这样的焊接操作，能够得到足够的熔深。板厚在3mm以下时，为防薄板焊件烧穿或焊缝背面出现焊瘤，焊枪喷嘴与焊件的倾角为50°～60°，这样焊接操作方便，焊接速度快。当焊枪喷嘴与焊件倾角为20°～30°时，焊缝区的气体保护效果减弱，焊缝表面有氧化现象
合理选用焊枪喷嘴直径、气体流量	焊枪喷嘴孔径一定时，增加保护气体流量时，气体保护效果会提高，当气体流量超过一定限度后，由于涡流现象使保护区卷入空气，降低了焊接过程中的气体保护作用。焊接电流和喷嘴直径、气体流量的关系见下表

续表

<table>
<tr><th>技术项目</th><th colspan="5">焊接操作要点</th></tr>
<tr><td rowspan="8">合理选用焊枪喷嘴直径、气体流量</td><td rowspan="2">焊接电流
(A)</td><td colspan="2">交流焊接</td><td colspan="2">直流焊接</td></tr>
<tr><td>喷嘴直径
(mm)</td><td>气体流量
(L/min)</td><td>喷嘴直径
(mm)</td><td>气体流量
(L/min)</td></tr>
<tr><td>10～100</td><td>8～9.5</td><td>6～8</td><td rowspan="2">4～9.5</td><td>4～5</td></tr>
<tr><td>101～150</td><td>9.5～11</td><td rowspan="2">7～10</td><td>4～7</td></tr>
<tr><td>151～200</td><td>11～13</td><td>6～13</td><td>6～8</td></tr>
<tr><td>201～300</td><td>13～16</td><td rowspan="2">8～15</td><td>8～13</td><td>8～9</td></tr>
<tr><td>301～500</td><td>16～19</td><td>13～16</td><td>9～12</td></tr>
<tr><td colspan="5">注:金属喷嘴最大允许焊接电流为500A,磁喷嘴最大允许焊接电流为300A</td></tr>
<tr><td>焊接速度适当</td><td colspan="5">焊接速度应以不破坏气流对焊接熔池的保护效果为前提,焊接速度过快,气体保护区将卷入空气,由于气体保护作用减弱,焊缝金属会出现不同程度的氧化</td></tr>
<tr><td>注意焊接接头气体保护效果</td><td colspan="5">从气体保护效果看,T形接头和对接接头的气体保护效果较好,角接接头和端接接头焊接过程中,因保护气体流散量较大,不仅气体保护效果差,而且浪费一些保护气体,使焊接成本增大。所以,角接接头、端接接头焊接时,应视具体情况设计保护气体挡板,既增大气体保护效果,又减少保护气体的流散</td></tr>
<tr><td>交流钨极氩弧焊时,在焊接回路串联电容,消除直流分量</td><td colspan="5">交流钨极氩弧焊时,会出现电弧电流不对称的现象。在钨极为阴极的半周,焊接电弧弧柱电导率高,电场强度小,电弧电压低而焊接电流大;在母材为阴极的半周中则情况恰好相反,电弧电压高而焊接电流小。这两半周电流的不对称,是由于直流分量的存在造成的。由于直流分量的存在,首先是使阴极去除氧化膜作用减弱,其次是电弧的稳定燃烧带来不利的影响
解决方法是在焊接回路中串联电容,因为该电容只允许交流电通过,而直流电不通过,起到了隔离直流分量的作用</td></tr>
<tr><td>仔细观察熔池变化情况,判断焊缝熔透程度</td><td colspan="5">在焊接过程中,通过仔细观察熔池的变化来判断焊缝是否焊透,以达到单面焊双面成形的目的。当填充焊丝上的一颗熔滴落入熔池时,熔池表面位置升高,随着电弧热量熔化母材,熔池表面将下降,表面积扩大;如果母材没焊透,则熔池不会下沉;如果熔池下沉过多,表示焊缝背面焊漏多,同时正面焊缝出现凹陷,这时熔池中的液体金属将由旋转变为不旋转,及时掌握熔池变化情况,就能控制焊缝熔透程度</td></tr>
</table>

续表

技术项目	焊接操作要点
直流钨极氩弧焊时，要根据焊件材料的特点选择焊接极性	在钨极氩弧焊采用直流反接时，焊件金属表面的氧化膜在焊接电弧作用下，能够被清除掉，可以获得成形美观的焊缝，这就是"阴极破碎"作用（也称为阴极雾化作用），焊缝的焊道宽、熔深小。因为直流反接时钨极是阳极，在电子轰击下，将迅速放出大量热量，容易使钨极烧损。所以，除了焊接铝、镁薄板需要利用直流反接的"阴极破碎"去除表面氧化膜外，其他材料焊接不采用直流反接方法焊接 直流正接时，焊件接正极，它没有去氧化膜的"阴极破碎"作用，但是它有很多的优点，如：焊件熔池深而窄，焊接生产率高；焊件变形小；钨极上产生的热比较小，不易过热；采用细直径钨极时，电流密度大，有利于电弧稳定；焊接过程中产生等离子气流，电弧有方向性等。所以，除了焊接铝、镁及其合金外，一般都采用直流正接法进行焊接

（三）铝及铝合金氩弧焊（TIG）

1. 铝及铝合金氩弧焊（TIG）焊接的坡口形式与尺寸

铝及铝合金手工 TIG 焊焊缝的坡口形式与尺寸，见表 1-33。

铝及铝合金手工 TIG 焊焊缝的坡口形式与尺寸　　表 1-33

壁厚 δ (mm)	坡口名称	坡口形式	尺寸			备注
			根部间隙 b(mm)	钝边 p(mm)	坡口角度 α(°)	
1～2	卷边	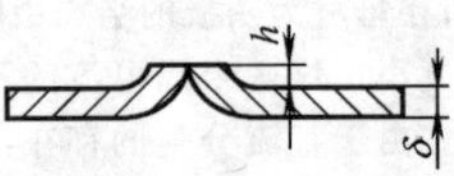 h, δ	—	—	—	$h=\delta+1$
3～6	I形坡口	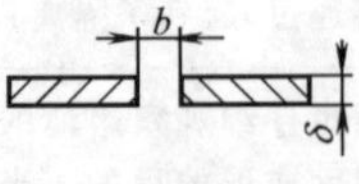 b, δ	0～1.5	—	—	—
6～20	Y形坡口	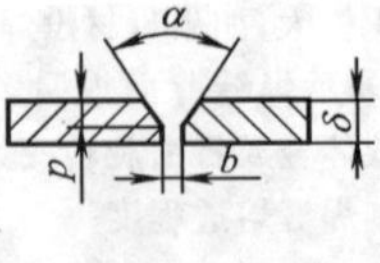 α, δ, p, b	0.5～2	2～3	75^{+5}_{0}	—

续表

壁厚δ (mm)	坡口名称	坡口形式	尺寸			备注
			根部间隙 b(mm)	钝边 p(mm)	坡口角度 α(°)	
4~12	V形带垫板坡口	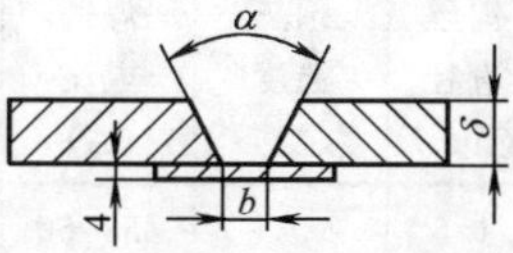	3	—	60^{+5}_{0}	垫板厚度4mm
>8	带钝边U形坡口	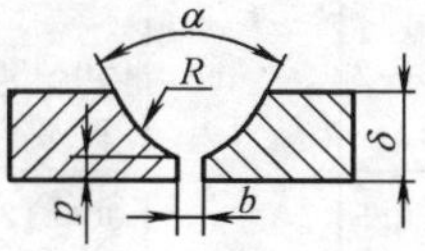	0~2	1.5~3	60±5	R=4~6
>14	双Y形坡口	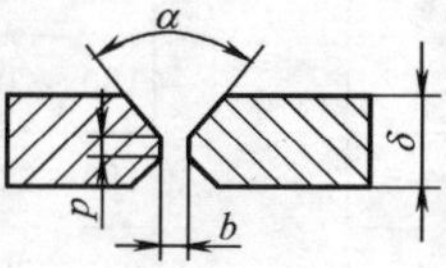	0~2	2~3	75±5	—
<3	T形接头	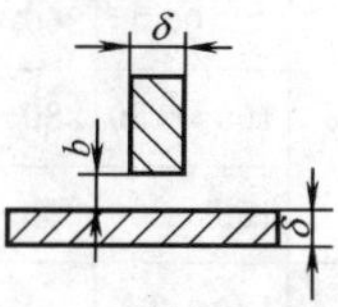	0.5	—	—	—
3~6			0.5~1.5			
6~8	单边Y形坡口T形接头	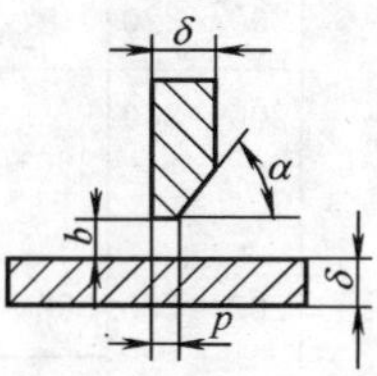	0.5~1.5	2	50^{+5}_{0}	—
8~10			1~2	2~3	50^{+5}_{0}	
8~25	双单边Y形坡口T形接头	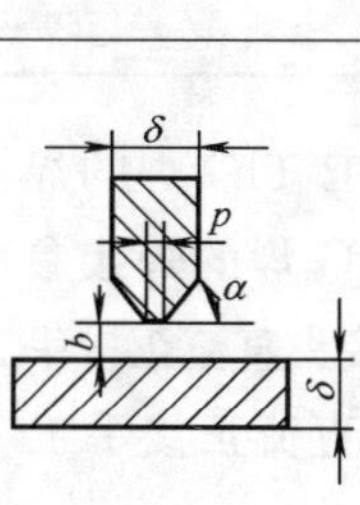	0~2	≤2	50^{+5}_{0}	—

2. 铝及铝合金手工 TIG 焊的焊接参数

（1）铝及铝合金手工 TIG 焊的焊接参数，见表 1-34。

铝及铝合金手工 TIG 焊的焊接参数　　表 1-34

<table>
<tr><th>坡口形式</th><th>板厚
(mm)</th><th>焊层数
正面/背面</th><th>钨极
直径
(mm)</th><th>焊丝
直径
(mm)</th><th>预热
温度
(℃)</th><th>焊接
电流
(A)</th><th>喷嘴
直径
(mm)</th><th>氩气流量
(L/min)</th></tr>
<tr><td>卷边焊</td><td>1</td><td rowspan="4">正 1</td><td rowspan="2">2</td><td>1.6</td><td rowspan="7">—</td><td>45～60</td><td rowspan="2">8</td><td rowspan="2">7～9</td></tr>
<tr><td>卷边或单面对接焊</td><td>1.5</td><td>1.6～2</td><td>50～80</td></tr>
<tr><td>对接焊</td><td>2</td><td>2～3</td><td>2～2.5</td><td>90～120</td><td rowspan="3">8～12</td><td rowspan="2">8～12</td></tr>
<tr><td rowspan="13">V 形坡口对接</td><td>3</td><td>3</td><td>2～3</td><td>150～180</td></tr>
<tr><td>4</td><td rowspan="3">1～2/1</td><td rowspan="2">4</td><td>3</td><td>180～200</td><td rowspan="2">10～15</td></tr>
<tr><td>5</td><td>3～4</td><td>180～240</td><td>10～12</td></tr>
<tr><td>6</td><td rowspan="3">5</td><td>4</td><td>240～280</td><td rowspan="3">14～16</td><td rowspan="3">16～20</td></tr>
<tr><td>8</td><td>2/1</td><td rowspan="3">4～5</td><td>100</td><td>260～320</td></tr>
<tr><td>10</td><td rowspan="3">3～4/1～2</td><td>100～150</td><td>280～340</td></tr>
<tr><td>12</td><td rowspan="2">5～6</td><td>150～200</td><td>300～360</td><td rowspan="4">16～20</td><td>18～22</td></tr>
<tr><td>14</td><td rowspan="6">5～6</td><td>180～200</td><td rowspan="2">340～380</td><td rowspan="2">20～24</td></tr>
<tr><td>16</td><td rowspan="3">4～5/1～2</td><td rowspan="4">6</td><td>200～220</td></tr>
<tr><td>18</td><td>200～240</td><td rowspan="2">360～400</td><td rowspan="3">25～30</td></tr>
<tr><td>20</td><td rowspan="3">200～260</td><td>20～22</td></tr>
<tr><td rowspan="2">X 形坡口对接</td><td>16～20</td><td>2～3/2～3</td><td>300～380</td><td>16～20</td></tr>
<tr><td>22～25</td><td>3～4/3～4</td><td>6～7</td><td>360～400</td><td>20～22</td><td>30～35</td></tr>
</table>

（2）铝及铝合金直流正接手工 TIG 焊的焊接参数

铝及铝合金直流正接手工 TIG 焊的焊接参数，见表 1-35。

（3）铝及铝合金 T 形、搭接接头直流正接手工 TIG 焊的焊接参数

铝及铝合金 T 形、搭接接头直流正接手工 TIG 焊的焊接参数，见表 1-36。

铝及铝合金直流正接手工 TIG 焊的焊接参数　　表 1-35

<table>
<tr><th>坡口形式</th><th>板厚
(mm)</th><th>焊层数</th><th>钨极
直径
(mm)</th><th>焊丝
直径
(mm)</th><th>焊丝
电流
(A)</th><th>电弧
电压
(V)</th><th>焊接
速度
(m/h)</th><th>气体
流量
(L/min)</th></tr>
<tr><td rowspan="6">I 形坡口</td><td>0.8</td><td rowspan="6">1</td><td rowspan="3">1</td><td>1.2</td><td>20</td><td>21</td><td>26</td><td>9.5</td></tr>
<tr><td>1</td><td rowspan="2">1.6</td><td>26</td><td rowspan="2">20</td><td>24.4</td><td rowspan="2">9.5</td></tr>
<tr><td>1.5</td><td>44</td><td>30</td></tr>
<tr><td>2.3</td><td rowspan="2">1.6</td><td>2.4</td><td>80</td><td>17</td><td>16.8</td><td>14.2</td></tr>
<tr><td>3.2</td><td>3.2</td><td>118</td><td>15</td><td>24.4</td><td>9.5</td></tr>
<tr><td>6.4</td><td rowspan="4">3.2</td><td rowspan="3">4</td><td>250</td><td rowspan="2">14</td><td>10.7</td><td>14.2</td></tr>
<tr><td>90°Y 形，
6.3mm 钝边</td><td>12.7</td><td rowspan="2">2</td><td>310</td><td>8.4</td><td>18.9</td></tr>
<tr><td>90°Y 形，
4.8mm 钝边</td><td>19</td><td>300</td><td>17</td><td>6.1</td><td rowspan="2">—</td></tr>
<tr><td>90°双面
V 形坡口</td><td>25.4</td><td>5</td><td>6.4</td><td>360</td><td>19</td><td>2.3</td></tr>
</table>

铝及铝合金 T 形、搭接接头直流正接手工 TIG 焊的焊接参数

表 1-36

<table>
<tr><th>焊接
位置</th><th>板厚
(mm)</th><th>焊脚尺
寸(mm)</th><th>钨极直径
(mm)</th><th>焊丝
直径
(mm)</th><th>焊接
电流
(A)</th><th>电弧
电压
(V)</th><th>焊接
速度
(m/h)</th><th>气体
流量
(L/min)</th></tr>
<tr><td rowspan="3">横</td><td>2.3</td><td rowspan="2">3.2</td><td rowspan="2">2.4</td><td rowspan="2">2.4</td><td>130</td><td rowspan="6">14</td><td>32</td><td rowspan="4">19</td></tr>
<tr><td>3.2</td><td>180</td><td>27</td></tr>
<tr><td rowspan="2">6.3</td><td rowspan="2">5</td><td rowspan="6">3.2</td><td rowspan="2">4</td><td>255</td><td>23</td></tr>
<tr><td>立</td><td>230</td><td>15</td></tr>
<tr><td rowspan="3">横</td><td rowspan="2">9.5</td><td>8</td><td>6.4</td><td>290</td><td>11</td><td rowspan="4">24</td></tr>
<tr><td>5</td><td>4</td><td>335</td><td>21</td></tr>
<tr><td rowspan="2">12.7</td><td rowspan="2">8</td><td rowspan="2">6.4</td><td rowspan="2">315</td><td rowspan="2">16</td><td>11</td></tr>
<tr><td>立</td><td>9</td></tr>
</table>

（四）铜及铜合金氩弧焊（TIG）

1. 铜及铜合金氩弧焊（TIG）焊缝的坡口形式及尺寸

铜及铜合金氩弧焊（TIG）焊缝的坡口形式及尺寸，见表 1-37。

铜及铜合金氩弧焊焊缝的坡口形式　　表 1-37

坡口形式（焊接方法／板厚及坡口尺寸（mm））	钨极手工氩弧焊			
	板厚	根部间隙 b	钝边 p	角度 α(°)
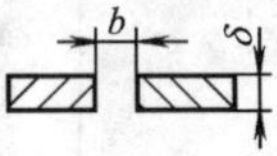 I形坡口（b, δ）	3	0～1.5	—	—
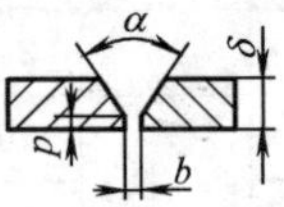 V形坡口（α, δ, p, b）	6	0～1.5	1.5	70～80
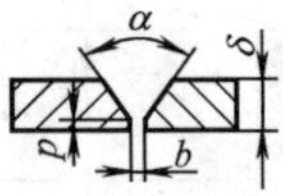 V形坡口（α, δ, p, b）	12～18	0～1.5	1.5～3.0	80～90
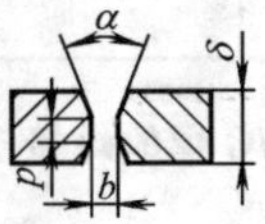 带垫板V形坡口（α, δ, p, b）	>24	0～1.5	1.5～3.0	80～90

2. 铜及铜合金手工氩弧焊（TIG）焊接参数

(1) 纯铜手工 TIG 焊的焊接参数

纯铜手工 TIG 焊的焊接参数，见表 1-38。

纯铜手工 TIG 焊的焊接参数　　表 1-38

板厚 (mm)	钨极直径 (mm)	焊丝直径 (mm)	焊接电流 (A)	喷嘴直径 (mm)	氩气流量 (L/min)	预热温度 (℃)	备　注
0.3～0.5	1	—	30～60	10	8～10	不预热	卷边接头
1	2	1.6～2	120～160	10	10～12	不预热	I形坡口
1.5	2～3	1.6～2	140～180	10	10～12	不预热	I形坡口
2	2～3	2	160～200	12	14～16	不预热	I形坡口
3	3～4	2	200～240	12	14～16	不预热	单面焊双面成形

续表

<table>
<tr><th>板厚
(mm)</th><th>钨极
直径
(mm)</th><th>焊丝
直径
(mm)</th><th>焊接电流
(A)</th><th>喷嘴
直径
(mm)</th><th>氩气流量
(L/min)</th><th>预热温度
(℃)</th><th>备　注</th></tr>
<tr><td>4</td><td rowspan="2">4</td><td>3</td><td>220～260</td><td rowspan="2">10～14</td><td rowspan="2">16～20</td><td>300～350</td><td rowspan="7">双面焊</td></tr>
<tr><td>5</td><td rowspan="2">3～4</td><td>240～320</td><td>350～400</td></tr>
<tr><td>6</td><td>4～5</td><td>280～360</td><td>14～18</td><td rowspan="2">20～22</td><td>400～450</td></tr>
<tr><td>10</td><td rowspan="4">5～6</td><td rowspan="4">4～5</td><td>340～400</td><td rowspan="3">16～20</td><td rowspan="4">450～500</td></tr>
<tr><td>12</td><td>360～420</td><td rowspan="2">22～26</td></tr>
<tr><td>14</td><td>380～440</td></tr>
<tr><td>20</td><td>400～460</td><td>20～22</td><td>24～28</td></tr>
</table>

(2) 铜合金手工 TIG 焊的焊接参数

铜合金手工 TIG 焊的焊接参数，见表 1-39。

铜合金手工 TIG 焊的焊接参数　　表 1-39

<table>
<tr><th>材料</th><th>板厚
(mm)</th><th>钨极
直径
(mm)</th><th>焊丝
直径
(mm)</th><th>焊接
电流
(A)</th><th>氩气
流量
(L/min)</th><th>喷嘴
直径
(mm)</th><th>备　注</th></tr>
<tr><td rowspan="7">铝青铜</td><td>≤1.5</td><td>1.5</td><td>1.5</td><td>25～80</td><td rowspan="2">10～16</td><td rowspan="2">10</td><td rowspan="3">I 形接头,焊前不预热</td></tr>
<tr><td>1.5～3</td><td>2.5</td><td>3</td><td>100～130</td></tr>
<tr><td>3</td><td rowspan="2">4</td><td rowspan="2">4</td><td>130～160</td><td rowspan="5">14～20</td><td rowspan="3">10～12</td></tr>
<tr><td>5</td><td>150～225</td><td rowspan="4">V 形接头，焊前预热 150℃</td></tr>
<tr><td>6</td><td rowspan="3">4～5</td><td rowspan="3">4～5</td><td>150～300</td></tr>
<tr><td>9</td><td>210～330</td><td>14～18</td></tr>
<tr><td>12</td><td>250～370</td><td>16～20</td></tr>
<tr><td rowspan="8">锡青铜</td><td>0.3～1.5</td><td rowspan="3">3</td><td>—</td><td>90～150</td><td rowspan="2">12～16</td><td rowspan="2">10</td><td>卷边接头,焊前不预热</td></tr>
<tr><td>1.5～3</td><td>1.5～2.5</td><td>100～150</td><td rowspan="2">I 形接头,焊前不预热</td></tr>
<tr><td>3</td><td>3</td><td>100～180</td><td rowspan="2">14～16</td><td>12</td></tr>
<tr><td>5</td><td rowspan="2">4</td><td rowspan="2">4</td><td>160～200</td><td rowspan="2">10～14</td><td rowspan="5">V 形接头,焊前不预热</td></tr>
<tr><td>7</td><td>210～250</td><td>16～20</td></tr>
<tr><td>12</td><td rowspan="2">5</td><td>5</td><td>260～300</td><td>20～24</td><td>16～20</td></tr>
<tr><td>19</td><td rowspan="2">6</td><td>310～380</td><td>22～26</td><td>20</td></tr>
<tr><td>25</td><td>6</td><td>400～450</td><td>26～30</td><td>22</td></tr>
</table>

续表

<table>
<tr><th>材料</th><th>板厚
(mm)</th><th>钨极
直径
(mm)</th><th>焊丝
直径
(mm)</th><th>焊接
电流
(A)</th><th>氩气
流量
(L/min)</th><th>喷嘴
直径
(mm)</th><th>备　注</th></tr>
<tr><td rowspan="8">硅青铜</td><td>1.5</td><td rowspan="2">3</td><td>2</td><td>100～130</td><td>8～10</td><td rowspan="2">10～12</td><td>I形接头,焊前不预热</td></tr>
<tr><td>3</td><td rowspan="2">2～3</td><td>120～160</td><td rowspan="2">12～16</td><td rowspan="7">V形接头,焊前不预热</td></tr>
<tr><td>4.5</td><td>3～4</td><td>150～220</td><td>12～14</td></tr>
<tr><td>6</td><td rowspan="3">4</td><td>3</td><td>180～250</td><td>16～20</td><td>14</td></tr>
<tr><td>9</td><td>3～4</td><td>250～300</td><td>18～22</td><td>16</td></tr>
<tr><td>12</td><td>4</td><td>270～330</td><td>20～24</td><td>16～18</td></tr>
<tr><td>20</td><td rowspan="2">5</td><td rowspan="2">4～5</td><td>300～350</td><td rowspan="2">22～26</td><td>20</td></tr>
<tr><td>25</td><td>320～370</td><td>22</td></tr>
<tr><td rowspan="5">白铜</td><td>3</td><td rowspan="5">4～5</td><td>1.5</td><td>310～320</td><td rowspan="5">12～16</td><td rowspan="2">10～12</td><td>I形接头,自动焊,焊接速度350～450mm/min</td></tr>
<tr><td><3</td><td>3</td><td rowspan="2">300～310</td><td>I形接头,手工焊,焊接速度130mm/min</td></tr>
<tr><td>3～9</td><td>3～4</td><td>12～14</td><td>V形接头,手工焊,焊接速度150mm/min</td></tr>
<tr><td><3</td><td rowspan="2">3</td><td rowspan="2">270～290</td><td>10～12</td><td>I形接头,手工焊,焊接速度130mm/min</td></tr>
<tr><td>3～9</td><td>12～14</td><td>V形接头,手工焊,焊接速度150mm/min</td></tr>
</table>

三、气焊

(一)气焊操作技术

1. 气焊的基本操作技术

气焊的基本操作技术，见表1-40。

气焊的基本操作技术　　　　表1-40

技术名称	示　意　图	说　明
焊件厚度与焊嘴倾角	α	焊嘴垂直于焊件表面($\alpha=90°$),热量较为集中,焊件吸收的热量大,随着夹角的减小,焊件吸收的热量逐渐下降。一般情况下,焊件愈厚,熔点和导热性愈高,则夹角愈大,反之则愈小

续表

技术名称	示意图	说明
左焊法	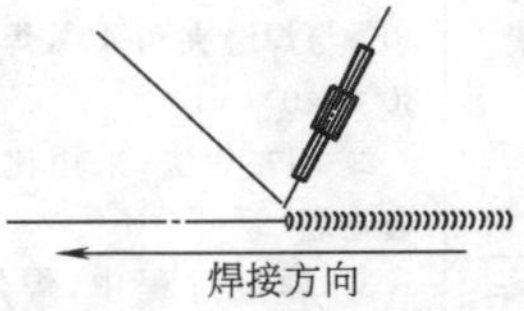 焊接方向	气焊过程中，焊丝与焊嘴从焊缝的右端向左端移动，焊接火焰指向未焊部分，焊丝位于火焰前方。应用最普遍 适于焊接厚3mm以下的薄板和易熔金属
右焊法	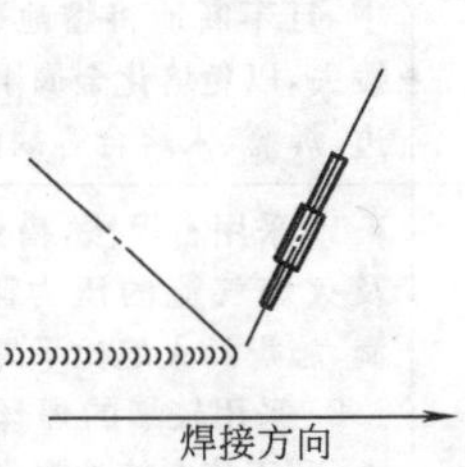 焊接方向	焊接过程中，焊丝与焊嘴从焊缝的左端向右端施焊，焊接火焰指向已焊部分，填充焊丝位于火焰的后方，使熔池冷却缓慢，有利于改善焊缝金属组织，减少气孔、夹渣的可能 适于焊接厚度较大、熔点较高的焊件 右焊法难度较大

2. 各种位置气焊的操作技术

各种位置气焊的操作技术，见表1-41。

各种位置气焊的操作技术　　　　表1-41

焊接位置	示意图	操作要求
平焊	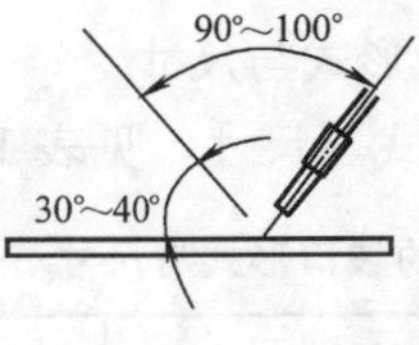 90°～100° 30°～40°	1. 依靠焊嘴与焊件表面夹角的大小调节焊件的热输入 2. 火焰焰芯末端与焊件表面应保持在2～6mm的距离内 3. 如果熔池温度过高，可用间断焊降低熔池温度
立焊	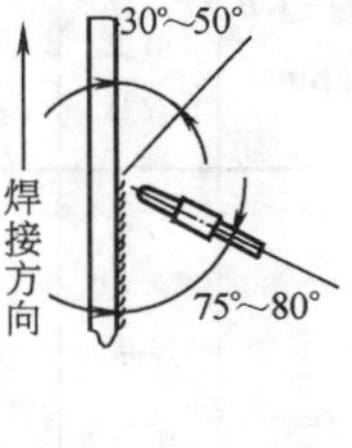 30°～50° 焊接方向 75°～80°	1. 采用比平焊时较小的火焰进行焊接 2. 严格控制熔池温度，熔池面积不宜太大，熔池的深度也要小些 3. 出现熔化金属将要下淌时，应立即移开火焰 4. 焊嘴与焊件夹角为75°～80°，焊丝与焊件夹角为30°～50°

续表

焊接位置	示意图	操作要求
横焊	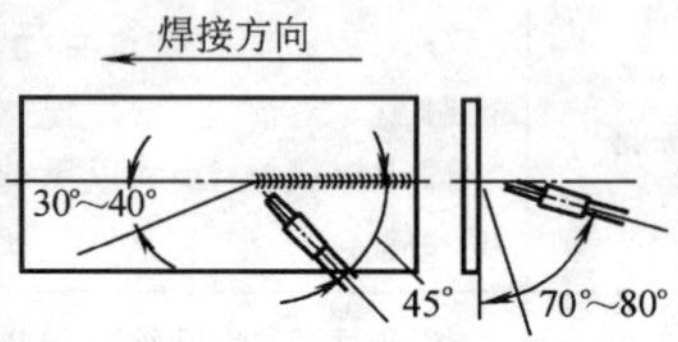 焊接方向 30°～40° 45° 70°～80°	1. 焊嘴与焊件下平面夹角70°～80°，与焊缝夹角45°，焊丝与焊缝夹角30°～40° 2. 用左焊法，采用比平焊时小的火焰施焊 3. 焊接过程中，焊炬一般不作摆动，当焊件较厚时，焊丝始终浸在熔池中，且不断地将熔池金属向熔池上方拨去，以免熔化金属下淌，从而避免咬边、焊瘤、未熔合等缺陷出现
仰焊	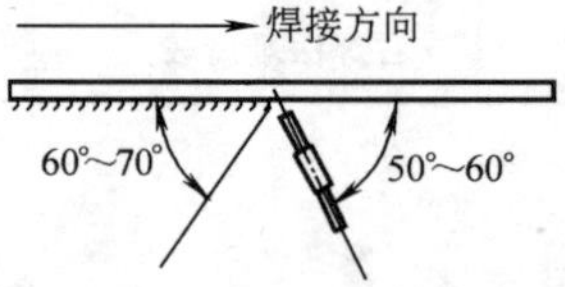 焊接方向 60°～70° 50°～60°	1. 采用右焊法，借焊丝末端的拨动及火焰气流的压力阻止熔化金属下淌，施焊的火焰比平焊时小 2. 采用较细的焊丝，以薄层堆敷上去，利于控制熔池温度 3. 焊嘴与焊件夹角为50°～60°，焊炬可作不间断的移动，焊丝浸在熔池内作月牙形摆动 4. 严格掌握熔池的温度，使熔化的金属始终处于较稠的状态，防止下淌 5. 采取必要的防护措施保护焊工，防止飞溅金属烫伤

（二）不锈钢气焊

1. 不锈钢氧-乙炔焊焊缝的坡口形式与尺寸

不锈钢氧-乙炔焊焊缝的坡口形式与尺寸，见表1-42。

不锈钢氧-乙炔焊焊缝的坡口形式与尺寸　　表1-42

坡口形式	焊件厚度 δ (mm)	坡口尺寸			焊接参数		
		根部间隙 b (mm)	钝边 p (mm)	坡口角度 α(°)	焊丝直径 (mm)	焊炬型号	氧气压力 (MPa)
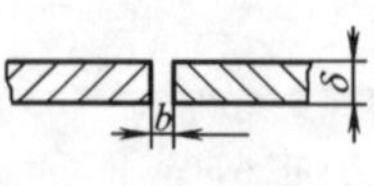 δ b	0.8	1.0	—	—	2	H01-2	0.2
	1.0	1.0	—	—			
	1.2	1.5	—	—			
	1.5	1.5	—	—			

续表

坡口形式	焊件厚度δ (mm)	坡口尺寸			焊接参数		
		根部间隙 b (mm)	钝边 p (mm)	坡口角度 α(°)	焊丝直径 (mm)	焊炬型号	氧气压力 (MPa)
(V形坡口图：α、δ、b、p)	1.5	1.5	0.5	60	2	H01-2	0.2
	2.0	1.5	1.0				
	2.5	1.5	1.0				
	3.0	2	1.0				

2. 不锈钢气焊技术措施

(1) 奥氏体不锈钢气焊工艺措施

奥氏体不锈钢气焊工艺措施，见表1-43。

奥氏体不锈钢的气焊　　表1-43

焊丝与熔剂	H0Cr21Ni10、H00Cr21Ni10、H0Cr20Ni10Ti、H0Cr19Ni12Mo2 等用熔剂 CJ101
工艺措施	1. 常采用左焊法 2. 焊嘴和焊缝成40°～50°夹角，火焰中心和熔池表面相距以2mm为宜 3. 焊接速度尽可能快，焊炬不作横向摆动，焊道宜窄，焊肉宜薄并一次焊完，避免焊接过程中断 4. 为减少过热，焊嘴号码应比焊接同样厚度的低碳钢小，火焰采用中性焰或轻微碳化焰，以减少合金元素烧损 5. 为防止熔化金属氧化，焊前将熔剂涂在焊丝上和坡口的正、反面上 6. 两面焊接时，接触腐蚀介质那面应后焊 7. 焊后用热水(60～80℃)将焊缝表面残留的熔剂或熔渣冲洗干净，必要时还可以进行酸洗和钝化处理 8. 需要消除焊接应力，提高耐蚀性及力学性能时，可进行稳定化处理(加热温度为850～900℃，保温2～4h，炉冷)、固溶处理(加热温度为1050～1100℃，水冷)

(2) 奥氏体不锈钢氧-乙炔焊焊接参数，见表1-44。

(三) 铝及铝合金的气焊

1. 气焊铝及铝合金焊缝的坡口形式与尺寸

气焊铝及铝合金焊缝的坡口形式与尺寸，见表1-45。

奥氏体不锈钢氧-乙炔焊接参数　　表 1-44

	接头形式	焊件厚度（mm）	根部间隙（mm）	钝边（mm）	坡口角度（°）	焊丝直径（mm）	焊炬号	氧气压力（MPa）
焊接参数	I形	0.8	1	—	—	2	H01-2 4号焊嘴	0.2
		1						
		1.2	1.5					
		1.5						
	V形	1.5	1.5	0.5	60	2	H01-6 2号焊嘴	0.2
		2		1				
		2.5				3		0.25
		3	2					

气焊铝及铝合金焊缝的坡口形式与尺寸　　表 1-45

壁厚 δ（mm）	施焊方法	坡口名称	坡口形式	尺寸		
				根部间隙 b（mm）	钝边 p（mm）	坡口角度 α（°）
＜2	—	卷边	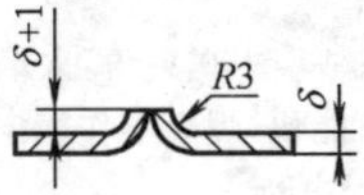 $\delta+1$　R3　δ	—	—	—
＜3	单面焊	I形坡口	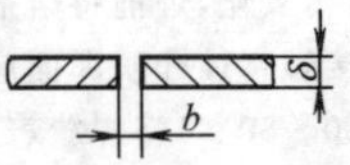 δ　b	1～1.5	—	—
3～10	单面焊	Y形坡口	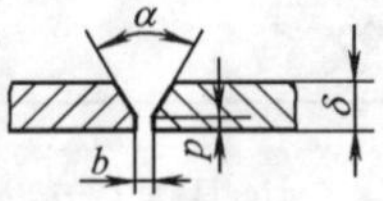 α　δ　p　b	2～4	0.5～2	75±5

2. 铝及铝合金的气焊技术措施

铝及铝合金的气焊技术措施，见表 1-46。

铝及铝合金的气焊　　表 1-46

<table>
<tr><td>材料
内容</td><td>纯铝</td><td>铝硅合金</td><td>铝锰合金</td><td>铝镁合金</td><td></td></tr>
<tr><td>焊丝与熔剂</td><td>HS301、CJ401</td><td>HS311、CJ401</td><td>HS321、HS311
CJ401</td><td>HS331、CJ401</td><td></td></tr>
<tr><td>火焰性质</td><td colspan="5">中性焰，严禁使用氧化焰</td></tr>
<tr><td>预热温度</td><td colspan="5">薄板或较小尺寸零件不必预热，板厚>15mm 时预热 200～300℃</td></tr>
<tr><td rowspan="4">焊接参数</td><td colspan="5">1. 焊前用机械、化学方法清理待焊处油、污、锈、垢
2. 板厚≤3mm，用左焊法；≥4mm 用右焊法
3. 焊嘴与焊件夹角为 10°～45°，且随焊件厚度改变。焊丝与焊嘴夹角 80°～100°
4. 焊薄板时，焊丝轻划熔池表面；焊厚板时，焊丝要搅动熔池。整条焊缝尽量一次焊完，中断后焊接时，焊缝应重叠 15～20mm
5. 焊缝不宜采用多层焊
6. 焊后用热水洗掉白色或黑色渣斑，有强化要求的进行热处理
7. 焊嘴和定位焊缝间距如下：</td></tr>
<tr><td>焊件厚度(mm)</td><td>≤1.5</td><td>1.5～3</td><td>3～5</td><td>5～10</td><td>10～20</td></tr>
<tr><td>焊炬、焊嘴号</td><td>H01-6
2 号嘴</td><td>H0-6
2、3 号嘴</td><td>H0-6
4、5 号嘴</td><td>H01-12
2、3 号嘴</td><td>H01-12
3～5 号嘴</td></tr>
<tr><td>定位焊缝间距(mm)</td><td>10～20</td><td>20～30</td><td>30～50</td><td>50～80</td><td>80～150</td></tr>
</table>

(四) 铜及铜合金气焊

1. 铜及铜合金气焊焊缝的坡口形式及尺寸

铜及铜合金气焊焊缝的坡口形式及尺寸，见表 1-47。

铜及铜合金气焊焊缝的坡口形式及尺寸　　表 1-47

<table>
<tr><td rowspan="2">焊接方法
板厚及坡口尺寸 (mm)
坡口形式</td><td colspan="4">氧-乙炔气焊</td></tr>
<tr><td>板厚</td><td>根部间隙 b</td><td>钝边 p</td><td>角度 α(°)</td></tr>
<tr><td>b δ</td><td>1～3</td><td>1～1.5</td><td>—</td><td>—</td></tr>
<tr><td>b δ</td><td>3～6</td><td>1～2</td><td>—</td><td>—</td></tr>
</table>

续表

焊接方法 / 板厚及坡口尺寸（mm） / 坡口形式	氧-乙炔气焊			
	板厚	根部间隙 b	钝边 p	角度 α(°)
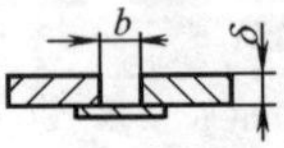	3～6	3～4	—	—
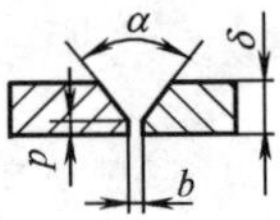	5～10	1～3	1.5～3.0	60～80
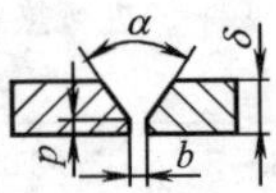	10～15	2～3	1.5～3.0	60～80
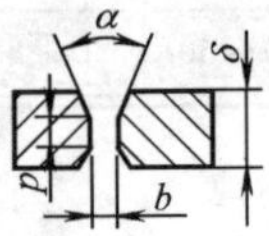	15～25	2～3	1～3	60～80

2. 铜及铜合金气焊技术措施

铜及铜合金气焊技术措施，见表1-48。

铜及铜合金的气焊　　　　表1-48

材料 / 内容	纯铜	黄铜	铝青铜	锡青铜
焊丝与熔剂	HS201 或与母材相同 熔剂：CJ301	HS221、HS222、HS223、HS224 熔剂：CJ301 或：硼砂的质量分数为20%、硼酸的质量分数为80%	HS213 熔剂：CJ401 或：CJ301	HS212 熔剂：CJ301

续表

<table>
<tr><th>材料
内容</th><th>纯铜</th><th>黄铜</th><th>铝青铜</th><th>锡青铜</th></tr>
<tr><td>火焰性质</td><td>中性</td><td>中性或弱氧化性</td><td colspan="2">中　性</td></tr>
<tr><td>预热温度</td><td>400～500℃
(中、小件)
600～700℃
(厚、大件)</td><td>薄板不预热—般件预热:400～500℃
板厚>15mm 预热:550℃</td><td>预热:500～600℃</td><td>预热:350～450℃</td></tr>
<tr><td>工艺措施</td><td colspan="4">1. 焊前仔细清除焊丝和待焊处表面油、污、锈、垢,直至露出金属光泽
2. 定位焊时,坡口间隙比低碳钢稍大 0.5～1mm,定位焊点要密
3. 焊件厚度小于 5mm 的采用左焊法,大于 5mm 的采用右焊法,施焊时将焊件一端垫起,造成倾斜 10°的上坡焊
4. 为减少铜的高温氧化,火焰的焰芯末端离焊件表面为 4～6mm
5. 严格掌握熔池温度,看到坡口处熔化的铜液体冒泡时,说明温度还未达到焊接要求,当铜液发亮、无气泡时,则可进行焊接
6. 厚度小于 5mm 的焊件应一次焊完,大于 5mm 的焊件,焊第二遍前要仔细进行清理,防止出现夹渣等缺陷</td></tr>
<tr><td>焊后热处理</td><td>500～600℃
水韧处理</td><td>350～450℃
退火处理</td><td>焊后锤击
或退火</td><td>焊接时不允许移动和冲击焊件,焊后缓冷</td></tr>
</table>

第四节　金属面处理和粘结技术

一、金属面处理技术

金属面装饰工程，在施工过程中需进行表面处理，如除锈、研磨和抛光等，否则很难保证工程质量达到合格标准。

（一）研磨与抛光

1. 研磨

研磨可以除去材料表面的毛刺、砂眼、气泡、焊疤、划痕、腐蚀痕、氧化皮以及各种宏观缺陷，以提高金属表面的平整度，降低粗糙度，保证金属饰面装饰工程质量。研磨是在粘有磨料的磨轮上进行的。

2. 抛光

金属饰面抛光有三种方式：机械抛光、化学抛光、电化学抛光。

（1）机械抛光　在机械抛光机轮子上涂抹抛光膏，在金属表面进行转动。其效果和质量取决于所用磨轮的轮子钢性及轮子圆周线速度。

抛光膏是由微细颗粒组成的磨料、各种油脂及辅助材料制成，有白、红、绿三种：

1）白抛光膏　白抛光膏中的主要磨料是呈圆形，无锐利棱面的氧化钙细粉末，适用于镍、铝、铜及其合金等软质金属的抛光以及要求低粗糙度的材料表面的精抛光处理。

2）红抛光膏　红抛光膏中的主要磨料是具有中等硬度的氧化铁和长石细微粉末，适用于钢铁制品抛光处理。

3）绿抛光膏　绿抛光膏中的主要磨料是硬而锐利的氧化铬绿色细微粉末，适用于铬、不锈钢、硬质合金钢等材料的抛光处理。

（2）化学抛光　是金属制品表面特定的条件下，所进行的化学浸蚀过程。实践证明，金属表面上的微突起处在特定溶液中的溶解速度比微凹下处大的多，结果逐渐平整而获得平滑光亮的表面。适用于钢、铁、铜、镍、锌、镉及其合金等金属制品表面抛光处理。

（3）电化学抛光　金属制品表面进行阳极电化学浸蚀的过程。在特定条件下，金属制品表面微观凸出处的阳极溶解速度会逐渐减小，最后，可以获得镜面般光亮平滑的表面。此法还经常作为金属表面精饰加工的主要过程。

（二）除油

金属饰面除油有五种方式：有机剂除油、化学除油、低温除油、电化学除油、超声波除油。

1. 有机剂除油　对皂化与非皂化油迹都有溶解作用，不浸蚀金属，但除油不十分彻底。

2. 化学除油　利用碱溶液对皂化油脂的皂化作用和表面油性物质同对非皂化性油脂的乳化作用，除去工件表面上的各种油污。

3. 低温除油　即利用表面活性剂除油。

4. 电化学除油　在碱性电解液中，金属工件受直流电的作用而发生极化作用，使金属溶液界面张力降低，溶液易于湿润并渗入油膜下的工作面，同时析出大量的氢或氧离子，对油膜猛烈的撞击和撕裂，使油膜被分散成无数细小油珠脱离工件表面，进入溶液中而形成乳浊液。

5. 超声波除油　在碱溶液化学除油和电化学除油过程中引入超声波场，这样可以强化除油过程，缩短除油时间，提高工艺质量，还可以使细孔、盲孔中的油污得到彻底清理。

（三）除锈

金属表面除锈有三种方式：机械法除锈、化学法除锈和电化学法除锈。

1. 机械法除锈　机械法除锈是对金属表面锈层进行喷砂、研磨、滚光或擦光等机械处理过程，在饰品表面得到整平的同时除去表面的锈层。

2. 化学法除锈　化学法除锈是在酸或碱的溶液中，对金属制品进行强浸蚀的处理过程，制品表面的锈层通过化学作用，并利用在浸蚀过程中所产生的氢气泡的机械剥离作用而被清除。

3. 电化学除锈　电化学除锈是对金属制品进行阴极或阳极处理，以除去锈层的过程。阳极除锈是利用化学溶解、电化学溶解和电极反应中阴极析出的氧气泡的机械剥离作用完成的；阴极除锈则是利用从阴极析出的氢气泡的机械剥离作用完成的。

二、金属面粘结技术

金属与金属、非金属界面粘结技术，是指在金属粘结面与被粘结物的粘结面涂上胶粘剂，通过陈放、加压等工序使二者粘结在一体的技术。

（一）粘结操作工序

金属面与其他物面粘结时，其操作工序如下：

粘前技术准备→表面处理→胶粘剂涂刷→晾置和陈放→压紧→固化。

（二）粘结操作要点

1. 被粘物表面处理

被粘物表面为了得到最好的粘结效果，减少各种不利因素的影响，通常要求粘结面必须清洁、平整光洁、接缝密合、干燥等，以保证粘结面浸润性良好，粘结层厚度均匀。

(1) 木材表面处理

1) 新加工的木材，木材的含水率应控制在 8%～12%；被粘表面必须平整光洁，一般精刨削的表面，具有良好的粘结性；被粘表面必须清洁新鲜。

2) 陈旧和不洁净的表面必须用刨削和砂纸打磨等方法处理；除掉表面的木削，可用刷子刷，压缩空气吹，或用干净的布擦等。

3) 粘结时，对于木材端面、斜面或对疏松多孔的材质要预先涂以防渗剂或底层胶。

4) 为保护已加工完毕的表面不被弄脏，应尽可能的减少操作次数，或将加工放在其他工序之后。

5) 脱脂处理　对油脂、糖分和蜡等含量多的木材，为改善其湿润性和粘结性，可用10%的苛性钠（NaOH）水溶液或用丙酮、甲苯等溶液刷洗粘结面、或用浸过上述溶液的棉布擦粘结面，进行脱脂、脱粘、脱蜡处理。处理后的木材的粘结强度比未处理的有所提高，但对油脂含量少的树种无明显改善。处理后的表面，待洗液挥发干燥后，即可进行涂胶粘接。同时，处理完的表面也不宜存放过久。

(2) 混凝土表面处理

1) 用钢丝刷进行清理　先用钢丝刷子在混凝土表面进行刷，除去表面灰尘、浮土，而后用洗涤水溶液清洗，再用热水进行清洗，待完全干燥方可进行下一步施工。

2) 用 HCl 溶液清理　混凝土表面，也可用酸洗，用 15%的 HCl 溶液，约按 $0.9L/m^2$ 的用量，用硬毛刷子刷约 15min，至无气泡为止。然后用细的喷嘴喷高压水，当混凝土表面完全干燥时方可进行下一道工序。

(3) 低碳钢表面的处理

用浸过三氯化乙烯等有机溶剂的棉布擦→干燥→用砂布、砂纸打磨粘结面→除尘；用浸过三氯化乙烯等有机溶剂的棉布擦→

干燥→酸洗。酸洗用下述洗液配比：正磷酸（88%）：工业甲醇=5：9。用上述洗液在60℃浸渍10min→在冷水流下用硬毛刷子除掉黑皮→120℃，加热1h。

（4）铝和铝合金表面的处理

1）用洗涤水溶液清洗→热水洗→完全干燥→表面喷砂→除尘。

2）用浸过三氯化乙烯等有机溶剂的棉布擦→干燥→酸洗。酸洗配比：用容量为50L的容器，一边搅拌一边徐徐加入下述物质：水170份，浓硫酸（密度1.82）50份；重铬酸钠30份。洗液温度60～65℃，处理5～15min，水洗→干燥。

（5）聚氯乙烯的表面处理

用浸过三氯化乙烯等有机溶剂棉布擦→干燥→用砂布、砂纸打磨粘结面→除尘→用浸过三氯化乙烯等有机溶剂的棉布擦拭→干燥。

（6）玻璃钢表面的处理

用洗涤剂水溶液清洗→热水洗→完全干燥→用砂布、砂纸打磨粘结面→除尘。

2. 除胶

除胶的方法有：刷除法、喷除法和刮除法等。

（1）刷除法

用毛刷把胶粘剂刷在粘接面上，这是最简单易行也是最常用的方法。适用于小面积施工。

（2）喷除法

对于低粘度的胶粘剂，可以采用普通油枪喷枪进行喷除。对于那些活性期短，清洗困难的高粘度胶粘剂，可以采用增强塑料工业中的特制喷枪。喷除法的优点是除胶均匀，效率高；缺点是胶液损失大，溶剂散失在空气中污染环境。

（3）刮除法

对于高粘度的胶体状和膏状胶粘剂等，可利用刮胶板进行刮胶。刮胶板可用1～1.5mm厚度弹性细板，硬聚氯乙烯板等材料制作。

3. 晾置和陈放

（1）晾置　将胶粘剂涂刷在粘结面上以后，为使胶粘剂易于扩散、浸润、渗透和使溶剂蒸发、任其在空气中暴露、静置一段时间。将从涂胶完了开始，直到两个粘结面贴合为止的这段静置工艺过程，叫晾置。

（2）存放　两个粘结面在经涂胶、晾置以后，将其互相贴合、但不加压紧力，而令其静止存放一段时间。将从粘结面互相贴合时开始，直至人为的加上预定压紧力为止的这段静止存放的工艺过程叫做陈放。在陈放的时间内胶粘剂的水分基本停止蒸发。但是扩散、浸润、渗透作用还在缓慢进行。

（3）晾置和陈放时间的确定

晾置和陈放的时间根据胶粘剂的种类而定，一般有以下三种情况：

1）不需要晾置和陈放　对于有些胶粘剂，在涂胶后立即粘合和压紧。如皮胶、骨胶和热熔剂。

2）需要晾置和陈放　有些胶粘剂，在涂胶后，需要晾置和存放，如溶剂型、乳胶型和含有溶剂的化学反应型胶粘剂。

3）需短暂时间晾置　在粘结两面涂胶，晾置达指触干燥程度(即用指尖接触涂膜，达到似粘非粘程度)，贴合后立即压紧，不需要陈放。如溶液型橡胶类胶粘剂。

4. 压紧

胶粘剂在固化的同时产生粘接作用，所以在胶粘剂的固化过程中，确保粘接面之间密合，是保证产生粘接作用的重要条件。这就要求在胶粘剂开始固化之前，必须向粘结面施加压力，至少要施加接触压力。如果在固化过程中，粘结面之间不能保持密合，就必然要在粘结层中产生空隙，影响粘接质量。适当施加压紧力，可以改善胶粘剂的浸润性和向表面不规则处的渗透性，有助于形成完整的薄而均匀的粘层。

（1）加压方法　加压方法有多种形式，选择时应根据被粘物体的种类、形状、尺寸、粘接特点及材料的性能进行选择。一般常用的方法有：杠杆重锤压紧、弹簧夹压紧、多块重物压紧、砂袋压紧、气袋垫压紧、弹簧垫压紧、热压釜压紧、钉压紧、螺旋夹压紧、板材类叠层压紧等，如图 1-2 所示。

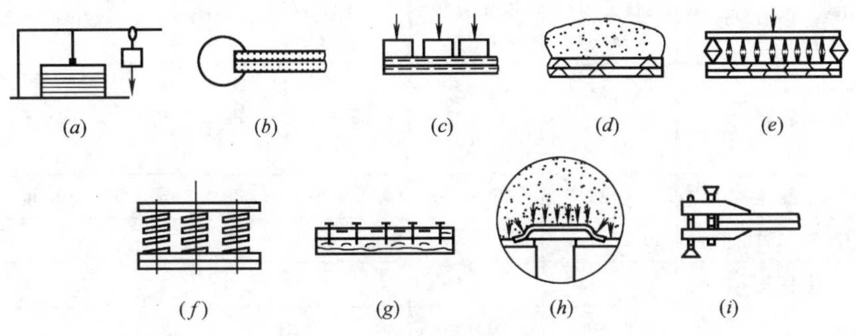

图 1-2 常用压紧方法

(*a*) 杠杆重锤；(*b*) 弹簧夹；(*c*) 多块重物；

(*d*) 砂袋压紧；(*e*) 气袋垫；(*f*) 弹簧垫；

(*g*) 钉压紧；(*h*) 热压釜；(*i*) 螺旋夹

(2) 压紧力　压紧力大小与胶粘剂的种类和被粘物材料的种类等因素有关，一般在 0.2～1.5MPa 范围内。

(3) 压紧时间　压紧时间取决于胶粘剂种类和固化温度。施加压紧力一般是以贴合或陈放之后开始，直至胶粘剂完全固化或基本固化之后才卸除压力。

总之，一般对压紧操作的要求是：压紧力大小适当，压力分布均匀，压紧时间足够，不可使被粘物体受压变形等。

5. 固化

固化是胶粘剂通过溶剂蒸发或化学反应由胶态转化为固态粘结层，同时产生粘接作用的物理化学过程。

(1) 固化条件　固化质量与固化条件（温度、时间和压紧力等）有重要关系。操作时，必须满足各胶粘剂所要求的固化条件，这是保证粘接质量重要一环。常用胶粘剂的固化条件见表 1-49。

(2) 固化温度　固化温度对固化速度和固化质量起决定性作用，即使是常温固化的胶粘剂，提高固化温度（在 100℃以内）也是有利的。表 1-50 是常用胶粘剂的最低固化温度和乳型胶粘剂的最低成膜温度。在温度低于此值时，固化过程便不能进行。

常用胶粘剂的固化条件 **表 1-49**

胶粘剂名称	压紧力(MPa)	固化温度(℃)	固化时间(h)	备注
脲醛类	0.5～1.5 0.5～1.5 0.5～1.5	20～30 100～110 20～30	4～12 每 1mm 厚 40～60s 12～24	冷预压 30～60min
酚醛类	0.5～1.5	120～130	每 1mm 厚 60～120s	冷预压 12～30min
间苯二酚甲醛类	0.2～1.5	20～30	4～12	
三聚氰胺甲醛类	0.5～1.5	20～30	6～12	
环氧类	0.1～0.2 0.1～0.2	20～30 80～100	12～24 0.5～1	
聚醋酸乙烯类	0.2～0.5	20～30	3～4	
氯丁橡胶	接触压	20～30	瞬间	两面涂胶
皮胶、骨胶	0.2～0.5	20～30	6～12	
酪素胶	0.5～1.5	20～30	6～12	

常用胶粘剂的最低固化温度或成膜条件 **表 1-50**

胶粘剂种类	最低固化或成膜温度(℃)	胶粘剂种类	最低固化或成膜温度(℃)
聚醋酸乙烯乳液		聚醋酸乙烯溶液型	0
冬用型	1～2	纤维素类溶液型	0
夏用型	9～10	环氧类	10
四季型	1～2	酚醛类	5
酪素胶	0	乙烯-醋酸乙烯共聚物乳液类	0
合成橡胶类	0		
聚氨酯	0		

第二章　工　　具

第一节　手 工 工 具

一、量具

（一）钢卷尺

1. 构造图

图 2-1（*a*）为钢卷尺制动式构造图。图 2-1（*b*）为摇卷架式钢卷尺构造图。

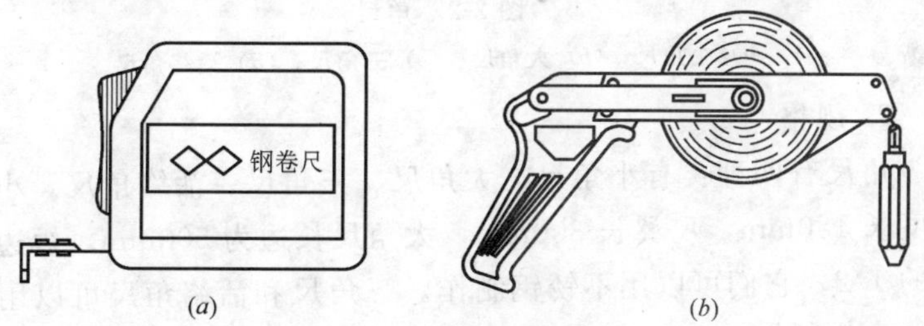

图 2-1　钢卷尺

（*a*）制动式钢卷尺；（*b*）摇卷架式钢卷尺

2. 规格

钢卷尺规格，见表 2-1。

钢卷尺规格　　　　表 2-1

名　　称	自卷式、制动式	摇卷盒式、摇卷架式
长度(m)	1,2,3,3.5,5,10	5,10,15,20,30,50,100
宽度(mm)	6～25	8～16
厚度(mm)	0.14	0.18～0.24

3. 用途

钢卷尺一般用于测量建筑物构件和建筑物长度的量具。

（二）角尺

1. 构造图

图 2-2 为角尺构造图。

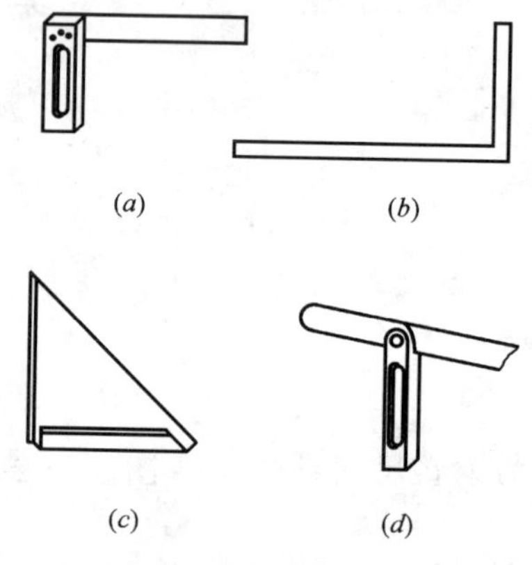

图 2-2 角尺

(a) 小角尺；(b) 大角尺；(c) 三角尺；(d) 活络角尺

2. 规格

角尺有四种：有小角尺、大角尺、三角尺、活络角尺。小角尺尺度长 150mm，尺翼长 300mm，大角尺长边为 500mm，短边为长边的 1/2。它们可以用不锈钢制作。三角尺和活络角尺可以用不变形的木料制作。

3. 用途

大、小角尺可以用来检验构件相邻面是否成直角。三角尺治翼斜边划 45°斜角线。活络角尺（活尺）用于测量构件相邻两面的角度或划角度线。使用时先螺帽放松，找好角后再拧紧。

（三）水平尺

1. 构造图

图 2-3 为水平尺构造图。

2. 规格

水平尺有木制和钢制两种，尺的中部及端部各装有水准管。

3. 用途

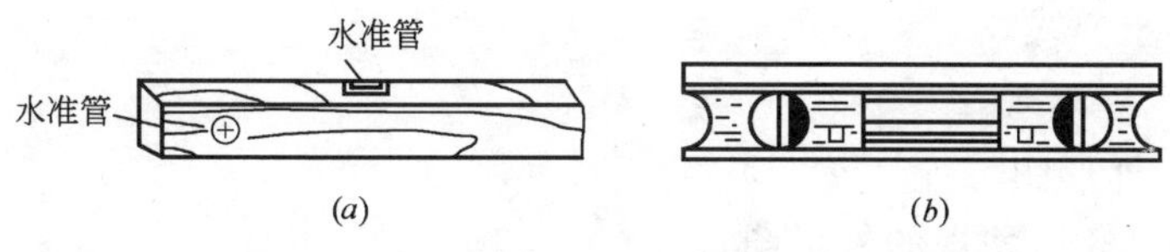

图 2-3　水平尺

（a）木水平尺；（b）钢水平尺

水平尺用来检验建筑构件、安装件物面的水平或垂直。

（四）线锤

1. 构造图

图 2-4 为线锤构造图。

2. 规格

线锤是由金属制成的正圆锥体，在其上端中央设有带孔螺栓盖，可系一条线绳，其规格按重量分，由 0.5～5kg 大小不等。

3. 用途

线锤用于检验物体、建筑构件及建筑物的垂直度。是建筑安装的必备工具之一。

（五）墨斗

1. 构造图

图 2-5 为墨斗构造图。

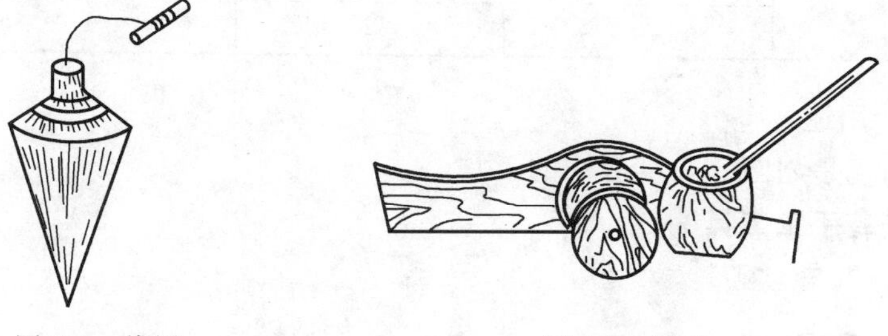

图 2-4　线锤　　图 2-5　墨斗

2. 规格

墨斗是由硬质木材制成。前半部是墨池，后半部是线轮。墨池内装已浸墨汁的棉丝，线轮上有线，墨线一端穿过墨斗。线头拴一走针，可在木板上或其他物面上，弹出较长而直的墨线条。

3. 用途

用于弹线。

（六）划规

1. 外形图

图 2-6 为划规的外形图。

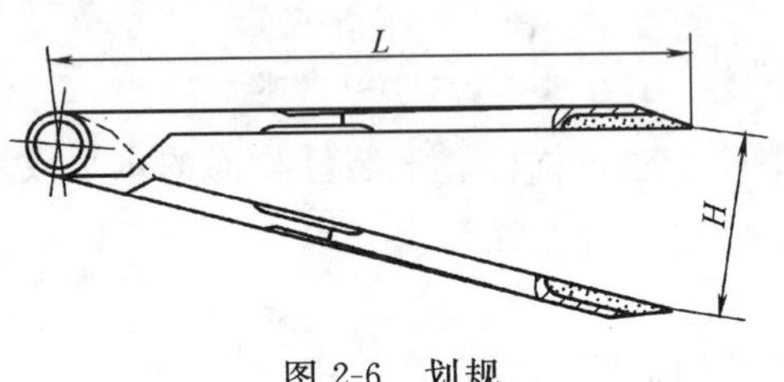

图 2-6　划规

2. 规格

划规规格，见表 2-2。

划规规格（mm）　　　　**表 2-2**

<table>
<tr><th></th><th>L</th><th>H_{max}</th><th>厚度 b</th></tr>
<tr><td rowspan="6">划规</td><td>160</td><td>200</td><td>9</td></tr>
<tr><td>200</td><td>280</td><td rowspan="2">10</td></tr>
<tr><td>250</td><td>350</td></tr>
<tr><td>320</td><td>430</td><td>13</td></tr>
<tr><td>400</td><td>520</td><td rowspan="2">16</td></tr>
<tr><td>500</td><td>620</td></tr>
</table>

3. 用途

划规是划圆、分度等用的工具。

二、安装手工工具

（一）螺丝刀

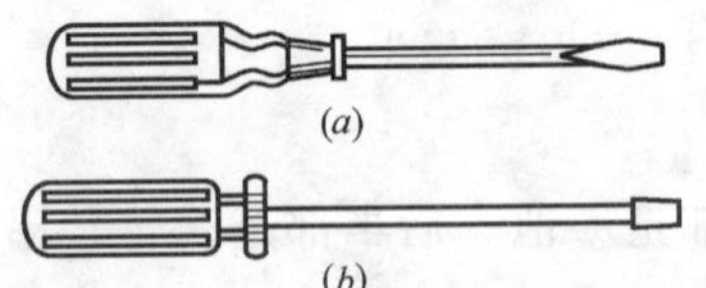

图 2-7　螺丝刀

(*a*) 木柄螺钉旋具；(*b*) 塑料柄螺钉旋具

1. 构造图

图 2-7 为螺丝刀构造图。

2. 规格

螺丝刀头型式又有一字式和十字式，杆部长度（不连木柄）为 50～350mm。其规格见表 2-3。

螺丝刀　　表 2-3

公称尺寸(mm)	全长(mm)		公称尺寸(mm)	全长(mm)	
	木柄	塑料柄		木柄	塑料柄
50×3+	105	100	65×6	175	155
50×5*	130	120	75×31	130	125
65×3+	120	115	75×4	145	135
65×5*	150	135	75×5*	160	145
75×6	185	165	200×8*	335	310
100×3	155	150	200×10	380	350
100×5	185	170	250×4	320	310
100×6*	210	190	250×5	335	320
100×8	235	210	250×6	360	340
125×6*	235	215	250×8	385	360
125×7	245	225	250×9*	400	380
150×3	205	200	300×8	435	410
150×4	220	210	300×9	450	430
150×6	260	240	300×10*	480	450
150×7*	270	250	350×9	500	480
200×3	255	250	350×10	530	500
200×5	285	270	400×10	500	550

注：1. 公称尺寸的两组字，前为柄外杆身长度，后为杆身直径。

2. 带*号的，为常见规格；带十号的，为小型塑料柄螺钉旋具常见规格。

3. 用途

螺丝刀主要用于装卸木螺丝。装卸木螺丝时，要使其刀头紧压在螺丝帽槽口内，顺时针方向拧则螺丝上紧，逆时针方向拧螺丝退出。

（二）尖嘴钳

1. 构造图

图 2-8 为尖嘴钳构造图。

2. 规格

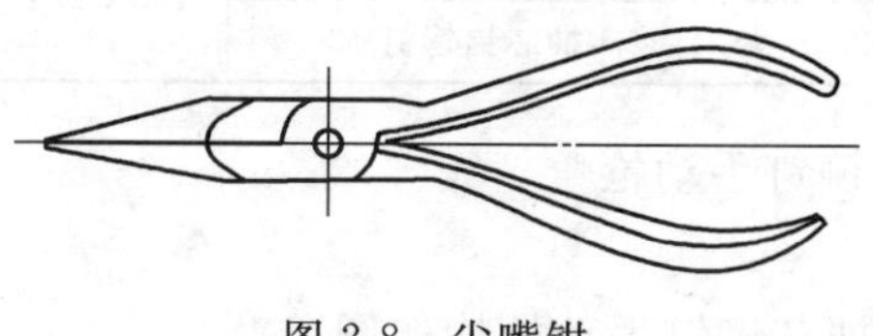

图 2-8　尖嘴钳

尖嘴钳规格，见表 2-4。

尖嘴钳规格及抗弯强度　　表 2-4

规　格(mm)		125	140	160	180	200
加载距离(mm)		56	63	71	80	90
可承载荷(N)	甲级	560	630	710	800	900
	乙级	400	460	550	640	740

注：加载距离为从钳轴中心算起。

3. 用途

尖嘴钳是在狭小工作空间中夹持小零件用的手工具。在金属铝板饰面安装时，用于复合铝板安装。

（三）拉铆枪与铆螺母枪

1. 构造图

图 2-9 为拉铆枪与铆螺母枪构造图。

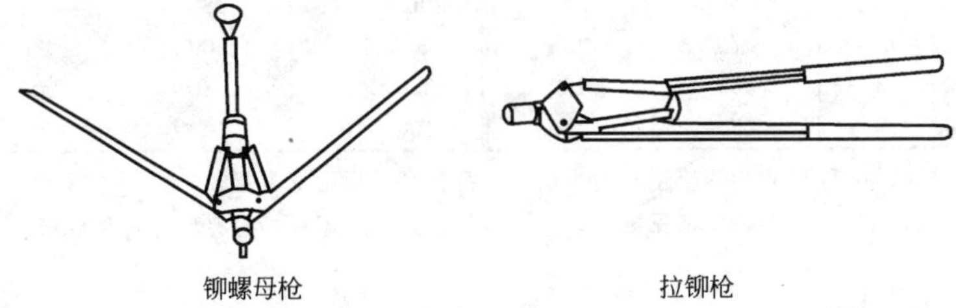

图 2-9　拉铆枪与铆螺母枪

2. 规格

拉铆枪与铆螺母枪规格，见表 2-5。

拉铆枪与铆螺母枪规格　　表 2-5

拉　铆　枪			铆　螺　母　枪	
型　　号	拉铆头孔直径(mm)	拉铆范围	型　　号	铆螺母范围(mm)
SLM-1	$\phi2$　$\phi2.5$	抽芯铝铆钉 $\phi3$　$\phi4$	SLM-N-1	$\phi3$　$\phi4$　$\phi5$　$\phi6$
SLM-2	$\phi2.5$　$\phi3.5$	抽芯铝铆钉 $\phi3$　$\phi5$		

（四）抽芯铆钉手动枪

1. 构造图

图 2-10 为抽芯铆钉手动枪构造图。

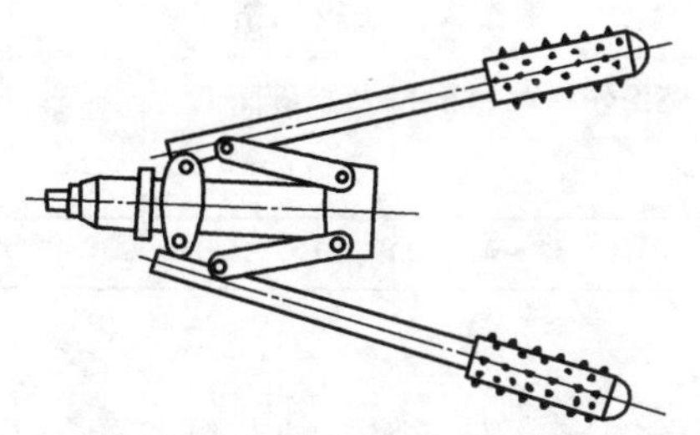

图 2-10　抽芯铆钉手动枪

2. 规格

抽芯铆钉手动枪规格，见表 2-6。

抽芯铆钉手动枪规格　　**表 2-6**

项目 型号	适用范围(mm)	枪头内孔尺寸(mm)	拉力(kgf)	工作行程(mm)	外形尺寸(mm)	重量(kg)	生产单位
SLM-CH	$\phi3\sim\phi5$	$\phi2,\phi2.4,\phi3$	5880	12	450×105×30	1.43	上海安宁异型铆钉联合集团公司 上海异型铆钉厂

3. 用途

该工具不需外接能源、操作简单，铆接速度快，不受封闭构件难于铆接的限制，是提高劳动生产率不可缺少的铆接工具。

（五）手钳式拉铆枪

1. 构造图

图 2-11 为手钳式拉铆枪构造图。

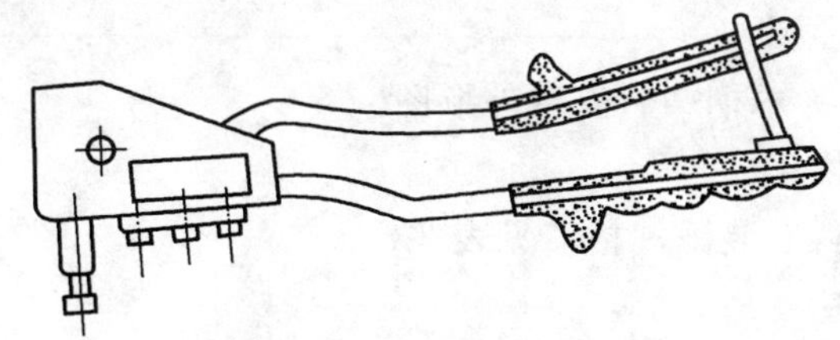

图 2-11　手钳式拉铆枪

2. 规格

手钳式拉铆枪规格，见表 2-7。

手钳式拉铆枪规格 **表 2-7**

型号 \ 项目	适用范围(mm)		外形尺寸(mm)	重量(kg)	生产单位
	纯铝抽芯铆钉	铝镁合金铆钉			
SQLM	$\phi 3 \sim \phi 5$	$\phi 3 \sim \phi 4$	110×75×23	0.65	上海异型铆钉厂

3. 用途

手钳式拉铆枪是铆接《安字牌》抽芯铆钉的工具。在狭小场地均可操作，是维修或小批量铆接的必备工具。

（六）助推器

1. 构造图

图 2-12 为助推器构造图。

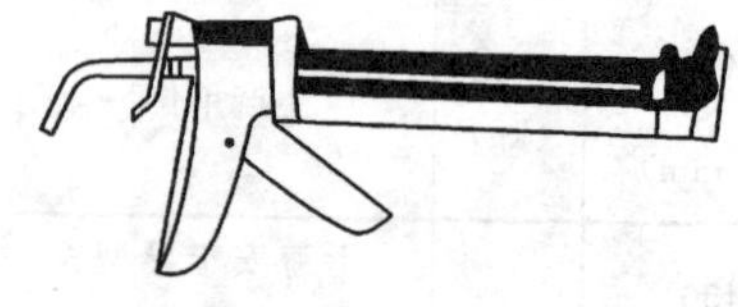

图 2-12 助推器

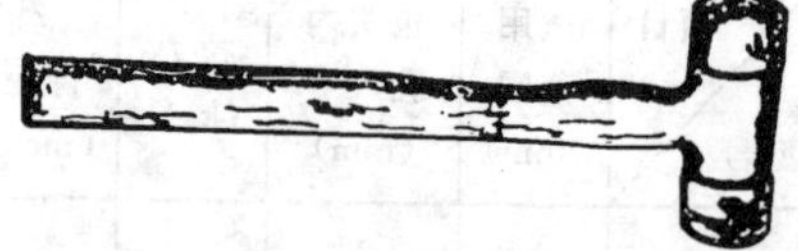

图 2-13 木柄塑料安装锤

2. 规格

规格为 300～420mm；弹簧压力 0.7～0.8MPa。

3. 用途

助推器又称堵缝枪、挤压枪。用来助推胶粘剂。它的作用是挤压胶筒，使胶粘剂均匀流出。

（七）锤

1. 木柄塑料安装锤

(1) 外形图

图 2-13 为木柄塑料安装外形图。

(2) 规格

木柄塑料安装锤规格，见表 2-8。

(3) 用途

安装锤的锤头两端可用不同材料制成，至少有一端是用塑料、橡胶或尼龙制成，保证安装时被敲击面没有锤疤和痕迹，不损伤表面，不冒火花。它还特别适用薄板的敲击和整形，是代替木锤的理

木柄塑料安装锤规格　　表 2-8

锤直径(mm)	20	25	30	35	40	45	50
锤重(kg)	0.11	0.19	0.31	0.45	0.65	0.80	1.05
塑料锤静压负荷(kg)	1000	2000	3000	3500	4000	4500	5000
木柄抗弯静压负荷(kg)	10	12	15	30	40	50	60
脱柄抗拉负荷(kg)	150	200	250	400	600	800	1000
生产厂	杭州塑料包装厂						

想手工工具。

2. 装饰工锤

(1) 外形图

图 2-14 为装饰工锤外形图。

(2) 规格

规格有：0.2，0.28kg。

(3) 用途

是室内装璜作业用的工具，其一端有敲打槽，径处理附磁，可吸附圆钉等。

三、电、气焊工具

(一) 电焊工具

1. 电焊钳

(1) 构造图

图 2-15 为电焊钳构造图。

(2) 规格

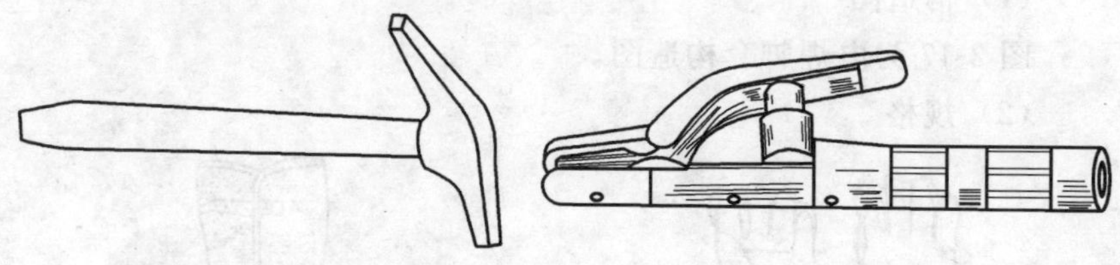

图 2-14　装饰工锤　　　图 2-15　电焊钳

常用的电焊钳规格及技术数据，见表 2-9。

(3) 用途

用来夹持电焊条，进行焊接工作。

2. 电焊手套

常用的焊钳型号及技术数据　　表 2-9

技术数据＼型号	160A 型		300A 型		500A 型	
额定焊接电流(A)	160		300		500	
负载持续率(%)	60	35	60	35	60	35
焊接电流(A)	160	220	300	400	500	560
适用焊条直径(mm)	1.6～4		2～5		3.2～8	
连接电缆截面积(mm^2)	25～35		35～50		70～95	
手柄温度(℃)	≤40					
外形尺寸(长×宽×高)(mm)	220×70×30		235×80×36		258×86×38	
质量(kg)	0.24		0.34		0.4	
参考价格(元)	6.1		7.4		8.4	

(1) 构造图

图 2-16 为电焊手套构造图。

(2) 规格

电焊手套有大、中、小三种号码。

(3) 用途

供电、气焊工作人员工作时用以防止熔渣灼伤手臂，通常用牛皮、猪皮、帆布等制作。

3. 电焊脚套

(1) 构造图

图 2-17 为电焊脚套构造图。

(2) 规格

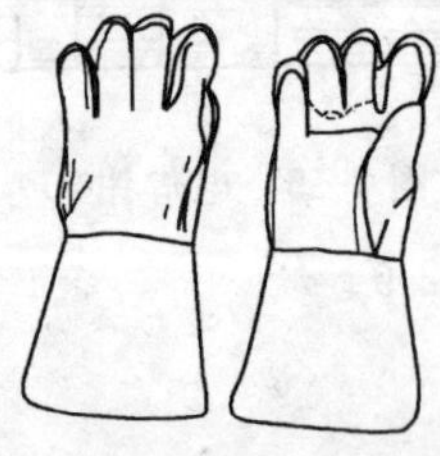

图 2-16　电焊手套

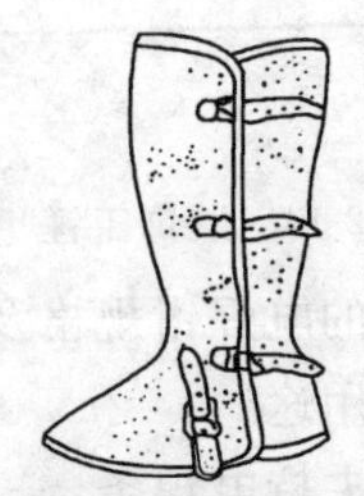

图 2-17　电焊脚套

电焊脚套分为牛皮、猪皮和帆布制造。

（3）用途

焊接操作时，围绷在工作者腿脚部，使其免受熔渣的灼伤。

4. 电焊面罩

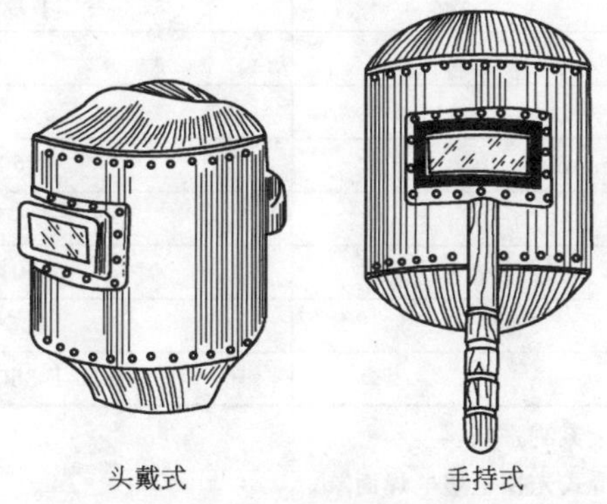

图 2-18　电焊面罩

（1）电焊面罩构造图

图 2-18 为电焊面罩构造图。分为头戴式和手持式。

（2）规格

电焊面罩，最近以现代微电子技术和现代光控技术两大高科技体系为主体研制而成的 GSZ 光控电焊面罩已经走向市场。该面罩主要功能是：有效防止电光性眼炎；瞬时自动调光、遮光、防红外线、防紫外线；彻底解决肓焊等。

1）GSZ 光控电焊罩面的主要技术数据，见表 2-10。

GSZ 光控电焊面罩的主要技术数据　　表 2-10

项　目	技 术 数 据
观察窗口尺寸$\frac{L}{mm}\times\frac{B}{mm}$	90×40
护目镜片安装尺寸$\frac{L}{mm}\times\frac{B}{mm}$	96×48
自动调光遮光时间(s)	0.012
亮态遮光号	4(可见光透过率 8%)
紫外线透过率 210～365mm	＜0.0002%

续表

项　目		技 术 数 据
红外线透过率	780～1300mm 1300～2000mm	<0.002%
暗态遮光号		6 号、11 号、14 号
自动变态响应时间(s)		<0.03
电源电压(V)		3
面罩壳燃烧速度(mm/min)		<50
工作温度(℃)		－5～50
相对湿度		≤90%
面罩质量(kg)		0.5
规格尺寸		符合 GB/T 3609.1—1983

注：该面罩有三大系列产品：

GSZ-A　手持式光控全塑电焊面罩；

GSZ-B　头盔式光控全塑电焊面罩；

GSZ-C　安全帽式光控电焊面罩。

2）光控全塑电焊面罩系列产品的技术数据，见表 2-11。

光控全塑电焊面罩系列产品的技术数据　　表 2-11

型　号	名　称	技 术 数 据	质量(g)
GSZ-A11	光控手持式电焊面罩	适用 200A 以下焊接电流 遮光号 11 响应时间<30ms	460
GSZ-A14		适用 200～400A 焊接电流 遮光号 14 响应时间<30ms	490
GSZ-B11	光控头盔式电焊面罩	适用逆变电焊机、氩弧焊机 遮光号 7～11 响应时间<15ms	570
GSZ-B14		适用 400A 以下焊接电流 遮光号 11～14 响应时间<15ms	600
		适用于等离子弧切割 遮光号 7～11 响应时间<15ms	570

续表

型　号	名　称	技　术　数　据	质量(g)
BHP-A	特种外保护片	108mm×50mm，配 SZ-A、GSZ-A 及其他面罩，不粘焊渣，耐磨，使用寿命500h，比普通外保护片延长使用时间10～20倍	—
BHP-B	特种外保护片	118mm×65mm，配 SZ-B、GSZ-B 面罩，耐磨，不粘焊渣，使用寿命500h，比普通外保护片延长使用时间10～20倍	—

(3) 用途

在电焊面罩的方框内镶嵌电焊玻璃，用以保护电焊工人头部和眼睛，不受电弧的紫外线及飞溅熔珠的灼伤。

5. 电焊护目镜

(1) 构造图

图 2-19 为电焊护目镜外形图。

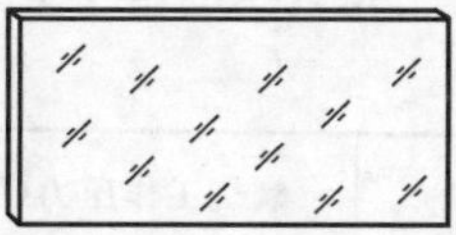

图 2-19　电焊护目镜

(2) 规格

电焊护目镜规格，见表 2-12。

常用的普通护目镜（黑玻璃）规格　　表 2-12

项　目 \ 颜色号	7～8	9～10	11～12
颜色深度	较浅	中等	较深
适用焊接电流范围(A)	＜100	100～350	≥350
玻璃尺寸	2mm×50mm×107mm		

(3) 用途

将护目镜安装在焊面罩上，用以保护电焊工人的眼睛。

(二) 气焊工具

1. 焊炬

根据可燃气体与氧气在焊炬中的混合方式，焊炬分为射吸式焊炬和等压式焊炬。

(1) 射吸式焊炬

1）构造图

图 2-20 为射吸式焊炬构造图。

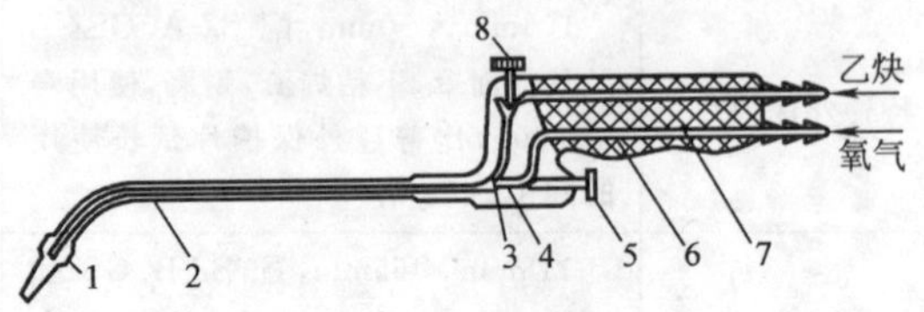

图 2-20 射吸式焊炬

1—焊嘴；2—混合气管；3—射吸管；4—喷嘴；5—氧气阀；6—氧气导管；7—乙炔导管；8—乙炔阀

2）规格

射吸式焊炬规格，见表 2-13。

射吸式焊炬规格 **表 2-13**

型号	氧气工作压力(MPa)					焰芯长度(mm)					焊炬总长度(mm)	焊接低碳钢厚(mm)	乙炔使用压力(MPa)	可换焊嘴个数
	1*	2*	3*	4*	5*	1*	2*	3*	4*	5*				
H01-2	0.1	0.125	0.15	0.2	0.25	3	4	5	6	8	300	0.5～2	0.001～0.1	5
H01-6	0.2	0.25	0.3	0.35	0.4	8	10	11	12	13	400	2～6		
H01-12	0.4	0.45	0.5	0.6	0.7	13	15	17	18	19	500	6～12		
H01-20	0.6	0.65	0.7	0.75	0.8	20	21	21	21	21	600	12～20		

3）用途

利用氧气和中压乙炔作热源熔焊金属材料并焊接金属。

(2) 等压式焊炬

1）构造图

图 2-21 为等压式焊炬构造图。

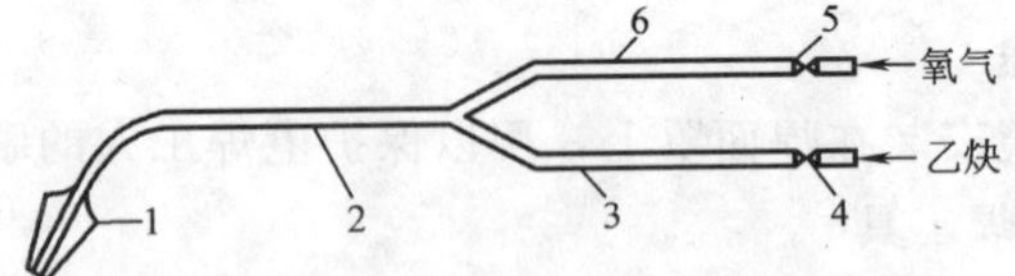

图 2-21 等压式焊炬

1—焊嘴；2—混合气管；3—乙炔导管；4—乙炔阀；5—氧气阀；6—氧气导管

2）规格

等压式焊炬规格，见表 2-14。

等压式焊炬规格 **表 2-14**

型　号	嘴号	孔径 (mm)	氧气工作压力 (MPa)	乙炔工作压力 (MPa)	焰芯长度 (mm)	焊接低碳钢厚度 (mm)	焊炬总长度 (mm)
H02-12	1	0.6	0.2	0.02	4	0.5～12	500
	2	1.0	0.25	0.03	11		
	3	1.4	0.3	0.04	13		
	4	1.8	0.35	0.05	17		
	5	2.2	0.4	0.06	20		
H02-20	1	0.6	0.2	0.02	4	0.5～20	600
	2	1.0	0.25	0.03	11		
	3	1.4	0.3	0.04	13		
	4	1.8	0.35	0.05	17		
	5	2.2	0.4	0.06	20		
	6	2.6	0.5	0.07	21		
	7	3.0	0.6	0.08	21		

3）用途

利用氧气和中压乙炔作热源熔焊金属材料并焊接金属构件。

2. 氧气减压器

减压器又称氧气压力调节器、氧气减压阀、氧气表。

（1）构造图

图 2-22 为氧气减压器外形图。

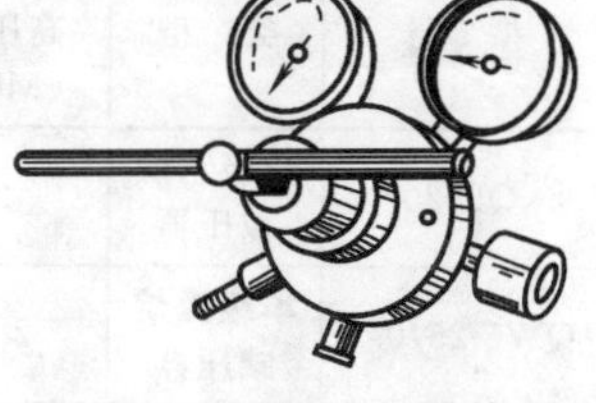

图 2-22　氧气减压器外形

（2）规格

氧气减压阀规格，见表 2-15。

常用减压器的主要技术数据 **表 2-15**

型　号	类　型	进气口最高压力 (MPa)	出口压力范围 (MPa)	公称流量 (m^3/h)	进口连接螺纹	质量 (kg)	用途
QD-1	单级氧气减压器	15	0.1～2.5	80	G5/8″	4	瓶用
QD-2A			0.1～1	40		2	
QD-3A			0.01～0.2	10		2	
QD-50	双级氧气减压器	15	0.5～2.5	220	C1″	9	管道用
QY11-150/15	双级氧气减压器	15	0.1～1.5	100	G5/8″	5.8	
QY9-25/10	单级氧气减压器	2.5	0.1～1	40	G5/8″	1.5	

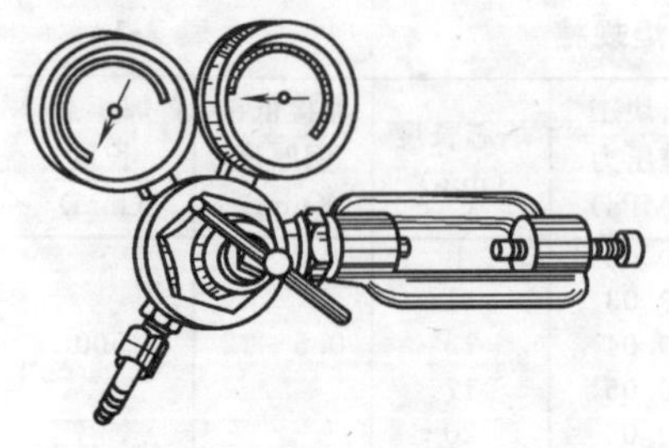

图 2-23 乙炔减压器外形

(3) 用途

氧气瓶（或高压氧气管道）上的附件，供将瓶内高压氧气调节到所需的工作压力并保持稳定，及测量瓶内氧气压力用。

3. 乙炔减压器

乙炔减压器又称乙炔调压器、乙炔减压阀、乙炔表。

(1) 构造图

图 2-23 为乙炔减压器构造图。

(2) 规格

乙炔减压器规格，见表 2-16。

常用减压器的主要技术数据 **表 2-16**

型号	类型	进气口最高压力 (MPa)	出口压力范围 (MPa)	公称流量 (m^3/h)	进口连接螺纹	质量 (kg)	用途
QD-20	单级乙炔减压器	2	0.01～0.15	9	夹环连接	2	瓶用
QW5-25/0.6	单级丙烷减压器	2.5	0.01～0.06	6	G5/8″左	2	

(3) 用途

乙炔瓶上的附件，供将瓶内的高压乙炔调节到所需要的工作压力并保持稳定及测量瓶内乙炔压力。

4. 乙炔发生器

乙炔发生器分为排水式和联合式两种。

(1) 排水式乙炔发生器

1) 构造图

图 2-24 为排水式乙炔发生器构造图。

2) 规格

排水式乙炔发生器技术数据。见表 2-17。

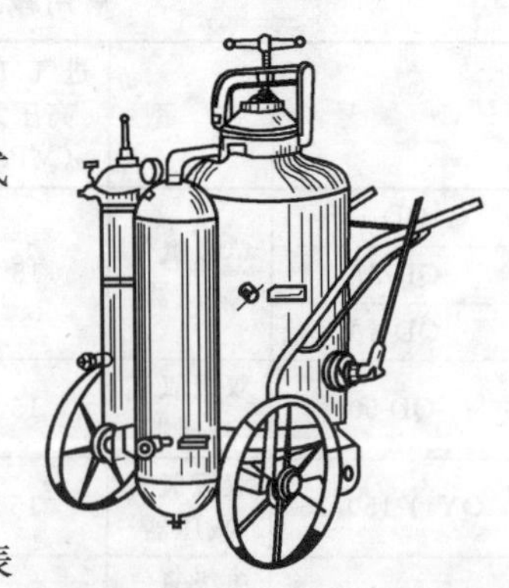

图 2-24 排水式乙炔发生器

乙炔发生器的主要技术数据　　表 2-17

型　号	Q3-0.5	Q3-1	Q3-3
名称	移动式中压乙炔发生器		固定式中压乙炔发生器
类型	排水式		
工作压力(MPa)	0.045～0.1	0.045～0.1	0.045～0.1
发气量/(m^3/h)	0.5	1	3
发气室允许最高温度(℃)	90(乙炔)		
电石一次装入量(kg)	2.4	5	13
电石块粒度(mm)	25×50;50×80		
容量(L)	30(水)	65(水)	330(水)
安全阀泄气压力(MPa)	0.115	0.11	
安全膜爆破压力(MPa)	0.18～0.28		
自重(不包括电石、水)(kg)	40	115	260
外形尺寸(mm)	515×505×930	1210×675×1150	1050×770×1755

3）用途

将电石（碳化钙）放入装入发生器内。利用乙炔气体压力将水排挤到发生器的隔层中，控制电石与水的接触与脱离，从而调节发气室中乙炔的压力。使用时移动方便。

(2) 联合式乙炔发生器

1）构造图

图 2-25 为联合式乙炔发生器构造图。

2）规格

联合式乙炔发生器技术数据，见表 2-18。

3）用途

联合式乙炔发生器，是利用两个压挤室调节水位，控制乙炔的发气量，乙炔气的压力较稳定。加水、填料、排水、清渣都方便，使用安全。适用气焊、气割的发生器。

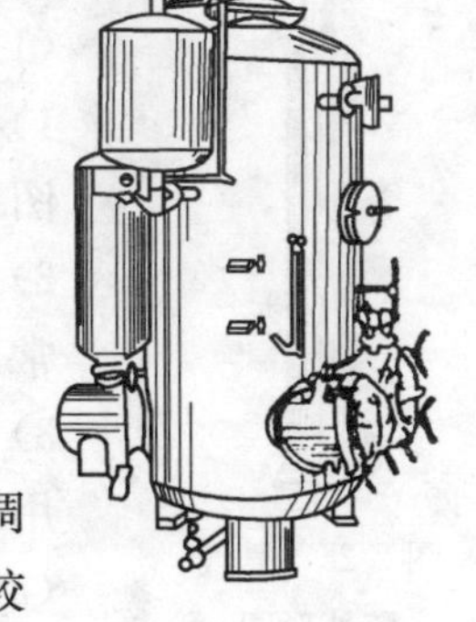

图 2-25　联合式乙炔发生器

联合式乙炔发生器的主要技术指标　　　　表 2-18

型　号	Q4-5	Q4-10
名称	固定式双压挤调压乙炔发生器	
类型	联合式	
工作压力(MPa)	0.1～0.12 最大 0.15	0.045～0.1 最大 0.15
发气量/(m^3/h)	5	10
发气室允许最高温度(℃)	90(乙炔) 60(水)	
电石一次装入量(kg)	12.5	25.5
电石块粒度(mm)	15×25	15×25 25×50 50×80
容量(L)	338(水) 574(乙炔)	818(水) 958(乙炔)
安全阀泄气压力(MPa)	0.15	
安全膜爆破压力(MPa)	0.18～0.28	
自重(不包括电石、水)(kg)	750	980
外形尺寸(mm)	1450×1375×2180	1700×1800×2690

5. 气瓶

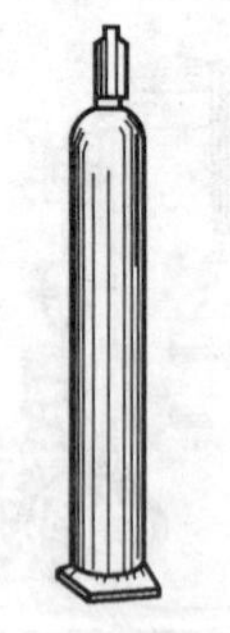

图 2-26　氧气瓶外形图

气瓶有氧气瓶和溶解乙炔气瓶两种。

(1) 氧气瓶

1) 构造图

图 2-26 为氧气瓶外形图。

2) 规格

常用氧气瓶规格，见表 2-19。

3) 用途

用来储备氧气。

(2) 乙炔气瓶

1) 规格

常用溶解乙炔氧瓶的规格，见表 2-20。

常用氧气瓶的规格 **表 2-19**

工作压力（MPa）	容积（L）	瓶体外径（mm）	瓶体高度（mm）	质量（kg）	水压试验压力（MPa）	瓶体颜色
15	33	ϕ219	1150±20	45±2	22.5	天蓝色
	40		1370±20	55±2		
	44		1490±20	57±2		

常用溶解乙炔气瓶的规格 **表 2-20**

公称直径（mm）	高度（mm）	内容积（L）	钢瓶净重（kg）	乙炔充装置（kg）	附　注
250	≈1050	40	≈60	6.3～7	填料：固体硅酸钙，孔隙率 90%～92% 填料密度＜280g/L 溶剂：1 级丙酮 乙炔/丙酮：0.47～0.52 钢瓶试压压力：5.9MPa

2）用途

用来储备乙炔气。

6. 气焊眼镜

（1）外形图

图 2-27 为气焊眼镜外形图。

（2）规格

气焊眼镜用的镜片，通常有两种：

1）深绿色镜片；

2）浅绿色镜片。

图 2-27　气焊眼镜

（3）用途

气焊眼镜，主要用来保护气焊工人眼睛，在焊接工作中不致受到强光照射和避免熔珠飞溅入目。

第二节　电 动 工 具

在金属饰面装饰工程中，常用的电动工具，有钻、割、钉、剪等类型，它们的特点是体积小、重量轻、便于携带、运用灵活、工效高。

一、钻

（一）手电钻

1. 构造图

图 2-28 为手电钻外形图

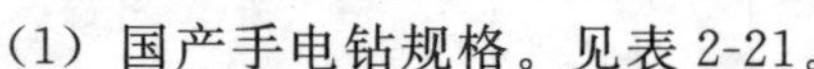

图 2-28　电钻

2. 规格

手电钻有国产和进口之分。

（1）国产手电钻规格。见表 2-21。

国产手电钻规格　　　　表 2-21

最大钻孔系列 (mm)	额定电压 (V)	额定功率 (W)	额定转速 (r/min)	重　量 (kg)
J1Z 系列(单相)				
6.0	36	190	720	1.80
6.0	110	190	850	1.80
6.0	220	200～250	1200～1400	1.50～1.90
10.0	220	325～370	700	2.00～2.40
10.0	220	431	700	3.40
13.0	220	390～460	500/600	3.15～4.50
19.0	220	640～740	290/330	6.50～7.50
23.0	220	1000	300	7.50
J3Z 系列(三相)				
13.0	380	270	530	4.80～6.80
19.0	380	400	290	6.10～8.30
23.0	380	500	235	8.40～11.00
32.0	380	800/900	190	17.50～19.00
38.0	380	870	160	18.00
49.0	380	890	120	19.00
回 J1Z 系列(单相)				
4.0	220	240	2200	1.20
6.0	220	240	1200	1.20～1.80
6.0	220	165	1600	1.00
10.0	220	320/430	700	1.80～2.60
13.0	220	430	600	2.70
13.0	220	430	500	2.70～3.00
16.0	220	810	400/500	5.70
19.0	220	810	330	5.70
23.0	220	810	250	5.70

(2) 进口手电钻规格，见表 2-22。

进口手电钻规格　　表 2-22

最大钻孔系列 (mm)	额定电压 (V)	额定功率 (W)	额定转速 (r/min)	重　量 (kg)
3.5	DC4.8		空载 320	1.00
10.0	DC7.2		空载 300/650	1.50
10.0	DC9.6		空载 300/1000	1.60
6.5	220	250	空载 2500	1.60
6.5	220	335	空载 2200	1.90
6.5	220	240	空载 2700	1.15
6.5	220	280	空载 0～2300	1.30
8.0	220	240/600	空载 2100/1800	1.20/2.00
10.0	220	400/800	空载 1250/700	2.20/3.50
10.0	220	380	空载 1250	2.00
10.0	220	340	空载 0～1110	1.40
10.0	220	550～300	空载 1250/2700	1.80/1.40
13.0	220	600	空载 1800/1500	2.20～2.30
13.0	220	720/620	空载 550～750	2.80～4.40
16.0	220	670～800	空载 700～1400	3.50～4.70
16.0	220	860	空载 500	6.00
25.0	220	1100	空载 235	19.70
25.0	220	1500	空载 190	25.00

注：进口产品中使用直流电源的为电池式电钻。

(3) 交直流两用手电钻规格，见表 2-23。

交直流两用电钻规格　　表 2-23

电钻规格① (mm)	额定转速 (r/min)	额定转矩 (N·m)	电钻规格① (mm)	额定转速 (r/min)	额定转矩 (N·m)
4	⩾2200	0.4	16	⩾400	7.5
6	⩾1200	0.9	19	⩾330	3.0
10	⩾700	2.5	23	⩾250	7.0
13	⩾500	4.5			

① 钻削 45 号钢时，电钻允许使用的钻头直径。

3. 用途

手电钻是用来对金属、塑料或其他类似材料或工件进行钻孔的电动工具。

（二）电动冲击钻

1. 构造图

图 2-29 为电动冲击钻外形图。

2. 规格

电动冲击钻规格型号，见表 2-24。

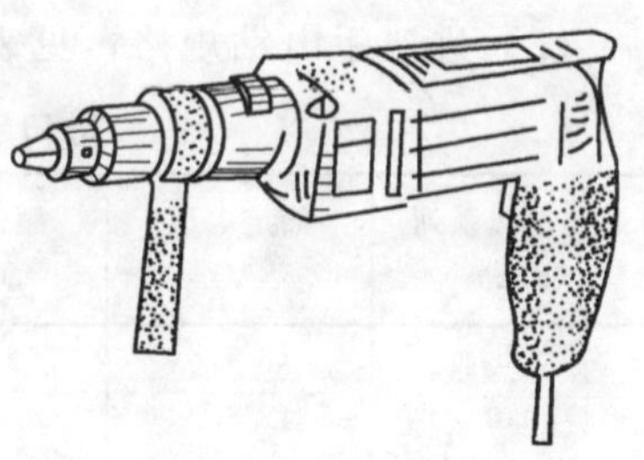

图 2-29 冲击电钻

冲击电钻规格 **表 2-24**

钻孔直径(mm)		额定电压 (V)	输入功率 (W)	额定转速 (r/min)	重量(kg)
钢	混凝土				
国 产 产 品					
6	10	220	250	1200	2
10	16	220	320	5000/700	2.5
13	16	220	430(输出)	580	4
13	16	380	270(输出)	580	6.5
13	18	380	400	580	
12	20	220	640	480/850	3.2
进 口 产 品					
10	10	220	335	16000	2.1
10	12	220	550	2800/1250	2.1
13	16	220	600/680	1800/1050	2.3
13	14	220	380	1250	4.0
13	20	220	600/1010	1800/1050	2.4
16	35	220	800	700/1400	3.8
16	20	220	900/1000	0～1000/3000	2.8

3. 用途

电动冲击钻，在金属饰面装饰工程中，以及安装水、电设备等必不可缺少的电动工具。

（三）电锤

1. 构造图

图 2-30 为电锤外形图。

2. 规格

（1）电锤的规格，见表 2-25。

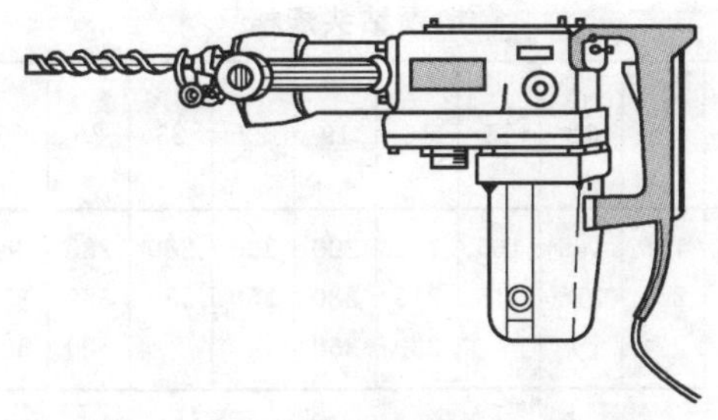

图 2-30　电锤

电锤规格型号　　　　　　**表 2-25**

型　号		ZIC-XS1 -16	ZIC-XS1 -22	ZIC-LS2 -26	ZIC-XS2 -27	ZIC-XS1 -32
最大钻孔直径	mm	16	22	26	27	32
钻轴转速	r/min	630	510	350	260	260
冲击次数	min^{-1}	3200	2860	3000	2700	2700
电源频率	Hz	50	50	50	50	50
输入功率	W	450	570	620	750	850
额定电压	V	220	220	220	220	220
额定电流	A	2.18	2.71	3.03	3.62	4.18
净重	kg	3.0	5.0	5.2	7.5	7.5

（2）电锤的技术性能，见表 2-26。

电锤技术性能　　　　　　**表 2-26**

型　号	DH22	型　号		DH22
按地区不同(V)	110,115,120,127,200,220,230,240	冲击率(次/min)		3150
		能力	混凝土	22
			钢	13
功率(W)	520		木材	30
转速(r/min)	800	(电缆、侧手柄不计)(kg)		4.3

（3）电锤钻头规格，见表 2-27。

3. 用途

电锤广泛用于装饰工程中，金属门窗及金属龙骨吊顶安装。

电锤钻头规格 表 2-27

直径(mm)	6	8	10	12	14	16	19	22	23	26	27	32	35	38
长度(mm)	105 155	105 155	155 205	165 215	165 215	165 215 230	200 280 350	200 350	280 380	280 380 500	280 350 500	280 380 500	280 380 500	380 500 650

(四) 角向电钻

1. 构造图

图 2-31 为角向电钻外形图。

图 2-31 角向电钻

2. 规格

角向电钻规格，见表 2-28。

角向电钻规格（进口产品） 表 2-28

最大钻孔直径(mm)	额定电压(V)	额定功率(W)	空载转速(r/min)	重 量(kg)
≤5	220	120	3000	1.2
16	220	400	300～2300	1.7

注：最大钻孔直径是以钢为材料来确定。另有使用直流电源的电池式角向电钻。

3. 用途

用于特殊空间位置的钻孔。

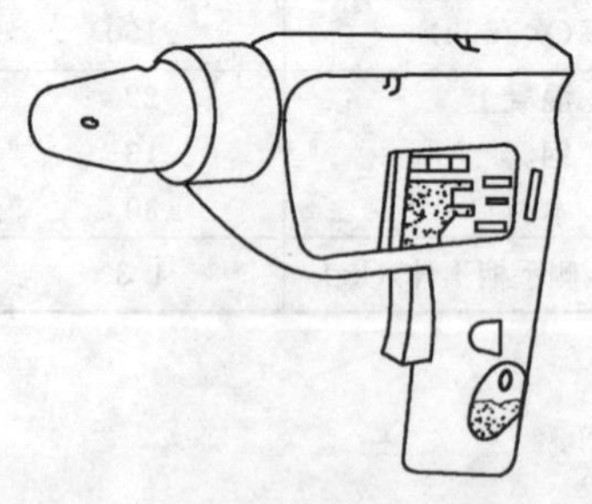

图 2-32 自攻钻外形

(五) 自攻螺钉钻

1. 构造图

图 2-32 为自攻螺钉钻外形图。

2. 规格

常用自攻钻的技术性能参数，见表 2-29。

常用自攻钻的技术性能参数　　表 2-29

型号	工作能力	钻柄尺寸（六角）(mm)	回转数（次/min）	额定输入功率(W)	长度(mm)	净重(kg)
6701B	大螺钉 8mm、小螺钉 5.5mm、螺母 6mm	6.4	500	230	270	1.8
6801N	自攻螺钉 6mm、六角螺栓 6mm	6.4	2500	500	285	1.9
6800 BD	干面板螺钉第 6 号、自攻螺丝 5mm	6.4	2500	540	280	1.3
6800 DBV	干面板螺丝第 6 号、自攻螺丝 5mm	6.4	2500	540	280	1.3
6801 DB	干面板螺钉第 6 号、自攻螺丝 5mm	6.4	4000	540	280	1.5
6801 DBV	干面板螺钉第 6 号、自攻螺丝 5mm	6.4	4000	540	280	1.5
6802 BV	自攻螺钉 6mm	6.4	2500	510	265	1.7
6806 BV	小螺钉 6.2mm、小螺钉 8mm、螺母 8mm、自攻螺钉 6mm	6.4	2500	510	267	1.9
6820V	干面板螺钉第 5 号、自攻螺钉 6mm	6.4	4000	570	268	1.3

3. 用途

该钻是上自攻螺钉钻的专用机具，用于轻钢龙骨或铝合金龙骨安装金属饰面板，以及各种龙骨木身的安装。

（六）电动螺丝刀

1. 构造图

图 2-33 为电动螺丝刀外形图。

2. 规格

（1）国产电动螺丝刀规格，见表 2-30。

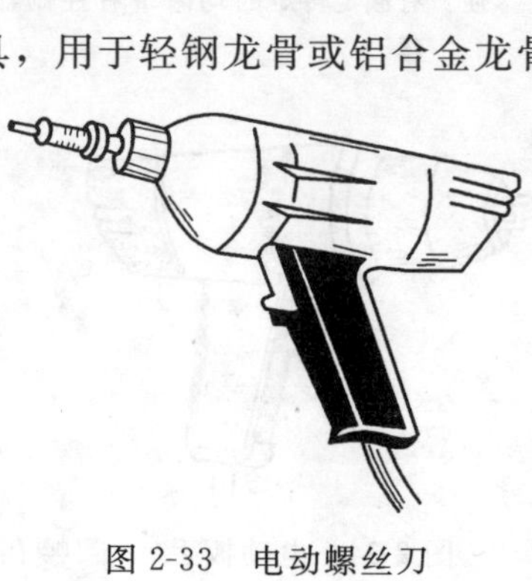

图 2-33　电动螺丝刀

电动螺丝刀规格 表 2-30

适用范围	额定电压(V)	输入功率(W)	额定转矩(N·m)	力矩范围(N·m)	重 量(kg)
POL-1、2 型(微型)					
M1 及以下	9		1.10		0.15
M2 及以下	9		2.20		0.16
POL 及 POLZ 型					
M4 及以下	24	20	0.90		1.70
M4 及以下	24		1.0		
PIL 型					
M4～M6	220	230		2.5～8	1.70
M4～M6	220	250		2～8	1.40

(2) 进口电动螺丝刀规格，见表 2-31。

进口电动螺丝刀规格 表 2-31

适用范围	额定电压(V)	输入功率(W)	额定转矩(N·m)	力矩范围(N·m)	重 量(kg)
进 口 产 品					
M1.4～M3	DC16～38	27	0.05～0.70		0.38
M2.2～M4	DC16～38	47	0.20～2.00		0.57
M5	220	340			1.40
M6	220	340/520			1.50/1.70
M6	220	520	0～14.00		1.90
M8	220	190			1.90

注：有额定转矩的均附带有控制器。进口产品中还有使用直流电源的电池式螺丝刀。

(七) 电动扳手

1. 构造图

图 2-34 为电动扳手外形图。

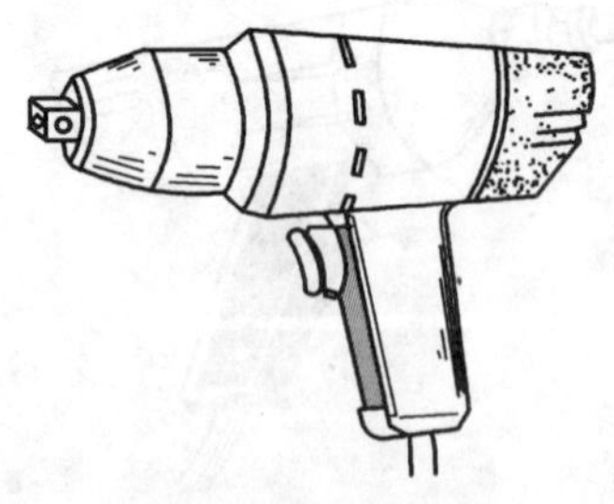

图 2-34 电动扳手

2. 规格

电动扳手规格，见表 2-32。

3. 用途

电动扳手用于装拆紧固件，拆卸螺栓，螺母等，广泛用于建筑工程和装饰工程中。

部分国产电动扳手规格　　　　表 2-32

型　号	拆装螺纹最大规格	适用范围	额定电压（V）	额定扭矩（kgf·m）	冲击次数（次/min）	方头尺寸（mm）	边心距（mm）	净重（kg）	生产单位
回 P1B-8	M8	M6～M8	220	1.5	1200			1.7	青海电动工具厂
回 P1B-12	M12	M10～M12	220	6	1500		36	1.75	上海中国电动工具联合公司
回 P1B-16	M16	M14～M16	220	15	1600～1800		43	4.3	
回 P1B-20	M20	M18～M20	220	22	1600～1800		49	4.9	
回 P1B-24	M24	M22～M24	220	40	1500		47	6.5	
回 P1B-30	M30	M20～M30	220	80	1600	19×19	50	6.8	山东中兴机械厂
回 P3B-36	M36	M20～M36	380	150		20×20	65	13	山东威海机床厂
回 P3B-42	M42	M27～M42	380	200		25.4×25.4	65	18	山东中兴机械厂
回 P3B-48	M48	M36～M48	380	500		25×25	69	22	山东威海机床厂

二、割

（一）型材切割机

1. 构造图

图 2-35 为型材切割机外形图。

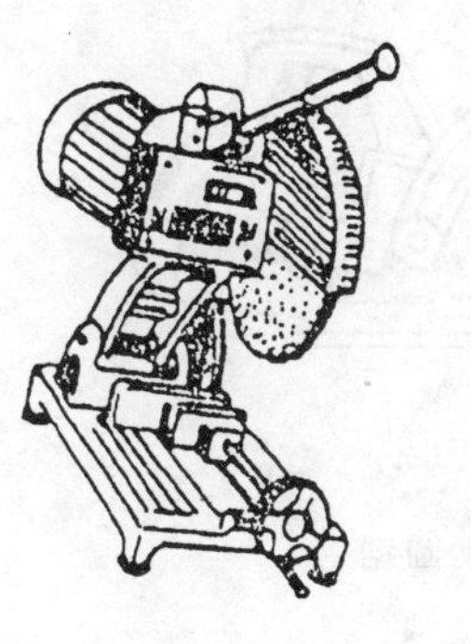

(*a*) 双速砂轮切割机

(*b*) 普通砂轮切割机

图 2-35　型材切割机

2. 规格

型材切割机型号及主要参数，见表 2-33。

型材切割机型号及主要参数　　表 2-33

型　　号		J_3G-400 型	J_3GS-300 型(双速)
电动机		三相工频电动机	三相工频电动机
额定电压(V)		380	380
额定功率(kW)		2.2	1.4
转速(r/min)		2880	2880
极数		二级	二级
增强纤维砂轮片(mm)		400×32×3	300×32×3
切割线速度(m/s)		砂轮片 60	砂轮片 68,木工圆锯片 32
最大切割范围(mm)	圆钢管、导形管	135×6	90×5
	槽钢、角钢	100×10	80×10
	圆钢、方钢	ϕ50	ϕ25
	木材、硬质塑料		ϕ90
夹钳可转角度		0°,15°,30°,45°	0～45°(任意调节)
切割中心调整量(mm)		50	
机重(kg)		80	40

3. 用途

型材切割机利用砂轮磨削原理。切割各种金属型材。

(二) 电动圆锯

1. 构造图

图 2-36 为电动圆锯构造图。

图 2-36　电动圆锯

2. 规格

电动圆锯规格，见表 2-34。

3. 用途

电动圆锯是一种手提式切割工具，主要用来切割木料，塑料以及铝复合板。

电圆锯常用规格与技术参数　　表 2-34

	锯片直径 (mm)	锯割深度 (mm)	额定电压 (V)	输入功率 (W)	空载转速 (r/min)	重量 (kg)
国内产品	200	65	380	810	2700	11.0
	250	65	220	1120	4000	
	350	140	220	1670	2500	
进口产品	110	32	220	860	11000	2.8
	125	33	220	650	4600	3.3
	150	45	220	710	4400	2.9
	160	55	220	670	4700	3.1
	170	55	220	1050	4500	4.0
	185	63	220	1100	5500	4.0
	190	65	220	1600	4800	5.7
	210	75	220	1600	4500	6.1
	235	84	220	1750	4200	8.0
	335	128	220	1800	2800	10.5
	382	143	220	1800	2300	12.5
	415	157	220	1750	2200	14.0

（三）电动曲线锯

1. 构造图

图 2-37 为电动曲线锯外形图。

2. 规格

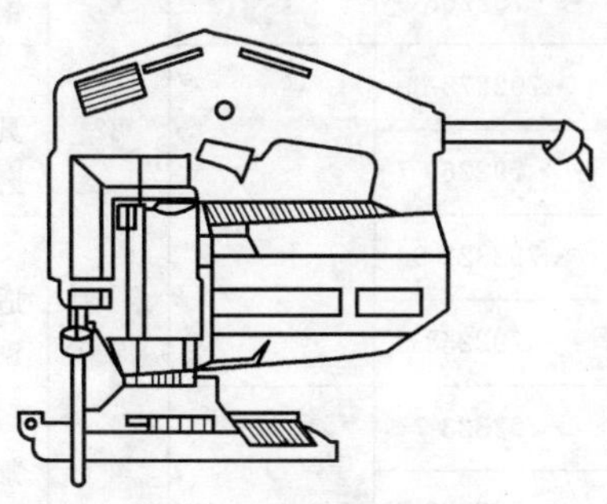

图 2-37　曲线锯外形

(1) 常用曲线锯锯片规格及适用范围，见表 2-35。

常用曲线锯锯片规格及适用范围　　表 2-35

型号	零件号码	每 25.4mm 齿数	总长 (mm)	用途
1号	·792145-5 ··792144-7	24	82	超细齿锯片，适于对厚度 3mm 以下的木材薄片、轻铁合金和有色金属使用
2号	·792136-6 ··792135-8	14		能够迅速地锯断木材薄片、绝缘纤维板、塑料和胶木等
3号	·792139-0 ··792138-2	9		锯割木材的理想工具，粗齿，适用厚度达 50mm
4号	·792142-1 ··792141-3			对厚度 3～6mm 的木材或金属进行粗锯最为合适
5号	·792133-2 ··792132-4	24	58	另一种超细齿锯片，适于对厚度 3mm 以下的轻铁合金或有色金属板进行净割
6号	·792152-8 ··792151-0	9	82	极适于对木材进行曲线锯割
7号	·792272-8 ··792268-9	14		适于对木材薄片、层积材和碎料板进行曲线锯割
8号	·792273-6 ··792269-7	8		木材的理想切割工具。适于进行车间的研磨净锯割
9号	·792327-9 ··792238-3			木材的理想锯割工具。适于进行车间的研磨净锯割，特别是净锯断
10号	·792323-7 ··792320-3	9		极适于木材锯割。锯割面特别细致平滑，不必锉平

(2) 电动曲线锯的型号与技术性能，见表 2-36。

曲线锯的型号与技术性能　　表 2-36

型　号	最大锯割厚度(mm)		额定电压 (V)	输入功率 (W)	锯割次数 (次/min)	锯条行程 (mm)	整机重量 (kg)
	锯材	木材					
回 M1QZ-40	3	40	220	250	1600	25	1.7
回 M1QP-50	6	50	220	280	3700	16	1.8
回 M1QP-55	6	55	220	390	3100	26	3.6
回 M1QP-60	6	60	220	350	3400	20	1.9

3. 用途

曲线锯可按照各种要求锯割曲线和直线的板材，更换不同的锯条，可以切割金属板材及木质和塑料板材。

(四) 铝型材切割机

1. 构造图

图 2-38 为铝型材切割机构造图。

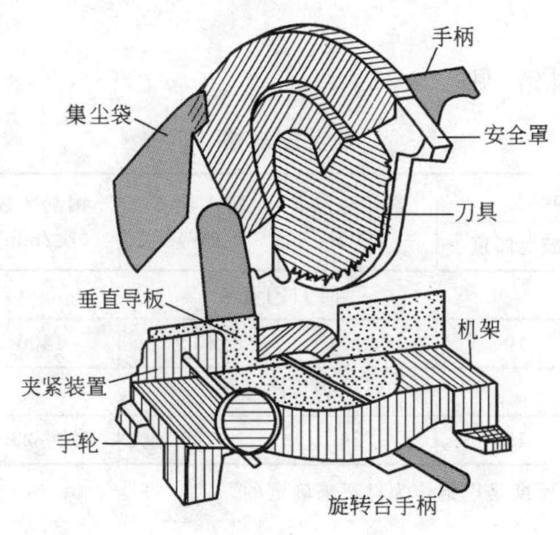

图 2-38　铝合金型材切割机

2. 规格

铝型材切割机的规格，见表 2-37。

3. 用途

铝型材切割机，主要用于装饰安装工程中的铝合金材料切割。

铝合金型材切割机规格　　　　表 2-37

型　号	锯片直径 (mm)	最大锯割尺寸(高×宽)(mm)		转数 (r/min)	功率 (W)	净重 (kg)
		90°	45°			
LS1400	355	122×152	122×115	3200		32

注：该产品为日本牧田生产。

(五) 往复锯

1. 构造图

图 2-39 为往复锯外形图。

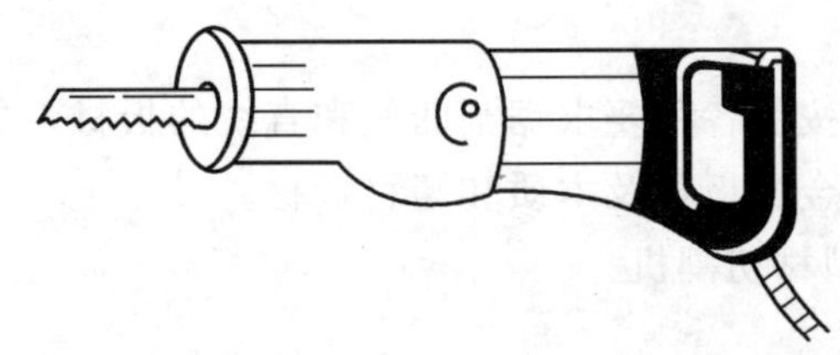

图 2-39　往复锯

2. 规格

往复锯规格，见表 2-38。

往复锯规格　　　　表 2-38

锯割能力(mm)		额定电压 (V)	输入功率 (W)	锯割次数 (次/min)	重量 (kg)
管材外径	最大厚度				
回 J1FJ 型					
ϕ100	10	220	430	1400	3.6
进口产品					
ϕ115	12	220	720	700～2200	3.6

注：锯割最大厚度是以钢作为材料来确定的。

3. 用途

往复锯是一种电动锯工具。用于锯木材、金属板材、管材等。

(六) 电动剪刀

1. 构造图

图 2-40 为电动剪刀外形图。

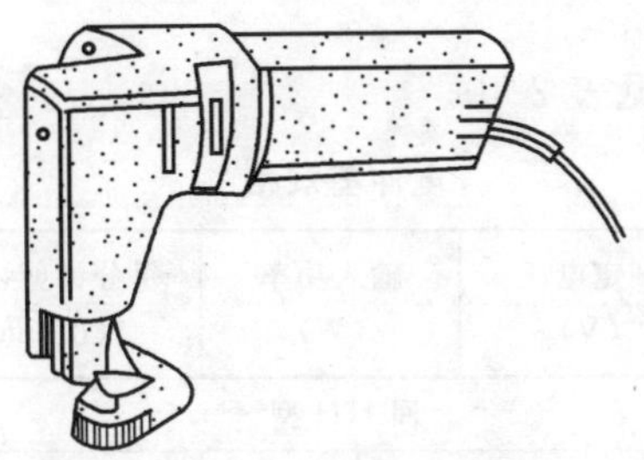

图 2-40　电动剪刀

2. 规格

电动剪刀规格，见表 2-39。

电动剪刀的规格　　**表 2-39**

型　号	回 J_1J-1.5	回 J_1J-2	回 J_1J-2.5
剪切最大厚度(mm)	1.5	2	2.5
剪切最小半径(mm)	30	30	35
电压(V)	220	220	220
电流(A)	1.1	1.1	1.75
输出功率(W)	230	230	340
刀具每分钟往复次数	3300	1500	1260
剪切速度(m/min)	2	1.4	2
持续率(%)	35	35	35
重量(kg)	2	2.5	2.5

3. 用途

电动剪刀用剪切镀锌铁皮、薄钢板和铝板的剪切工具。

（七）电冲剪

1. 构造图

图 2-41 为电冲剪构造图。

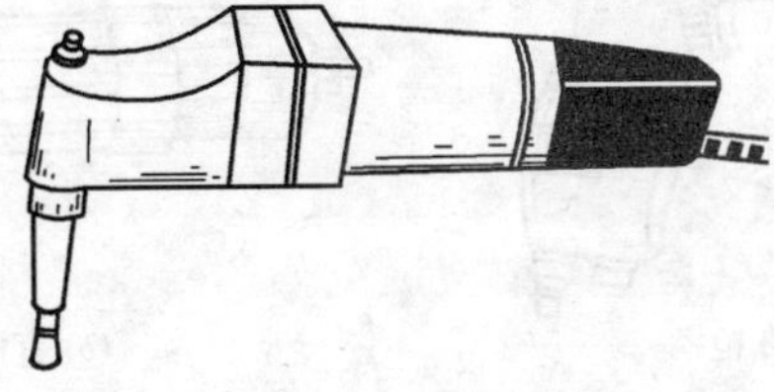

图 2-41　电冲剪

2. 规格

电冲剪规格，见表 2-40。

电冲剪规格 **表 2-40**

最大剪切厚度（mm）	额定电压（V）	输入功率（W）	每分钟剪切次数（次/min）	重量（kg）
回 J1H 型				
1.3	220	230	1260	2.2
2.0	220	480	900	
2.5	220	430	700	4.0
3.2	220	650	900	5.5
进口产品				
1.2	220	240	1900	2.4
2.3	220	335	950	3.5
3.2	220	670	900	5.8
4.5	220	1000	850	7.3
6.0	220	1200	720	8.3

注：最大剪切厚度是以钢作为材料来确定。

3. 用途

电冲剪是用来冲剪波纹钢板、塑料板、层压板等板材的工具、还可以在板材上开孔。

第三节 气动工具

一、钻

（一）气钻

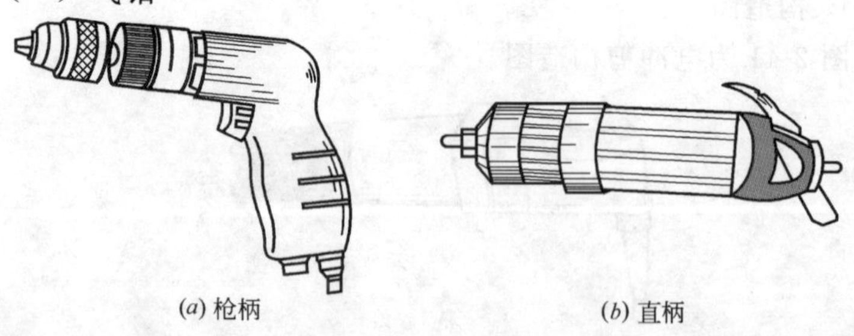

(*a*) 枪柄　　(*b*) 直柄

图 2-42 气钻

1. 构造图

图 2-42 为气钻构造图。

2. 规格

气钻规格，见表 2-41。

气钻规格 **表 2-41**

名　称	钻孔直径（mm）	工作气压（MPa）	空转转速（r/min）	负荷耗气量（L/s）	气管内径（mm）
直柄气钻	4	0.49	19000	5.80	6.35
	6	0.49	3000	5.80	6.35
	8	0.49	2650	6.67	9.50
枪柄气钻	4	0.49	19000	5.80	6.35
	6	0.49	3000	5.80	6.35
	10	0.49	900	6.67	9.50
	10	0.49	2500	8.30	13.00
	13	0.49	320	8.30	13.00

注：产地上海、天津等地。

3. 用途

气钻用于金属构件、塑料构件等的钻孔，广泛用于装饰工程施工中。

（二）弯角形气钻

1. 构造图

图 2-43 为弯角形气钻构造图。

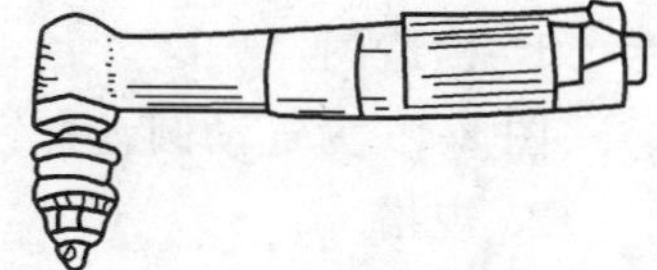

图 2-43　弯角形气钻

2. 规格

弯角形气钻规格。见表 2-42。

弯角形气钻规格 **表 2-42**

钻孔直径（mm）	空转转速（r/min）	弯头高（mm）	负荷耗气量（L/s）	功率（kW）	工作气压（MPa）	气管内径（mm）
8	2500	72	6.67	0.20	0.49	9.5
10	850	72	6.67	0.18	0.49	9.5
10	500	72	6.67	0.18	0.49	9.5
32	380		33.30	1.14	0.49	16.0

3. 用途

适用于金属结构安装，用来钻普通钻难于钻的位置。

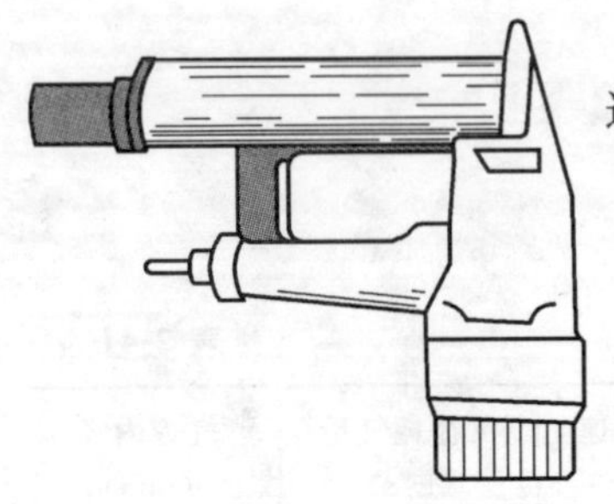

图 2-44 T 型射钉枪

（三）气动 T 型射钉枪

1. 构造图

图 2-44 为 T 型射钉枪构造图。

2. 规格

T 型射钉枪规格，见表 2-43。

3. 用途

T 型射钉枪规格 **表 2-43**

空气压力(MPa)	射钉枚数(枚/min)	盛钉容量(枚)	重量(kg)
0.40～0.70	4	120/104	3.2

注：表列为进口产品参数。

气动 T 型射钉枪可以将 T 型射钉射入被紧固物体上，起加固、连接作用。广泛用于装饰工程的末作业及单层铝板安装。

（四）气动圆盘射钉枪

1. 构造图

图 2-45 为气动圆盘射钉枪构造图。

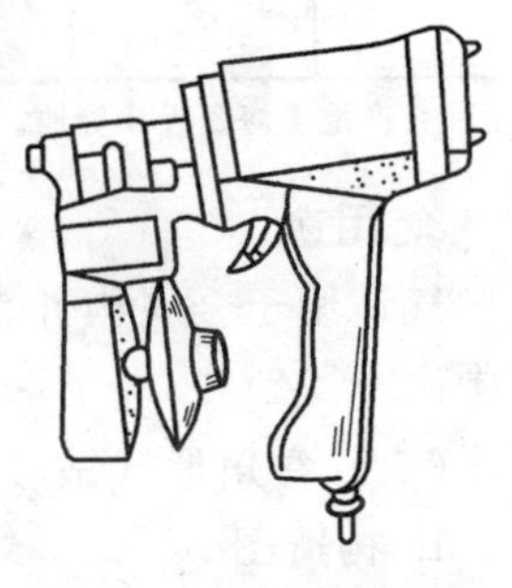

图 2-45 气动圆盘射钉枪

2. 规格

气动圆盘射钉枪规格，见表 2-44。

气动圆盘射钉枪规格 **表 2-44**

空气压力(MPa)	射钉频率(枚/min)	盛钉容量(枚)	重量(kg)
0.40～0.70	4	385	2.5
0.45～0.75	4	300	3.7
0.40～0.70	4	385/300	3.2
0.40～0.70	3	300/250	3.5

注：表列为进口产品参数。

3. 用途

气动圆盘射钉枪，将直射钉射在混凝土结构中、砖砌体结构中以及岩石和钢铁中，以便紧固被连接的构件。

（五）码钉射钉枪

1. 构造图

图 2-46 为码钉射钉构造图。

2. 规格

码钉射钉枪规格，见表 2-45。

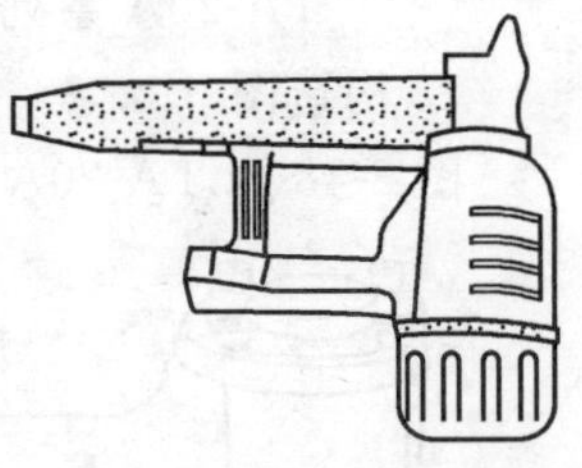

图 2-46 码钉射钉枪

码钉射钉枪规格 **表 2-45**

空气压力(MPa)	射钉枚数(枚/min)	盛钉容量(枚)	重量(kg)
0.40～0.70	6	110	1.2
0.5～0.85	5	165	2.8

注：为进口产品参数。

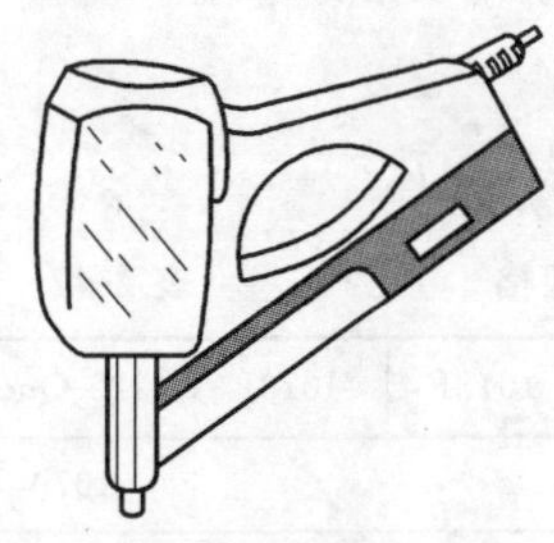

图 2-47 圆头钉射钉枪

3. 用途

码钉射钉枪，可以把码钉射入建筑构件内以起紧固、连接作用。目前在装饰工程中，木作业及铝板装饰使用广泛，效果很好。

（六）圆头钉射钉枪

1. 构造图

图 2-47 为圆头钉射钉枪构造图。

2. 规格

圆头钉射钉枪规格，见表 2-46。

圆头钉射钉枪规格 **表 2-46**

空气压力(MPa)	射钉枚数(枚/min)	盛钉容量(枚)	重量(kg)
0.45～0.75	3	64/70	5.5
0.40～0.70	3	64/70	3.6

3. 用途

圆头钉射钉枪，将直射钉发射于混凝土结构，砖砌体结构以便紧固被连接物体。

（七）TA-20A 系列气动枪

1. 构造图

图 2-48 为 TA-20A 系列气动枪及实用 U 形钉构造图。

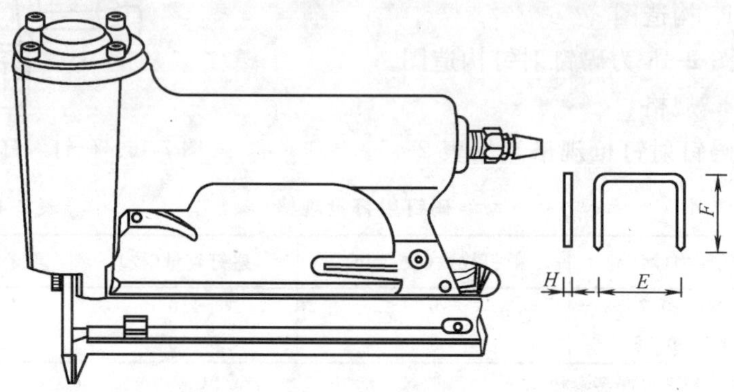

图 2-48　TA-20A 系列气动枪及实用 U 形钉

2. 规格

(1) TA-20A 系列气动钉枪规格，见表 2-47。

TA-20A 系列气动钉枪规格　　　　表 2-47

型　　号	1005F	1010F	413J	1013F	1013J	4225-Quon
重量(g)	910					1070
高×宽×长(mm)	146×45×203			146×45×217		
每次载钉量(枚)	157		100			
气压(MPa)	0.35～0.70(调压器)					
软管内径(mm)	≥6					

(2) TA-20A 系列气动枪实用 U 形钉尺寸，见表 2-48。

3. 用途

TA-20A 系列气动枪，可以用来紧固胶合板，单层铝板、塑料板。在建筑装修工程中广泛使用。

（八）气动打钉枪

1. 构造图

图 2-49 为气动打钉枪构造图。

实用 U 形钉尺寸（mm）　　表 2-48

钉枪型号 TA-20A/1005F		钉枪型号 TA-20/1013F		钉枪型号 TA-20A/1013J	
H	0.7	*F*	0.5	*E*	10
F	0.5	*E*	10	U 钉型号	钉长 *L*
E	10	U 钉型号	钉长 *L*	1006J	6
U 钉型号	钉长 *L*	1013F	13	1008J	8
1003F	3	钉枪型号 TA-20A/413J		1010J	10
1004F	4	*H*	1.2	1013J	13
1005F	5	*F*	0.6	钉枪型号 TA-20A/422J-Quon	
钉枪型号 TA-20A/1010F		*E*	4	*E*	1.0
H	0.7	U 钉型号	钉长 *L*	*F*	0.6
F	0.5	406J	6	*E*	4
E	10	408J	8	U 钉型号	钉长 *L*
U 钉型号	钉长 *L*	410J	10	410J	10
1007F	7	413J	13	413J	13
1010F	10	钉枪型号 TA-20A/1013J		416J	16
钉枪型号 TA-20/1013F		*H*	1.2	419J	19
H	0.7	*F*	0.6	422J	22

2. 规格

工作参数：使用气压 0.5～0.7MPa；打钉范围 25×51mm 普通标准圆钉；风管内径 10mm；冲击次数 60 次/min；机重 3.6kg。

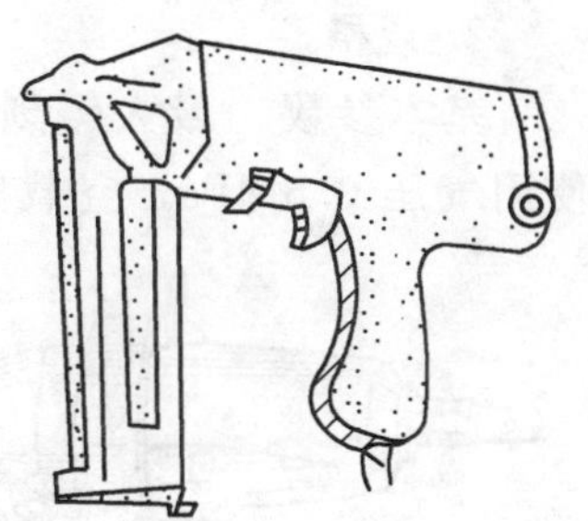

图 2-49　气动打钉枪

3. 用途

气动打钉枪是专供锤钉扁头钉的气动工具。其特点是使用方便，安全可靠，劳动强度低，生产效率高，广泛适用于建筑工程和建筑装修工程。

（九）气动拉铆枪

1. 构造图

图 2-50 为气动拉铆枪构造图。

2. 规格

基本参数　工作气压力 0.3～0.6MPa；工拉力 3000～7200N；铆接直径 3～3.5mm 的空芯铝铆钉；风管内径 10mm；枪身重 2.25kg。

3. 用途

适用于铆接抽芯铝铆钉的气动工具。其特点是重量轻、操作简便、没有噪声、广泛用于建筑工程装修。

（十）气动锯（JT10 型）

1. 构造图

图 2-51 为气动锯构造图。

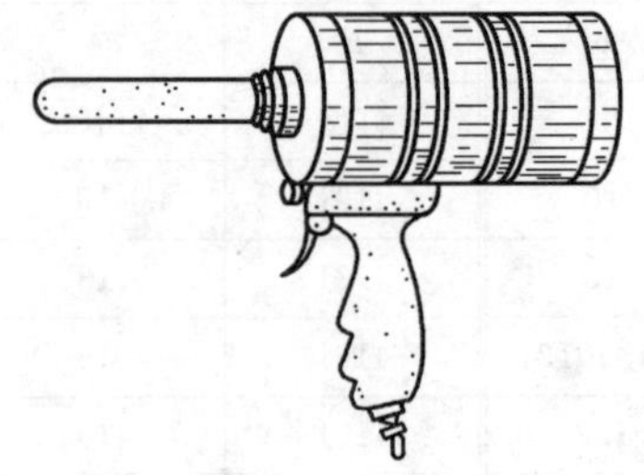

图 2-50　气动拉铆枪

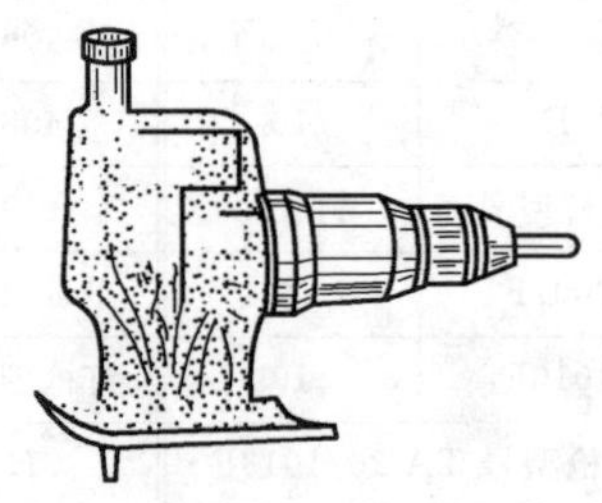

图 2-51　气动锯

2. 规格

基本参数　最大锯刻厚度：普通热钢板 5mm；铝板 10mm；使用气压 0.5MPa；空载频率 2500 次/min；耗气量 0.6m^3/min；机重 2kg。

3. 用途

适用于建筑装修工程中，对铝合金板厚钢板（<5mm），塑料板、木板等板材的曲线、直线锯割。

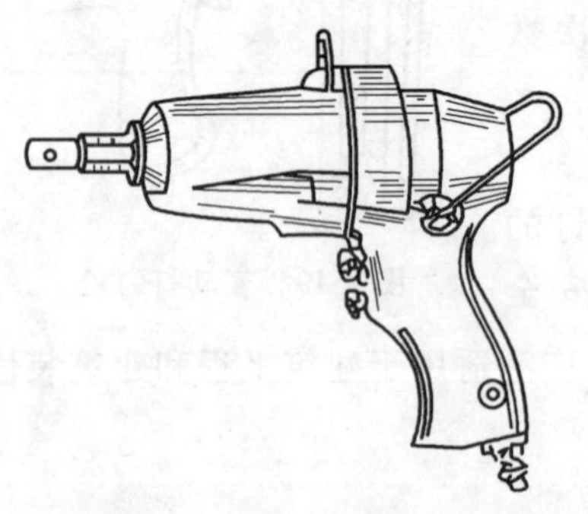

图 2-52　气动扳手

二、扭铆

（一）气动扳手

1. 构造图

图 2-52 为气动扳手构造图。

2. 规格

气动扳手规格，见表 2-49。

气动扳手规格 **表 2-49**

型　号	适用范围（mm）	空载转速（r/min）	压缩空气消耗量（m^3/min）	扭矩（N·m）
BQ6	M6～M8	3000	0.35	40
B10A	M8～M12	2600	0.7	70
B16A	M12～M16	2000	0.5	200
B20A	M18～M20	1200	1.4	800
B24	M20～M24	2000	0.9	800
B30	～M30	900	1.8	1000
B42A	～M42	1000	2.1	18000
B76	M56～M76	650	4.1	
ZB5-2	M5	320	0.37	21.6
ZB8-2	M8	2200	0.37	
BQN14		1450	0.35	27～125
BQN18		1250	0.45	70～210

3. 用途

气动扳手是以压缩空气为动力源推动气动机旋转作功，用于装饰工程中装拆螺纹紧固件的工具。

（二）气动螺丝刀

1. 构造图

图 2-53 为气动螺丝刀构造图。

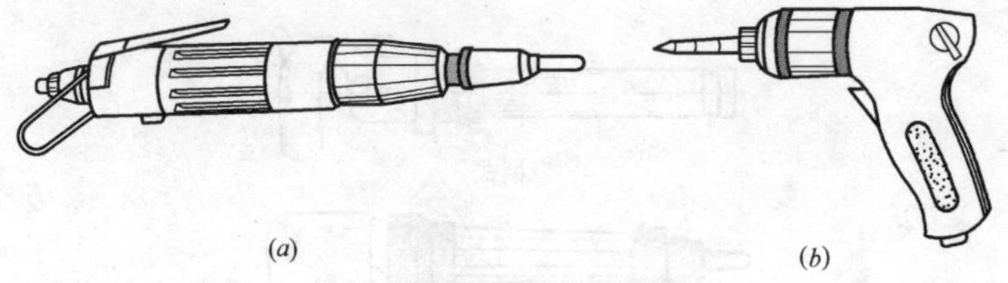

图 2-53　气动螺丝刀

(*a*) 直柄气螺刀；(*b*) 枪柄气螺刀

2. 规格

气动螺丝刀规格，见表 2-50。

气动螺丝刀规格　　　　表 2-50

型　号	拆装螺钉规格(mm)	空载转速(r/min)	空载耗气量(m^3/min)	积累扭矩(N·m)	重量(kg)	备　注
LS3Z25	M3	2500	0.18			每种规格均备有强、中、弱三种弹簧。根据螺钉直径大小可调整扭矩 LC4A 螺刀头部有磁性
LS3Z06		600				
L4		1200				
L4A	M4	1800	0.2	19.6	0.65	
LC4A		1800				
LS6Z21(直柄)LS6Q21(枪柄)	M6	2100	0.35			发动机可逆转 LSC 螺刀头部有磁性
LSC6Z21(直柄)LSC6Q21(枪柄)		2100				
LS6Z16(直柄)LS6Q16(枪柄)		1600				
LSC6Z16(直柄)LSC6Q16(枪柄)		1600				
LS6Z07(直柄)LS6Q07(枪柄)		700				
LSC6Z07(直柄)LSC6Q07(枪柄)		700				
L6Z30(直柄)L6Q30(枪柄)	M7	3000	0.35			发动机可逆转 LSC 螺刀头部有磁性
LC6Z30(直柄)LC6Q30(枪柄)		3000				
L6Z23(直柄)L6CQ23(枪柄)		2300				
LC6Z23(直柄)LC6Z23(枪柄)		2300				
L6Z10(直柄)L6Q10(枪柄)		1000				
LC6Z10(直柄)LC6Z10(枪柄)		1000				

3. 用途

在金属饰面装修工程中，气动螺丝刀，用来装拆金属结构螺丝钉。

（三）气动铆钉枪

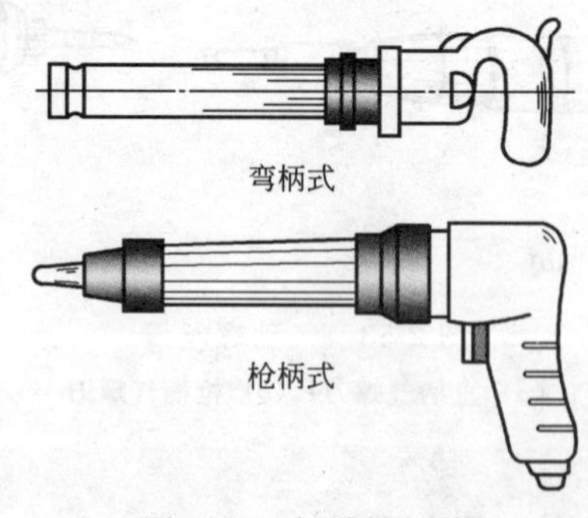

图 2-54　气动铆钉枪

1. 构造图

图 2-54 为气动铆钉枪构造图。

2. 规格

(1) 气动铆钉枪规格，见表 2-51。

气动铆钉枪规格　　　表 2-51

产品规格	铆钉直径(mm)		窝头尾柄(mm)	机重(kg)	缸径(mm)	冲击能(J)	冲击频率(Hz)	耗气量(L/S)	气管内径(mm)	噪声(声功率级)dB(A)
	冷铆硬铝LY10	热铆钢20								
4	4		10×32 或 10×29.5	1.2	14	2.9	35	6.0	10	114
5	5			1.5		4.3	24	7.0		
			12×45 或 12×28.0	1.8	18	4.3	28	7.0	13	
6	6			2.3		9.0	13	9.0		116
				2.5	22	9.0	20	10		
12	8	12	17×50	4.5		16	15	12		
16		16	31×70	7.5	2730	22	20	18	16	118
19		19		8.5		26	18	18		
22		20		9.5		32	15	19		
28		28		10.5		40	14	19		
36		36		13.0		60	10	22		

(2) 部分国产气动铆钉枪规格，见表 2-52。

部分国产气动铆钉枪规格　　　表 2-52

型号	最大铆钉直径(mm)	冲击频率(次/min)	冲击功(N·m)	冲程(mm)	耗气量(m^3/min)	型式	重量(kg)	生产单位
MQ4B	4	≥2500	≥3.0	70	≤0.3	枪柄	1.2	沈阳风动工具厂
MQ5A	5	≥1800	≥4.5	105	≤0.35	枪柄	1.5	
M16	16	≥1300	≥20		≤0.9	弯柄	7.5	
M19	19	≥1200	≥22		≤0.9	弯柄	8.5	
M22	22	≥1100	≥25		≤0.9	弯柄	9.5	
M28	28	≥900	≥2.8		≤0.9	弯柄	10.5	
M31	3	2200	2.8	43	0.25	枪柄	1.0	青岛前哨机械厂

三、其他气动机具

(一) 射钉枪

1. 外形图

图 2-55 为射钉枪外形图。

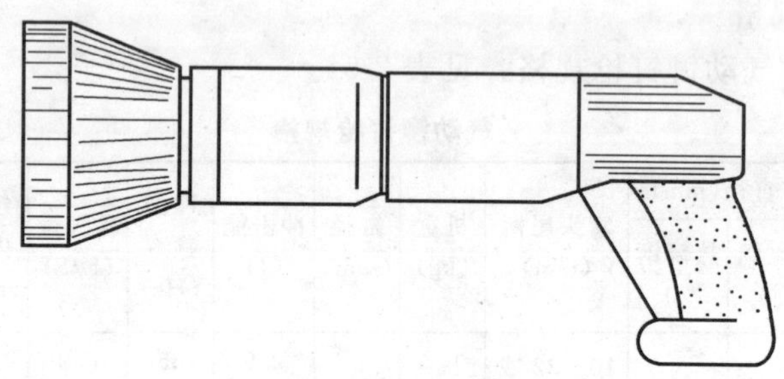

图 2-55　射钉枪外形

2. 构造图

图 2-56 为射钉枪构造图。

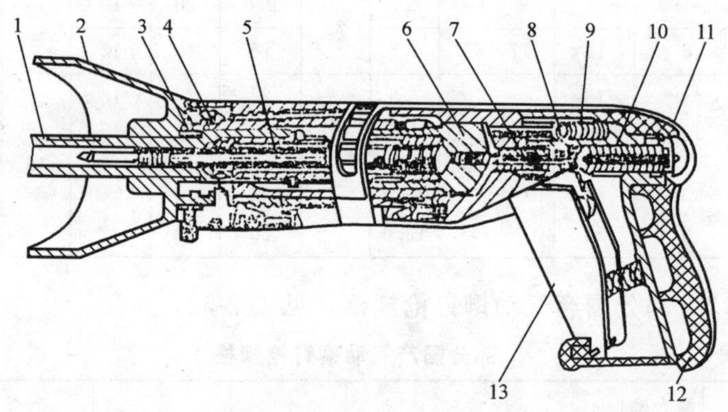

图 2-56　射钉枪构造

1—钉管；2—护罩；3—机头外壳；4—制动环；5—活塞；6—弹膛组件；7—击针；8—击针回簧；9—挡板；10—击针簧；11—端帽；12—轮尾体外套；13—扳机

3. 规格

（1）射钉枪规格，见表 2-53。

（2）射钉规格，见表 2-54。

（二）空气压缩机

1. 构造图

射钉枪规格 **表 2-53**

项目 型号	枪管口径（mm）	射钉螺纹规格（mm）	弹壳直径（mm）	钉体直径（mm）	枪体外形尺寸（mm）	重量（kg）	生产单位
SDQ-77	8	M8	6.35	3.9	305×80×150	3	山东军区机械厂 江苏扬州工具厂
SDQ-A		M6			300×85×160		浙江省宁波巨力机械设备工具厂
SDQ-B		M4				2.4	

江苏扬州工具厂射钉规格 **表 2-54**

示意图	M_8		M_6		备注
	代号	螺纹长×钉体长（mm）	代号	螺纹长×钉体长（mm）	
	G82 G83	20×20 30×20	G62 G63		用于钢板基体
	H82 H83 H84 H85	20×30 30×30 40×30 50×30	H62 H63 H64 H65	20×30 30×30 40×30 50×30	用于混凝土基体
G型 H、Z型	Z82 Z83 Z84 Z85	20×40 30×40 40×40 50×40	Z62 Z63 Z64 Z65	20×36 30×36 40×36 50×36	用于砖砌体基体。配用垫片
	HN	10×30			内外有螺纹，内螺纹 M_4，无螺纹平头钉
	HP	5×30			平头钉，用于砖砌体基体

注：M_8 在尾部加长 $\phi5.8\times5$，钉体直径 3.9mm。

图 2-57 为微型空气压缩机构造图。

2. 技术性能

微型活塞式空压机主要技术性能见表 2-55。

3. 用途

用于装饰工程中风动工具的动力。由于装饰工程需用的压缩空

微型（3m³ 以下）活塞式空气压缩机主要技术性能 **表 2-55**

型　号	冷却方式	排水量 (m^3/min)	排气压力 (MPa)	转速 (r/min)	驱动机			外形尺寸 (长×宽×高) (mm)	总重 (kg)
					型　号	功率 (kW)	转速 (r/min)		
V-0.1/10	风冷	0.1	1.0	600	JO3-90S-4	1.5	1400	1000×408×775	38
2DJ-0.15/7	风冷	0.15	0.7	500	JO2-22-4	1.5	1400	1100×990×550	
2V-0.3/7	风冷	0.3	0.7	1430	JO2-31-2	3	2880	1050×435×845	150
Z-0.3/7	风冷	0.3	0.7	1450	JO2-31-2	3	2880	1400×450×900	43
2V-0.3/15	风冷	0.3	1.5	1100	JO2-32-2	4	2800	1340×520×950	50
2V-0.4/12	风冷	0.4	1.2	1430	Y112-M-2	4	2890	1450×550×1030	300
3W-0.4/10	风冷	0.4	1.0	1450	JO3-112S-4	4	2890	900×534×675	300
2VY-0.5/8	风冷	0.5	0.8	620	Y112M-4	4	1440	1400×560×110	200
2V×0.6/7	风冷	0.6	0.7	1450	JO2-41-2	5.5	2920	1550×500×950	57
3W-0.8/10	风冷	0.8	1.0	1450	JO2-42-2	7.5	2920	1050×600×780	285
3W-0.9/7	风冷	0.9	0.7	1450	JO2-42-2	7.5	2920	440×530×510	95
2V-1/225	水冷	1.0	25.5	980	Y200L2-6	22	970	1600×1000×1200	950
2V-1/325	水冷	1.0	35.0	980	Y225M-6	30	980	1600×1000×1200	950
V-1/40	风冷	1.0	4	970	JO2-72-6	22	970	1975×1000×1175	950
V-1/60-1	风冷	1.0	6	970	JO2-72-6	22	970	1970×1000×1175	950
2V-1.2/25	水冷	1.2	2.5	980	Y180L-6	15	970	1460×1000×1100	950
2V-1.2/30	水冷	1.2	3.0	980	Y180L-6	15	970	1460×1000×1100	950
4D-1.5/7	风冷	1.5	0.7	1450	Y160MA1-2	11	2930	1200×500×620	
11ZB-1.5/8	水冷	1.5	0.8	500	Y160L1-4-T	13	1440	3417×1454×1663	980
3W-1.6/10	风冷	1.6	1.0	1450	JO2-61-4	13	1450	1275×820-1120	425
3W-2/5	风冷	2.0	0.5	1450	JO2-61-4	13	1450	1250×820×1120	450
V1-2/8-1	风冷	2.0	0.8	720	JO2-72-8	17	720	1500×1140×1210	990

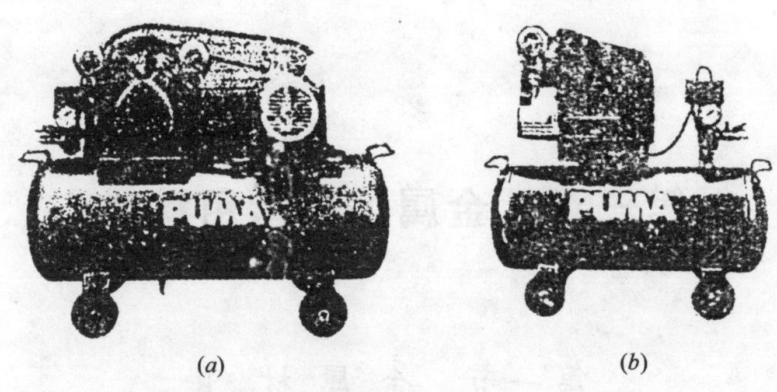

图 2-57 空压机外形及传动方式

(*a*) 皮带传动；(*b*) 直接传动

气量较小，一般选用 0.3～0.9m^3/min 的小型空气压缩机。小型空气压缩机电动传动，但传动方式有皮带传动和直接传动两种。

第三章 金属饰面常用材料

第一节 金属材料

一、单层钢板

(一) 不锈钢板

1. 不锈薄钢板

不锈薄钢板规格，见表 3-1。

不锈钢薄钢板规格 **表 3-1**

钢板厚度 (mm)	钢板宽度 (mm)									备注
	500	600	700	750	800	850	900	950	1000	
	钢板长度 (mm)									
0.35、0.4、0.45、0.5、 0.55、0.6、 0.7、0.75	1000 1500 2000	1200 1500 1800 2000	1000 1420 2000	1000 1500 1800 2000	1500 1600 2000	1700 2000	1500 1800 2000	1500 1900 2000	1500 2000	热轧钢板
0.8 0.9	1000 1500	1200 1420	1400 2000	1500 1800 2000	1500 1600 2000	1500 1700 2000	1500 1800 2000	1500 1900 2000	1500 2000	热轧钢板
1.0、1.1、 1.2、1.25、1.4、1.5、 1.6、1.8	1000 1500 2000	1200 1420 2000	1000 1420 2000	1000 1500 1800 2000	1500 1600 2000	1500 1700 2000	1000 1500 1800 2000	1500 1900 2000	1500 2000	热轧钢板
0.2、0.25、 0.3、0.4	1000	1200 1800 2000	1420 1800 2000	1500 1800 2000	1500 1800 2000	1500 1800 2000	1500 2000		1500 2000	冷轧钢板
0.5、0.55、 0.6	1000 1500	1200 1800 2000	1420 1800 2000	1500 1800 2000	1500 1800 2000	1500 1800 2000	1500 1800		1500 2000	冷轧钢板
0.7 0.75	1000 1500	1200 1800 2000	1420 1800 2000	1500 1800 2000	1500 1800 2000	1500 1800 2000	1500 1800		1500 2000	冷轧钢板

续表

钢板厚度 (mm)	钢板宽度 (mm)									备注
	500	600	700	750	800	850	900	950	1000	
	钢板长度 (mm)									
0.8		1200	1420	1500	1500	1500	1500			冷轧钢板
0.9	1000	1800	1800	1800	1800	1800	1800		1500	
	1500	2000	2000	2000	2000	2000	2000		2000	
1.0、1.1、1.2、1.4、	1000	1200	1420	1500	1500	1500				
1.5、1.6	1500	1800	1800	1800	1800	1800	1800			
1.8、2.0～3.0	2000	2000	2000	2000	2000	2000	2000		2000	

2. 不锈钢厚钢板

不锈钢厚钢板规格，见表 3-2。

常用不锈、耐酸钢厚钢板产品的钢号、规格　　表 3-2

钢号		规格 (mm)		
牌号	代号	厚度	宽度	长度
0 铬 13	0Cr13	4.5、5	600～900	600～900
		5.5、6		600～700
		6～20	1500～1800	4000～6500
		6～20	1000	2000
		4.5～8	750～1000	1000～2000
0 铬 17 钛	0Cr17Ti	6～20	1500～1800	4000～6500
		4.5～8	750～1000	1000～2000
0 铬 18 镍 9	0Cr18Ni9	4.5、5	600～900	600～900
		5.5、6		600～700
		6～20	1500～1800	4000～6500
		4.5～8	750～1000	1000～2000
1 铬 18 镍 9 钛	1Cr18Ni9Ti	18、20、22、24	1000～2000	4000～7000
		4.5、5	600～900	600～900
		5.5、6		600～700
		6～20	1500～1800	4000～6500
			1000	2000
		8～20	1400～1800	4000～8000
		4.5～8	750～1000	1000～2000
铬 18 镍 12 钼 2 钛	Cr18Ni12 Mo2Ti	4.5～5	600～900	600～900
		5.5～6		600～700
铬 18 锰 8 镍 5	Cr18Mn8Ni5	4.5～8	750～1000	1000～2000
1 铬 17 镍 13 钼 2 钛	1Cr17Ni13 Mo2Ti	6～20	1500～1800	4000～6500
		6～20	1000	2000
		8～20	1400～1800	4000～8000
		4.5～8	750～1000	1000～2000

（二）彩色钢板

1. 彩色钢板类型

(1) 一般涂层钢板，采用环氧底漆，聚酯作面漆——建筑及一般装饰用；

(2) 改性涂层钢板，采用环氧底漆，有机硅改性面漆——高级建筑装饰用。

(3) 高级涂层钢板、采用环氧底漆、聚氟乙烯面漆——高级建筑及装饰，可保持 20 年不退色。

(4) 塑料面层钢板，用聚氯乙烯涂层和复面——化工耐腐建筑及装饰用。

2. 彩色钢板分类及代号

彩色钢板分类及代号，见表 3-3。

彩色钢板分类及代号　　表 3-3

<table>
<tr><th>分类方法</th><th>类别</th><th>代号</th><th>分类方法</th><th>类别</th><th>代号</th></tr>
<tr><td rowspan="3">按用途分</td><td>建筑外用</td><td>JW</td><td rowspan="7">按涂料种类分</td><td>外用聚酯</td><td>WZ</td></tr>
<tr><td>建筑内用</td><td>JN</td><td>内用聚酯</td><td>NZ</td></tr>
<tr><td>家用电器</td><td>JD</td><td>硅改性聚酯</td><td>GZ</td></tr>
<tr><td rowspan="3">按表面状态分</td><td>涂层板</td><td>TC</td><td>外用丙烯酸</td><td>WB</td></tr>
<tr><td>印花板</td><td>YH</td><td>内用丙烯酸</td><td>NB</td></tr>
<tr><td>压花板</td><td>YaH</td><td>塑料溶胶</td><td>SJ</td></tr>
<tr><td></td><td></td><td></td><td>有机溶胶</td><td>YJ</td></tr>
</table>

3. 彩色钢板性能要求

彩色钢板性能要求，见表 3-4。

彩色钢板性能要求　　表 3-4

<table>
<tr><th rowspan="3">用途</th><th rowspan="3">性能指标项目 / 涂料种类</th><th rowspan="3">涂层厚度 (μm)</th><th colspan="3" rowspan="2">60°光泽 (%)</th><th rowspan="3">铅笔硬度</th><th colspan="2">弯曲</th><th colspan="2">反向冲击(J)</th><th rowspan="3">耐盐雾 (h)</th></tr>
<tr><th rowspan="2">厚度 ≤0.8mm 180°,T</th><th rowspan="2">厚度 >0.8mm</th><th rowspan="2">厚度 ≤0.8mm</th><th rowspan="2">厚度 >0.8mm</th></tr>
<tr><th>高</th><th>中</th><th>低</th></tr>
<tr><td rowspan="4">建筑外用</td><td>外用聚酯</td><td rowspan="3">≥20</td><td rowspan="3">>70</td><td rowspan="4">40～70</td><td rowspan="4"><40</td><td rowspan="3">≥HB</td><td>≤8</td><td rowspan="4">90°</td><td>≥6</td><td>≥9</td><td>≥500</td></tr>
<tr><td>硅改性聚酯</td><td rowspan="2">≤10</td><td colspan="2" rowspan="2">≥4</td><td>≥750</td></tr>
<tr><td>外用丙烯酸</td><td>≥500</td></tr>
<tr><td>塑料溶胶</td><td>≥100</td><td>—</td><td>—</td><td>0</td><td colspan="2">≥9</td><td>≥1000</td></tr>
</table>

续表

<table>
<tr><th colspan="2" rowspan="2">项目 / 性能指标 / 涂料种类 / 用途</th><th rowspan="2">涂层厚度(μm)</th><th colspan="3">60°光泽(%)</th><th rowspan="2">铅笔硬度</th><th colspan="2">弯曲</th><th colspan="2">反向冲击(J)</th><th rowspan="2">耐盐雾(h)</th></tr>
<tr><th>高</th><th>中</th><th>低</th><th>厚度≤0.8mm 180°,T</th><th>厚度>0.8mm</th><th>厚度≤0.8mm</th><th>厚度>0.8mm</th></tr>
<tr><td rowspan="4">建筑内用</td><td>内用聚酯</td><td rowspan="2">≥20</td><td rowspan="2">>70</td><td rowspan="5">40～70</td><td rowspan="4">≤40</td><td rowspan="2">≥HB</td><td rowspan="2">≤8</td><td rowspan="4">90°</td><td>≥6</td><td>≥9</td><td rowspan="2">≥250</td></tr>
<tr><td>内用丙烯酸</td><td colspan="2">≥4</td></tr>
<tr><td>有机溶胶</td><td>≥30</td><td>—</td><td>—</td><td>≤2</td><td colspan="2" rowspan="2">≥9</td><td>≥500</td></tr>
<tr><td>塑料溶胶</td><td>≥100</td><td>—</td><td>—</td><td>0</td><td>≥1000</td></tr>
<tr><td>家用电器</td><td>内用聚酯</td><td>≥20</td><td>>70</td><td>—</td><td>≥HB</td><td>≤4</td><td>—</td><td>≥6</td><td>—</td><td>≥200</td></tr>
</table>

4. 彩色钢板尺寸及允许偏差

(1) 彩色钢板尺寸应符合表 3-5 的要求。

彩色钢板尺寸要求　　表 3-5

名　　称	尺寸(mm)	名　　称	尺寸(mm)
厚度	0.3～2.0	钢板长度	500～4000
宽度	700～1550	钢卷内径	ϕ450、ϕ610

注：1. 经供需双方协商，可供应宽度小于 700mm 的纵切钢带。
　　2. 厚度系指钢板和钢带涂层前基板的厚度。

(2) 彩色钢板宽度允许偏差应符合表 3-6 的要求。

(3) 彩色钢板长度允许偏差应符合表 3-7 的要求。

彩色钢板宽度允许偏差　表 3-6

公称宽度(mm)	宽度允许偏差(mm)	
	高级精度 A	普通精度 B
≤1200	$^{+2}_{0}$	$^{+6}_{0}$
>1200	$^{+3}_{0}$	

彩色钢板长度允许偏差　表 3-7

公称长度(mm)	长度允许偏差(mm)	
	高级精度 A	普通精度 B
≤2000	$^{+4}_{0}$	$^{+10}_{0}$
>2000	0.002×公称长度	0.005×公称长度

(4) 彩色钢板不平度允许偏差应符合表 3-8 的要求。

彩色钢板不平度允许偏差　　表 3-8

公称宽度(mm)	不平度,不大于(mm)					
	高级精度 A			普通精度 B		
	公称厚度					
	<0.7	0.7～1.2	>1.2	<0.70	0.70～1.2	>1.2
≤1200	5	4	3	10	8	6
>1200～1500	6	5	4	12	10	8
>1500	8	7	6	18	15	12

（三）压型钢板

1. W600 型（YX130-300-600）

(1) 压型板规格

压型板规格，见表 3-9。

压型板规格 **表 3-9**

断面基本尺寸(mm)	有效宽度	展开宽度	有效利用率
300 55 55 27.5 24.5 41 130 70 <R6 70 129 600	600	1000	60%

(2) 压型板重量及截面特性

压型板重量及截面特性，见表 3-10。

压型板重量及截面特性 **表 3-10**

板厚(mm)	每米板重(kg/m)		每平米板重(kg/m²)		有效截面特征	
	钢	铝	钢	铝	I_{ef}(cm⁴/m)	W_{ef}(cm³/m)
0.60	4.99	1.65	8.31	2.75	195.49	30.3
0.80	6.55	2.20	10.92	3.67	275.99	41.50
1.00	8.13	2.75	13.54	4.58	358.09	52.71
1.20	9.70	3.30	16.16	5.50	441.34	63.95

(3) 压型板最大允许檩距

压型板最大允许檩距，见表 3-11。

压型板最大允许檩距 (m) **表 3-11**

芯板厚度(mm)	支承条件	荷载(kN/m²) 0.50		1.00		1.50		2.00		2.50		3.00		3.50	
		钢板	铝板	钢板	铝板	钢板	铝板	钢板	铝板	钢板	铝板	钢板	铝板	钢板	铝板
0.6	悬臂	2.8	1.9	2.2	1.5	1.9	1.3	1.7	1.2	1.6	1.1	1.5	1.0	1.4	1.0
	简支	6.0	4.1	4.7	3.3	4.1	2.8	3.7	2.6	3.5	2.4	3.3	2.2	3.1	2.1
	连续	7.1	4.9	5.6	3.9	4.9	3.4	4.4	3.1	4.1	2.8	3.9	2.7	3.7	2.5
0.8	悬臂	3.1	2.1	2.5	1.7	2.1	1.5	1.9	1.3	1.8	1.2	1.7	1.2	1.6	1.1
	简支	6.7	4.6	5.3	3.7	4.6	3.2	4.2	2.9	3.9	2.7	3.6	2.5	3.5	2.4
	连续	7.9	5.5	6.3	4.3	5.5	3.8	5.0	3.4	4.6	3.2	4.3	3.0	4.1	2.8

续表

芯板厚度(mm)	支承条件	荷载(kN/m²)													
		0.50		1.00		1.50		2.00		2.50		3.00		3.50	
		钢板	铝板	钢板	铝板	钢板	铝板	钢板	铝板	钢板	铝板	钢板	铝板	钢板	铝板
1.0	悬臂	3.4	2.3	2.7	1.8	2.3	1.6	2.1	1.5	2.0	1.3	1.8	1.3	1.8	1.2
	简支	7.3	5.0	5.8	4.0	5.0	3.5	4.6	3.2	4.3	2.9	4.0	2.7	3.8	2.6
	连续	8.6	6.0	6.8	4.7	6.0	4.1	5.4	3.7	5.0	3.5	4.7	3.3	4.5	3.1
1.2	悬臂	3.6	2.5	2.9	2.0	2.5	1.7	2.3	1.6	2.1	1.4	2.0	1.4	1.9	1.3
	简支	7.8	5.4	6.2	4.3	5.4	3.7	4.9	3.4	4.5	3.1	4.3	2.9	4.0	2.8
	连续	9.2	6.4	7.3	5.1	6.4	4.4	5.8	4.0	5.4	3.7	5.1	3.5	4.8	3.3

注：1. 品种规格和性能附表中钢的密度取 7.85g/cm³ (7.85kg/dm³)，镀锌层取 2.75g/cm² (2.75kg/dm³)；铝的密度取 2.75g/cm³ (2.75kg/dm³)。

2. 以 1/300 的挠度与跨度比，计算压型板最大允许檩距。

2. W600 型 (YX75-200-600)

(1) 压型钢板规格

压型钢板规格，见表 3-12。

压型板规格　　　　表 3-12

断面基本尺寸(mm)	有效宽度	展开宽度	有效利用率
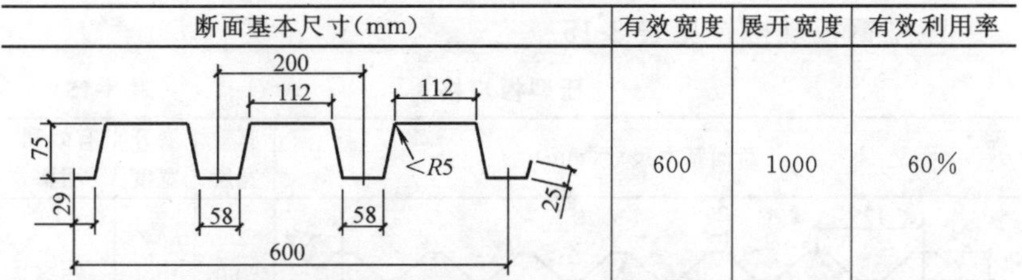	600	1000	60%

(2) 压型钢板重量及截面特性

压型钢板重量及截面特性，见表 3-13。

压型板重量及截面特性　　　　表 3-13

板厚(mm)	每米板重(kg/m)		每平米板重(kg/m²)		有效截面特征	
	钢	铝	钢	铝	I_{ef}(cm⁴/m)	W_{ef}(cm³/m)
0.60	4.99	1.65	8.31	2.75	61.8	14.75
0.80	6.55	2.20	10.92	3.67	89.9	21.95
1.00	8.13	2.75	13.54	4.58	119.3	29.99
1.20	9.70	3.30	16.16	5.50	151.84	39.39

(3) 压型钢板最大允许檩距

压型钢板最大允许檩距，见表 3-14。

压型板最大允许檩距（m） **表 3-14**

芯板厚度(mm)	支承条件	荷载(kN/m²) 0.50		1.00		1.50		2.00		2.50		3.00		3.50	
		钢板	铝板	钢板	铝板	钢板	铝板	钢板	铝板	钢板	铝板	钢板	铝板	钢板	铝板
0.6	悬臂	1.9	1.3	1.5	1.0	1.3	0.9	1.2	0.8	1.1	0.7	1.0	0.7	0.9	0.6
	简支	4.0	2.8	3.2	2.2	2.8	1.9	2.5	1.7	2.3	1.6	2.2	1.5	2.1	1.4
	连续	4.8	3.3	3.8	2.6	3.3	2.3	3.0	2.1	2.8	1.9	2.6	1.8	2.5	1.7
0.8	悬臂	2.1	1.4	1.7	1.1	1.4	1.0	1.3	0.9	1.2	0.8	1.1	0.8	1.1	0.7
	简支	4.5	3.1	3.6	2.5	3.1	2.2	2.8	1.9	2.6	1.8	2.5	1.7	2.3	1.6
	连续	5.4	3.7	4.3	2.9	3.7	2.6	3.4	2.2	3.1	2.2	2.9	2.0	2.8	1.9
1.0	悬臂	2.3	1.6	1.8	1.3	1.6	1.1	1.4	1.0	1.3	0.9	1.3	0.9	1.2	0.8
	简支	5.0	3.4	3.9	2.7	3.4	2.4	3.1	2.1	2.9	2.0	2.7	1.9	2.6	1.8
	连续	5.9	4.1	4.7	3.2	4.1	2.8	3.7	2.6	3.4	2.4	3.2	2.2	3.1	2.1
1.2	悬臂	2.5	1.7	2.0	1.4	1.7	1.2	1.6	1.1	1.4	1.0	1.4	0.9	1.3	0.9
	简支	5.4	3.7	4.3	2.9	3.7	2.6	3.4	2.3	3.1	2.2	2.9	2.0	2.8	1.9
	连续	6.4	4.4	5.1	3.5	4.4	3.0	4.0	2.8	3.7	2.6	3.5	2.4	3.3	2.3

3. W750 型（YX35-125-750）

(1) 压型钢板规格

压型钢板规格，见表 3-15。

压型板规格 **表 3-15**

断面基本尺寸(mm)	有效宽度	展开宽度	有效利用率
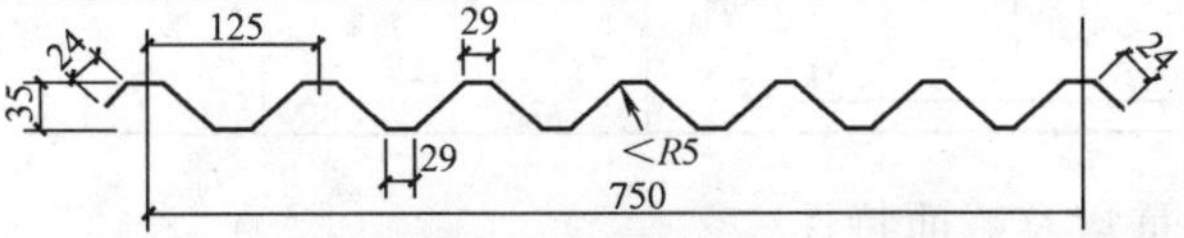 35　24　125　29　29　<R5　750　24	750	1000	75%

(2) 压型钢板重量及截面特性

压型钢板重量及截面特性，见表 3-16。

压型板重量及截面特性 **表 3-16**

板厚(mm)	每米板重(kg/m)		每平米板重(kg/m²)		有效截面特征	
	钢	铝	钢	铝	I_{ef}(cm⁴/m)	W_{ef}(cm³/m)
0.60	4.99	1.65	6.65	2.20	13.85	7.48
0.80	6.55	2.20	8.74	2.93	18.83	10.00
1.00	8.13	2.75	10.83	3.67	23.54	12.44

(3) 压型钢板最大允许檩距

压型钢板最大允许檩距，见表 3-17。

压型板最大允许檩距（m）　　表 3-17

芯板厚度(mm)	支承条件	荷载(kN/m²)													
		0.50		1.00		1.50		2.00		2.50		3.00		3.50	
		钢板	铝板	钢板	铝板	钢板	铝板	钢板	铝板	钢板	铝板	钢板	铝板	钢板	铝板
0.6	悬臂	1.1	0.8	0.9	0.6	0.8	0.5	0.7	0.5	0.6	0.4	0.6	0.4	0.6	0.4
	简支	2.4	1.7	1.9	1.3	1.7	1.1	1.5	1.0	1.4	0.9	1.3	0.9	1.2	0.8
	连续	2.9	2.0	2.3	1.6	2.0	1.4	1.8	1.2	1.7	1.1	1.6	1.1	1.5	1.0
0.8	悬臂	1.2	0.8	1.0	0.7	0.8	0.6	0.8	0.5	0.7	0.5	0.7	0.4	0.6	0.4
	简支	2.7	1.8	2.1	1.4	1.8	1.3	1.7	1.1	1.5	1.0	1.4	1.0	1.4	0.9
	连续	3.2	2.2	2.5	1.7	2.2	1.5	2.0	1.4	1.8	1.3	1.7	1.2	1.6	1.1
1.0	悬臂	1.3	0.9	1.0	0.7	0.9	0.6	0.8	0.6	0.8	0.5	0.7	0.5	0.7	0.4
	简支	2.9	2.0	2.3	1.6	2.0	1.4	1.8	1.2	1.7	1.1	1.6	1.1	1.5	1.0
	连续	3.4	2.4	2.7	1.9	2.3	1.6	2.1	1.5	2.0	1.4	1.9	1.3	1.8	1.2

4. AMOCOAP600 型压型钢板

(1) 压型板剖面图及板搭接图

1) 压型板剖面图

图 3-1 为 AP600 型压板剖面图。

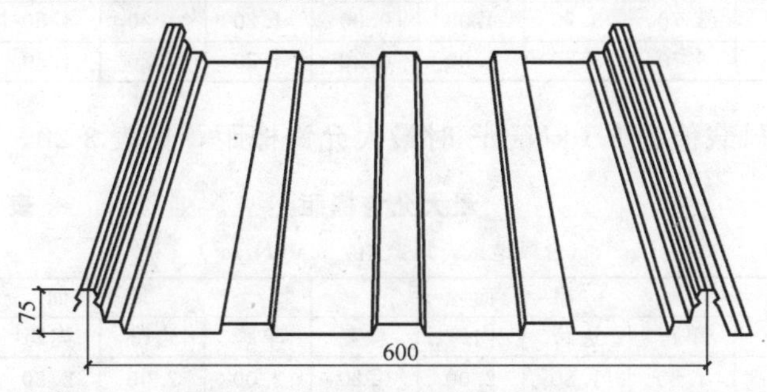

图 3-1　AP600 型压板剖面图

2) 压型板搭接图

图 3-2 为 AP600 型压型板搭接图。

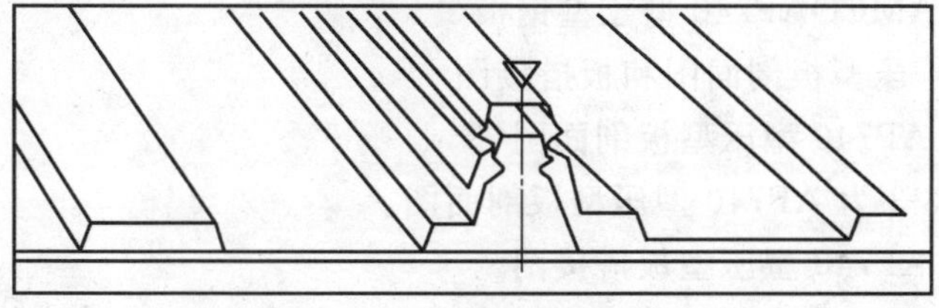

图 3-2　AP600 型压型搭接图

(2) 压型板重及屈服应力

AP600 型压型板重及屈服应力，见表 3-18。

AP600 压型板重量及屈服应力 **表 3-18**

厚度(mm)	每平米重量(kg/m²)	屈服应力(N/mm²)	厚度(mm)	每平米重量(kg/m²)	屈服应力(N/mm²)
0.47	5.58	550	0.65	7.22	550
0.65	6.29	550	0.80	9.52	300

(3) AP600 型压型板最大允许檩距

1) 风载值为 0.50kN/m² 时最大允许檩距，见表 3-19。

最大允许檩距 **表 3-19**

(无台风地区，风载值：0.50kN/m²)

厚度(mm)	屋面				墙面			
	单跨	边跨	内跨	悬突	单跨	边跨	内跨	悬突
0.47	2.20	2.20	2.40	0.20	3.20	3.20	3.50	0.30
0.53	3.00	3.00	3.20	0.30	4.00	4.00	4.30	0.30
0.65	3.70	3.70	4.00	0.30	4.20	4.20	4.50	0.30
0.80	3.70	3.70	4.00	0.30	4.20	4.20	4.50	0.30

2) 风载值为 3.0kN/m² 时最大允许檩距，见表 3-20。

最大允许檩距 **表 3-20**

(台风地区，风载值：3.0kN/m²)

厚度(mm)	屋面				墙面			
	单跨	边跨	内跨	悬突	单跨	边跨	内跨	悬突
0.47	1.80	1.80	2.00	0.20	2.00	2.00	2.30	0.30
0.53	2.00	2.00	2.20	0.30	2.30	2.30	2.50	0.30
0.65	2.20	2.20	2.40	0.30	2.50	2.50	2.70	0.30
0.80	2.20	2.20	2.40	0.30	2.50	2.50	2.70	0.30

5. AMCOAP740 型压型钢板

(1) 压型板剖面图和板搭接图

1) AP740 型压型板剖面图

图 3-3 为 AP740 型压型板剖面图。

2) AP740 型压型板搭接图

图 3-4 为 AP740 型压型板搭接图。

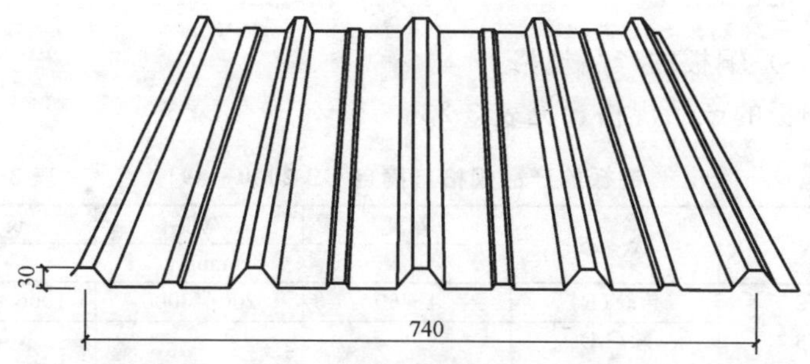

图 3-3　AP740 型压型板剖面图

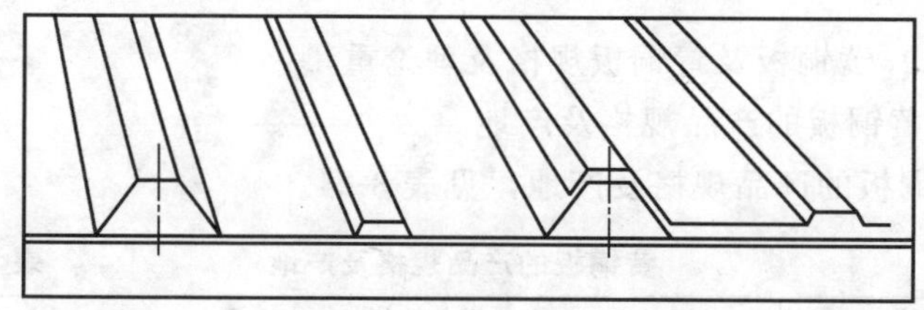
图 3-4　AP740 型压型板搭接图

（2）AP740 型压型板重量

板厚：0.47mm　　　　板重：4.35kg/m²

板厚：0.59mm　　　　板重：4.93kg/m²

（3）AP740 型压型板最大允许檩距

1）风载值为 0.50kN/m² 时最大允许檩距，见表 3-21。

最大允许檩距（风载值：0.50kN/m²）　　表 3-21

厚度 (mm)	屋　面				墙　面			
	单跨	边跨	内跨	悬突	单跨	边跨	内跨	悬突
0.47	1.00	1.00	1.70	0.15	1.80	1.80	2.20	0.15
0.53	1.50	1.70	2.30	0.20	2.00	2.10	2.80	0.20

2）风载值为 0.30kN/m² 时最大允许檩距见表 3-22。

最大允许檩距（风载值：0.3kN/m²）　　表 3-22

厚度 (mm)	屋　面				墙　面			
	单跨	边跨	内跨	悬突	单跨	边跨	内跨	悬突
0.47	1.00	1.00	1.70	0.15	1.30	1.30	1.50	0.15
0.53	1.45	1.45	2.20	0.20	1.40	1.40	1.80	0.20

二、铜板

（一）铜板的产品规格

铜板的产品规格，见表 3-23。

铜板的产品规格（摘自 GB 2040—89）　　表 3-23

牌　号	状　态	厚度	宽度	长度
		(mm)		
T2	热轧(R)	4～60	200～3000	1000～6000
T3 TP1 TP2	软(M) 半硬(Y_2) 硬(Y)	0.2～10.0	200～3000	400～6000

（二）黄铜板及青铜板规格及理论重量

1. 黄铜板的产品规格及产地

黄铜板的产品规格及产地，见表 3-24。

黄铜板的产品规格及产地　　表 3-24

代号	材料状态	规　格　(mm)						主要产地
		热　轧			冷　轧			
		厚度	宽度	长度	厚度	宽度	长度	
H80	R,M,Y	6～7.5	400～1800	1000～4000	0.2～0.7	300～600	1000～1500	洛阳
H68	R,M,Y,Y2	8～10	400～2000		0.8～2.5	400～1000	1000～2000	
H62	R,M,Y,Y2,T				3.0～10	400～1500	1000～4000	

2. 青铜板的产品规格及理论重量

青铜板的产品规格及理论重量，见表 3-25。

青铜板的产品规格及理论重量　　表 3-25

热轧板				冷轧板			
厚度 (mm)	宽度 (mm)	长度 (mm)	理论重量 (kg/m^2) (密度 8.8)	厚度 (mm)	宽度 (mm)	长度 (mm)	理论重量 (kg/m^2) (密度 8.8)
9	300～500	1000～2000	79.2	17	300～500	1000～2000	149.6
10			88.0	18			158.4
11			96.8	19			167.2
12			105.6	20			176.2
13			114.4	21			184.8
14			123.2	22			193.6
15			132.0	23			202.4
16			140.8	24			211.2

续表

热轧板				冷轧板			
厚度（mm）	宽度（mm）	长度（mm）	理论重量（kg/m^2）（密度 8.8）	厚度（mm）	宽度（mm）	长度（mm）	理论重量（kg/m^2）（密度 8.8）
25	300～500	1000～2000	220.0	0.9	150～400	≥500	7.92
26			228.2	1.0			8.80
28			246.4	1.2			10.56
30			264.0	1.5			13.20
32			281.6	1.8			15.84
34			299.2	2.0			17.60
35			308.0	2.5			22.60
36			316.8	3.0			26.40
38			334.4	3.5			30.80
40			352.0	4.0			35.20
42			369.6	4.5			39.50
44			387.2	5.0			44.00
45			396.0	5.5			48.40
46			404.8	6.0			52.80
48			422.4	6.5			57.20
50			440.0	7.0			61.60
0.2			1.76	7.5			66.00
0.3			2.64	8.0			70.40
0.4			3.52	8.5			74.80
0.5			4.40	9.0			79.20
0.6			5.28	10.0			88.20
0.7			6.16	11.0			96.80
0.8			7.04	12.0			105.60

说明：1. 表列铜板牌号的化学成分，应符合 GB 5233—85《青铜加工产品》中的规定。

2. 板材供应状态：热轧（R）、软（M）、半硬（Y2）、硬（Y）或特硬（T），其机械性能及其他技术条件要求，应符合 GB 2048—80 中的规定。

（三）紫铜板

1. 热轧紫铜板规格及理论重量

热轧紫铜板规格及理论重量，见表 3-26。

2. 冷轧紫铜板规格及理论重量

冷轧紫铜板规格及理论重量，见表 3-27。

热轧紫铜板规格及理论重量 **表 3-26**

厚度（mm）	宽度（mm）	长度（mm）	理论重量（kg/m²）密度 8.9	厚度（mm）	宽度（mm）	长度（mm）	理论重量（kg/m²）密度 8.9
4.0	200～3000（按100mm进级）	1000～6000	35.60	21.0	200～3000（按100mm进级）	1000～6000	186.9
4.5			40.05	22.0			195.8
5.0			44.50	23.0			204.7
5.5			48.95	24.0			213.6
6.0			53.40	25.0			222.5
6.5			57.85	26.0			231.4
7.0			62.30	28.0			249.2
7.5			66.71	30.0			267.0
8.0			71.20	32.0			284.8
9.0			80.10	34.0			302.6
10.0			89.0	35.0			311.5
11.0			97.9	36.0			320.4
12.0			106.8	38.0			338.2
13.0			115.7	40.0			356.0
14.0			124.6	42.0			373.8
15.0			136.5	44.0			391.6
16.0			142.5	45.0			400.5
17.0			151.8	46.0			409.3
18.0			160.2	48.0			427.2
19.0			169.1	50.0			445.0
20.0			178.0				

冷轧紫铜板规格及理论重量 **表 3-27**

厚度（mm）	宽度（mm）	长度（mm）	理论重量（kg/m²）密度 8.9	厚度（mm）	宽度（mm）	长度（mm）	理论重量（kg/m²）密度 8.9
0.2	200～2500	1000～6000（宽度1100mm以上的，最大长度为3000mm）	1.78	2.2	200～2500	1000～6000（宽度1100mm以上的，最大长度为3000mm）	19.58
0.3			2.67	2.5			22.25
0.4			3.56	2.8			24.92
0.5			4.45	3.0			26.70
0.6			5.34	3.5			31.15
0.7			6.23	4.0			35.60
0.8			7.12	4.5			40.05
0.9			8.01	5.0			44.50
1.0			8.90	5.5			48.95
1.1			9.79	6.0			53.40
1.2			10.68	6.5			57.85
1.3			11.57	7.0			62.30
1.5			13.35	7.5			66.75
1.6			14.69	8.0			71.20
1.8			16.02	9.0			80.10
2.0			17.80	10.0			89.0

说明：1. 铜板牌号为 T2、T3、T4 或 TUP，其化学成分应符合 GB 5233—85《纯铜加工产品》中的规定。

2. 板材的供应状态：热轧（R）、软（M）、硬（Y），其机械性能及其他技术条件要求，应符合 GB 2040—80 中的规定。

三、铝合金板材

铝合金板材、有厚板、单层板、花纹板、压型板、复合板等多种板材。

（一）铝合金厚板

1. 铝合金板的理论重量

铝合金板的理论重量，见表 3-28。

铝合金板的理论重量（摘自 GB 3194—82）　　表 3-28

公称厚度(mm)	重量(kg/m²)	公称厚度(mm)	重量(kg/m²)
0.3	0.855	10	28.500
0.4	1.140	12	34.200
0.5	1.425	14	39.900
0.6	1.710	15	42.750
0.7	1.995	16	45.600
0.8	2.280	18	51.300
0.9	2.565	20	57.000
1.0	2.850	22	62.700
1.2	3.420	25	71.250
1.5	4.275	30	85.500
1.8	5.130	35	99.750
2.0	5.700	40	114.000
2.3	6.555	50	142.500
2.5	7.125	60	171.000
2.8	7.980	70	199.500
3.0	8.550	80	228.000
3.5	9.975	90	256.500
4.0	11.400	100	285.000
5.0	14.250	110	313.500
6.0	17.100	120	342.000
7.0	19.950	130	370.500
8.0	22.800	140	399.000
9.0	25.650	150	427.500

2. 铝合金板厚度尺寸及允许偏差

铝合金板厚度尺寸及允许偏差，见表 3-29。

铝合金板标准厚度尺寸及允许偏差（摘自 GB 3194—82）

表 3-29

厚度(mm)	标准宽度(mm)										
	400～600	800	1000	1200	1500	1600	1800	2000	2200	2400	2500
	厚度允许偏差										
0.3	−0.05	−0.08	±0.05	±0.06	—	—	—	—	—	—	—
0.4	−0.05	−0.08	±0.05	±0.06	—	—	—	—	—	—	—

续表

厚度(mm)	标准宽度(mm)										
	400～600	800	1000	1200	1500	1600	1800	2000	2200	2400	2500
	厚度允许偏差										
0.5	-0.05	-0.08	-0.10	-0.12	-0.13	—	—	—	—	—	—
0.6	-0.05	-0.10	-0.12	-0.12	-0.14	-0.14	—	—	—	—	—
0.7	-0.07	-0.11	-0.12	-0.13	-0.14	-0.14	—	—	—	—	—
0.8	-0.08	-0.12	-0.12	-0.13	-0.14	-0.14	-0.18	—	—	—	—
0.9	-0.09	-0.13	-0.14	-0.15	-0.16	-0.17	-0.19	—	—	—	—
1.0	-0.10	-0.15	-0.15	-0.16	-0.17	-0.17	-0.20	-0.20	—	—	—
1.2	-0.10	-0.15	-0.15	-0.16	-0.17	-0.17	-0.20	-0.22	—	—	—
1.5	-0.15	-0.20	-0.20	-0.22	-0.25	-0.25	-0.27	-0.27	-0.29	—	—
1.8	-0.15	-0.20	-0.20	-0.22	-0.25	-0.25	-0.27	-0.27	-0.29	-0.30	—
2.0	-0.15	-0.20	-0.20	-0.24	-0.26	-0.26	-0.28	-0.28	-0.30	-0.30	—
2.3	-0.20	-0.22	-0.23	-0.26	-0.28	-0.28	-0.29	-0.29	-0.30	-0.30	—
2.5	-0.20	-0.25	-0.25	-0.28	-0.29	-0.29	-0.30	-0.30	-0.32	-0.32	—
3.0	-0.25	-0.30	-0.30	-0.33	-0.34	-0.34	-0.35	-0.35	-0.36	-0.36	—
3.5	-0.25	-0.30	-0.30	-0.34	-0.35	-0.35	-0.36	-0.36	-0.37	-0.37	—
4.0	-0.25	-0.30	-0.30	-0.35	-0.36	-0.36	-0.37	-0.37	-0.38	-0.38	—
5.0	-0.30	-0.35	+0.10 -0.35	+0.10 -0.36	+0.10 -0.37	+0.10 -0.37	+0.10 -0.42	+0.10 -0.42	+0.10 -0.45	+0.10 -0.45	—
6.0	-0.30	-0.40	+0.10 -0.40	+0.10 -0.41	+0.10 -0.42	+0.10 -0.42	+0.10 -0.42	+0.10 -0.42	+0.10 -0.45	+0.10 -0.45	—
7.0	-0.30	-0.40	+0.10 -0.40	+0.10 -0.42	+0.10 -0.43	+0.10 -0.43	+0.10 -0.50	+0.10 -0.50	+0.10 -0.50	+0.10 -0.60	—
8.0	-0.35	-0.40	+0.10 -0.40	+0.10 -0.46	+0.10 -0.47	+0.10 -0.47	+0.10 -0.50	+0.10 -0.50	+0.10 -0.60	+0.10 -0.60	—
9.0	-0.35	-0.45	+0.10 -0.45	+0.10 -0.47	+0.10 -0.48	+0.10 -0.49	+0.10 -0.50	+0.10 -0.50	+0.10 -0.60	+0.10 -0.60	—
10	-0.40	-0.50	+0.10 -0.50	+0.10 -0.50	+0.10 -0.50	+0.10 -0.50	+0.10 -0.50	+0.10 -0.50	+0.10 -0.60	+0.10 -0.60	—
12 14 15 16 18 20	—		±0.5		±1.0				±1.5		
22 25 30	—		±0.75		±1.5				±2.0		

续表

厚度(mm)	标准宽度(mm)										
	400～600	800	1000	1200	1500	1600	1800	2000	2200	2400	2500
	厚度允许偏差										
35 40	—		±1.0		±1.5				±2.5		
50 60	—		±1.5		±2.0				±3.0		
70 80	—		±3.0		±3.5				±4.0		
90 100 110 120	—		±3.5		±5				±5.5		
130 140 150	—		±4.0		±5.5				±6.6		

注：1. 非标准厚度板材的允许偏差按其相邻较小标准厚度的允许偏差；

2. LF3、LF5、LF6、LF11、LT41 合金厚板，厚度允许偏差为其公称厚度的±5%。

（二）单层铝板

单层铝板，是铝板表面采用氟碳复合物喷涂，作金属面漆，这种面漆经得起各种腐蚀，不怕强烈的紫外线照射，可以长期保持颜色均匀，表面光滑不退色，不会因长期太阳照射产生阴阳差异，使用寿命长。

1. 规格尺寸

(1) 厚度

单层铝板厚度 2～4mm，设计时，根据建筑构物的高度及结构形式等综合选用合适的厚度。一般钢筋混凝土框架外墙结构，最好选用 2.5～3mm 厚度的单层铝板。

(2) 宽度

在我国，一般厂家可供货的最大宽度可达 1600mm，但是，也可按设计要求规格加工。

(3) 长度

在我国，一般厂家供货最大长度为 6000mm。

为了使单层铝板达到最佳平直度，可参考以下铝板厚度：

铝板厚度（mm）	最小厚度（mm）
＜500	2
500～900	2.5
＞900	3

2. 技术性能

单层铝板表面性能要求数据表，见表 3-30。

单层铝板表面性能要求数据表　　　　表 3-30

项　目		技术要求
涂层厚度(μm)		2 涂≥30　3 涂≥40　4 涂≥40
色差		目视检查无明显色差或单色涂料用电脑色差计测试 ΔE≤2BS
光泽		极限值的误差≤10
铅笔硬度		≥HB
附着力,级		划格法 0 级
耐冲击		50kgf·cm 无脱漆
耐磨性(L/μm)		≥40
耐化学性	耐盐酸	15min 点滴,无气泡
	耐硝酸	颜色变化不超过 ΔE≤5NBS
	耐砂浆	无任何变化
	耐洗涤剂	无气泡,漆膜无拉落
耐腐蚀	耐湿	4000h,至少 GB 1740 二级以上
	耐盐雾	4000h,至少 GB 1740 二级以上
耐候性	退色	10 年后　ΔE≤5NBS
	粉化	10 年后　GB 1766,1 级
	光泽保持	10 年后　保持率≥50%
	膜厚损失	10 年后　≤10%

（三）铝合金花纹板、波纹板、压型板

1. 铝合金花纹板

（1）花纹板图案

铝及铝合金花纹板是单面花纹板、其花纹图案有六种。这些花纹图案适用于建筑，车辆、飞机，船舶等工业作防滑装饰等使用。

1）1 号方格形花纹板

图 3-5 为 1 号方格形花纹板图案。

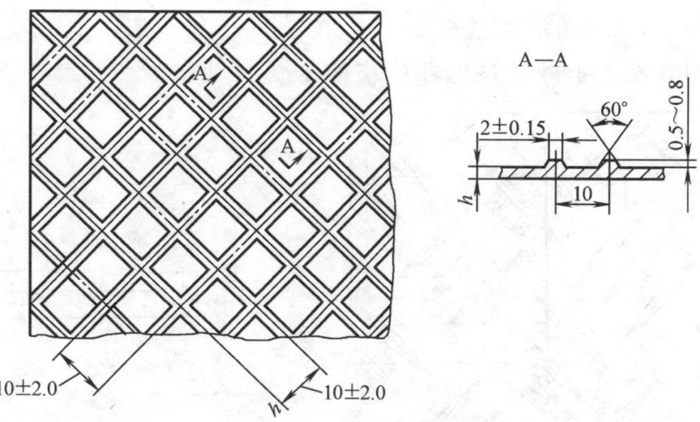

图 3-5 1号方格形花纹板图案

2）2 号扁豆形花纹板

图 3-6 为 2 号扁豆形花纹板图案。

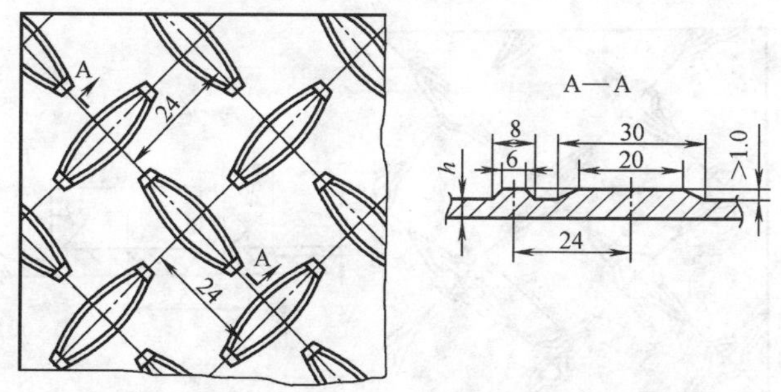

图 3-6 2号扁豆形花纹板

3）3 号五条形花纹板

图 3-7 为 3 号五条形花纹板图案。

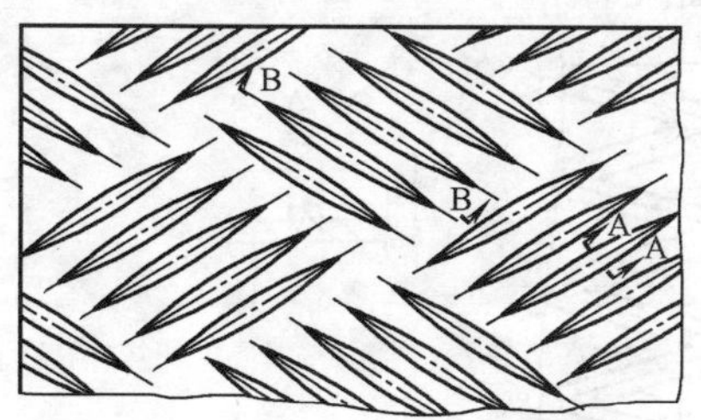

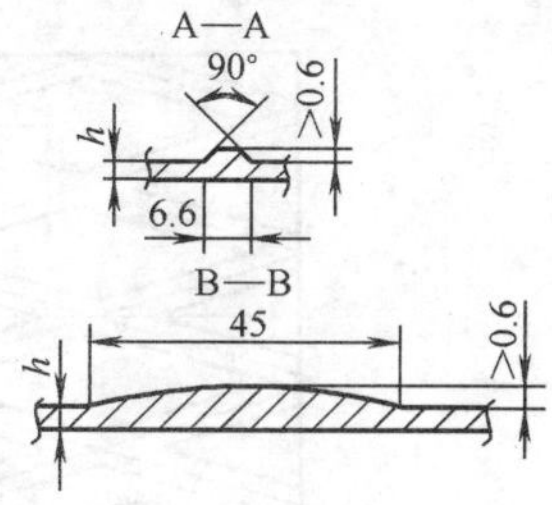

图 3-7 3号五条形花纹板

4）4 号三条形花纹板

图 3-8 为 4 号三条形花纹板图案。

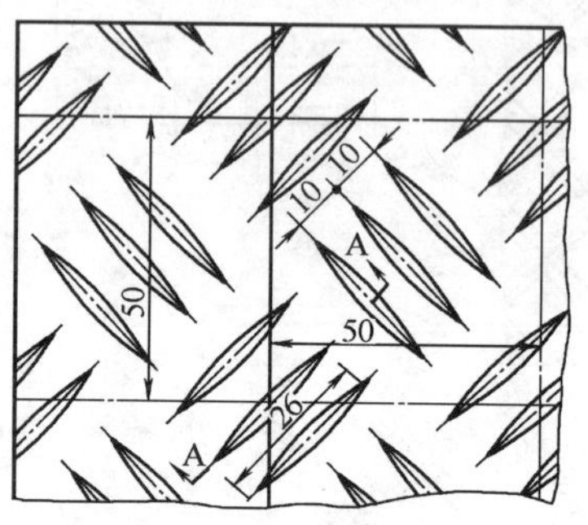

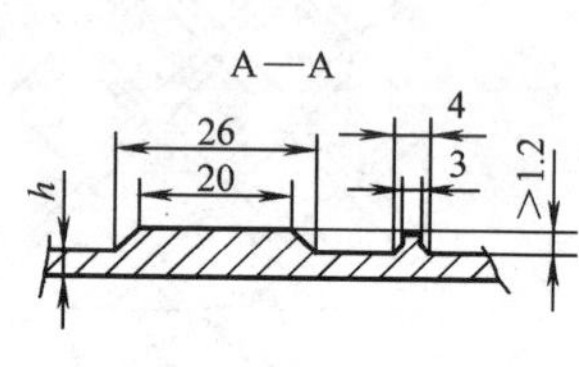

图 3-8　4 号三条形花纹板

5）5 号指针形花纹板

图 3-9 为 5 号指针形花纹板图案。

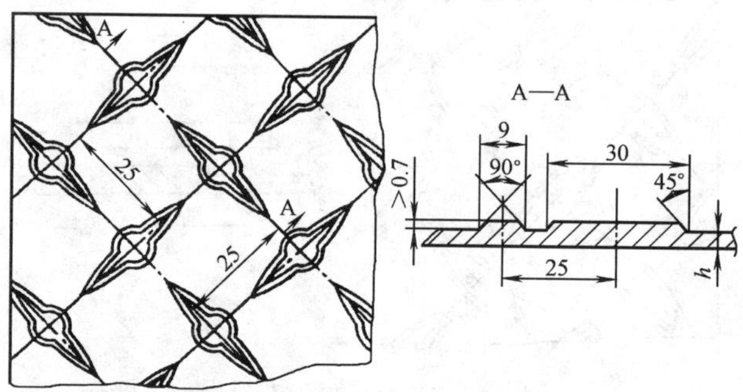

图 3-9　5 号指针形花纹板

6）6 号菱形花纹板

图 3-10 为 6 号菱形花纹板图案。

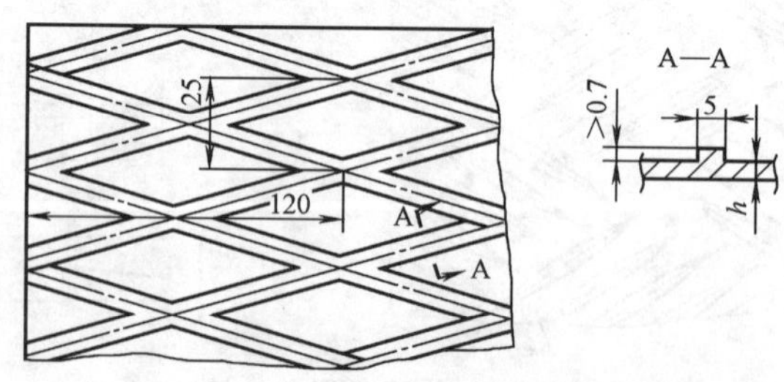

图 3-10　6 号菱形花纹板

（2）铝及铝合金花纹板的代号、规格及性能

1）铝及铝合金花纹板的代号、合金牌号及尺寸规格

铝及铝合金花纹板的代号、合金牌号及尺寸规格，见表 3-31。

铝及铝合金花纹板的代号、合金牌号及尺寸规格　表 3-31

(GB 3618—83)　　mm

花纹板代号	合金牌号	供应状态	底板厚度 h	宽度	长度
1号	L1,L2,L3,L4,L5,L6	Y	1.0, 1.2, 1.5, 1.8, 2.0, 2.5, 3.0, 3.5, 4.0, 4.5, 5.0, 6.0, 7.0	1000～1600	2000～10000
	LY12	CZ			
2号	LY11	Y1	2.0, 2.5, 3.0, 3.5, 4.0		
3号	L1,L2,L3,L4,L5,L6	Y	1.5, 2.0, 2.5, 3.0, 3.5, 4.0, 4.5, 5.0, 6.0, 7.0		
	LF2,LF43	M,Y2			
4号	LY11	Y1	2.0, 2.5, 3.0, 3.5, 4.0		
5号	L1,L2,L3,L4,L5,L6	Y	1.5, 2.0, 2.5, 3.0, 3.5, 4.0, 4.5, 5.0, 6.0, 7.0		
	LF2,LF43	M,Y2			
6号	LY11	Y1	4.5, 5.0, 6.0, 7.0		

注：Y1 状态相当于材料经充分再结晶退火后，以 20%～40%的冷变形量轧成花纹的状态。

2）铝及铝合金花纹板的厚度、宽度及长度允许偏差

铝及铝合金花纹板的厚度、宽度及长度允许偏差，见表 3-32。

铝及铝合金花纹板的厚度、宽度及长度允许偏差　表 3-32

(GB 3618—83)　　mm

底板厚度 h	厚度允许偏差	宽度允许偏差	长度允许偏差	底板厚度 h	厚度允许偏差	宽度允许偏差	长度允许偏差
1.0	−0.17	±5	±15	3.5	0.40	±5	±15
1.2	−0.20			4.0	−0.45		
1.5	−0.23			4.5	−0.47	±100 0 （不切边）	±20
1.8	−0.26			5.0	−0.50		
2.0	−0.28			6.0	−0.55		
2.5	−0.32			7.0	−0.60		
3.0	−0.36						

注：1. 厚度要求正负偏差时，应由供需双方另行协商，并在合同上注明。

2. 厚度 4.5～7.0mm 的板材，要求锯边时，可由供需双方协议并在合同中注明，偏差为±5mm。

3. 非标准厚度的板材，经供需双方协议并在合同中注明，可以供货，其允许偏差按相邻小规格检验。

3）铝及铝合金花纹板的机械性能

铝及铝合金花纹板的机械性能，见表3-33。

铝及铝合金花纹板的机械性能（GB 3618—83）　　表3-33

花纹板种类	牌号	供应状态	底板厚度 mm	σ_b MPa	$\sigma_{0.2}$ MPa	δ_{10} %
				≥		
1号	LY12	M	所有	≤250	—	12
		CZ		410	260	10
2,4,6号	LY11	Y1	所有	220	—	3
1,3,5号	L1,L2,L3,L4,L5,L6	Y	所有	100	—	3
3,5号	LF2	M		150	—	14
		Y2		180	—	3
	LF43	M		100	—	15
		Y2		120	—	4

注：计算截面积所用的厚度按底板的厚度计算。

4）铝及铝合金花纹板的理论重量

铝及铝合金花纹板的理论重量，见表3-34。

铝及铝合金花纹板的理论质量　　表3-34

底板厚度 mm	各种花纹板的理论质量 kg/m²					
	1号	3号	2号	4号	5号	6号
1.0	3.48	—	—	—	—	—
1.2	4.04	—	—	—	—	—
1.5	4.88	4.67	—	—	4.62	—
1.8	5.72	5.48	—	—	5.42	—
2.0	6.28	6.02	6.90	5.06	5.96	—
2.5	7.08	7.38	8.30	7.46	7.30	—
3.0	—	7.38	8.73	9.70	8.86	8.64
3.5	—	10.09	11.10	10.26	9.98	—
4.0	—	11.44	12.50	1.66	11.32	—
4.5	—	12.80	—	—	12.66	13.90
5.0	—	14.15	—	—	14.00	15.35
6.0	—	16.86	—	—	16.68	18.20
7.0	—	19.57	—	—	19.36	21.10
8.0	—	—	—	—	—	23.90

注：1号、2号、4号、6号花纹板按密度2.8（相当于LY11）计算理论质量，当合金牌号改变，其理论质量等于表中数值乘以密度换算系数 K，当合金为LY12时，K=0.993；LF21时，K=0.975。

2. 铝合金波纹板

(1) 铝合金波纹板截面图

图 3-11 为铝合金波纹板截面图。

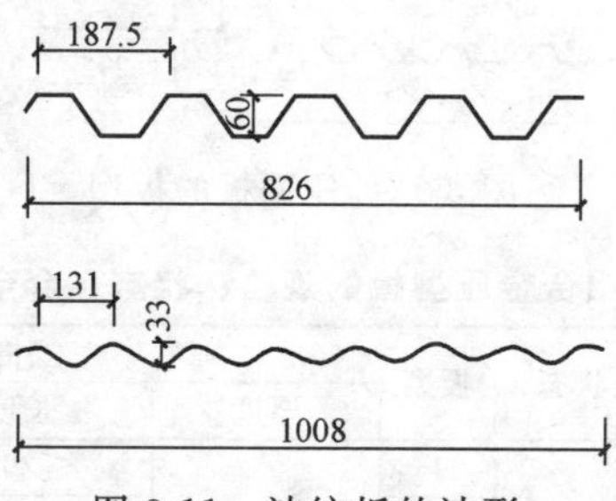

图 3-11 波纹板的波形

(2) 波纹板的合金牌号，状态和规格 见表 3-35。

波纹板的合金牌号、状态和规格 (GB 4438—84) 表 3-35

合金牌号	状态	波型代号	规格 (mm)				
			厚	长	宽	波高	波距
L1～L6	Y	波 20—106	0.6～1.0	2000～10000	1115	20	106
LF21		波 33—131	0.6～1.0	2000～10000	1008	33	131

(3) 铝合金波纹板（装饰板）的规格

见表 3-36。

铝合金波纹板（装饰板）的规格 表 3-36

名称	规格 (mm)				生产单位
	波形	长度(mm)	波纹板宽度(mm)	厚度(mm)	
铝及铝合金波纹板	W33—131	1700 3200	1008	0.7 0.8 0.9 1.0 1.2	西南铝加工厂
	V60—187.5	3200 6200	826		

3. 铝合金压型板

(1) 铝合金压型板截面图

图 3-12 为铝合金压型板截面图。

(2) 铝合金压型板的规格，状态及合金

见表 3-37。

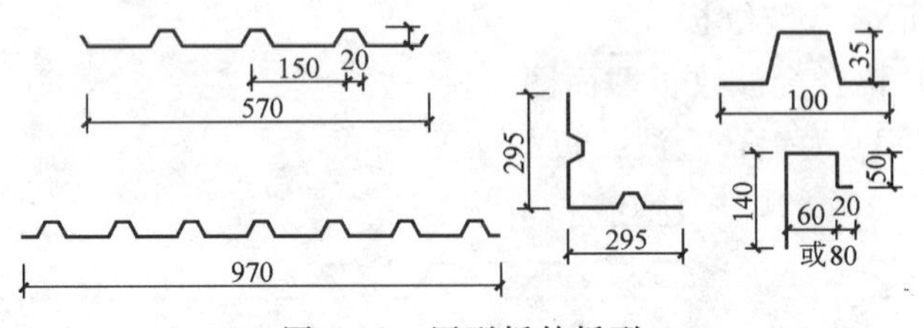

图 3-12　压型板的板型

铝合金压型板的规格、状态、合金　　　　表 3-37

合金牌号	供应状态	板型	规格(mm)			
			厚度	长度	宽度	波高
L1-6，LF21	Y、Y2	1	0.5～1.0	≤2500	570	25
		2		≤2500	635	
		3		2000～6000	870	
		4			935	
		5			1170	
		6		≤2500	100	
		7			295	295
		8			140	80
		9			970	25

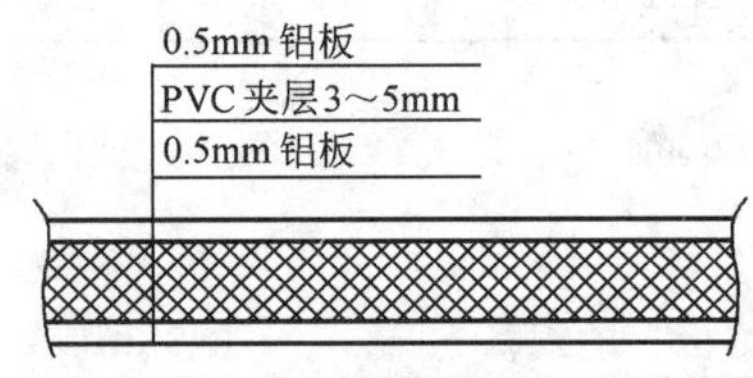

图 3-13　复合铝板

（四）复合铝板、蜂窝铝板

1. 复合铝板

（1）复合铝板截面图

图 3-13 为复合铝板截面图。

（2）复合铝板性能

复合铝板性能，见表 3-38。

复合铝板性能　　　　表 3-38

项　　目	单　位	规格		
		3mm	4mm	6mm
重力密度	N/m^2	45.7	5.0	73.6
传热阻	$(m^2 \cdot K)/W$	0.162	0.165	0.171
抗拉强度	MPa	51	39	29
弯曲抗拉强度	MPa	42	30	20
抗剪强度	MPa	29	26	22
弹性模量	MPa	5×10^4	4.06×10^4	2.97×10^4
线胀系数		28×10^{-6}	28×10^{-6}	30×10^{-6}
伸长率	%	20	26	28
泊松比	0.25			

续表

项　目	单　位	规格		
		3mm	4mm	6mm
热翘曲量(mm)	优等品	≤1.2		
	一等品	≤1.6		
	合格品	≤1.8		
铝箔剥离力(N/cm)	优等品	≥20		
	一等品	≥16		
	合格品	≥12		

2. 蜂窝复合铝板

蜂窝铝合金板，定用两块厚 0.8～1.2mm 及 1.2～1.8mm 的铝板，夹在不同材料制成的蜂巢状中间夹层两面组成。中间蜂窝芯材夹层可以采用铝箔芯材，玻璃钢芯材，混合纸芯材等。蜂窝铝合金板总厚度为 10～25mm。蜂窝形状有波形，正六角形、扁六角形、长方形、十字形等。

(1) 蜂窝铝合金板构造图

图 3-14 为蜂窝铝合金板构造图。

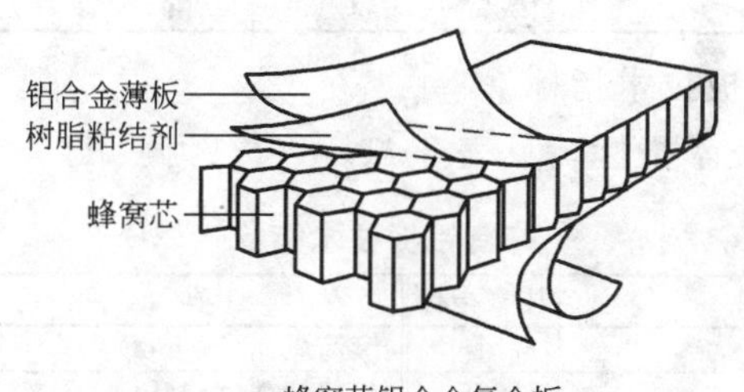

蜂窝芯铝合金复合板

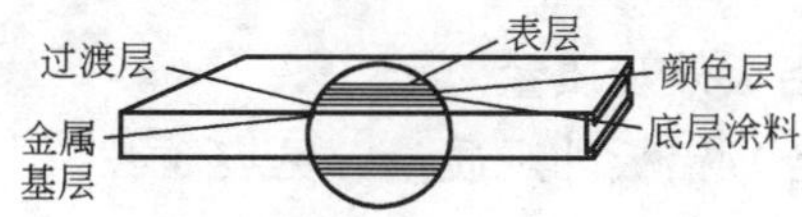

铝板表面防护层

图 3-14　蜂窝复合铝板

(2) 蜂窝铝板性能

1) 蜂窝铝板基本性能

蜂窝铝板基本性能，见表 3-39。

蜂窝铝板基本性能　　表 3-39

产品设计		压缩		板剪切			
密度	芯规格	稳定性		L方向		W方向	
(kg/m³)	(mm)	强度(MPa)	模量(MPa)	强度(MPa)	模量(MPa)	强度(MPa)	模量(MPa)
29	19	0.9	165	0.65	110	0.4	5
37	9.5	1.4	240	0.8	190	0.45	90
42	12.7	1.5	275	0.9	220	0.5	100
54	6.4	2.5	540	1.4	260	0.85	130
59	9.5	2.6	630	1.45	280	0.9	140
83	6.4	4.6	1000	2.4	440	1.5	220

2）蜂窝铝板的机械性能

蜂窝铝板的机械性能，见表 3-40。

蜂窝铝板的机械性能　　表 3-40

产品设计		压缩		板剪切			
密度	芯规格	稳定性		L方向		W方向	
(kg/m³)	(mm)	强度(MPa)	模量(MPa)	强度(MPa)	模量(MPa)	强度(MPa)	模量(MPa)
22.4	25.4	0.6	98	0.5	119	0.4	70
28.5	19	1.0	210	1.1	189	0.7	91
53.6	9.5	2.5	749	1.6	434	1.0	196
81.8	6.4	5.8	1351	3.2	707	1.7	266
117.4	4.8	9.3	1967	4.1	994	2.4	469

3）蜂窝铝板技术指标

蜂窝铝板技术指标，见表 3-41。

蜂窝铝板技术指标　　表 3-41

项目	技术指标	项目	技术指标
面板厚度(mm)	1	滚筒剥离(N/mm)	2.43
底板厚度(mm)	0.5	板剪切强度(MPa)	≥12.5
总板厚度(mm)	10	热膨胀系数[mm/(m·℃)]	≥0.024

(3）蜂窝铝板外观质量

蜂窝（复合）铝板外观质量，见表 3-42。

蜂窝（复合）铝板外观质量　　表 3-42

缺陷名称	缺陷规定	优等品	合格品	合格品
色差	指同批产品中有明显的颜色深浅不同	不允许	不允许	不允许
污迹	指表面外来污染痕迹	不允许	不允许	不明显
划痕	指表面划痕。轻微：指长度不超过 150mm，宽度不超过 0.3mm，深度不划透色层，每 m² 不多于 1 条	不允许	不允许	轻微

续表

缺陷名称	缺陷规定	优等品	合格品	合格品
色斑	指着色层上的斑点细纹或漆膜脱落。轻微：指在正常视力下，视距 80cm 散射日光下能看清细纹，但无斑点和脱漆	不允许	不允许	轻微
凹痕（凹凸纹板除外）	指表面由于基板不平或受外力作用下产生的凹痕 极轻微：指面积 < 1mm², 深度不超过 0.15mm，每 m² 不超过一个； 轻微：指上述凹痕每 m² 不超过 2 个；不明显指上述凹痕每 m² 不超过 3 个	极轻微	轻微	不明显
凸痕（凹凸纹板除外）	指表面由于基板间不平及胶粘剂的质量或灰尘而造成的凸痕 极轻微：指直径不超过 1mm，高度不超过 0.1mm 的凸点，每 m² 不超过一个；轻微：指上述凸点每 m² 不超过 2 个 不明显：指上述凸点每 m² 不超过 3 个	极轻微	轻微	不明显
开胶	指铝泊与充填层之间未粘接好有翘曲现象。极轻微：指极端面未粘接长度不超过 5mm，翻边不多于 3 处；轻微：未粘接长度不超过 8mm，翻边不多于 5 处；不明显；未粘接长度不超过 10mm，翻边不多于 10 处	极轻微	轻微	不明显
鱼鳞斑	指表面可见片状鱼鳞斑。极轻微：指模糊可见不多于 1 处；轻微：指模糊可见不多于 2 处	不允许	极轻微	轻微
整板翘曲	指板面不平，呈翘曲现象	不明显	不明显	不明显

第二节　金属型材

一、钢型材

（一）轻钢型材

1. 冷弯等边角钢

（1）冷弯等边角钢的特性，如图 3-15 所示。

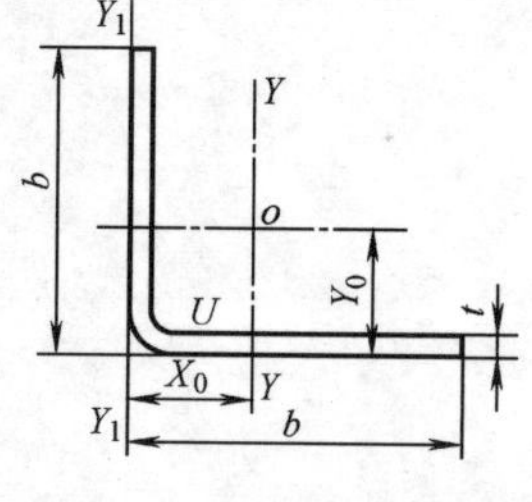

图 3-15　冷弯等边角钢

（2）冷弯等边角钢的规格，理论重量，见表 3-43 所示。

冷弯等边角钢规格及理论重量 **表 3-43**

$b \times b \times t$ (mm)	理论重量 (kg/m)	截面面积 (cm^2)	重心 X_0, Y_0 (cm)	$b \times b \times t$ (mm)	理论重量 (kg/m)	截面面积 (cm^2)	重心 X_0, Y_0 (cm)
20×20×1.2	0.354	0.451	0.559	50×50×3.0	2.216	2.823	1.398
20×20×1.6	0.463	0.589	0.579	50×50×4.0	2.894	3.686	1.448
20×20×2.0	0.566	0.721	0.599	60×60×2.0	1.822	2.321	1.599
25×25×1.6	0.588	0.749	0.704	60×60×2.5	2.258	2.877	1.623
25×25×2.0	0.723	0.921	0.724	60×60×3.0	2.687	3.423	1.648
25×25×2.5	0.885	1.127	0.749	60×60×4.0	3.522	4.486	1.698
25×25×3.0	1.039	1.323	0.774	70×70×3.0	3.158	4.023	1.898
30×30×1.6	0.714	0.909	0.829	70×70×4.0	4.150	5.286	1.948
30×30×2.0	0.880	1.121	0.849	70×70×5.0	5.110	6.510	1.997
30×30×2.5	1.081	1.377	0.874	80×80×3.0	3.629	4.623	2.148
30×30×3.0	1.274	1.623	0.898	80×80×4.0	4.778	6.086	2.198
40×40×1.6	0.965	1.229	1.079	80×80×5.0	5.895	7.510	2.247
40×40×2.0	1.194	1.521	1.099	80×80×6.0	6.982	8.895	2.297
40×40×2.5	1.473	1.877	1.123	100×100×3.0	4.571	5.823	2.648
40×40×3.0	1.745	2.223	1.148	100×100×4.0	6.034	7.686	2.698
40×40×4.0	2.266	2.886	1.198	100×100×5.0	7.465	9.510	2.747
50×50×2.0	1.508	1.921	1.349	100×100×6.0	8.866	11.295	2.797
50×50×2.5	1.866	2.377	1.373				

2. 冷弯不等边角钢

(1) 冷弯不等边角钢特性，如图 3-16 所示。

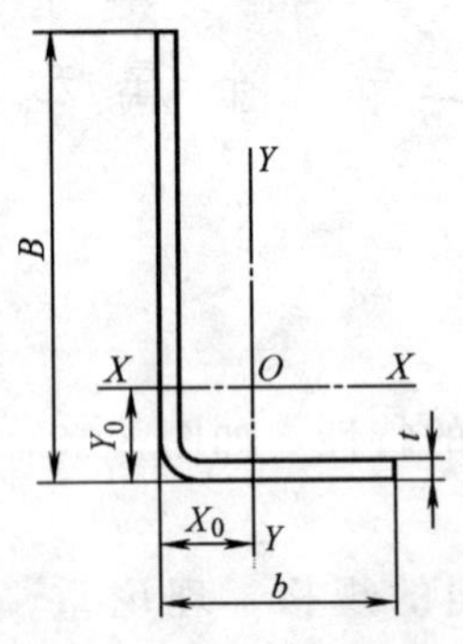

图 3-16 冷弯不等边角钢

（2）冷弯不等边角钢规格及理论重理，见表 3-44。

冷弯不等边角钢规格及理论重量　　　　表 3-44

$B\times b\times t$ (mm)	理论重量 (kg/m)	截面面积 (cm²)	重心 (cm)		$B\times b\times t$ (mm)	理论重量 (kg/m)	截面面积 (cm²)	重心 (cm)	
			Y_0	X_0				Y_0	X_0
25×15×2.0	0.566	0.721	0.897	0.370	30×20×3.0	1.039	1.323	1.068	0.536
25×15×2.0	0.688	0.877	0.926	0.392	35×20×2.0	0.802	1.021	1.230	0.452
25×15×3.0	0.803	1.023	0.956	0.414	35×20×2.5	0.983	1.252	1.260	0.474
30×20×2.0	0.723	0.921	1.011	0.490	35×20×3.0	1.156	1.473	1.290	0.496
30×20×2.5	0.885	1.127	1.040	0.513	40×25×2.5	1.179	1.502	1.373	0.593
40×25×3.0	1.392	1.773	1.402	0.615	80×50×3.0	2.923	3.723	2.631	1.096
50×30×2.5	1.473	1.877	1.706	0.674	80×50×4.0	3.836	4.886	2.688	1.141
50×30×3.0	1.745	2.223	1.735	0.696	100×60×3.0	3.629	4.623	3.297	1.259
50×30×4.0	2.266	2.886	1.794	0.741	100×60×4.0	4.778	6.086	3.354	1.304
60×40×2.5	1.866	2.377	1.939	0.913	100×60×5.0	5.895	7.510	3.412	1.349
60×40×3.0	2.216	2.823	1.967	0.936	120×80×4.0	6.034	7.686	3.822	1.782
60×40×4.0	2.894	3.686	2.023	0.981	120×80×5.0	7.465	9.510	3.878	1.827
70×40×3.0	2.452	3.123	2.402	0.861	120×80×6.0	8.866	11.295	3.934	1.873
70×40×4.0	3.208	4.086	2.461	0.905					

3. 冷弯等边槽钢

（1）冷弯等边槽钢特性，如图 3-17 所示。

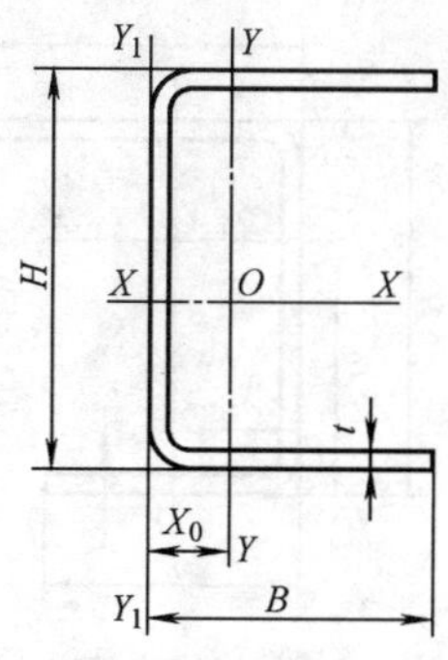

图 3-17　冷弯等边槽钢

（2）冷弯等边槽钢规格及理论重量，见表 3-45。

冷弯等边槽钢尺寸、截面面积、理论重量、重心　表 3-45

$H\times B\times t$ (mm)	理论重量 (kg/m)	截面面积 (cm^2)	重心 X_0 (cm)	$H\times B\times t$ (mm)	理论重量 (kg/m)	截面面积 (cm^2)	重心 X_0 (cm)
20×10×1.5	0.401	0.511	0.324	80×40×4.0	4.532	5.773	1.198
20×10×2.0	0.505	0.643	0.349	100×50×3.0	4.433	5.647	1.398
20×10×2.5	0.593	0.755	0.374	100×50×4.0	5.788	7.373	1.448
30×10×1.5	0.519	0.661	0.268	120×60×3.0	5.375	6.847	1.648
30×10×2.0	0.662	0.843	0.290	120×60×4.0	7.044	8.973	1.698
30×10×2.5	0.789	1.005	0.312	140×60×3.0	5.846	7.447	1.527
30×30×3.0	1.843	2.347	1.186	140×60×4.0	7.672	9.773	1.575
40×20×2.0	1.133	1.443	0.599	140×60×5.0	9.436	12.021	1.623
40×20×2.5	1.378	1.755	0.624	160×60×3.0	8.317	8.047	1.452
40×20×3.0	1.607	2.047	0.649	160×60×4.0	8.300	10.573	1.471
50×30×2.0	1.604	2.043	0.922	160×60×5.0	10.221	13.021	1.517
50×30×2.5	1.967	2.505	0.948	160×80×3.0	7.259	9.247	2.148
50×30×3.0	2.314	2.947	0.975	160×80×4.0	9.556	12.173	2.198
50×50×3.0	3.256	4.147	1.850	160×80×5.0	11.791	15.021	2.247
60×30×2.5	2.163	2.755	0.874	180×80×4.0	10.184	12.973	2.075
60×30×3.0	2.549	3.247	0.898	180×80×5.0	12.576	16.021	2.123
80×40×2.5	2.948	3.755	1.123	200×80×4.0	10.812	13.773	1.966
80×40×3.0	3.491	4.447	1.148	200×80×5.0	13.361	17.021	2.013

4. 冷弯不等边槽钢

(1) 冷弯不等边槽钢特性，如图 3-18 所示。

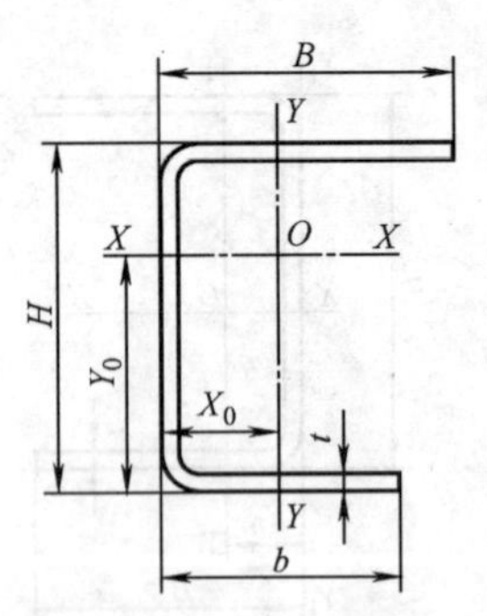

图 3-18　冷弯不等边槽钢

(2) 冷弯不等边槽钢规格及理论重量，见表 3-46。

冷弯不等边槽钢尺寸、截面面积、理论重量、重心　表 3-46

$H\times B\times b\times t$ (mm)	理论重量	截面面积	重心 (cm)		$B\times B\times b\times t$ (mm)	理论重量	截面面积	重心 (cm)	
	(kg/m)	(cm²)	X_0	Y_0		(kg/m)	(cm²)	X_0	Y_0
30×20×10×3.0	1.180	1.504	0.566	1.769	75×30×15×3.0	2.593	3.304	0.602	4.240
40×32×20×3.0	1.934	2.464	0.926	2.270	70×45×15×3.0	2.829	3.604	1.014	4.336
50×32×20×2.5	1.840	2.344	0.817	2.803	70×65×35×2.5	3.174	4.044	1.733	4.126
50×32×20×3.0	2.169	2.764	0.842	2.806	80×40×20×2.5	2.586	3.294	0.828	4.588
50×50×32×2.5	2.429	3.094	1.467	2.845	80×40×20×3.0	3.064	3.904	0.852	4.591
60×32×25×2.5	2.134	2.719	0.819	3.185	100×60×30×3.0	4.242	5.404	1.326	5.807
60×32×25×3.0	2.523	3.214	0.843	3.186	150×60×50×3.0	5.890	7.504	1.304	7.793
75×30×15×2.5	2.193	2.794	0.580	4.236					

5. 冷弯内卷边槽钢

(1) 冷弯内卷边槽钢特性，如图 3-19。

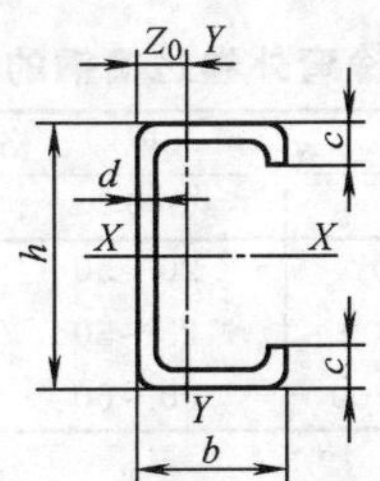

图 3-19　冷弯内卷边槽钢

h—高度；b—长腿宽；c—短腿宽；d—壁厚；

Z_0—重心距离

(2) 冷弯内卷边槽钢的规格，理论重量，见表 3-47。

常用冷弯内卷边槽钢的规格、理论重量　表 3-47

序号	尺寸(mm)				截面面积	理论重量	W_x	I_x	i_x
	h	b	c	d	(cm²)	(kg/m)	(cm³)	(cm⁴)	(cm)
1	60	30	15	2.5	3.339	2.604	5.791	17.373	2.281
2	60	30	15	3	3.908	3.048	6.608	19.825	2.252
3	80	40	15	2.5	4.338	3.384	10.625	42.501	3.129
4	100	50	20	2.5	6.089	4.749	19.717	98.588	4.023
5	100	50	20	3	6.608	5.154	20.211	101.056	3.910
6	100	60	15	2.5	5.838	4.554	10.188	95.938	4.053

续表

序号	尺寸(mm)				截面面积	理论重量	W_x	I_x	i_x
	h	b	c	d	(cm^2)	(kg/m)	(cm^3)	(cm^4)	(cm)
7	100	60	15	3	6.908	5.388	22.399	111.999	4.026
8	120	60	15	2.5	6.339	4.944	24.640	146.041	4.799
9	120	60	15	3	7.508	5.856	28.482	170.891	4.770
10	120	60	20	3	7.808	6.090	29.386	176.319	4.751
11	140	60	20	3	8.408	6.558	36.154	253.080	5.486
12	160	70	20	3	9.608	7.494	47.954	383.636	6.318
13	180	70	20	3	10.208	7.962	56.138	505.250	7.035
14	200	70	20	3	14.147	11.035	33.264	832.643	7.671

6. 冷弯外卷边槽钢

(1) 冷弯外卷边槽钢特性，如图 3-20 所示。

(2) 冷弯外卷边槽钢规格，见表 3-48。

常用冷弯外卷边槽钢的规格　　表 3-48

序　号	规　格　(mm)			
	h	b	c	d
1	30～50	20～50	15～40	≤3.0
2	>50～100	25～50	20～50	2.5～4.0
3	>100～200	30～60	20～60	3.0～4.0

7. 冷弯 Z 形钢

(1) 冷弯 Z 形钢特性，如图 3-21 所示。

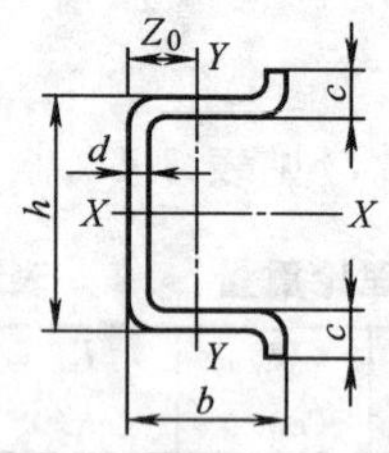

图 3-20　冷弯外卷边槽钢

h—高度；b—长腿宽；c—短腿宽；d—壁厚；Z_0—重心距离

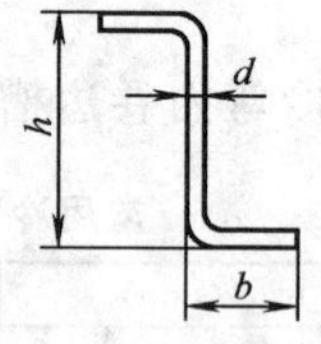

图 3-21　冷弯 Z 形钢

h—高度；b—边宽；d—壁厚

(2) 冷弯 Z 形钢的规格、理论重量，见表 3-49。

常用冷弯 Z 形钢的规格、理论重量 **表 3-49**

序 号	尺 寸 (mm)			截面面积 (cm²)	理论重量 (kg/m)
	h	*b*	*d*		
1	80	40	2.5	3.8	2.96
2	80	40	2.5	3.75	2.94
3	100	25	2.5	3.5	2.75
4	100	25	3	4.14	3.25
5	100	50	2.5	4.75	3.73
6	100	50	3	5.64	4.41
7	100	60	2.5	5.25	4.12
8	100	60	3	6.24	4.87
9	100	50	3	7.44	5.84

8. 冷弯 Z 形卷边钢

(1) 冷弯 Z 形卷边钢的特性，如图 3-22 所示。

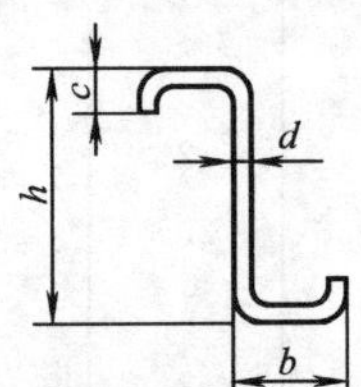

图 3-22 冷弯 Z 形卷边钢

h—高度；*b*—宽度；*c*—卷边宽；*d*—壁厚

(2) 冷弯 Z 形卷边钢的规格、理论重量，见表 3-50。

常用冷弯 Z 形卷边钢的规格、理论重量 **表 3-50**

序 号	尺 寸 (mm)				截面面积 (cm²)	理论重量 (kg/m)
	h	*b*	*c*	*d*		
1	100	50	20	2.5～3	5.45～6.54	4.28
2	120	50	20	2.5～3	5.95～7.14	4.67
3	140	60	20	2.5～3	6.95～8.34	5.57
4	160	50	20	2.5～3	6.95～8.34	5.57
5	160	60	20	2.5～3	7.45～8.94	5.81
6	180	70	20	2.5～3	8.45～10.14	7.55

9. 冷弯卷边角钢

(1) 冷弯卷边角钢特性，如图 3-23 所示。

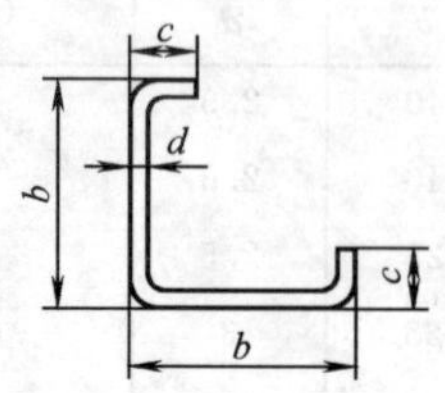

图 3-23 冷弯卷边角钢

b—边宽；c—卷边宽；d—厚度

(2) 冷弯卷边角钢的规格、理论重量，见表 3-51。

常用冷弯卷边角钢的规格、理论重量 **表 3-51**

序号	尺寸 (mm)			截面面积 (cm^2)	理论重量 (kg/m)
	b	c	d		
1	30	15	2	1.60	1.26
2	40	15	1.5	1.53	1.20
3	40	15	2	2.00	1.57
4	50	20	2.5	3.00	2.36
5	30	10	1	0.65	0.52
6	60	15	2	2.68	2.10
7	60	15	2.5	3.25	2.59
8	60	20	2	2.88	2.26
9	60	20	2.5	3.50	2.75
10	75	15	2.5	3.99	3.14

(二) 不锈钢型材

1. 不锈钢方管

不锈钢方管的规格，外形尺寸及理论重量，见表 3-52。

2. 不锈钢矩形管

不锈钢矩形管的规格、外形尺寸、理论重量，见表 3-53。

3. 不锈钢无缝钢圆管

(1) 热轧不锈钢无缝钢圆管的尺寸，见表 3-54。

(2) 冷拔不锈钢无缝钢圆管的尺寸，见表 3-55。

方管 表 3-52

外形尺寸 $a \times b$ mm(英寸)	种类	壁厚 BWG mm								
		0.5	0.6	0.8	1.0	1.2	1.5	2.0	2.5	3.0
		kg/m(kg/20′)								
10×10	AISI 304	0.15 (0.91)	0.18 (1.10)	0.23 (1.40)	0.28 (1.71)	0.33 (2.01)				
	AISI 430	0.14 (0.85)	0.17 (1.04)	0.22 (1.34)	0.28 (1.71)	0.32 (1.95)				
12.7×12.7 (1/2×1/2)	AISI 304	0.19 (1.16)	0.23 (1.40)	0.30 (1.83)	0.37 (2.26)	0.44 (2.68)	0.53 (3.23)			
	AISI 430	0.19 (1.16)	0.22 (1.34)	0.29 (1.77)	0.36 (2.19)	0.42 (2.56)	0.52 (3.17)			
15.9×15.9 (5/8×5/8)	AISI 304	0.24 (1.46)	0.29 (1.77)	0.38 (2.32)	0.47 (2.87)	0.56 (3.41)	0.68 (4.15)	0.88 (5.36)		
	AISI 430	0.24 (1.46)	0.28 (1.71)	0.37 (2.26)	0.46 (2.80)	0.54 (3.29)	0.66 (4.02)	0.85 (5.18)		
16×16	AISI 304	0.24 (1.46)	0.29 (1.77)	0.38 (2.32)	0.47 (2.87)	0.56 (3.41)	0.69 (4.21)	0.89 (5.43)		
	AISI 430	0.24 (1.46)	0.28 (1.71)	0.37 (2.26)	0.46 (2.80)	0.55 (3.35)	0.67 (4.08)	0.86 (5.24)		
19×19 (3/4×3/4)	AISI 304	0.29 (1.77)	0.35 (2.13)	0.46 (2.80)	0.57 (3.47)	0.68 (4.15)	0.83 (5.06)	1.08 (6.58)		
	AISI 430	0.28 (1.71)	0.34 (2.07)	0.45 (2.74)	0.55 (2.74)	0.66 (4.02)	0.81 (4.94)	1.05 (6.40)		

续表

外形尺寸 $a\times b$ mm(英寸)	种类	壁厚 BWG mm								
		0.5	0.6	0.8	1.0	1.2	1.5	2.0	2.5	3.0
		kg/m(kg/20′)								
20×20	AISI 304	0.31 (1.89)	0.37 (2.26)	0.49 (2.99)	0.60 (3.66)	0.71 (4.33)	0.88 (5.36)	1.14 (6.95)		
	AISI 430	0.30 (1.83)	0.36 (2.19)	0.47 (2.87)	0.58 (3.54)	0.69 (4.21)	0.85 (5.18)	1.11 (6.77)		
22×22	AISI 304	0.34 (2.07)	0.41 (2.50)	0.54 (3.29)	0.66 (4.02)	0.79 (4.82)	0.97 (5.91)	1.27 (7.74)		
	AISI 430	0.33 (2.01)	0.39 (2.38)	0.52 (3.17)	0.65 (3.96)	0.77 (4.69)	0.95 (5.79)	1.23 (7.50)		
25.4×25.4 (1×1)	AISI 304		0.47 (2.87)	0.62 (3.78)	0.77 (4.69)	0.92 (5.61)	1.14 (6.95)	1.48 (9.02)		
	AISI 430		0.46 (2.80)	0.60 (3.66)	0.75 (4.57)	0.89 (5.43)	1.10 (6.71)	1.44 (8.78)		
30×30	AISI 304		0.56 (3.41)	0.74 (4.51)	0.92 (5.61)	1.09 (6.64)	1.35 (8.23)	1.77 (10.79)		
	AISI 430		0.54 (3.29)	0.72 (4.39)	0.89 (5.43)	1.06 (6.46)	1.32 (8.05)	1.72 (10.49)		
31.8×31.8 (1¼×1¼)	AISI 304		0.59 (3.60)	0.78 (4.75)	0.98 (5.97)	1.16 (7.07)	1.44 (8.78)	1.89 (11.52)		
	AISI 430		0.57 (3.47)	0.76 (4.63)	0.95 (5.79)	1.13 (6.89)	1.40 (8.53)	1.83 (11.16)		

续表

外形尺寸 $a \times b$ mm(英寸)	种类	壁厚 BWG mm								
		0.5	0.6	0.8	1.0	1.2	1.5	2.0	2.5	3.0
		kg/m(kg/20′)								
38×38 (1½×1½)	AISI 304			0.94 (5.73)	1.18 (7.19)	1.40 (8.53)	1.74 (10.61)	2.29 (13.96)		
	AISI 430			0.92 (5.61)	1.14 (6.95)	1.36 (8.29)	1.69 (10.30)	2.22 (13.53)		
40×40	AISI 304				1.24 (7.56)	1.48 (9.02)	1.83 (11.16)	2.41 (14.69)	2.97 (18.11)	
	AISI 430				1.20 (7.32)	1.43 (8.72)	1.78 (10.85)	2.34 (14.26)	2.89 (17.62)	
46×46	AISI 304				1.43 (8.72)	1.70 (10.36)	2.12 (12.92)	2.79 (17.01)	3.45 (21.03)	4.09 (24.93)
	AISI 430				1.38 (8.41)	1.65 (10.06)	2.05 (12.50)	2.71 (16.52)	3.35 (20.42)	3.97 (24.20)
50×50 (2×2)	AISI 304					1.86 (11.34)	2.31 (14.08)	3.04 (18.53)	3.77 (22.98)	4.47 (27.25)
	AISI 430					1.80 (10.97)	2.24 (13.66)	2.96 (18.04)	3.66 (22.31)	4.34 (26.46)
60×60	AISI 304					2.24 (13.66)	2.78 (16.95)	3.68 (22.43)	4.56 (27.80)	5.42 (33.04)
	AISI 430					2.17 (13.32)	2.70 (16.46)	3.57 (21.76)	4.43 (27.01)	5.27 (32.13)

续表

外形尺寸 $a\times b$ mm(英寸)	种类	壁厚 BWG mm								
		0.5	0.6	0.8	1.0	1.2	1.5	2.0	2.5	3.0
		kg/m(kg/20′)								
62.5×62.5 (2½×2½)	AISI 304					2.33 (14.20)	2.90 (17.68)	3.84 (23.41)	4.76 (29.02)	5.66 (34.50)
	AISI 430					2.26 (13.78)	2.82 (17.19)	3.73 (22.74)	4.62 (28.16)	5.50 (33.53)
67.5×67.5 (2⅔×2⅔)	AISI 304							4.15 (25.30)	5.15 (31.39)	6.14 (37.43)
	AISI 430							4.03 (24.57)	5.00 (30.48)	5.96 (36.33)
70×70	AISI 304							4.31 (26.27)	5.35 (32.61)	6.37 (38.83)
	AISI 430							4.19 (25.54)	5.20 (31.70)	6.19 (37.73)
72.5×72.5 (2¾×2¾)	AISI 304							4.47 (27.25)	5.55 (33.83)	6.61 (40.29)
	AISI 430							4.34 (26.46)	5.39 (32.86)	6.42 (39.14)
80×80	AISI 304							4.95 (30.18)	6.14 (37.43)	7.33 (44.68)
	AISI 430							4.80 (29.26)	5.97 (36.39)	7.11 (43.34)

注：表中所列为常用规格，经双方协议，可生产表以外的其它规格的方管。

矩形管

表 3-53

外形尺寸 $a\times b$ mm(英寸)	种类	壁厚 BWG mm								
		0.5	0.6	0.8	1.0	1.2	1.5	2.0	2.5	3.0
		kg/m(kg/20′)								
20×10	AISI 304	0.23 (1.40)	0.27 (1.65)	0.36 (2.19)	0.44 (2.68)	0.52 (3.17)				
	AISI 430	0.22 (1.34)	0.26 (1.58)	0.35 (2.13)	0.43 (2.62)	0.51 (3.11)				
22×10	AISI 304	0.22 (1.46)	0.29 (1.77)	0.37 (2.32)	0.47 (2.87)	0.56 (3.41)	0.60 (4.21)			
	AISI 430	0.24 (1.46)	0.28 (1.71)	0.37 (2.26)	0.46 (2.80)	0.55 (3.35)	0.67 (4.08)			
25×13 (1×1½)	AISI 304	0.29 (1.77)	0.35 (2.13)	0.46 (2.80)	0.57 (3.47)	0.68 (4.15)	0.83 (5.06)	1.08 (6.58)		
	AISI 430	0.28 (1.71)	0.34 (2.07)	0.45 (2.74)	0.55 (3.35)	0.66 (4.02)	0.81 (4.94)	1.05 (6.40)		
31.8×15.9 (1¼×5/8)	AISI 304	0.37 (2.26)	0.44 (2.68)	0.58 (3.54)	0.72 (4.39)	0.86 (5.24)	1.06 (6.46)	1.38 (8.41)		
	AISI 430	0.36 (2.19)	0.43 (2.62)	0.57 (3.47)	0.70 (4.27)	0.84 (5.12)	1.03 (6.28)	1.34 (8.17)		
38.1×25.4 (1½×1)	AISI 304			0.78 (4.75)	0.97 (5.91)	1.16 (7.07)	1.44 (8.78)	1.89 (11.52)		
	AISI 430			0.76 (4.63)	0.95 (5.79)	1.13 (6.89)	1.40 (8.53)	1.83 (11.16)		

续表

外形尺寸 $a \times b$ mm(英寸)	种类	壁厚 BWG mm								
		0.5	0.6	0.8	1.0	1.2	1.5	2.0	2.5	3.0
		kg/m(kg/20′)								
40×20	AISI 304			0.74 (4.51)	0.92 (5.61)	1.09 (6.64)	1.35 (8.23)	1.77 (10.79)		
	AISI 430			0.72 (4.39)	0.89 (5.43)	1.06 (6.46)	1.32 (8.05)	1.72 (10.49)		
50×25 (2×1)	AISI 304			0.93 (5.67)	1.16 (7.07)	1.38 (8.41)	1.71 (10.42)	2.25 (13.72)	2.77 (16.89)	
	AISI 430			0.90 (5.49)	1.12 (6.83)	1.34 (8.17)	1.66 (10.12)	2.19 (13.35)	2.69 (16.40)	
60×30	AISI 304				1.39 (8.47)	1.67 (10.18)	2.07 (12.62)	2.73 (16.64)	3.37 (20.54)	
	AISI 430				1.35 (8.23)	1.62 (9.88)	2.01 (12.25)	2.65 (16.15)	3.27 (19.93)	
75×40	AISI 304						2.66 (16.22)	3.52 (21.46)	4.36 (26.58)	
	AISI 430						2.59 (15.79)	3.42 (20.85)	4.23 (25.79)	
75×45	AISI 304					2.24 (13.66)	2.78 (16.95)	3.68 (22.43)	4.56 (27.80)	
	AISI 430					2.17 (13.32)	2.70 (16.46)	3.57 (21.76)	4.43 (27.01)	

续表

外形尺寸 $a \times b$ mm(英寸)	种类	壁厚 BWG mm								
		0.5	0.6	0.8	1.0	1.2	1.5	2.0	2.5	3.0
		kg/m(kg/20′)								
80×35	AISI 304						2.66 (16.22)	3.52 (21.46)	4.36 (26.58)	
	AISI 430						2.59 (15.79)	3.42 (20.85)	4.23 (25.79)	
80×40	AISI 304					2.24 (13.66)	2.78 (16.95)	3.68 (22.43)	4.56 (27.80)	
	AISI 430					2.17 (13.32)	2.70 (16.46)	3.57 (21.76)	4.43 (27.01)	
90×25	AISI 304						2.66 (16.22)	3.52 (21.46)	4.36 (26.58)	
	AISI 430						2.59 (15.79)	3.42 (20.85)	4.23 (25.79)	
90×45	AISI 304						3.14 (19.14)	4.15 (25.30)	5.15 (31.39)	
	AISI 430						3.05 (18.59)	4.03 (24.57)	5.00 (30.48)	
100×25 (4×1)	AISI 304						2.90 (17.68)	3.84 (23.41)	4.76 (27.02)	5.66 (34.50)
	AISI 430						2.82 (17.19)	3.73 (22.74)	4.62 (28.16)	5.50 (33.53)
100×45	AISI 304						3.38 (20.60)	4.47 (27.25)	5.55 (33.83)	6.61 (40.29)
	AISI 430						3.28 (19.99)	4.34 (26.46)	5.39 (32.86)	6.42 (39.14)

注：表中所列为常用规格，经双方协议，可生产表以外的其它规格的方管。

热轧（热挤压）钢管的尺寸（mm） 表 3-54

直径 \ 壁厚	4.5	5	5.5	6	6.5	7	7.5	8	8.5	9	9.5	10	11	12	13	14	15	16	17	18	19	20	22	24	25	26	28	30	32	34	35	36	38	40	42	45
54	×	×	×	×	×	×	×	×	×	×	×	×																								
56	×	×	×	×	×	×	×	×	×	×	×	×	×																							
57、60、63、65	×	×	×	×	×	×	×	×	×	×	×	×	×	×	×	×	×	×	×	×																
68、70、73、75		×	×	×	×	×	×	×	×	×	×	×	×	×	×	×	×	×	×	×																
76、80、83、85		×	×	×	×	×	×	×	×	×	×	×	×	×	×	×	×	×	×	×																
89、90、95		×	×	×	×	×	×	×	×	×	×	×	×	×	×	×	×	×	×	×																
100、102		×	×	×	×	×	×	×	×	×	×	×	×	×	×	×	×	×	×	×	×															
108		×	×	×	×	×	×	×	×	×	×	×	×	×	×	×	×	×	×	×	×	×	×													
114		×	×	×	×	×	×	×	×	×	×	×	×	×	×	×	×	×	×	×	×	×	×	×	×	×										
121		×	×	×	×	×	×	×	×	×	×	×	×	×	×	×	×	×	×	×	×	×	×	×	×	×	×	×								
127		×	×	×	×	×	×	×	×	×	×	×	×	×	×	×																				
133		×	×	×	×	×	×	×	×	×	×	×	×	×	×	×	×	×	×	×	×	×	×	×	×	×	×	×	×	×						
140、146		×	×	×	×	×	×	×	×	×	×	×	×	×	×	×	×	×	×	×	×	×	×	×	×	×	×	×	×	×	×					
152、159		×	×	×	×	×	×	×	×	×	×	×	×	×	×	×	×	×	×	×	×	×	×	×	×	×	×	×	×	×	×	×	×	×		
168、180、194						×	×	×	×	×	×	×	×	×	×	×	×	×	×	×	×	×	×	×	×	×	×	×	×	×	×	×	×	×		
200、219						×	×	×	×	×	×	×	×	×	×	×	×	×	×	×	×	×	×	×	×	×	×	×	×	×	×	×	×	×		
225						×	×	×	×	×	×	×	×	×	×	×	×	×	×	×	×	×	×	×	×	×	×	×	×	×	×	×	×	×	×	×
250																						×	×	×	×	×	×	×	×	×	×	×	×	×	×	×
273																	×	×	×	×	×	×	×	×	×	×	×	×	×	×	×					
299																	×	×	×	×	×	×	×	×	×	×	×	×								
325、351																	×	×	×	×	×	×	×	×	×	×	×									
365																	×	×	×	×	×	×	×	×	×	×										
377																	×	×	×	×	×	×	×	×												
402																	×	×	×	×	×	×	×													
426																	×	×	×	×	×	×														
450																	×	×	×	×																
480																	×																			

冷拔不锈钢无缝钢管的尺寸

表 3-55

直径＼壁厚	0.5	0.6	0.8	1.0	1.2	1.4	1.5	1.6	2.0	2.2	2.5	2.8	3.0	3.2	3.5	4.0	4.5	5.0	5.5	6.0	6.5	7.0	7.5	8.0	8.5	9.0	9.5	10	11	12	13	14	15	16	17	18	19	20	21
6、7、8	×	×	×	×	×	×	×	×	×																														
9、10、11	×	×	×	×	×	×	×	×	×	×	×																												
12、13	×	×	×	×	×	×	×	×	×	×	×	×	×																										
14、15	×	×	×	×	×	×	×	×	×	×	×	×	×	×	×																								
16、17	×	×	×	×	×	×	×	×	×	×	×	×	×	×	×	×																							
18、19、20	×	×	×	×	×	×	×	×	×	×	×	×	×	×	×	×	×																						
21、22、23	×	×	×	×	×	×	×	×	×	×	×	×	×	×	×	×	×	×																					
24	×	×	×	×	×	×	×	×	×	×	×	×	×	×	×	×	×	×	×																				
25、27	×	×	×	×	×	×	×	×	×	×	×	×	×	×	×	×	×	×	×	×																			
28	×	×	×	×	×	×	×	×	×	×	×	×	×	×	×	×	×	×	×	×	×																		
30、32、34	×	×	×	×	×	×	×	×	×	×	×	×	×	×	×	×	×	×	×	×	×	×																	
35、36	×	×	×	×	×	×	×	×	×	×	×	×	×	×	×	×	×	×	×	×	×	×																	
38、40	×	×	×	×	×	×	×	×	×	×	×	×	×	×	×	×	×	×	×	×	×	×																	
42	×	×	×	×	×	×	×	×	×	×	×	×	×	×	×	×	×	×	×	×	×	×	×																
45、48	×	×	×	×	×	×	×	×	×	×	×	×	×	×	×	×	×	×	×	×	×	×	×	×	×														
50、51	×	×	×	×	×	×	×	×	×	×	×	×	×	×	×	×	×	×	×	×	×	×	×	×	×	×													
53	×	×	×	×	×	×	×	×	×	×	×	×	×	×	×	×	×	×	×	×	×	×	×	×	×	×	×												
54、56	×	×	×	×	×	×	×	×	×	×	×	×	×	×	×	×	×	×	×	×	×	×	×	×	×	×	×	×											
57、60	×	×	×	×	×	×	×	×	×	×	×	×	×	×	×	×	×	×	×	×	×	×	×	×	×	×	×	×											
63、65、68							×	×	×	×	×	×	×	×	×	×	×	×	×	×	×	×	×	×	×	×	×	×											

续表

直径＼壁厚	0.5	0.6	0.8	1.0	1.2	1.4	1.5	1.6	2.0	2.2	2.5	2.8	3.0	3.2	3.5	4.0	4.5	5.0	5.5	6.0	6.5	7.0	7.5	8.0	8.5	9.0	9.5	10	11	12	13	14	15	16	17	18	19	20	21
70								×	×	×	×	×	×	×	×	×	×	×	×	×	×	×	×	×	×	×	×	×											
73											×	×	×	×	×	×	×	×	×	×	×	×	×	×	×	×	×	×											
75、76											×	×	×	×	×	×	×	×	×	×	×	×	×	×	×	×	×	×											
80、83、85、89											×	×	×	×	×	×	×	×	×	×	×	×	×	×	×	×	×	×	×	×	×	×	×						
90、95、100													×	×	×	×	×	×	×	×	×	×	×	×	×	×	×	×	×	×	×	×	×						
102、108、114、127															×	×	×	×	×	×	×	×	×	×	×	×	×	×	×	×	×	×	×						
133															×	×	×	×	×	×	×	×	×	×	×	×	×	×	×	×	×	×	×						
140															×	×	×	×	×	×	×	×	×	×	×	×	×	×	×	×	×	×	×	×	×	×	×	×	×
146															×	×	×	×	×	×	×	×	×	×	×	×	×	×	×	×	×	×	×	×	×	×	×	×	
159															×	×	×	×	×	×	×	×	×	×	×	×	×	×	×	×	×	×	×	×	×	×	×	×	×
168、180、194、200																	×	×	×	×	×	×	×	×	×	×	×	×	×	×	×	×	×	×	×	×	×	×	×

说明：1. 钢管由 0Cr13、1Cr13、2Cr13、3Cr13、1Cr17Ni2、1Cr25Ti、1Cr21Ni5Ti、0Cr18Ni9Ti、00Cr18Ni10、1Cr18Ni9、1Cr18Ni9Ti、00Cr17Ni14Mo、00Cr17Ni14Mo3、0Cr18Ni12Mo2Ti、0Cr18Ni12Mo3Ti、1Cr18Ni12Mo2Ti、1Cr18Ni12Mo3Ti、1Cr23Ni18、1Cr18Ni11Nb 钢制造，其化学成分应分别符合 GB 1220—75《不锈耐酸钢技术条件》和 GB 1221—75《耐热钢技术条件》的规定。

2. 钢管的机械性能及表面质量要求应符合 GB 2770—80 中的规定。

3. 钢管长度（不定尺）：热轧钢管 1.5～10m，热挤压钢管≥1m；

冷拔（轧）钢管壁厚 0.5～1.0mm 者 1～7m，壁厚＞1mm 者 1.5～8m。

4. 表中的符号“×”表示有产品。

(3) 不锈钢圆管的理论重量，见表3-56。

不锈钢圆管的理论重量 **表 3-56**

外径 mm (英寸)	种类	壁厚 mm												
		0.5	0.6	0.8	1.0	1.2	1.5	2.0	2.5	3.0	3.5	4.0	5.0	6.0
		kg/m(kg/20′)												
12.70 (1/2)	AISI304	0.15 (0.91)	0.18 (1.10)	0.24 (1.46)	0.29 (1.77)	0.34 (2.07)								
	AISI430	0.15 (0.91)	0.18 (1.10)	0.23 (1.40)	0.28 (1.71)	0.33 (2.01)								
16.00 (5/8)	AISI304	0.19 (1.16)	0.23 (1.40)	0.30 (1.83)	0.37 (2.26)	0.44 (2.68)	0.54 (3.29)							
	AISI430	0.19 (1.16)	0.22 (1.84)	0.29 (1.77)	0.36 (2.19)	0.43 (2.02)	0.53 (2.23)							
19.00 (3/4)	AISI304	0.23 (1.40)	0.28 (1.71)	0.36 (2.19)	0.45 (2.74)	0.53 (3.23)	0.65 (3.96)	0.85 (5.18)						
	AISI430	0.22 (1.34)	0.27 (1.65)	0.35 (2.13)	0.44 (2.68)	0.52 (3.17)	0.63 (3.84)	0.82 (5.00)						
22.00	AISI304	0.27 (1.65)	0.32 (1.95)	0.42 (2.56)	0.52 (3.17)	0.62 (3.78)	0.77 (4.69)	1.00 (6.10)						
	AISI430	0.26 (1.58)	0.31 (1.89)	0.41 (2.50)	0.51 (3.11)	0.60 (3.66)	0.74 (4.51)	0.97 (5.91)						

续表

外径 mm (英寸)	种类	壁厚 mm												
		0.5	0.6	0.8	1.0	1.2	1.5	2.0	2.5	3.0	3.5	4.0	5.0	6.0
		kg/m(kg/20′)												
25.40 (1)	AISI304	0.31 (1.89)	0.37 (2.62)	0.49 (2.99)	0.61 (3.72)	0.72 (4.39)	0.89 (5.43)	1.17 (7.13)	1.43 (8.72)					
	AISI430	0.30 (1.83)	0.36 (2.19)	0.48 (2.93)	0.59 (3.60)	0.70 (4.27)	0.87 (5.30)	1.13 (6.89)	1.38 (8.41)					
31.80 (1¼)	AISI304			0.62 (3.78)	0.77 (4.69)	0.92 (5.61)	1.13 (6.89)	1.49 (9.08)	1.83 (11.16)					
	AISI430			0.60 (3.66)	0.75 (4.57)	0.89 (5.43)	1.10 (6.71)	1.44 (8.78)	1.77 (10.79)					
38.10 (1½)	AISI304			0.74 (4.51)	0.92 (5.61)	1.10 (6.71)	1.37 (8.35)	1.80 (10.97)	2.22 (13.53)	2.62 (15.97)	3.02 (18.41)	3.40 (20.73)	4.12 (25.12)	
	AISI430			0.72 (4.39)	0.90 (5.49)	1.07 (6.52)	1.33 (8.11)	1.75 (10.67)	2.15 (13.11)	2.55 (15.54)	2.93 (17.86)	3.30 (20.12)	4.00 (24.38)	
40.00	AISI304			0.78 (4.75)	0.97 (5.91)	1.16 (7.07)	1.44 (8.78)	1.89 (11.52)	2.34 (14.26)	2.77 (16.89)	3.18 (19.39)	3.59 (21.88)	4.36 (26.58)	
	AISI430	0.76 (4.63)	0.94 (5.73)	1.13 (6.89)	1.40 (8.53)	1.84 (11.22)	2.27 (13.84)	2.69 (16.40)	3.09 (18.84)	3.48 (21.21)	4.23 (25.79)			
45.00	AISI304				1.10 (6.71)	1.31 (7.99)	1.63 (9.94)	2.14 (13.05)	2.65 (16.15)	3.14 (19.14)	3.62 (22.07)	4.09 (24.93)	4.98 (30.36)	
	AISI430				1.06 (6.46)	1.27 (7.74)	1.58 (9.63)	2.08 (12.68)	2.57 (15.67)	3.05 (18.59)	3.51 (21.40)	3.97 (24.20)	4.84 (29.50)	

续表

外径 mm (英寸)	种类	壁厚 mm												
		0.5	0.6	0.8	1.0	1.2	1.5	2.0	2.5	3.0	3.5	4.0	5.0	6.0
		kg/m(kg/20′)												
48.00	AISI304				1.17 (7.13)	1.40 (8.53)	1.74 (10.61)	2.29 (13.96)	2.83 (17.25)	3.36 (20.48)	3.88 (23.65)	4.38 (26.70)	5.36 (32.67)	
	AISI430				1.14 (6.95)	1.36 (8.29)	1.69 (10.30)	2.23 (13.59)	2.75 (16.76)	3.27 (19.93)	3.77 (22.98)	4.26 (25.97)	5.20 (31.70)	
50.00 (2)	AISI304				1.22 (7.44)	1.46 (8.90)	1.81 (11.03)	2.39 (14.57)	2.96 (18.04)	3.51 (21.40)	4.05 (24.69)	4.58 (27.92)	5.61 (34.20)	
	AISI430				1.19 (7.25)	1.42 (8.66)	1.76 (10.73)	2.32 (14.14)	2.87 (17.50)	3.41 (20.79)	3.94 (24.02)	4.45 (27.13)	5.44 (33.16)	
63.00 (2½)	AISI304				1.54 (9.39)	1.85 (11.28)	2.30 (14.02)	3.04 (18.53)	3.77 (22.98)	4.48 (27.31)	5.19 (31.64)	5.88 (35.84)	7.22 (44.01)	
	AISI304				1.50 (9.14)	1.79 (10.91)	2.23 (13.59)	2.95 (17.98)	3.66 (22.31)	4.35 (26.52)	5.04 (30.72)	5.71 (34.91)	7.02 (42.79)	
76.30 (3)	AISI304					2.25 (13.72)	2.80 (17.07)	3.70 (22.56)	4.60 (28.04)	5.48 (33.41)	6.35 (38.71)	7.20 (43.89)	8.88 (54.13)	10.51 (64.07)
	AISI430					2.18 (13.29)	2.71 (16.52)	3.59 (21.88)	4.46 (27.19)	5.32 (32.43)	6.16 (37.55)	7.00 (42.67)	8.62 (52.55)	10.20 (62.18)
80.00	AISI304						2.93 (17.86)	3.89 (23.71)	4.83 (29.44)	5.75 (35.05)	6.67 (40.66)	7.57 (46.15)	9.34 (56.94)	11.06 (67.42)
	AISI430						2.85 (17.37)	3.77 (22.98)	4.69 (28.59)	5.59 (34.08)	6.48 (39.50)	7.35 (14.81)	9.07 (55.29)	10.74 (65.47)

续表

外径 mm (英寸)	种类	壁厚 mm												
		0.5	0.6	0.8	1.0	1.2	1.5	2.0	2.5	3.0	3.5	4.0	5.0	6.0
		kg/m(kg/20′)												
89.90 (3½)	AISI304						3.30 (20.12)	4.38 (26.70)	5.44 (33.16)	6.49 (39.56)	7.53 (45.90)	8.56 (52.18)	10.57 (64.43)	12.54 (76.44)
	AISI430						3.21 (19.57)	4.25 (25.91)	5.29 (32.25)	6.31 (38.17)	7.32 (14.62)	8.31 (52.66)	10.27 (35.29)	12.18 (74.25)
102.00	AISI304							4.98 (30.36)	6.20 (37.80)	7.40 (45.11)	8.59 (52.36)	9.77 (59.56)	12.08 (73.64)	14.35 (87.48)
	AISI430							4.84 (29.50)	6.02 (36.70)	7.18 (43.77)	8.34 (50.84)	9.48 (57.79)	11.73 (71.51)	13.93 (84.92)
108 (4¼)	AISI304								6.57 (40.05)	7.85 (47.85)	9.11 (55.53)	10.36 (63.15)	18.83 (78.21)	15.25 (92.96)
	AISI430								6.38 (38.89)	7.62 (46.45)	8.85 (53.95)	10.06 (61.33)	12.46 (75.96)	14.80 (90.22)
114.00 (4½)	AISI304								8.30 (50.60)	9.63 (58.70)	10.96 (66.81)	13.58 (82.78)	16.14 (98.39)	
	AISI430									8.06 (49.13)	9.36 (57.06)	10.64 (64.86)	13.18 (80.35)	15.68 (95.59)

4. 不锈钢热轧等边角钢

(1) 不锈钢热轧等边角钢特性，如图 3-24 所示。

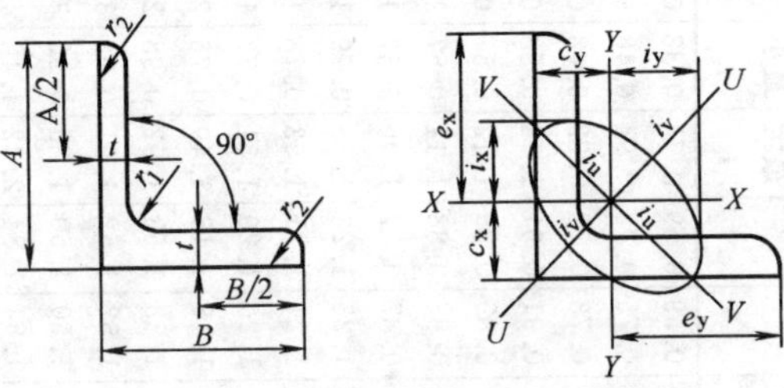

图 3-24 不锈钢热轧等边角钢

(2) 不锈钢热轧等边角钢截面尺寸，理论重量、截面特性，见表 3-57。

二、铝合金型材

(一) 铝合金角型材的规格及理论重量

1. 直角等边角型材的规格及理论重量

(1) 直角等边角型材截面图，如图 3-25 所示。

(2) 直角等边角型材的规格及理论重量，见表 3-58。

2. 直角等边等厚角型材规格及理论重量

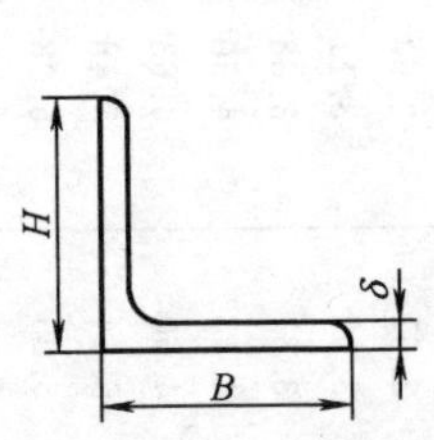

图 3-25 直角等边角型材

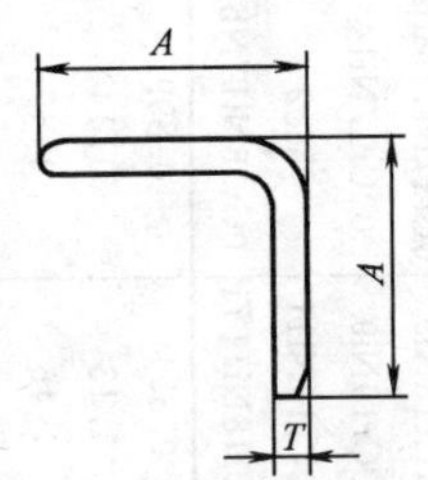

图 3-26 直角等边等厚角型材

(1) 直角等边等厚角型材截面图，如图 3-26 所示。

(2) 直角等边等厚角型材规格及理论重量，见表 3-59。

3. 直角不等边角型材规格及理论重量

(1) 直角不等边角型材截面图，如图 3-27 所示。

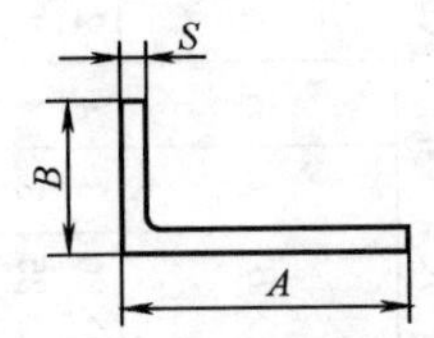

图 3-27 直角不等边角型材

不锈钢热轧等边角钢截面尺寸、理论重量、截面特性

表 3-57

尺寸 (mm)					理论重量(kg/m)			参考数值											
								重心位置 (cm)		截面惯性矩 (cm^4)				截面惯性半径 (cm)				截面模数 (cm^3)	
$A \times B$	t	r_1	r_2	截面面积 a (cm^2)	1Cr18Ni9 0Cr19Ni9 00Cr19Ni11 0Cr18Ni11Ti	0Cr17Ni12Mo2 00Cr17Ni14Mo2 0Cr18Ni11Nb	1Cr17	C_x	C_y	I_x	I_y	最大 I_u	最小 I_v	i_x	i_y	最大 i_u	最小 i_v	Z_x	Z_y
20×20	3	4	2	1.127	0.894	0.899	0.868	0.60	0.60	0.39	0.39	0.61	0.16	0.59	0.59	0.74	0.38	0.28	0.28
25×25	3	4	2	1.427	1.13	1.14	0.10	0.72	0.72	0.80	0.80	1.26	0.33	0.75	0.75	0.94	0.48	0.45	0.45
25×25	4	4	3	1.836	1.46	1.47	1.41	0.79	0.79	0.98	0.98	1.55	0.42	0.73	0.73	0.92	0.48	0.57	0.57
30×30	3	4	2	1.727	1.37	1.38	1.33	0.84	0.84	1.42	1.42	2.26	0.59	0.91	0.91	1.14	0.58	0.66	0.66
30×30	4	4	3	2.236	1.77	1.78	1.72	0.88	0.88	1.77	1.77	2.81	0.74	0.89	0.89	1.12	0.57	0.84	0.84
30×30	5	4	3	2.746	2.18	2.19	2.11	0.92	0.92	2.14	2.14	3.37	0.91	0.88	0.88	1.11	0.57	1.03	1.03
30×30	6	4	4	3.206	2.54	2.56	2.47	0.94	0.94	2.41	2.41	3.79	1.04	0.87	0.87	1.09	0.57	1.17	1.17
40×40	3	4.5	2	2.336	1.85	1.86	1.80	1.09	1.09	3.53	3.53	5.60	1.46	1.23	1.23	1.55	0.79	1.21	1.21
40×40	4	4.5	3	3.045	2.45	2.46	2.38	1.12	1.12	4.46	4.46	7.09	1.84	1.21	1.21	1.53	0.78	1.55	1.55
40×40	5	4.5	3	3.755	2.98	3.00	2.89	1.17	1.17	5.42	5.42	8.59	2.25	1.20	1.20	1.51	0.77	1.91	1.91
40×40	6	4.5	4	4.415	3.61	3.63	3.51	1.20	1.20	6.19	6.19	9.79	2.58	1.18	1.18	1.49	0.76	2.21	2.21
50×50	4	6.5	3	3.892	3.09	3.11	3.00	1.37	1.37	9.06	9.06	14.4	3.76	1.53	1.53	1.92	0.98	2.49	2.49
50×50	5	6.5	3	4.802	3.81	3.83	3.70	1.41	1.41	11.1	11.1	17.5	4.58	1.52	1.52	1.91	0.98	3.08	3.08
50×50	6	6.5	4.5	5.644	4.48	4.50	4.35	1.44	1.44	12.6	12.6	20.0	5.20	1.50	1.50	1.88	0.96	3.55	3.55
60×60	5	6.5	3	6.802	4.60	4.63	4.47	1.66	1.66	19.6	19.6	31.2	8.08	1.84	1.84	2.32	1.18	4.52	4.52
60×60	6	6.5	4	6.862	5.44	5.48	5.28	1.69	1.69	22.8	22.8	36.1	9.40	1.82	1.82	2.29	1.17	5.29	5.29
65×65	5	8.5	3	6.367	5.05	5.08	4.90	1.77	1.77	25.3	25.3	40.1	10.5	1.99	1.99	2.51	1.28	5.35	5.35
65×65	6	8.5	4	7.527	5.97	6.01	5.80	1.81	1.81	29.4	29.4	46.9	12.2	1.98	1.98	2.49	1.27	6.26	6.26
65×65	7	8.5	5	8.658	6.87	6.91	6.67	1.84	1.84	32.8	32.8	51.6	13.7	1.95	1.95	2.45	1.26	7.04	7.04
65×65	8	8.5	6	9.761	7.74	7.79	7.52	1.88	1.88	36.8	36.8	58.3	15.3	1.94	1.94	2.44	1.25	7.96	7.96

续表

尺寸(mm)					理论重量(kg/m)			参考数值											
								重心位置(cm)		截面惯性矩(cm^4)				截面惯性半径(cm)				截面模数(cm^3)	
$A\times B$	t	r_1	r_2	截面面积 a (cm^2)	1Cr18Ni9 0Cr19Ni9 00Cr19Ni11 0Cr18Ni11Ti	0Cr17Ni12Mo2 00Cr17Ni14Mo2 0Cr18Ni11Nb	1Cr17	C_x	C_y	I_x	I_y	最大 I_u	最小 I_v	i_x	i_y	最大 i_u	最小 i_v	Z_x	Z_y
70×70	6	8.5	4	8.127	6.44	6.49	6.26	1.93	1.93	37.1	37.1	58.9	15.3	2.14	2.14	2.69	1.37	7.33	7.33
70×70	7	8.5	5	9.358	7.42	7.47	7.21	1.97	1.97	41.5	41.5	65.7	17.3	2.11	2.11	2.65	1.36	8.25	8.25
70×70	8	8.5	6	10.56	8.37	8.43	8.13	2.01	2.01	46.6	46.6	74.0	19.3	2.10	2.10	2.65	1.35	9.34	9.34
75×75	6	8.5	4	8.727	6.92	6.96	6.72	2.06	2.06	46.1	46.1	73.2	19.0	2.30	2.30	2.90	1.48	8.47	8.47
75×75	7	8.5	5	10.06	7.98	8.03	7.75	2.09	2.09	51.7	51.7	81.9	21.5	2.27	2.27	2.85	1.46	9.56	9.56
75×75	8	8.5	6	11.36	9.01	9.07	8.75	2.13	2.13	58.1	58.1	92.2	23.9	2.26	2.26	2.85	1.45	10.8	1.08
75×75	9	8.5	6	12.69	10.1	10.1	9.77	2.17	2.17	64.4	64.4	102	26.7	2.25	2.25	2.84	1.45	12.1	12.1
80×80	6	8.5	4	9.327	7.40	7.44	7.18	2.18	2.18	56.4	56.4	89.6	23.2	2.46	2.46	3.10	1.58	9.70	9.70
80×80	7	8.5	5	10.76	8.53	8.59	8.29	2.22	2.22	62.7	62.7	102	23.3	2.41	2.41	3.07	1.47	10.8	10.8
80×80	8	8.5	6	12.16	9.64	9.70	9.36	2.25	2.25	71.2	71.2	113	29.3	2.42	2.42	3.05	1.55	12.4	12.4
80×80	9	8.5	6	13.59	10.8	10.8	10.5	2.30	2.30	79.2	79.2	126	32.7	2.41	2.41	3.04	1.55	13.9	13.9
90×90	8	10	6	13.82	11.0	11.0	10.9	2.50	2.50	102	102	165	39.7	2.72	2.72	3.46	1.69	15.7	15.7
90×90	9	10	6	15.45	12.3	12.3	11.6	2.54	2.54	114	114	183	44.4	2.72	2.72	3.44	1.70	17.6	17.6
90×90	10	10	7	17.00	13.5	13.6	13.1	2.57	2.57	125	125	199	51.7	2.71	2.71	3.42	1.74	19.5	19.5
100×100	8	10	6	15.42	12.2	12.3	11.9	2.75	2.75	145	145	230	59.3	3.07	3.07	3.86	1.96	20.0	20.0
100×100	9	10	6	17.25	13.7	13.8	13.3	2.79	2.79	160	160	255	65.3	3.04	3.04	3.85	1.95	22.2	22.2
100×100	10	10	7	19.00	15.1	15.2	14.6	2.82	2.82	175	175	278	72.0	3.05	3.05	3.83	1.95	24.4	24.4

注：1. 角钢的标准长度规定为 4m、5m（设计时尽可能不用）、6m，允许偏差为$^{+0.40}_{0}$mm。

2. 截面惯性矩 $I=ai^2$，截面惯性半径 $i=\sqrt{I/a}$；截面模数 $Z=I/e$。

直角角型材 XC_{111} 的规格及理论重量　　表 3-58

序号	主要尺寸(mm)		截面面积(cm^2)	理论重量(kg/m)	序号	主要尺寸(mm)		截面面积(cm^2)	理论重量(kg/m)
	$H=B$	δ				$H=B$	δ		
1	12	1	0.234	0.065	37	30	2	1.164	0.324
2	12	2	0.440	0.122	38	30	2.5	1.438	0.400
3	12.5	1.6	0.377	0.105	39	30	3	1.720	0.478
4	15	1	0.294	0.082	40	30	4	2.240	0.623
5	15	1.2	0.353	0.098	41	32	2.4	1.494	0.415
6	15	1.5	0.434	0.121	42	32	3.2	1.957	0.544
7	15	2	0.564	0.157	43	32	3.5	2.131	0.592
8	15	3	0.820	0.228	44	32	6.5	3.728	1.036
9	16	1.6	0.429	0.119	45	35	3	2.005	0.557
10	16	2.4	0.726	0.202	46	38	4	2.657	0.739
11	18	1.5	0.524	0.146	47	38	2.4	1.773	0.493
12	18	2	0.684	0.190	48	38.3	3.5	2.562	0.712
13	19	1.6	0.585	0.163	49	38.3	5	3.590	0.998
14	19	2.4	0.861	0.239	50	38.3	6.3	4.444	1.235
15	19	3.2	1.125	0.313	51	40	2	1.564	0.435
16	20	1	0.397	0.110	52	40	2.5	1.944	0.540
17	20	1.2	0.473	0.131	53	40	3	2.320	0.645
18	20	1.5	0.584	0.162	54	40	3.5	2.671	0.743
19	20	2	0.764	0.212	55	40	3.5	2.694	0.749
20	20	3	1.140	0.317	56	40	4	3.057	0.850
21	20	4	1.475	0.410	57	40	5	3.750	1.043
22	20.5	1.6	0.633	0.176	58	45	4	3.457	0.961
23	23	2	0.880	0.245	59	45	5	4.277	1.189
24	25	1.2	0.597	0.166	60	50	3	2.920	0.812
25	25	1.5	0.734	0.204	61	50	4	3.857	1.072
26	25	1.6	0.777	0.216	62	50	5	4.777	1.328
27	25	2	0.964	0.268	63	50	6	5.655	1.572
28	25	2.5	1.189	0.331	64	50	6.5	6.110	1.699
29	25	3	1.410	0.392	65	50	12	10.600	2.947
30	25	3.2	1.509	0.420	66	60	5	5.777	1.606
31	25	3.5	1.641	0.456	67	60	6	6.855	1.906
32	25	4	1.857	0.516	68	75	7	10.010	2.783
33	25	5	2.242	0.623	69	75	8	11.360	3.158
34	27	2	1.041	0.289	70	75	10	14.000	3.892
35	27	2	1.090	0.303	71	90	5	8.750	2.433
36	30	1.5	0.884	0.246	72	90	8	13.760	3.825

注：1. 表内理论重量均按 LY12 合金相对密度（2.78）进行计算，其他材料的相对密度及换算系数如下：L1～L7(2.71)—0.975，LF2(2.68)—0.964，LF11(2.65)—0.953，LF21(2.73)—0.982，LD2(2.70)—0.971，LY11(2.80)—1.007，LY12(2.78)—1.000；

直角等边等厚角型材规格及理论重量　　表 3-59

规格		重量 (kg/m)	规格		重量 (kg/m)
A	T		A	T	
20	2	0.2052	20	3	0.297

(2) 直角不等边角型材规格及理论重量，见表 3-60。

直角不等边角型材规格及理论重量　　表 3-60

边长		厚度 s	质量 (kg/m)	边长		厚度 s	质量 (kg/m)
A	B			A	B		
15	12	1	0.07	32	13	1.2	0.142
16	10	1	0.07	35	19	2.5	0.348
16	10	1.2	0.08	38	12	1.2	0.158
17	12	0.8	0.061	38	13	1.2	0.162
18	12	0.95	0.095	38	18	3	0.429
18	12	1	0.08	38	19	1.2	0.181
18	12	1.2	0.16	38	19	2.5	0.385
19	12	0.8	0.065	38	19	2.8	0.41
19	12.7	1.2	0.097	38	19	3	0.437
19	13	1.2	0.1	38	19.05	3	0.446
21	19	1	0.105	38	20	2.7	0.4
22.23	12.7	2	0.18	38	21	4.5	0.675
24.8	12.7	2.6	0.25	38	24	3.2	
25	12	1	0.93	38.1	19.05	2.8	0.41
25	13	1.2	0.1198	38.1	19.05	3	0.439
25	19	1.2	0.139	38.1	25.4	1	0.194
30	12	1	0.111	38.1	25.4	3	0.490
30	18	3	0.367	40	20	2.5	0.388
30	20	2	0.261	40	20	3	0.461
30	20	2.7	0.345	45	18	8	1.21
30	20	2.8	0.36	50	13	1.2	0.201
30	20	3	0.382	50	28	1.95	0.385
30	22	2	0.270	50.8	25.4	1.2	0.244
30	22	2.5	0.334	50.8	25.4	1.4	0.284
30	22	2.6	0.35	63.5	25.4	1.4	0.332
30	22	3	0.4	76.2	12.7	1	0.24
31.8	25.4	3	0.437	76.2	12.7	1.2	0.289

4. 余角不等边角型材规格及理论重量

(1) 余角不等边角型材截面图，如图 3-28 所示。

（2）余角不等边角型材规格及理论重量，见表 3-61。

余角不等边角型材规格及理论重量　　表 3-61

规格				重量 (kg/m)	规格				重量 (kg/m)
A	*B*	*T*	4		*A*	*B*	*T*	4	
40	20	3	95°42′	0.462	33	16	3	97°	

5. 铝合金直丁字型材的规格及理论重量

（1）直丁字型材的截面图，如图 3-29 所示。

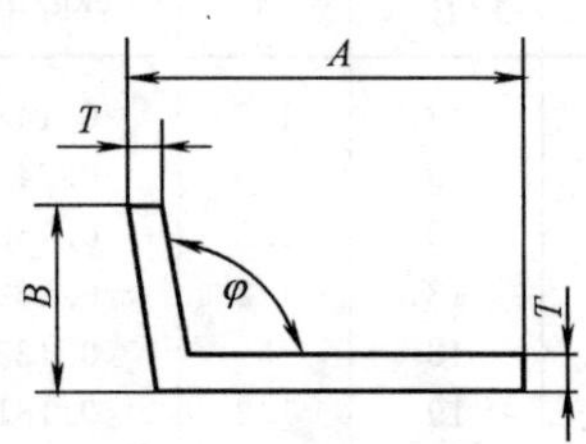

图 3-28　余角不等边角型材

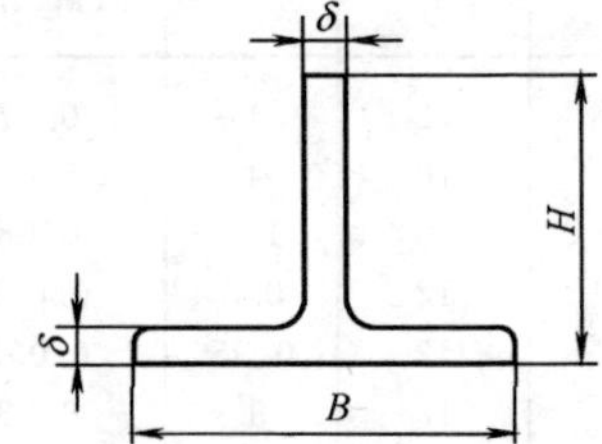

图 3-29　直丁字型材

（2）直丁字型材的规格及理论重量，见表 3-62。

直丁字型材 XC_{111} 的规格及理论重量　　表 3-62

序号	主要尺寸(mm)			截面面积 (cm^2)	理论重量 (kg/m)
	H	*B*	δ		
1	15	25	1	0.405	0.113
2	19	50	2	1.378	0.383
3	20	20	2	0.760	0.211
4	20	30	1.5	0.740	0.206
5	20	35	2	1.060	0.295
6	20	37	2	1.117	0.311
7	20	42	2	1.200	0.334
8	20	42	2	1.240	0.345
9	20	45	3	1.860	0.517
10	20	90	2	2.160	0.600
11	21	53	1.8	1.300	0.361
12	22	48	1.4	0.960	0.267
13	25	29	1.6	0.847	0.235
14	25	35	1.5	0.890	0.247
15	25	38	2.5	1.510	0.420
16	25	40	2	1.280	0.356

续表

序　号	主要尺寸(mm)			截面面积 (cm^2)	理论重量 (kg/m)
	H	B	δ		
17	25	45	2.5	1.726	0.480
18	25	45	3	2.019	0.561
19	25	45	4	2.708	0.753
20	25	48	1.4	1.012	0.288
21	25	48	1.5	1.082	0.301
22	25	50	2	1.499	0.417
23	25	50	2.5	1.851	0.515
24	26	38	2.5	1.554	0.432
25	27	70	2	1.920	0.534
26	29	38	1.6	1.055	0.293
27	29	58	2.5	2.180	0.606
28	29	58	3.5	2.991	0.831
29	30	40	1.5	1.040	0.289
30	30	40	2	1.370	0.381
31	30	45	3	2.150	0.597
32	30	56	4	3.280	0.912
33	30	68	6.5	6.100	1.696
34	32	45	3	2.259	0.628
35	32	48	2.4	1.874	0.521
36	32	50	3	2.423	0.674
37	35	32	1.5	1.000	0.278
38	35	35	4	2.713	0.754
39	35	40	2	1.468	0.408
40	37	42	2	1.500	0.417
41	38	44	5	3.910	1.087
42	38	50	3.5	3.026	0.841
43	38	50	4.8	3.990	1.109
44	39	75	5	5.510	1.532
45	40	36	5	3.350	0.931
46	40	45	3	2.479	0.689
47	40	45	4	3.274	0.910
48	40	68	3	3.300	0.917
49	40	30	6	9.840	2.736
50	42	64	4	4.100	1.140
51	45	40	2.2	1.860	0.517
52	50	70	4	4.640	1.300
53	51	51	2.4	2.443	0.679

续表

序号	主要尺寸(mm)			截面面积 (cm²)	理论重量 (kg/m)
	H	B	δ		
54	54	50	3	3.040	0.845
55	54	68	3	3.608	1.003
56	64	50	5	5.781	1.607
57	68	50	2	2.320	0.645
58	70	37	2	2.100	0.584
59	70	55	2	2.460	0.684
60	74	66	6	8.080	2.246
61	75	40	3	3.400	0.945
62	80	50	2	2.560	0.712
63	80	60	3	4.110	1.143
64	83	50	3	3.953	1.099
65	90	77	10	15.700	4.365

（二）铝合金槽形型材的规格及理论重量

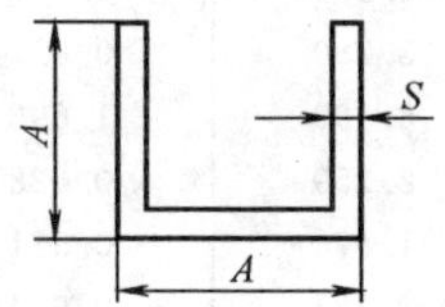

图 3-30　等边槽形型材

1. 等边槽形型材的规格及理论重量

(1) 等边槽形型材截面图，如图 3-30 所示。

(2) 等边槽形型材的规格及理论重量，见表 3-63。

等边槽形型材的规格及理论重量　　表 3-63

边长 A	厚度 s	质量 (kg/m)	边长 A	厚度 s	质量 (kg/m)
9.5	1	0.071	13	1.6	0.156
9.53	1	0.073	15	1	0.116
10	0.8	0.061	15	1.2	0.138
10	0.95	0.072	15.87	1	0.12
10	1	0.076	16	1	0.124
10	1.2	0.089	16	1.2	0.1483
12	0.8	0.074	19	1	0.148
12	0.95	0.087	19	1.2	0.1776
12	1	0.092	19.05	1	0.15
12	1.2	0.109	25	1	0.197
12.5	1	0.096	25	1.2	0.235
12.7	1	0.097	25	5	0.904

2. 不等边槽形型材规格及理论重量

（1）不等边槽形型材截面图，如图 3-31 所示。

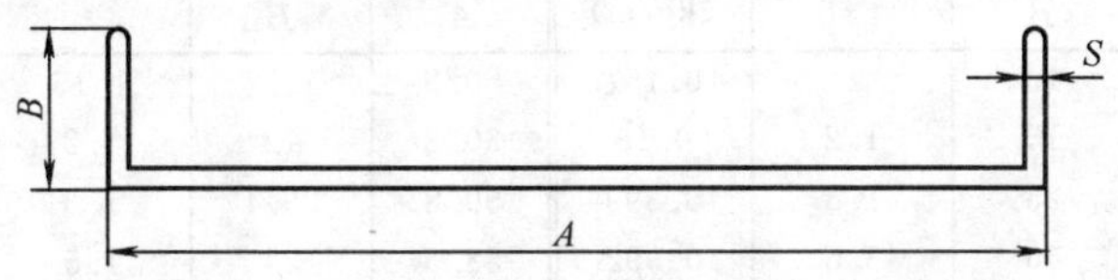

图 3-31 不等边槽形型材

（2）不等边槽形型材规格及理论重量，见表 3-64。

不等边槽形型材规格及理论重量 表 3-64

边	长	厚度	质量	边	长	厚度	质量
A	B	s	(kg/m)	A	B	s	(kg/m)
5	8	1	0.0513	19	12.7	1.5	0.168
7.2	15	1	0.095	19	12.7	1.6	0.178
7.6	15	0.95	0.092	19	12.7	2	0.218
7.6	15	1	0.096	19	13	1	0.116
7.6	15	1.2	0.1145	19	13	1.2	0.138
7.7	13.1	1	0.086	19	13	1.8	0.203
9	5	1	0.046	19.05	12.7	1	0.109
9.5	6	0.8	0.043	19.05	12.7	1.35	0.152
9.5	106	1.2	0.064	19.05	12.7	1.7	0.19
12.7	9.5	1	0.09	20	15	1.3	0.172
12.7	101.6	1.3	0.44	20	18.5	1.5	0.219
13	34	3.5	0.717	21	28	4	0.797
15	7	1.2	0.09	22	12	1	0.119
15	8	1	0.0783	22	12	1.2	0.141
15	8	1.2	0.086	22	12.7	1	0.125
15	10	1	0.089	22	13	1	0.12
15	12	1	0.100	22.23	12.7	1.2	0.15
15	12	1.2	0.119	25	12	1	0.127
16	13	1.2	0.1288	25	12	1.2	0.151
18	7	1.2	0.1323	25	13	1	0.132
18	10	2		25	13	1.2	0.158
19	10	2	0.21	25	13	2.4	0.315
19	12	1	0.111	28	15	1.2	0.181
19	12	1.2	0.132	30	15	1.5	0.242
19	12.7	1.3	0.116	32	12	1	0.146
19	12.7	1.4	0.157	32	12	1.2	0.174

续表

边长		厚度	质量	边长		厚度	质量
A	B	s	(kg/m)	A	B	s	(kg/m)
32	13	1	0.151	50.8	12.7	1.15	0.229
32	13	1.2	0.18	50.8	13	1.2	0.24
32	25	1.8	0.399	50.8	25.4	1.2	0.323
32	40	3.5	0.992	53.5	24	1.5	0.387
35	20	2.5	0.492	53.5	41.5	1.5	0.57
35	30	2	0.50	55	25	5	1.340
35	30	2	0.510	60	13	1.2	0.271
38	12	1	0.162	60	25	4	1.148
38	12	1.2	0.193	70	13	1.2	0.303
38	13	1	0.17	70	25	3	0.959
38	13	1.2	0.2	76.2	12.7	1.2	0.321
38	50	5	1.824	76.2	25.4	1.4	0.47
40	25	2.3～1.4	0.5	78	16	1.2	0.342
40	30	3.5	0.904	80	13	0.85	0.24
40	32	3	1.00	80	13	1.2	0.337
40	50	4	1.468	80	20	1.2	0.385
40	32	3.5	1.00	80	30	4.5	1.671
42	12	1.2	0.206	100	13	0.85	0.286
43.5	12	1.1	0.185	100	13	0.95	0.318
44	13	1.2	0.219	100	13	1.2	0.401
45	20	3	0.659	100	13	1.3	0.432
50	12	1.2	0.232	100	20	1.2	0.446
50	13	1.2	0.239	100	20	1.3	0.484
50	13	1.5	0.296	101	12.7	1.3	0.437
50	20	4	0.925	128	40	9	4.754

3. 铝合金开口方规格及理论重量

(1) 铝合金开口方截面图，如图 3-32 所示。

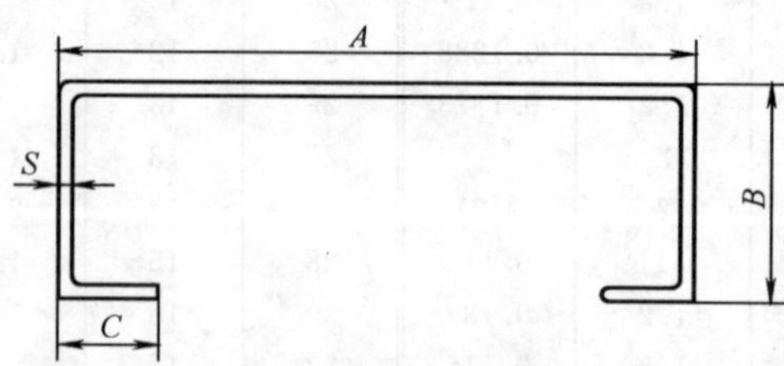

图 3-32　铝合金开口方

（2）铝合金开口方规格及理论重量，见表3-65。

铝合金开口方规格及理论重量　　　　表 3-65

边长			厚度	质量
A	*B*	*C*	*s*	(kg/m)
32	40	8	3	0.991
38	25	5	1.2	0.303
50.8	25.4		1.2	0.426
75	25	10	1.4	0.5288
76	44	15	1.1	0.557
76	44	15	1.5	0.761
76.2	44.5		1.2	0.632
76.2	44.5	15.5	1.3	0.67
76.2	44.5	15.5	1.5	0.772
76.6	44.5	15.5	1.5	0.779
80	40	10	1.4	0.6617
80	40	15	1.1	0.545
80	40	15	1.5	0.745
100	25	15	1.1	0.521
100	25	10	1.4	0.6237
100	25	12	1.1	0.517
100	25	12	1.5	0.68
100	44		1.1	0.594
101.6	25	15.5	1.3	0.63
101.6	25.4		1.2	0.591
101.6	25.4		1.5	0.722
101.6	25.4	12.7	1.8	0.82
101.6	38.1		1.5	0.824
101.6	44.5		1.2	0.715
101.6	44.5	15.5	1.3	0.76
101.6	44.5		1.5	0.875

（三）等边等壁乁字、工字、内圆弧工字型材规格及理论重量

1. 等边等壁乁字型材的规格及理论重量。

（1）等边等壁乁字型材的截面图，如图3-33所示。

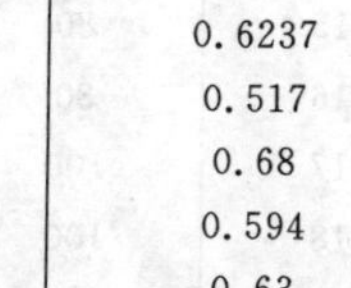

图 3-33　等边等壁乁字型材截面图

（2）等边等壁乁字型材的规格及理论重量，见表3-66。

等边等壁乚字型材 XC_{411} 的规格及理论重量　　表 3-66

序　号	主要尺寸(mm)			截面面积	理论重量
	H	B	δ	(cm^2)	(kg/m)
1	12.7	15.9	1.6	0.688	0.191
2	20	15	1.2	0.587	0.163
3	20	15	1.5	0.721	0.200
4	25	18	1.5	0.885	0.246
5	25	23	3.5	2.267	0.630
6	31	25	2.5	1.900	0.528
7	32	14	1.9	1.090	0.303
8	34	25	3.5	2.764	0.768
9	36	26	2.5	2.075	0.577
10	36	31.5	3.2	2.960	0.823
11	38	25	3	2.613	0.726
12	44	25	4	3.600	1.001
13	50	19	2.5	2.102	0.584
14	80	30	3	4.020	1.118
15	80	35	4	5.680	1.579
16	80	40	4	6.080	1.690
17	100	30	3	4.020	1.284
18	100	35	4	6.480	1.801
19	100	40	4	6.880	1.913

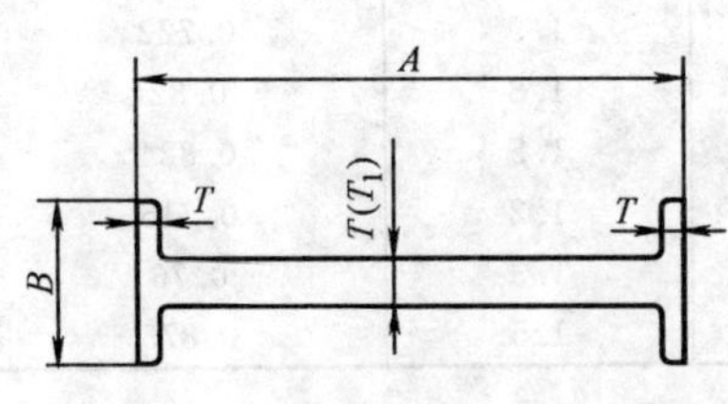

图 3-34　等边等壁工字型材

2. 等边等壁工字型材的规格及理论重量

（1）等边等壁工字型材的截面图，如图 3-34 所示。

（2）等边等壁工字型材的规格及理论重量，见表 3-67。

等边等壁工字型材的规格及理论重量　　表 3-67

规　　格				质量
A	B	T	T_1	(kg/m)
62	15	2	1.2	0.35
60	15	2	1.8	0.464
35	20	1.5		0.304

续表

规格				质量 (kg/m)
A	B	T	T_1	
16.7	10	5	4	0.367
23	38	1.2		0.327
26	34.5	3.5		0.878
57	48	8		3.058
68	38	2.5		0.976
86	60	6		3.225

3. 等边等壁内圆弧工字型材的规格及理论重量

(1) 等边等壁内圆弧工字型材截面图，如图 3-35 所示。

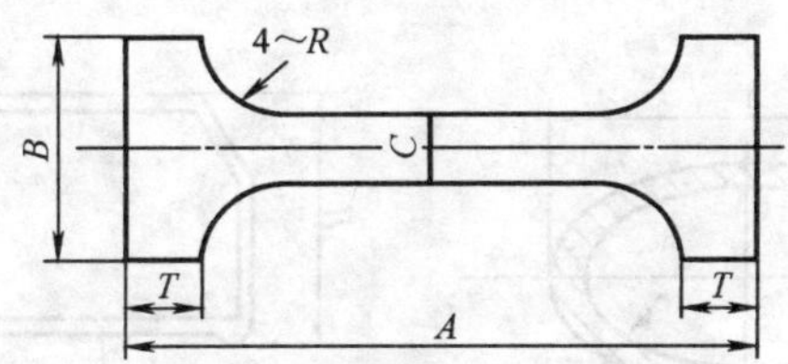

图 3-35 等边等壁内圆弧工字型材

(2) 等边等壁内圆弧工字型材的规格及理论重量，见表 3-68。

等边等壁内圆弧工字型的规格及理论重量 表 3-68

规格					质量 (kg/m)
A	B	C	T	R	
40	18	6	A	6	0.96
19.2	18	5	3.5	4	0.54
35	30	2	2.5	2	0.573

(四) 铝合金管材

1. 铝合金冷拉滴形管的规格及理论重量

(1) 冷拉滴形管截面图，如图 3-36 所示。

(2) 冷拉滴形管的规格及理论重量，见表 3-69。

2. 铝合金塔形管

(1) 铝合金塔形管截面图，如图 3-37 所示。

冷拉滴形管的规格及理论重量　　表 3-69

A	B	S	A	B	S
27	11.5	1	67.5	28.5	2
33.5	14.5	1	74	31.5	1.5
40.5	17	1	74	31.5	2
40.5	17	1.5	81	34	2
47	20	1	81	34	2.5
47	20	1.5	87.5	37	2
54	23	1.5	87.5	37	2.5
54	23	2	94.5	40	2.5
60.5	25.5	1.5	101	43	2.5
60.5	25.5	2	108	45.5	2.5
67.5	28.5	1.5	114.5	48.5	2.5

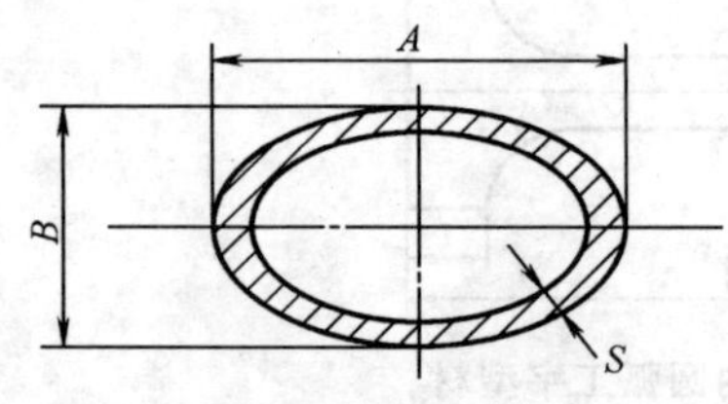

图 3-36　冷拉滴形管

图 3-37　铝合金塔形管

(2) 铝合金塔形管的规格及理论重量，见表 3-70。

铝合金塔形管的规格及理论重量　　表 3-70

B	H	T	重量(kg/m)	B	H	T	重量(kg/m)
50	26	1.2	0.466	37	14	1.2	0.320
45	22	1.2	0.411	60	34.6	1.3	0.610
41	18	1.2	0.370	55	30.4	1.3	0.548

3. 铝合金冷拉正方形管的规格及理论重量

(1) 铝合金冷拉正方形管截面图，如图 3-38 所示。

(2) 铝合金冷拉正方形管的规格及理论重量，见表 3-71。

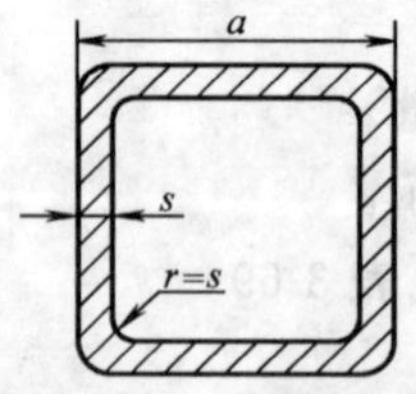

图 3-38　铝合金冷拉正方形管

铝及铝合金冷拉正方形管的规格(mm)　　　表 3-71

公称边长 a	壁厚 s	公称边长 a	壁厚 s
10	1.0～1.5	36	1.5～4.5
12	1.0～1.5	40	1.5～4.5
14	1.0～2.0	42	1.5～5.0
16	1.0～2.0	45	1.5～5.0
18	1.0～2.5	50	1.5～5.0
20	1.0～2.5	55	2.0～5.0
22	1.5～3.0	60	2.0～5.0
25	1.5～3.0	65	2.0～5.0
28	1.5～4.5	70	2.0～5.0
32	1.5～4.5		

注：壁厚 s 尺寸系列为 1.0，1.5，2.0，2.5，3.0，4.5，5.0mm。

4. 铝合金非标准正方形管的规格及理论重量

(1) 铝合金非标准正方形管的截面图，如图 3-39 所示。

(2) 铝合金非标准正方形管的规格及理论重量，见表 3-72。

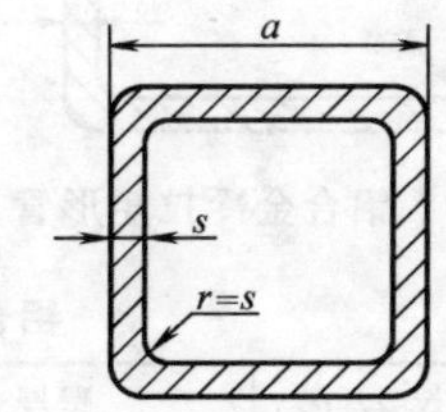

图 3-39　铝合金非标准正方形管

铝合金非标准正方形管的规格及理论重量　　　表 3-72

边长 a	厚度 s	质量 (kg/m)	边长 a	厚度 s	质量 (kg/m)
10	1.2	0.114	20.5	0.9	0.186
12.5	0.9	0.12	25	0.8	0.250
12.7	1	0.13	25	0.9	0.234
15.8	0.9	0.134	25	1	0.26
16	0.9	0.147	25	1.1	0.284
16	1	0.150	25	1.2	0.308
16	1.2	0.162	25.4	1	0.264
19	1	0.20	25.4	1.2	0.331
19	1.2	0.231	38	1.2	0.477
19.05	1	0.203	38	1.4	0.553
20	0.8	0.16	38.1	1.2	0.480
20	0.9	0.180	38.1	1.4	0.555
20	1	0.205	40	4.7	1.790
20	1.1	0.225	44.45	1.4	0.653
20	1.2	0.244	45.45	1.2	0.573

续表

边长 a	厚度 s	质量 (kg/m)	边长 a	厚度 s	质量 (kg/m)
50	1.1	0.581	100	1.8	2.02
50	1.3	0.68	100	2	2.124
50.8	1.2	0.643	100	3	3.14
50.8	1.4	0.75	101.6	2	2.10
76.2	2	1.65	101.6	3	3.195
100	1.4	1.491	101.6		3.25
100	1.6	1.700			

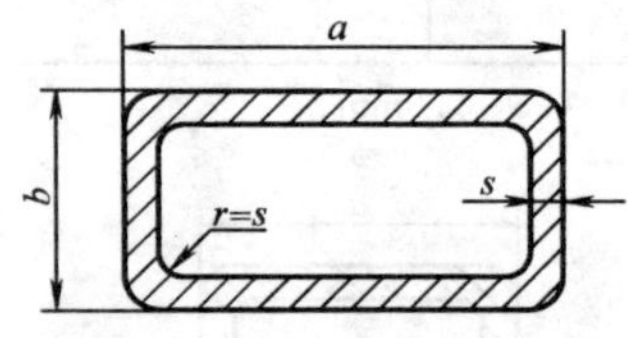

图 3-40 铝合金冷拉矩形管

5. 铝合金冷拉矩形管规格

(1) 铝合金冷拉矩形管截面图，如图 3-40 所示。

(2) 铝合金冷拉矩形管规格，见表 3-73。

铝合金冷拉矩形管规格 **表 3-73**

公称边长 $a \times b$	壁厚 s	公称边长 $a \times b$	壁厚 s
14×10	1.0～2.0	32×25	1.0～5.0
16×12	1.0～2.0	36×20	1.0～5.0
18×10	1.0～2.0	36×28	1.0～5.0
18×14	1.0～2.5	40×25	1.5～5.0
20×12	1.0～2.5	40×30	1.5～5.0
22×14	1.0～2.5	45×30	1.5～5.0
25×25	1.0～3.0	50×30	1.5～5.0
28×16	1.0～3.0	55×40	1.5～5.0
28×22	1.0～4.0	60×40	2.0～5.0
32×18	1.0～4.0	70×50	2.0～5.0

注：壁厚 s 尺寸系列为 1.0，1.5，2.0，2.5，3.0，4.0，5.0 (mm)。

6. 铝合金非标准矩形管的规格及理论重量

(1) 铝合金非标准矩形管截面图，如图 3-41 所示。

(2) 铝合金非标准矩形管的规格及理论重量，见表 3-74。

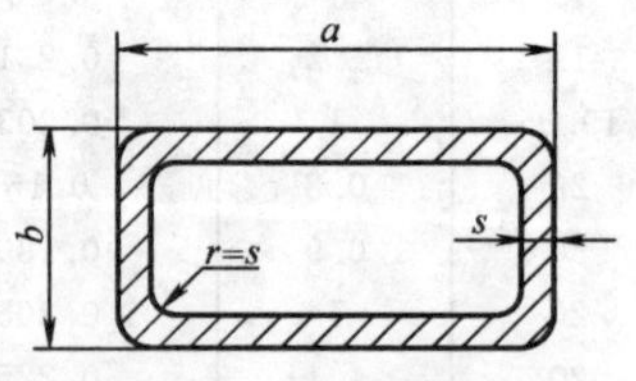

图 3-41 铝合金非标准矩形管

铝合金非标准矩形管的规格及理论重量　　表 3-74

边长 $a\times b$	厚度 s	质量 (kg/m)	边长 $a\times b$	厚度 s	质量 (kg/m)
15×10	1	0.127	76×25	1	0.535
20×15	2	0.335	76×25	1.1	0.587
25×12	1	0.20	76×25	1.2	0.639
25×12	1.2	0.225	76×44	1	0.637
25×12.7	0.9	0.175	76×44	1.1	0.700
25.1×12.7	1.1	0.210	76×44	1.2	0.762
25.4×12.7	1	0.199	76×44	1.4	0.886
25.4×12.7	1.1	0.213	76.2×25.4	1	0.55
25.4×19.5	1	0.247	76.2×25.4	1.2	0.643
32×19	1.2	0.316	76.2×25.4	1.4	0.719
38×25	0.9	0.32	76.2×38.1	1.3	0.784
38×25	1	0.329	76.2×44.45	1	0.641
38×25	1.2	0.393	76.2×44.45	1.2	0.766
38×25	1.4	0.456	76.2×44.45	1.3	0.829
38×25.4	1	0.33	76.2×44.45	1.4	0.893
38.1×25.4	1	0.332	76.5×44.2	1.2	0.767
38.1×25.4	1.2	0.398	80×40	1.1	0.700
40×25	1.1	0.373	80×40	1.2	0.762
40.3×16	1.2	0.349	80×40	1.4	0.886
50×25	0.9	0.556	80×40	1.6	1.01
50×25	1	0.394	80×40	1.8	1.13
50×25	1.2	0.470	90×25	1.4	0.848
50×25	1.4	0.545	90×25.4	1.2	0.74
50×38	1.2	0.555	90×25.4	1.8	1.090
50.8×25.4	1	0.412	93×25	1	0.626
50.8×25.4	1.2	0.48	93×25	1.1	0.688
50.8×38.1	1.1	0.524	93×25	1.2	0.749
50.8×38.1	1.4	0.653	94×25	1.4	0.898
63.5×25.4	1.2	0.563	95×23	1.2	0.749
64.5×34.2	1.5	0.775	100×25	1	0.664
65×60	2.5	1.28	100×25	1.1	0.729
70×44	1	0.9	100×25	1.2	0.794
70×44	1.4	0.84	100×25	1.6	1.01
70×44	1.5	0.899	100×40	1.4	1.037
75×25	1	0.54	100×40	1.8	1.326
75×25	1.2	0.68	100×44	1	0.767
75×25	1.4	0.735	100×44	1.1	0.842

续表

边长 $a\times b$	厚度 s	质量 (kg/m)	边长 $a\times b$	厚度 s	质量 (kg/m)
100×44	1.2	0.918	101.6×44.2	1.2	0.929
100×44	1.3	0.993	101.6×44.45	0.9	0.778
100×44	1.4	1.067	101.6×44.45	1.3	1.001
100×44	1.5	1.16	101.6×44.45	1.4	1.084
100×44	1.8	1.365	101.6×44.45	1.8	1.385
100×100	1.5	1.6	101.6×44.45	2.3	1.758
101×25	1.2	0.87	101.6×44.45	2.8	2.125
101×25	1.4	0.931	101.6×44.45	3	2.385
101×25	1.6	1.06	108×56	1.5	1.304
101×25	1.8	1.19	120×50	1.8	1.62
101.6×25.4	1	0.675	152.4×38.1	1.8	1.82
101.6×25.4	1.2	0.807	160×50	3.5	3.837
101.6×25.4	1.4	0.941	180×70	6.5	8.338

7. 铝合金挤制厚壁圆管

铝合金挤制厚壁圆管的规格及理论重量，见表 3-75。

铝及铝合金挤制厚壁圆管 **表 3-75**

外径 (mm)	壁厚 (mm)	理论重量 (kg/m)	外径 (mm)	壁厚 (mm)	理论重量 (kg/m)	外径 (mm)	壁厚 (mm)	理论重量 (kg/m)
25	5	0.880	34	10	2.111	40	6	1.794
28	5	1.012	36	5	1.363	40	7	2.023
28	6	1.161	36	6	1.583	40	7.5	2.144
30	5	1.100	36	7	1.786	40	8	2.252
30	6	1.267	36	7.5	1.880	40	9	2.454
30	7	1.416	36	8	1.970	40	10	2.639
32	5	1.188	36	9	2.138	40	12.5	3.024
32	6	1.372	36	10	2.287	42	5	1.627
32	7	1.539	38	5	1.451	42	6	1.900
32	7.5	1.616	38	6	1.689	42	7	2.155
34	5	1.275	38	7	1.909	42	7.5	2.276
34	6	1.478	38	7.5	2.012	42	8	2.393
34	7	1.663	38	8	2.111	42	9	2.613
34	7.5	1.748	38	9	2.296	42	10	2.815
34	8	1.830	38	10	2.463	42	12.5	3.244
34	9	1.979	40	5	1.539	45	5	1.759

续表

外径 (mm)	壁厚 (mm)	理论重量 (kg/m)	外径 (mm)	壁厚 (mm)	理论重量 (kg/m)	外径 (mm)	壁厚 (mm)	理论重量 (kg/m)
45	6	2.058	55	7	2.956	65	7.5	3.793
45	7	2.340	55	7.5	3.134	65	10	4.838
45	7.5	2.474	55	8	3.307	65	12.5	5.773
45	8	2.604	55	9	3.642	65	15	6.597
45	9	2.850	55	10	3.958	65	17.5	7.312
45	10	3.079	55	12.5	4.673	65	20	7.917
45	12.5	3.574	55	15	5.278	70	5	2.859
45	15	3.958	58	5	2.331	70	8	4.363
48	5	1.891	58	6	2.744	70	9	4.829
48	6	2.217	58	7	3.140	70	10	5.278
48	7	2.525	58	7.5	3.332	70	15	7.257
48	7.5	2.672	58	8	3.519	70	20	8.797
48	8	2.815	58	9	3.879	75	7.5	4.453
48	9	3.088	58	10	4.223	75	12.5	6.872
48	10	3.343	58	12.5	5.003	75	15	7.917
48	12.5	3.903	58	15	5.674	75	17.5	8.851
48	15	4.354	60	5	2.419	75	20	9.676
50	5	1.979	60	6	2.850	75	22.5	10.39
50	6	2.322	60	7	3.263	80	8	5.067
50	7	2.648	60	7.5	3.464	80	9	5.621
50	7.5	2.804	60	8	3.659	80	10	6.158
50	8	2.956	60	9	4.038	80	15	8.577
50	9	3.246	60	10	4.398	80	20	10.56
50	10	3.519	60	12.5	5.223	85	7.5	5.113
50	12.5	4.123	60	15	5.938	85	12.5	7.972
50	15	4.618	60	17.5	6.542	85	15	9.236
52	5	2.067	62	5	2.507	85	17.5	10.39
52	6	2.428	62	6	2.956	85	20	11.44
52	7	2.771	62	7	3.387	85	22.5	12.37
52	7.5	2.936	62	7.5	3.596	85	25	13.19
52	8	3.096	62	8	3.800	90	10	7.037
52	9	3.404	62	9	4.196	90	12.5	9.017
52	10	3.695	62	10	4.574	90	15	9.896
52	12.5	4.343	62	12.5	5.443	90	20	12.32
52	15	4.882	62	15	6.202	90	25	14.29
52	5	2.199	62	17.5	6.850	95	7.5	5.773
55	6	2.586	65	5	2.639	95	15	10.56

续表

外径 (mm)	壁厚 (mm)	理论重量 (kg/m)	外径 (mm)	壁厚 (mm)	理论重量 (kg/m)	外径 (mm)	壁厚 (mm)	理论重量 (kg/m)
95	17.5	11.93	115	17.5	15.01	140	12.5	14.57
95	20	13.20	115	22.5	18.31	140	15	16.49
95	22.5	14.35	115	27.5	21.17	140	20	21.11
95	25	15.39	115	32.5	23.59	140	25	25.29
95	27.5	16.33	120	10	9.676	140	30	29.03
100	10	7.917	120	12.5	12.37	145	17.5	19.63
100	12.5	10.17	120	15	13.85	145	22.5	24.25
100	15	11.22	120	20	17.59	145	27.5	28.42
100	20	14.07	120	25	20.89	145	32.5	32.16
100	25	16.49	120	30	23.75	150	20	22.87
100	30	18.74	125	15	14.51	150	25	27.49
105	7.5	6.432	125	17.5	16.55	150	30	31.67
105	15	11.88	125	22.5	20.29	155	22.5	26.22
105	17.5	13.47	125	27.5	23.59	155	27.5	30.84
105	22.5	16.33	125	32.5	26.44	155	32.5	35.02
105	27.5	18.75	130	10	10.56	160	25	29.69
105	30	19.79	130	12.5	13.47	160	30	34.31
105	32.5	20.73	130	15	15.17	165	27.5	33.26
110	10	8.796	130	20	19.35	165	32.5	37.88
110	12.5	11.27	130	25	23.39	170	30	36.95
110	15	12.54	130	30	26.39	175	32.5	40.74
110	20	15.83	135	17.5	18.09	180	30	39.58
110	25	18.69	135	22.5	22.27	185	32.5	43.60
110	30	21.11	135	27.5	26.00			
115	15	13.20	135	32.5	29.30			

注：理论重量按 LY11 铝合金的相对密度 2.8 计算；其他牌号的铝及铝合金，应再乘以下面的理论重量换算系数：工业纯铝—0.968，LF2—0.961，LF3—0.957，LF5—0.950，LF6—0.946，LF21—0.975；LY12—0.966，LD2—0.965，LC4—1.018。

8. 铝合金拉制薄壁圆管

铝合金拉制薄壁圆管的规格及理论重量，见表 3-76。

铝及铝合金拉制薄壁圆管　　表 3-76

外径 (mm)	壁厚 (mm)	理论重量 (kg/m)	外径 (mm)	壁厚 (mm)	理论重量 (kg/m)	外径 (mm)	壁厚 (mm)	理论重量 (kg/m)
6	0.5	0.024	14	0.75	0.087	22	3.0	0.501
6	0.75	0.035	14	1.0	0.114	22	3.5	0.570
6	1.0	0.044	14	1.5	0.165	22	4.0	0.633
7	0.5	0.029	14	2.0	0.211	22	5.0	0.748
7	0.75	0.041	14	2.5	0.253	24	0.5	0.103
7	1.0	0.053	14	3.0	0.290	24	0.75	0.153
7	1.5	0.073	16	0.5	0.068	24	1.0	0.202
8	0.5	0.033	16	0.75	0.101	24	1.5	0.297
8	0.75	0.048	16	1.0	0.132	24	2.0	0.887
8	1.0	0.062	16	1.5	0.191	24	2.5	0.473
8	1.5	0.086	16	2.0	0.246	24	3.0	0.554
8	2.0	0.106	16	2.5	0.297	24	3.5	0.631
9	0.5	0.037	16	3.0	0.343	24	4.0	0.704
9	0.75	0.054	16	3.5	0.385	24	5.0	0.836
9	1.0	0.070	18	0.5	0.077	25	0.5	0.108
9	1.5	0.099	18	0.75	0.114	25	0.75	0.160
9	2.0	0.123	18	1.0	0.150	25	1.0	0.211
10	0.5	0.042	18	1.5	0.218	25	1.5	0.310
10	0.75	0.061	18	2.0	0.281	25	2.0	0.405
10	1.0	0.079	18	2.5	0.341	25	2.5	0.495
10	1.5	0.112	18	3.0	0.396	25	3.0	0.581
10	2.0	0.141	18	3.5	0.446	25	3.5	0.662
10	2.5	0.165	20	0.5	0.086	25	4.0	0.739
11	0.5	0.046	20	0.75	0.127	25	5.0	0.880
11	0.75	0.068	20	1.0	0.167	26	0.75	0.167
11	1.0	0.088	20	1.5	0.244	26	1.0	0.220
11	1.5	0.125	20	2.0	0.317	26	1.5	0.323
11	2.0	0.158	20	2.5	0.385	26	2.0	0.422
11	2.5	0.187	20	3.0	0.449	26	2.5	0.517
12	0.5	0.051	20	3.5	0.508	26	3.0	0.607
12	0.75	0.074	20	4.0	0.563	26	3.5	0.693
12	1.0	0.097	22	0.5	0.095	26	4.0	0.774
12	1.5	0.139	22	0.75	0.140	26	5.0	0.924
12	2.0	0.176	22	1.0	0.185	28	0.75	0.180
12	2.5	0.209	22	1.5	0.270	28	1.0	0.238
12	3.0	0.238	22	2.0	0.352	28	1.5	0.350
14	0.5	0.059	22	2.5	0.429	28	2.0	0.457

续表

外径 (mm)	壁厚 (mm)	理论重量 (kg/m)	外径 (mm)	壁厚 (mm)	理论重量 (kg/m)	外径 (mm)	壁厚 (mm)	理论重量 (kg/m)
28	2.5	0.561	36	3.0	0.871	45	3.5	1.278
28	3.0	0.660	36	3.5	1.000	45	4.0	1.442
28	3.5	0.754	36	4.0	1.126	45	5.0	1.759
28	4.0	0.844	36	5.0	1.363	48	0.75	0.312
28	5.0	1.012	38	0.75	0.246	48	1.0	0.413
30	0.75	0.193	38	1.0	0.325	48	1.5	0.614
30	1.0	0.255	38	1.5	0.482	48	2.0	0.809
30	1.5	0.376	38	2.0	0.633	48	2.5	1.000
30	2.0	0.493	38	2.5	0.780	48	3.0	1.188
30	2.5	0.605	38	3.0	0.924	48	3.5	1.370
30	3.0	0.713	38	3.5	1.062	48	4.0	1.548
30	3.5	0.816	38	4.0	1.196	48	5.0	1.891
30	4.0	0.915	38	5.0	1.451	50	0.75	0.325
30	5.0	1.100	40	0.75	0.259	50	1.0	0.431
32	0.75	0.206	40	1.0	0.343	50	1.5	0.640
32	1.0	0.273	40	1.5	0.508	50	2.0	0.844
32	1.5	0.402	40	2.0	0.669	50	2.5	1.045
32	2.0	0.528	40	2.5	0.825	50	3.0	1.240
32	2.5	0.649	40	3.0	0.976	50	3.5	1.432
32	3.0	0.765	40	3.5	1.124	50	4.0	1.619
32	3.5	0.877	40	4.0	1.267	50	5.0	1.979
32	4.0	0.985	40	5.0	1.539	52	0.75	0.338
32	5.0	1.188	42	0.75	0.272	52	1.0	0.449
34	0.75	0.219	42	1.0	0.361	52	1.5	0.666
34	1.0	0.290	42	1.5	0.534	52	2.0	0.880
34	1.5	0.429	42	2.0	0.704	52	2.5	1.089
34	2.0	0.563	42	2.5	0.869	52	3.0	1.293
34	2.5	0.693	42	3.0	1.029	52	3.5	1.493
34	3.0	0.818	42	3.5	1.185	52	4.0	1.689
34	3.5	0.939	42	4.0	1.337	52	5.0	2.067
34	4.0	1.056	42	5.0	1.627	55	0.75	0.358
34	5.0	1.275	45	0.75	0.292	55	1.0	0.475
36	0.75	0.233	45	1.0	0.387	55	1.5	0.706
36	1.0	0.308	45	1.5	0.547	55	2.0	0.932
36	1.5	0.455	45	2.0	0.756	55	2.5	1.155
36	2.0	0.598	45	2.5	0.935	55	3.0	1.372
36	2.5	0.737	45	3.0	1.108	55	3.5	1.586

续表

外径（mm）	壁厚（mm）	理论重量（kg/m）	外径（mm）	壁厚（mm）	理论重量（kg/m）	外径（mm）	壁厚（mm）	理论重量（kg/m）
55	4.0	1.794	70	2.5	1.484	90	5.0	3.738
55	5.0	2.199	70	3.0	1.768	95	2.0	1.636
58	0.75	0.378	70	3.5	2.047	95	2.5	2.034
58	1.0	0.501	70	4.0	2.322	95	3.0	2.428
58	1.5	0.746	70	5.0	2.859	95	3.5	2.817
58	2.0	0.985	75	1.5	0.970	95	4.0	3.202
58	2.5	1.221	75	2.0	1.284	95	5.0	3.958
58	3.0	1.451	75	2.5	1.594	100	2.5	2.144
58	3.5	1.678	75	3.0	1.900	100	3.0	2.560
58	4.0	1.900	75	3.5	2.201	100	3.5	2.971
58	5.0	2.331	75	4.0	2.498	100	4.0	3.378
60	0.75	0.391	75	5.0	3.079	100	5.0	4.178
60	1.0	0.519	80	2.0	1.372	105	2.5	2.254
60	1.5	0.772	80	2.5	1.704	105	3.0	2.692
60	2.0	1.020	80	3.0	2.032	105	3.5	3.125
60	2.5	1.265	80	3.5	2.355	105	4.0	3.554
60	3.0	1.504	80	4.0	2.674	105	5.0	4.398
60	3.5	1.739	80	5.0	3.299	110	2.5	2.364
60	4.0	1.970	85	2.0	1.460	110	3.0	2.824
60	5.0	2.419	85	2.5	1.814	110	3.5	3.279
65	1.5	0.838	85	3.0	2.164	110	4.0	3.730
65	2.0	1.108	85	3.5	2.509	110	5.0	4.618
65	2.5	1.374	85	4.0	2.850	115	3.0	2.956
65	3.0	1.636	85	5.0	3.519	115	3.5	3.433
65	3.5	1.893	90	2.0	1.548	115	4.0	3.906
65	4.0	2.146	90	2.5	1.924	115	5.0	4.838
65	5.0	2.639	90	3.0	2.296	120	3.5	3.587
70	1.5	0.904	90	3.5	2.663	120	4.0	4.082
70	2.0	1.196	90	4.0	3.026	120	5.0	5.058

注：理论重量计算方法，与铝及铝合金挤制厚壁圆管相同。

三、铜合金型材

（一）铜管

拉制铜管规格、理论重量，见表 3-77。

拉制铜管（YB 448—64）　　表 3-77

外径 (mm)	壁厚 (mm)	理论重量 (kg/m)	外径 (mm)	壁厚 (mm)	理论重量 (kg/m)	外径 (mm)	壁厚 (mm)	理论重量 (kg/m)
3	0.5	0.035	10	1.0	0.252	15	3.0	1.006
3	0.75	0.047	10	1.5	0.356	15	3.5	1.125
4	0.5	0.049	10	2.0	0.447	16	1.0	0.419
4	0.75	0.066	10	2.5	0.524	16	1.5	0.608
4	1.0	0.084	10	3.0	0.587	16	2.0	0.782
5	0.5	0.063	11	1.0	0.280	16	2.5	0.943
5	0.75	0.089	11	1.5	0.398	16	3.0	1.090
5	1.0	0.112	11	2.0	0.503	16	3.5	1.223
5	1.5	0.147	11	2.5	0.594	16	4.0	1.341
6	0.5	0.077	11	3.0	0.671	16	4.5	1.445
6	0.75	0.110	12	0.75	0.236	17	1.0	0.445
6	1.0	0.140	12	1.0	0.307	17	1.5	0.644
6	1.5	0.189	12	1.5	0.440	17	2.0	0.838
6	2.0	0.224	12	2.0	0.559	17	2.5	1.012
7	0.5	0.091	12	2.5	0.664	17	3.0	1.174
7	0.75	0.131	12	3.0	0.755	17	3.5	1.320
7	1.0	0.168	12	3.5	0.832	17	4.0	1.453
7	1.5	0.231	13	1.0	0.335	17	4.5	1.570
7	2.0	0.280	13	1.5	0.482	18	1.0	0.475
8	0.5	0.105	13	2.0	0.612	18	1.5	0.692
8	0.75	0.152	13	2.5	0.734	18	2.0	0.894
8	1.0	0.196	13	3.0	0.838	18	2.5	1.082
8	1.5	0.273	13	3.5	0.929	18	3.0	1.258
8	2.0	0.335	14	1.0	0.363	18	3.5	1.418
8	2.5	0.384	14	1.5	0.524	18	4.0	1.565
9	0.5	0.119	14	2.0	0.671	18	4.5	1.695
9	0.75	0.173	14	2.5	0.803	19	1.0	0.503
9	1.0	0.224	14	3.0	0.922	19	1.5	0.734
9	1.5	0.314	14	3.5	1.027	19	2.0	0.950
9	2.0	0.391	15	1.0	0.391	19	2.5	1.153
9	2.5	0.454	15	1.5	0.566	19	3.0	1.341
10	0.5	0.133	15	2.0	0.727	19	3.5	1.515
10	0.75	0.194	15	2.5	0.873	19	4.0	1.677

续表

外径 (mm)	壁厚 (mm)	理论重量 (kg/m)	外径 (mm)	壁厚 (mm)	理论重量 (kg/m)	外径 (mm)	壁厚 (mm)	理论重量 (kg/m)
19	4.5	1.821	23	4.0	2.124	27	3.5	2.297
20	1.0	0.531	23	4.5	2.326	27	4.0	2.571
20	1.5	0.775	24	1.0	0.643	27	4.5	2.829
20	2.0	1.006	24	1.5	0.943	27	5.0	3.074
20	2.5	1.223	24	2.0	1.230	28	1.0	0.755
20	3.0	1.425	24	2.5	1.502	28	1.5	1.111
20	3.5	1.605	24	3.0	1.761	28	2.0	1.453
20	4.0	1.778	24	3.5	2.005	28	2.5	1.782
20	4.5	1.949	24	4.0	2.236	28	3.0	2.096
20	5.0	2.096	24	4.5	2.453	28	3.5	2.395
21	1.0	0.559	24	5.0	2.655	28	4.0	2.683
21	1.5	0.817	25	1.5	0.983	28	4.5	2.955
21	2.0	1.062	25	2.0	1.286	28	5.0	3.214
21	2.5	1.291	25	2.5	1.572	30	1.0	0.810
21	3.0	1.509	25	3.0	1.844	30	1.5	1.195
21	3.5	1.703	25	3.5	2.102	30	2.0	1.565
21	4.0	1.901	25	4.0	2.348	30	2.5	1.922
21	4.5	2.075	25	4.5	2.578	30	3.0	2.264
22	1.0	0.587	25	5.0	2.795	30	3.5	2.592
22	1.5	0.859	26	1.0	0.699	30	4.0	2.906
22	2.0	1.118	26	1.5	1.072	30	4.5	3.206
22	2.5	1.361	26	2.0	1.341	30	5.0	3.493
22	3.0	1.593	26	2.5	1.642	(31)	1.0	0.8385
22	3.5	1.800	26	3.0	1.928	(31)	1.5	1.236
22	4.0	2.012	26	3.5	2.200	(31)	2.0	1.621
22	4.5	2.201	26	4.0	2.460	(31)	2.5	1.99
22	5.0	2.375	26	4.5	2.704	(31)	3.0	2.347
23	1.0	0.6149	26	5.0	2.934	(31)	3.5	2.696
23	1.5	0.901	27	1.0	0.727	(31)	4.0	3.019
23	2.0	1.174	27	1.5	1.070	(31)	4.5	3.332
23	2.5	1.40	27	2.0	1.398	(31)	5.0	3.634
23	3.0	1.661	27	2.5	1.712	32	1.0	0.866
23	3.5	1.897	27	3.0	2.012	32	1.5	1.278

续表

外径 (mm)	壁厚 (mm)	理论重量 (kg/m)	外径 (mm)	壁厚 (mm)	理论重量 (kg/m)	外径 (mm)	壁厚 (mm)	理论重量 (kg/m)
32	2.0	1.677	38	1.0	1.034	44	6.0	6.373
32	2.5	2.050	38	1.5	1.530	45	1.0	1.230
32	3.0	2.431	38	2.5	2.480	45	1.5	1.823
32	3.5	2.790	38	3.0	2.934	45	2.0	2.403
32	4.0	3.130	38	3.5	3.375	45	2.5	2.969
32	4.5	3.458	38	4.0	3.800	45	3.0	3.521
32	5.0	3.773	38	4.5	4.213	45	3.5	4.059
34	1.0	0.922	38	5.0	4.612	45	4.0	4.584
34	1.5	1.362	40	1.0	1.090	45	4.5	5.094
34	2.0	1.788	40	1.5	1.614	45	5.0	5.589
34	2.5	2.201	40	2.0	2.124	45	6.0	6.540
34	3.0	2.599	40	2.5	2.620	48	1.5	1.949
34	3.5	2.98	40	3.0	3.102	48	2.0	2.571
34	4.0	3.354	40	3.5	3.57	48	2.5	3.180
34	4.5	3.710	40	4.0	4.025	48	3.0	3.772
34	5.0	4.052	40	4.5	4.464	48	3.5	4.353
35	1.0	0.950	40	5.0	4.890	48	4.0	4.918
35	1.5	1.404	42	1.0	1.146	48	4.5	5.471
35	2.5	2.270	42	1.5	1.693	48	5.0	6.008
35	3.0	2.683	42	2.0	2.236	48	6.0	7.043
35	3.5	3.08	42	2.5	2.760	50	1.0	1.369
35	4.0	3.465	42	3.0	3.270	50	1.5	2.033
35	4.5	3.835	42	3.5	3.765	50	2.0	2.683
35	5.0	4.192	42	4.0	4.248	50	2.5	3.318
36	1.0	0.978	42	4.5	4.716	50	3.0	3.940
36	1.5	1.445	42	5.0	5.171	50	3.5	4.559
36	2.0	1.900	44	2.0	2.347	50	4.0	5.142
36	2.5	2.340	44	2.5	2.904	50	4.5	5.723
36	3.0	2.767	44	3.0	3.438	50	5.0	6.287
36	3.5	3.18	44	3.5	3.962	50	6.0	7.379
36	4.0	3.577	44	4.0	4.472	(51)	1.5	2.075
36	4.5	3.961	44	4.5	4.968	(51)	2.5	3.388
36	5.0	4.331	44	5.0	5.450	(51)	3.0	4.024

续表

外径 (mm)	壁厚 (mm)	理论重量 (kg/m)	外径 (mm)	壁厚 (mm)	理论重量 (kg/m)	外径 (mm)	壁厚 (mm)	理论重量 (kg/m)
(51)	3.5	4.647	60	3.0	4.778	70	4.0	7.377
(51)	4.0	5.255	60	3.5	5.526	70	4.5	8.238
(51)	4.5	5.848	60	4.0	6.259	70	5.0	9.082
(51)	5.0	6.429	60	4.5	6.980	70	6.0	10.733
(51)	6.0	7.547	60	5.0	7.685	75	1.5	3.081
(53)	1.5	2.159	60	6.0	9.056	75	2.0	4.080
(53)	2.0	2.850	(63)	1.5	2.578	75	2.5	5.065
(53)	2.5	3.529	(63)	2.0	3.410	75	3.0	6.036
(53)	3.0	4.193	(63)	2.5	4.228	75	3.5	6.994
(53)	3.5	4.842	(63)	3.0	5.031	75	4.0	7.936
(53)	4.0	5.478	(63)	3.5	5.821	75	4.5	8.867
(53)	4.5	6.100	(63)	4.0	6.596	75	5.0	9.780
(53)	5.0	6.708	(63)	4.5	7.328	75	6.0	11.571
(53)	6.0	7.882	(63)	5.0	8.106	(76)	3.0	6.120
(54)	2.0	2.906	(63)	6.0	9.559	(76)	3.5	7.092
(54)	2.5	3.599	65	2.0	3.521	(76)	4.0	8.050
(54)	3.0	4.276	65	2.5	4.366	(76)	4.5	8.993
(54)	3.5	4.940	65	3.0	5.199	(76)	5.0	9.922
(54)	4.0	5.590	65	3.5	6.015	(76)	6.0	11.739
(54)	4.5	6.226	65	4.0	6.820	80	1.5	3.290
(54)	5.0	6.848	65	4.5	7.609	80	2.0	4.359
(54)	6.0	8.050	65	5.0	8.383	80	2.5	5.414
55	1.0	1.499	65	6.0	9.894	80	3.0	6.456
55	1.5	2.243	68	2.0	3.689	80	3.5	7.484
55	2.0	2.962	68	2.5	4.577	80	4.0	8.498
55	2.5	3.668	68	3.0	5.450	80	4.5	9.496
55	3.0	4.359	68	3.5	6.410	80	5.0	10.48
55	3.5	5.038	68	4.0	7.154	80	6.0	12.410
55	4.0	5.702	68	4.5	7.986	85	1.5	3.500
55	4.5	6.351	68	5.0	8.804	85	2.0	4.639
55	5.0	6.986	68	6.0	10.399	85	2.5	5.763
55	6.0	8.217	70	1.5	2.871	85	3.5	7.971
60	1.0	1.649	70	2.0	3.800	85	4.0	9.054
60	1.5	2.452	70	2.5	4.716	85	4.5	10.12
60	2.0	3.242	70	3.0	5.617	85	5.0	11.18
60	2.5	4.017	70	3.5	6.504	(86)	3.0	6.958

续表

外径 (mm)	壁厚 (mm)	理论重量 (kg/m)	外径 (mm)	壁厚 (mm)	理论重量 (kg/m)	外径 (mm)	壁厚 (mm)	理论重量 (kg/m)
90	1.5	3.709	122	6.0	19.46	182	3.5	17.47
90	2.5	6.113	124	7.0	22.90	183	4.0	20.02
90	3.5	8.460	125	2.5	8.56	185	5.0	25.16
90	4.5	10.75	129	2.0	7.10	189	7.0	35.62
90	5.0	11.88	130	2.5	8.91	206	3.0	17.03
95	1.5	3.919	130	10.0	33.55	207	3.5	19.91
95	2.0	5.198	131	3.0	10.74	208	4.0	22.81
95	2.5	6.452	132	3.5	12.57	210	5.0	28.66
96	3.0	7.796	135	5.0	18.17	212	6.0	34.56
96	5.0	13.27	137	6.0	21.98	214	7.0	40.51
100	1.5	4.129	139	7.0	25.87	231	3.0	19.12
100	2.0	5.477	144	2.0	7.94	232	3.5	22.36
100	2.5	6.811	145	2.5	9.96	233	4.0	25.61
100	3.0	8.132	145	10.0	37.75	235	5.0	32.15
100	3.5	9.438	146	3.0	11.99	239	7.0	45.41
104	2.0	5.70	150	5.0	20.27	258	4.0	28.41
105	2.5	7.16	155	2.5	10.66	260	5.0	35.65
106	3.0	8.64	156	3.0	12.83	282	3.5	27.25
107	3.5	10.13	157	3.5	15.02	283	4.0	31.20
108	4.0	11.63	158	4.0	17.22	307	3.5	29.70
110	5.0	14.68	160	5.0	21.67	308	4.0	34.00
110	10.0	27.96	165	2.5	11.36	310	5.0	42.64
114	2.0	6.26	166	3.0	13.67	332	3.5	32.15
114	7.0	20.94	168	4.0	18.34	357	3.5	34.59
115	2.5	7.86	170	5.0	23.07	358	4.0	39.59
116	3.0	9.48	170	10.0	44.74	360	5.0	49.63
120	5.0	16.08	180	10.0	47.53	—	—	—
120	10.0	30.76	181	3.0	14.93	—	—	—

注：1. 拉制铜管的长度 1～6m，牌号与挤压铜管相同。

2. 括号内的尺寸不推荐使用。

（二）铜带

紫铜带和黄铜带规格及理论重量，见表 3-78。

紫铜带（GB 2059—80）和黄铜带（GB 2060——80）

表 3-78

厚度 (mm)	宽度 (mm)	长度 (m) 不小于	理论重量(kg/m²) 紫铜带 (密度 8.9)	黄铜带 (密度 8.5)	黄铜带 (密度 8.8)	厚度 (mm)	宽度 (mm)	长度 (m) 不小于	理论重量(kg/m²) 紫铜带 (密度 8.9)	黄铜带 (密度 8.5)	黄铜带 (密度 8.8)
0.05	20～150	20	0.44	0.42	0.44	0.50	20～600	20	4.45	4.25	4.40
0.06			0.53	0.51	0.53	0.55		10	4.90	4.68	4.84
0.07			0.62	0.60	0.62	0.60			5.34	5.10	5.28
0.08			0.71	0.68	0.70	0.65			5.79	5.52	5.72
0.09			0.80	0.76	0.79	0.70			6.23	5.95	6.16
0.10	20～600		0.89	0.85	0.88	0.75			6.68	6.38	6.60
0.12			1.07	1.02	1.06	0.80			7.12	6.80	7.04
0.15			1.34	1.28	1.32	0.85			7.57	7.22	7.48
0.18			1.60	1.53	1.58	0.90			8.01	7.65	7.92
0.20			1.78	1.70	1.76	0.95			8.45	8.08	8.36
0.22			1.96	1.87	1.94	1.00			8.90	8.50	8.80
0.25			2.23	2.12	2.20	1.10		7	9.79	9.35	9.68
0.30			2.67	2.55	2.64	1.20			10.68	10.20	10.56
0.35			3.12	2.98	3.08	1.30			11.57	11.05	11.44
0.40			3.56	3.40	3.52	1.40			12.46	11.90	12.32
0.45			4.01	3.82	3.96	1.50			13.35	12.75	13.20

注：1. 紫铜带的化学成分应符合 GB 5231—85《纯铜加工产品》中 T2、T3、T4 和 TUP 的规定。带材供应状态：软（M）；硬（Y），其机械性能和有关技术条件应符合 GB 2059—80 中的规定。

2. 黄铜带的化学成分应符合 GB 5232—85《黄铜加工产品》中 H59、H62、H65、H68、H80、H90、H96、HPb59-1、HSn62-1、HMn58-2 的规定。带材供应状态：软（M）；半硬（Y2）；硬（Y）；特硬（T）。其机械性能及有关技术条件应符合 GB 2060—80 中的规定。

第三节　轻钢龙骨

轻钢龙骨分为墙体轻钢龙骨和吊顶轻钢龙骨两种。这里仅介绍墙体轻钢龙骨。

一、墙体轻钢龙骨品种、代号及规格

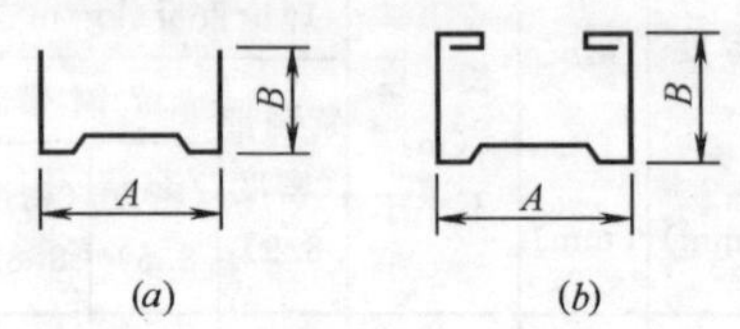

图 3-42　墙体轻钢龙骨截面形状

（一）品种

墙体轻钢龙骨按其截面形状分为两种：U 型和 C 型，如图 3-42 所示。

墙体轻钢龙骨按其使用功能来分。有三种：横龙骨、竖龙骨和通黄龙骨。墙体龙骨术语，见表 3-79。

墙体龙骨术语　　**表 3-79**

术　语	说　明
墙体龙骨	用于墙体的轻钢龙骨
横 龙 骨	墙体和建筑结构的联接构件
竖 龙 骨	墙体的主要受力构件
通贯龙骨	竖龙骨中间的龙骨
支 撑 卡	覆面板材与龙骨固定时起辅助支撑作用的配件

（二）代号

墙体轻钢龙骨代号，见表 3-80。

轻钢龙骨代号　　**表 3-80**

代　号	说　明
Q	墙体龙骨
U	龙骨断面形状为 ⊔ 形
C	龙骨断面形状为 ⊏ 形
L	龙骨断面形状为 ∟ 形

（三）规格

墙体轻钢龙骨的规格尺寸，见表 3-81。

二、墙体轻钢龙骨截面形状及配件

（一）横截面形状及用途

墙体轻钢龙骨的横截面形状及用途，见表 3-82。

墙体轻钢龙骨的规格尺寸　　表 3-81

	横截面形状类别	规格尺寸						备注
		Q50		Q75		Q100		
		尺寸 A (mm)	尺寸 B (mm)	尺寸 A (mm)	尺寸 B (mm)	尺寸 A (mm)	尺寸 B (mm)	
横龙骨	U型	52	40	77	40	102	40	1. 轻钢龙骨长度由供需双方商定 2. 本表仅供参考
竖龙骨	C型	50	45	75	45	100	45	
通贯龙骨	U型	20	12	38	12	38	12	

墙体轻钢龙骨的横截面形状及用途　　表 3-82

名称	横截面形状	用途	备注
横龙骨		用作墙体横向(沿顶、沿地)使用的龙骨,一般常与建筑结构相连接固定	有时出于节省材料而不采用通贯龙骨
竖龙骨		用作墙体垂直方向使用的龙骨,而且其端部与横龙骨连接	
通贯龙骨		用于横向贯穿于竖龙骨之间的龙骨,以加强龙骨骨架的强度、刚度	

(二) 墙体轻钢龙骨配件

墙体轻钢龙骨配件，见表 3-83。

主要生产厂家生产的墙体龙骨配件　　表 3-83

名称	厂内代号	图示	重量(kg)	用途	生产厂家
支撑卡	C50-4		0.041	竖龙骨加强卡覆面板材与龙骨固定时起辅助支撑作用	北京市建筑轻钢结构厂
	C75-4		0.021		
	C100-4		0.026		
	QC50-1		0.013		北京灯具厂
	QC70-1				
	QC75-1				

续表

名　称	厂内代号	图　示	重量(kg)	用　途	生产厂家
卡　托	C50-5	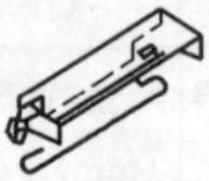	0.024	竖龙骨开口面与横撑连接	北京市建筑轻钢结构厂
	C75-5		0.035		
	C100-5		0.048		
	QC70-3				北京灯具厂
角　托	C50-6	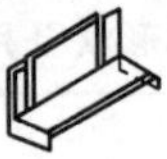	0.017	竖龙骨背面与横撑连接	北京市建筑轻钢结构厂
	C75-6		0.031		
	C100-6		0.048		
	QC70-2	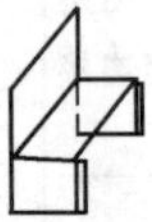			北京灯具厂
连贯横撑连接件	C50-6		0.016	通贯横撑连接	北京市建筑轻钢结构厂
	C75-7		—		
	C100-7		0.049		
	QC-2	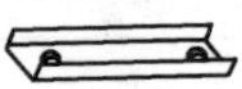	0.025		北京灯具厂
					北京市新型建筑材料总厂
加强龙骨固定件	C50-8		0.037	加强龙骨与主体结构连接	北京市建筑轻钢结构厂
	C75-8		0.106		
	C100-8		0.106		
竖龙骨接插件	QC70-4	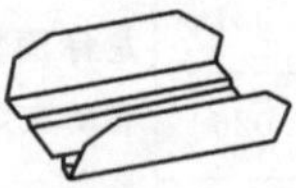	—	在局部情况下,有些龙骨长度不够,可以用它接长	北京灯具厂
金　属护　角		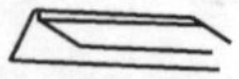	—	保护石膏板墙柱易磨损的边角	北京新型建筑材料总厂

续表

名　称	厂内代号	图　　示	重量(kg)	用　途	生产厂家
金　属 护　角	QC-4	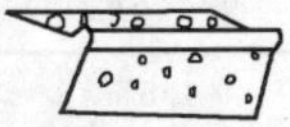	～0.12	保护石膏板墙柱易磨损的边角	北京新型建筑材料总厂
金属包边 （镶边条）		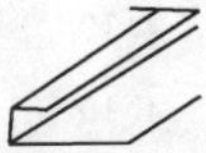	—	为使墙体边角的石膏板与其他相邻接部位的交接处取得整齐的效果，将此条固定于石膏板的侧边和端部	
	QC-5	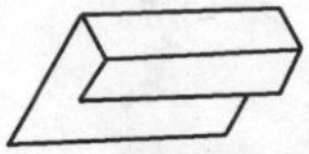	～0.25		
减震条	QC-3		～0.05	—	北京灯具厂
嵌缝条	QC-6		0.15	—	
踢脚板卡	QU-1		0.01	—	

第四节　紧　固　件

一、普通钢钉

（一）钉

1. 水泥钉

（1）水泥钉外形图

图 3-43 为水泥钉外形图。

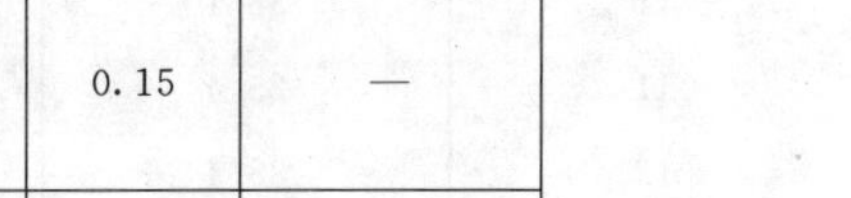

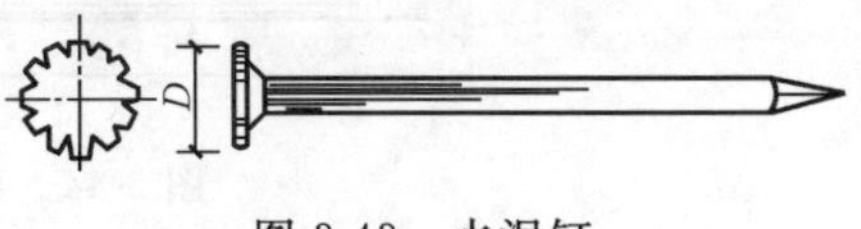

图 3-43　水泥钉

（2）规格

水泥钉规格。见表 3-84。

（3）用途

水泥钉用于将物体、构件、金属板材固定在混凝土墙体上。

水泥钉规格 (mm) 表 3-84

钉号	钉杆尺寸		每千个钉约重 (kg)
	长度(L)	直径(d)	
7	101.6	4.57	13.38
7	76.2	4.57	10.11
8	76.2	4.19	8.55
8	63.5	4.19	7.17
9	50.8	3.76	4.73
9	38.1	3.76	3.62
9	25.4	3.76	2.51
10	50.8	3.40	3.92
10	38.1	3.30	3.01
10	25.4	3.40	2.11
11	38.1	3.05	2.49
11	25.4	3.05	1.76
12	38.1	2.77	2.10
12	25.4	2.77	1.40

注：这种钉子打入混凝土沙浆中效果较好，当打到粗骨料（石子）上，钉子易弯，必要时要移动位置。

2. 扁头钉

(1) 扁头钉外形图

图 3-44 为扁头钉外形图。

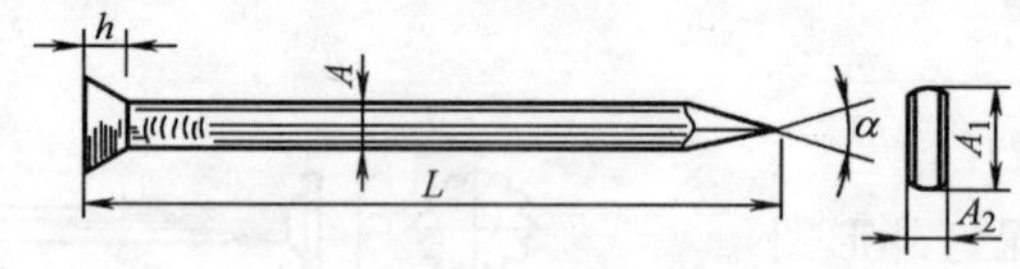

图 3-44 扁头钉

(2) 规格

扁头钉规格，见表 3-85。

(3) 用途

主要用于木结构装钉时，将钉帽埋入木材内，不影响装修表面。

扁头钉规格 **表 3-85**

规格(mm)	钉杆尺寸(mm)		1000个钉约重(kg)
	长度(L)	直径(d)	
15	15	1.2	
20	20	1.4	
25	25	1.6	
30	30	2.2	
35	35	2.5	
40	40	2.2	1.18
50	50	2.5	1.75
60	60	2.8～3.0	2.90
80	80	3.2～3.5	4.70
90	90	3.4～3.8	6.40
100	100	3.8～4.0	8.50
120	120	4.5	

3. 无头钉

(1) 无头钉外形图

图 3-45 为无头钉外形图。

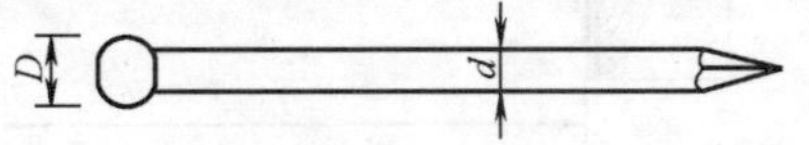

图 3-45 无头钉

(2) 规格

无头钉的规格，见表 3-86。

无头钉规格 **表 3-86**

规格		钉杆尺寸(mm)				100个大约重量(kg)	
		公制		英制			
公制(mm)(长度×直径)	英制(in)(英寸×BWG线号)	长度(L)	直径(d)	长度(L)	直径(d)	公制	英制
13×1.1	1/3″×19	13	1.1	11.7	1.07	0.097	0.09
16×1.2	5/8×18	16	1.2	15.87	1.25	0.14	0.15
20×1.4	3/4×17	20	1.4	19.05	1.47	0.24	0.25
25×1.6	1×16	25	1.6	25.40	1.65	0.89	0.43
30×1.8	1¼×15	30	1.8	31.15	1.08	0.50	0.65
35×2.0	1½×14	35	2.0	38.10	2.11	0.86	1.04
40×2.2	1¾×13	40	2.2	44.45	2.41	1.19	1.59

续表

规格		钉杆尺寸(mm)				100个大约重量(kg)	
		公制		英制			
公制(mm) (长度×直径)	英制(in) (英寸×BWG线号)	长度(L)	直径(d)	长度(L)	直径(d)	公制	英制
45×2.5	2×12	45	2.5	50.80	2.77	1.73	2.40
50×2.8	2½×11	50	2.8	63.50	3.05	2.42	3.64
60×3.1	3×10	60	3.1	76.20	3.40	0.55	5.43
70×3.4	3½×9	70	3.4	88.90	3.76	4.99	7.75
80×3.7	4×8	80	3.7	101.60	4.19	6.75	
90×4.1		90	4.1			9.33	
100×4.5		100	4.5			12.48	

(3) 用途

木装修时，无头钉可以钉入木材内。

4. 镀锌瓦楞钉

(1) 镀锌瓦楞钉外形图

图3-46为镀锌瓦楞钉外形图。

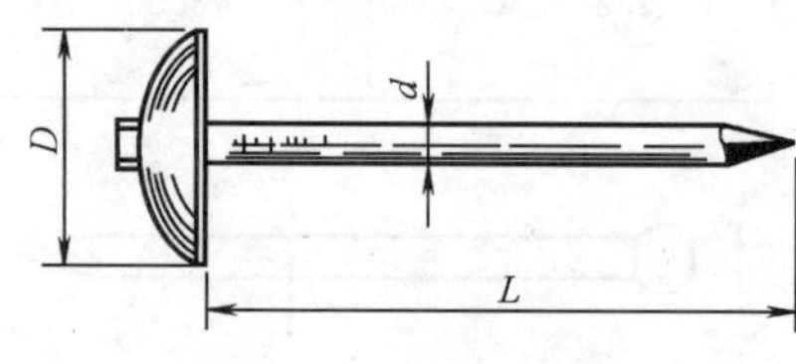

图 3-46 镀锌瓦楞钉

(2) 规格

镀锌瓦楞钉的规格，见表3-87。

镀锌瓦楞钉规格 **表 3-87**

钉杆直径 d		钉帽直径 D (mm)	钉长 (mm)							
线规号 BWG	相当 (mm)		38.1	44.5	50.8	63.5	38.1	44.5	50.8	63.5
			1000个钉约重量(kg)				每公斤钉大约个数			
9	3.76	20	6.30	6.75	7.35	8.35	159	148	130	120
10	3.40	20	5.58	6.01	6.44	7.30	179	166	155	137
11	3.05	18	4.53	4.90	5.25	—	221	204	190	—
12	2.77	18	3.74	4.03	4.32	—	267	248	231	—
13	2.41	14	2.30	2.38	2.46	—	435	420	407	—

(3) 用途

镀锌瓦楞钉，适用于屋面上固定金属铁皮及石棉瓦用。用时须加垫羊毛垫圈及瓦楞垫圈以免漏雨，钉裂。

5. 镀锌瓦楞钩

(1) 镀锌瓦楞钩外形图

图 3-47 为镀锌瓦楞钩外形图。

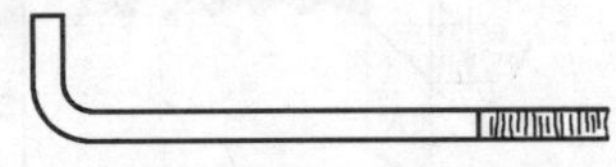

图 3-47 镀锌瓦楞钩

(2) 规格

镀锌瓦楞钩规格，见表 3-88。

镀锌瓦楞钩规格 **表 3-88**

规格 (mm)		每千克个数
直径 (d)	长度 (L)	
6	80	50
6	100	42
6	120	36
6	140	32
6	160	30

(3) 用途

镀锌瓦楞钩，用来固定屋面板与楞、楞与楞或梁与楞的紧固件。

(二) 自攻螺钉

1. 自攻螺钉

(1) 自攻螺钉外形图

图 3-48～图 3-55，为自攻螺钉外形图。

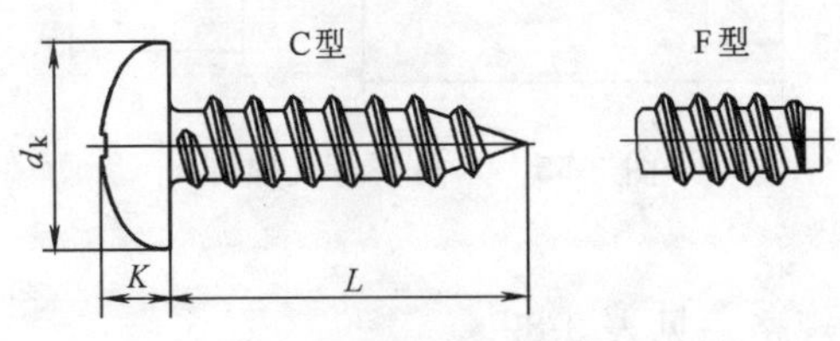

图 3-48 十字槽盘头自攻螺钉

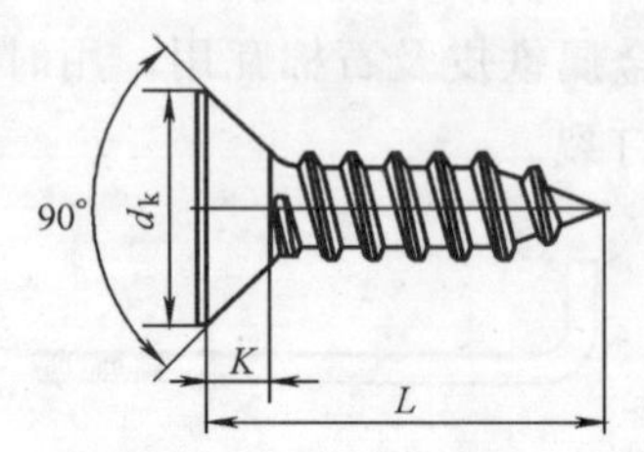

图 3-49 十字槽沉头自攻螺钉

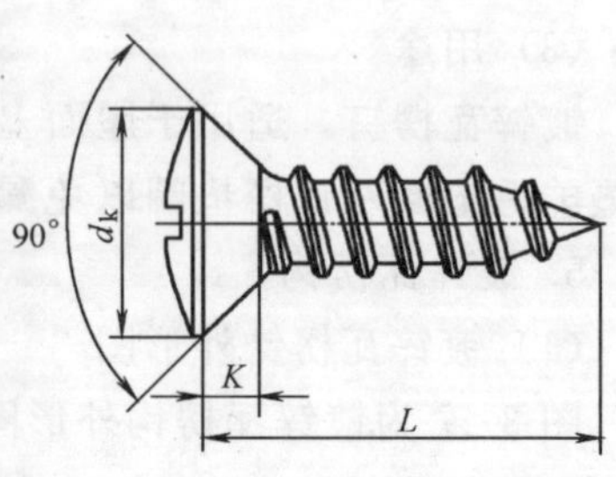

图 3-50 十字槽半沉头自攻螺钉

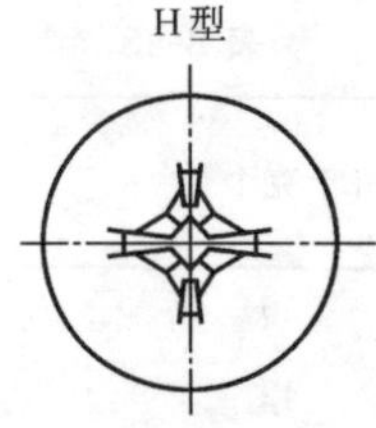

图 3-51 十字槽形

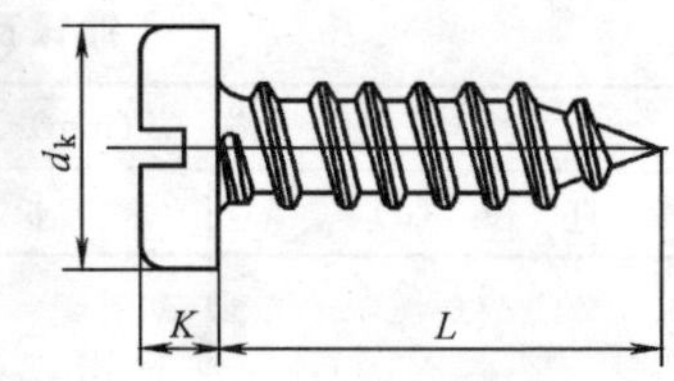

图 3-52 开槽盘自攻螺钉

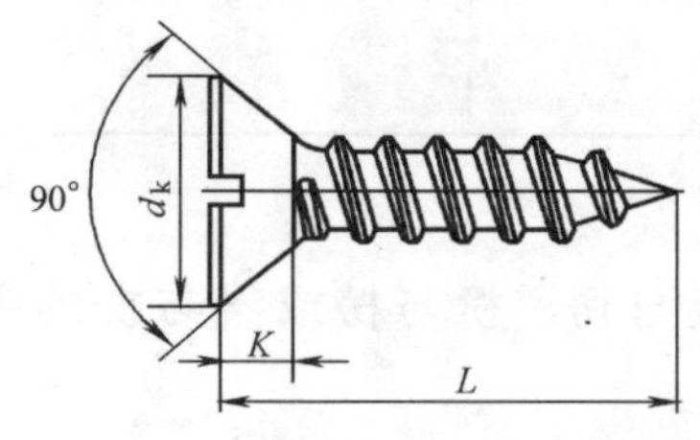

图 3-53 开槽沉头自攻螺钉

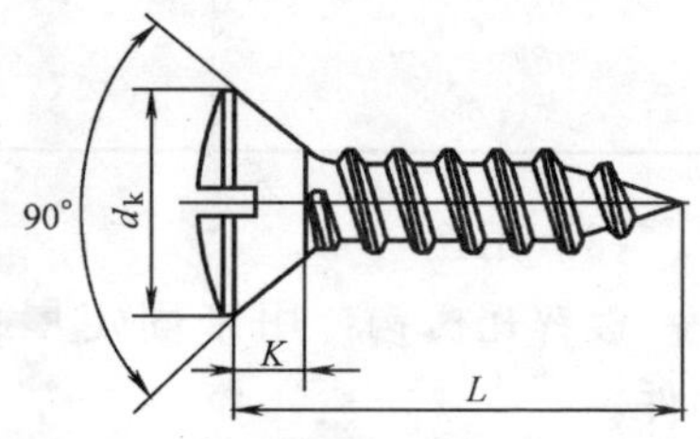

图 3-54 开槽半沉头自攻螺钉

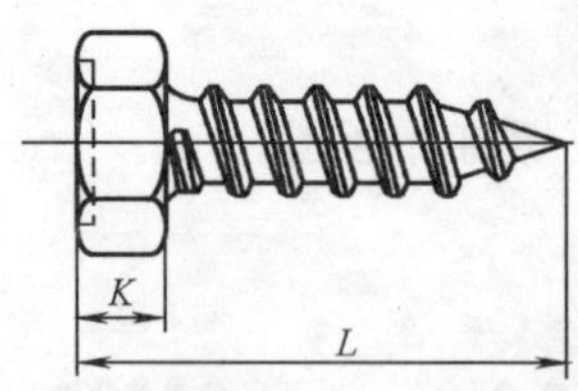

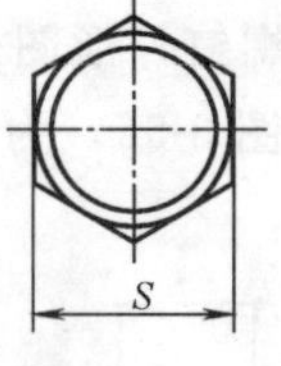

图 3-55 六角头自攻螺钉

（2）规格

自攻螺钉规格，见表 3-89。

（3）用途

自攻螺钉规格尺寸（mm）　　　　表 3-89

螺纹规格		ST2.2	ST2.9	ST3.5	ST4.2	ST4.8	ST5.5	ST6.3	ST8	ST9.5
十字槽盘头自攻螺钉 GB 845—85	d_k	4	5.6	7	8	9.5	11	12	16	20
	K	1.6	2.4	2.6	3.1	3.7	4	4.6	6	7.5
	L	4.5～16	6.5～19	9.5～25	9.5～32	9.5～38	13～38	13～38	16～50	16～50
十字槽沉头自攻螺钉 GB 846—85 十字槽半沉头自攻螺钉 GB 847—85 开槽沉头自攻螺钉 GB 5283—85	d_k	3.8	5.5	7.3	8.4	9.3	10.3	11.3	15.8	18.3
	K	1.1	1.7	2.35	2.6	2.8	3	3.15	4.65	5.25
	L	4.5～16	6.5～19	9.5～25	9.5～32	9.5～32	13～38	13～38	16～50	16～50
开槽半沉头自攻螺钉 GB 5284—85	d_k	3.8	5.5	7.3	8.4	9.3	10.3	11.3	15.8	18.3
	K	1.1	1.7	2.35	2.6	2.8	3	3.15	4.65	5.25
	L	4.5～16	6.5～19	9.5～22	9.5～25	9.5～32	13～32	13～38	16～50	19～50
开槽盘头自攻螺钉 GB 5282—85	d_k	4	5.6	7	8	9.5	11	12	16	20
	K	1.3	1.8	2.1	2.4	3	3.2	3.6	4.8	6
	L	4.5～16	6.5～10	6.5～22	9.5～25	9.5～32	16～22	13～38	16～50	16～50
六角头自攻螺钉 GB 5285—85	S	3.2	5	5.5	7	8	8	10	13	16
	K	1.6	2.3	2.6	3	3.8	4.1	4.7	6	7.5
	L	4.5～16	6.5～19	6.5～22	9.5～25	9.5～32	13～32	13～38	13～50	16～50

注：1. 公称长度系列为：4.5、6.5、9.5、13、16、19、22、25、32、38、45、50。

2. 十字槽号：ST2.2 为 0 号；ST2.9 为 1 号；ST3.5、ST4.2、ST4.8 为 2 号；ST5.5、ST6.3 为 3 号；ST8、ST9.5 为 4 号。

3. 产品等级为 A 级。

自攻螺钉多用于薄的金属板（钢板、铝板等）之间的连接。连接时，先对连接件提前制作出螺纹底孔，再将自攻螺钉拧入被连接件的螺纹底孔中。由于自攻螺钉的螺纹表面具有较高硬度，可以在被连接件的螺纹底孔中攻出内螺纹，从而形成连接。它的特点是将钻孔和攻丝两道工序合并一次完成。节约施工时间，提高工作效率。

2. 墙板自攻螺钉

（1）墙板自攻螺钉外形图

图 3-56 为墙板自攻螺钉外形图。

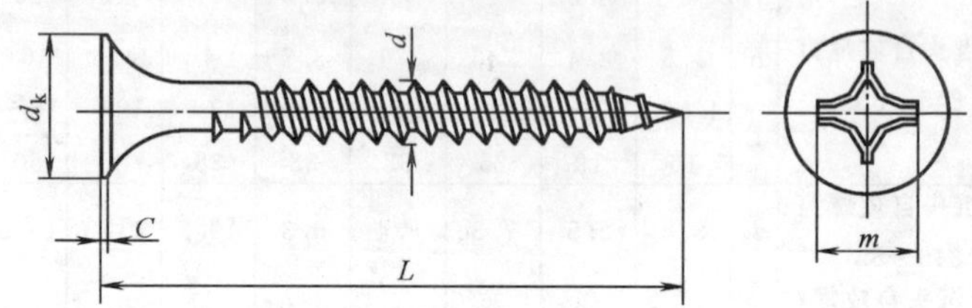

图 3-56 墙板自攻螺钉

（2）规格

墙板自攻螺钉规格，见表 3-90。

墙板自攻螺钉规格（mm） **表 3-90**

螺纹规格 d			3.5	3.9	4.2
d_k	max		8.58	8.58	8.58
	min		8.00	8.00	8.00
c	max		0.8	0.8	0.8
	min		0.5	0.5	0.5
H 型十字槽		m	5.0	5.0	5.0
螺钉长 L					
公称	max	min			
19	19.8	18.2			
25	25.8	24.2			
(32)	33.3	30.7			
35	36.3	33.7	商品		
(38)	39.3	36.7			
40	41.3	38.7		规格	
45	46.3	43.7			
50	51.3	48.7			范围
55	56.3	53.7			
60	61.3	58.7			
70	71.3	68.7			

(3) 用途

墙板自攻螺钉用于石膏墙板、塑料墙板、单层铝板等和金属龙骨之间的连接，其螺纹为双头螺纹、螺纹表面也具有很高的硬度。能在不制出预制孔的条件下，快速拧入龙骨中，从而形成连接。因此，墙板自攻螺钉已广泛用于室内墙面、顶棚的装饰。

二、不锈钢螺栓、螺钉和螺柱

(一) 性能

1. 化学成分

螺栓、螺钉、螺柱和螺母不锈钢材料的化学成分，见表 3-91。

螺栓、螺钉、螺柱和螺母用不锈钢材料的化学成分　表 3-91

类别	组别	化学成分（%）							
		C	Si	Mn	P	S	Cr	Mo	Ni
A 奥氏体	A1	0.12	1	2	0.2	0.15～0.35	17～19	0.6	8～10
	A2	0.8	1	2	0.05	0.03	17～20	—	8～13
	A4	0.8	1	2	0.05	0.03	17～18.5	2～3	10～14
C 马氏体	C1	0.09～0.15	1	1	0.05	0.03	11.5～14	—	1
	C3	0.17～0.25	1	1	0.04	0.03	16～18	—	1.5～2.5
	C4	0.08～0.15	1	1.5	0.05	0.15～0.35	2～14	0.6	1
F 铁素体	F1	0.12	1	1	0.04	0.03	15.5～18	—	0.5

注：1. 表中所列数值，除给出范围者外，均系最大值。
2. A1 和 C4 中的硫可以用硒来代替。
3. 奥氏体钢和铁素体钢的含钛量为 5×C%～0.08%。
4. A2，A4 和 F1 的含铌和钽量为 10×C%～1%。
5. A2 和 A4 的最大含铀量为 4%。
6. 为达到机械性能要求，对 C1 和 C4 中的直径较大的产品，可以采用高于表中规定的含碳量，并由制造厂确定。
7. A2 和 F1 可以含钼，其含量由制造厂确定。
8. 如用户需要使用含钼量为最大值时，必须在订单中注明。

2. 机械性能

(1) 马氏体钢和铁素体钢紧固件机械性能，见表 3-92。

(2) 奥氏体钢紧固件机械性能，见表 3-93。

马氏体钢和铁素体钢紧固件机械性能　　表 3-92

材料		性能等级	螺栓、螺钉和螺柱			螺母	螺栓、螺钉、螺柱和螺母					
							硬度					
类别	组别		抗拉强度 σ_b (N/mm²) min	屈服强度 $\sigma_{0.2}$ (N/mm²) min	伸长量 δ min	保证应力 S_r (N/mm²)	HV		HB		HRC	
							min	max	min	max	min	max
C 马氏体	C1	50	500	250	0.2d	500	—	—	—	—	—	—
		70	700	410	0.2d	700	220	330	209	314	20	34
	C3	80	800	640	0.2d	800	240	340	228	323	21	35
	C4	50	500	250	0.2d	500	—	—	—	—	—	—
		70	700	410	0.2d	700	220	330	209	314	20	34
C 铁素体	F1	45	450	250	0.2d	450	—	—	—	—	—	—
		60	600	410	0.2d	600						

注：1. 抗拉强度根据螺纹公称应力截面积（A_S）进行计算。A_S 按附录 A（补充件）规定。

2. 按 7.1.3 款规定的试验方法测定螺栓、螺钉和螺柱实物的伸长量。

3. F1 仅适用于螺纹直径≤24mm 的紧固件。

奥氏体钢紧固件机械性能　　表 3-93

材料		性能等级	螺纹直径 (mm)	螺栓、螺钉和螺柱			螺母
类别	组别			抗拉强度 σ_b (N/mm²) min	屈服强度 $\sigma_{0.2}$ (N/mm²) min	伸长量 δ min	保证应力 S_r (N/mm²)
A 奥氏体	A1 A2 A3	50	≤39	500	210	0.6d	500
		70	≤20	700	450	0.4d	700
		80	≤20	800	600	0.3d	800

注：1. 抗拉强度根据螺纹公称应力截面积（A_S）进行计算。A_S 按附录 A（补充件）规定。

2. 按 7.1.3 款规定的试验方法测定螺栓、螺钉和螺柱实物的伸长量。

3. 螺纹直径＞20mm、性能等级为 70 和 80 的紧固件，其抗拉强度及屈服强度由供需双方协议（屈服强度可参照表 4 按抗拉强度换算给出）。

（3）奥氏体不锈钢，螺纹直径不大于 M5 的螺钉的断裂扭矩，见表 3-94。

奥氏体不锈钢、螺纹直径不大于 M5 的螺钉的断裂扭矩

表 3-94

螺纹直径	性能等级		
	50	70	80
	最小破坏力矩 T_m(N·m)		
M1.6	0.15	0.2	0.27
M2	0.3	0.4	0.56
M2.5	0.6	0.9	1.2
M3	1.1	1.6	2.1
M4	2.7	3.8	4.9
M5	5.5	7.8	10.0

(4) 不锈钢螺栓、螺钉、螺柱机械性能的验收项目，见表 3-95。

机械性能的验收项目 **表 3-95**

序号	性能	试验方法	螺栓、螺钉和螺柱 螺纹直径(mm)		螺母
			≤5	>5	
1	最小抗拉强度	拉力试验	●	●	
2	最低硬度	硬度试验		●	●
3	最高硬度	硬度试验		●	●
4	最小屈服强度	拉力试验		●	
5	最小伸长量	拉力试验		●	
6	最小破坏力矩	扭矩试验	●		
7	保证载荷	保证载荷试验			●

注：1. 螺栓、螺钉、螺柱和螺母，按表中标有“●”项目和试验方法进行验收检查。

2. 硬度试验仅适用于淬火并回火的马氏体不锈钢紧固件。

3. 螺纹直径不大于 5mm 的螺栓、螺钉和螺柱，仅检查序号 1 或 6 的项目。

(5) 性能等级标志

不锈钢螺栓、螺柱、螺母性能等级的标志，见表 3-96。

性能等级的标志　　表 3-96

(1)六角头螺栓和内六角圆柱头螺钉	螺纹直径不小于 5mm 的六角头螺栓和内六角圆柱头螺钉必须标志。性能等级的标记代号用凹字或凸字标志在产品的头部顶面或侧面上。见示例图 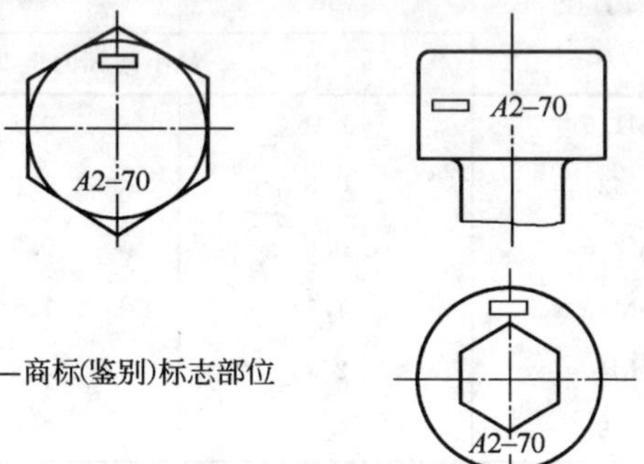
(2)螺母	螺纹直径不小于 5mm 的螺母必须标志。用凹字标志在支承面或侧面上。见示例图 1。A2 和 A4 组不锈钢螺母允许采用刻槽方法标志，分别见示例图 2 和图 3 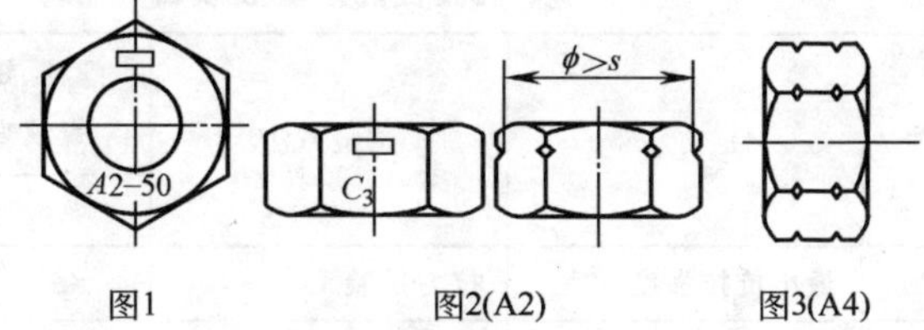 图1　图2(A2)　图3(A4)
(3)左旋螺纹标志	左旋螺纹的不锈钢螺栓、螺钉、螺柱和螺母的标志，分别参照第 3. 37 页“碳素钢与合金钢螺栓、螺钉和螺柱（GB 3098. 1）”和第 6. 18 页“螺母（GB 3098. 2）”中的有关规定
(4)商标(鉴别)	对所有标志性能等级的不锈钢产品，必须在产品上制出商标(鉴别)

注：螺柱和其他外螺纹紧固件的标志，应由供需双方协议。

（二）单层铝板连接用不锈钢螺栓性能标记

单层铝板连接用不锈钢螺栓性能标记，见表 3-97。

三、铜合金螺栓、螺钉和螺柱

（一）铜合金螺栓、螺钉和螺柱性能

1. 机械性能

铜合金外螺纹紧固件各性能等级的常温下机械性能，见表 3-98。

单层铝板连接用不锈钢螺栓性能标记　　表 3-97

材　料		性　能　等　级				
类　别	组别	45	50	60	70	80
A 奥氏体	A1	—	A1-50	—	A1-70	A1-80
	A2	—	A2-50	—	A2-70	A2-80
	A4	—	A4-50	—	A4-70	A4-80
C 马氏体	C1	—	C1-50	—	C1-70	—
	C3	—	—	—	—	C3-80
	C4	—	C4-50	—	C4-70	—
F 铁素体	F1	F1-45	—	F1-60	—	

注：1. C1-70，C4-70 及 C3-80 需经淬火并回火处理。

2. A1-70，A2-70，A4-70 及 F1-60 需经冷作硬化。

铜合金外螺纹紧固件各性能等级的常温下机械性能　表 3-98

性能等级	螺纹直径 d (mm)	抗拉强度 σ_b,min (N/mm^2)	屈服强度 $\sigma_{0.2}$,min (N/mm^2)	伸长率 δ,min (%)
CU1	≤39	240	160	14
CU2	≤6	440	340	11
	76～39	370	250	19
CU3	≤6	440	340	11
	＞6～39	370	250	19
CU4	≤12	470	340	22
	＞12～39	400	200	33
CU5	≤39	590	540	12
CU6	＞6～39	440	180	18
CU7	＞12～39	640	270	15

2. 铜合金螺栓、螺钉和螺柱最小拉力载荷

铜合金螺栓、螺钉和螺柱最小拉力载荷或螺母的保证载荷，见表 3-99。

（二）铜合金螺栓和螺钉的最小破坏力矩

铜合金螺栓和螺钉的最小破坏力矩，见表 3-100。

铜及铜合金螺栓、螺钉和螺柱的最小拉力载荷或螺母的保证载荷

表 3-99

螺纹直径	螺距	公称应力截面积	性能等级						
			CU1	CU2	CU3	CU4	CU5	CU6	CU7
d、D (mm)	P (mm)	A_s (mm^2)	最小拉力载荷($A_s \times \sigma_b$)或保证载荷($A_s \times S_p$) (kN)						
3	0.5	5.03	1.21	2.21	2.21	2.36	2.97	—	—
3.5	0.6	6.78	1.63	2.98	2.98	3.19	4.00	—	—
4	0.7	8.78	2.11	3.86	3.86	4.13	5.18	—	—
5	0.8	14.2	3.41	6.25	6.25	6.67	8.38	—	—
6	1	20.1	4.82	8.84	8.84	9.45	11.86	—	—
7	1	28.9	6.94	10.69	10.69	13.58	17.05	12.72	—
8	1.25	36.6	8.78	13.54	13.54	17.20	21.59	16.10	—
10	1.5	58.0	13.92	21.46	21.46	27.26	34.22	25.52	—
12	1.75	84.3	20.23	31.19	31.19	39.62	49.74	37.09	—
14	2	115	27.60	42.55	42.55	46.00	67.85	50.60	73.60
16	2	157	37.68	58.09	58.09	62.80	92.63	69.08	100.5
18	2.5	192	46.08	71.04	71.04	76.80	113.3	84.48	122.9
20	2.5	245	58.80	90.65	90.65	98.00	144.5	107.8	156.8
22	2.5	303	72.72	112.1	112.1	121.2	178.8	133.3	193.9
24	3	353	84.72	130.6	130.6	141.2	208.3	155.3	225.9
27	3	459	110.2	169.8	169.8	183.6	270.8	202.0	293.8
30	3.5	561	134.6	207.6	207.6	224.4	331.0	246.8	359.0
33	3.5	694	166.6	256.8	256.8	277.6	—	305.4	444.2
36	4	817	196.1	302.3	302.3	326.8	—	359.5	522.9
39	4	976	234.2	361.1	361.1	390.4	—	429.4	624.6

螺栓和螺钉的最小破坏力矩 **表 3-100**

螺纹规格	性能等级				
d	CU1	CU2	CU3	CU4	CU5
(mm)	最小破坏力矩 (N·m)				
1.6	0.06	0.10	0.10	0.11	0.14
2	0.12	0.21	0.21	0.23	0.28
2.5	0.24	0.45	0.45	0.5	0.6
3	0.4	0.8	0.8	0.9	1.1
3.5	0.7	1.3	1.3	1.4	1.7
4	1.0	1.9	1.9	2.0	2.5
5	2.1	3.8	3.8	4.1	5.1

四、铝合金螺栓、螺钉和螺柱

(一) 机械性能

1. 铝合金外螺纹紧固件各性能等级的常温下机械性能，见表3-101。

铝合金外螺纹紧固件各性能等级的常温下机械性能

表 3-101

性能等级	螺纹直径 d (mm)	抗拉强度 σ_b, min (N/mm²)	屈服强度 $\sigma_{0.2}$, min (N/mm²)	伸长率 δ, min (%)
AL1	≤10	270	230	3
	>10～20	250	180	4
AL2	≤14	310	205	6
	>14～36	280	200	6
AL3	≤6	320	250	7
	>6～39	310	260	10
AL4	≤10	420	290	6
	>10～39	380	260	10
AL5	≤39	460	380	7
AL6	≤39	510	440	7

2. 最小破坏力矩

螺栓、螺钉和螺柱最小破坏力矩见表3-102。

螺栓、螺柱和螺钉的最小破坏力矩 **表 3-102**

螺纹直径 d (mm)	性能等级					
	AL1	AL2	AL3	AL4	AL5	AL6
	最小破坏力矩(N·m)					
1.6	0.06	0.07	0.08	0.10	0.11	0.12
2	0.13	0.15	0.16	0.20	0.22	0.25
2.5	0.27	0.30	0.30	0.43	0.47	0.50
3	0.5	0.6	0.6	0.8	0.8	0.9
3.5	0.8	0.9	0.9	1.2	1.3	1.5
4	1.1	1.3	1.4	1.8	1.9	2.2
5	2.4	2.7	2.8	3.7	4.0	4.5

（二）铝及铝合金螺栓、螺钉和螺柱的最小拉力载荷或螺母的保证载荷

铝及铝合金螺栓、螺钉和螺柱的最小拉力载荷或螺母的保证载荷，见表 3-103。

铝及铝合金螺栓、螺钉和螺柱的最小拉力载荷或螺母的保证载荷

表 3-103

螺纹规格 d、D (mm)	螺距 P (mm)	公称应力截面积 A_s (mm^2)	性能等级					
			AL1	AL2	AL3	AL4	AL5	AL6
			最小拉力载荷($A_s \times \sigma_b$)或保证载荷($A_s \times S_p$) (kN)					
3	0.5	5.03	1.36	1.56	1.61	2.11	2.31	2.57
3.5	0.6	6.78	1.83	2.10	2.17	2.85	3.12	3.46
4	0.7	8.78	2.37	2.72	2.81	3.69	4.04	4.48
5	0.8	14.2	3.83	4.40	4.54	5.96	6.53	7.24
6	1	20.1	5.43	6.23	6.43	8.44	9.25	10.25
7	1	28.9	7.80	8.96	8.96	12.14	13.29	14.74
8	1.25	36.6	9.88	11.35	11.35	15.37	16.84	18.67
10	1.5	58.0	15.66	17.98	17.98	24.36	26.68	29.58
12	1.75	84.3	21.08	26.13	26.13	32.03	38.78	42.99
14	2	115	28.75	35.65	35.65	43.70	52.90	58.65
16	2	157	39.25	43.96	48.67	59.60	72.22	80.07
18	2.5	192	48.00	53.76	59.52	72.96	88.32	97.92
20	2.5	245	61.25	68.60	75.95	93.10	112.7	124.9
22	2.5	303	—	84.84	93.39	115.1	139.4	154.5
24	3	353	—	98.84	109.4	134.1	162.4	180.0
27	3	459	—	128.5	142.3	174.4	211.1	234.1
30	3.5	561	—	157.1	173.9	213.2	258.1	286.1
33	3.5	694	—	194.3	215.1	263.7	319.2	353.9
36	4	817	—	228.8	253.3	310.5	375.8	416.7
39	4	976	—	—	302.6	370.9	449.0	497.8

五、膨胀螺栓、抽芯、击芯铆钉及射钉

(一) 膨胀螺栓

膨胀螺栓分为金属膨胀螺栓和塑料膨胀螺栓两种。

1. 金属膨胀螺栓

(1) 金属膨胀螺栓规格，见表3-104。

金属膨胀螺栓规格　　表3-104

规格	规格尺寸(mm)			钻孔直径要求(mm)		重量(kg/100件)	示意图
	L	l	c	混凝土	砖体		
M6×65	65	35	35	7.8	7.2	2.77	
M6×75	75	35	35	7.8	7.2	2.93	
M6×85	85	35	35	7.8	7.2	3.15	
M8×80	80	45	40	10	9.5	6.14	
M8×90	90	45	40	10	9.5	6.45	
M8×100	100	45	40	10	9.5	6.72	
M10×95	95	55	50	12.5	12	10	
M10×110	110	55	50	12.5	12	10.9	
M10×125	125	55	50	12.5	12	11.6	
M12×110	110	65	52	14	13.5	16.9	
M12×130	130	65	52	14	13.5	18.3	
M12×150	150	65	52	14	13.5	19.6	
M16×150	150	90	70	19	18	37.2	
M16×175	175	90	70	19	18	40.4	
M16×200	200	90	70	19	18	43.5	
M16×220	220	90	70	19	18	46.1	

(2) 金属膨胀螺栓的使用规定，见表3-105。

金属膨胀螺栓的使用规定　　表3-105

	螺栓规格	M6	M8	M10	M12	M16	备注
使用规定	钻孔直径(mm)	0.5	φ12.5	φ14.5	φ19	φ23	左列数据系胀铆螺栓与不低于150号混凝土铆固时的技术参考数据
	钻孔深度(mm)	40	50	60	75	100	
	允许拉力(kg)	40	440	700	1030	1940	
	允许剪力(kg)	80	300	520	740	1440	

2. 塑料膨胀螺栓

聚乙烯聚丙乙烯塑料膨胀螺栓规格及钻孔直径，见表 3-106。

聚乙烯聚丙烯塑料膨胀螺栓　　表 3-106

规格(mm) 外径×长度	钻孔直径规定(mm)			示意图
	混凝土中钻孔	加气混凝土中钻孔	砖结构中钻孔	
φ6×30	φ6	φ5～φ5.5	φ5.5	
φ8×50	φ8	φ7～φ7.5	φ7.5	
φ9×60	φ9	φ8～φ8.5	φ8.5	
φ10×70	φ10	φ9～φ9.5	φ9.5	
φ12×70	φ12	φ11～φ11.5	φ11.5	

（二）抽芯击芯铆钉

1. 开口型抽芯铆钉（K）

(1) 构造图及安装图

图 3-57 为开口型抽芯铆钉（K）构造图及安装示意图。

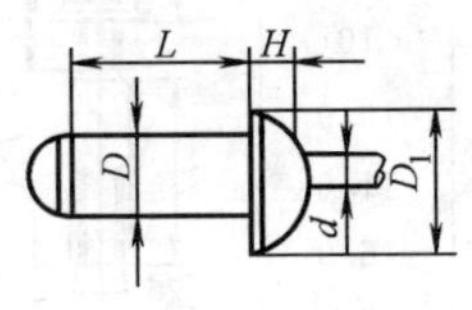

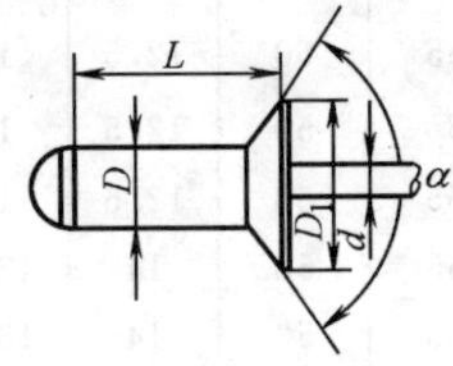

图 3-57　开口型抽芯铆钉（K）

(2) 开口型抽芯铆钉（K）规格尺寸

开口型抽芯铆钉（K）规格尺寸（mm）及材料，见表 3-107。

开口型抽芯铆钉（K）规格尺寸（mm）及材料　表 3-107

D	L	推荐铆接板厚	D_1	H	α	d	钻孔直径	材料	抗拉力 (N/只)	抗剪力 (N/只)
3	9	4.5～6.5	6	1	120°	1.8	3.1	纯铝	310	240
	12	7.5～9.5						5号防锈铝	810	600
3.2	7	2.5～4.5	6	1		1.8	3.3	纯铝	370	285
	9	4.5～6.5						2号防锈铝	670	530
	11	6.5～8.5						5号防锈铝	985	760
	13	8.5～10.5						不锈钢	2350	1370

续表

D	L	推荐铆接板厚	D_1	H	α	d	钻孔直径	材料	抗拉力（N/只）	抗剪力（N/只）
4	6	1～3	8	1.4	120°	2.2	4.1	纯铝	590	450
	8	3～5								
	10	5～7						2号防锈铝	1020	840
	13	8～10						5号防锈铝	1560	1160
	16	10～12								
	18	11～13						不锈钢	3650	2090
4.8	7	1.5～3.5	9.5	1.5		2.6	4.9	纯铝	860	660
	9	3.5～5.5								
	11	5.5～7.5						2号防锈铝	1420	1150
	13	7.5～9.5								
	14	8.5～10.5						5号防锈铝	2230	1690
	16	10.5～12.5								
	18	12.5～14.5						不锈钢	5330	4230
5	6	0.5～2.5	9.5	1.5		2.8	5.1	纯铝	920	710
	8	2.5～4.5								
	11	5.5～7.5						2号防锈铝	1500	1200
	13	7.5～9.5								
	16	10.5～12.5						5号防锈铝	2590	1670
	18	12.5～14.5								

注：上海异型铆钉厂规格。

2. 封闭型抽芯铆钉（F）

(1) 构造图及安装图

图 3-58 为封闭型抽芯铆钉（F）构造图及安装示意图。

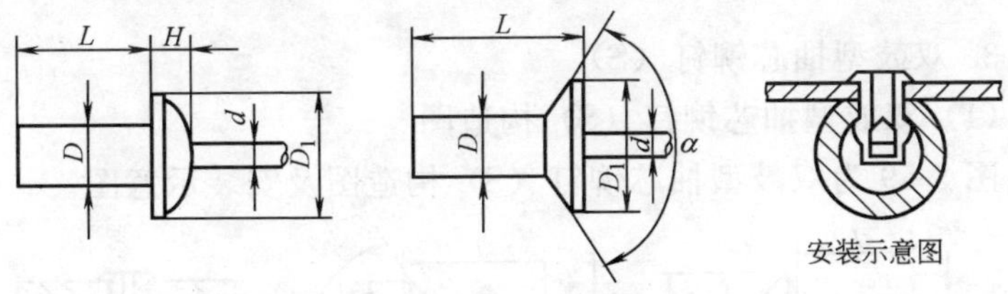

图 3-58 封闭型抽芯铆钉（F）

(2) 封闭型抽芯铆钉（F）规格尺寸

封闭型抽芯铆钉（F）规格尺寸（mm）及材料见表 3-108。

封闭型抽芯铆钉（F）规格尺寸（mm）及材料　表 3-108

D	L	推荐铆接板厚	D_1	H	α	d	钻孔直径	材　料	抗拉力（N/只）	抗剪力（N/只）
3.2	7	1～2.5	6	1		1.7	3.3	纯　铝	490	445
	9	3～4.5								
	11	5～6.5								
	13	7～8.5						5号防锈铝	1245	1070
	16	10～11.5								
4	6	0.5～1.5	8	1.4		2.2	4.1	纯　铝	720	580
	8	2～3.5								
	10	4～5.5								
	13	7～8.5						5号防锈铝	2140	1560
	16	10～11.5								
4.8	8	0.5～3			120°	2.64	4.9	纯　铝	1120	935
	10	4～5								
	13	7～8								
	15	9～10								
	16	10～11						5号防锈铝	3070	2230
	18	12～13								
	23	16～18								
	25	19～20	9.5	1.5						
5	8	0.5～3				2.8	5.1	纯　铝	1132	990
	10	3.5～5								
	13	6.5～8								
	15	8.5～10								
	18	11.5～18						5号防锈铝	3200	2400
	23	13～18								
	28	18～23								

注：上海异型铆钉厂规格。

3. 双鼓型抽芯铆钉（S）

（1）双鼓型抽芯铆钉（S）构造图

图 3-59 为双鼓型抽芯铆钉（S）构造图及安装示意图。

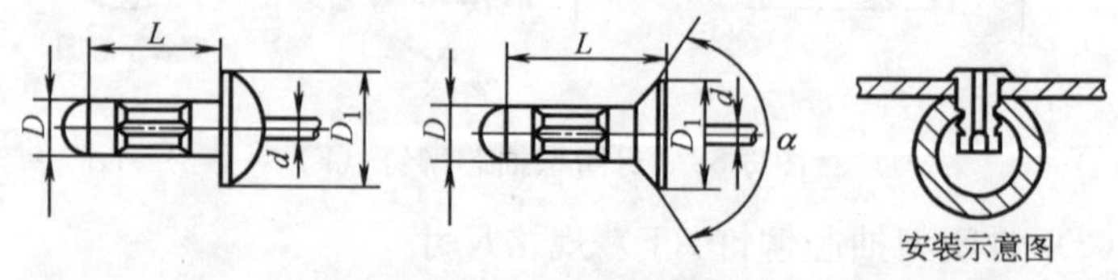

图 3-59　双鼓型抽芯铆钉（S）

双鼓型抽芯铆钉（S）是一种盲面铆接的新颖紧固件。具有对薄壁构件进行铆接不松动、不变形的特点，铆接后呈两个鼓形。广泛用于各种铆接领域，铆接方法用开口型。

（2）双鼓型抽芯铆钉规格尺寸

双鼓型抽芯铆钉规格尺寸（mm）及材料，见表 3-109。

双鼓型抽芯铆钉规格尺寸（mm）及材料　　表 3-109

D	*L*	推荐铆接板厚	D_1	*d*	钻孔直径	抗拉力（N/只）	抗剪力（N/只）
3.2	8	≤1	6	1.8	3.4	670	530
	10	1～3					
	12	3～5					
	14	5～7					
	16	7～9					
4	10	≤1.5	8	2.2	4.2	1020	845
	12	1.5～3.5					
	14	3.5～5.5					
	16	5.5～7.5					
	18	7.5～9.5					
4.8	10	≤1	9.5	2.65	5	1425	1160
	12	1～3					
	14	3～5					
	16	5～7					
	18	7～9					
	20	9～11					
	22	11～13					
	24	13～15					

注：上海异型铆钉厂规格，材料为 2 号防锈铝。

4. 沟槽型抽芯铆钉（G）

（1）构造图及安装图

图 3-60 为沟槽型抽芯铆钉（G）构造图及安装示意图。

（2）沟槽型抽芯铆钉规格尺寸（mm）

沟槽型抽芯铆钉规格尺寸（mm），见表 3-110。

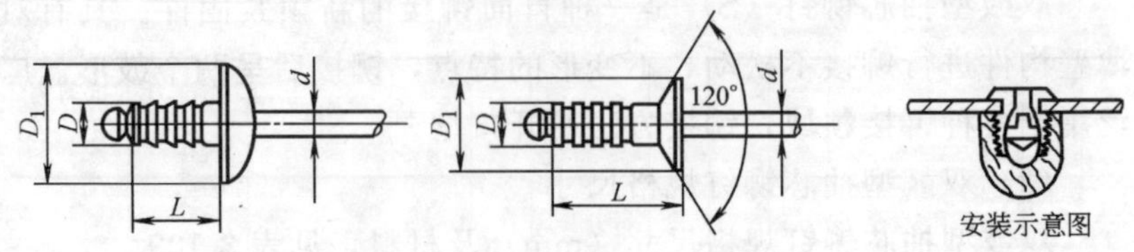

图 3-60　沟槽型抽芯铆钉（S）

沟槽型抽芯铆钉规格尺寸（mm）　　表 3-110

D	L	D_1	钻孔直径	钻孔深度
4.2	12 14	8	4.4	15 17
5	10 12 15 19 25	9.5	5.2	13 15 18 22 28

注：上海异型铆钉厂规格。

5. 环槽铆钉（H）

(1) 构造图及安装图

图 3-61 为环槽铆钉（H）构造图和安装示意图。

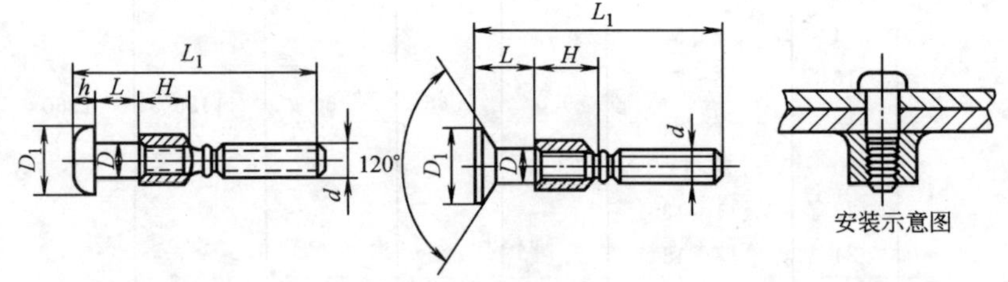

图 3-61　环槽铆钉（H）

(2) 环槽铆钉（H）规格尺寸

环槽铆钉（H）规格尺寸（mm）及材料，见表 3-111。

6. 击芯铆钉（JX）

(1) 构造图及安装图

图 3-62 为击芯铆钉（JX）构造图及安装示意图。

环槽铆钉（H）规格尺寸（mm）及材料　　表 3-111

D	L	推荐铆接板厚	D_1	α	h	L_1	d	H	材　料	抗拉力（N/只）	抗剪力（N/只）
5	4	3.5～4.5	9.5	120°	3	35	4.5	6	优质碳素结构钢	5880	7840
	6	5.5～6.5									
	8	7.5～8.5				37					
	10	9.5～10.5									
	12	11.5～12.5				39					
	14	13.5～14.5									
6.5	4	3.5～4.5	12.5		4	41	6	8		6760	8820
	6	5.5～6.5									
	8	7.5～8.5				43					
	10	9.5～10.5									
	12	11.5～12.5									
	14	13.5～14.5				45					
	16	15.5～16.5									

注：上海异型铆钉厂规格。

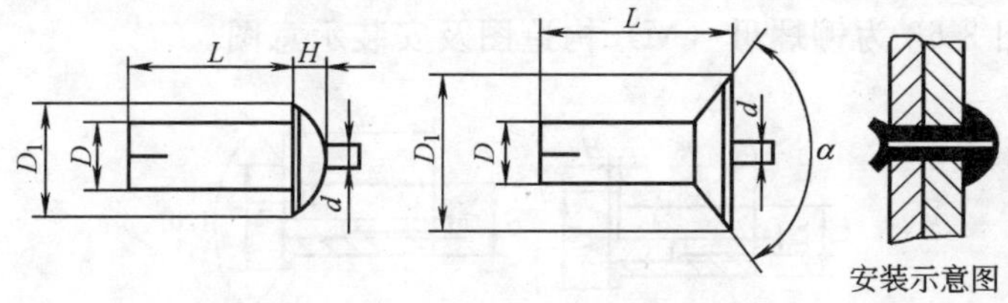

图 3-62　击芯铆钉（JX）

（2）击芯铆钉（JX）规格尺寸

击芯铆钉（JX）规格尺寸（mm）及材料，见表 3-112。

击芯铆钉（JX）规格尺寸（mm）及材料　　表 3-112

D	L	推荐铆接板厚	D_1	H	d	α	钻孔直径	材　料	抗拉力（N/只）	抗剪力（N/只）
5	7	4～5	10	1.8	2.8	120°	5.1	5 号防锈铝	2940	4900
	9	6～7								
	11	8～9								
	13	10～11								
	15	12～13								
	17	14～15								

续表

D	L	推荐铆接板厚	D_1	H	d	α	钻孔直径	材　料	抗拉力（N/只）	抗剪力（N/只）
5	19 21	16～17 19～20	10	1.8	2.8	120°	5.1	5号防锈铝	2940	4900
6.4	29 33 39 40 43 45	26～27 30～31 36～37 37～38 40～41 42～43	13	3	3.8	120°	6.5	5号防锈铝	4760	7640

注：上海异型铆钉厂规格。

7. 铆螺母（M）

（1）构造图及安装图

图 3-63 为铆螺母（M）构造图及安装示意图。

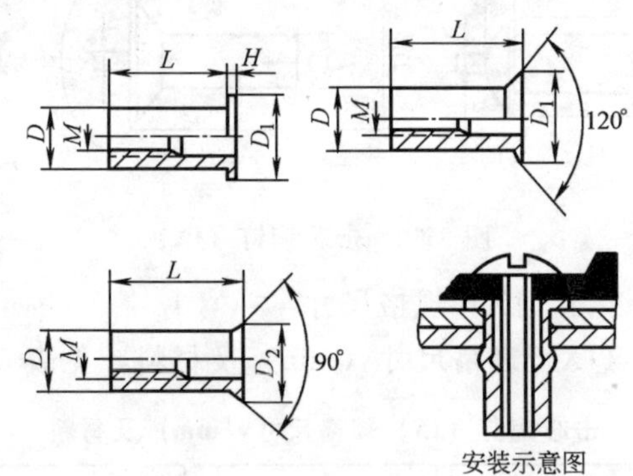

图 3-63　铆螺母

（2）铆螺母（M）规格尺寸

铆螺母（M）规格尺寸（mm）及材料，见表 3-113。

（三）射钉规格

因射钉枪型号不同，射钉的规格也不同，常用的射钉规格，见表 3-114。

铆螺母（M）规格尺寸（mm）及材料　　表 3-113

M	D	L	推荐铆接板厚	D_1	D_2	H	钻孔直径	材料	抗拉力(N/只)	抗剪力(N/只)
3	5	12 14 16 18	2～3 4～5 6～7 8～9	8	5.8	0.75	5.1	5 号防锈铝 钢	1520 1920	1030 1330
4	6	14 16 18 20	2～3 4～5 6～7 8～9	9	6.8	0.75	6.1	5 号防锈铝 钢	1960 3200	1470 2100
5	7	16 18 20 22	2～3 4～5 6～7 8～9	10	7.8	0.75	7.1	5 号防锈铝 钢	2940 4205	1960 2690
6	9	17 19 21 23	2～3 4～5 6～7 8～9	13	9.8	1.5	9.1	5 号防锈铝 钢	4410 6300	2940 4100

注：上海异型铆钉厂规格。

射钉规格（mm）　　表 3-114

序号	射钉型号	钉杆直径	钉头直径	金属垫片直径	钉杆长度	螺纹长度	备注
1	YD	3.7	8		13,19,22,27,32,37,42,47,52,57,62		
2	HYD	3.7	8		13,16,19,22,27,32,37,42,47,52,57,62		钉杆压花用于钢基体
3	DD	4.5	10		27,32,37,42,47,52,57,62,72,82,87		
4	HDD	4.5	10		19,22,27,32,37,42,47,52,57,62		钉杆压花用于钢基体

续表

序号	射钉型号	钉杆直径	钉头直径	金属垫片直径	钉杆长度	螺纹长度	备 注
5	PD	3.7	7.6		13,19,25,32,38,51,63,76		
6	PJ	3.7	7.6	25	32,38,51,63,76		
7	JD	3.7	7.6		13,19,25,32,38,51,63,76		
8	YJ	3.7	8	23	72		
9	ZD	3.7	8	36	42,47,52,57,60		
10	GD	5.5	8		45		
11	QD	3.7	5.7		22,27,32,37,42,47,52,62,72		
12	JC	4.8,6	9.6		64,102		
13	KD	4.5,5.2	8,10		32	钉头长 25,30,24	钉套直径 11 钉套长 24
14	M4	3.5			22,27,32,42,52	15	
15	JPA	3.7	7.6		19,25,30		
16	M6	3.7		12	22,27,32,42,52	11,20	
17	M6A	3.7			22,27,32,42,52	11,20	钉幅直径 8
18	M8	4.5			27,32,42,52	15,30,35	
19	M10	5.2			27,32,47	24,30	
20	HM6 HM8 HM10	3.7 4.5			12,14,15	11,15,20,24,30	滚花钉杆仅用于钢基体
21	PK	3.7	7.6		27,32	眼孔直径 5	角片尺寸 33×19
22	JP	3.7	7.6		25	管卡宽 22	管卡 1/2″,3/4″,1″

第五节　辅 助 材 料

一、焊条

（一） 钢焊条

1. 低碳钢焊条

常用低碳钢焊条的型号、牌号、特点和用途，见表 3-115。

常用低碳钢焊条的型号、牌号、特点和用途　　表 3-115

<table>
<tr><th>焊条型号</th><th>药皮类型</th><th>焊条牌号</th><th>焊接电源</th><th>主要特点和用途</th></tr>
<tr><td>E4300</td><td>特殊型</td><td>J420G</td><td rowspan="15">交直流</td><td>高温高压电站碳素钢管道的焊接</td></tr>
<tr><td rowspan="2">E4313</td><td rowspan="2">高钛钾型</td><td>J421</td><td>焊接一般低碳钢薄板结构</td></tr>
<tr><td>J421X</td><td>用于碳素钢薄板向下立焊及断续焊</td></tr>
<tr><td rowspan="2">E4324</td><td rowspan="2">铁粉钛型</td><td>J421Fe18</td><td>效率约 180%，是焊接一般低碳钢结构的高效焊条</td></tr>
<tr><td>J421Z</td><td>效率不低于 150%，是焊接一般低碳钢结构的重力焊条</td></tr>
<tr><td rowspan="2">E4303</td><td rowspan="2">钛钙型</td><td>J422</td><td>焊接较重要的低碳钢结构和同强度等级的低合金钢</td></tr>
<tr><td>J422Y</td><td>能在低电压(36V)下施焊，用于焊接低碳钢薄板结构</td></tr>
<tr><td>E4303</td><td>钛钙型</td><td>J422GM</td><td>焊缝成型美观，用于低碳钢结构的盖面焊接</td></tr>
<tr><td>E4323</td><td>铁粉钛钙型</td><td>J422Fe18</td><td>效率约 180%，是焊接重要低碳钢结构的高效焊条</td></tr>
<tr><td>E4323</td><td>铁粉钛钙型</td><td>J422Z</td><td>效率不低于 150%，是焊接重要低碳钢结构的重力焊条</td></tr>
<tr><td>E4301</td><td>钛铁矿型</td><td>J423</td><td>焊接低碳钢结构</td></tr>
<tr><td>E4327</td><td>铁粉氧化铁型</td><td>J424Fe18</td><td>效率约 180%，是焊接低碳钢结构的高效焊条</td></tr>
<tr><td>E4311</td><td>高纤维素钾型</td><td>J425</td><td>用于向下立焊的低碳钢薄板结构，也可以用于管子打底焊</td></tr>
<tr><td>E4316</td><td>低氢钾型</td><td>J426</td><td>焊接重要的低碳钢结构及某些低合金钢</td></tr>
</table>

续表

焊条型号	药皮类型	焊条牌号	焊接电源	主要特点和用途
E4316	低氢钾型	J426DF	交直流	低尘焊条，用于重要的低碳钢结构，在通风不良的环境中焊接
E4315	低氢钠型	J427	直流	焊接重要的低碳钢及某些低合金钢结构，如 Q295（09Mn2）等
		J427Ni		低温韧性好，用于焊接重要的低碳钢及某些低合金钢结构

2. 低合金高强度钢焊条

常用低合金高强度钢焊条的型号、牌号、特点和用途，见表3-116。

常用低合金高强度钢焊条的型号、牌号、特点和用途

表 3-116

焊条型号	药皮类型	焊条牌号	焊接电源	主要特点和用途
E5014	铁粉钛型	J501Fe	交直流	效率约 110%，焊接 16Mn 及某些低合金钢结构
E5003	钛钙型	J502		焊接 16Mn 及同等级低合金钢一般结构
E5001	钛铁矿型	J503		
E5027	铁粉氧化铁型	J504Fe		
E5011	高纤维钾型	J505		用于焊接低碳钢及某些低合金钢结构的高效率电焊条
		J505MoD		单面焊双面成型，用于不铲焊根的打底焊
E5016	低氢钾型	J506		焊接中碳钢及某些重要的低合金钢结构，如 16Mn 等
		J506GM		焊缝成型美观，用于低合金钢压力容器等表面装饰焊缝的焊接
		J506X		用于低合金钢的立向下焊
		J506H		焊接重要的低合金钢
		J506D		单面焊双面成型，用于不铲焊根的打底焊

续表

焊条型号	药皮类型	焊条牌号	焊接电源	主要特点和用途
E5016	低氢钾型	J506DF	交直流	焊接烟尘发生量及尘中可溶性氟含量低,适用于通风不良的环境中焊接
E5018	铁粉低氢型	J506LMA		难吸潮药皮,$[H]_D \leqslant 1.5$,用于低合金钢船舶结构的焊接
		J506Fe		效率约110%,焊接中碳钢及某些重要的低合金钢结构,如Q345(16Mn)等
E5018-1		J506Fe-1		焊缝韧性好,用于重要的低合金钢结构,如Q345(16Mn)16MnR等
E5016-G	低氢钾型	J506R		焊接韧性好,用于焊接海洋平台、船舶、压力容器等重要结构
		J506FeNE		焊接韧性好,用于该电工程主要管道及化工容器等的焊接
E5015	低氢钠型	J507	直流	焊接中碳钢及Q345(16Mn)等重要的低合金钢结构
		J507H		超低氢焊条、$[H]_D \leqslant 1.5$,用于海洋平台等重要的低合金钢结构
		J507D		用于管道及厚壁容器的打底焊
		J507X		用于低合金钢结构的立向下焊
		J507DF		焊接发尘量及尘中可溶性氟含量低,适于在通风不良的环境中焊接
		J507XG		用于立向下焊,焊接管子用焊条
E5015-G		J507R		焊缝韧性好,用于压力容器焊接
		J507RH		超低氢高韧性焊条、$[H]_D \leqslant 1.5$,用于海上平台、桥梁等重要结构的焊接
		J507TiBLMA		难吸潮药皮、$[H]_D \leqslant 1.5$,用于船舶、压力容器等重要结构
		J507NiTiB		焊接韧性好,用于压力容器的焊接
E5501-G	钛铁矿型	J553	交直流	焊接相应强度的低合金钢一般结构
E5511-G	高纤维素钾型	J555		焊接相应强度的低合金钢结构,如Q390(15MnV)等
E5516-G	低氢钾型	J556		焊接中碳钢及低合金钢重要结构,如Q390(15MnV)等

续表

焊条型号	药皮类型	焊条牌号	焊接电源	主要特点和用途
E5516-G	低氢钾型	J556RH	交直流	超低氢高韧性焊条，$[H]_D \leqslant 1.5$，用于压力容器、海洋平台等重要结构
E5515-G	低氢钠型	J557	直流	焊接中碳钢及低合金钢重要结构，如Q390(15MnV)等
		J557XG		管子立向下焊条，也可用于厚壁管打底焊
		J557Mo		焊接中碳钢及低合金钢重要结构，如Q390(15MnV)等
		J557MoV		焊接中碳钢及低合金钢重要结构，如Q390(15MnV)等
E5024	铁粉钛型	J501Fe15	交直流	效率约150%，焊接Q345(16Mn)及某些低合金钢结构
		J501Z		效率约150%，利用重力焊架进行碳素钢及低合金钢的平角焊
E5023	铁粉钛钙型	J502Fe18		效率约180%，用于低碳钢及相应强度低合金钢一般结构的高效焊接
E5028	铁粉低氢型	J506Fe18		效率约180%，用于Q345(16Mn)等低合金钢结构的高效焊接
E5027	铁粉氧化铁型	J504Fe14		效率约140%，用于低碳钢及相应强度低合金钢一般结构的高效焊接
E6016-G	低氢钾型	J606		焊接中碳钢及相应强度的低合金钢结构，如Q420(15MnVN)等
		J606RH		超低氢高韧性焊条，$[H]_D \leqslant 1.5$，焊接压力容器、海洋工程构件，如CF60(62)钢
E6015-G	低氢钠型	J607	直流	焊接中碳钢及相应强度的低合金钢结构，如Q420(15MnVN)
		J607Ni		焊接相应强度等级并有再热裂纹倾向的钢结构
E7015-G	低氢钠型	J707		焊接690MPa级低合金钢重要结构，如18MnMoNb等
		J707Ni		焊接690MPa级低合金钢重要结构

续表

焊条型号	药皮类型	焊条牌号	焊接电源	主要特点和用途
E7015-G	低氢钠型	J707RH	直流	焊接 690MPa 级低合金钢重要结构
		J707NiW		焊接 690MPa 级低合金钢重要结构，如 15MnMoVN 等
E7515-G	低氢钠型	J757		焊接 740MPa 级低合金钢重要结构
		J757Ni		焊接相应强度等级的低合金钢重要结构
E8015-G		J807		

（二）不锈钢焊条

1. 常用不锈钢焊条

常用不锈钢焊条，见表 3-117。

常用不锈钢用焊条 **表 3-117**

类别	钢　　号	不锈钢焊条型号(牌号)
马氏体不锈钢	1Cr13 2Cr13	E410-16(G202) E410-15(G207) 相当 E1-13-1-15(G217)
		E309-16(A302) E309-15(A307) E310-16(A402) E310-15(A407)
	1Cr17Ni2	E430-16(G302) E430-15(G307)
马氏体不锈钢	1Cr17Ni2	E308-16(A102) E308-15(A107) E309-16(A302) E309-15(A307) E310-16(A402) E310-15(A407)
铁素体不锈钢	00Cr12	E410-16(G202) E410-15(G207) 相当 E1-13-1-15(G217)
		E308-16(A102) E308-17(A102A) E308-15(A107)

续表

类别	钢　　号	不锈钢焊条型号(牌号)
铁素体不锈钢	00Cr12	E309-16(A302) E309-15(A307) E310-16(A402) E310-15(A407)
	0Cr13Al	E309-16(A302) E309-15(A307) E308-16(A102) E308-15(A107) E310-16(A402) E310-15(A407)
	1Cr17	E309-16(A302) E309-15(A307)
奥氏体不锈钢	00Cr18Ni10 0Cr18Ni10Ti	E308L-16(A002)
	0Cr18Ni10Ti 1Cr18Ni9Ti	E347-16(A132) E347-15(A137) E347-17(A132A)
	0Cr19Ni9 1Cr18Ni9	E308-17(A102A) E308-16(A102) E308-15(A107)
	0Cr18Ni12Mo2Cu2	E317MoCuL-16(A032)
	0Cr17Ni12Mo2 00Cr17Ni14Mo2 00Cr19Ni13Mo3	E316L-16(A022)
	0Cr18Ni12Mo3Ti 1Cr18Ni12Mo3Ti	E317-16(A242)
	0Cr18Ni12Mo2Ti 1Cr18Ni12Mo2Ti	E316-16(A202) E316-15(A207) E316-17(A202A) E318-16(A212)
	0Cr25Ni20	E310-16(A402) E310-15(A407) E310Mo-16(A412)
	0Cr23Ni13	E309-16(A302) E309-15(A307)
	00Cr18Ni10N	E308L-16(A002)
	0Cr17Ni12Mo2N	E316L-16(A022)
	0Cr18Ni12Mo2Cu2	E317MoCu-16(A222)

2. 焊接不锈钢复合板用焊条

焊接不锈钢复合板用焊条，见表 3-118。

焊接不锈钢复合板用焊条　　表 3-118

<table>
<tr><th rowspan="2">钢　号</th><th colspan="3">焊条型号(牌号)</th></tr>
<tr><th>基　层</th><th>过渡层</th><th>复　层</th></tr>
<tr><td>0Cr13＋Q235(A3)</td><td>E4303(J422)
E4316(J426)
E4315(J427)</td><td rowspan="3">E309-16
(A302)
E309-15
(A307)
(A302A)</td><td rowspan="3">E308-16
(A102)
E308-15
(A107)
E308-17
(A102A)</td></tr>
<tr><td>0Cr13＋Q345(16Mn)
Q390(15MnV)</td><td>E5003(J502)
E5016(J506)
E5015(J507)
E5515-G(J557)</td></tr>
<tr><td>0Cr13＋12CrMo</td><td>E5503-B1(R202)
E5515-B1(R207)</td></tr>
<tr><td>0Cr18Ni10Ti＋Q235
1Cr18Ni9Ti＋Q235</td><td>E4303(J422)
E4316(J426)
E4315(J427)</td><td rowspan="2">E309-16
(A302)
E309-15
(A307)
(A302A)</td><td rowspan="2">E347-16
(A132)
E347-15
(A137)
E347-17
(A132A)</td></tr>
<tr><td>0Cr18Ni10Ti
1Cr18Ni9Ti
＋
Q345(16Mn)
Q390(15MnV)</td><td>E5003(J502)
E5016(J506)
E5015(J507)
E5515-G(J557)</td></tr>
<tr><td>0Cr18Ni12Mo2Ti＋Q235(A3)</td><td>E4303(J422)
E4316(J426)
E4315(J427)</td><td rowspan="2">E309Mo-16
(A312)</td><td rowspan="2">E318-16
(A212)</td></tr>
<tr><td>0Cr18Ni12Mo2Ti＋Q345(16Mn)
Q390(15MnV)</td><td>E5003(J502)
E5016(J506)
E5015(J507)
E5515-G(J557)</td></tr>
</table>

（三）铜及铜合金焊条

常用铜及铜合金焊条的型号、牌号、特点及用途，见表 3-119。

（四）铝及铝合金焊条

常用铝及铝合金焊条的型号、牌号、特点及用途，见表 3-120。

常用铜及铜合金焊条的型号、牌号、特点和用途

表 3-119

焊条型号	药皮类型	焊条牌号	焊接电源	主要特点和用途
ECu	低氢型	T107	直流	纯铜、脱氧铜的焊接
ECuSi-A		—		纯铜、硅青铜、黄铜的焊接
ECuSi-B		T207		
ECuSn-A		—		纯铜、黄铜、磷青铜的焊接及铸铁的补焊
ECuSn-B		T227		
ECuAl-A2		—		铝青铜、铜合金的焊接及铸铁的补焊
ECuAl-B		—		
ECuAl-C		T237		
ECuNi-A		—		白铜的焊接
ECuNi-B		—		
ECuAlNi		—		
ECuMnAlNi		T247		高锰铝青铜、铜合金的焊接

常用铝及铝合金焊条的型号、牌号、特点和用途

表 3-120

焊条型号	药皮类型	焊条牌号	焊接电源	主要特点和用途
TAl	盐基型	L109	直流	焊接纯铝及要求不高的铝合金焊件
TAlSi		L209		焊接铝、铝硅铸件、锻铝、硬铝及铝锰合金，不宜焊铝镁合金
TAlMn		L309		焊接铝锰合金及纯铝
—		L409		焊接铝锰合金

二、密封材料

(一) 密封带和密封棒

1. 双面胶带

目前国内使用的双面胶带有两种材料制成的两种双面胶带，即聚胺基甲酸乙酯（又称聚氨酯）和聚乙烯树脂低发泡双面胶带。

(1) 聚胺基甲酸乙酯双面胶带

聚胺基甲酸乙酯双面胶带的性能，见表 3-121。

幕墙风荷载大于 1.8kN/m² 时，宜选用中等硬度的聚胺基甲酸乙酯低发泡间隔双面胶带，其性能应符合表 3-121 中的规定。

聚胺基甲酸乙酯双面胶带的性能　　表 3-121

项　目		技 术 指 标
密度	g/cm^3	0.682
邵氏硬度		35
拉伸强度	N/mm^2	0.91
延伸率	%	125
承受压应力	N/mm^2	压缩 10%时，0.11
动态拉伸粘结性	N/mm^2	0.39，停留 15min
静态拉伸粘结性	N/mm^2	7×10^{-3}，2000h
动态剪切力	N/mm^2	0.28，停留 15min
隔热值	$W/m^2\cdot K$	0.55
抗紫外线	(300W，25～30cm)，3000h	不变
烤漆耐污染性	(70℃)200h	无污染

（2）聚乙烯双面胶带

聚乙烯低发泡间隔双面胶带的性能，见表 3-121。

幕墙荷载小于 1.8kN/m² 时，宜选用聚乙烯低发泡间隔双面胶带，其性能应符合表 3-122 规定。

聚乙烯双面胶带的性能　　表 3-122

项　目		技 术 指 标
密度	g/cm^3	0.205
邵氏硬度		40
拉伸强度	N/mm^2	0.87
延伸率		125
承受压应力	N/mm^2	压缩 10%时，0.18
剥离强度	N/mm^2	2.76×10^{-2}
剪切强度	N/mm^2	4×10^{-2}，保持 24h
隔热值	$W/m^2\cdot K$	0.41
使用温度	℃	−44～75
施工温度	℃	15～52

2. 密封棒

幕墙缝隙在嵌镶密封胶时应先填充小圆棒，用于垫衬空隙，以便于注胶，如图 3-64 所示。

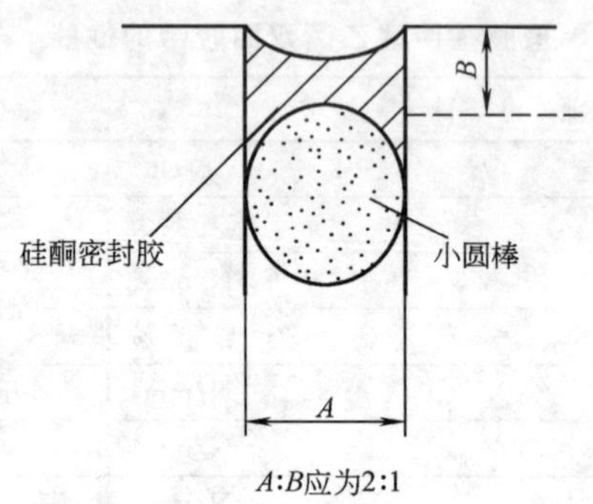

图 3-64 氯乙烯发泡填充料（小圆棒）

小圆棒是由氯乙烯发泡填充料制成，具体性能，见表 3-123 所示。

聚乙烯发泡填充料的性能 **表 3-123**

项　目		技术指标		
		10mm	30mm	50mm
拉伸强度	N/mm²	0.36	0.24	0.52
延伸率	%	46.5	52.3	64.3
压缩后变形率(纵向%)		4.0	4.1	2.5
压缩后恢复(纵向%)		3.2	3.6	3.5
永久压缩变形率半径%		3.0	3.4	3.4
25%压缩时,纵向变形率%		0.75	0.77	1.12
50%压缩时,纵向变形率%		1.35	1.44	1.65
75%压缩时,纵向变形率%		3.21	3.44	3.70

（二）密封胶

幕墙用的密封胶有结构密封胶和建筑密封胶（耐候胶）。

1. 结构密封胶

结构密封胶，是固定玻璃并使其与铝框有可靠连接的粘接剂。

同时也把玻璃（金属）幕墙密封起来。幕墙用的结构密封胶，只能是硅酮密封胶，它的主要成分是二氧化硅，由于紫外线不能破坏硅氧键，所以硅酮密封胶具有良好的抗紫外线性能，是非常稳定的化学物质。结构硅酮密封胶性能，见表 3-124。

结构硅酮密封胶性能　　表 3-124

项目	技术指标	
	中性双组分	中性单组分
有效期	9 月	9～12 月
施工温度	10～30℃	5～48℃
使用温度	−48～88℃	
操作时间	≤30min	
表干时间	≤3h	
初步固化时间(25℃)	7d	
完全固化时间	14～21d	
邵氏硬度	35～45 度	
粘结拉伸强度(H 型试件)	≥0.7N/mm²	
延伸率(亚铃型)	≥100%	
粘结破坏(H 型试件)	不允许	
内聚力(母材)破坏率	100%	
剥离强度(与玻璃、铝)	5.6～8.7N/mm(单组分)	
撕裂强度(B 模)	4.7N/mm	
抗臭氧及紫外线拉伸强度	不变	
污染和变色	无污染、无变色	
耐热性	150℃	
热失重	≤10%	
流淌性	≤2.5mm	
冷变形(蠕变)	不明显	
外观	无龟裂、无变色	
完全固化后的变位承受能力	12.5%≤δ≤50%	

2. 建筑密封胶（耐候胶）

建筑密封胶（耐候胶）主要用于外部建筑密封，对耐候性有更高的要求。建筑密封胶主要有硅酮密封胶和聚硫密封胶。

（1）耐候硅酮密封胶性能

耐候硅酮密封胶性能，见表 3-125。

耐候硅酮密封胶的性能　　表 3-125

项　目	技术指标
表干时间	1～1.5h
流淌性	无流淌
初步固化时间(25℃)	3d
完全固化时间	7～14d
邵氏硬度	20～30 度
极限拉伸强度	0.11～0.14N/mm^2
撕裂强度	3.8N/mm
固化后的变位承受能力	25%≤δ≤50%
有效期	9～12 个月
施工温度	5～48℃

（2）聚硫密封胶

聚硫密封胶的性能，见表 3-126。

聚硫密封胶的性能　　表 3-126

项　目		性　能	
		高模量	低模量
可操作时间	h	≤3	
表干时间	h	6～8	
渗出性	mm	≤4	
密度	g/cm^3	≤3	
低温弹性	－30℃	仍保持弹性	
拉伸粘结强度	kPa	≥4.0	
伸长率	%	≥100	≥200
恢复率	%	≥80	≥70
硬度	邵氏 A(度)	20～50	15～50

三、木料

（一）胶合板

1. 胶合板标定规格

胶合板的标定规格，见表 3-127。

胶合板的标定规格 **表 3-127**

层数	厚度(mm)	宽度(mm)	长度(mm)	胶种	树种
3	3、4	915	916、1220、1830	豆胶、血胶	柳安、阿必东、桦木、松木、柞木、椴木、水曲柳
	5、6	1220	1830、2135、2440	脲醛、酚醛	
5	5	915	1830、2135	豆胶	椴木、水曲柳、柳安、阿必东
	6	915	915、1830	血胶	
		1220	1830、2135、2440	脲醛	
	9、12	915	1830、2135	酚醛	
		1220	1830、2440		
7	10	915	1830	脲醛	阿必东、柳安、水曲柳，桦木、山毛榉、椴木
		1220	2135	豆胶	
	12	1220	2135	酚醛	
	16、19	915	1830、2135		
		1220	1830、2440		
	18、21	1220	2135、2440		
9	10、12	915	1830	豆胶	山毛榉、柳安
	18	1220	2135、2440	酚醛	
	25	1220	2135		
11	22	915	2135	豆胶	山毛榉、柳安、水曲柳
	24、32	1220	2135	酚醛	

注：本表系目前北京、哈尔滨、长春、上海等地的一般产品。根据使用胶料分：高级——酚醛（JF）、中级——脲醛（JN）、耐水性胶合板及不耐水性胶合板（JD）三种。

2. 胶合板体积张数的换算

胶合板体积张数的换算，见表 3-128。

3. 胶合板的面板和背板材质缺陷允许值

胶合板的面板和背板材质缺陷允许值，见表 3-129。

（二）板材、方材

1. 板材、方材宽度及厚度的规定

胶合板体积张数的换算　　　　表 3-128

幅面(cm)	面积(m^2)	每立方米张数(张)							
		3	3.5	4	5	6	7	9	11
915×915	0.837	398	345	303	239	199	172	185	109
915×1220	1.116	294	256	222	179	147	128	96	91
915×1830	1.675	199	171	149	119	100	85	67	51
915×2135	1.953	171	147	128	102	85	73	56	46
1220×1830	2.233	149	128	112	90	75	64	50	41
1220×2135	2.605	128	109	96	77	64	55	43	35
1525×1830	2.791	119	102	90	72	60	51	40	33
1220×2440	2.977	112	96	84	67	56	48	37	30
1525×2135	3.256	102	88	77	61	51	44	34	28
1525×2440	3.721	90	76	66	53	45	38	30	24

胶合板的面板和背板材质缺陷允许值　　　　表 3-129

木材缺陷名称	检查项目		面板			背板
			胶合板等级			
			一	二	三	
(1)节子、补片	每 m^2 板面上的总个数		5	10	15	不限
	尺寸(mm)	角质节	15	25	不限	不限
			10 以下者不计			
		死节	—	10	20	不限
			5 以下者不计		10 以下者不计	
		补片	—	40	80	120
		补片与本板的缝隙宽度	—	0.2	0.4	1.5
(2)变色	总面积不超过板面积(%)		10 浅色	30	不限	
(3)裂缝	尺寸(mm)	长度	200	400	800	不限
		宽度	0.5	1.0	1.5	5
		补条宽度	—	1.0	20	40

续表

<table>
<tr><td rowspan="3">木材缺陷
名　　称</td><td rowspan="3" colspan="2">检查项目</td><td colspan="3">面　　板</td><td rowspan="3">背板</td></tr>
<tr><td colspan="3">胶合板等级</td></tr>
<tr><td>一</td><td>二</td><td>三</td></tr>
<tr><td rowspan="2">(3)裂缝</td><td rowspan="2">尺寸
(mm)</td><td>补条与本板的缝宽度</td><td>—</td><td>0.2</td><td>0.4</td><td>1.0</td></tr>
<tr><td colspan="5">注:一、二等板面上不允许有密集的发丝干裂</td></tr>
<tr><td rowspan="3">(4)孔洞</td><td colspan="2">每 m² 板面上总个数</td><td>4</td><td>5</td><td>10</td><td>15</td></tr>
<tr><td colspan="2" rowspan="2">尺寸:(mm)</td><td>2</td><td>5</td><td>10</td><td>15</td></tr>
<tr><td></td><td>直径 2 以下不太影响美观时不计</td><td colspan="2">直径 5 以下者不计</td></tr>
<tr><td rowspan="3">(5)树脂囊、黑色夹皮</td><td colspan="2">每 m² 板面上的总个数</td><td>4</td><td>44</td><td>10</td><td rowspan="2">不限</td></tr>
<tr><td>长度
(mm)</td><td>树脂囊黑色夹皮</td><td>15
15</td><td>30
60</td><td>60
120</td></tr>
<tr><td colspan="6">注:树脂囊,黑色夹皮在一、二等板上 10 以下者不计
三等板上 15 以下者不计</td></tr>
<tr><td rowspan="3">(6)树脂漏</td><td colspan="2">每 m² 板面上的条数</td><td>4</td><td colspan="4" rowspan="3">不　　限</td></tr>
<tr><td colspan="2">长　　度(mm)</td><td>150</td></tr>
<tr><td colspan="2">宽　　度(mm)</td><td>10</td></tr>
<tr><td>(7)腐朽</td><td colspan="4">不许有</td><td>极轻微</td><td>轻微</td></tr>
</table>

板材、方材宽度及厚度的规定，见表 3-130。

板材、方材宽度及厚度的规定　　　表 3-130

<table>
<tr><td colspan="2" rowspan="2">材种</td><td rowspan="2">厚度
(mm)</td><td colspan="13">宽　　度　(mm)</td><td colspan="2" rowspan="2">材种</td></tr>
<tr><td>50</td><td>60</td><td>70</td><td>80</td><td>90</td><td>100</td><td>120</td><td>150</td><td>180</td><td>210</td><td>240</td><td>270</td><td>300</td></tr>
<tr><td colspan="2" rowspan="3">板材</td><td>10</td><td>—</td><td>—</td><td>—</td><td>—</td><td>—</td><td>—</td><td>—</td><td>—</td><td></td><td></td><td></td><td></td><td></td><td rowspan="4">薄板</td><td rowspan="6">板材</td></tr>
<tr><td>12</td><td>—</td><td>—</td><td>—</td><td>—</td><td>—</td><td>—</td><td>—</td><td>—</td><td>—</td><td>—</td><td></td><td></td><td></td></tr>
<tr><td>15</td><td>—</td><td>—</td><td>—</td><td>—</td><td>—</td><td>—</td><td>—</td><td>—</td><td>—</td><td>—</td><td>—</td><td></td><td></td></tr>
<tr><td rowspan="3">方材</td><td rowspan="3">小方</td><td>18</td><td>□</td><td>—</td><td>—</td><td>—</td><td>—</td><td>—</td><td>—</td><td>—</td><td>—</td><td>—</td><td>—</td><td></td><td></td></tr>
<tr><td>21</td><td>□</td><td>□</td><td>—</td><td>—</td><td>—</td><td>—</td><td>—</td><td>—</td><td>—</td><td>—</td><td>—</td><td>—</td><td></td><td rowspan="2">中板</td></tr>
<tr><td>25</td><td>□</td><td>□</td><td>□</td><td>—</td><td>—</td><td>—</td><td>—</td><td>—</td><td>—</td><td>—</td><td>—</td><td>—</td><td></td></tr>
</table>

续表

材种		厚度 (mm)	宽度 (mm) 50	60	70	80	90	100	120	150	180	210	240	270	300	材种	
方材	小方	30	□	□	□	□	—	—	—	—	—	—	—	—	—	中板	板材
		35	□	□	□	□	□	□	—	—	—	—	—	—	—		
		40	□	□	□	□	□	□	—	—	—	—	—	—	—	厚板	
		45	□	□	□	□	□	□	□	—	—	—	—	—	—		
		50	□	□	□	□	□	□	□	—	—	—	—	—	—		
		55		□	□	□	□	□	□	□	—	—	—	—	—		
		60		□	□	□	□	□	□	□	—	—	—	—	—		
		65			□	□	□	□	□	□	□	—	—	—	—		
		70			□	□	□	□	□	□	□	—	—	—	—	特厚板	
		75				□	□	□	□	□	□	□	—	—	—		
	中方	80				□	□	□	□	□	□	□	—	—	—		
		85					□	□	□	□	□	□	□	—	—		
							□	□	□	□	□	□	□	—	—		
		90						□	□	□	□	□	□	—	—		
		100							□	□	□	□	□	□	—		
	大方	120								□	□	□	□	□	□	方材	
		150									□	□	□	□	□		
	特大方	160									□	□	□	□	□		
		180									□	□	□	□	□		
		200										□	□	□	□		
		220											□	□	□		
		240												□	□		
		250												□	□		
		270													□		
		300													□		

注：□方材；—板材。

2. 木制板材、方材延长米折合立方米和立方米折合延长米换算木制板材、方材延长未折合立方米和立方米折合延长米换算，见表 3-131。

木制板材、方材延长米折合立方米和立方米折合延长米换算表

表 3-131

材料规格 宽×高 (cm^2)	延长米折合立方米						每 m^3 折合延长 m
	1m	2m	3m	4m	5m	6m	
3×3.0	0.0009	0.0018	0.0027	0.0036	0.0045	0.0054	1111.11
3×3.5	0.00105	0.0021	0.00315	0.0042	0.00525	0.0063	952.38
3×4.0	0.0012	0.0024	0.0036	0.0048	0.0060	0.0072	838.33
3×4.5	0.00135	0.0027	0.00405	0.0054	0.00675	0.0081	740.74
3×5.0	0.0015	0.0030	0.0045	0.0060	0.0075	0.0090	666.66
3×5.5	0.00165	0.0033	0.00495	0.0066	0.00825	0.0099	606.06
3×6.0	0.0018	0.0036	0.0054	0.0072	0.0090	0.0108	555.56
3.5×3.5	0.001225	0.00245	0.003675	0.0049	0.006125	0.00735	816.33
3.5×4.0	0.0014	0.0028	0.0042	0.0056	0.0070	0.0084	714.29
3.5×4.5	0.001575	0.003150	0.004725	0.0063	0.007875	0.00945	634.92
3.5×5.0	0.000175	0.0035	0.00525	0.0070	0.00875	0.0105	571.43
3.5×5.5	0.001925	0.00385	0.005775	0.0077	0.009625	0.01155	519.48
3.5×6.0	0.00210	0.0042	0.0063	0.0084	0.0105	0.0126	476.19
4×4	0.0016	0.0032	0.0048	0.0064	0.0080	0.0096	625.00
4×4.5	0.0018	0.0036	0.0054	0.0072	0.090	0.0108	555.56
4×5	0.0020	0.0040	0.0060	0.0080	0.0100	0.0120	500.00
4×5.5	0.0022	0.0044	0.0066	0.0088	0.0110	0.0132	454.55
4×6	0.0024	0.0048	0.0072	0.0096	0.012	0.0144	416.67
4×7	0.0028	0.0056	0.0084	0.0112	0.0140	0.0168	357.14
4×8	0.00032	0.0064	0.0096	0.0128	0.0160	0.0192	312.50
4×9	0.0036	0.0072	0.0108	0.0144	0.01800	0.0216	277.78
4×10	0.0040	0.0080	0.0120	0.0160	0.0200	0.0240	250.00
5×5	0.0025	0.0050	0.0075	0.0100	0.0125	0.0150	400.00
5×5.5	0.00275	0.0055	0.00825	0.0110	0.01375	0.0165	363.64

续表

材料规格 宽×高 （cm^2）	延长米折合立方米						每 m^3 折合 延长 m
	1m	2m	3m	4m	5m	6m	
5×6	0.0030	0.0060	0.0090	0.0120	0.0150	0.0180	333.33
5×6.5	0.00325	0.0065	0.00975	0.0130	0.01625	0.0195	307.69
5×7	0.0035	0.0070	0.0105	0.0140	0.0175	0.0210	285.71
5×7.5	0.00375	0.0075	0.01125	0.0150	0.0185	0.2250	266.67
5×8	0.0040	0.0080	0.0120	0.0160	0.0200	0.0240	250.00
5×8.5	0.00425	0.0085	0.01275	0.0170	0.02125	0.0255	285.29
5×9	0.0045	0.0090	0.0135	0.0180	0.0225	0.0270	222.22
5×9.5	0.00475	0.0095	0.01425	0.0190	0.02375	0.0285	210.53
5×10	0.0050	0.0100	0.0150	0.0200	0.0250	0.0300	200.00
5×11	0.0055	0.0110	0.0165	0.0220	0.0275	0.0330	181.82
5×12	0.0060	0.0120	0.018	0.0240	0.030	0.0360	166.67
5×13	0.0065	0.0130	0.0195	0.0260	0.0325	0.0390	158.85
5×14	0.0070	0.0140	0.0210	0.0280	0.0350	0.0420	142.86
5×15	0.0075	0.0150	0.0225	0.0300	0.0375	0.0450	133.38
5×18	0.0090	0.0180	0.0270	0.0360	0.0450	0.0540	111.11
5×20	0.0100	0.0200	0.0300	0.0400	0.0500	0.0600	100.00
5.5×5.5	0.003025	0.00605	0.009075	0.01210	0.015125	0.01815	330.58
5.5×6.0	0.0033	0.0066	0.0099	0.0132	0.0165	0.0198	303.03
5.5×10	0.0055	0.0110	0.0165	0.0220	0.0275	0.0330	181.82
5.5×12	0.0066	0.0132	0.0198	0.0264	0.0330	0.0396	151.52
5.5×15	0.00825	0.0165	0.02475	0.0330	0.04125	0.0495	121.21
5.5×20	0.0110	0.0220	0.0330	0.0440	0.0550	0.0660	90.91
6×6	0.0036	0.0072	0.0108	0.0144	0.0180	0.0216	277.78
6×7	0.0042	0.0084	0.0123	0.0168	0.0210	0.0252	238.10
6×8	0.0048	0.0096	0.0144	0.0192	0.0240	0.0288	208.34
6×9	0.0054	0.0108	0.0162	0.0216	0.0270	0.0324	185.19
6×10	0.0060	0.0120	0.0180	0.0240	0.0300	0.0360	166.67
6×11	0.0066	0.0132	0.0198	0.0264	0.0330	0.0396	151.52
6×12	0.0072	0.0144	0.0216	0.0288	0.0360	0.0432	138.89

续表

材料规格 宽×高 （cm^2）	延长米折合立方米						每 m^3 折合 延长 m
	1m	2m	3m	4m	5m	6m	
6×13	0.0078	0.0156	0.0234	0.0312	0.0390	0.0468	128.21
6×15	0.0090	0.0180	0.0270	0.0360	0.0450	0.0540	111.11
6×20	0.0120	0.0240	0.0360	0.0480	0.0600	0.072	83.33
7×7	0.0049	0.0098	0.01470	0.0196	0.0245	0.0294	204.08
7×8	0.0058	0.0112	0.0168	0.0224	0.0280	0.0336	178.57
7×9	0.0063	0.0126	0.0189	0.0252	0.0315	0.0378	158.73
7×10	0.0070	0.0140	0.0210	0.0280	0.0350	0.0420	142.86
7×12	0.0084	0.0168	0.0252	0.0336	0.0420	0.0504	119.05
7×15	0.0105	0.0210	0.0315	0.0420	0.0525	0.0630	95.24
7×18	0.0126	0.0252	0.0378	0.0504	0.0630	0.0756	79.37
7×20	0.0140	0.0280	0.0420	0.0560	0.0700	0.0840	71.43
8×8	0.0064	0.0128	0.0192	0.0256	0.0320	0.0384	158.25
8×9	0.0072	0.0144	0.0216	0.0288	0.0360	0.0432	138.89
8×19	0.0080	0.0160	0.0240	0.0320	0.0400	0.0480	125.00
8×11	0.0088	0.0170	0.0264	0.0352	0.0440	0.0528	113.64
8×12	0.0096	0.0192	0.0288	0.0384	0.0480	0.0576	104.17
8×15	0.0120	0.0240	0.0360	0.0480	0.0600	0.0720	83.33
8×20	0.0160	0.0320	0.0480	0.0640	0.0800	0.0960	62.50
9×9	0.0081	0.0162	0.0243	0.0324	0.0405	0.0486	123.46
9×10	0.0090	0.0180	0.0270	0.0360	0.0450	0.0540	111.11
9×11	0.099	0.0198	0.0297	0.0396	0.0495	0.0594	101.01
9×12	0.0108	0.0216	0.0324	0.0432	0.0540	0.0648	92.59
9×14	0.0126	0.0252	0.0378	0.0504	0.0630	0.0756	79.37
9×15	0.0135	0.0270	0.0405	0.0540	0.0675	0.0810	74.07
9×18	0.0162	0.0324	0.0486	0.0648	0.0810	0.0972	61.73
9×20	0.0180	0.0360	0.0540	0.0720	0.0900	0.1080	55.56
10×10	0.0100	0.0200	0.0300	0.0400	0.0500	0.0600	100.00

续表

材料规格 宽×高 （cm^2）	延长米折合立方米						每 m^3 折合 延长 m
	1m	2m	3m	4m	5m	6m	
10×12	0.0120	0.0240	0.0360	0.0480	0.0600	0.0720	83.33
10×15	0.0150	0.0300	0.0450	0.0600	0.0750	0.0900	66.67
10×18	0.0180	0.0360	0.0540	0.0720	0.0900	0.1080	55.56
10×20	0.0200	0.0400	0.0600	0.0800	0.1000	0.1200	50.00
11×10	0.0176	0.0352	0.0528	0.0704	0.0880	0.1050	56.82
11×11	0.0121	0.0242	0.0363	0.0484	0.0605	0.0726	82.64
11×12	0.0132	0.0264	0.0396	0.0528	0.0660	0.0792	75.76
11×15	0.0165	0.0330	0.0495	0.0660	0.0825	0.0990	60.61
11×20	0.0220	0.0440	0.0660	0.0880	0.1100	0.1320	45.45
12×12	0.0144	0.0288	0.0432	0.0576	0.0720	0.0364	69.44
12×14	0.0168	0.0336	0.0504	0.0672	0.0340	0.1008	59.52
12×15	0.0180	0.0360	0.0540	0.0720	0.0900	0.1080	55.56
12×18	0.6216	0.0432	0.0648	0.0864	0.1080	0.1296	46.30
12×20	0.0240	0.0480	0.0720	0.0960	0.1200	0.1440	41.67
13×13	0.0169	0.0338	0.0507	0.0676	0.0845	0.1014	59.17
13×15	0.0195	0.0390	0.0585	0.0780	0.0975	0.1170	51.28
13×18	0.0234	0.0468	0.0702	0.0936	0.1170	0.1404	42.74
13×20	0.0260	0.0520	0.0780	0.1040	0.1300	0.1560	38.46
14×14	0.0196	0.0392	0.0588	0.0784	0.0980	0.1176	59.17
14×15	0.0210	0.0420	0.0630	0.0840	0.1050	0.1260	47.62
14×16	0.0224	0.0448	0.0672	0.0896	0.1120	0.1344	44.64
14×18	0.0252	0.0504	0.0756	0.1008	0.1260	0.1512	39.68
14×20	0.0280	0.0560	0.0840	0.1120	0.1400	0.1680	35.71
15×15	0.0225	0.0450	0.6475	0.0900	0.1125	0.1350	44.44
15×16	0.0240	0.0480	0.0720	0.0960	0.1200	0.1440	41.67
15×18	0.0270	0.0540	0.0810	0.1080	0.1350	0.1620	37.04

续表

材料规格宽×高（cm^2）	延长米折合立方米						每 m^3 折合延长 m
	1m	2m	3m	4m	5m	6m	
15×20	0.0300	0.0600	0.0900	0.1200	0.1500	0.1800	33.33
16×16	0.0256	0.0512	0.0768	0.1024	0.1280	0.1536	39.06
16×18	0.0288	0.0576	0.0864	0.1152	0.1440	0.1728	34.72
16×20	0.0320	0.0640	0.0960	0.1280	0.1600	0.1920	31.25
17×17	0.0289	0.0578	0.0867	0.1156	0.1445	0.1734	34.60
17×18	0.0306	0.0612	0.0918	0.1224	0.1530	0.1836	32.68
17×20	0.0340	0.0680	0.1020	0.1360	0.1700	0.2040	29.41
18×18	0.0324	0.0648	0.0972	0.1296	0.1620	0.1944	30.86
18×20	0.0360	0.0720	0.1080	0.1440	0.1800	0.2160	27.78
19×19	0.0361	0.0722	0.1083	0.1444	0.1805	0.2166	27.70
19×20	0.0380	0.0760	0.1140	0.1520	0.1900	0.2280	26.32
20×20	0.0400	0.0000	0.1200	0.1600	0.2000	0.2400	20.00

第四章 金属幕墙

金属幕墙是指金属板及骨架悬吊挂于主体结构外侧的轻质围护墙。

第一节 金属幕墙的特点及分类

一、金属幕墙的特点

（一）造型艺术多样化

由于金属板材表面光洁、色彩绚丽、质感强，大大增加了建筑造型多样化和优美的艺术效果。它使建筑物从不同角度呈现不同的色调，随着阳光、月光、灯照和周围的景物变化给人以动态美，这是其他材料是不可比拟的。

（二）轻质、高强

金属幕墙材料都是轻质薄板和型板（如铝板和铝型材），大大减轻了建筑物质量。又因金属材料强度高，故对防震起到较好的效果。

（三）防火性能好

金属幕墙，具有很好的防火性能。

（四）无湿作业，安装速度快

金属幕墙安装其材料都是金属板块和金属型材、无湿作业、制作可工业化、施工简单、操作工序少、安装进度快。

（五）更新维修方便

可改造性强，易于更换。由于它材料单一，质轻、安装简单，因此金属幕墙常年使用损坏后改换新立面非常方便快捷，维修也简单。

（六）减少温度应力，提高防震能力

由于金属幕墙板材与框体连接，框体与主体结构连接都是以柔性材料进行连接，故大大地提高了金属幕墙的抗震性。

（七）施工精度要求高

金属幕墙施工方法多为预制装配，节点构造复杂，施工精度要求高，必须有完备的工具和设备及经过培训的有经验的工人才能完成操作。

二、金属幕墙分类

金属幕墙分类有四种：一是按安装方式分；二是按结构体系分；还有按材料及板面形状分。

（一）安装方式分

金属幕墙按安装方式分：明框幕墙、隐框幕墙及半隐框幕墙。

（二）结构体系分

金属幕墙从结构体系分：型钢骨架体系，铝合金属型材骨架体系及无骨架金属板幕墙体系等。

（三）按材料分

金属幕墙按材料可分为单一材料板和复合材料板两种。

1. 单一材料板

单一材料板为一种质地的材料、如钢板、铝板、不锈钢板等。

2. 复合材料板

复合材料板是由两种或两种以上质地材料组成，如铝合金板、搪瓷板、烤漆板、镀锌板、色塑料板、金属夹心板等。

（四）按板面形状分

金属幕墙按板面形状可分为光面平板、纹面平板、压型板、波纹板、立体盒板。

第二节　复合铝板幕墙安装

一、施工准备

（一）施工安装前的准备

安装前的准备工作，应注意如下几点：

1. 主体结构施工前，应考虑幕墙与主体结构连接的预埋件，在主体结构施工时，按设计要求的数量、位置和方法进行埋设。

2. 主体结构完工后，现场清理干净。

3. 确定安装方法，与土建单位研究脚手架拆除时间、垂直运输设备保留时间。

4. 主体结构必须达到施工规范的要求。

（二）预埋件检查和修补

1. 预埋件检查

施工安装前，应检查各连结位置预埋件是否齐全、位置是否符合设计要求。

标高偏差：±10mm；

轴线左右偏差：±30mm；

轴线前后偏差：±20mm。

2. 补救措施

预埋遗漏，位置偏差过大、倾斜时，要会同设计单位采取补救措施。常见的补救措施，见表 4-1。

常见的预埋件偏差的修补 **表 4-1**

	偏差	修补
平面位置偏差	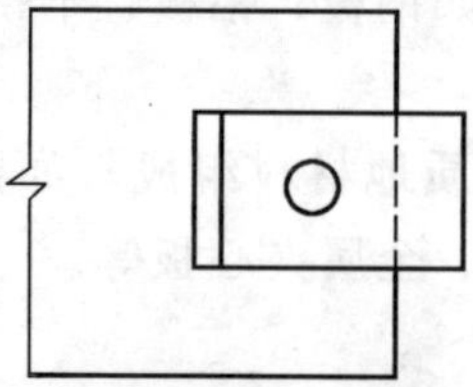 角铁端部在钢板外，无法焊接	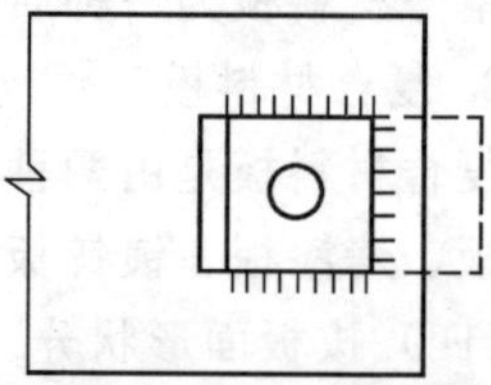 切短角铁，增加焊缝长度
	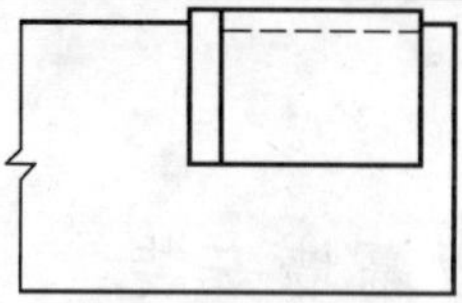 角铁侧边无法焊接	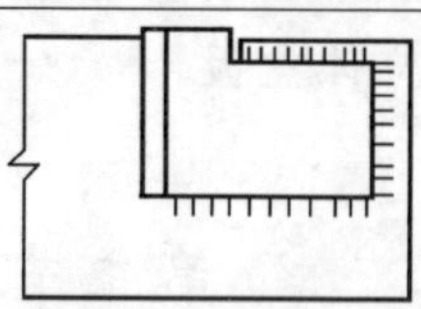 切去角铁边缘，留出焊缝
	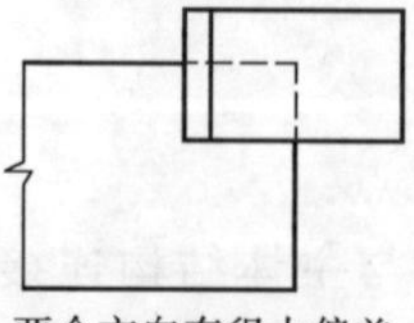 两个方向有很大偏差	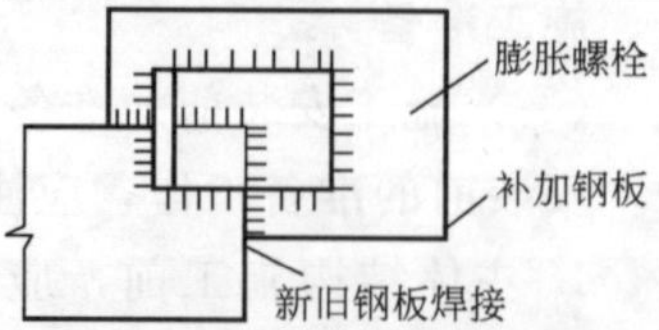 补钢板，用焊缝和膨胀螺栓（膨胀螺栓；补加钢板；新旧钢板焊接）

续表

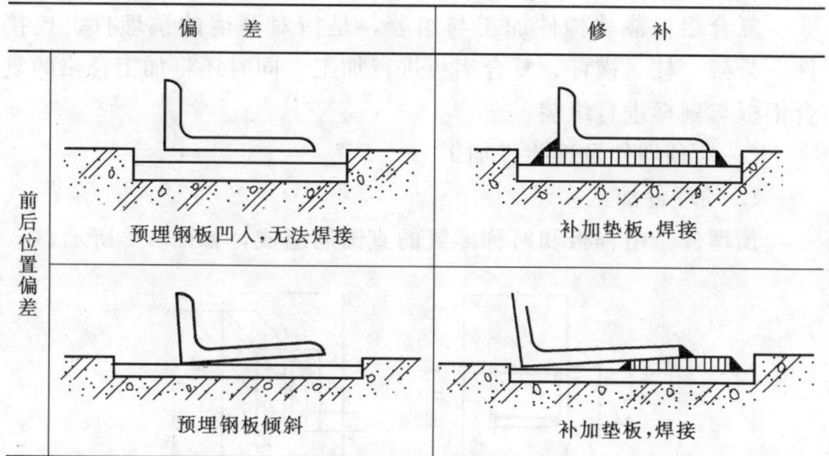

（三）样板

在正式施工安装前，承包商应按真实材料、构配件和工艺，在现场设置 1∶1 的幕墙单元样板。样板可竖立在工地内不妨碍施工的地点，也可以直接安装在立体结构上。

（四）材料准备

1. 骨架型材

常用的骨架型材有：铝合金型材骨架，轻钢型材骨架。

2. 铝合金板材

常用的铝合金板材有：复合铝板和蜂窝复合铝板。

3. 密封材料

（1）密封胶。常用的有耐候硅酮密封胶和结构硅酮密封胶。

（2）双面贴胶带和密封棒。

4. 紧固件

常用的紧固件有：水泥钉、自攻螺钉、墙板自攻螺钉、不锈钢螺栓、螺钉螺柱、膨胀螺栓、抽芯铆钉、击芯铆钉等。

5. 工具

（1）手工工具。线锤、直角尺、注胶枪等。

（2）电动工具。手电钻、铝型材切割机、自攻螺钉钻、电锤、冲击钻等。

二、复合铝板幕墙构件加工与组装

复合铝板幕墙构件加工与组装，是指对幕墙的预埋件、连接件、骨架立柱、横杆、复合铝板进行加工。同时还将加工合格的复合铝板与副框进行组装。

（一）预埋件及连接件加工

1. 预埋件加工

预埋件是由锚板和对称配置的直锚筋组成，如图 4-1 所示。

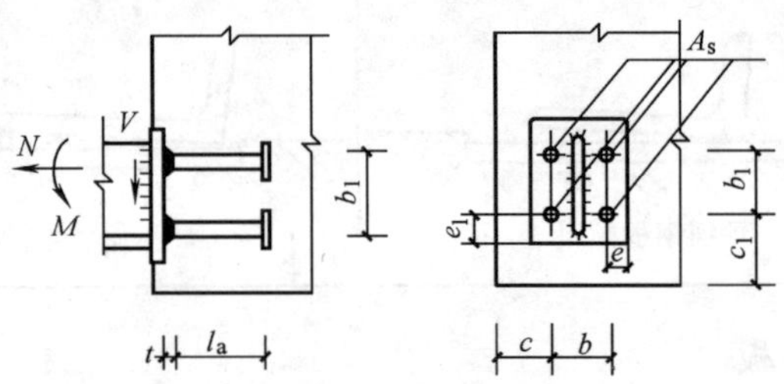

图 4-1　由锚板和直锚钢筋组成预埋件示意图

（1）锚筋

1）直锚筋材质用 HPB235、HRB335（Ⅰ、Ⅱ级）钢筋，不得用冷加工钢筋。预埋件的受力直锚筋不宜少于 4 根，直径不宜小于 8mm。

2）锚固长度。锚筋的最小锚固长度在任何情况下不应小于 250mm。锚筋按构造配置，未充分利用其受拉强度时，锚固长度可适当减少，但不应小于 180mm。光圆钢筋端部应做弯钩。锚固长度（l_a），也可根据混凝土强度和钢筋等级确定，见表 4-2。

（2）锚板

锚固钢筋的锚固长度 l_a（mm）　　　　**表 4-2**

钢 筋 类 型	混凝土强度等级	
	C25	≥C30
HPB235（Ⅰ级钢）	$30d$	$25d$
HRB335（Ⅱ级钢）	$40d$	$35d$

注：1. 当螺纹钢筋 $d \leqslant 25$mm 时，l_a 可以减少为 $5d$。

2. 锚固长度不应小于 250mm。

预埋件锚板的厚度应大于锚筋直径的 0.6 倍。受拉和受弯预埋件的锚板厚度尚应大于 $b/8$（b 为锚筋间距）。锚筋中心至锚板边缘的距离不应小于 $2d$（d 为锚筋直径）及 20mm。对于受拉和受弯预埋件，其钢筋间距和锚筋至构件边缘的距离不应小于 $3d$ 及 45mm。对受剪预埋件，其锚筋的间距 b 及 b_1 不应大于 300mm，其中 b_1 不应小于 $6d$ 及 70mm，锚筋至构件边缘的距离 c_1 不应小于 $6d$ 及 70mm，b、c 不应小于 $3d$ 及 45mm。

（3）焊接

直锚筋与锚板应采用 T 形焊，锚筋直径不大于 20mm 时宜采用压力埋弧焊。手工焊缝高度不宜小于 6mm 及 $0.5d$（HPB235 钢筋）或 $0.6d$（HRB335 钢筋）。

2. 连接件加工

连接件是用来固定幕墙竖框（立杆）于主体结构上的构件。如图 4-2 所示。

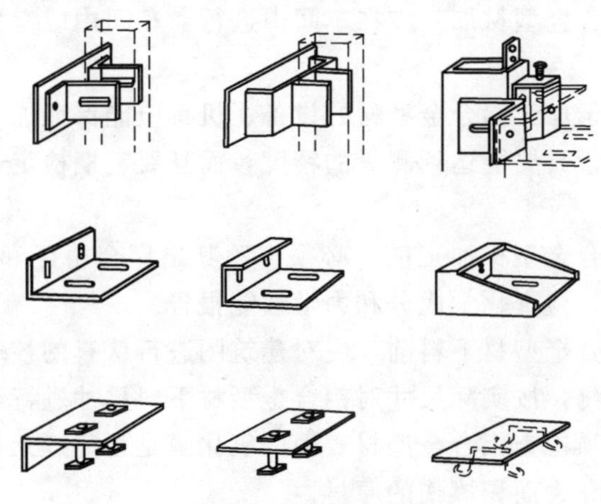

图 4-2　连接件类型

（1）材料

连接件的材质是采用铝合金、不锈钢或表面热处理的碳钢。

（2）加工

因为竖框（立杆）通过连接件固定在主体结构上，连接件的设计与安装都要考虑竖框能上下、左右、前后三个方向均可调节移动，所以连接件上的所有螺栓孔都设计成椭圆形的长孔。其调节范围 u、v、w 均宜不小于 40mm，如图 4-3 所示。

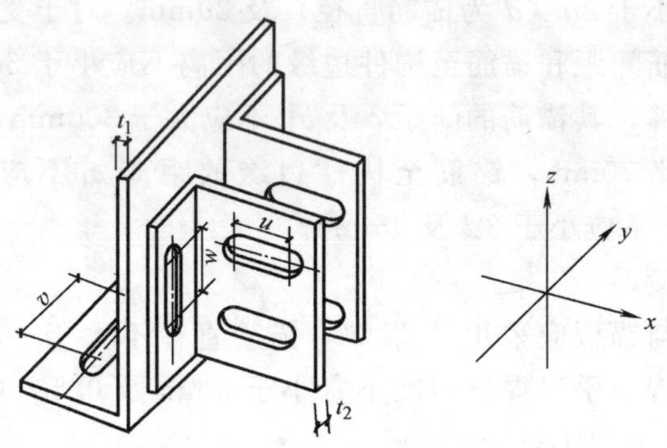

图 4-3　固定支座的调整示意图

（二）铝合金型材加工

1. 铝合金型材加工条件

（1）铝合金型材加工应在车间内进行，车间内应有良好的清洁条件。

（2）用于加工铝合金型材的设备、机具应能保证加工的精度要求。所用的量具要能达到测量的精度，而且要定期检定，进行计量认证。

（3）铝合金型材加工前，必须查验其出厂合格证和产地证书，核对其型号，检查化学成分和力学性能报告。

（4）铝合金型材下料前，应对建筑图进行认真的核对，并对建筑物进行复测，按实际尺寸对铝合金型材下料尺寸进行调整。

（5）必须检查铝合金型材表面的氧化膜是否完好无损伤，剔除有过深刻痕和大面积擦伤的原材。

2. 铝合金型材加工要点

（1）放样、号料

制作铝合金板幕墙竖框和横框时，应先求出各型材的尺寸，制作样杆，并考虑号料时留有余量。

（2）矫正和成型

在加工铝合金型材时，有些型材需要矫正，可以木锤进行矫直，因铝合金型材壁厚较薄，矫直时需加木垫块，矫直后的铝合金型材，其弯曲矢高不得大于其长度的1/1000，且不大于3mm。

（3）切割

铝合金型材应用铝型材切割机进行切割。铝合金型材切割面应垂直于轴线，切割线与号料线的偏差不得大于1mm。

（4）成孔

铝合金型材螺栓孔的加工，应采用钻成孔。孔径比螺栓公称直径 d 大1.0～1.5mm。

（5）铝合金型材中槽、豁、榫的加工

铝合金型材中槽、豁、榫的加工，应在铣床上进行。

3. 铝合金型材加工精度要求

（1）截料尺寸精度

1）断料尺寸图

图4-4为铝合金型材断料尺寸图。

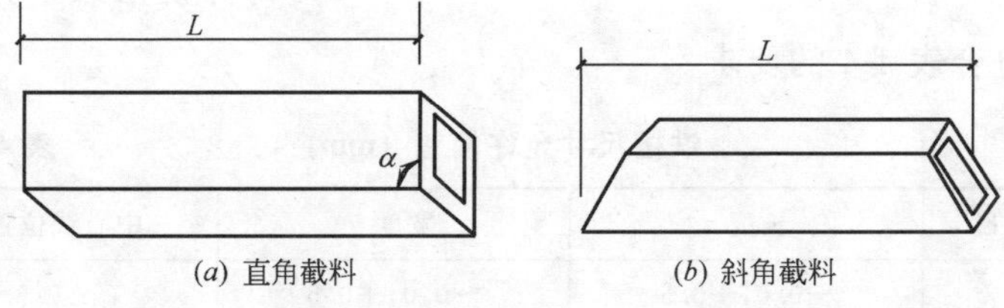

(a) 直角截料　(b) 斜角截料

图4-4　断料尺寸

2）截料尺寸允许偏差，应符合表4-3的要求。

结构杆件截料尺寸允许偏差　　表4-3

项　目	允许偏差	
直角截料	长度尺寸 L	1.0mm
	端头角度 α	10′
斜角截料	长度尺寸 L	1.0mm
	端头角度 α	15′

3）截料端头不应有明显的加工变形，毛刺不大于0.2mm。

4）孔径允许偏差±0.5mm，孔距允许偏差±0.5mm，累计偏

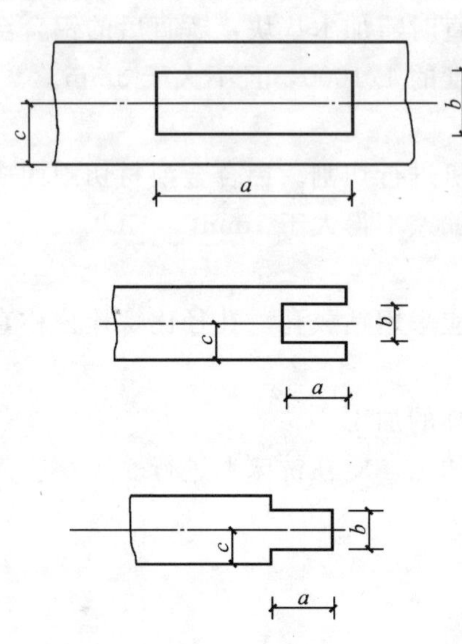

图 4-5 槽、豁、榫的尺寸

差不大于±1.0mm。

5）铆钉用通孔应符合 GB 1521 的规定。

6）沉头螺钉用沉孔应符合 GB 1522 规定。

7）圆柱头、螺栓用沉孔应符合 GB 1523 的规定。

8）螺丝孔的加工应符合设计要求。

（2）铝型材槽、豁、榫的加工精度。

1）槽、豁、榫的尺寸图

图 4-5 为铝型材槽、豁、榫的尺寸图。

2）构件铣槽尺寸允许偏差应符合表 4-4 的要求。

铣槽尺寸允许偏差（mm）　　表 4-4

项　目	长度 a	宽度 b	中心线位置 c
偏　差	−0.0,+0.5	−0.0,+0.5	±0.5

3）构件铣豁尺寸允许偏差，应符合表 4-5 的要求。

铣豁尺寸允许偏差（mm）　　表 4-5

项　目	豁口长度 a	豁口宽度 b	中心线位置 c
偏　差	−0.0,+0.5	−0.0,+0.5	±0.5

4）构件铣榫尺寸允许偏差应符合表 4-6 的要求。

铣榫尺寸允许偏差（mm）　　表 4-6

项　目	榫长 a	榫宽 b	中心线位置 c
偏　差	+0.0,−0.5	+0.0,−0.5	±0.5

（三）复合铝板加工

复合铝板加工应在洁净的专门车间中进行，加工的工序主要为复合铝板裁切、刨沟和固定。

1. 复合铝板加工前准备

（1）复合铝板储存

复合铝板储存时，应以 10°内的倾斜放置，底板需用厚木垫底，才不致于产生弯曲现象，如图 4-6 所示。同时还应注意防潮，在露天时应覆盖雨布。

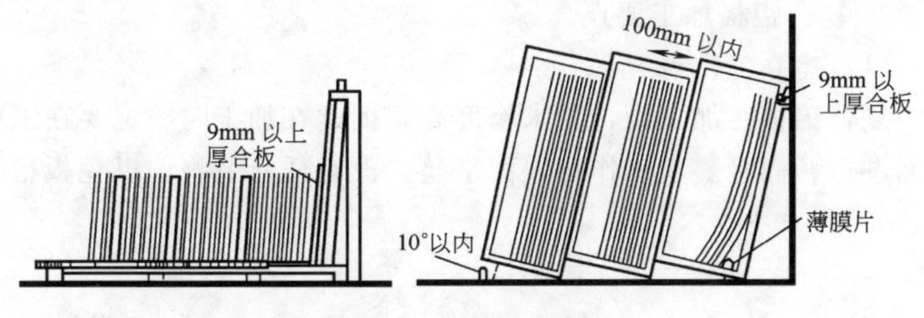

图 4-6　复合铝板的储存

（2）复合铝板搬运

复合铝板在搬运时，须两人取放，切勿推拉，以防擦伤。如图 4-7 所示。

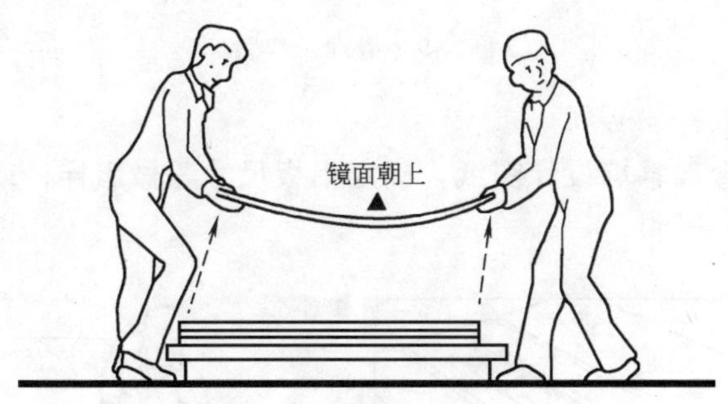

图 4-7　复合铝板搬运

（3）复合铝板存放

复合铝板在搬运和存放时，在板材的上方不能践踏，更不能存放重物，以免产生弯曲或凹陷的现象，如图 4-8 所示。

图 4-8　复合铝板上方勿放重物

2. 复合铝板加工要点

（1）建立工作台

复合铝板在加工时，要求精度高，因此在加工时一定要在工作台上进行。而且要求工作台表面平整，没有任何杂物，以免板材受损，如图 4-9 所示。

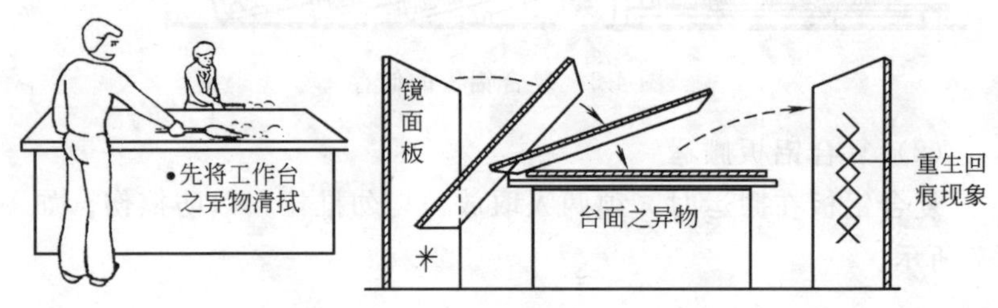

图 4-9　清理工作台

（2）放样、号料

根据金属幕墙设计图纸，确定铝板尺寸，做出样杆或样板，在铝板上进行号料。

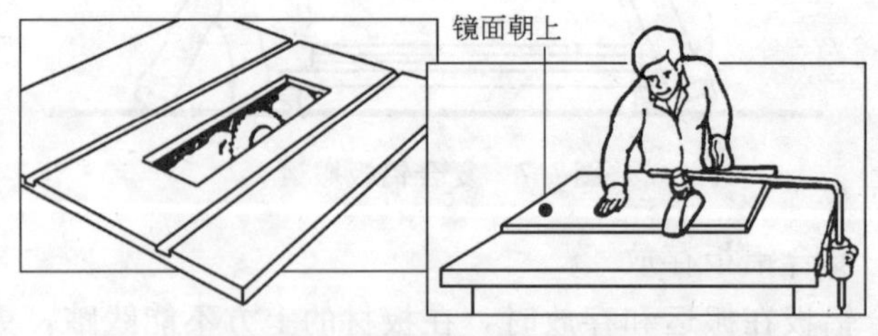

图 4-10　圆盘锯切割复合铝板

(3) 裁切

复合铝板的裁切可用剪床、电锯、刨锯、圆盘锯、手提式电锯等工具，按照设计尺寸进行切割。要求切口整齐、切割线与号料线的误差不得超过±0.5mm。图 4-10 为用圆盘锯切割复合铝板。

(4) 刨沟

为了保证复合铝板弯折后的形状，在弯折处应进行刨沟处理。

1) 刨沟机具

复合铝板的刨沟用两种机具：一是带有床体的数控刨沟机；二是手提式电动刨沟机。

2) 刨沟的形状

由于复合铝板弯折后有不同的形状要求，以及对弯折处理有不同的方法。因此复合铝板常见的刨沟形状有三种。这三种形状是由三种不同的刨刀刨成的。

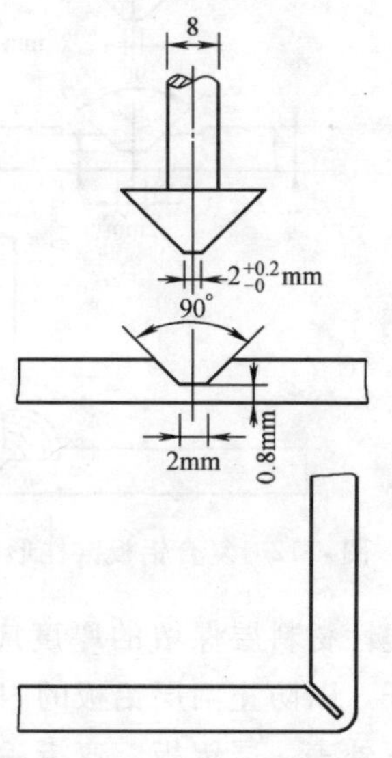

图 4-11 复合铝板锥形刨沟

① 锥形刨沟

复合铝板的刨沟，用锥形刨刀进行加工，就形成锥形刨沟。这种刨沟当板弯折后，无缝隙。因此板缝也无需处理。如图 4-11 所示。

② 锥柱形刨沟

复合铝板的刨沟，用锥柱形刨刀进行加工，就形成锥柱形刨沟。这种形状刨沟，弯折后可以进行缝隙处理。可以用不同颜色的密封膏填塞，可以达到装饰的效果。如图 4-12 所示。

③ 柱形刨沟

复合铝合金板刨沟用柱形刨刀进行加工，就形成柱形刨沟，这种形状刨沟弯折后，可以进行缝隙处理。可以用不同颜色的密封膏填塞，可以达到装饰的另一种效果。如图 4-13 所示。

3) 刨沟注意事项

① 复合铝板的刨沟深度应根据不同的厚度而定。一般情况下

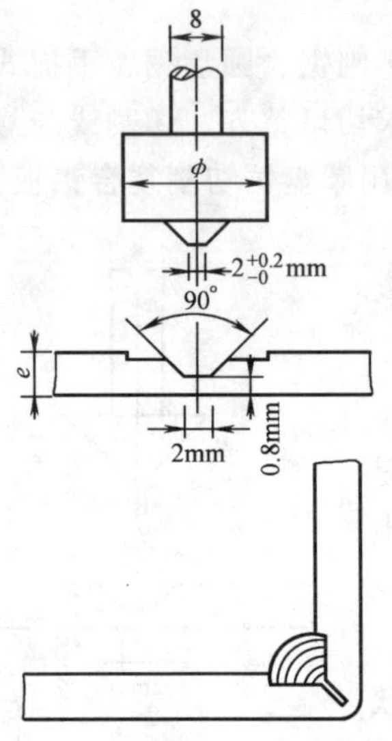

图 4-12　复合铝板锥柱形状刨沟

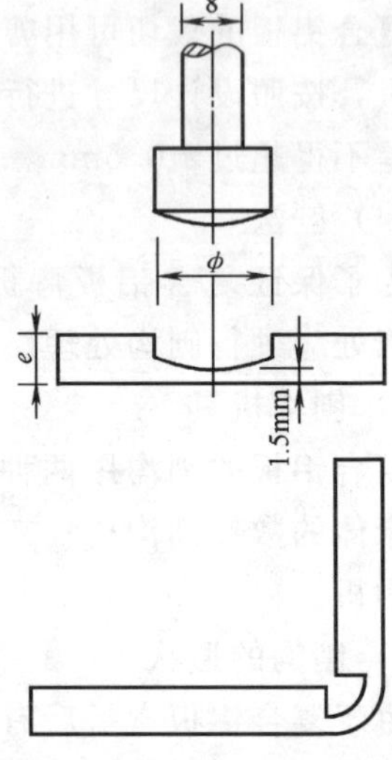

图 4-13　复合铝板柱形状刨沟

塑性材料层保留的厚度应在 1/4 左右。不能将塑性材料层全部刨开，以防止两层铝板的内表面长期裸露而受到腐蚀。而且如果只剩下外表一层铝板、弯折后，弯折处板材强度会降低，导致板材使用寿命缩短。

② 在刨沟操作时，应将板材放到机床上，调好刨刀的距离。当使用手动刨沟机时，要使用平整的工作台，操作人员要熟练掌握工具的使用技巧。

③ 板材被刨沟以后，板材在刨沟处进行弯折时，要将碎屑清理干净。弯折时切勿多次反复的弯折和急速弯折，防止铝板受到破损。

(5) 钻孔、曲线切割

钻孔、曲线切割未进行前，应在铝板上划好钻孔的位置及曲线切割的曲线位置线。钻孔时，应在钻床上进行，可以保证钻口位置的准确性。曲线切割可用手提式线钻进行。二者加工方法，如图 4-14 所示。曲线切割也可用电动曲线锯进行加工。

(6) 修边

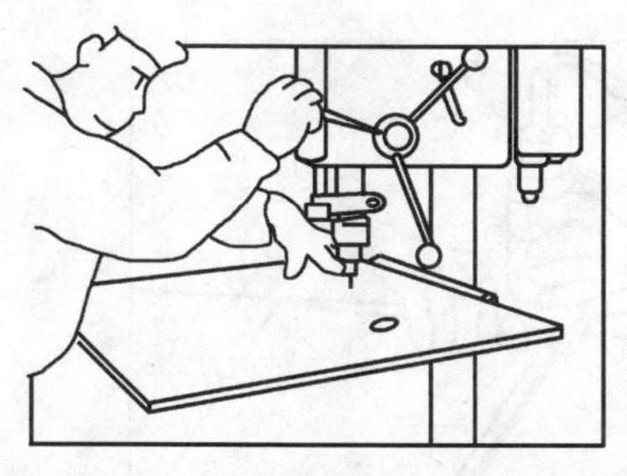

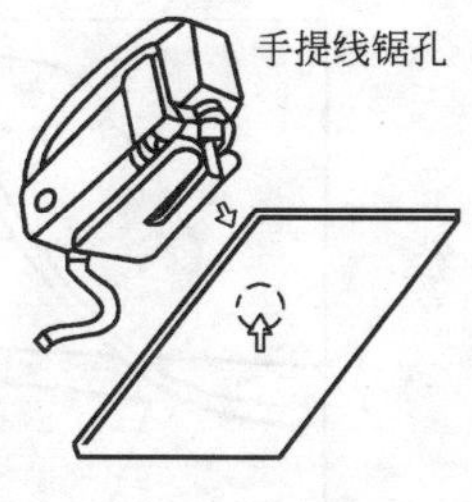

图 4-14　复合铝板钻孔、曲线切割

复合铝板切割后，应进行修边，目前有两种方法进行修边：一是用木工刨刀进行修边；二是用电动刨刀进行修边。

1）用木工刨刀进行修边

用木工刨刀进行修边方法简单，操作方便，不需要电力设施。如图 4-15 所示。也可用锉刀进行修边。

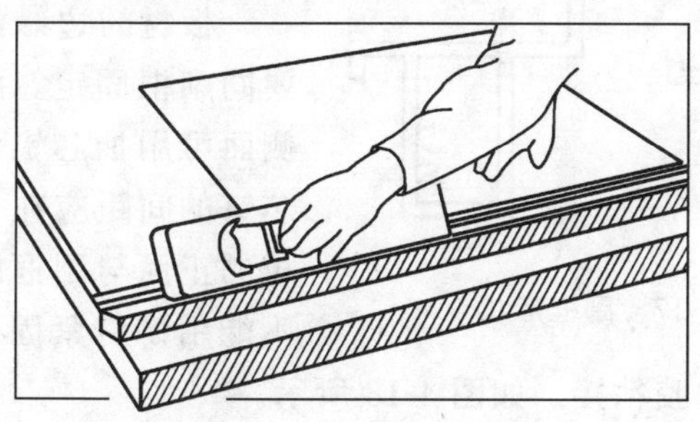

图 4-15　用木工刨修边

2）用电动刨进行修边

用电动刨进行修边，速度快、质量高，但在加工过程中，应对加工复合铝板进行固定，防止加工中出现移动，同时需电力设施和工作平台。如图 4-16 所示。

（四）复合铝板与副框及加强筋的固定

复合铝板材边缘弯折以后，就要同副框固定成形，同时根据板材的性质及具体分格尺寸的要求，要在板材背面适当的位置设置加强筋。

1. 副框的形状及选用

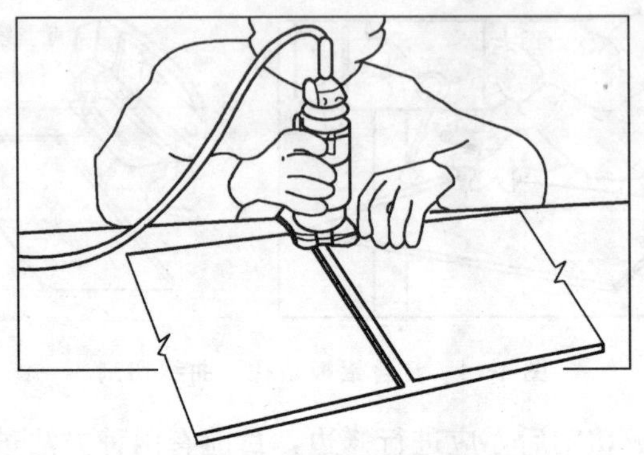

图 4-16　电动刨修边

副框形状有二种，如图 4-17 所示。副框的选用，由设计图纸确定，因为它的形状决定于主框的形状。

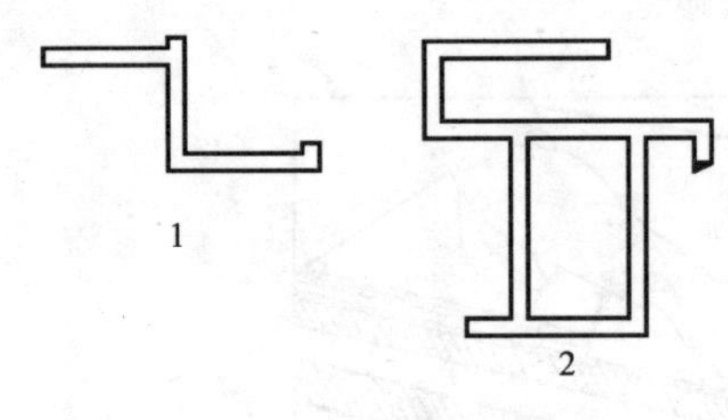

图 4-17　副框形状

2. 复合铝板与副框固定

板材的边缘弯折以后，就要同副框固定。副框与板材的侧面可用抽芯铝铆钉紧固，抽芯钉的间距应在 200mm 左右，板的正面与副框的接触面由于不能用铆钉紧固，所以副框与板材间用结构胶粘接。如图 4-18 所示。

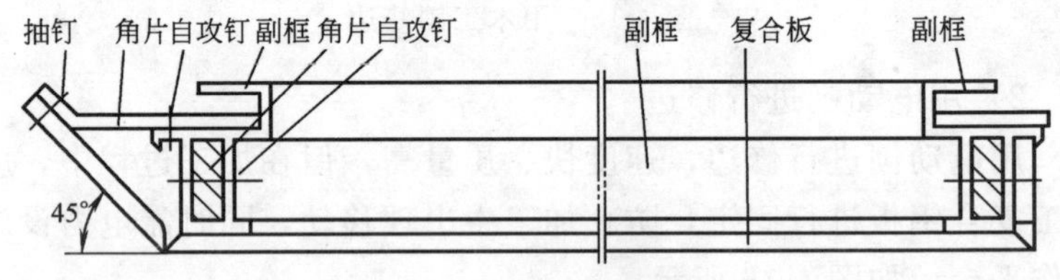

图 4-18　复合铝板与副框固定

当副框有转角时，在副框转角处要角码（角板）将两根副框连接牢固。图 4-19 是用钝角角码将副框连接、固定。图 4-20 用锐角角码将副框连接固定。

3. 复合铝板与加强筋固定

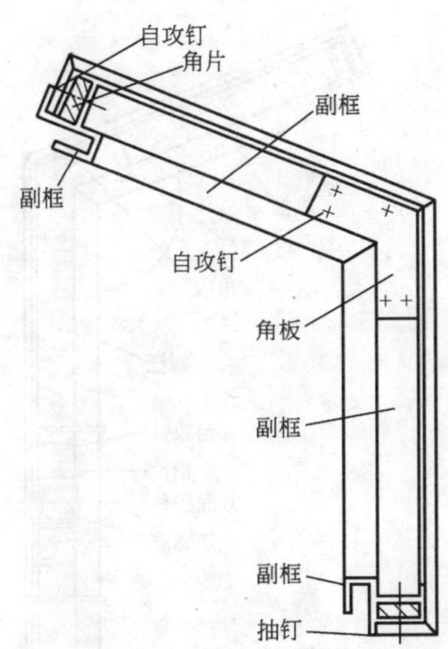

图 4-19　钝角角码固定副框

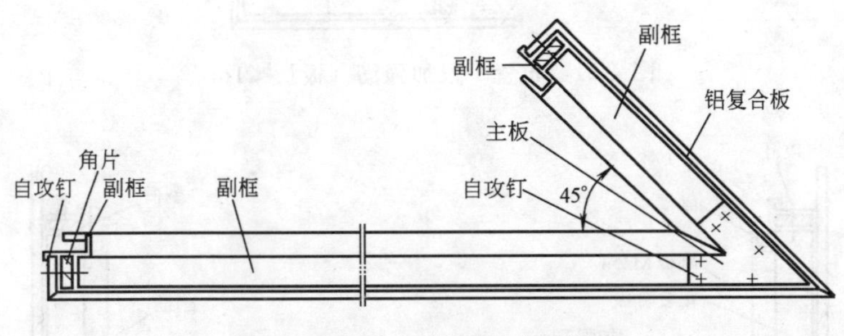

图 4-20　锐角角码固定副框

复合铝板与副框固定时，根据板材的性质及具体分格尺寸的要求，要在板材的背面适当位置，设置加强筋。通常采用铝合金方管作为加强筋。加强筋的数量根据设计图纸确定，一般情况下，当板材的长度小于 1m 时可设置一根加强筋，如图 4-21 所示。

当板材的长度小于 2m 时，可设置两根加强筋，如图 4-22 所示。当板材长度大于 2m 时，应按设计要求增加加强筋的数量。加强筋与副框间要用角码连接紧固，加强筋与板材间要用结构胶粘牢。

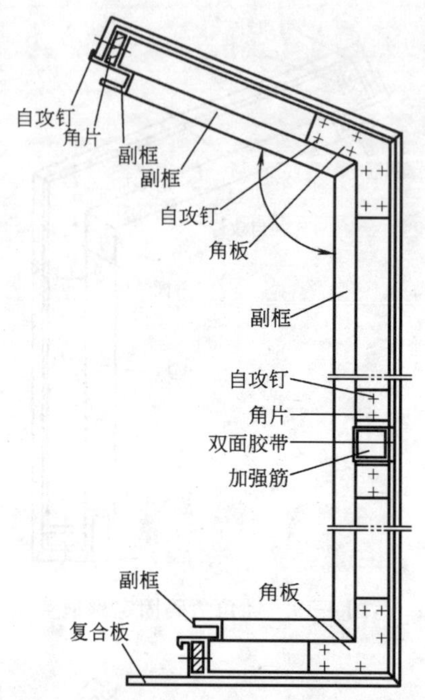

图 4-21　布置 1 根加强筋（板长<1m）

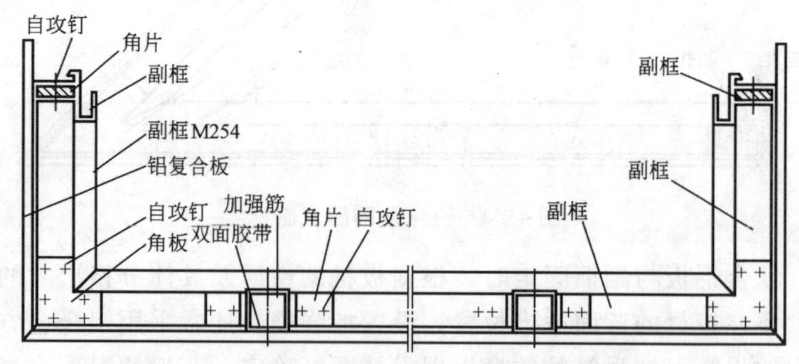

图 4-22　设置两根加强筋（当板长>1m）

4. 复合铝板与副框组装

当复合铝板与副框固定，以及与加强筋固定之后，副框转角也用角板固定，这就组成了单元的组合体，也就是构件式铝合金板。图 4-23 为复合铝板与副框的组合图。

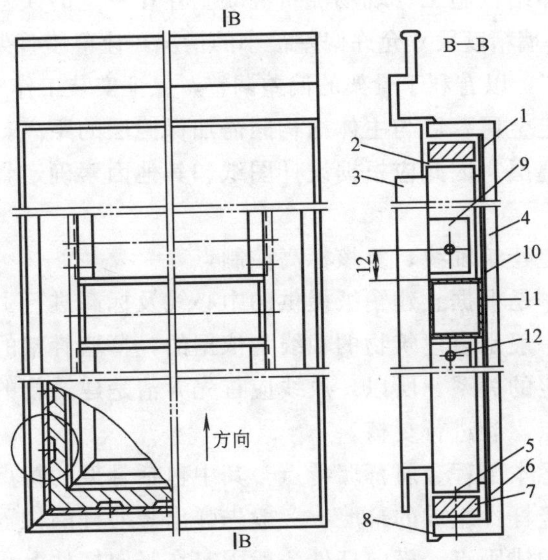

图 4-23　复合铝板与副框组合图

1—双面胶带；2—副框；3—副框；4—复合铝板；5—铆钉；6—双面胶带；7—副框角片；8—副框；9—加强筋角片；10—加强筋方管；11—双面胶带；12—自攻螺钉

三、铝合金型材骨架安装

（一）定位放线

放线是将骨架的位置弹线到主体结构上，以保证骨架的安装的准确性，只有准确地将设计图纸的要求反映到结构的表面上，才能保证设计意图得以实施。

1. 放线前的准备工作

(1) 现场施工技术人员必须与设计人员共同研究设计图纸，弄通设计意图，掌握图纸内容。

(2) 检查验收主体结构

1) 检查主体结构质量，特别是墙面的垂直度、平整度的偏差。

2) 检查墙面各种预留孔的位置及表面缺陷应做好检查记录。及时与有关单位协商解决。

(3) 确定幕墙与主体结构之间空隙

由于主体结构施工、现场浇筑混凝土存在一定的误差，为了解决安装金属幕墙精度尺寸允许偏差很小的情况，让幕墙骨架离开主体结构一段距离，以有利于骨架的偏差调整，保证安装工作顺利进行。

(4) 确定金属幕墙与主体结构间需加保温层的距离。有些金属幕墙需加保温层。因此应根据设计图纸和其他因素确定骨架离幕墙的距离。

(5) 确定建筑轴线、复核标高控制点

放线工作是根据土建图纸提供的中心线及标高进行。因为金属幕墙的设计一般是以建筑物的轴线为依据的，幕墙骨架的布置应与轴线取得一定的关系。所以，放线应首先弄清楚建筑物的轴线，对于标高控制点，应进行复核。

(6) 熟悉本工程金属幕墙特点，其中包括骨架的特点。

对由横竖杆件组成的幕墙，一般先弹出竖向杆的位置，然后确定竖向杆件的锚固点。横向杆件一般固定在竖向杆件上，与主体结构不发生关系，待竖向杆件通长布置完毕，横向杆件再弹到竖向杆件上。

2. 放线操作要点

(1) 确定竖框基准线

根据建筑物轴线，在适当位置，用经纬仪测定一根竖框竖向线，弹出一根纵向通长线，作为竖框的基准线。

(2) 确定标高点、弹出横向水平通线

根据建筑物的标高，用水平仪先测定一个楼层的标高点，弹出一根横向水平通线。

(3) 确定竖框锚固点（即竖框连接铁件位置）

1) 在竖框基准线位置上，从底层到顶层，逐层在主体结构上弹出竖框骨架的锚固点。

2) 再按水平通线以纵向基准线做起点，量出每根竖框的间隔点，通过仪器和尺量，就能依次在主体结构上弹出各层楼所有锚固点的十字中心线，即竖框连接铁件的位置。

3) 在确定竖框锚固点时，应充分考虑土建结构施工时，所预埋的锚铁件应恰在纵、横线的交叉点上。如果个别预埋件不在弹线的位置上，亦应弹好锚固点的位置，以便设置后补埋件。如果预埋铁件埋置在各层楼板上，仍应将纵横线相交的锚固点位置线弹到楼板的预埋铁件上。

（4）放线是金属幕墙施工中技术难度较大的工作，除了充分掌握设计要求外，还要具备丰富的施工经验。因为有些细部处理，设计图纸中并不十分明确交待。而是留给现场技术人员结合现场情况具体处理。

（二）金属幕墙骨架安装要点

1. 骨架安装前的准备

（1）清理、检查预埋件

1）清理预埋件。由于在实际施工中，主体结构浇筑混凝土，常使预埋件被混凝土淹没。因此要把预埋件上的水泥灰碴剔除。所有锚固点中，不能满足锚固要求的位置，应该剔平。

2）检查预埋件。预埋件清理后，应逐个检查预埋件位置与锚固中心是否一致，并把误差值记录下来。并把预埋件遗漏和不能满足锚固要求的位置也应记录下来，以便给增设的埋件提供数据。

（2）增设埋件

当预埋件遗漏或偏差大时，需增补埋件，增补措施，见表 4-1。增补埋件连接方法有两种：

1）焊接法。即在原有预埋件钢板上，用手工电弧焊将增补的埋件焊上。

2）用膨胀螺栓固定。可以用膨胀螺栓将增补的埋件固定在主体结构上。但这种方法只能用于低层楼房。

2. 连接件安装

金属幕墙所有骨架外立面，要求同在一个垂直平整的立面上。因此，施工时所连接件与主体结构预埋件钢板焊接或膨胀螺栓锚定后，其外伸端面也必须处在同一个垂直平整的立面上，才能使骨架安装质量得到保证。

（1）连接件安装形式

连接件与主体结构安装，可以置于楼板的上表面、侧面和下表面。一般情况置于楼板的上表面，便于操作。图 4-24 为几种连接

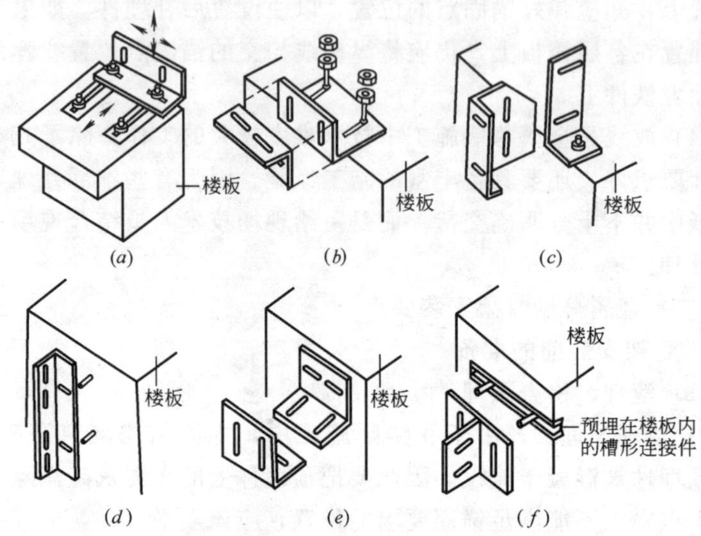

图 4-24　金属幕墙连接件示例

件安装形式。

（2）确定立面单元平整基准线

以一个平整立面为单元，从单元的顶层和底层两侧竖框锚固点附近，定出主体结构与竖框的适当间距，上下各设置一根悬挑铁桩，用线锤吊垂线，找出同一立面的垂面、平整度，经调整合格后，各拴一根铁丝绷紧，定出立面单元两侧垂直、平整基准线。根据基准线，在各楼层立面两侧，各设置悬挑铁桩，并在铁桩上按垂线找出各楼层垂直平整点，如图 4-25 所示。

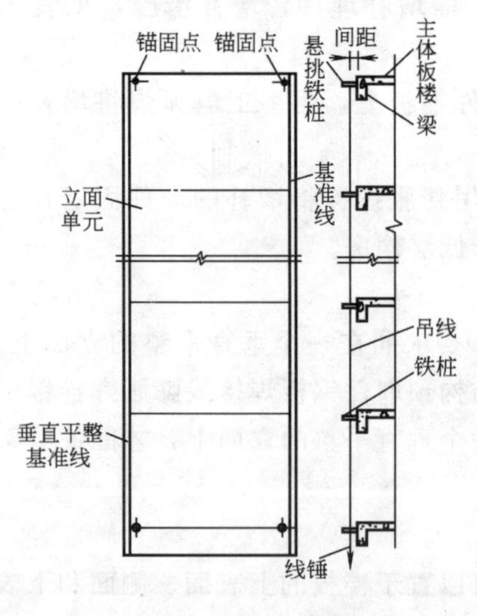

图 4-25　同一立面垂面

（3）固定竖框连接件

各层设置铁桩时，应在同

一水平线上，然后，在各楼层两侧悬挑铁桩所刻垂直点上，拴铁丝绷紧，接线焊接或锚定各条竖框的连接铁件，使其外伸面做到垂直平整。连接件与预埋钢板焊接时要符合操作规程，对于电焊所采用的焊条型号、焊缝的高度及长度，均应符合设计要求，并应做好检查记录。

(4) 防锈处理

现场的焊接或螺栓紧固的构件固定后，应及时进行防锈处理。

3. 竖框安装

竖框安装，实质上就是竖框与连接件安装。竖框安装的准确和质量，影响整个金属幕墙的质量。因此，竖框的安装是金属幕墙安装施工的关键工序之一。金属幕墙的平面轴与建筑物外平面轴线距离的允许偏差，应控在 2mm 以内，特别是建筑物平面呈弧形、圆形和四周封闭的金属幕墙，其内外轴线距离影响到幕墙的周长，应以认真对待。

(1) 竖框与连接件安装示意图

图 4-26 为竖框与连接件安装示意图。

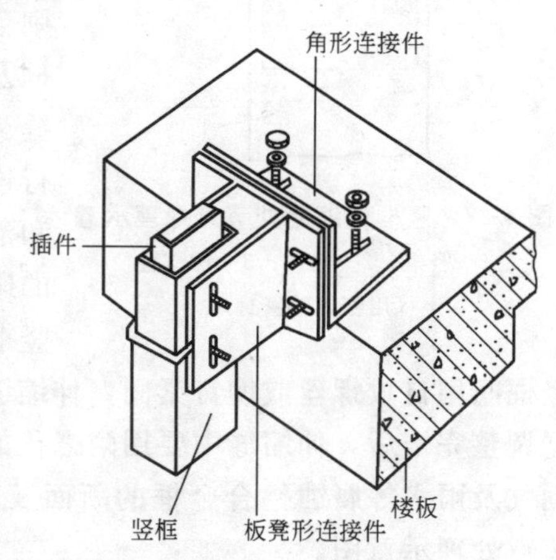

图 4-26 竖框与连接件的连接

(2) 竖框安装顺序

安装竖框时，当第一层竖框安装完后，方可进行上一层竖框的安装。

(3) 竖框与连接件安装用螺栓连接

1) 竖框与连接件安装，必须用螺栓连接，螺栓要采用不锈钢件，同时要保证足够长度，螺母紧固后，螺栓要长出螺母 3mm 以上。螺母与连接件之间要加设足够强度的不锈钢或镀锌垫片和弹簧垫圈。

2) 安装时用的垫片，其强度和尺寸一定要满足设计要求，垫片的宽度要大于连接件螺栓孔竖向直径的 1/2。

3）连接件的竖向孔径要小于螺母直径，连接件上螺栓孔都应是长孔，以利于竖框的前后调整。

（4）固定螺栓、螺母

竖框调整之后，将螺母拧紧，垫片与连接件间要进行几点点焊，以防止竖框的前后移动。同时螺栓与螺母间也要进行点焊。

（5）连接件与竖框间加尼龙垫片

连接件与竖框接触处，要加设尼龙衬垫隔离，防止电位差腐蚀。尼龙垫片的面积不能小于连接件与竖框的接触面积。

（6）竖框伸缩缝处理

一般情况下，都以建筑物的一层高为一根竖框。金属幕墙随着温度变化，材料在不同的伸缩，由于铝板、铝复合板等材料的热胀冷缩系数不同，这些伸缩如被抑制，材料内部将产生很大应力，轻则会使幕墙窸窸作响，重则会导致幕墙变形，因此，框与框及板与板之间，都要有伸缩缝。伸缩缝处要采用特制插件进行连接，即套筒连接法，可适应和消除建筑挠度变形及温度变形的影响。插件的长度要保证塞入竖框每端200mm以上，插件与竖框间用自攻螺丝或铆钉紧固，伸缩缝的尺寸要按设计而定，待竖框调整完毕后，伸缩缝中要用耐老化的硅酮密封胶进行密封，以防潮气及雨水等腐蚀铝合金框的断面及内部。图4-27为竖框伸缩缝节点处理示意图。

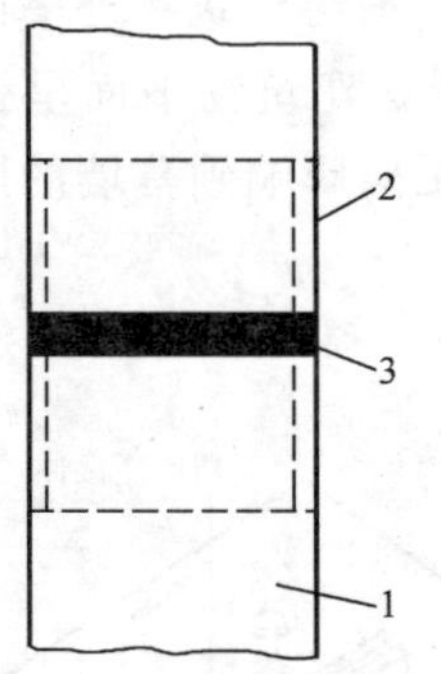

图4-27 竖框伸缩缝处节点处理示意

1—竖框；2—插件；3—伸缩缝（用密封胶密封）

4. 横框安装

安装横框时，最重要的是要保证横框与竖框的外表面处于同一立面上。横竖框间通常采用角码进行连接，角码一般用角铝或镀锌铁件制成。

（1）横框安装示意图

图 4-28 为横框安装示意图。

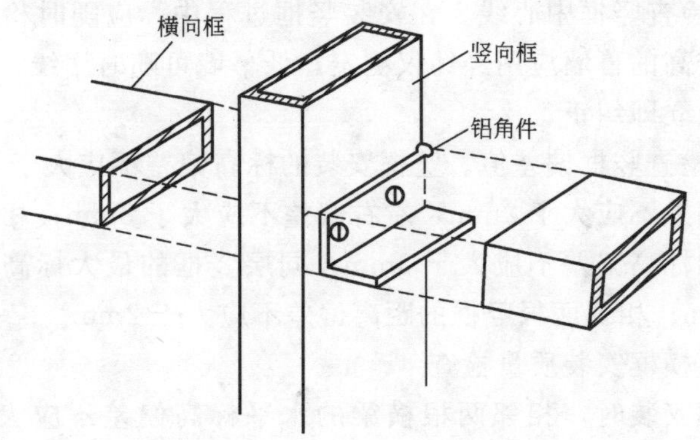

图 4-28　横框安装示意图

(2) 确定横框安装位置

根据弹线所确定的位置，在竖框上划出横框安装位置线。

(3) 在竖框上安装角铝

角铝连接件的作用，一方面是通过角铝件将两件型材连接起来，另一方面是定位，防止型材安装后转动。

安装方法：沿竖向框，在与横框连接的划线位置上固定角铝。角铝件上应先打好 $\phi3$ 或 $\phi4$mm 的两个孔。孔中心距角铝件端头 10mm，然后将角铝放于竖框与横框固定的划线上，并用相同直径的手电钻钻头通过角铝件上小孔在竖框上打出两个小孔。最后用 M_4 或 M_5 自攻螺钉把角铝件固定于竖框上。

(4) 横框安装

安装横框时，先将横框端头插入竖框上的角铝件上，并使其端头与竖框侧面靠紧，再用手电钻将横框角铝件固定。

(5) 伸缩缝处理

横框与竖框间也应设有伸缩缝，待横框固定后，用硅酮密封胶将伸缩缝密封。

5. 竖框和横框安装质量检查

金属幕墙骨架安装是整个幕墙安装的关键。竖框和横框安装时，应及时检查：

(1) 竖框安装质量检查

1) 检查竖框中心线。在安装竖框过程中，应随时检查竖框中心线：较高的幕墙应用经纬仪测定，低幕墙可随时用线锤检查，如有偏差应立即纠正。

2) 检查竖框偏差值。竖框安装的标高偏差不应大于3mm；轴线前后偏差不应大于2mm，左右偏差不应大于3mm；相邻两根竖框安装的标高偏差不应大于3mm；同层竖框的最大标高偏差不应大于5mm；相邻两根竖框的距离偏差不应大于2mm。

(2) 横框安装质量检查

横框安装时，相邻两根横梁的水平标高偏差不应大于1mm。同层标高偏差：当一幅金属板幕墙的宽度小于或等于35m时，不应大于5mm；当一幅幕墙的宽度大于35m时，不应大于7mm。

(三) 保温防潮层安装

如果金属板幕墙的设计中，即有保温层又有防潮层，那么应先安防潮层再安保温层。通常只有保温层而无防潮层。

保温层安装方法有两种：

1. 将裁好隔热材料用金属丝固定于角铝上，角铝在铝型材加工时已安装在竖框或横板上。

2. 将保温板安装在幕墙构件之间。

四、复合铝板安装

(一) 安装技术要求

1. 金属板须放置于干燥通风处，并避免与电火花、油污及混凝土等物体接触，以防板面受损。

2. 注胶前，一定要用清洁剂将金属板及铝合金（型钢）框表面清洁干净，清洁后的材料须在1h内密封，否则重新清洗。

3. 密封胶须注满，不能有空隙或气泡。

4. 清洁用擦布须及时更换以保持干净。

5. 注胶之前，应将密封条或防风雨胶条安放于金属板与铝合金（钢）型材之间。

6. 根据密封胶的使用说明，注胶宽度与注胶深度之最合适尺寸比率为2（宽度）:1（深度）。

7. 注密封胶时，应用胶纸保护胶缝两侧的材料，使之不受污染。

8. 金属板安装完毕，在易受污染部位用胶纸贴盖或用塑料薄膜覆盖保护；易被划碰的部位，应设安全护栏保护。

9. 清洁中所使用的清洁剂应对金属铝板、胶及铝合金型材（或钢型材）料，无有任何腐蚀作用。

（二）复合铝板安装要点

1. 主框截面形式选择

金属幕墙的主体铝合金框架，通常有两种截面形式，如图 4-29 所示。而副框也有两种形式，见图 4-17。其中第一种副框可与第一种主框和第二种主框都可搭配使用，但第二种副框又能与第二种主框配合使用。主、副框的截面选用由设计图纸确定。

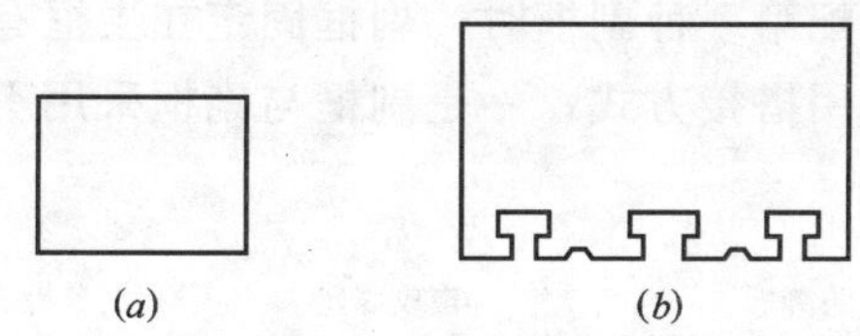

图 4-29 主框形状

2. 弹出板缝线

板间接缝宽度按设计而定，安装板前要在竖框上拉出两根通线，定好板间的接缝的位置线。拉线时要使用弹性小的线，以保证板缝整齐。

3. 副框与主框接触处应加设一层胶垫

副框与主框接触处应加设一层胶垫，不允许钢性连接。如果采用方管做主框，则应将胶条安装在两边的凹槽内，如果采用方管做主框，则应将胶条粘接到主框上。

4. 安装方式

(1) 第一种主框配第二种副框

当第一种主框（即方管）配第二种副框使用时，组合复合铝板定位以后，用自攻螺丝（不锈钢的）将压片固定到主框上就可以了。如图 4-30 所示。

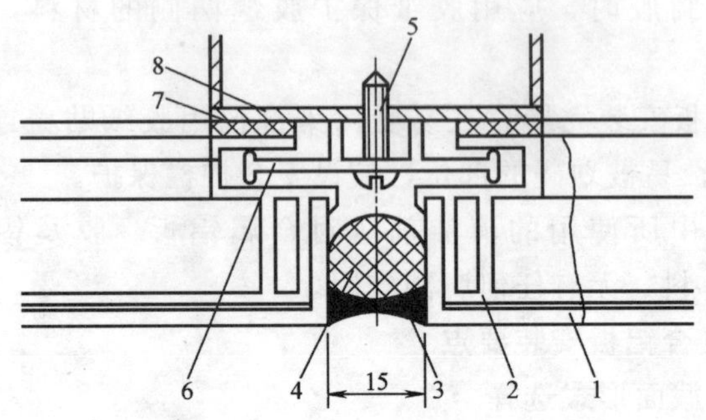

图 4-30 第一种主框配第二种副框

1—复合铝板；2—副框；3—密封胶；4—泡沫胶条；
5—自攻螺钉；6—压片；7—胶垫；8—主框

(2) 第一种主框配第一种副框

第一种主框配第一种副框时，副框固定在主框有两种方框：一是副框与副框采用搭接方式；一是副框与副框采用平接的方式。

1) 搭接方式

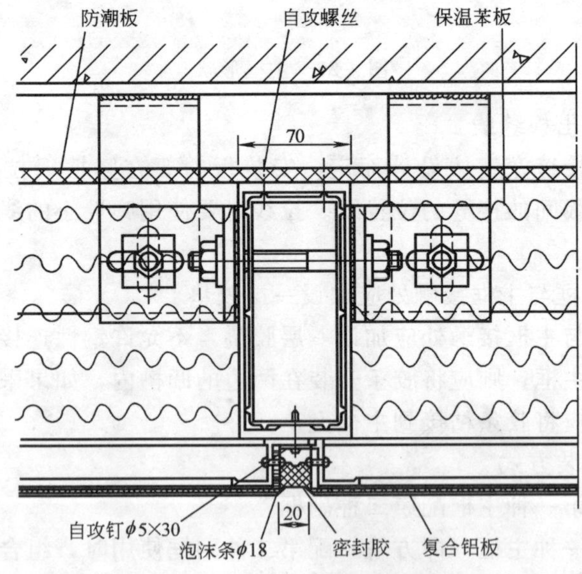

图 4-31 第一种主框配第一种副框

第一种主框配第一种副框时，副框与副框采用搭接叠压的方式，用自攻螺丝（不锈钢的）将副框固定到主框上就可以了。如图4-31所示。

2）平接方式

第一种主框配第一种副框时，副框与副框采用平接的方式，用自攻螺丝（不锈钢的）将副框固定到主框上就可以了，如图4-32所示。

5. 密封胶嵌缝

组合复合铝板安装后，板材之间的间隙必须用耐候胶嵌缝，予以密封，防止气体渗透和雨水渗漏（图4-32）。

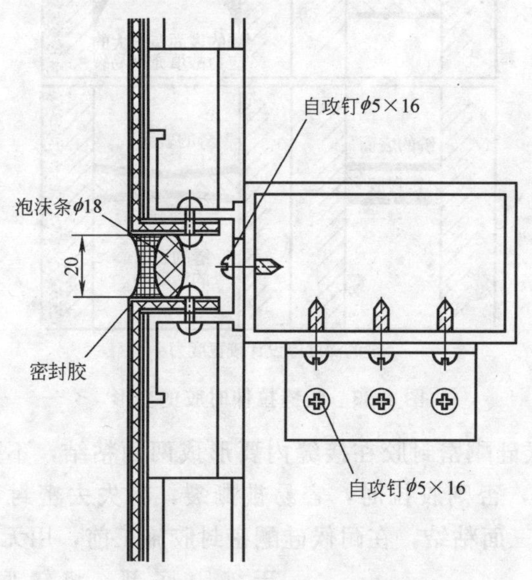

图4-32 副框与副框平接

常用的嵌缝耐候胶是硅酮建筑密封胶（硅酮耐候胶）如GE2000、DOW Corning>83. Tossenl等。

（1）嵌缝耐候胶注胶要点

1）充分清洁板材间缝隙，不应有水、油渍、涂料、铁锈、水泥砂浆、灰尘等。应充分清洁面，加以干燥。可采用甲苯或甲基二乙酮作清洁剂。

2）控制嵌缝胶的深度（厚度）。嵌缝胶的深度（厚度）应小于缝宽度。因为当板材发生位移时，胶被拉伸，胶缝越厚，边缘的拉伸越大越容易开裂，如图 4-33 所示。嵌缝胶的施工厚度要控制在 3.5～4.5mm。而嵌缝胶的施工宽度不小于厚度的 2 倍或根据实际接缝宽度而定。

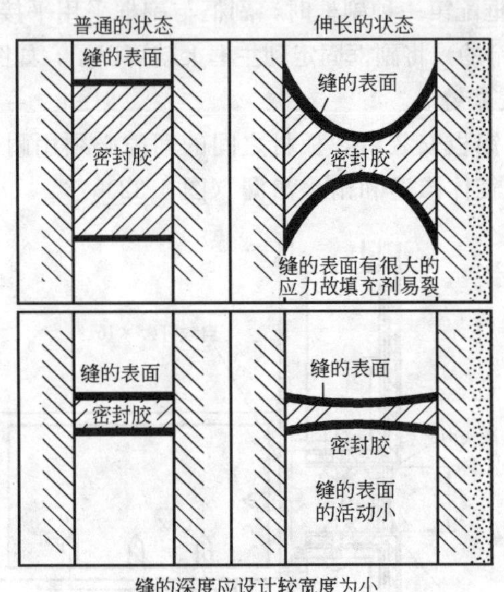

图 4-33 胶缝拉伸时胶的变形

3）耐候硅酮密封胶在接缝内要形成两面粘结，不要三面粘结（如图 4-34），否则胶拉时，容易被撕裂，将失去密封和防渗漏作用。为防止三面粘结，在耐候硅酮密封胶施工前，用无粘结胶带施于缝隙底部，将缝底与胶分开（如图 4-35 所示）。

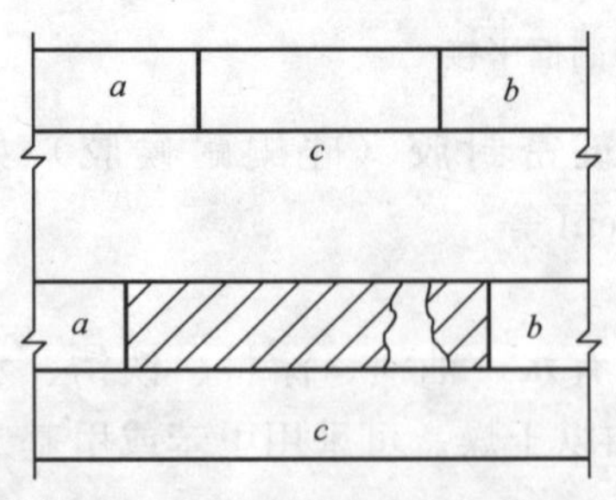

图 4-34 不正确耐候胶施工方法

4）为避免密封胶污染铝板，应在缝两侧贴保护胶纸。

5）注胶后应将胶缝表面抹平，去掉多余的胶。

6）注胶完成后，将保护胶纸撕掉，必要时可用溶剂擦拭。

7）注意注胶后养护，胶在未

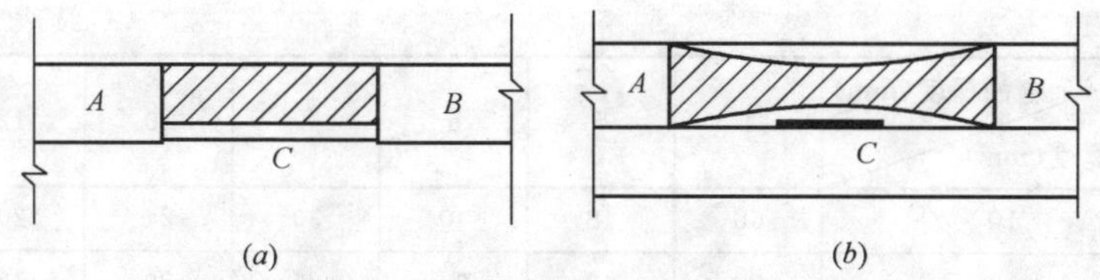

图 4-35　正确耐候胶施工方法

(a) C面用无粘结胶带分开；(b) 受拉时密封胶不易断裂

完全硬化前不要沾染灰尘和划伤。

(2) 密封胶可施工的胶缝长度

1) 每一支密封胶 (330mL) 可施工的胶缝长度，见表 4-7。

2) 每一罐密封胶 (3L) 可施工的胶缝长度，见表 4-8。

密封胶可施工的胶缝长度 (m)
每一支密封胶 (330mL)　　表 4-7

缝的深度(mm) 缝的宽度(mm)	4	5	6	8	10	12
4	16.7	13.3	11.8	8.3	6.6	5.6
5	13.3	10.7	8.9	6.7	5.3	4.4
6	11.8	8.9	7.4	5.6	4.4	3.7
8	8.3	6.7	5.6	4.2	3.3	2.8
10	6.7	5.3	4.4	3.3	2.7	2.2
12	5.6	4.4	3.7	2.8	2.2	1.9
15	4.4	3.6	3.0	2.2	1.8	1.5
20	3.3	2.7	2.2	1.7	1.3	1.2

注：缝的尺寸尽量设计在粗线范围内。

密封胶可施工的胶缝长度 (m)
每一罐密封胶 (3L)　　表 4-8

缝的深度(mm) 缝的宽度(mm)	4	5	6	8	10	12
4	150	120	106	75	60	50
5	120	96	80	60	48	40
6	106	80	67	50	40	33
8	75	60	50	38	30	25

续表

缝的深度(mm) / 缝的宽度(mm)	4	5	6	8	10	12
10	60	48	40	30	24	20
12	50	40	33	25	20	17
15	40	32	27	20	16	14
20	30	24	20	15	12	11

注：缝的尺寸尽量设计在粗线范围内。

（三）复合铝板幕墙收口部位处理

1. 复合铝板幕墙的内外转角处理

（1）内墙转角部位处理

复合铝板幕墙内转角，通常在转角处立一根竖框，将两块复合铝板在交角处分别固定在副框上。副框重叠固定在竖框上。如图 4-36 所示。

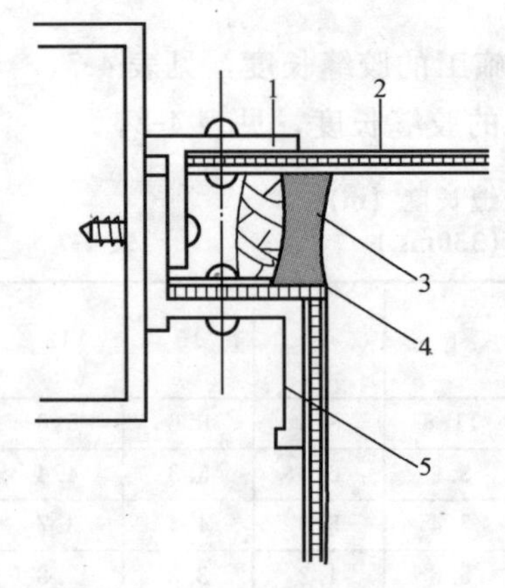

图 4-36　金属幕墙内转角节点

1—自攻螺丝；2—复合板；3—泡沫条；4—密封胶；5—副框

（2）外转角部位处理

1）方转角部位处理

在转角处，用特制的单层铝板两端分别与复合铝板搭接，与横框固定。如图 4-37 所示。

2）圆转角部位处理

圆转角部位处理，如图 4-38 所示。

2. 复合铝板幕墙窗口部位处理

将特制的铝型材与窗口角型材固定，与复合铝板接缝处，用密封胶进行密封，如图 4-39 所示。

3. 复合铝板幕墙上部部位处理

（1）复合铝板与副框组成顶罩，将女儿墙包住。副框与横框和女儿墙通过角铝进行固定。接缝进行密封处理，如图 4-40 所示。

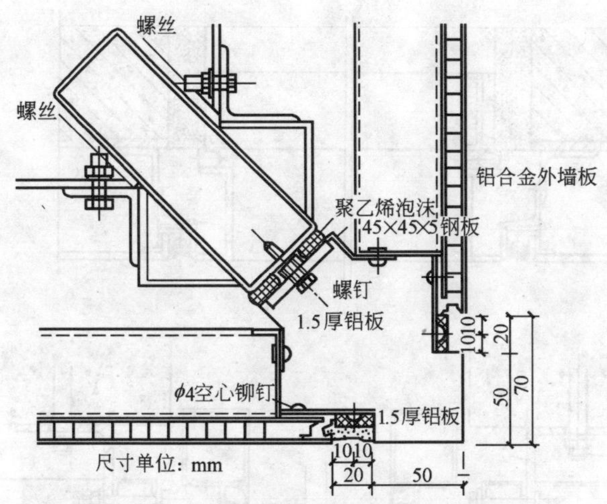

图 4-37　金属幕墙外墙板转角部位节点

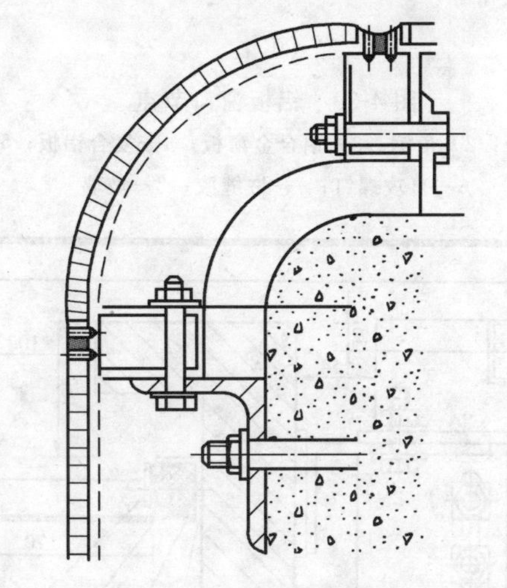

图 4-38　圆角部位节点

（2）蜂窝板与角铝固定组成顶罩，将女儿墙罩住，蜂窝板一端用自攻螺丝与连接角铝固定。另一端用木螺丝与墙体预埋的木垫板固定。接缝用密封胶进行密封。如图 4-41 所示。

（3）压顶处理

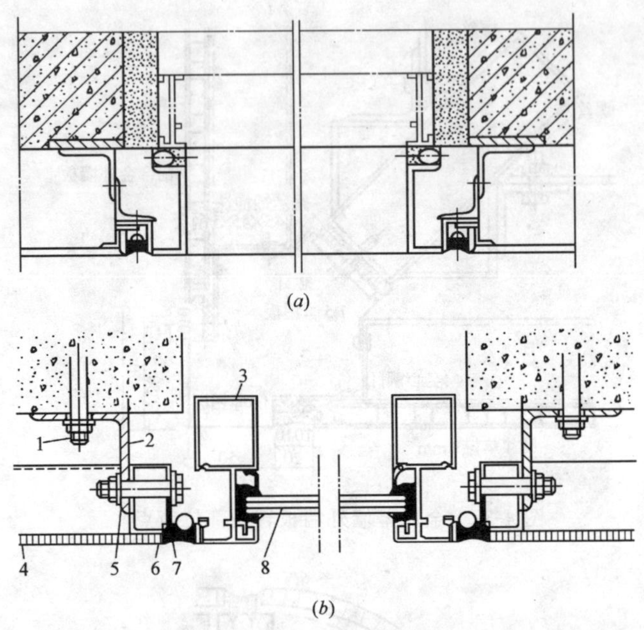

图 4-39　铝板窗口节点

1—建筑锚栓；2—角钢；3—铝合金窗板；4—复合铝板；5—角钢；6—自攻螺钉；7—嵌缝胶；8—玻璃

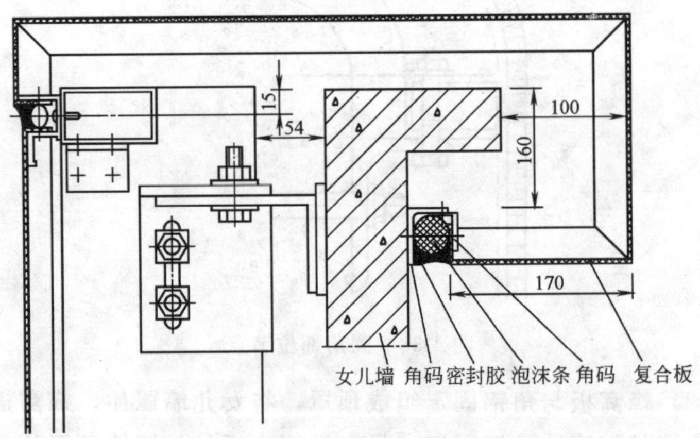

图 4-40　金属幕墙上封修节点

所谓压顶处理，即在女儿墙上用铝合金板固定在女儿墙两面，

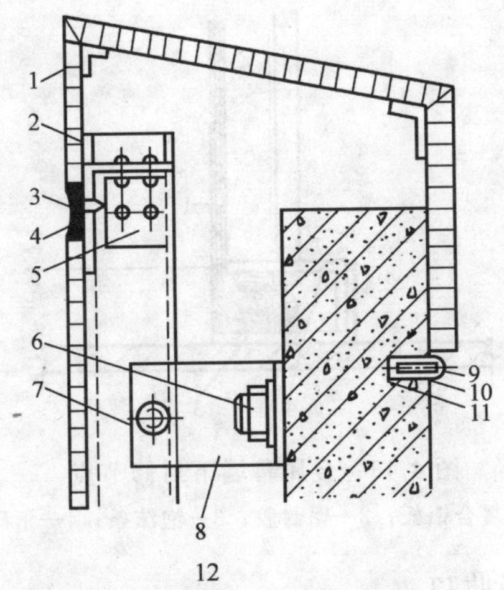

图 4-41　金属幕墙上封顶罩节点

1—紧固角铝；2—复合铝板；3—密封胶；4—自攻螺丝；5—连接角铝；6—拉爆螺丝；7—螺栓；8—角钢；9—木螺钉；10—垫板；11—膨胀螺栓；12—安装筒圆—顶部面图

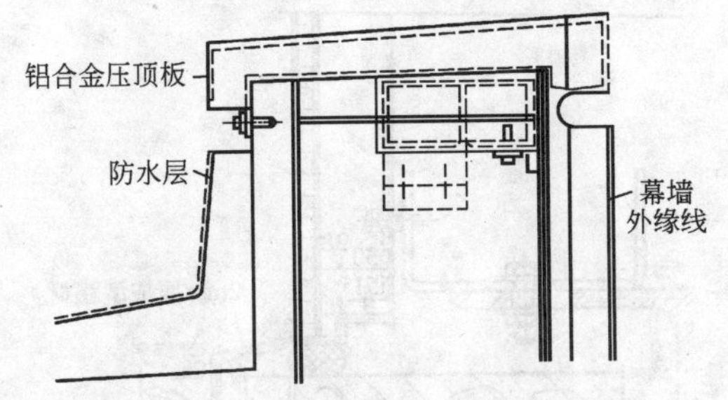

图 4-42　压顶示意

接缝处用防水材料，如图 4-42 所示。

4. 复合铝板幕墙下部部位处理

复合铝板幕墙下部部位处理有两种方式：

(1) 支撑在角码上

复合铝板幕墙下端在安装时，框架及铝板不能直接接触地面，更不能直接插入泥土中，而是支撑在角码上，角码内用泡沫条和耐候胶进行密封，如图 4-43 所示。

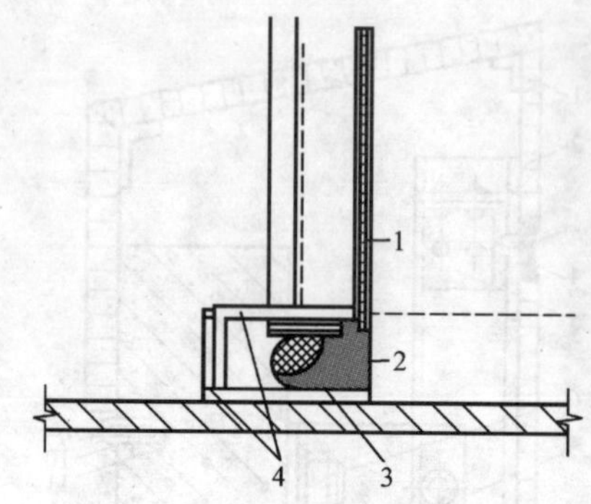

图 4-43 金属幕墙下封修节点

1—复合铝板；2—密封胶；3—泡沫条；4—角码

（2）设坡水板收口

复合铝板幕墙下部，用一条特制的坡水板即将幕墙的下部封住，同时也将板与墙之间的间隙盖住，防止雨水从此部位渗入室内。坡水板与地面用泡沫条进行密封，如图 4-44 所示。

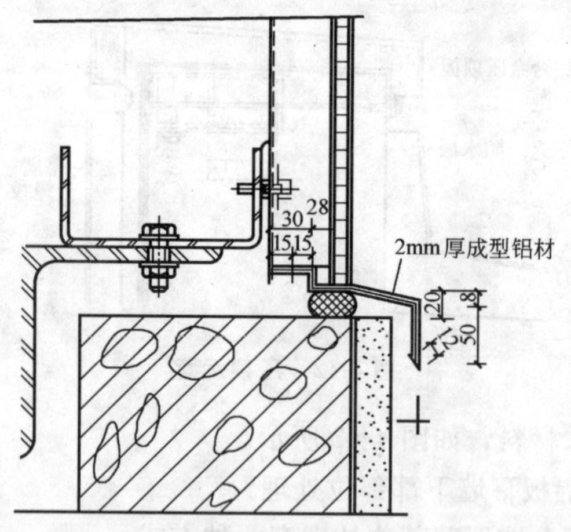

图 4-44 铝合金墙板下墙处理

5. 墙边缘部位的收口处理

在幕墙的边缘处，利用铝合金成型的铝板将幕墙端部及龙骨的部位封住，缝隙用防水材料进行密封，如图 4-45 所示。

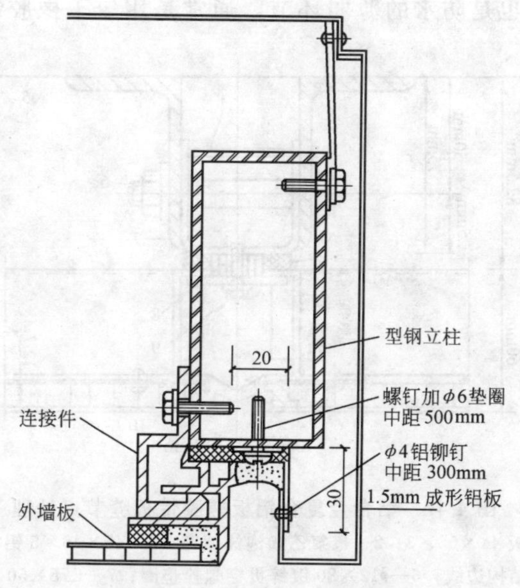

图 4-45 边缘部位收口处理

6. 伸缩缝、沉降缝处理

伸缩缝、沉降缝的处理，首先应考虑适应建筑物伸缩、沉降的需

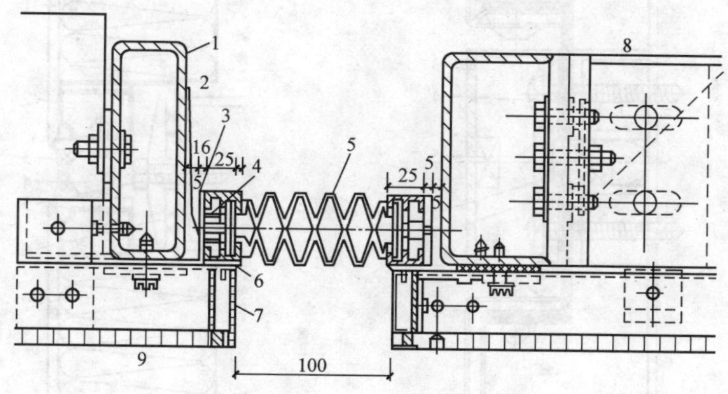

图 4-46 伸缩缝、沉降缝处理示意

1—方管构架 152×50.8×4.6；2—φ6×20 螺钉；3—成型钢夹；4—φ15 铝管材；5—氯丁橡胶伸缩缝；6—聚乙烯泡沫填充，外边用胶密封；7—压模成型 1.5mm 厚铝板；8—150×75×6 镀锌铁件

要。此部位也是防水的薄弱环节，通常是用氯丁橡胶制作伸缩缝，

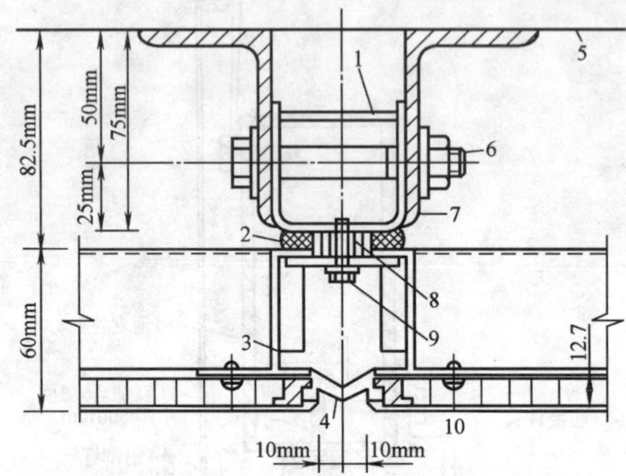

图 4-47 铝合金复合铝板橡胶带板缝节点处理

1—焊接钢板 44×50×3；2—聚氯乙烯泡沫填充；3—45×45×5 铝板；4—橡胶带；5—结构边线；6—ϕ12×80 镀锌贯穿螺栓垫圈；7—∟75×50×5 不等肢角钢长 50；8—ϕ15×3 铝管；9—螺丝带垫圈；10—复合铝板外墙板

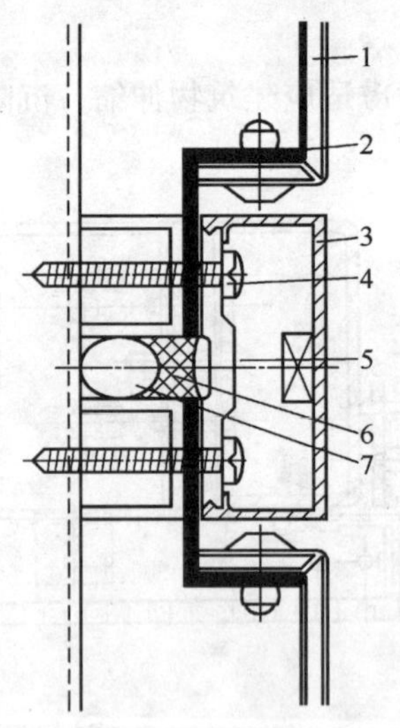

图 4-48 复合铝板组框图（一）

1—复合铝板；2—副框；3—嵌条；4—自攻螺丝；5—压片；6—密封胶；7—泡沫条

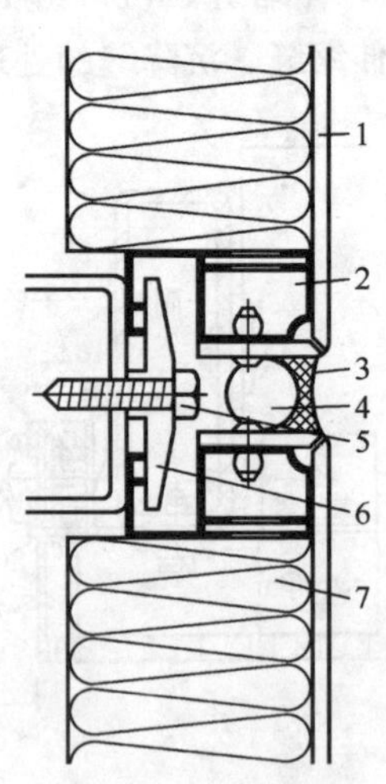

图 4-49 复合铝板组框图（二）

1—复合铝板；2—副框；3—密封胶；4—泡沫条；5—自攻钉；6—压片；7—保温板

缝边用聚乙烯泡沫填充，外边用胶密封，如图 4-46 所示。

7. 用橡胶带处理板缝

图 4-47 为用橡胶带处理板缝节点构造。

（四）复合铝板与幕墙框架的其他安装方式

复合铝板在加工组装时，其副框还可以采取其他安装形式，不同形式的副框配以不同的形式压片与主框进行连接，图 4-48～图 4-53 是几种其他形式的副框与主框安装的节点构造图。

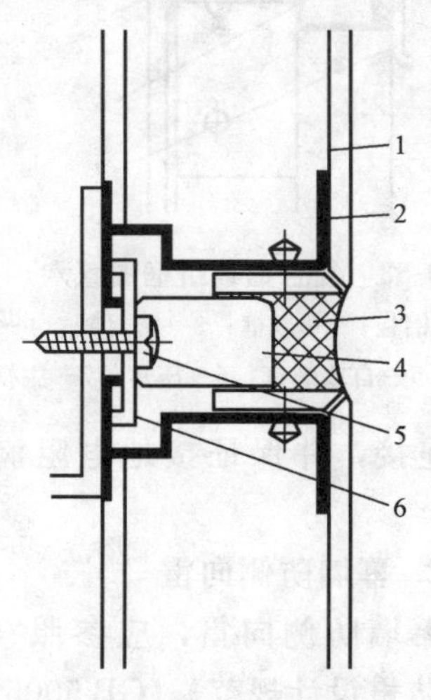

图 4-50 复合铝板组框图（三）

1—复合铝板；2—副框；3—密封胶；4—泡沫条；5—自攻螺钉；6—压片

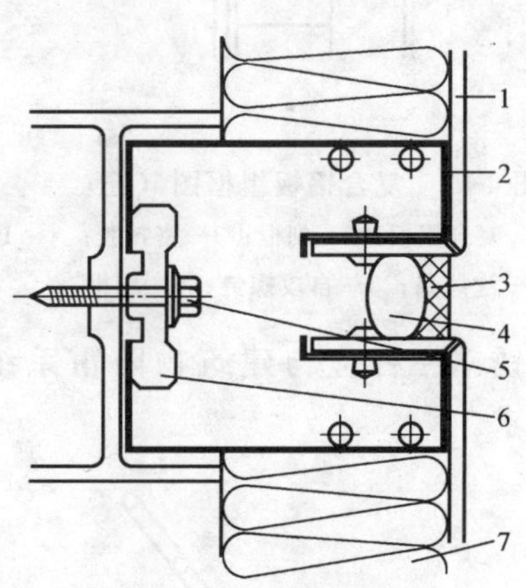

图 4-51 复合铝板组框图（四）

1—复合铝板；2—副框；3—密封胶；4—泡沫条；5—自攻螺钉；6—压片；7—保温板

五、金属幕墙避雷与防火构造处理

（一）金属幕墙避雷

幕墙的防雷设计和施工常常被忽视，对高大的多层及高层建筑，则会可能同时遭到顶雷和侧雷的袭击。因此在多层及高层楼房设计与施工中，一定要认真考虑，决不可忽视。

1. 幕墙防顶雷

幕墙防顶雷，可用避雷带和避雷针。当采用避雷带时结合装饰，如采用不锈钢栏杆兼作避雷带，如图 4-54 所示。在安装时，

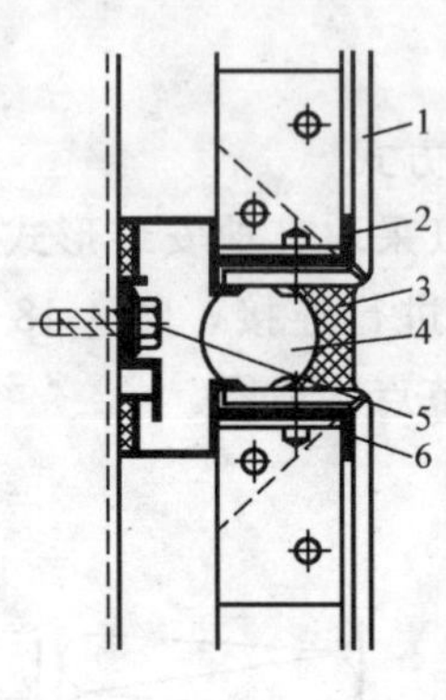

图 4-52　复合铝板组框图（五）

1—复合铝板；2—副框；3—密封胶；4—泡沫条；5—自攻螺钉；6—副框

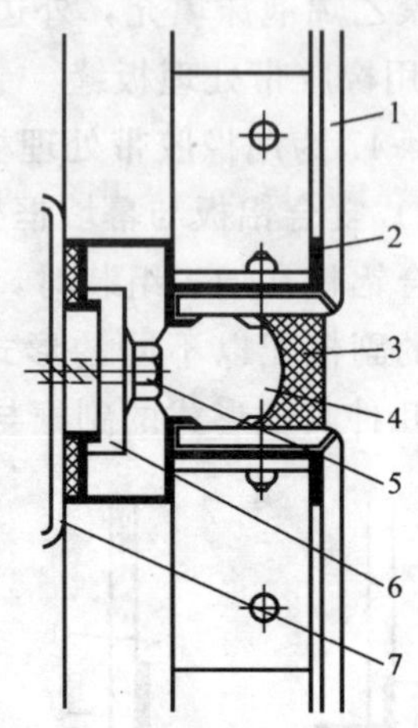

图 4-53　复合铝板组框图（六）

1—复合铝板；2—副框；3—密封胶；4—泡沫条；5—自攻螺钉；6—压片；7—主框

不锈钢栏杆应与建筑物防雷系统相连接，并保证接地电阻满足要求。

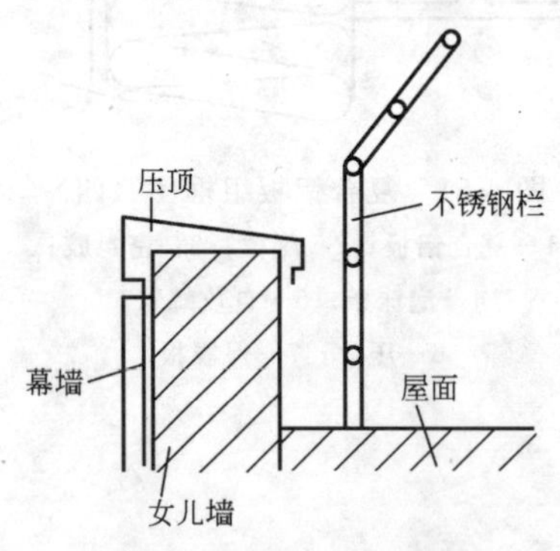

图 4-54　幕墙不锈钢栏杆兼作避雷带节点构造

2. 幕墙防侧向雷

幕墙防侧向雷，应参照《建筑物防雷设计规范》(GB 50057—94）关于高层建筑物防雷规定，即在建筑物主体结构中设置均压环，环向垂直距离不应大于 12m，均压环内部纵向钢筋必须采用焊接连接并与竖向接地装置连通。如图 4-55 所示。

幕墙位于均压环处的预埋件的锚筋必须与均压环处的梁的纵向钢筋连接，固定在设均压环楼层上的立梃必须与均压环连通；位于均压环处与梁纵向钢筋连通的立梃上的横梁，必须与立梃连通；在幕墙立面上，每隔不超过 10m 范围内，位于未设均压环楼层的立梃，必须与固定在设均压环楼层

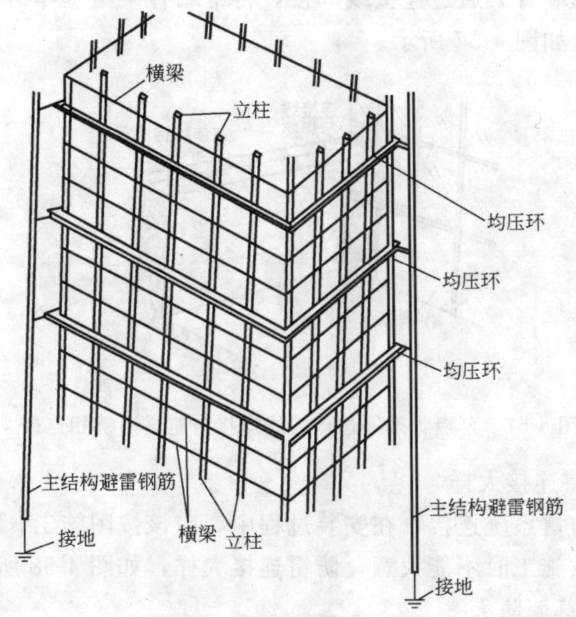

图 4-55 幕墙避雷系统

的立梃连通，接地电阻均应小于 4Ω。

3. 幕墙骨架与主体结构避雷线相接

（1）幕墙骨架通过螺栓与扁钢和连接节点板角与主体结构避雷系统相连接，形成一套避雷系统，如图 4-56 所示。

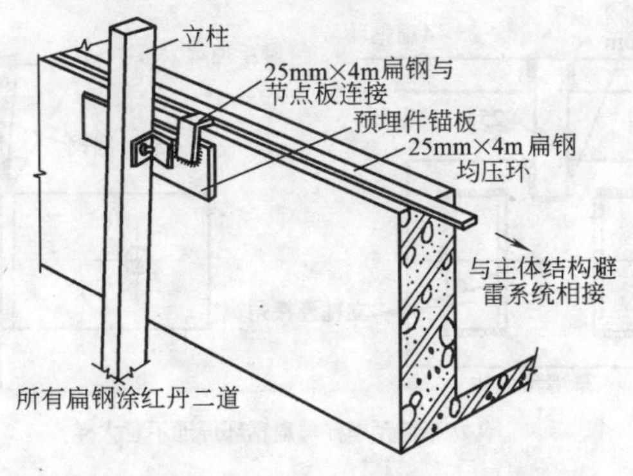

图 4-56 幕墙骨架通过螺栓与主体结构避雷系统相连接

(2) 幕墙骨架通过连接线焊接，将幕墙骨架与主体结构避雷系统相连接，如图 4-57 所示。

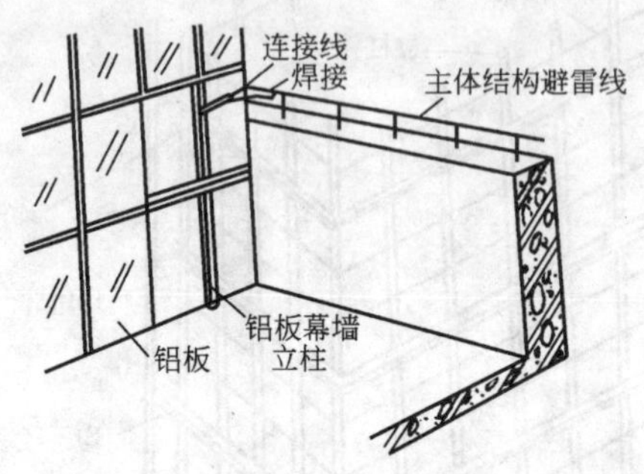

图 4-57　幕墙骨架通过连接线焊接与避雷系统相连接

4. 防雷连接大样

幕墙防雷系统连接，在安装过程中，应该按图施工，因它是隐敝工程，故施工时不能大意，防雷连接大样，如图 4-58 所示。

(二) 幕墙防火

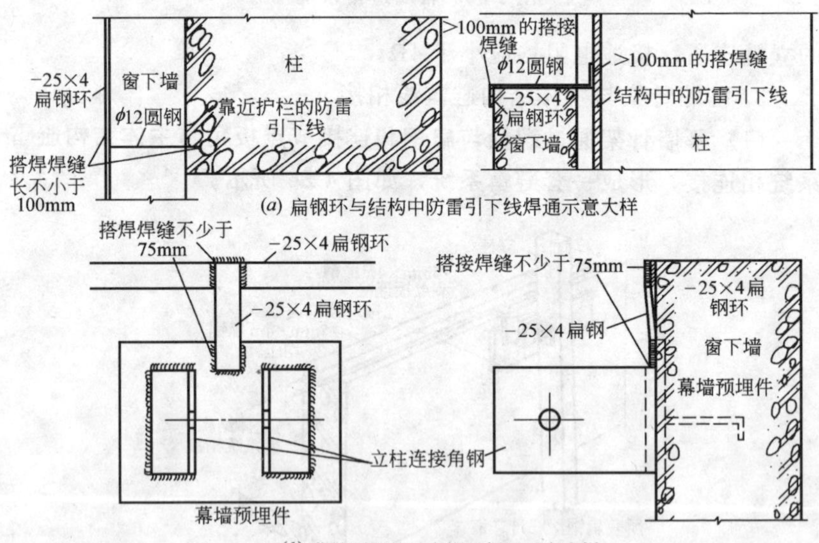

图 4-58　防雷连接大样

金属幕墙本身防火性能较好，但也应注意：

1. 窗间墙、窗槛墙的填充料应采用非燃烧材料或难燃烧材料。

2. 幕墙与每层楼板、隔墙处的缝隙必须用不燃材料填实。

第三节　单层铝板幕墙安装

采用氟碳树脂作表面处理的单层铝板幕墙它是诸多幕墙形式中的一种，最近几年在国内出现和应用，更加丰富了幕墙的艺术表现力，完善了幕墙的功能。

一、单层铝板幕墙的特点

（一）耐候性强

单层铝板幕墙表面喷涂的是氟碳聚合物树脂，经过这种氟碳喷涂的铝板表面，能够达到目前国际上建筑业公认的美国 AAMA605、2.92 质量标准。其表现在抗酸雨、抗腐蚀、抗紫外线能力极强，保证涂层 20 年以上不褪色，不龟裂，不脱落，不变色。同时耐极热极冷性能良好，不会在漆面积污垢。

（二）装饰性好

单层铝板幕墙多为亚光、表面光泽靓丽，高雅气派；色彩丰富，表现力强，电脑调色，任意配制，为建筑设计和创意提供了先决条件。色质均匀，无色差，克服了天然装饰石材的明显不足。又因它色彩绚丽，质感强，大大增强了建筑造型的艺术效果。

（三）可加工性强、可焊接性好

无论方、圆、角等各种设计均可加工成型，使建筑物轮廓线条完整、流畅，不会因拼接造成断面，能充分体现设计师的意念与构思，表现出建筑的独特个性。又因单层铝板可焊性好，使加工质量得以保证。

（四）安全性高

1. 强度高。防锈合金铝板轻质，每平方米质量约 8.13kg（厚度为 3mm）；有较高强度，其抗拉强度达 200N/mm^2。

2. 延伸率大。铝板延伸度高，相对延伸率大于 10%，能承受高度弯折而不破裂。

3. 防火。单层铝板幕墙遇火不燃，符合城市高层建筑消防要求，是一种非常理想的防火材料。

4. 无毒。单层铝板不会释放出有毒气体。

总而言之，它是最安全的物体。

（五）使用寿命长

单层铝板幕墙结构设计，采用不锈钢螺栓连接，如果铝板不与钢铁接触，50 年不会脱落和腐蚀，与建筑物寿命相匹配。

（六）安装简捷

由于单层铝板幕墙是工厂化生产，到施工现场已是成品，不需二次加工，只需按图组合安装，又因为没有湿作业，这样既方便简单，又省工快捷，缩短工期。

（七）维护方便

单层铝板幕墙的平常维护也是比较容易的，由于板材表面光滑，涂层本身尘垢附着力极低，一般不易积污尘，定期维护只需使用普通清洁剂擦洗，水冲就可以。在伤损处可以容易地修补和喷上 PVDF 氟碳聚合物涂层，这样可以节省开支和时间。

二、幕墙铝板比较

铝板幕墙又分为单层铝板、复合塑铝板、复合蜂巢铝板三种，尽管它们表面都是采用氟碳罩面漆，具有极强的耐候性、质轻、安全性高，但还是有很大区别，尤其是单层铝板幕墙与复合铝塑板幕墙，表 4-9 是单层铝板与复合铝塑板之比较。从表 4-9 中可看出：

单层铝板与复合铝塑板比较　　表 4-9

技术性能＼板材种类	单层幕墙铝板	复合铝塑板
材　　料	2～4mm 厚的 AA1100 铝板 AA3003 铝合金板	3～4mm 三层结构，包括两个 0.5mm 铝片夹着 PVC 或 PE
表面处理	铝板表面三道喷涂 PVDF，膜厚＞40μm 喷涂是在产品成型后喷上	复合铝塑板表面一次滚涂上 25μm 左右的 PVDF 氟碳聚合物，滚涂是在产品成型前涂上，涂层有方向性，且在摺角处，涂层被拉展
颜色	无限的颜色选择，不受数量限制	有限的颜色选择，其他颜色要数量大才供应

续表

技术性能 \ 板材种类	单层幕墙铝板	复合铝塑板
机械特性	抗拉强度:130N/mm² 伸长率:5%～10% 折弯强度:84.2N/mm² 弹性模量:70000N/mm²	抗拉强度:38～61N/mm² 伸长率:12%～17% 折弯强度:34N/mm² 弹性模量:26136～49050N/mm²
物理特性	质量:67.4～108N/m² 隔热性能:0.01m²·K/W	质量:44.8～72.2N/m² 隔热性能:0.01m²·K/W
防火特性	单层铝板不燃烧	复合铝塑板的层在燃烧时放出有毒性气体(铝塑复合板在某些情况下禁止使用)
避雷特性	单层铝板是完全导体,接地性能好	夹层PVC绝缘体,表层铝板接地性能差
加力筋	加力筋是以烧焊于铝板上的螺丝来锁竖的,每螺栓受拉力＞150kg	加力筋是以双面胶纸或硅胶来粘付在铝片上,受拉力弱
设计弹性	因为铝板可以烧焊,所以设计建筑物的款式也较多,不受三维变形限制	只能保证二维变形加工,某些复杂设计常用单层铝板来完成,或者拼装
损伤处理	单层铝板可以容易地修补和新喷上PVDF氟碳聚合物涂层,这样节省开支和时间	复合铝塑板不可以修补和行政重新喷涂
物料再用	单层铝板几十年后拆下来,仍有残值。大约100元/m²	复合铝塑板的夹层是不可以再用的,几乎没有残值
质量保证年限	表面涂层保证10年不龟裂,不脱落,实际寿命大于20年;铝板不与钢铁接触,寿命在30年以上	表层5～7年,夹层5～7年后会出现鼓包,起层,平整度发生变化,寿命10年左右

1. 单层铝板是钣金成型后经氟碳喷涂加工，其表面涂层不会像复合铝塑板那样在折弯加工处涂层被拉展，造成涂层易位损伤甚至剥落。

2. 复合铝塑板受结构限制，折边成型时必须被面切口开槽，在褶角处因厚度只有0.5mm而形成墙板薄弱环节，其强度大大地降低。并且切口还受到加工条件的限制（应有专用开口机），很容易损坏板材导致废料，从而增加用料成本。

3. 单层铝板则是分割设计，在工厂一次性加工成成品，现场只需组合安装、既省工又快捷（成品质量问题，厂家有保证），又无废料，故实际工程造价不一定高于复合铝塑板。

4. 单层铝板还有较强的可塑性，可焊性和加工成型等性能。这也是优越于其他幕墙饰材（包括预涂单层板材）的重要特性。

三、单层铝板幕墙安装

（一）施工工艺

单层铝板幕墙施工工艺，如图 4-59 所示。

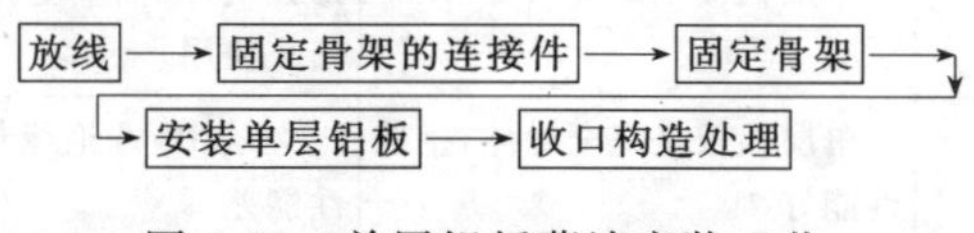

图 4-59　单层铝板幕墙安装工艺

（二）单层铝板幕墙骨架安装操作要点

1. 放线

骨架固定，首先应将骨架的位置弹到基层上。检查主体结构符合设计要求后，将竖框的位置线、锚固点和横框的位置线，分别弹到主体结构的安装面上。

2. 固定骨架的连接件

骨架的横梁竖框板件是通过连接件与主体结构因定，而连接件与主体结构之间可以与主体结构的预埋件焊牢，也可以在主体结构的墙上打膨胀螺栓。因后一种方法较灵活，尺寸误差小，容易保证质量的准确性，故而较多采用。型钢一类连接件，其表面应镀锌，焊缝处应刷防锈漆。

3. 竖框安装

连接件固定好后，开始安装竖框，竖框安装的准确和质量，影响整个幕墙安装的质量，因此，竖框的安装是金属幕墙施工的关键工序之一。金属幕墙的平面轴线与建筑物外平面轴线距离的允许偏差应控制在 2mm 以内，特别是建筑物平面呈弧形、圆形和四周封闭的金属幕墙，其内外轴线距离影响到幕墙的固定，应认真对待。

（1）竖框与连接件要用螺栓连接，螺栓要采用不锈钢件，同时要保证有足够长度，螺母紧固后，螺栓要长出螺母 3mm 以上。螺母与连接件之间要加设足够的不锈钢或镀锌垫片和弹簧垫圈。竖框调整完后，将螺母拧紧，垫片与连接件要进行几点点焊。同时螺栓与螺母间也要点焊。连接件与竖框接触处要加尼龙衬垫隔离，防止电位差腐蚀。

（2）一般情况下，都以建筑物的一层高为一根竖框。金属幕墙随温度变化会热胀冷缩，因此，框与框及板与板之间留有伸缩缝。伸缩缝要采用特别的套筒连接，伸缩缝间要用硅酮密封胶进行密封。

4. 横框安装

在横框位置线上，将镀锌角钢（角铝）固定在竖框上，接着安装横框，安装后应保持横竖框在同一平面上。并用密封胶将横框间接缝密封。

（三）单层铝板安装要点

1. 单层铝板的安装固定，既要牢固可靠，同时也要简便易行。牢固可靠即在任何情况下，都不应发生安全问题。简便易行就是便于操作。实践证明，只有便于操作的构造，才是合理的构造，才能更好地保证安全。

2. 板与板之间的间隙一般为 10～20mm，用橡胶条或密封胶等弹性材料处理。

3. 单层铝板安装完毕后，在于易被污染的部位，要用塑料薄膜或其他材料覆盖保护。易被划、碰的部位，应设安全栏杆、栏板保护。

（四）单层铝板幕墙节点构造处理

1. 单层铝板固定节点构造处理

单层铝板在框架上固定通过异形角铝和 U 形铝两种形式进行的。后一种多用于膨胀螺栓固定的框架的单层铝板幕墙。

（1）用异形角铝固定单层铝板

1）异形角铝

图 4-60 为固定单层铝板的异形角铝。

2）竖向节点构造处理

单层铝板通过角铝和压条，用不锈钢螺栓固定在框架上，竖向节点构造，如图 4-61 所示。

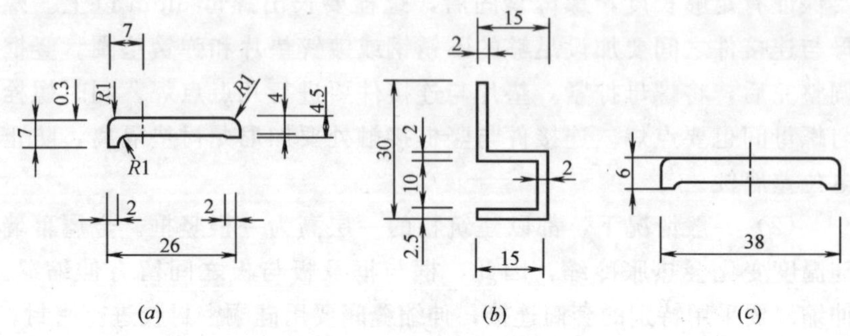

图 4-60　异形角铝

(*a*) 单压条；(*b*) 异形角铝；(*c*) 双压条 (SK-1454)

说明：未注圆角半径 $R=0.5$mm。

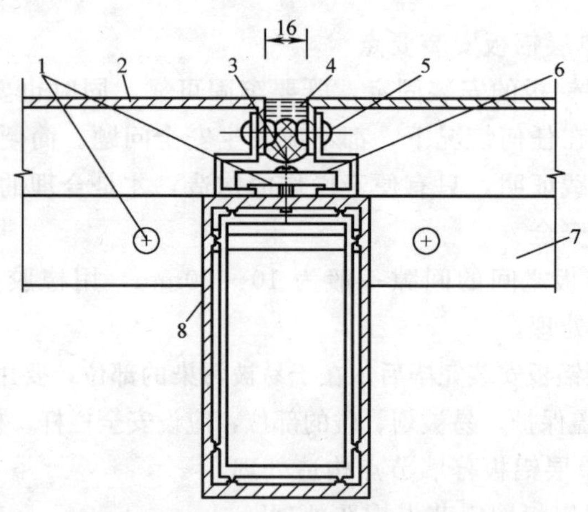

图 4-61　竖向节点示意图

1—不锈钢螺母；2—单层铝板；3—泡条；4—耐候胶；5—固定角铝；6—压条；7—横框；8—竖框

3）横向节点构造处理

单层铝板通过角铝和压条，用不锈钢螺栓将单层铝板固定在框架上。横向节点构造处理，如图 4-62 所示。

(2) 用膨胀螺栓固定连接件节点构造

1）竖向节点构造处理

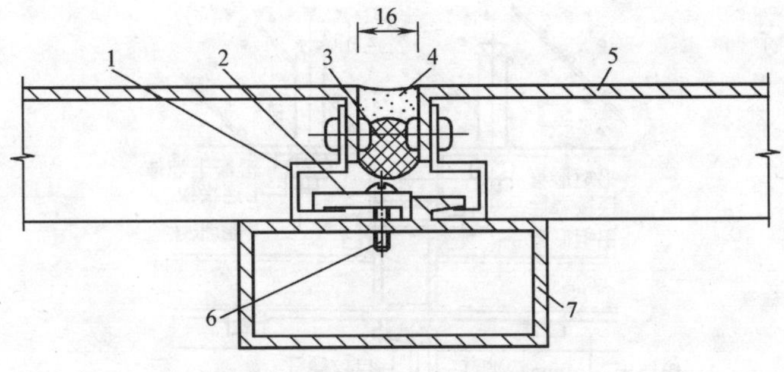

图 4-62　横向节点示意图

1—固定角铝；2—压条；3—泡条；4—耐候胶；5—单层铝板；6—M5 不锈钢螺钉；7—横框

单层铝板通过 U 形铝，用自攻螺钉固定在框架上，如图 4-63 所示。

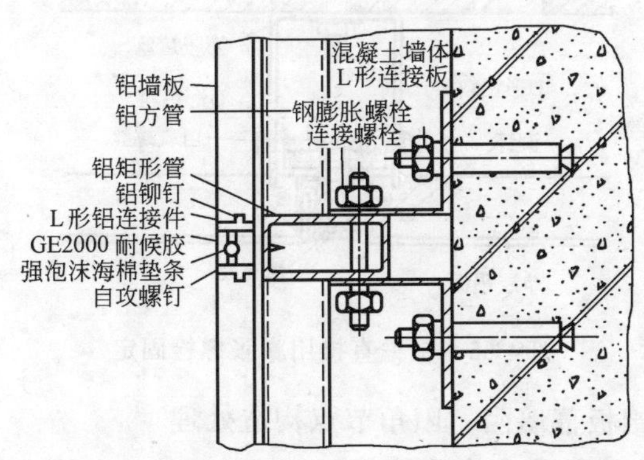

图 4-63　用膨胀螺栓固定连接件竖向节点示意图

2）横向节点构造处理

单层铝板通过 U 形铝，用自攻螺钉固定在框架上，如图 4-64 所示。

3）墙面节点构造处理

当幕墙主框用 U 形铝合金材料时，也可以将 U 形铝料，直接用膨胀螺栓将 U 形铝料固定在墙体上，然后再将单层铝板固定在 U 形铝料上，如图 4-65 所示。此法楼层低于 4 层。

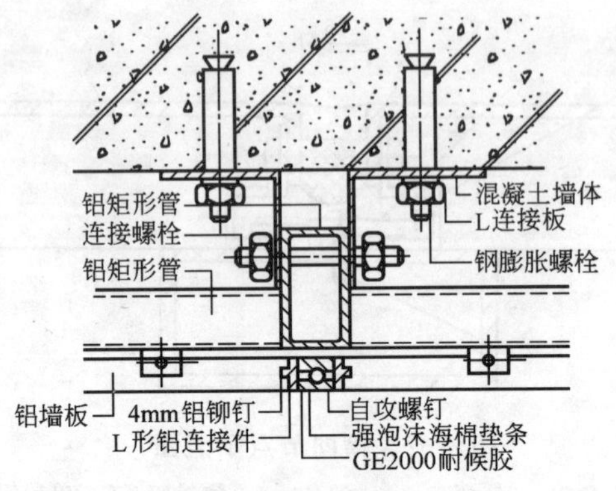

图 4-64 用膨胀螺栓固定连接件横向节点示意图

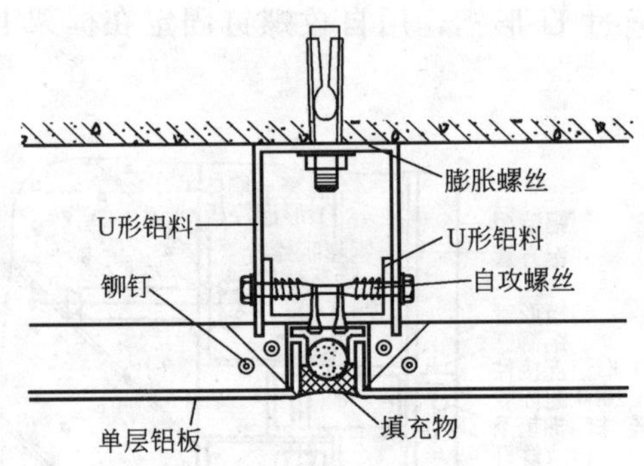

图 4-65 铝框直接用膨胀螺栓固定

2. 单层铝板幕墙阴、阳角节点构造处理

(1) 阳角转角节点构造处理

阳角转角节点构造，根据竖框固定的方式不同，可分为两种：

1) 连接件焊接在预埋件上

将连接件焊接在预埋件上，再将竖框与连接件固定，如图4-66所示。

2) 竖框用膨胀螺栓固定在主体结构上

将U形铝合金竖框，用膨胀螺栓直接固定在墙体上，如图4-67所示。

(2) 阴角转角节点构造处理

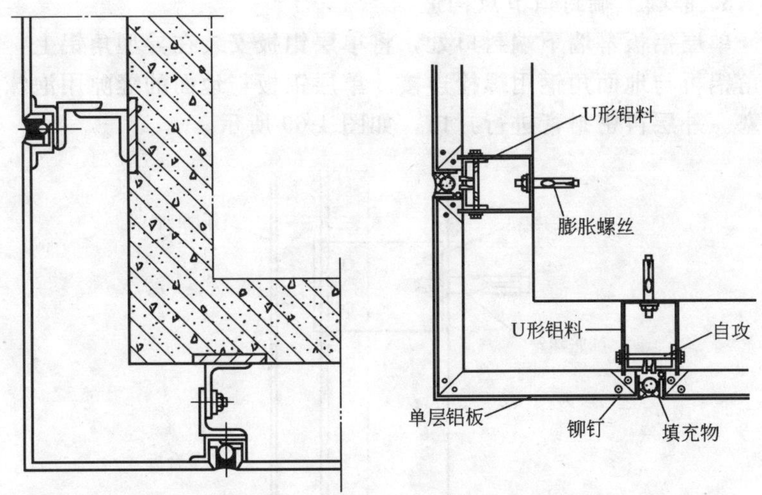

图 4-66　阳直角转角节点构造（一）　图 4-67　阳直角转角节点构造（二）

单层铝板幕墙阴角转角处，将单层铝板折成 90°，通过 U 形铝，用自攻螺栓将其固定，如图 4-68 所示。

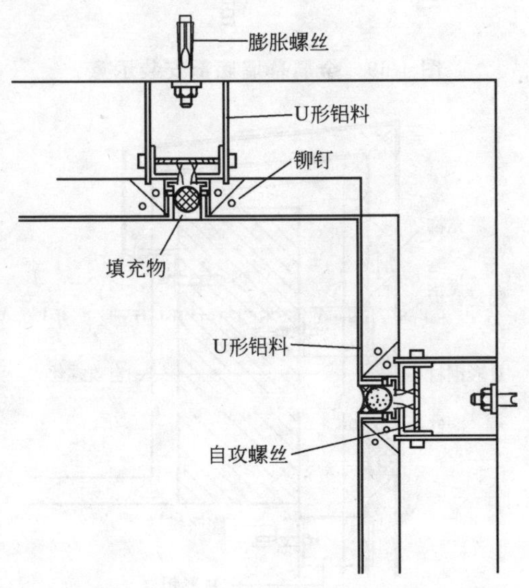

图 4-68　金属幕墙阴角安装示意

3. 幕墙下端封口节点构造

单层铝板幕墙下端封口处，将单层铝板安装在异型角铝上，异型角铝再与地面角钢用螺栓连接。单层铝板与地面的缝隙用泡沫条填塞。外层再密封膏进行封口，如图 4-69 所示。

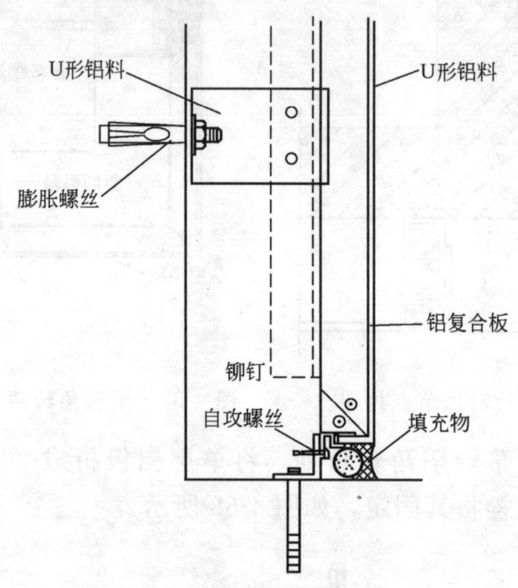

图 4-69　金属幕墙底部安装示意

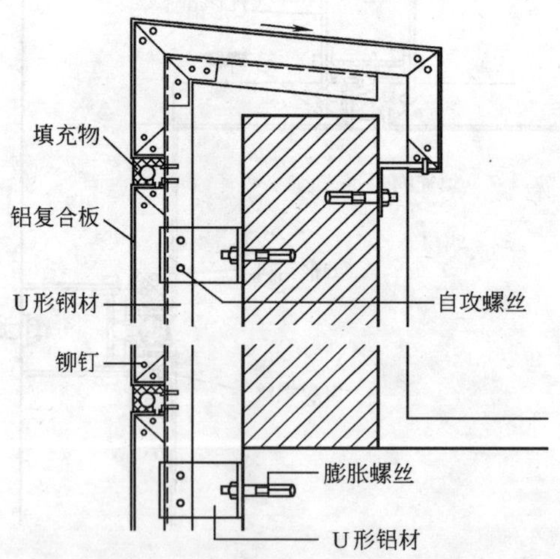

图 4-70　金属幕墙顶部安装示意

4. 幕墙顶部封口节点构造

幕墙顶部封口节点构造处理有以下几种：

（1）直包式顶部封口

幕墙顶端封口是将单层铝板直接包过女儿墙，首先将骨架做成两个90°角，用膨胀螺栓与女儿墙固定，再将单层铝板沿骨架用铆钉固定，如图4-70所示。

（2）顶部定型铝盖板封顶

顶部封口，可以用特制的定型铝盖板进行封口，铝盖板与角钢支撑固定，如图4-71所示。

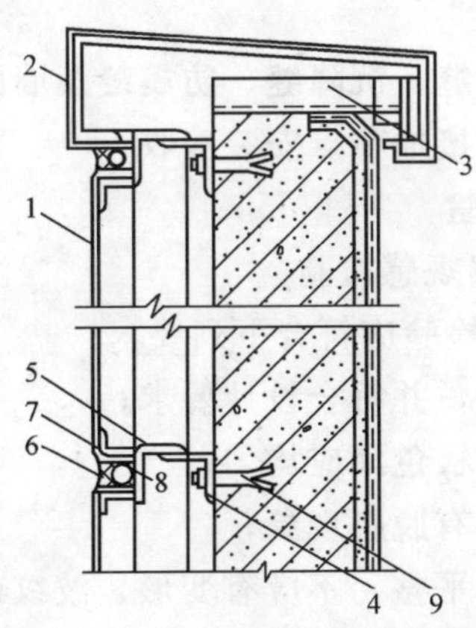

图4-71　幕墙顶部节点构造处理

1—铝合金板；2—顶部定型铝盖板；3—角钢支撑；4—角钢支撑；5—角铝；6—密封材料；7—支撑材料；8—圆头螺钉；9—预埋螺栓

第四节　金属幕墙工程验收及质量检验

一、金属幕墙工程验收

（一）金属幕墙工程验收前准备

1. 清理幕墙

金属幕墙在验收前，应将其表面擦洗干净，塑料保护膜清除。

2. 提交验收资料

(1) 提交设计图纸、文件、设计修改通知书和材料代用文件；

(2) 提交材料出厂质量和检验证书；

(3) 提交隐蔽工程验收文件；

(4) 提交预制厂的预制构件出厂质量证书；

(5) 提交金属幕墙物理性能检验报告；

(6) 提交施工安装自检记录。

(二) 隐蔽工程验收

1. 金属幕墙构件与主体结构连接节点的安装验收；

2. 金属幕墙四周，幕墙内表与主体结构之间间隙节点的安装验收；

3. 金属幕墙伸缩缝、沉降缝、防震缝及墙面节点的安装验收；

4. 金属幕墙防雷接地节点安装验收。

二、金属幕墙质量检验

(一) 金属板幕墙观感检验

金属板幕墙观感检验应符合下列要求：

1. 板缝宽应均匀，并符合设计要求；

2. 整幅幕墙饰面板色泽应均匀；

3. 铝合金料不应有脱膜现象；

4. 饰面板表面应平整，不应有变形、波纹或局部压砸等缺陷；

5. 幕墙的上下边及侧边封口、沉降缝、伸缩缝、防裂缝的处理及防雷体系应符合设计要求；

6. 幕墙的隐蔽节点的遮封装修应整齐美观；

7. 幕墙不得渗漏。

(二) 金属板幕墙工程抽样检验

金属板幕墙的抽样检验应符合下列要求：

1. 铝合金板料及饰面表面不应有铝屑、毛刺、油斑和其他污垢；

2. 饰面板安装牢固，橡胶条和密封胶应镶嵌密实，填充平整。

三、金属板幕墙质量检验标准

(一) 金属板幕墙组件检验

金属板幕墙组件检验，应符合下列要求：

1. 金属板幕墙组件加工尺寸允许偏差，应符合表 4-10 规定。

铝合金板幕墙组件制作尺寸允许偏差（mm）　　表 4-10

序　号	项　　目		允许偏差
1	金属框长、宽尺寸		±1
2	组件长宽尺寸		±1.5
3	金属框内侧及组件对角线差	≤2000	≤2.5
		>2000	≤3.5
4	金属框接缝高低差		≤0.5
5	金属框组装间隙		≤0.5
6	胶缝宽度		+1.0 0
7	胶缝厚度		+0.5 0
8	框格与镶板定位轴线偏差		≤1.0
9	框格边与镶板边实际距离与设计偏差		≤1.5
10	金属框平面度		≤1.0

2. 金属板幕墙组件的平面度的允许偏差，应符合表 4-11 规定。

金属板幕墙组件平面度允许偏差　　表 4-11

类　别	长 边 尺 寸	允 许 偏 差
单层金属板	≤2000	3.0
	>2000	5.0
复合金属板	≤2000	2.0
	>2000	3.0
蜂窝金属板	≤2000	1.5
	>2000	2.5

3. 当采用复合铝板时，折边部位外层铝板处所保留的塑胶厚度不少于 0.3mm。周边内侧应加强框。

4. 金属板幕墙组件铝板折边角度允许偏差不大于 2°，组角处缝隙不大于 1mm。

5. 金属板幕墙组件中装饰板表面处理厚度应满足表 4-12 的规定。

装饰板表面的处理层厚度要求　　　　　表 4-12

表面处理方法	厚　度 T
阳极氧化着色	$20>T\geqslant15$
静电粉末喷涂	$T\geqslant60$
氟碳喷涂	$T\geqslant40$
聚胺酯喷涂	$T\geqslant60$
电泳涂漆	$T\geqslant17$

6. 金属板幕墙装饰表面划伤和擦伤的允许范围，应满足表 4-13 的规定。

装饰表面划伤和擦伤的允许范围　　　　　表 4-13

项　目	要　求
划伤深度	不大于表面处理层厚度
划伤总长度，mm	≤100
擦伤总面积，mm^2	≤300
划伤、擦伤总处数	≤4

（二）金属板幕墙的组装要求

1. 金属板幕墙竖向构件和横向构件的组装允许偏差，应满足表 4-14 的要求。

幕墙竖向和横向构件的组装允许偏差　　　　　表 4-14

序号	项　目	尺寸范围	允许偏差	检查方法
1	相邻两竖向构件间距尺寸（固定端头）		±2.0	用钢卷尺
2	相邻两横向构件间距尺寸	间距≤2000 时 间距>2000 时	±1.5 ±2.0	用钢卷尺
3	分格对角线差	对角线长≤2000 时 对角线长>2000 时	3.0 3.5	用钢卷尺或伸缩尺
4	竖向构件垂直度	高度≤30m 时 高度≤60m 时 高度≤90m 时 高度>90m 时	10 15 20 25	用经纬仪或激光仪

续表

序号	项 目	尺寸范围	允许偏差	检查方法
5	相邻两横向构件的水平标高差		1	用钢板尺或水平仪
6	横向构件水平度	构件长≤2000时	2	水平仪或水平尺
		构件长>2000时	3	
7	竖向构件直线度		2.5	用2.0m靠尺
8	竖向构件外表面平面度	相邻三立柱 宽度≤20m 宽度≤40m 宽度≤60m 宽度>60m	<2 ≤5 ≤7 ≤9 ≤10	用激光仪
9	同高度内主要横向构件的高度差	长度≤35 长度>35	≤5 ≤7	用水平仪

2. 金属板幕墙组装允许偏差，应满足表4-15的要求。

金属板幕墙组装允许偏差 **表4-15**

项 目		允许偏差mm	检查方法
竖缝及墙面垂直度	幕墙高度，m	10	用激光仪或经纬仪
	≤30		
	>30，≤60	15	
	>60，≤90	20	
	>90	25	
幕墙平面度		2.5	用2m靠尺、钢板尺
竖缝直线度		2.5	用2m靠尺、钢板尺
横缝直线度		2.5	用2m靠尺、钢板尺
缝宽度(与设计值比较)		±2	用卡尺
两相邻面板之间接缝高低差		1.0	用深度尺

3. 金属板幕墙组装应满足JGJ 102中构件及面板伸缩变位的要求。

4. 幕墙的附件应齐全并符合设计要求，幕墙和主体结构的连接应牢固可靠。

5. 幕墙设计应便于维护和清洁墙面。

第五章　金属内墙、隔墙与隔断

金属面板（单层铝板、不锈钢板、铝板等）和金属型材，用于室内内墙、隔墙和隔断装饰也越来越广泛。由于它安装方便、耐久性好、装饰性好、无污染等优点，并可避免装饰工程湿作业，所以近年来发展较快，在各类建筑中用得比较多。尤其在公共及民用建筑中，已有取代抹灰和贴面类的装饰趋势。

第一节　金属内墙装饰

金属内墙罩面板安装方法有三种：一是粘贴式；二是插接式；三是嵌条式。

一、施工准备

（一）施工安装前准备

1. 检验墙体

在安装前，应对墙体进行检验，检验墙体的垂直、平整度，认真作好记录。不符合规范要求的要认真进行处理。

2. 检验设备预留孔位置

在安装前，应检验墙体是否有设备安装的预留孔位置，电气、水暖管道位置。

3. 确定墙体龙骨固定方法

墙体龙骨固定方法有两种：一是预埋木砖；二是用膨胀螺栓固定。在安装前，应根据墙体结构情况，选定一种。

4. 墙体清理干净。

（二）材料准备

1. 金属面板

常用的金属面板：单层铝板、不锈钢板、彩色钢板、压型钢板和压型铝合金板等。

2. 墙体龙骨

常用的墙体龙骨：墙体轻钢龙骨、轻钢型材骨架、铝合金型材骨架及木龙骨等。

3. 紧固件

常用的紧固件：水泥钉、膨胀螺栓、扁头钉、射钉、拉铆钉、自攻螺钉、不锈钢螺栓、螺钉、螺柱等。

4. 密封材料

常用的密封材料：耐候硅酮密封胶和结构硅酮密封胶，还有密封胶带及密封棒。

5. 胶粘剂

胶粘剂可选用中性胶粘剂。

（三）工具

1. 手工工具：线锤、角尺、卷尺、水平尺。

2. 电动工具：电锤、电动螺丝刀、型材切割机、铝型材切割机、电动扳手、手电钻等。

二、粘贴式单层金属板墙面安装

粘贴法安装单层金属内墙罩面板，通常是将金属面板粘贴在木

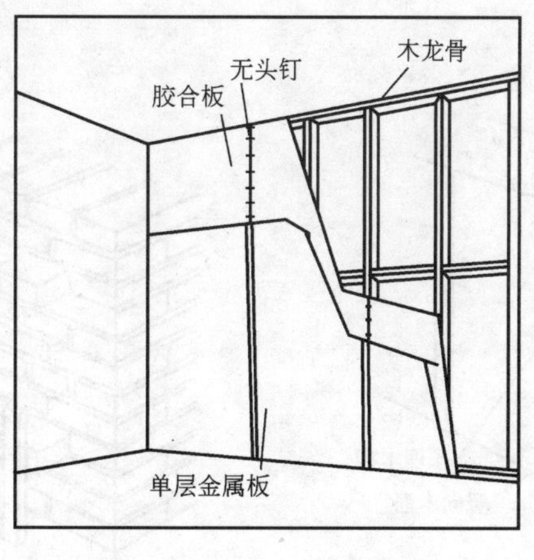

图 5-1 单层金属板内墙构造

基层（木龙骨和胶合板组成）上，从而达到内墙的装修。

（一）单层金属板内墙构造

单层金属面板内墙，它是由墙体、木龙骨胶合板底层及单层金属板面层组成，如图 5-1 所示。

（二）施工工艺

粘贴式安装单层金属板内墙施工工艺，如图 5-2 所示。

弹线 → 预埋木砖（经过防腐处理）→ 安装木龙骨 → 安装胶合板 → 粘贴单层铝板 → 缝隙处理

图 5-2　粘贴式安装单层金属板施工工艺

（三）操作要点

1. 弹线

根据设计要求，在墙面上弹出墙体木龙骨的位置中心线，其中间距应考虑胶合板宽度以及缝隙宽度。同时还应标出预埋木砖位置线。

2. 预埋木砖（经防腐处理）

因墙体材料不同，预埋木砖分三种情况：

（1）在混凝土墙体内预埋木砖。在混凝土墙体内预埋木砖；一是在混凝浇筑时预埋；二是直接在混凝土墙体内凿眼，安装木砖，如图 5-3 所示。

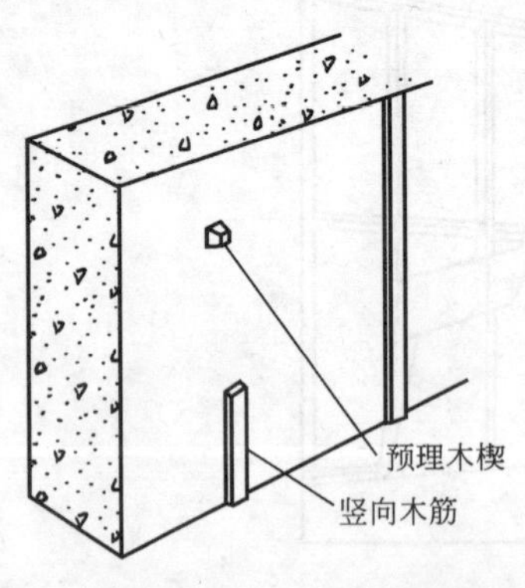

图 5-3　混凝土墙体的预埋木砖

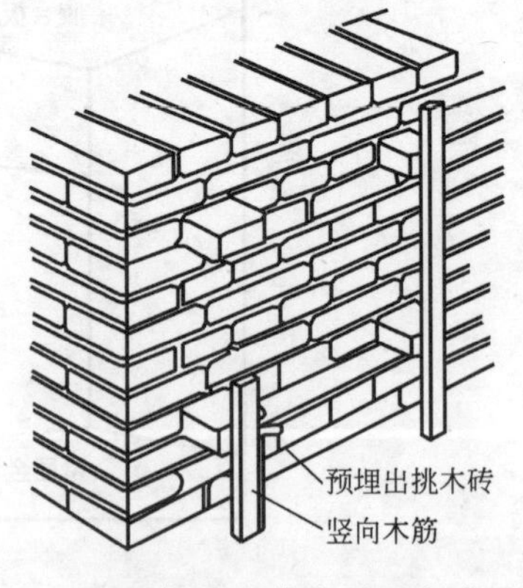

图 5-4　砖砌体内预埋木砖

（2）在砖砌体墙内预埋木砖。在砖砌体内预埋木砖，就是将木砖尺寸与砖尺寸相同。在砌筑时，将木砖安放在预留位置。对于成品墙可以将砖扣出，安放木砖，如图 5-4 所示。

（3）在空心砖砌体里预埋木砖。在空心砖砌体内预埋木砖和砖砌体一样，将木砖制作尺寸与砖相同，把木砖放在砖砌层处，而不能放在空心砖位置，如图 5-5 所示。

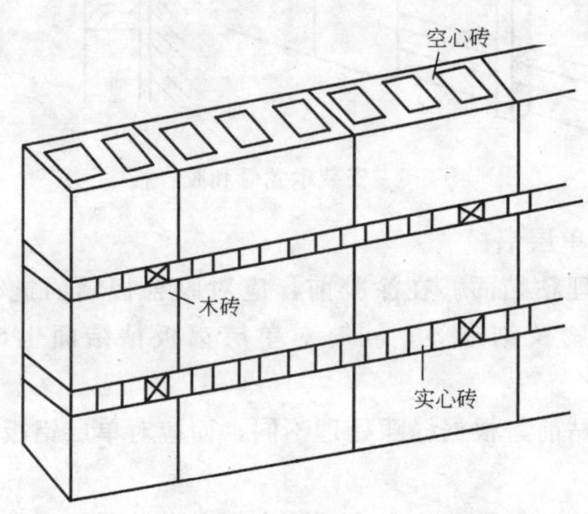

图 5-5　空心砖砌体内预埋木砖

3. 墙面做防潮层

墙面抹完底灰后，面层可抹防水砂浆或刷热沥青，也可采用铺油毡进行防潮处理。

4. 安装墙体龙骨

安装墙体龙骨是将木龙骨固定在预埋木砖上，木龙骨应双向装钉，中距 400～600mm（视面板和缝隙而定）。木龙骨断面（30～50）mm×（40～50）mm。木龙骨中线应对准墙体上木龙骨的定位线。当要求罩面板离墙体较远时，可由木砖排出，如图 5-6 所示。

5. 安装胶合板

安装完木龙骨后，可以用扁头钉，将胶合板钉在木龙骨上。装钉胶合板时，应注意对缝宽一致，在一条垂直线上。安装构造，如图 5-6 所示。

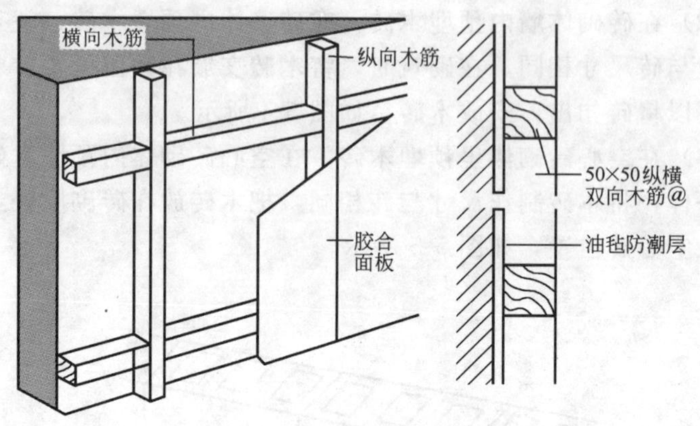

图 5-6　安装木龙骨和胶合板

6. 粘贴单层铝板

(1) 清理粘结面。在涂胶前，应对胶合板墙面进行清理，除掉表面上污物及锯末等。同时对单层铝板粘结面也应清灰尘等污物。

(2) 粘贴前，根据缝隙处理不同，而应对单层铝板在缝边进行处理。

(3) 涂胶。粘贴前应在墙面胶合板上和单层铝板粘结面上分别涂胶。

(4) 晾置和存放。涂完胶后，在空气中暴露静置一段时间（陈放时间应根据粘胶剂而定），一般用手触摸，不沾手即可粘贴。

(5) 粘贴。粘贴对应同时施加压力，方法之一是用钉钉在单层金属板上，让单层金属板与胶合板紧密结合。

7. 板缝处理

单层金属板墙面板缝处理有三种方式：

(1) 嵌镶耐候胶板缝

在安装胶合板时，要控制好板缝宽度（6～10mm），粘贴单层金属板时，板边应扣住胶合板，板缝嵌镶耐候胶，如图 5-7 所示。

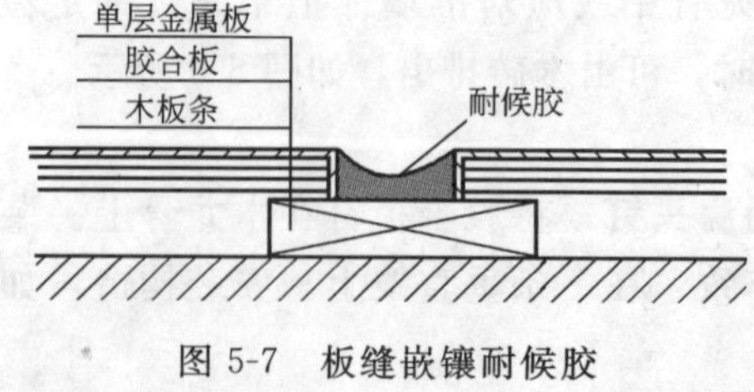

图 5-7　板缝嵌镶耐候胶

(2) 嵌镶金属槽条板缝

在安装胶合板时，应注意板缝宽度和高度与金属槽条宽度及高度一致。单层金属板安装后，再将金属槽条固定在板缝中。注意安装槽条时，应在槽条内安放木条，便于固定。如图 5-8 所示。

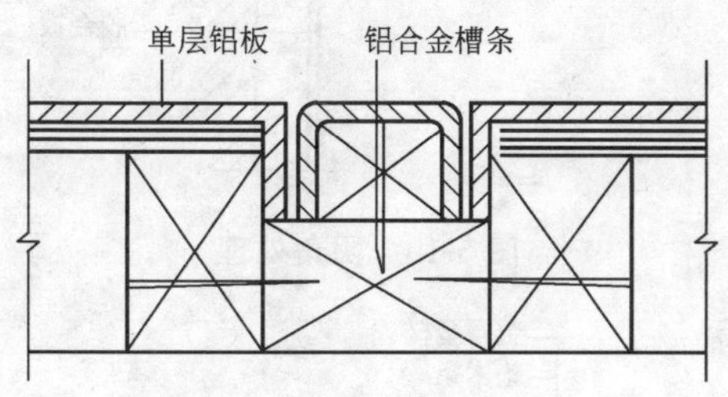

图 5-8 嵌槽压口式安装

(3) 直接卡口式板缝

在安装单层金属面板之前，先在板缝位置上安装金属卡口槽，然后将单层金属板直接插进卡口槽内。如图 5-9 所示。

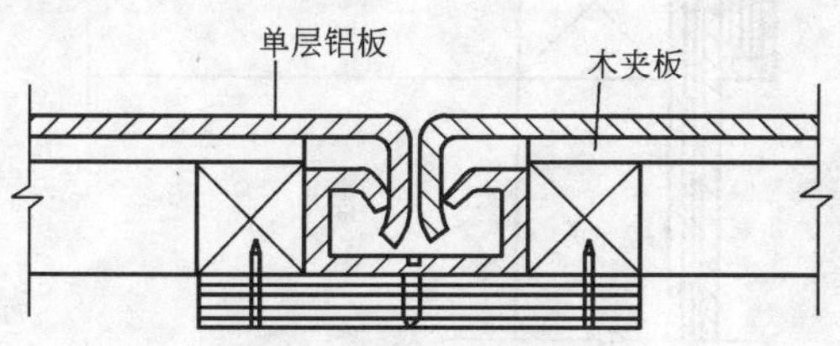

图 5-9 直接卡口式安装

8. 阴阳角处理

(1) 阴角处理。在阴角处，两胶合板成 90°相交，单层金属板也成 90°相交，在接缝处，压贴角铝，如图 5-10 所示。

(2) 阳角处理

1) 扣压金属型材。在阳角处，用金属型材扣压在阳角的金属饰面角缝上。如图 5-11 所示。

2) 嵌镶型材。在阳角处直接嵌镶金属型材，如图 5-12 所示。在安装胶合板时，就应将缝隙处理好，使角型材牢固的粘结在阳角处，防止脱落，防止变形。

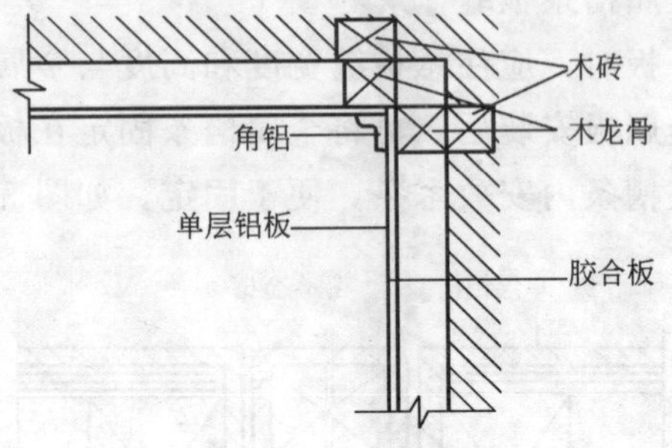

图 5-10 阴角处理

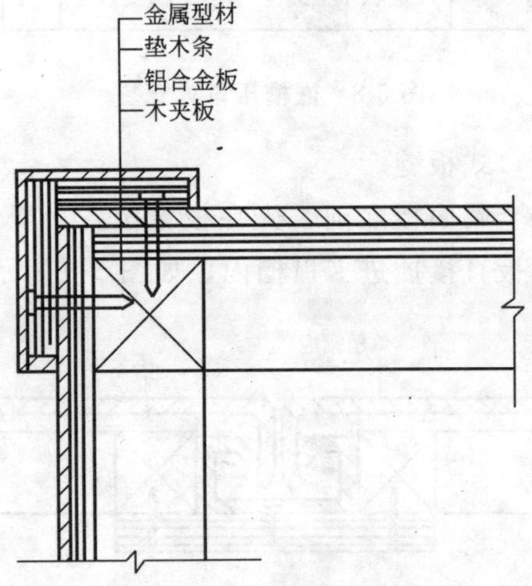

图 5-11 阳角处理

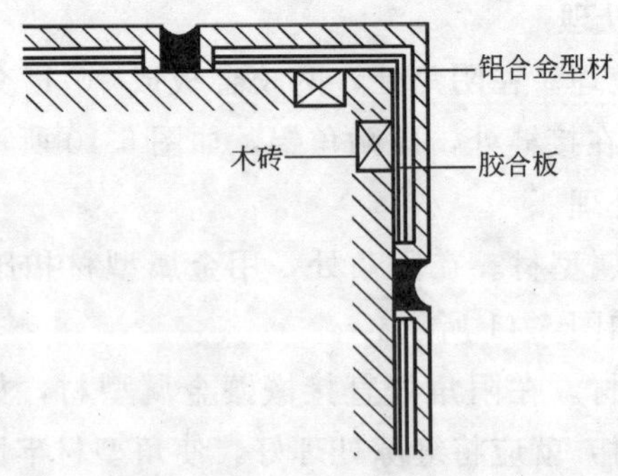

图 5-12 阳角处安装铝合金型材

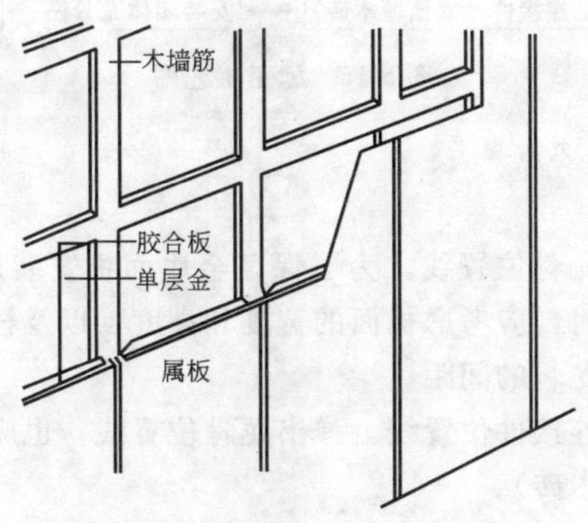

图 5-13 粘贴式单层金属板墙面安装

图 5-13 为粘贴式单层金属板墙面安装。

三、扣接式金属板墙面安装

扣接式金属板墙面安装，就是将金属条板相互在墙面上，扣接在一起，用螺栓将条板固定在墙体的龙骨上。也可以将条板直接固定在墙体上，形成金属墙面。

（一）扣接式金属板墙面构造

图 5-14 为扣接式金属板墙面构造图。其特点是金属板相互扣接在一起，用螺栓固定在墙体龙骨上（钢龙骨或木龙骨）。

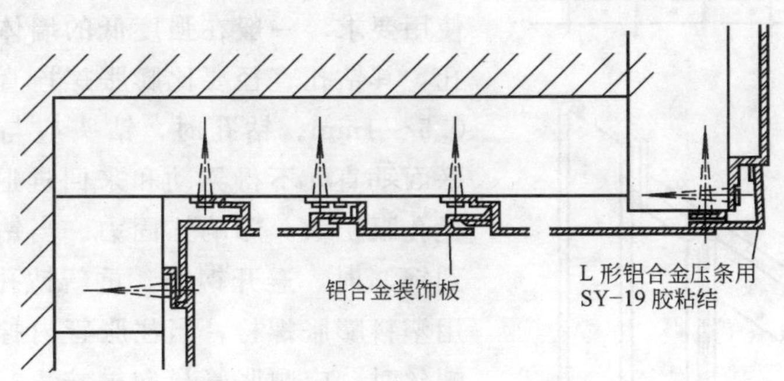

图 5-14 扣接式金属板墙面构造

（二）施工工艺

扣接式金属墙板施工工艺，如图 5-15 所示。

弹线 ⟶ 固定连接件（或预埋木砖）⟶ 安装墙体龙骨 ⟶ 安装金属条板

图 5-15　施工工艺图

（三）操作要点

1. 弹线

（1）弹出龙骨位置线。为了保证金属面板安装质量，在弹横、竖龙骨位置线时，应考虑板面的宽度和高度，以及板缝的宽度，从而确定横、竖龙骨的间距。

（2）弹出连接件位置线。弹出龙骨位置线，也应弹出连接件位置线（或预埋木砖）。

（3）弹出标高线。

2. 固定连接件

连接件是将龙骨与墙体连接在一起的构件。连接件与墙体固定方法有两种：一是预埋锚固件；二是用膨胀螺栓固定。

（1）预埋锚固件。预埋锚固件，即混凝土墙体浇筑过程中，安放预埋件。安装时，可以用焊接方法，将连接件焊接在预埋件上。

（2）膨胀螺栓固定。膨胀螺栓固定连接件，就是将连接件直接用膨胀螺栓固定在墙体上。安装膨胀螺栓时应注意用电锤钻孔时，钻孔位置要定准，一次钻成，避免位移、重复钻孔，造成“孔崩”。钻孔直径与深纹，应符合膨胀螺栓的使用要求，一般在强度低的墙体上打孔，其钻孔直径要比膨胀螺栓直径小0.5～1mm。钻孔时，钻头应与操作平面垂直，不得晃动和来回进退，以免孔眼扩大，影响锚固力。当钻孔遇到钢筋时，避开钢筋，重新钻孔。使用塑料膨胀螺栓，当往胀管内拧入木螺丝时，应顺胀管导向槽拧入，不得倾斜拧入，以免损坏胀管。

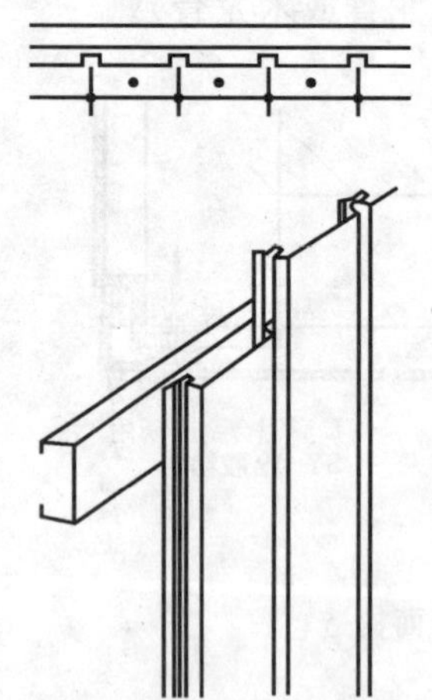

图 5-16　扣接式墙板安装顺序

金属内墙饰面安装金属罩面板、固定连接件，一般都用膨胀螺栓来固定。

3. 安装墙体龙骨

安装墙体龙骨前，应对连接件及龙骨进行防腐处理。再把龙骨与连接件固定在一起。龙骨与连接件安装一定要牢固，防止位移产生。龙骨架的平面度一定要符合施工规范的要求。

4. 金属罩面板安装

(1) 金属罩面板的排列。扣接式金属条板的安装，在安装时，金属条板应沿着龙骨一个方向排列，先安装底层，后安装上层，排列的顺序，如图 5-16 所示。

(2) 金属面板的固定。金属面板安装时按着一个方向排列，但排列一条面板就立即固定。固定件可是普通螺丝。也可是自攻螺丝。如图 5-17 所示。

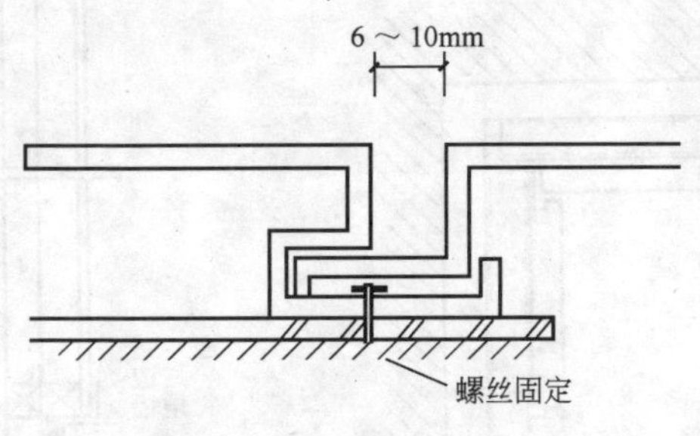

图 5-17　条板固定示意图

5. 插接式构造转角处理

插接式构造转角有阳角和阴角之分，故处理方式也有所不同。

(1) 阳角处理。在阳角处用相同金属材料做一个包角，包角的两边分别与两面扣板连接，如图 5-18 所示。

(2) 阴角处理。直接利用扣板管尾垂直相接并用螺丝固定。如图 5-19 所示。

6. 上、下端部处理

在室内顶面与地面与金属面板交接处，可以用封边的金属角进行处理，如图 5-20 所示。

图 5-21 为铝合金板板条立面图。

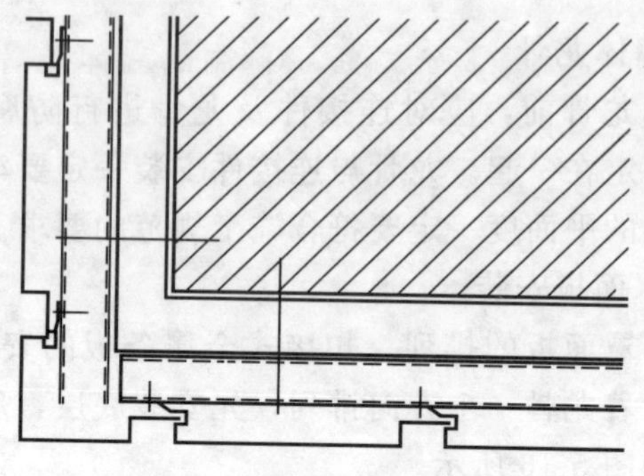

图 5-18　插接式构造阳角处理

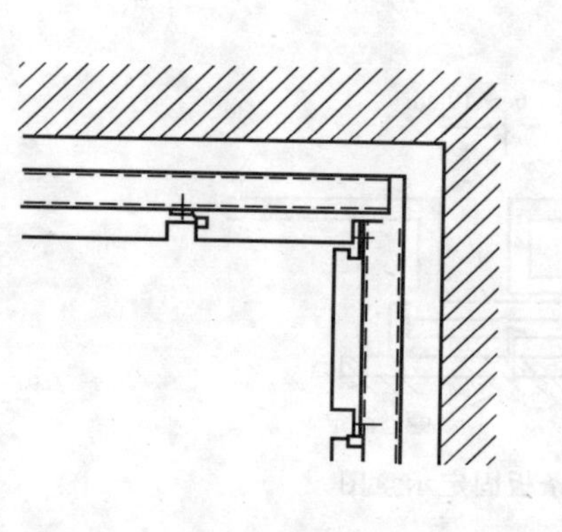

图 5-19　插接式构造阴角处理

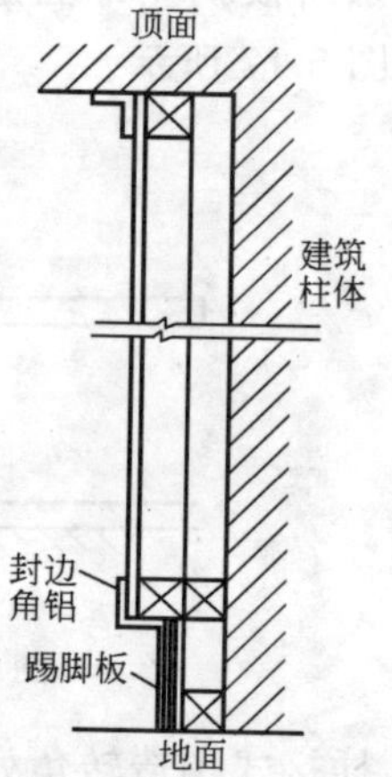

图 5-20　上顶边下地边的安装

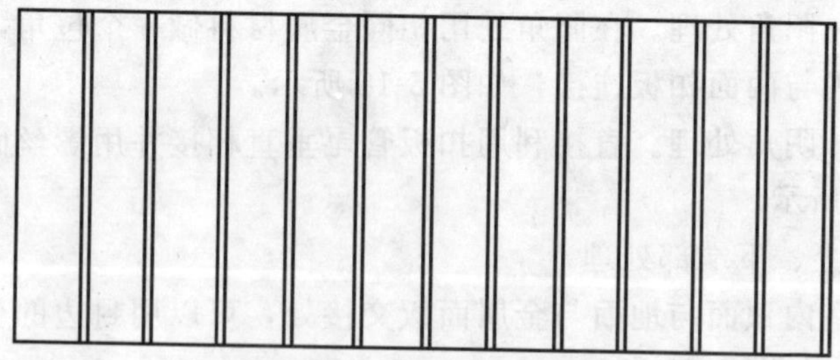

图 5-21　铝合金板条内墙立面

四、嵌条式金属板墙面安装

嵌条式安装金属面板，就是用特制的墙体龙骨，将金属面板（条板）卡在特制的墙体龙骨上，形成金属墙面。其特点是特制的卡条板的墙体龙骨，仅能卡较薄的板条。

（一）嵌条式金属板墙面构造

图 5-22 为嵌条式金属板墙面构造。其特点是金属罩面板直接卡在特制的金属墙体龙骨上。

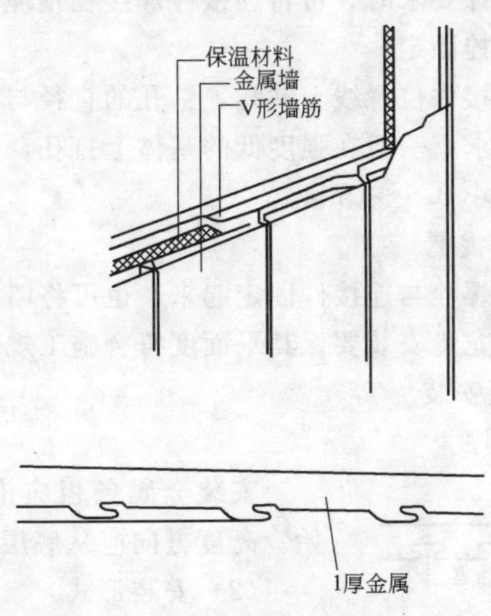

图 5-22 嵌条式金属板墙面构造

（二）施工工艺

嵌条式金属墙面施工工艺，如图 5-23 所示。

弹线 → 固定连接件 → 安装特制的墙体龙骨 → 安装金属条板

图 5-23 嵌条式金属板墙面施工工艺

（三）操作要点

1. 弹线

嵌条式安装的金属板墙面，它是将金属面板卡在特制的龙骨上。因此特制的龙骨在墙体上的位置准确程度，是安装金属罩面板的关键。所以要根据设计图纸要求以及板面尺寸确定龙骨位置，同时把位置线弹到墙体上，并把连接件位置标出来。

2. 固定连接件

连接件是将龙骨与墙体连接在一起的构件。连接件与墙体固定方法有两种：一是预埋锚固件；二是用膨胀螺栓固定。

(1) 预埋锚固件

在安装龙骨前，应在墙体内连接件位置线上预埋锚固件。当锚件的强度达到设计要求时，可将连接件焊接在预埋件上。

(2) 膨胀螺栓固定

用电锤在连接件位置线上钻孔，钻孔的直径与深度，应符合膨胀螺栓的使用要求。一般在强度低的基体上打孔，其钻孔直径要比膨胀螺栓直径缩小 0.5～1mm。

3. 安装墙体龙骨

墙体龙骨用螺栓与连接件固定起来，也可将墙体龙骨直接射钉固定在墙体上，龙骨安装要保其平面度符合施工规范要求。

4. 金属条板安装

(1) 安装顺序

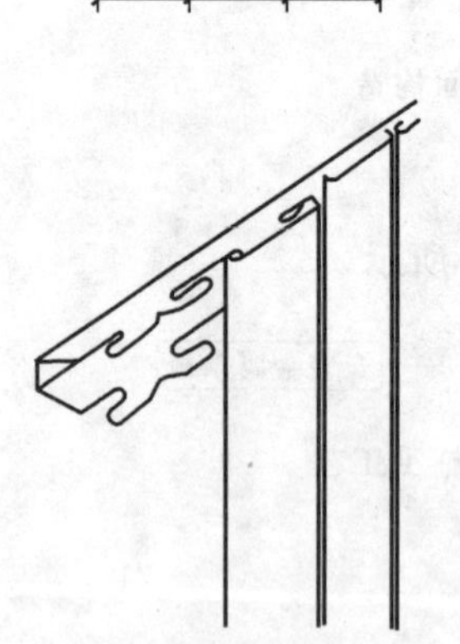

图 5-24　嵌条式开放型金属条板墙面安装

安装金属条板应沿龙骨的一端开始。高度方向应从底层开始。

(2) 安装形式

用嵌条式安装金属条板，它有两种安装形式：一是开放型；一是封闭型。

1) 嵌条式开放型安装

图 5-24 为嵌条式的开放型金属条板墙面构造图。其特点是指相邻板间，未使用插缝条或其他处理，留有板缝，因此隐约可见其后的龙骨等东西。

2) 嵌条式封闭型安装

所谓封闭型则是用插缝条或其他方法对板缝作了处理，板缝处不再是通透的。因而插缝条可是方型也是半圆型，所以封闭型嵌条式有两种构造。

① 方形插缝条构造图

图 5-25 为封闭型方形插缝条构造图。

② 半圆弧形插缝条构造图

图 5-26 为封闭型半圆弧形插缝条构造图。

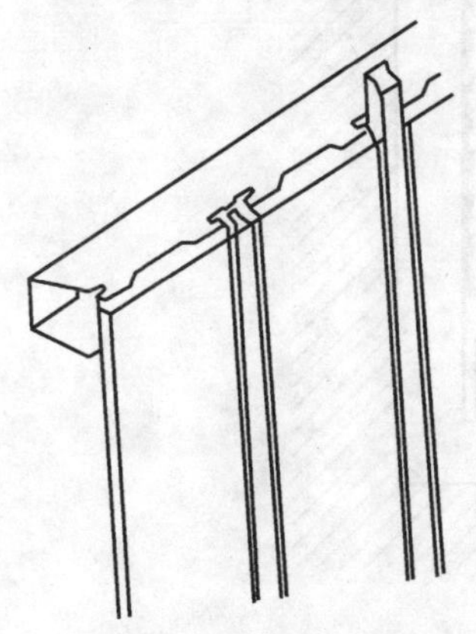

图 5-25 嵌条式封闭型方形插缝条安装

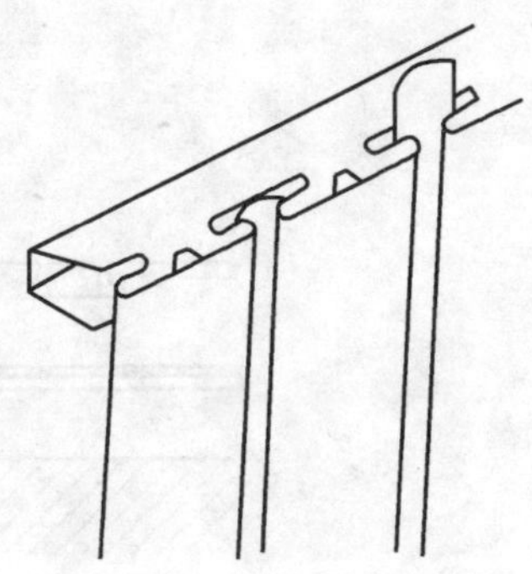

图 5-26 嵌条式封闭型半圆弧形插缝条安装

5. 嵌条式构造转角处理

(1) 阳角处理

在阳角处，对金属条板进行适当变形处理，使每个板边和每根特制的龙骨都是 45°角，安装后形成 90°阳角。如图 5-27 所示。

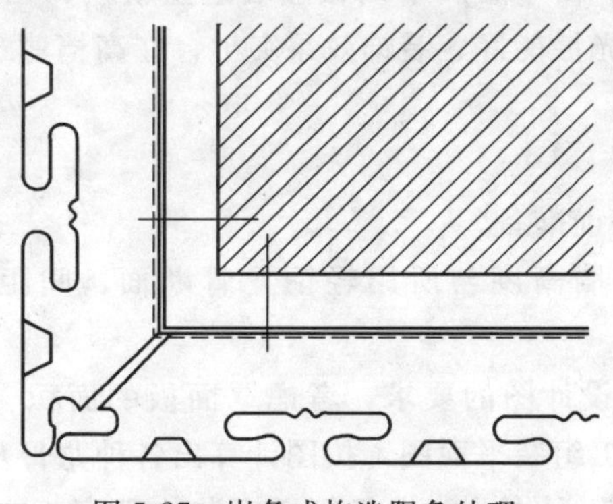

图 5-27 嵌条式构造阳角处理

（2）阴角处理

在阴角处，安装的特别龙骨垂直相交，然后再将条板作适当的变形处理即可。如图 5-28 所示。

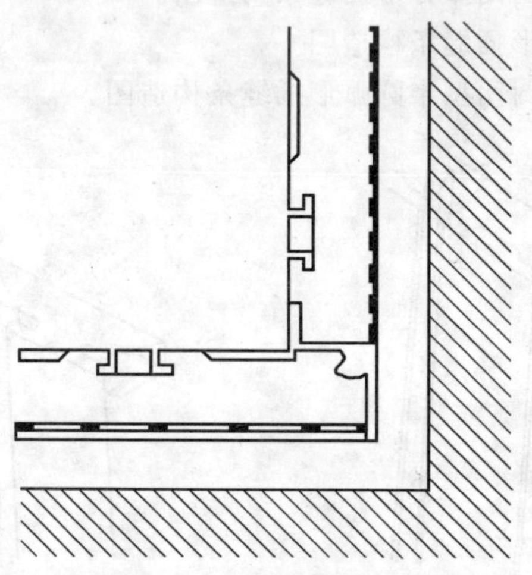

图 5-28　嵌条式构造阴角处理

第二节　金属罩面板隔墙装饰

金属罩面板隔墙，就是用墙体龙骨作骨架，用金属板材作罩面板建造的隔墙。由于金属罩面板隔墙造型新颖、无湿作业、耐磨、耐腐蚀性、反光性能好、装饰效果突出，在高档建筑中越来越多得到应用。

一、施工准备

（一）安装前准备

1. 检查隔墙高度与所用轻钢龙骨断面、间距、刚度等是否适应。

2. 按隔墙设计图的要求，考虑罩面板的面积、层数、隔墙高度等，绘制施工组装平面图，按图计算出各种龙骨及配件的数量。

3. 室内抹灰湿作业、设备管道安装均已完工方可进行隔墙安装工程。

4. 安装隔墙龙骨基体（梁、地面、墙面、柱面等）应坚实、平整，并有一定强度，不合要求者应于修整。

（二）材料准备

1. 骨架材料

(1) 轻钢龙骨。隔墙轻钢龙骨的断面分U型和C型，有沿地龙骨、沿顶龙骨、竖向龙骨、横撑龙骨和加强龙骨，还有轻钢龙骨附件，见表3-81、表3-82和表8-83。

(2) 铝合金骨架。铝合金骨架用于隔墙的有大方管、扁管、等边槽、连接角等几种铝型型材。其规格及形式见表3-73、表3-74、表3-63和表3-58等。

(3) 木方材龙骨。隔墙龙骨也可用木方做隔墙龙骨，其规格按设计要求选用。

2. 面板材料

常用金属面板材料有单层铝板、镜面不锈钢板、铝合金花纹板、压型钢板等。

3. 密封材料、胶黏剂、胶合板

(1) 密封材料。耐候胶、密封棒等。

(2) 胶粘剂。隔墙应选用中性材料胶粘剂。

(3) 胶合板。当采用木龙骨做骨架材料，应选用胶合板做底层，其规格见表3-128。

4. 紧固件

水泥钉、自攻螺钉、射钉、膨胀螺栓、扁头钉、抽芯铆钉、不锈钢螺栓、螺钉等。

（三）工具

1. 手工工具。线锤、角尺、安装锤、卷尺等。

2. 电动工具。手电钻、电锤、型材切割机、电动螺丝刀、自攻螺钉钻、射钉栓等。

二、单层金属罩面板轻钢龙骨隔墙

（一）单层金属罩面板轻钢龙骨隔墙构造图

图5-29为单层金属罩面板轻钢龙骨隔墙的构造图。它是由沿

墙、沿地、沿顶的轻钢龙骨组成骨架，再用不锈钢螺丝钉将单层金属板固定在隔墙的龙骨的骨架上形成隔墙。

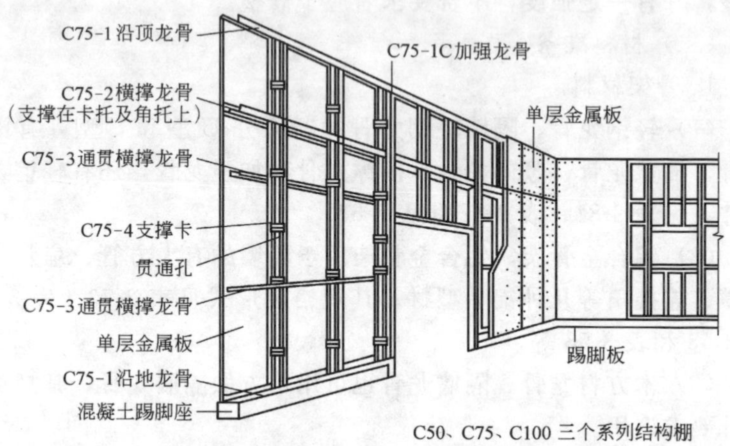

图 5-29　单层金属罩面板轻钢龙骨隔墙构造

（二）施工工艺

单层金属罩面板轻钢龙骨隔墙的施工工艺，如图 5-30 所示。

弹出隔墙位置线 → 安放防腐木砖 → 安装沿顶、沿地、沿墙、沿柱龙骨 → 安装竖向横向龙骨 → 安装金属罩面板 → 嵌缝

图 5-30　单层金属罩面板轻钢龙骨隔墙施工工艺

（三）施工要点

1. 弹出隔墙位置线

根据图纸要求，应将隔墙的位置线准确的标在室内墙地面上。弹线的质量直接影响到隔墙安装质量。

2. 确定龙骨与主体结构固定方式

轻钢龙骨与主体结构固定的方式有以下几种：

(1) 用射钉固定

轻钢龙骨与主体结构固定时，射钉与基层的距离 a 的大小会影响固定的质量。

1) 当 $a>50$mm

当射钉距基层距离 $a>50$mm 时（如图 5-31 所示），射钉固定时照常进行。

2）当 $a<50$mm

当射钉与基层距离 $a<50$m 时（如图 5-32 所示），处理方法有两种：

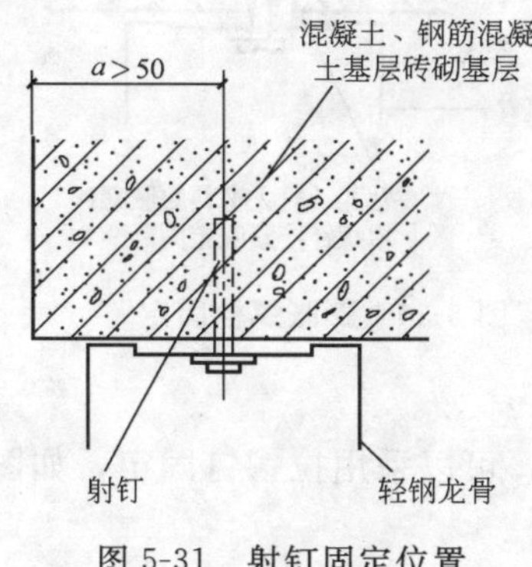

图 5-31　射钉固定位置（$a>50$mm）

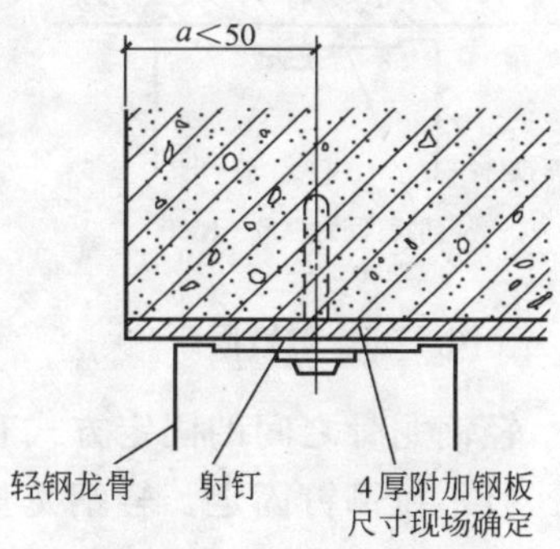

图 5-32　射钉固定位置加钢板（$a<50$mm）

① 施工时先试打几处，如机体边角不受破坏，即可照常施工。

② 在固定前，可用 4 厚附加钢板与基层固定，再将被固件用射钉固定在附加钢板与基层上，如图 5-32 所示。

3）射钉间距

用射钉固定轻钢龙骨时，射钉的间距应为 900～1000mm，如图 5-33 所示。

（2）用膨胀螺栓固定

在主体结构内钻孔，然后打入膨胀螺栓，将轻钢龙骨与主体结构固定。如图 5-34 所示。

（3）用木螺钉固定

在主体结构施工时，可以先预埋木砖（30mm × 30mm × 40mm），安装时可用木螺钉将轻钢龙骨固定在主体结构上，木螺钉固定间距为 1000，如图 5-35 所示。

3. 在安装隔墙的龙骨骨架时，应首先选定龙骨之间的固定方式。

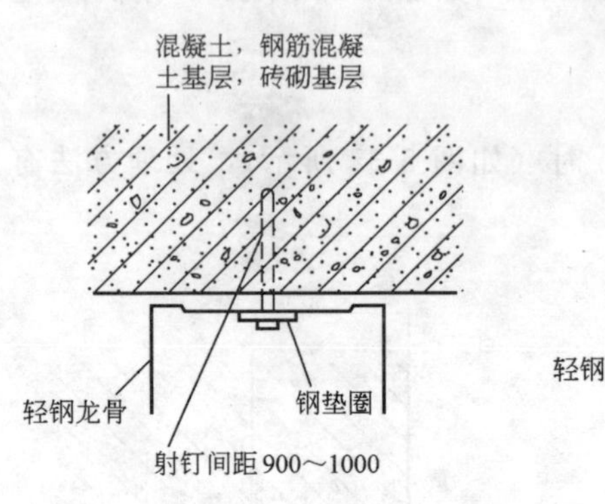

图 5-33　射钉间距

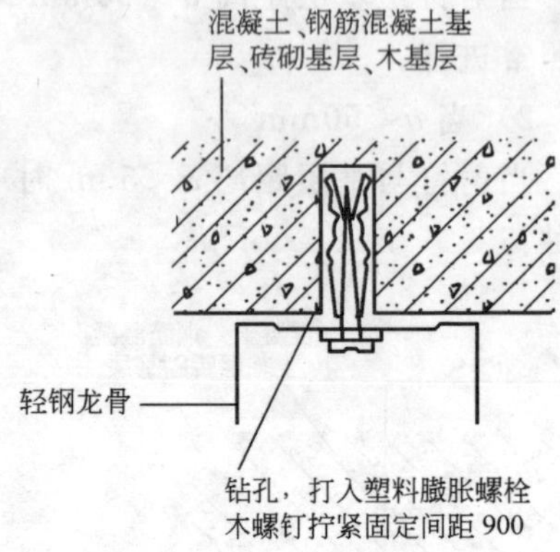

图 5-34　膨胀螺栓固定

轻钢龙骨之间的固定方式有三种：

（1）拉铆钉固定。轻钢龙骨之间，可以采用拉铆钉固定，如图 5-36 所示。

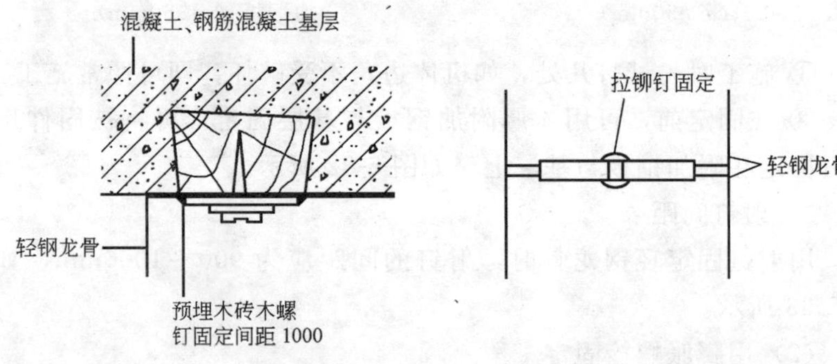

图 5-35　木螺钉固定　　图 5-36　拉铆钉固定

（2）自攻螺钉固定。轻钢龙骨之间固定，可以采用自攻螺钉固定。其固定方式简单、方便、坚固。如图 5-37 所示。

（3）螺栓固定。轻钢龙骨之间固定，也可用螺栓固定，但比起前两种施工较麻烦。如图 5-38 所示。

4. 沿地、沿顶龙骨与地、顶、墙面接触时，在固定龙骨前。应先铺橡胶条或沥青泡沫塑料条。

5. 龙骨在切割时，应考虑龙骨的安装顺序。安装方向不能

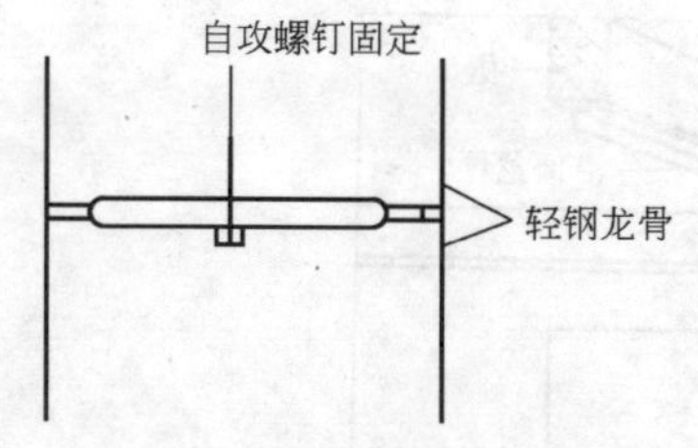

图 5-37　自攻螺钉固定

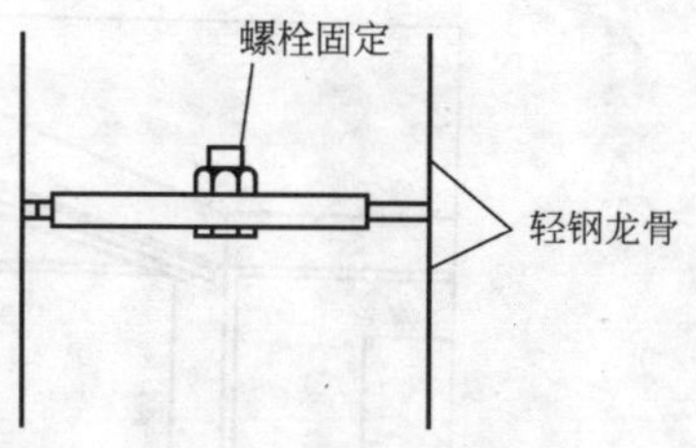

图 5-38　螺栓固定

颠倒。

6. 轻钢龙骨隔墙骨架安装后，应保证龙骨外表保持在一个平面上。

（四）操作要点

1. 定位弹线

按照设计尺寸，在楼地面上定出隔墙位置。弹出隔墙下边线。然后，根据隔墙下边线，在隔墙两端的墙（或柱）上，用线锤引测隔墙垂线，并弹出墨线。再根据垂直线，在楼板底（或梁底）弹出隔墙的上边线。最后按图定出门口位置、龙骨位置。

2. 轻钢龙骨安装前的修整

轻钢龙骨安装前，应认真检查，有局部弯曲，将其放在木制的长凳处用木锤敲打平直。有锈蚀的应用钢丝刷除锈，并立即涂红丹防锈漆一道。最后按所需的长度进行切断。

3. 安装沿顶、沿地、沿墙龙骨

（1）沿顶、沿地龙骨铺设。按照隔墙上面的边线，用射钉（或膨胀螺栓）将沿顶龙骨固定，钉距不大于 800mm。根据楼地面上隔墙边线，铺设沿地龙骨，应注意吊线检查，保证两者在同一垂直面上。如图 5-39 所示。另外龙骨与地面、顶面接触处，应铺设橡胶条或沥青泡沫塑料条。

（2）沿地。沿墙龙骨与墙、地固定。当沿地龙骨铺设后，接着应安装沿墙龙骨，用射钉固定。如图 5-40 所示。射钉射入最佳深度：混凝土为 22～32mm，砖墙为 30～50mm。

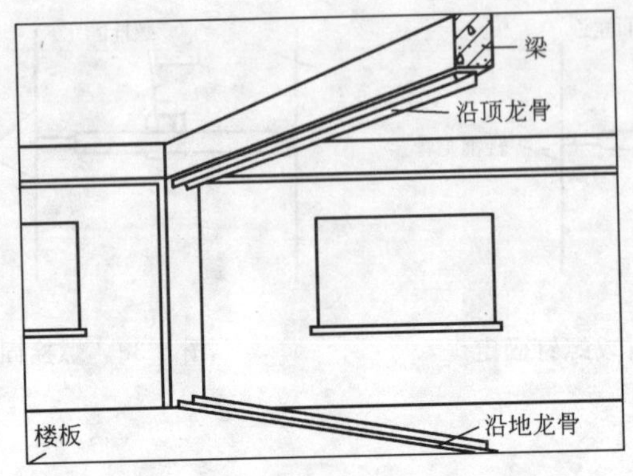

图 5-39 沿顶沿地龙骨的铺设示意

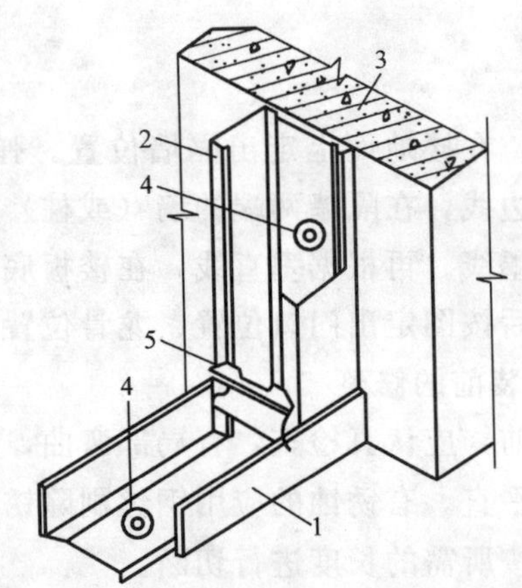

图 5-40 沿地、沿墙龙骨与墙、地固定

1—沿地龙骨；2—竖向龙骨；3—墙或柱；4—射钉及垫圈；5—支撑卡

4. 竖向龙骨安装

(1) 竖向龙骨布局。竖向龙骨间距为 400～650mm，按面层材料的规格而定。面层材料的横向接头应安排在竖龙骨上。竖向龙骨上设有方孔，是为了适应于墙内暗穿管线。所以首先要确定龙骨上、下两端的方向，尽量将方孔对齐。对于有耐火等级要求的墙体，竖龙骨长度应比实际距离短 30mm，以便在上、下形成 15mm 的膨胀缝。在门洞口要增加加强龙骨。如图 5-41 所示。

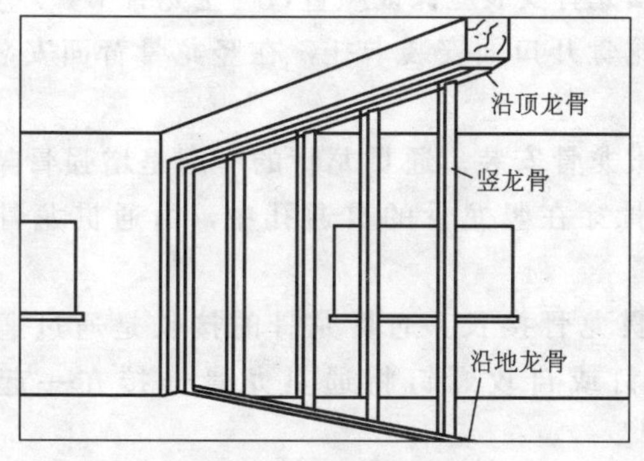

图 5-41 竖向龙骨安装

(2) 竖向龙骨固定。竖向龙骨与墙体用射钉（或膨胀螺栓）固定，钉距不大于 1000mm。竖向龙骨与沿顶、沿地龙骨固定，可以用自攻螺钉或拉铆钉固定。如图 5-42 所示。

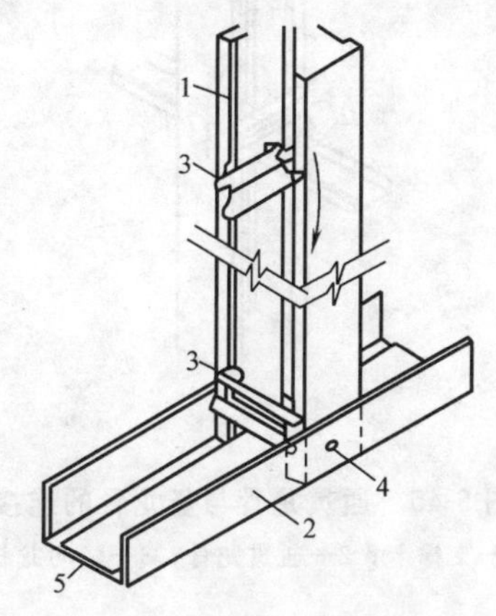

图 5-42 竖向龙骨与沿地龙骨固定

1—竖向龙骨；2—沿地龙骨；3—支撑卡；4—铆孔；5—橡皮条

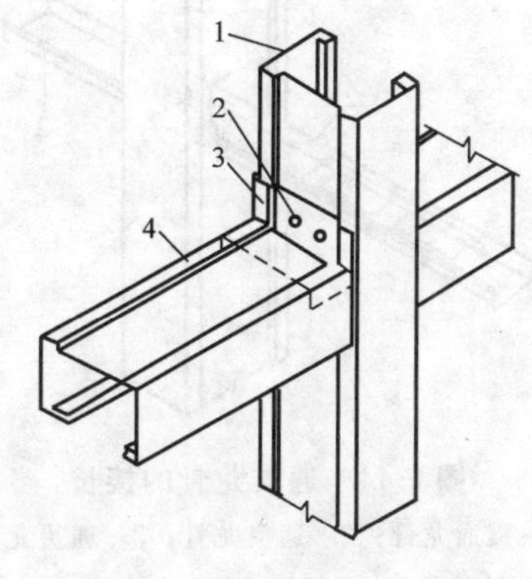

图 5-43 竖向龙骨与横向龙骨或加强龙骨的连接

1—竖向龙骨或加强龙骨；2—拉铆钉或自攻螺钉；3—角托；4—横向龙骨或加强龙骨

5. 安装横龙骨和通贯龙骨

(1) 横龙骨安装。横龙骨是面层固定的支承面，横龙骨间距一般在 300～500mm，按面层材料规格固定。面层材料纵向应连接在横龙骨上。横龙骨安装应保证顺直，与主龙骨平齐。安装横龙骨之前，应在竖龙骨开口面安装卡托，在竖龙骨背面安装角托，如图5-43所示。

(2) 通贯龙骨安装。通贯龙骨的作用是增强骨架的整体稳定性。通贯龙骨穿在竖龙骨的贯通孔中，由通贯龙骨连接件将其接长。

(3) 通贯龙骨接长。通贯龙骨的接长是通过通贯龙骨连接件，用拉铆钉或自攻螺钉将通贯龙骨连接在一起。如图5-44所示。

(4) 通贯龙骨与竖向龙骨连接。在竖向龙骨上，安装支撑卡与通贯龙骨连接，如图5-45所示。

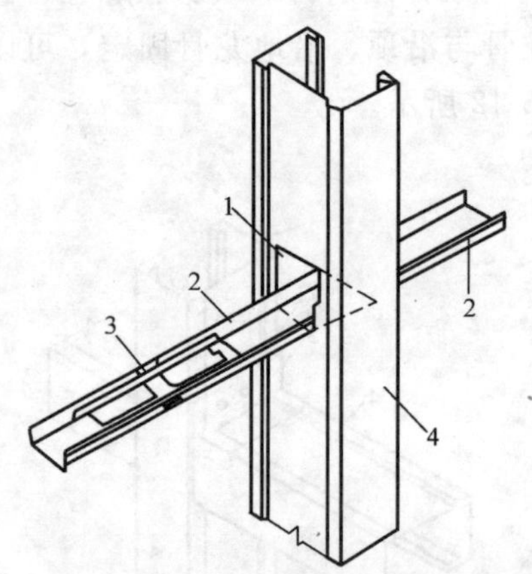

图 5-44 通贯龙骨的接长

1—贯通龙骨；2—通贯龙骨；3—通贯龙骨连接件；4—竖向龙骨（加强龙骨）

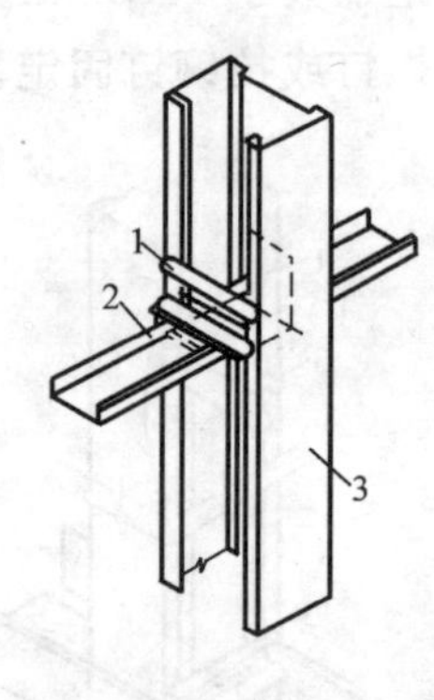

图 5-45 通贯龙骨与竖龙骨的连接

1—支撑卡；2—通贯龙骨；3—竖向龙骨

6. 安装金属罩面板

(1) 安装金属罩面板应在隔墙内的暗管线、保温填充材料安装施工完毕后进行。

(2) 安装金属罩面板前，应通过计算确定合理的板缝，并在骨架上每隔1～1.5m弹一条板条垂直控制线，以避免安装的积累误差。这样可以有效控制板缝的均匀和顺直。

(3) 金属罩面板的固定。金属罩面板与骨架固定，可以用自攻螺钉（或不锈钢螺钉）。钻孔的钻头直径应稍小于自攻螺钉的直径。如图 5-46 所示。

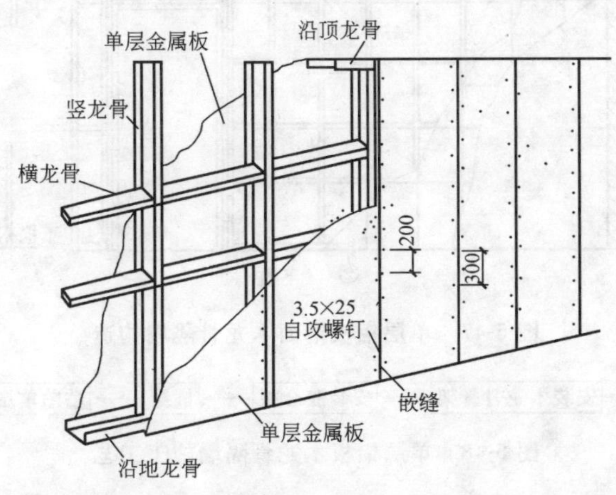

图 5-46 单层金属面板固定

7. 金属罩面板的板缝处理

轻钢龙骨金属面板板缝一般为 1mm 缝隙。若采用宽缝，可以在竖龙骨上钉两根木条，留缝隙 10mm，包上面板，再嵌上耐候胶。

三、单层铝板罩面木龙骨隔墙

单层铝板罩面木龙骨隔墙，它是由木龙骨组成骨架，骨架外层装钉胶合板，胶合板面层再粘贴单层铝板构成的。这种隔墙施工方便，彩色多样，造型美观。目前室内装饰广泛采用的一种方案。

（一）单层铝板罩面木龙骨隔墙构造

图 5-47 为单层铝板罩面木龙骨隔墙构造图。它是由上槛、下槛、立柱、横撑等木构件组成骨架，骨架外安装胶合板，最后在胶合板面层粘贴单层铝板。

（二）施工工艺

单层铝板罩面木龙骨隔墙施工工艺，如图 5-48 所示。

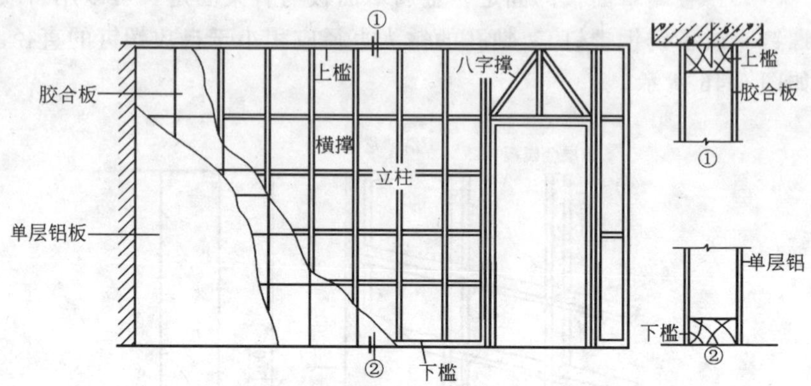

图 5-47　单层铝板罩面木龙骨隔墙构造

弹线 → 安装木龙骨骨架 → 安装胶合板 → 嵌缝 → 粘贴单层铝板

图 5-48　单层铝板木龙骨隔墙施工工艺

（三）施工要点

1. 制作木龙骨骨架的材料，应用红、白松或杉木，含水量不得超过施工规范规定的允许值（一般含水率<12%）。

2. 必须按照设计图纸规定的隔墙位置，在砖墙、顶面、地面预埋经过防腐处理的木砖。

3. 木骨架必须用钉子与预埋的木砖钉牢，水平横撑要水平钉接，其间距要配合板材的规格（长或宽）。

4. 隔墙立柱间距应与胶合板宽相一致。

5. 隔墙应装钉得垂直平整，在全高度内的垂直偏差，不允许超过 4mm。

（四）操作要点

1. 定位弹线

根据设计图纸，在需要固定隔断墙的地面上，弹出隔墙的宽度线与中心线，然后用线锤将两条边缘线和中心线的位置引到相邻的墙上和顶棚上。同时划出固定点的位置。

2. 设置木砖或膨胀螺栓

木龙骨与主体结构安装时，有两种固定方法。一是在主体结构内预埋木砖；一是用膨胀螺栓固定。

(1) 设置木砖。在木龙骨固定的位置上，用电锤萦孔放入经过防腐处理的木砖。如果用木楔铁钉固定，则要在中心上打出 ϕ20mm 左右孔，孔深 50mm 左右，再向孔内打入木楔。

(2) 设置膨胀螺栓。用膨胀螺栓固定，则要用 ϕ7.8mm 或 10.8mm 的钻头，在中心线上打孔，孔深 45mm 左右，向孔内放入 M_6 或 M_8 的膨胀螺栓。

3. 安装靠墙立柱、上下槛

(1) 先安装靠墙立柱。如果墙面上有木砖或木楔，就用铁钉将立筋紧靠墙面钉牢，否则就用膨胀螺栓或射钉固定。

(2) 安装上下槛。靠墙立柱安装好之后，安装上下槛。把上槛沿弹好的宽度线在顶棚固定，两端紧顶靠立筋。如果顶棚上没有预埋木砖或楔及其他紧固器件，应使用膨胀螺栓或射钉固定。

安装下槛应沿地面上弹出的墙面定位线安装。下槛应直接固定在地面上，两端顶紧靠墙立柱的底部，然后在下槛上划出其他立筋的位置线。一般隔断墙，立柱或上下槛截面取 50～70mm 边长的木方。

4. 安装立柱、横撑及斜撑

(1) 安装中间立柱。中间立柱之间的距离是根据胶合板材宽窄来决定的，一般为 400～600mm，要能使板材的两边都搭在立筋上，并能被钉子钉牢。板与板端头留有缝隙 2～3mm 为宜。立柱安装要垂直，在竖向立筋上每隔 300mm 左右应留一个专用孔，以备安置管线使用。上下端顶紧上下槛，然后用钉子斜向钉牢。

(2) 安装横撑及斜撑。在立柱与立柱之间，钉几根横撑，一般横撑可不与立柱垂直，将其两端头按相反方向稍锯成斜面，以便楔紧和钉钉。横撑的垂直间距宜 1.2～1.5m。水平横撑应水平装钉，钉牢固。

5. 安装有门框隔墙

安有门隔墙应在门框边的立柱加大断面，把两根立柱并起来使用，或者把竖向立柱穿过吊顶面，至少让门框的竖向立柱顶端穿过吊顶面，在吊顶面以上再与建筑层的顶面进行固定。固定的方法可

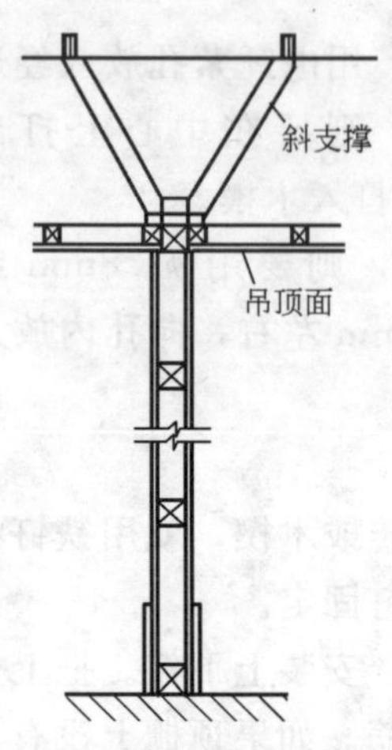

图 5-49　带门框隔墙与建筑顶面的连接固定

用木方制作的斜角支撑杆与建筑层的顶面夹角成 60°角用楔铁钉或膨胀螺栓固定。固定方法，如图 5-49 所示。

6. 铺钉基层胶合板

(1) 检验木骨架

在钉好木骨架安装胶合板之前，应检验木骨是否牢固，预埋木楔、木砖的固定点的位置、数量是否正确，遗漏的应补齐。木骨架两面的垂直度和平整度是否符合设计要求。

(2) 弹线分块

安装胶合板前应分块尺寸弹线，板材规格与立柱间距不合时，应用细齿锯裁加工，已加工板材的边要齐整，角要方正，然后按弹线位置作临时固定。

(3) 挂线调整胶合板面

临时固定后，挂线调整胶合板，调整后的胶合板面缝隙一致，缝宽控制在 2 ～3mm。

(4) 固定胶合板

经挂线调整后，胶合板用 25～35mm 的扁头钉固定。钉进板面 0.5mm，钉距应不大于 80～150mm。胶合板钉钉应将板面压平从中间开始向外依次钉钉，应钉牢，表面平整，无翘曲无波浪。板的上口应平整。

(5) 阴、阳角处理

在门窗和墙面的阴阳角处，胶合板交接处应保持 90°。因此，胶合板在交接处应剖口 45°。

7. 粘贴单层铝板

(1) 弹线

根据单层铝板规格尺寸和设计的缝隙宽度，在基层胶合板面上弹出分块和缝隙尺寸线。

(2) 清理基层板面

在未粘贴前，应清除隔墙胶合板基面的污物、锯末等。

(3) 涂胶

当基层清理干净后，应在单层铝板的粘结面和基层胶合板面，分别涂上胶粘剂。

(4) 晾置和陈放

当单层铝板粘结面和胶合板粘结面涂上胶后，根据胶粘剂的性能确定陈放的时间。当晾置达指触干燥程度（即用指尖接触涂膜，达到似粘非粘程度），也可以进行粘贴。

(5) 粘贴

当单层铝板的涂胶达到陈放时间，即可进行粘贴，并对粘贴施加 0.2～1.5MPa 的压力。施加压力的方法，可以是钉压，也可以采用其他种方法进行。

(6) 阴、阳角处理

在隔墙的阴、阳角处，可以镶贴角铝，也用单层铝板压成 90°的角铝，直接粘贴在阴、阳角处。

(7) 板缝处理

板缝处理，可以采用嵌缝处理。在安装胶合板和单层铝板时，先应计算好板缝的间距，一般在 6～10mm。安装好单层铝板后，可在缝间嵌镶耐候胶，如图 5-7 所示。

第三节 金属隔断

金属隔断，就是用金属型材、板材、花格等制作的隔断。用于分隔室内空间，又起到装饰效果，是目前广泛采用的隔断。

按安装方式不同，可分为固定式和移动式两种。

一、铝合金玻璃隔断

铝合金玻璃隔断，就是用铝合金型材做骨架，用铝合金板和玻璃做隔断芯材而制作的隔断。

(一) 铝合金玻璃隔断构造

图 5-50 为铝合金玻璃隔断构造示意图。它是由铝合金型材做边框，由铝合金板和玻璃板做隔断的芯板构成。

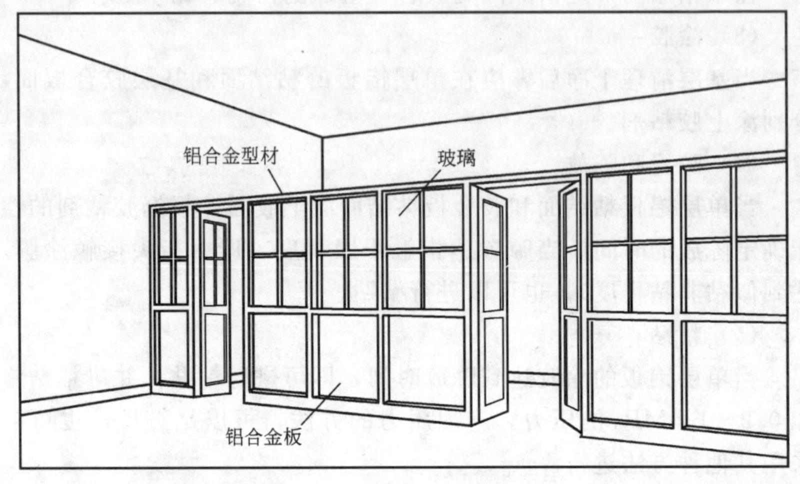

图 5-50　铝合金玻璃隔断

（二）施工工艺

铝合金玻璃隔断施工工艺，如图 5-51 所示。

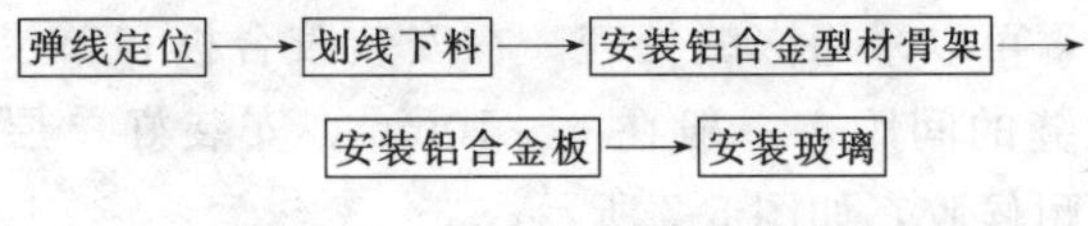

图 5-51　铝合金玻璃隔断施工工艺

（三）施工要点

1. 隔断安装应保证其垂直度和平整度，符合施工规范要求。

2. 铝合金型材与地面、墙面接触处，应铺设橡胶条或沥青泡沫塑料条。

3. 隔断立面处理应均匀合理，竖向型材间距应考虑玻璃、板材尺寸，经过计算进行分格。

4. 确定骨架安装方法：一是地面组装整体安装；二是在现场直接分件进行安装。

（1）地面组装。从一端开始，先将靠墙的竖向型材与铝角件固定，再将横框型材通过铝角件与竖向型材连接，直接组成隔断骨架整体安装。

(2) 现场直接进行分件安装。先将靠墙的竖向型材及地面型材安装，再安装横框与斜撑。

5. 隔断安装要牢固，采用膨胀螺栓固定，连接力一定要计算，保证隔断有足够刚度。

（四）操作要点

1. 弹线定位

(1) 确定隔断平面位置。按照设计图纸的设计尺寸，在楼地面上定出隔断的位置，弹出隔断下边线。

(2) 确定隔断在墙面位置及高度。在隔断两端的墙（或柱）上，用线锤引测隔断垂直线，并弹出墨线。并在隔断垂线上标出隔断的高度符号，并标出靠墙型材固定点的位置线。

(3) 确定门口及竖向型材位置。在地面隔断位置线上，按设计图纸定出门口位置及竖向型材位置，并标出靠地型材固定点的位置线。

2. 划线下料

(1) 建立工作平台。在划线下料前，应建立一个工作平台，一方面可以放样，另一方面也可以保证划线下料的准确度。

(2) 划线顺序。划线应先划长型材线，后划短型线。并将竖向型材与横向型材分开进行划线。

(3) 下料尺寸确定。首先应复核实际所需尺寸与施工图中标注的尺寸是否有误差。如误差小于5mm，则按施工图下料，否则应按实量尺寸施工。

(4) 划线。首先以竖向型材的端头为基准，划出与竖向型材的各连接位置线，以保证顶地之间，竖向型材安装的垂直度和对位的准确性。再以竖向型材的一端头为基准，划出与横档型材各连接位置线，以保证各竖向型材之间横撑型材安装的水平度。划线的精确度应控制在长度误差的±0.5mm。

(5) 下料。下料可用铝型材切割机，切割时应齐线切，或留出线痕以保证尺寸准确。切割加工件，应将加工件在操作平台上放平，锯片用力均匀，要求切口边部光滑，若有毛刺应立即铲除。

3. 安装铝合金型材隔断骨架

（1）固定靠墙面竖向型材和落地面型材。固定方法有两种：一是用铁脚件固定，二是用膨胀螺栓或射钉固定。

1）用铁脚件固定。在靠墙竖向型材和沿地地面横向型材固定点的位置上，预埋锚固件（或木砖）、将铁脚件一端与墙面和地面的预埋件相连接，另一端与竖向和横向型材连接。

2）用膨胀螺栓或射钉固定。用膨胀螺栓固定光电钻孔，孔深45mm左右，向孔内放入M6或M8的膨胀螺栓。也可在固定点位置，用射钉固定。

（2）安装竖向型材与横向型材。竖向型材与横向型材连接通过铝角进行的。先在竖向型材与横向型材连接的划线位置上固定铝角件。铝角件上应先打好ϕ3或ϕ4mm的两个孔，孔中心距铝角件端头10mm。然后用一小截厚10mm左右的型材放于竖向型材与横向型材固定的划线位置上，再将铝件放入这一小截型材上打出两孔，如图5-52所示。最后用M4或M5自攻螺钉把铝角件固定于竖向型材上。这一小截型材实上起到模规的作用。

安装时，先将竖向型材与地面横材固定，再将横向型材端头插入竖向型材上的铝角件上，并使其端头与竖向型材侧面靠紧，再手电钻将横向型材与铝角件一并打两个孔，然后用自攻螺钉固定，如图5-53所示。自攻螺钉可用半圆头（或沉头）M4×20或M5×20。

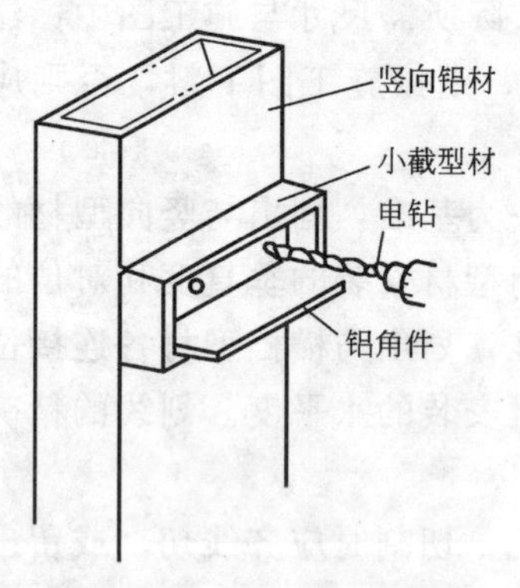

图5-52　铝角件打眼

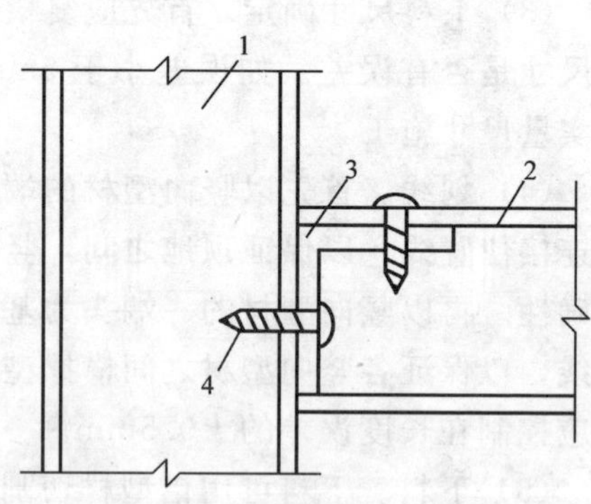

图5-53　两型材的接合形式

1—竖向型材；2—横向型材；

3—角铝件；4—自攻螺钉

4. 安装隔断铝合金板

铝合金玻璃隔断，在1m高度以下，都安装铝合金板。在1m上安装玻璃。

铝合金板的安装是用同色铝合金槽条夹住铝合金饰面板，以自攻螺钉固定槽条，如图5-54所示。

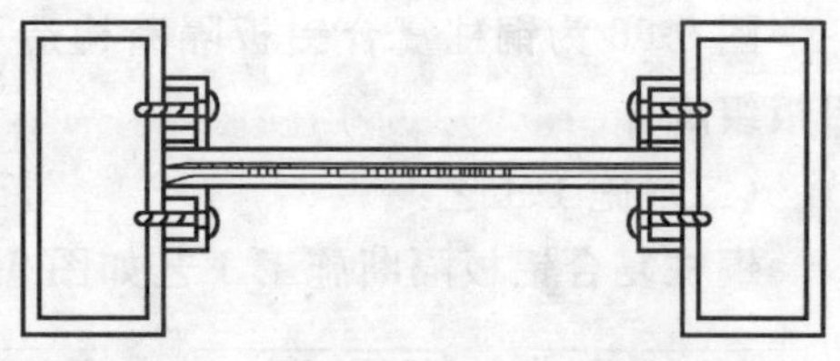

图5-54 铝合金墙面板的安装

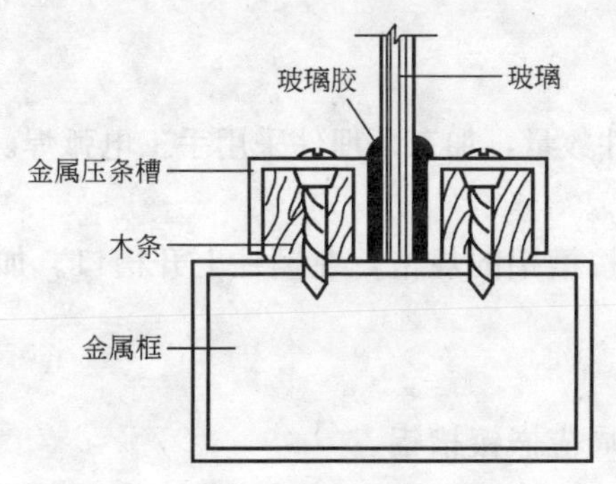

图5-55 金属框里安装玻璃

5. 安装玻璃

在金属框里安装玻璃，先在框上弹出玻璃位置线，在线的一边固定上金属压条槽（槽内镶木条）安装玻璃，接着在另一边钉金属压条槽，如图5-55所示。

二、铜柱复合铝板隔断

铜柱复合铝板隔断，即用铜管作为立柱，用铝合金复合铝板为隔板安装的隔断。

（一）铜柱复合铝板隔断构造

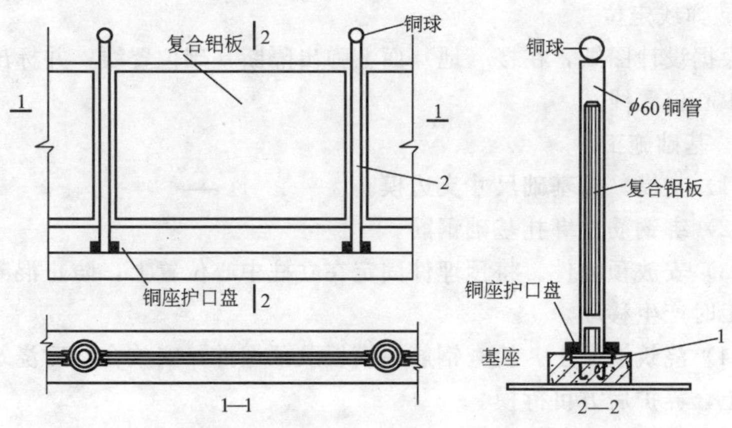

图5-56 铜柱复合铝板隔断构造

1—预埋件；2—铜柱（ϕ60铜管）

图 5-56 为铜柱复合铝板隔断构造示意图，它是由铜柱和复合铝板组成。

（二）施工工艺

铜柱复合铝板隔断施工工艺如图 5-57 所示。

隔断基础施工 → 隔断构件加工 → 隔断安装柱 → 安装复合铝板

图 5-57　铜柱复合铝板隔断安装工艺

（三）隔断构件加工要点

1. 预埋件制作

根据立柱数量，确定预埋件数量，加工预埋件采用手工电弧焊。

2. 铜柱加工

铜柱上安装复合铝板，故按槽铝的规格，在铜柱上开槽口。加工方法应是在刨床上进行。

3. 复合铝板加工

复合铝板按尺寸下料，四周应嵌镶槽铝。

4. 铜质成品护口盘加工

铜柱的铜质成品护口盘，可以用薄铜板冲压成，也可用厚铜板在车床上加工而成。

（四）隔断安装要点

1. 弹线定位

根据设计图纸，在楼（地）面上弹出隔断基础位置线，并标出立柱中心位置线。

2. 基础施工

（1）支模。按基础尺寸支边模。

（2）绑钢筋。绑扎基础钢筋。

（3）安放预埋件。将预埋件固定在立柱中心位置上，防止混凝土施工时产生移动。

（4）浇筑混凝土。检查钢筋、模板及预埋件，安放合格后浇筑混凝土，养护后方可拆模。

3. 安装立柱

（1）安装立柱前，应检查预埋件中心位置是否正确，否则应及时修整。

(2) 焊接插接管。将插立柱的钢管焊接在立柱的预埋件中心位置上。

(3) 安装立柱。将铜管立柱插接在钢管上，如图 5-58 所示。

(4) 安装护口盘。立柱安装后，应将护口盘套在立柱上。

4. 安装复合铝板

将加工后的复合铝板插进立柱的槽口里，如图 5-59 所示。

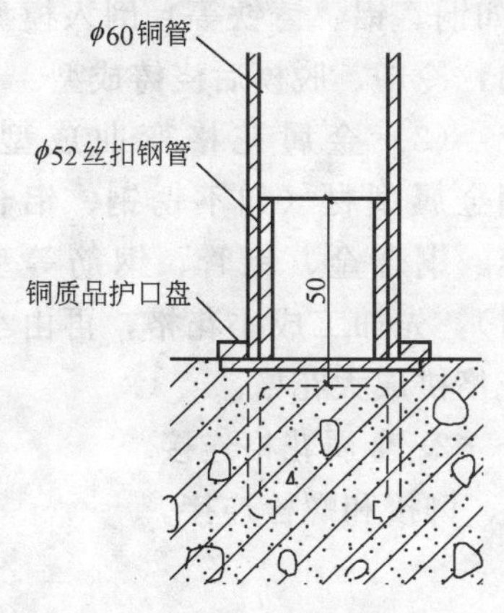

图 5-58 立柱安装节点

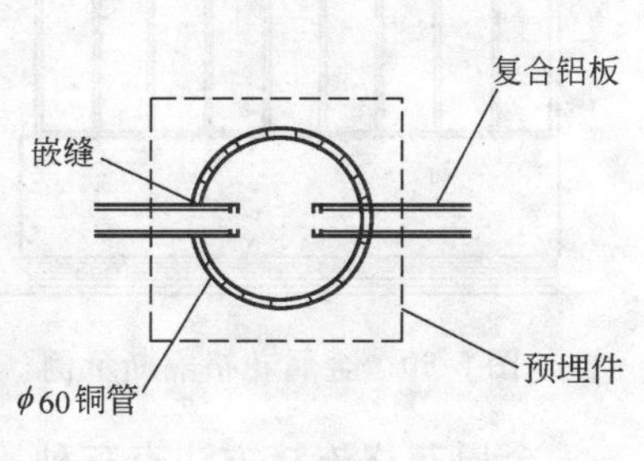

图 5-59 复合铝板安装节点

5. 嵌缝

复合铝板与立柱的缝隙，用耐候胶进行嵌镶。

6. 焊接铜球

将加工铜球的成品，应通过焊接安装在立柱的顶端。

三、金属花格隔断

金属花格隔断，就是用金属型材（不锈钢、铝合金、铁等型材）制作花格组成隔断。又因金属花格纤细、精致、空透，用于室内隔断十分美观。再加上嵌彩色玻璃、有机玻璃、硬木等更显富丽。它适用于装饰要求高的住宅及公共建筑中。

(一) 金属花格隔断构造

图 5-60 为金属花格隔断构造示意图。它是由金属框架和金属花格构成。其特点是空透，不影响人们的视觉。

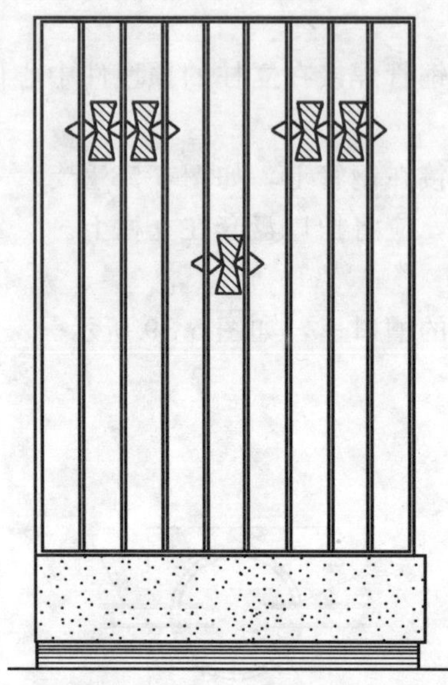

图 5-60　金属花格隔断示例

（二）金属花格制作与连接

1. 金属花格的制作

金属花格的制作有两种方法：一是浇铸成型；二是用金属型材弯曲成型。

（1）花格浇铸成型。先制作出花格模型，再将金属熔化（如铜、铝、铸铁等）倒入模型内，冷却、脱模后浇铸成型。

（2）金属花格弯曲成型。用金属型材（如不锈钢、铝合金、铜合金、钢管、钢筋等型材），先加工成小花格，再由小花格拼成大花格。

2. 金属花格连接

金属花格连接方法有三种：焊接、铆接和螺栓连接。

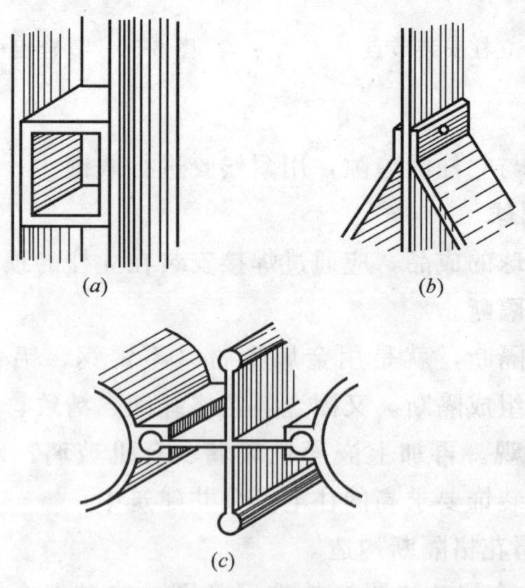

图 5-61　金属花格的连接

(*a*) 焊接；(*b*) 栓接或铆接；(*c*) 套接

(1) 焊接连接。图 5-61 (a) 为焊接连接。

(2) 铆接连接。图 5-61 (b) 为铆接连接。

(3) 螺栓连接。图 5-61 (c) 为螺栓连接。

(三) 铝合金花格隔断安装

1. 铝合金花格制作要点

图 5-62 为铝合金花格节点图和局部立面图。

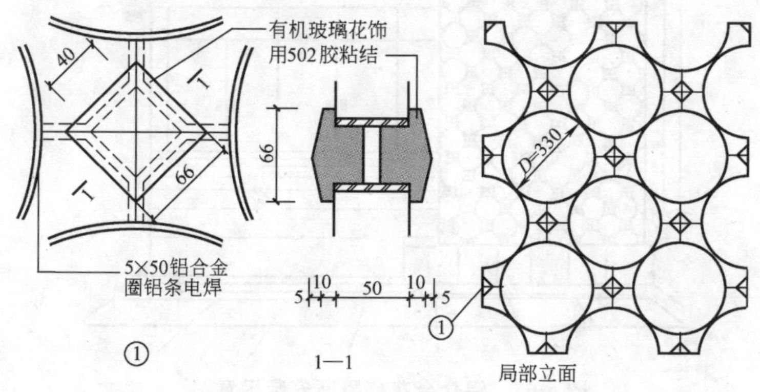

图 5-62 铝合金花格节点图和局部立面图

(1) 根据图形花格是铝带弯曲加工而成，故按规格按设计要求进行选用。

(2) 花格加工可按图中尺寸进行弯曲。

(3) 花格连接应用铝焊条电弧焊进行焊接，铝焊条电弧焊操作要点，见表 1-36。

(4) 嵌镶有机玻璃花饰用 502 胶粘剂进行。

2. 铝合金花格隔断安装要点

(1) 弹线定位。在楼（地）面上弹出隔断位置线，即隔断下边线。根据隔断下边线，在隔断一端（或两端）的墙（或柱）上，用线锤测隔断垂直线，并弹出墨线，标出高度符号和固定点的位置线。

(2) 隔断组装。将制作好的铝合金花格与隔断铝合金型材框用铝合金焊条进行焊接组成隔断。

(3) 隔断安装。铝合金花格隔断组装后，整片进行安装。安装前靠墙、靠地接触处应铺设橡胶条或塑料泡沫沥青条。用膨胀螺栓或用射钉将边框与墙体、地面和屋面固定。

图 5-63 为铝合金花格隔断安装示意图。

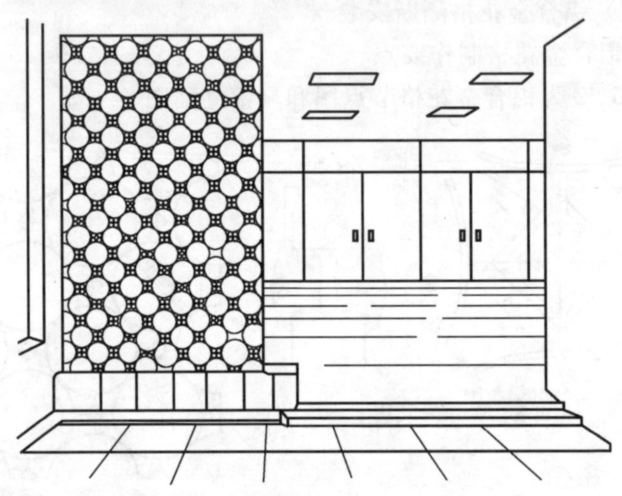

图 5-63 铝合金花格隔断安装示意图

（四）轻钢花格隔断安装

轻钢花格隔断，即用轻钢型材制作的花格，通过焊接与轻钢型材骨架连成整体的隔断。

1. 轻钢花格制作要点

（1）根据图 5-64 确定花格是由扁钢 40×5 煨成圆圈，从而按图选用材料进行圆圈加工。

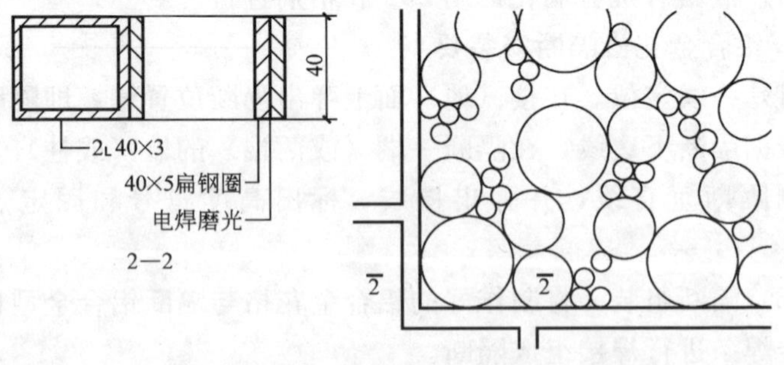

图 5-64 轻钢花格

（2）花格连接是通过焊接方法连接的，故花格焊接处应进行打磨处理。

2. 轻钢花格隔断安装要点

（1）弹线定位　按设计要求，确定隔断在地面、墙面位置线，并标出标高及固定点位置。

（2）隔断组装

1）制作隔断框架。框架由 2×40×3 角钢焊接成方管，也可以直接选用方管做隔断框架。

2）组装花格隔断。将花格与框架用焊接方法组装隔断。

（3）隔断安装

用膨胀螺栓或射钉将花格隔断框架与墙体固定在一起，也可用预埋件将框架焊接在一起。

图 5-65 为轻钢花格隔断安装示意图。

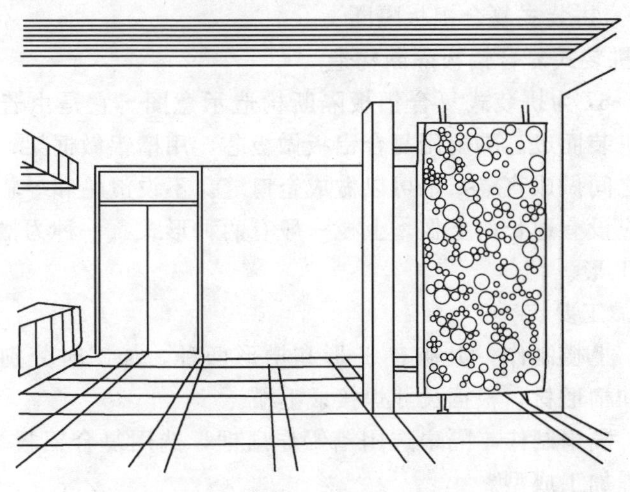

图 5-65　轻钢花格隔断安装示意图

四、移动式隔断

移动式隔断可以随意闭合或打开，使相邻的空间随之独立或合成一个大空间。这种隔断使用灵活，在关闭时，也能起到限定空间的作用。

移动式隔断的类型很多，按启闭方式可分为五类，即拼装式、移动式、折叠式、卷帘式、帷幕式。根据隔扇（板）的收藏方式，又可分为一侧收拢或两侧吸拢、明置式和隐蔽式收拢等。

图 5-66 为常见的移动式隔断启闭形式。

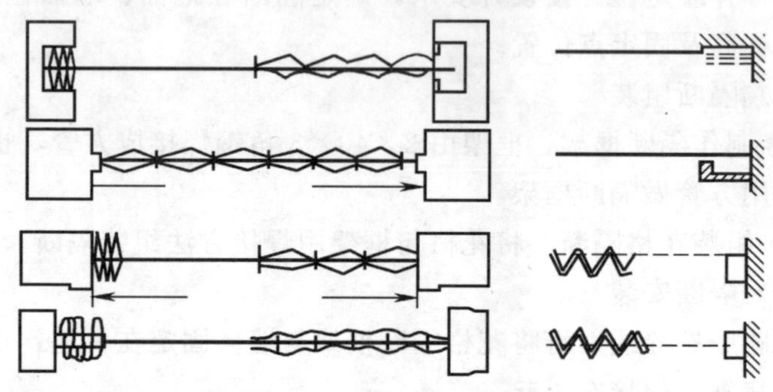

图 5-66 移动式隔断的启闭形式

（一）拼装式复合铝板隔断

1. 拼装式复合铝板隔断构造

图 5-67 为拼装式复合铝板隔断构造示意图。它是由若干独立的隔扇拼装而成。隔扇用复合铝板做板芯，用槽铝做框架；两相邻的隔扇之间做成直缝，也可以做成企口缝。不设滑轮和导轨。隔断的上部应设有通长的上槛。上槛一般有两种形式，一种为槽形，另一种是 T 形。

2. 加工要点

（1）上槛制作。上槛有 T 形和槽形两种，加工时分别选用轻钢方管和槽形材，根据尺寸焊接成上槛。

（2）隔扇制作。隔扇选用槽铝作扇框，选用复合铝板为扇芯，通过铝焊加工成型。

3. 安装要点

（1）将上槛用膨胀螺栓固定在平顶上。

（2）隔扇安装时，均要使隔扇的顶面与平顶之间保持 50mm 左右的空隙，以便安装和拆卸。

（3）隔断的一端与墙面之间的缝隙可用一个与上槛大小和形状相同的槽形补充来掩盖，同时也便于安装和拆卸隔墙。

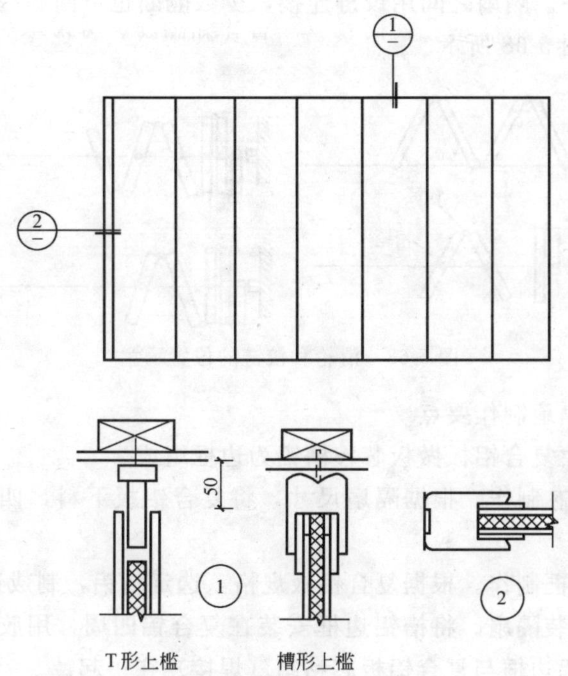

图 5-67　拼装式隔断立面与节点

（4）隔扇的底部可加隔声密封条或直接将隔扇落在地面上，能起到较好的隔声作用。

（二）折叠式复合铝板隔断

折叠式复合铝板隔断有单面折叠式复合铝板隔断和双面折叠式复合铝板隔断。

1. 单面折叠式复合铝板隔断

（1）安装形式

这种隔断的隔扇上部滑轮可以设在顶面的一边，即隔扇的边框上，也可以设在顶面的中央，当设在一端时，由于隔扇的重心与作为支承点的滑轮不在同一条直线上，必须在平顶与楼地面上同时铺设轨道，以免隔扇受水平推力的作用而倾斜。如把滑轮设在隔扇顶面中央，由于支撑点与隔扇的重心位于同一条直线上，楼地面上不一定再设轨道。采用手动开关的，可取五扇或七扇。扇数过多，需用机械开关。隔扇之间用铰链连接，少数隔断也可两扇一组地连接起来，如图 5-68 所示。

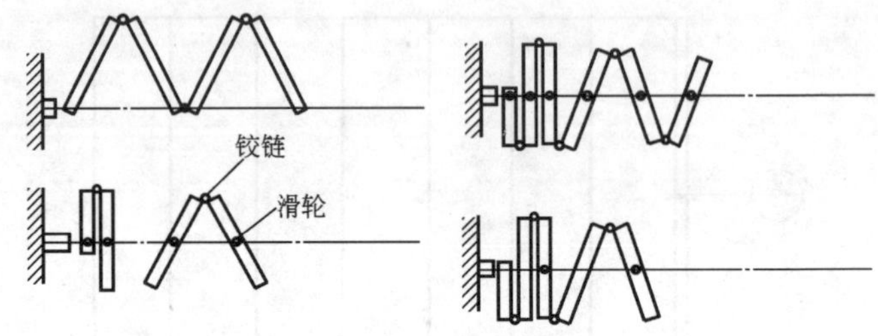

图 5-68　滑轮和铰链的位置示意

（2）隔扇制作要点

隔扇由复合铝板做板芯，槽铝为边框组成。

1）板芯制作。根据隔扇尺寸，将复合铝板下料，四边折叠后封口。

2）边框制作。根据复合铝板规格，选定槽铝，制成边框。

3）组装隔扇。将槽铝边框安装在复合铝四周，用胶粘剂（或铝焊）将铝边框与复合铝板芯粘结（焊接）在一起。

（3）安装要点

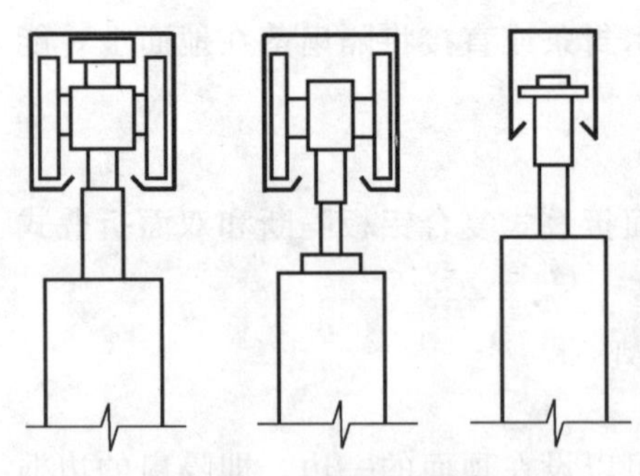

图 5-69　滑轮的不同类型

1）隔扇板上部滑轮安装

上部滑轮的形式较多，如图 5-69 所示。隔断较重时，可采用带有滚珠轴承的滑轮，轮缘是钢的或是尼龙的。隔扇较轻时，可采用带有金属轴套的尼龙滑轮或滑组，如图 5-69 所示。

2）隔扇板下部滑轮安装

隔断的下部装置与隔断本身的构造及上部装置有关。当上部滑轮设在隔扇顶面的一端时，楼地面上要相应地铺设轨道，隔扇底面要相应地设滑轮，构成下部支承点，这种轨道断面多数是 T 形的[图 5-70（a）]，如果隔扇较高，可在楼地面上设置导向槽，在隔扇的底面相应地设置中间带凸缘的滑轮或导向杆。防止在启闭过程中间摇摆，如图 5-70（*b*）、（*c*）所示。

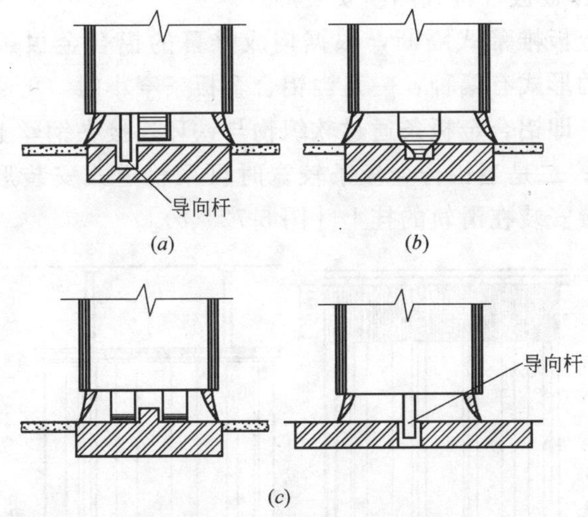

图 5-70　隔断的下部装置

2. 双面复合铝折叠式隔断

这种隔断可以有框架或无框架。所谓有框架就是在双面隔断的中间设置若干个立框，在立柱间设置数排金属伸缩架，如图 5-71 所示。伸缩架的数量依隔断的高度而定，少则一排，多则两排到三排。

框架的两侧隔板，用复合铝板制成。相邻的隔板多用密实的织物（帆布带、橡胶带等）沿整个高度方向连接在一起，同时，还要将织物或橡胶带等固定在框架的立柱上。

（三）单层铝合金板帷幕式隔断

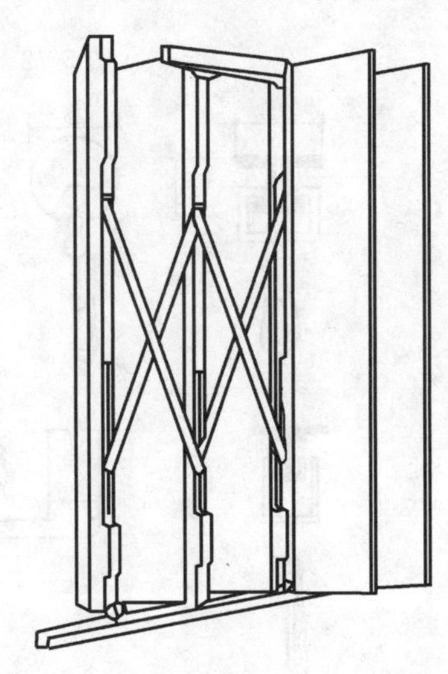

图 5-71　有框架的双面复合铝板隔断

铝合金板帷幕式隔断分隔室

内空间，既可少占使用面积，又能满足遮挡视线的要求。现在多用于住宅、旅店和医院。

1. 铝合金板帷幕式隔断安装形式

铝合金板帷幕式隔断，根据构成帷幕的铝合金板条的宽度不同，安装的形式有两种：一是当铝合金板条窄小时，可采用软滑式安装形式，即铝合金板条通过软织物与铁环连接在钢丝上滑动［图 5-72 (*a*)］；二是当铝合金板条较宽时可采轨道式安装形式。即铝合金板直接安装在滑轨的挂上［图 5-72 (*b*)］。

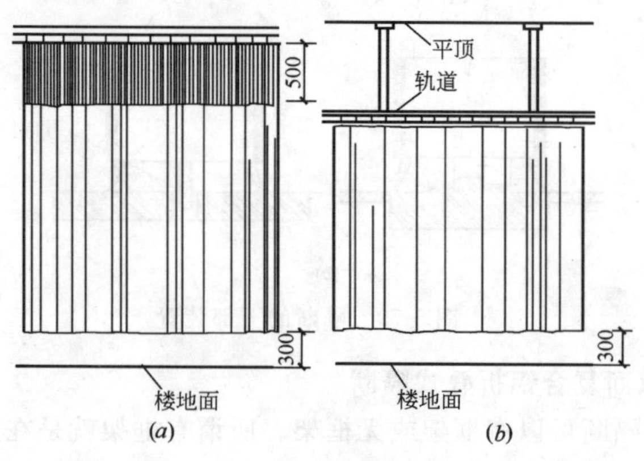

图 5-72 帷幕式隔断

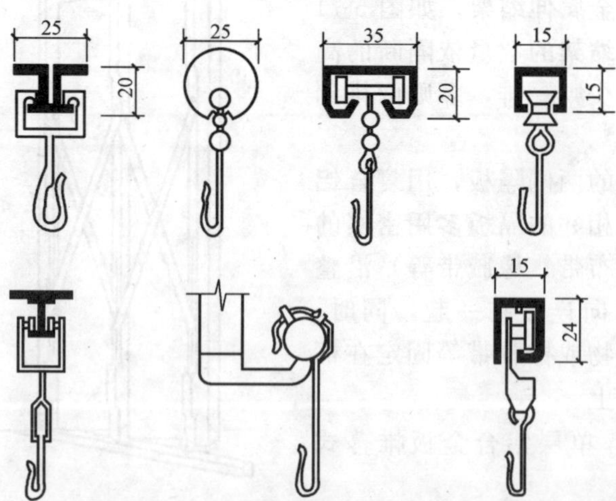

图 5-73 帷幕式隔断的各种滑轨

2. 帷幕式铝合金板条制作

帷幕式铝合金板条制作，可用单层铝板，根据设计尺寸，进行剪裁下料。

3. 帷幕式隔断滑轨形式

根据帷幕式隔断安装结构不同，故帷幕式隔断所使用的滑轨形式也有多种，如图 5-73 所示。

第四节 金属内墙、隔墙及隔断工程验收及质量检验

一、金属内墙安装质量要求及检验方法

（一）金属内墙安装质量要求

1. 安装金属内墙所需预埋件，连接件的位置、数量及连接方法应符合设计要求。

2. 金属内墙安装接缝材料的品种及接缝方法应符合设计要求。

3. 金属内墙应垂直、平整、位置正确。

4. 金属内墙表面应平整光滑，色泽一致，洁净，接缝应均匀顺直。

5. 金属内墙上孔洞、槽盒应位置正确，套割方正，边缘整齐。

（二）金属内墙安装允许偏差和检验方法

金属内墙安装的允许偏差和检验方法，见表 5-1。

金属内墙安装的允许偏差和检验方法　　表 5-1

项次	项目	允许偏差(mm)		检验方法
		单层铝板	复合铝板	
1	立面垂直度	1	2	用 2m 垂直检测尺检查
2	表面平整度	1	2	用 2m 靠尺和塞尺检查
3	阴阳方正	2	3	用直角检测尺检查
4	接缝高低差	1	2	用钢直尺和塞尺检查

二、骨架隔墙安装质量要求及检验方法

（一）骨架隔墙安装质量要求

1. 骨架隔墙所用的龙骨、配件、两板及嵌缝材料的品种、规格、性能和木材的含水率应符合设计要求。

2. 骨架隔墙的边框龙骨必须与基体结构连接牢固，并应平整、垂直、位置正确。

3. 骨架隔墙中龙骨的间距和构造连接方法应符合设计要求。骨架内设备管线安装、门窗洞口等部位加强龙骨应安装牢固、位置正确。

4. 木龙骨及木墙面板的防水、防腐处理必须符合设计要求。

5. 骨架隔墙表面应平整光滑、色泽一致、洁净、无裂缝，接缝均匀、顺直。

6. 骨架隔墙上的孔洞、槽、盒的位置应正确，剖套吻合，边缘整齐。

（二）骨架隔墙安装的允许偏差及检验方法

骨架隔墙安装的允许偏差及检验方法，见表 5-2。

金属面板骨架隔墙安装的允许偏差和检验方法　　表 5-2

项次	项目	允许偏差(mm)		检验方法
		单层铝板	复合铝板	
	立面垂直度	1	2	用 2m 垂直检验尺检查
	表面平整度	1	2	用 2m 靠尺和塞尺检查
	阴阳角方正	1	2	用直角检测尺检查
	接缝直线度	1	1	拉 5m 通线，钢直尺检查
	压条直线度	1	1	拉 5m 通线，钢直尺检查
	接缝高低差	1	1	用钢直尺和塞尺检查

三、活动隔墙安装质量要求及检验方法

（一）活动隔墙安装质量要求

1. 活动隔墙所用板材、配件等材料的品种、规格、性能和木材的含水率应符合设计要求。

2. 活动隔墙的轨道必须与基体结构连接牢固，并应位置正确。

3. 活动隔墙用于组装、推拉和制动的构配件必须安装牢固，位置正确，推拉必须安全、平稳、灵活。

4. 活动隔墙制作方法、组合方式应符合设计要求。

5. 活动隔墙表面应色泽一致、平整光滑、洁净，线条应顺直、清晰。

6. 活动隔墙上的孔洞、槽、盒应位置正确、套割吻合、边缘整齐。

7. 活动隔墙推拉应无噪声。

（二）活动隔墙安装的允许偏差和检验方法

活动隔墙安装的允许偏差和检验方法，见表5-3。

活动隔墙安装的允许偏差和检验方法　　表5-3

项次	项目	允许偏差(mm)	检验方法
1	立面垂直度	3	用2m垂直检测度检查
2	表面平整度	2	用2m靠尺和塞尺检查
3	接缝直线度	3	拉5m线,用钢直尺检查
4	接缝高低差	2	用钢直尺检查
5	接缝宽度	2	用钢直尺检查

第六章　金属柱面装饰

金属柱面装饰，就是将砖、木、混凝土、钢木等柱体结构外表面，用金属板材进行装饰。在装饰工程中，金属柱面装饰工程量不大，但能体现装饰工艺的技术水平。由于金属柱面一般都位于室内外显著位置，距人们视线近，而且与人们频繁接触，因此要求金属柱面造型准确，工艺处理要求精细。常见的金属柱面装饰有：不锈钢板饰面、铝合金板饰面、铜合金饰面及彩色涂层钢板饰面等几种。

金属柱面装饰分两步进行，先是柱体结构施工，检验合格后再进行金属板柱面装饰。

第一节　柱体结构施工

金属柱面装饰的柱体结构有现制柱体结构（如砖砌体柱、混凝土柱）、钢木柱体结构、空心圆柱体结构和混凝土方柱改装成圆柱等。

一、砖砌体柱体结构施工

室内外装饰柱，柱体可以是砖结构的。在砌筑砖砌体柱时，注意预埋木砖，柱体外应抹灰，为安装胶合板、金属板创造条件。砖柱有方柱、圆柱和多角柱。

（一）施工准备

1. 材料

（1）水泥。水泥用普通硅酸盐水泥 32.5 级；

（2）砂子。中砂，含泥量小于 3%；

（3）砖。黏土砖，强度等级不低于 MU10；

（4）木砖。木砖规格应是粘土砖 2/3，并作防腐处理。

2. 工具

常用工具，瓦刀、大铲、刨锛、靠尺板、线锤、卷尺、角尺等。

（二）施工工艺

砖砌体柱体的施工工艺见图 6-1 所示。

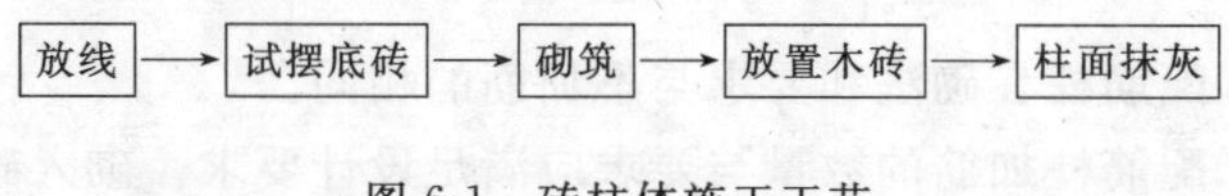

图 6-1　砖柱体施工工艺

（三）方形柱砌筑操作要点

1. 放线。根据设计图纸确定柱的位置及柱子尺寸，将柱子线放在地面上。

2. 摆底砖。根据放线位置摆好底砖。

3. 砌筑时要求灰浆密实、砂浆饱满、错缝搭接，不能采用包心砌法。

4. 矩形柱、方形柱的组砌方法，如图 6-2 所示。

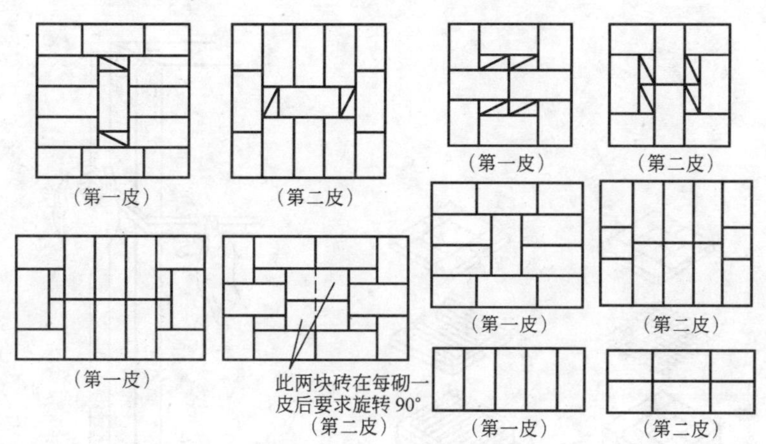

图 6-2　矩形柱、方柱组砌方法

5. 每天砌筑高度不宜超过 1.8m；否则砌体砂浆产生压缩变形后，容易使柱倾斜。

6. 柱的垂直度每层不大于 5mm；混水砖柱的表面平整度不大于 8mm。

7. 在砌筑过程中，在四角设置木砖，其规格为砖长的 2/3，间距 60～80cm。

8. 网状和加筋的砖柱。为了提高砖柱的整体性和刚度，在砖柱内加上网片或加强筋，如图 6-3 所示。在施工中应注意如下问题：

（1）配筋柱在砌法和要求与不加筋的相同。

（2）配筋柱加筋的数量与要求应满足设计要求。砌入砖柱的钢筋网片在柱的一侧要露出 1～2mm。

9. 抹灰：

（1）在抹灰前，应对基体处理，表面清理干净，防止油污和杂质存留在基体表面处。

（2）找规矩。应按设计图纸所标志的柱轴线，测量柱子的几何尺寸和位置，在楼（地）面上弹出垂直的两个方向的中心线，并放上抹灰后的柱子边线（注意阳角都要规方），然后在柱顶卡固上短靠尺，拴上线锤往下垂吊，并调整线锤对准地面上的四角边线，检

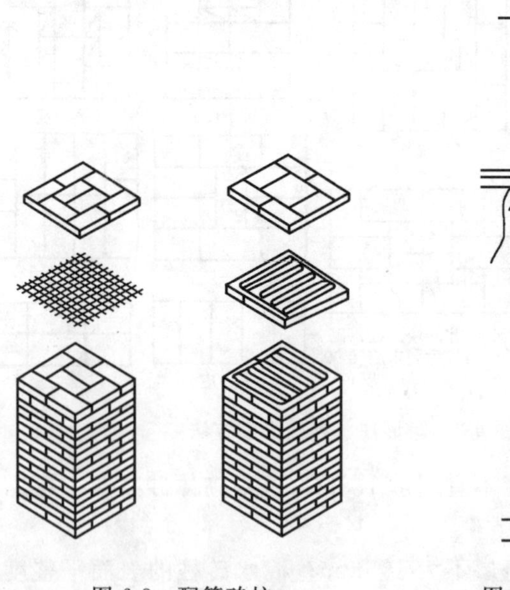

图 6-3　配筋砖柱

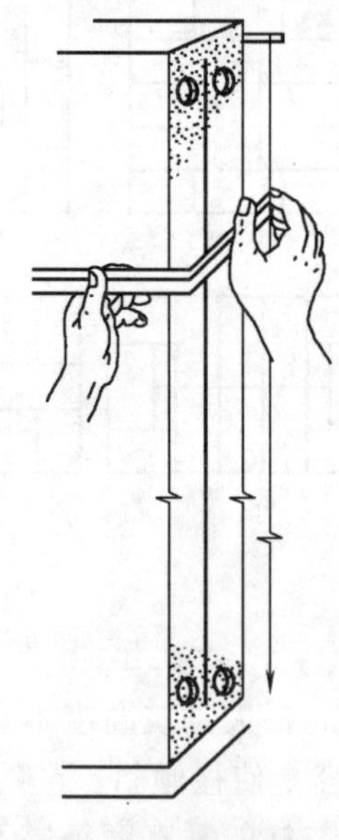

图 6-4　独立柱抹灰

查柱子各面的垂直和平整度，如不超差，在柱四角距地坪和顶棚各15cm左右处做标志块，如图6-4所示。

(3) 抹灰。柱子四面标志块做好后，应先往侧面卡固八字靠尺，抹正反面，再把八字靠尺板卡固正、反面，抹两侧面。

10. 在设置木砖处，把抹灰面剔除，木砖外露，装修时可以固定木方。

(四) 圆柱及多角柱砌筑操作要点

1. 放线。根据设计图纸，在地面上划出圆柱及多角柱的位置线、中心线及圆柱和多角柱的圆径及圆边线。

2. 圆柱砌筑试摆。根据圆柱位置线、中心线及柱径，应先进行试摆，以确定砖的排砌方法。为了使砖柱内外错缝合理、少砍砖，又不出现包心砌法，并做到外形美观，进行多次试排，选择一种合理的排砖方案。图6-5为圆柱砖柱砌法排砖方案，其中第一皮与第二皮缝隙错开，柱体上下皮没有通缝形成，保证柱体的整体性。

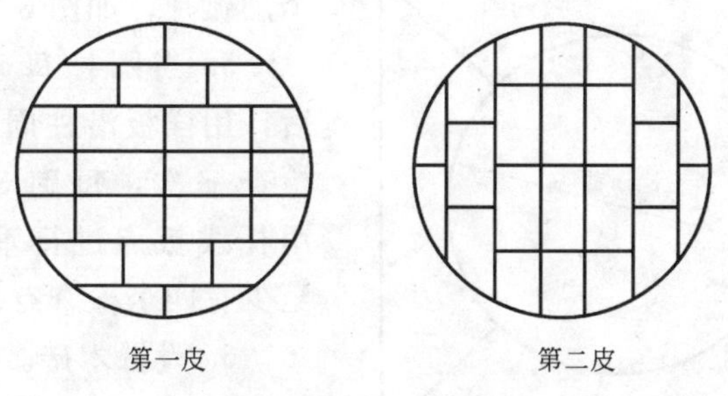

图 6-5 圆形砖柱砌法

3. 多角柱砌筑试摆。多角柱在砌筑前应进行试摆。试摆时应注意以下几个问题：

(1) 两皮砖间隔砌筑，防止形成通缝，如图6-6所示。

(2) 图6-6 (*a*) 中，此部分的砖块在砌一层后要求旋转90°，避免同缝。

4. 制作木样板。为了加工弧形砖（砌圆形柱用）或切角砖（砌多角形柱用），必须用木板按照圆弧或角度做出木样板。在砖柱

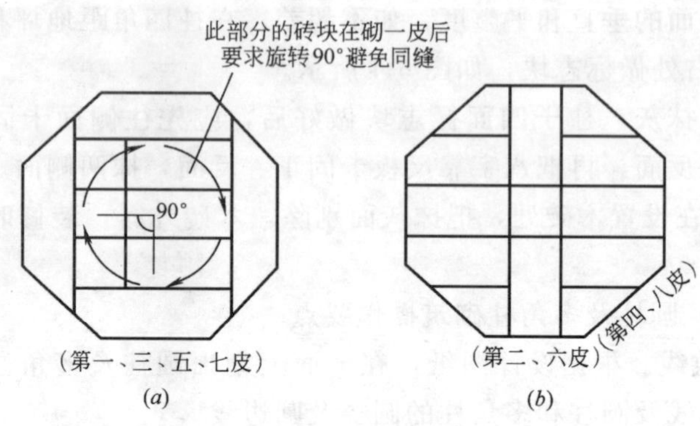

图 6-6　多角形砖柱砌法

正式砌筑前，按样板加工所需要的各种弧面或切角异形砖。

当砌圆形柱时，还要做出圆周的 1/4 或 1/2 弧形靠模。用来检查圆柱的砌筑的表面弧度是否正确。

靠模制作：靠模用厚的木夹板，按装饰柱面直径在厚夹板上划圆，然后电动曲线锯切剖成四个圆弧片，如图 6-7 所示。

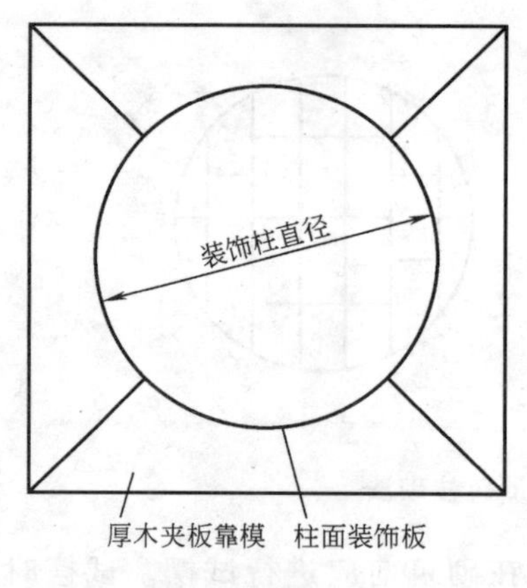

图 6-7　靠模方式

5. 当圆柱每砌筑一皮砖后，用样板沿柱周围进行弧面检查一次，每砌 3～5 皮砖，用托线板点进行垂直度检查，至少有四个检查点。

6. 设置木砖。圆柱的木砖设置在同一面圆的四顶点。圆直径小于 50cm 的不少于 4 块，大于 50cm 的应设置 6～8 块。竖向间距在 40～60cm。多角柱的木砖设置应在转角处。同一面层，有几个转角应设几块木砖。竖向间距在 40～60cm。同时注意木砖面应带圆弧。

7. 多角形柱每砌筑 2～3 皮砖后，用线锤检查每个角的垂直度，用拉线板将多角形每边检查一次，发现问题及时纠正。

8. 圆柱抹灰：

(1) 找规矩。独立圆柱找规矩，一般也应先找出纵横两个方向设计要求的中心线，并往柱上弹纵横两个方向四根中心线，按四面中心点在地面分别弹出四个点的切线，就形成了圆柱的外切四边形。这个四边形各边长就是圆柱的实际直径。然后用缺口木板的方法，由上四面中心线往下吊线锤，检查柱的垂直度。如不超差，先在地面上再弹上圆柱抹灰后外切四边形（每边长就是抹灰后圆柱直径），就按这个制作圆柱抹灰样板。

(2) 制作样板。圆柱直径较小的圆柱，可做半圆样板；如圆柱直径较大，应做四分之一样板，样板里口可包上铁皮，如图 6-8 所示。

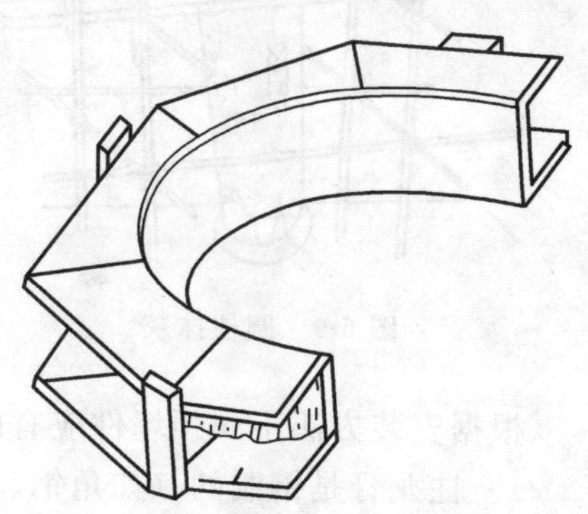

图 6-8 圆柱抹灰样板

(3) 圆柱做标志块，可以根据地面上放好的线，在柱四面中心线处，先在下面做四个标志块。在上下标志块挂线，中间每隔 1.2m 左右再做几个标志块，根据标志块抹标筋。

(4) 抹灰。抹灰时用长木杠随抹随找圆，随时用抹灰圆形样板核对，当抹到面层时，应用圆形样板沿柱上下滑动，将抹灰层扯抹成圆形，最后再由上至下滑磨抽平，如图 6-9 所示。

在抹灰时，边抹灰边剔除木砖表面的砂浆，应让木砖外露。

9. 多角柱抹灰。多角柱抹灰，也同样找规矩，按角度制作样板，抹灰时按角度的大小检查抹灰厚度。边抹灰，边剔除木砖表面砂浆，让木砖外露。

二、钢筋混凝土结构柱体施工

室内外装饰柱的柱体通常是钢筋混凝土结构，柱面再安装金属面板。柱断面有方形、圆形等。

(一) 施工准备

1. 材料

(1) 混凝土骨料及胶凝材料

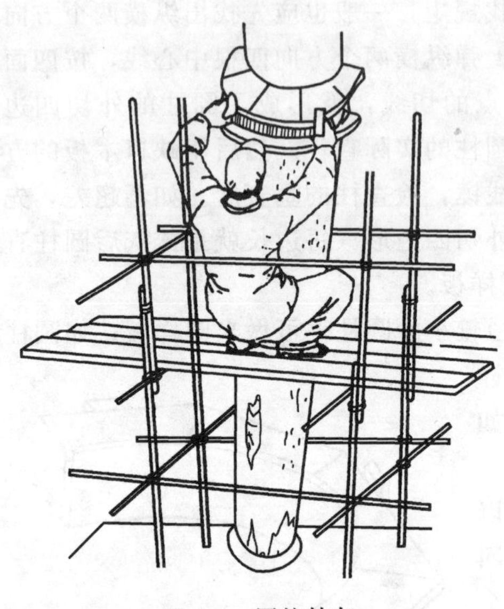

图 6-9　圆柱抹灰

1）砂、石。砂用中砂。石用碎石，粒径<3cm。

2）水泥。水泥用普通硅酸盐水泥 32.5 级。

3）水。水用自来水或清净水。

（2）钢筋

根据设计图纸要求配备钢筋，其中包括构造筋、受力筋和箍筋。

（3）模板

根据柱子断面可选用钢模或木模。方柱可选用钢模。圆柱可选用木模。

（4）预埋件

根据安装方法不同预埋件应有两种。

1）柱龙骨是钢制的（如角钢、轻型钢），可预制钢板与钢筋焊的预埋件。

2）柱龙骨是木制的（如方木），可预埋木砖。

预埋件锚板和木砖外露面与柱子的断面形状有关。方柱是平面，圆柱是带圆弧面。木砖应作防腐处理。

2. 工具与机具

（1）工具。线锤、直角尺、水平尺、手锤、扳手、钢卷尺、铅丝钩、小撬杠等。

（2）机具。混凝振动棒、混凝土搅拌机和浇筑时用漏斗和漏筒。

（二）钢筋混凝土柱施工工艺

钢筋混凝土柱施工工艺，如图 6-10 所示。

（三）钢筋混凝土方柱操作要点

1. 弹线

根据设计要求。在地面（或楼面）上弹出柱子中心线、断

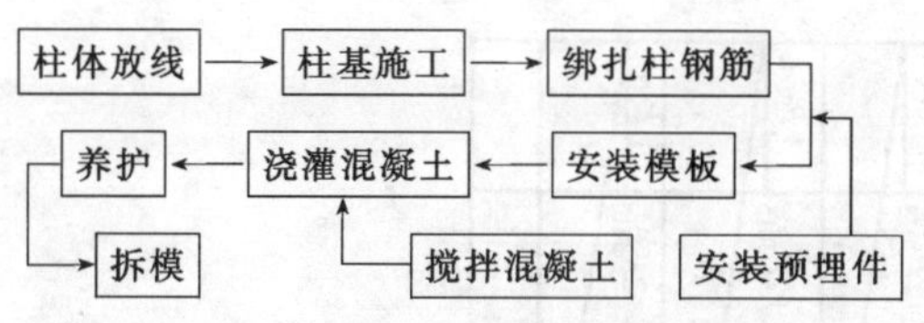

图 6-10 钢筋混凝土柱施工工艺

面线。

2. 柱基施工

根据设计要求，先施工柱基并留出插筋。

3. 绑扎柱钢筋

先立四角主筋与插筋扎牢，再立其余主筋，在立主筋前，应将柱箍筋套在柱基预留的插筋上，当主筋立好后，便将箍筋向上移动分别立筋固定（绑扎）。柱中的竖向钢筋搭接时，角部钢筋弯钩应与模板成 45°（多边形柱为模板的平分角），中间钢筋弯钩与样板成 90°。

按柱子保护层的厚度，将预制带铅丝的砂浆块（或塑料卡），绑在柱子钢筋上，以保证混凝土保护层的正确性。

4. 绑扎预埋件

方柱钢筋绑扎后，在柱四角绑扎预埋件（或木砖），锚固板应做成 90°，预埋件间距为 40～60cm。

5. 支模板

方柱混凝土施工，多采用钢模。

（1）根据柱断面尺寸，选用 4 个角膜和若干平面模板组成，如图 6-11 所示。

（2）根据柱子高度，选用竖向模板，根据柱边尺寸，确定平面模板宽度，组成侧面模板，并划出编排图，如图 6-12 所示。

图 6-11 柱模板配板图

（3）柱箍的选用。柱

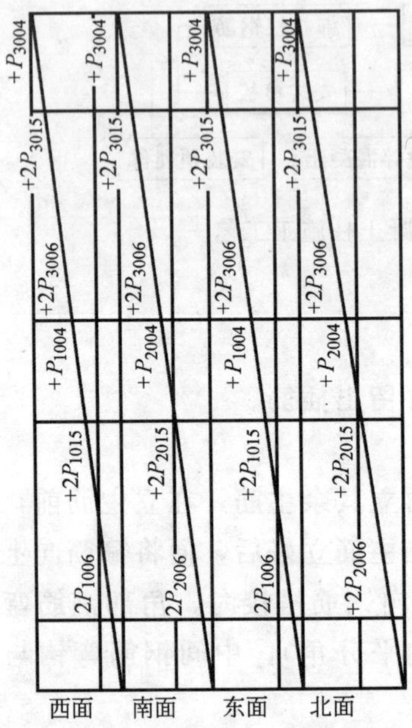

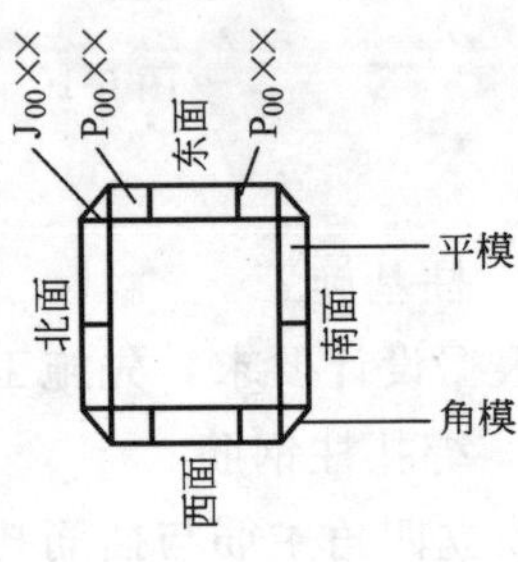

图 6-12 柱模板配板图

箍可用角钢或钢管制成，其间距为 80cm。

1）圆形钢管柱箍

图 6-13 为圆形钢管柱箍，它可以脚手架钢管代替。

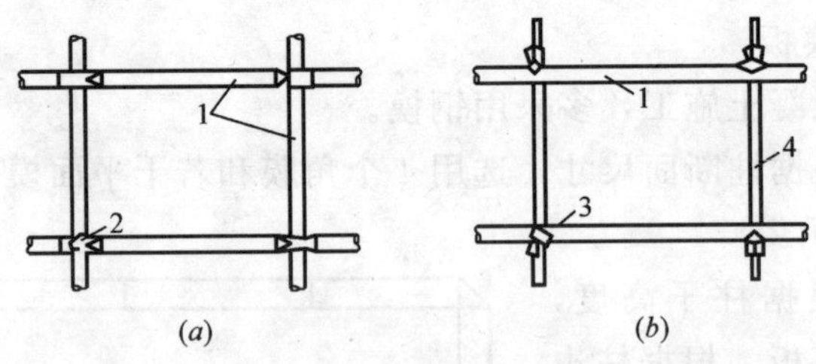

图 6-13 圆形钢管柱箍

1—圆钢管；2—直角扣件；3—弓形扣件；4—对拉螺栓

2）型钢柱箍

图 6-14 为用型钢制作的柱箍。

（4）柱模安装

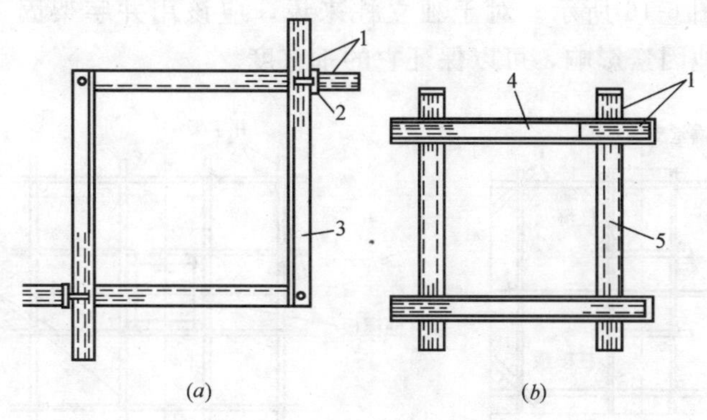

图 6-14 型钢柱箍

(*a*) 角钢型；(*b*) 槽钢型

1—插销；2—定位器；3—夹板；4—槽钢；5—槽钢 B

当钢筋绑扎好后，在柱子四面安装模板，并用 V 形卡将四边卡柱。

(5) 校正柱模垂直度

柱模支好后，用 4 根带有花篮螺丝的缆风绳与柱顶四角连接，另一端锚于地面，校正柱模板中心线及偏斜，如图 6-15 所示。

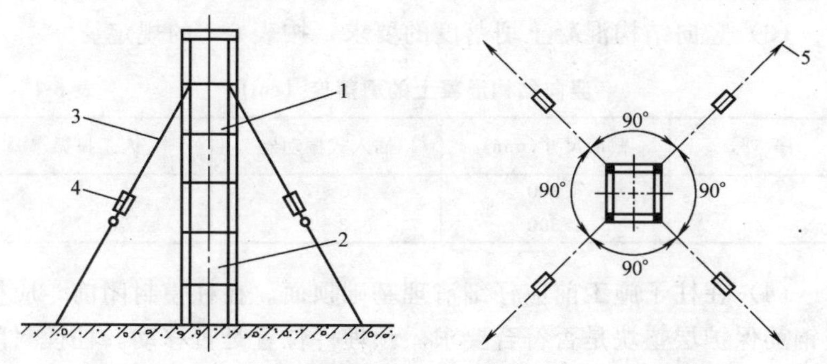

图 6-15 紧张筋校正柱模板

1—柱箍；2—钢模板；3—缆风绳；4—紧张筋；5—地锚

(6) 柱模固定

柱模固定方法很多，有斜撑固定、满堂红架固定和井字架固定，如图 6-16 所示。对于独立柱来说，应该用井字架固定最好，不受其他因素影响，可以保证它的垂直度。

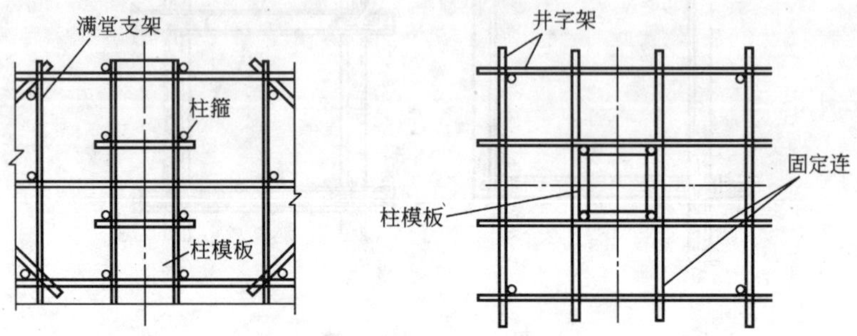

图 6-16 柱模固定

6. 浇灌混凝土

(1) 凡是柱子断面在 40cm×40cm 以内，或有交叉钢箍的任何断面的柱，均应在柱侧模面开洞装溜槽，分段浇灌，段高不得超过 2m。

(2) 凡是断面在 40×40cm 以上，无交叉钢箍的柱，当柱高不超过 3m 时，可从柱顶浇灌；当柱高超过 3m 时，须分段浇筑，每段高度不超过 3m。

(3) 竖向结构混凝土坍落度的要求，按表 6-1 的规定。

竖向结构混凝土的坍落度 (cm) **表 6-1**

序号	截面尺寸(mm)	插入式振动器	人工捣振
1	<300	5～7	7～9
2	>300	3～5	5～7

(4) 在柱子施工前应仔细清理基础顶面。在柱模封闭前，应检查钢筋保护层垫块是否符合要求。预埋件位置是否移动。柱模封闭后，在柱子一侧靠近基础顶面的位置要留有垃圾洞，以便清除柱膜内垃圾及湿润柱模的积水。

(5) 在开始浇筑混凝土前，应在柱底铺上一层 5～10cm 厚的与混凝土成分相同的水泥砂浆。一般在浇筑高度大、混凝土坍落度小、柱断面积小、钢筋密以及人工捣固等情况下，砂浆应铺厚些，反之可薄些。

(6) 下料。为了掌握混凝土虚铺厚度，减少对钢箍的冲击以免产生位移，宜用铁锹下料，因此柱子边可放一块拌盘，将料斗或车上的混凝土卸在拌盘上。当浇筑高度大、柱子断面较小时，使铁锹背朝上，往钢箍中扣锹，使砂浆充满四壁模板和混凝土面上。当下料高度小、柱断面较大时，使铁锹背靠模板下料沿着柱模一面一锹。当浇灌高度在 1.5m 以内时，为了加快下料速度，可在混凝土料斗或车子直接对准柱子向柱内下料，但必须掌握好分层厚度。

(7) 当柱子浇满分层厚度后，用插入式振捣器从柱顶或从浇灌洞口插入振捣。在振捣过程中软管容易左右摇摆碰钢筋，为此振动棒先就位，后通电。当混凝土不再塌陷全部见浆，从上往下看有亮光后，即将振动棒取出，并应断电停止振动，然后慢慢地取出柱外。

(8) 在没有振动器时，也可以用人工捣固，其方法是用竹杆从柱顶插入柱中上下捣固。竹杆的长度应比柱子高出 1m，同时另一人用长竹片专门在钢筋与柱模四壁之间插捣提浆，或用木槌在柱模外轻轻敲打。

(9) 由于粗骨料容易下沉、砂浆上浮，至一定高度尤其是最后高度时，应将上浮砂浆掏出。

7. 混凝土养护

混凝土浇捣后，所以能逐渐凝固硬化，主要是水泥水化作用的结果，而水化作用必须在适当的温度和湿度条件下完成。为保证水泥的水化作用正常进行，使其强度不断增长，必须对混凝土进行养护。

如果空气干燥、气候炎热、风吹日晒，那么就会使混凝土中水分蒸发过快，影响混凝土中水泥水化作用，出现脱水现象，混凝土表面就会脱皮、起砂、产生裂纹，而且强度比湿润养护有显著降低。混凝土强度达不到设计要求。

混凝土一般采用自然养护要点如下：

(1) 浇筑混凝土 6～12h 内开始（炎热夏时可缩短至 2～3h）加以覆盖和浇水。

(2) 覆盖物可用草袋、草席、锯末、砂、炉渣等。

(3) 补期可用喷壶洒水，2d 后可用胶管浇水。浇洒次数以保证覆盖物经常保持湿润为度。

(4) 浇水次数，一般条件下（气温为 15℃以下），在浇筑后最初 3d 里，白天应每天浇水 1 次，夜间至少 2 次，在以后的养护期中，每昼夜至少 4 次。在干燥的气候条件下，浇水次数应适当增加。

(5) 浇水天数，浇水天数与水泥品种有关。对于硅酸盐水泥、普通水泥、矿渣水泥拌制的混凝土，不得少于 7d；掺用缓凝剂或有抗渗要求的混凝土，不得少于 14d。

(6) 在外界平均气温低于 5℃时，不得浇水。

8. 拆模

柱模板的拆除，应根据设计要求进行，无规定时，可根据混凝土所达到的强度来确定。

(1) 侧模拆除应在混凝土强度能保证其表面及棱角不因拆除模板面而损坏时，方可拆除。具体时间，可参考表 6-2。

拆除侧模时间参考表 **表 6-2**

水泥品种	混凝土强度等级	混凝土的平均硬化温度(℃)					
		5	10	15	20	25	30
		混凝土强度达到 2.5MPa 所需天数					
普通水泥	C10	5	4	3	2	1.5	1
	C15	4.5	3	2.5	2	1.5	1
	≥C20	3	2.5	2	1.5	1	1
矿渣水泥 火山灰质水泥	C10	8	6	4.5	3.5	2.5	2
	C15	6	4.5	3.5	2.5	2	1.5

(2) 当混凝土未达到规定的强度，如需提前拆除模板或承受部荷载时，必须经过计算，经技术主管部门认可其强度足够承受荷载时，方可拆除。

(3) 拆除模板的方法和顺序。可采取先支的后拆，后支的先拆，先拆不承重的模板，后拆承重的模板，自上而下的原则拆除。

(四) 混凝土圆柱施工要点

1. 绑扎钢筋

混凝土圆柱绑扎钢筋施工要点与方柱基本相同。还应注意：

在圆柱中的竖向钢筋搭接时钢筋弯钩，应与模板切线垂直。

2. 圆柱钢筋绑扎后，应在圆柱布置带圆弧的预埋件，数量应根据圆柱直径大小确定。竖向间距为40～60cm为宜。

3. 支模板

圆柱模板，如图6-17所示由直木板条模板（20～25mm厚度，宽30～50mm）拼定而成，直条模板要钉在木带上，木带定由30～50mm厚的木板锯成圆弧形，木带的间距为700～800mm。

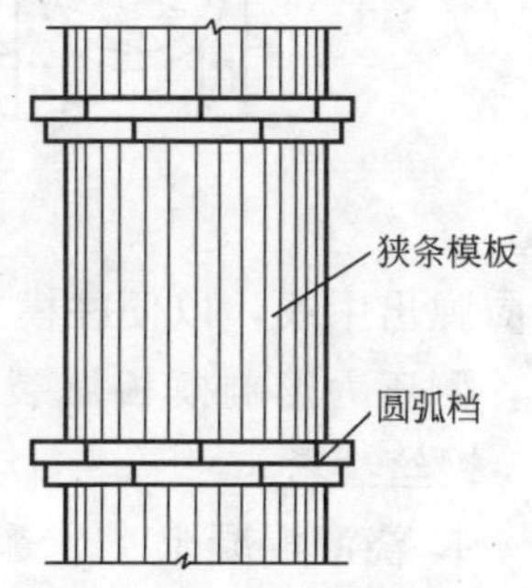

图6-17 圆柱模板

木带制作采取放样的方法。当木带分为2块时，木带的拱高为圆柱半径加模板厚，弦长为圆柱直径加2倍模板厚度。当模板分为4块时，以圆柱半径加模板厚度为半径画圆，再画圆内接四边形，即可量出拱高和弦长。木带的长度取弦长加200～300mm，以便木带之间钉接。宽度为拱高加50mm。根据圆弧线锯去圆弧部分即制木带，如图6-18所示。

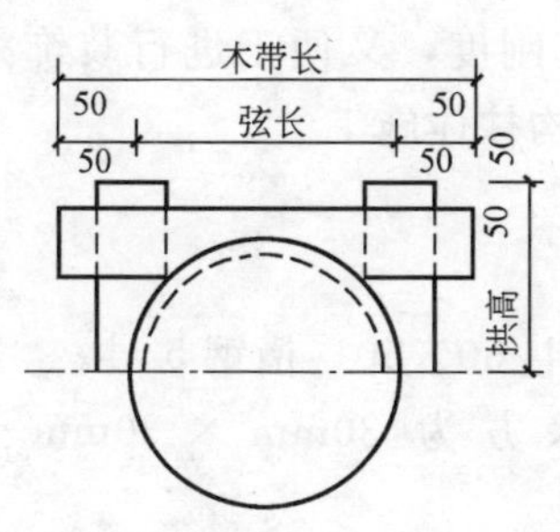

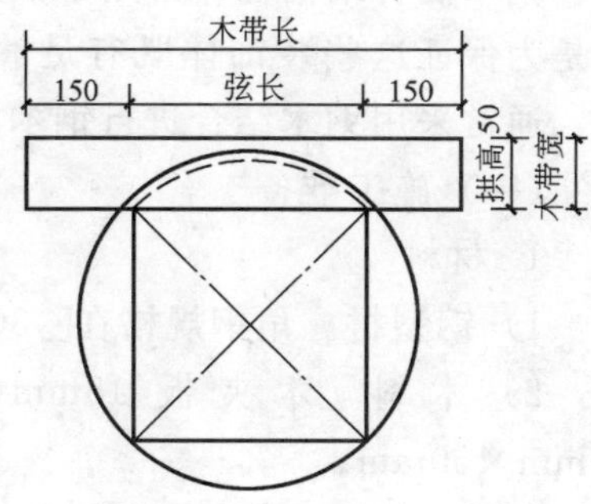

图6-18 木带样板

木带制作完毕后，即可与木板条钉成整块模板，如图6-19所示。

圆柱模板在钉制成应留出清渣口和浇捣混凝土的浇灌口，木带

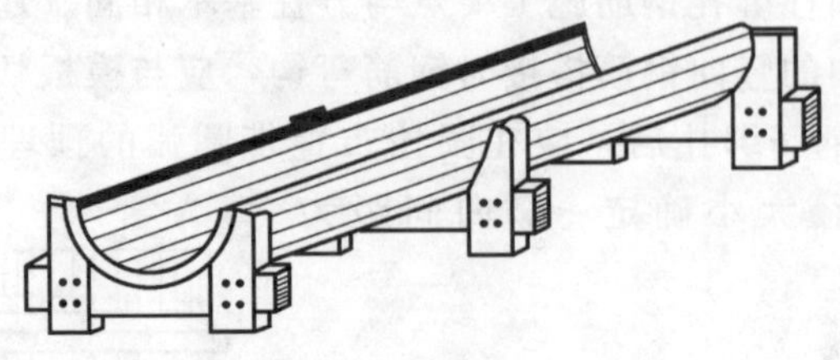

图 6-19 圆模装钉

上应弹出中线，以便柱模安装时，吊中线校正。为防止混凝土浇灌时，侧压力影响模板爆裂，模外每隔 50～100cm 加 2 股以上 8～10# 钢丝箍紧。

4. 浇灌混凝土

圆柱浇灌混凝土施工要点与方柱基本相同，但由于圆柱用木模，在施工时应注意，在浇灌混凝土之前应对木模浇水湿润。

5. 混凝土养护

混凝土养护要点，同方柱混凝土施工要点。

6. 拆模

混凝土圆柱拆模要点，同方柱混凝土拆模。

三、钢木混合结构柱体施工

钢木混合结构柱体常用于独立的门柱以及装饰柱等装饰体，目的是为保证这些装饰体既有足够的强度刚度，又便于进行装饰处理，通常采用钢木结合进行钢木混合结构柱体施工。

(一) 施工准备

1. 材料

1) 钢型材。角钢规格在∟30×30～∟50×50，槽钢 5 号。

2) 木料。木夹板 15mm 厚，木方为 30mm × 30mm ～ 50mm×50mm。

2. 工具

施工工具：划线工具、下料工具、电锯、型材切割机。固定用的冲击钻、射钉枪、手电钻等。

(二) 施工工艺

钢木混合结构柱体安装施工工艺流程。如图 6-20 所示。

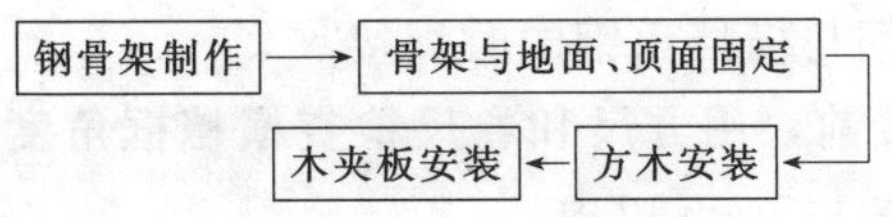

图 6-20 施工工艺流程图

(三) 钢骨架制作要点

1. 划线下料。在角钢（或槽钢）上，按设计尺寸截取骨架长料，按骨架横档尺寸截取短料。注意确定骨架的尺寸时，应考虑面板的厚度，以保证在钢架安装面板后，其实际尺寸与立柱的设计尺寸相吻合。

2. 焊接。角钢框架焊接形式有两种：一种是先焊接横档方框，然后将竖向角钢与横档方框焊接。另一种是将竖向角钢与横档角钢同时焊接，如图 6-21 所示。

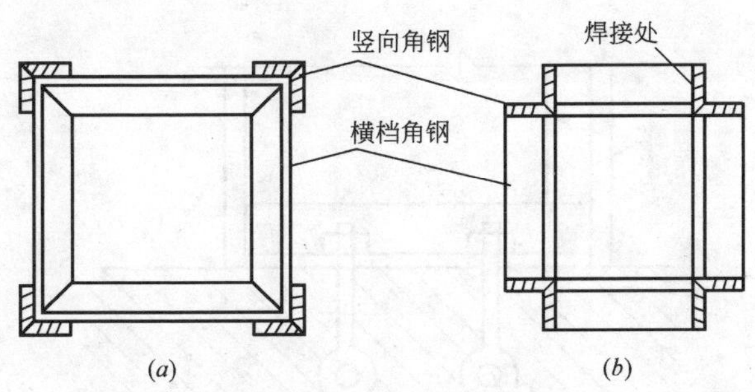

图 6-21 角钢框架焊接形式

3. 先焊模档方框后，焊竖向角钢与横档方框

(1) 在焊接框架之前，应用方尺检查，校核每个横档方框的尺寸和方整性。

(2) 焊接横档方框时，应先点焊其对接处，待校正每个横档方框的直角后再焊牢。

(3) 横档方框与竖向角钢焊接。将制作好的横档方框与竖向角钢在四角位焊接，焊接顺序应对称焊接，焊接时用方尺检验保证竖向角钢与横档方框的垂直性，进而保证四角立面角钢的相互平行。横档方框的间隔为 600～1000mm。

4. 竖向角钢与横档角钢同时焊接

(1) 在焊接前，用方尺和卷尺检查横档框角度及角钢的尺寸，其长度误差应在 1.5mm 以内。

(2) 用方尺来保证横档角钢与竖向角钢在焊接时其相互的垂直性。

(3) 焊接组框的方法是：先分别将两条竖向角钢焊接起来组成两片，然后再在这两片之间用横档角钢焊接起来组成框架。

5. 框架焊接完成后，应对框架涂刷防锈漆两遍。

6. 角钢架与地面、顶面固定

(1) 预埋件固定

在施工时，按角钢架固定位置，放置预埋连接件（环头螺栓）。当地面强度达设计强度时，将角铁框架与地面预埋件连接起来固定，如图 6-22 所示。

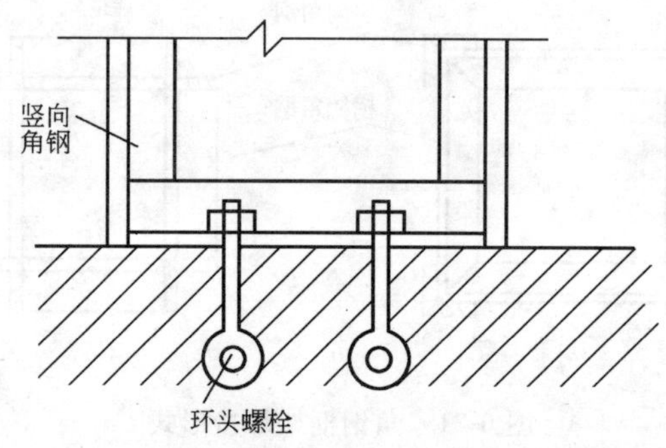

图 6-22 预埋固定件

(2) 膨胀螺栓固定

当地面施工没有设置预埋件时，也可以用 M10～M14 的膨胀螺栓来固定，其数量为 6～8 只。但其长度应在 60mm 左右，不能过短，否则将影响固定的稳定性。

(四) 方木安装要点

1. 方木安装前应检查其尺寸及方正度。

2. 固定方木。将方木就位，用手电钻钻出 ϕ6.5 的孔，钻孔时应一并将方木、角钢同时钻通，用 M6 的平头长螺栓，把方木固定在角钢上。

3. 在螺栓紧固前，应用方尺校正木方安装的正确性，如有歪斜可在角钢与方木间垫木楔来校正，木楔必须加胶后打入其间。

4. 最后上紧长螺栓，长螺栓的头部应埋入方木内，如图 6-23 所示。

图 6-23　方木与角钢固定

（五）木夹板安装要点

混合结构的柱体常用厚木夹板做基面，其安装方法有两种：一种是直接钉接在混合骨架的方木上；另一种是安装在角钢骨架上。如图 6-24 所示。

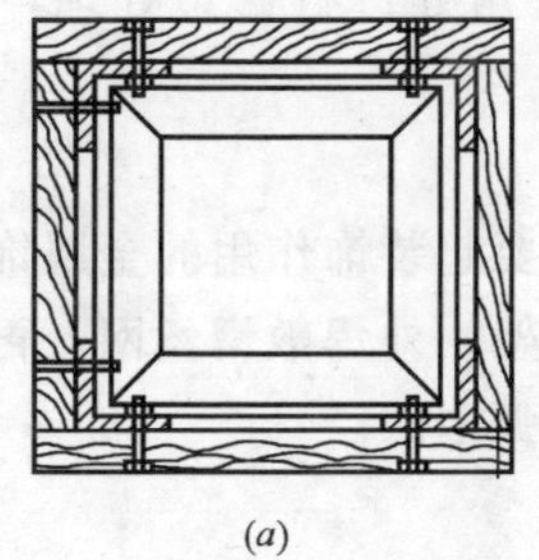

(*a*)

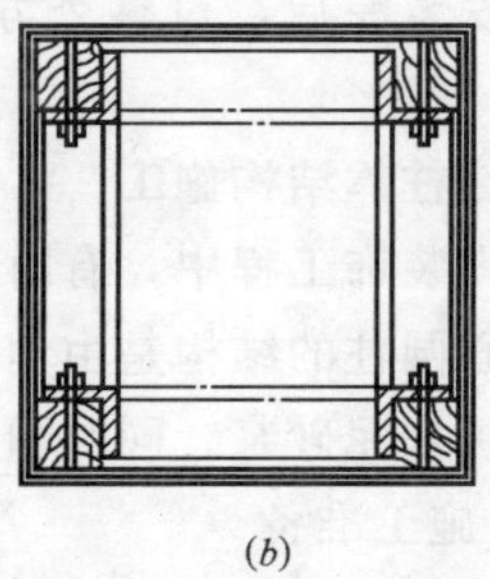

(*b*)

图 6-24　木夹板安装

(*a*) 安装在角钢骨架上；(*b*) 钉接在木方上

1. 钉接在混合骨架上

(1) 先锯割四根方木固定在角钢骨架四角处，然后手电钻将对好的方木与角钢一并钻通，再用等于螺栓头直径的钻头在方木钻孔处划凹窝。接着在孔内穿入螺栓，用螺母将方木固定在角钢上。

(2) 锯割四块木夹板，宽度等于柱宽，接缝倒 45°角，分别钉在方木上。

(3) 接缝处涂抹万能胶，使其两侧边胶合，最后进行对角处修边，使角位方正。

2. 安装角钢骨架上

(1) 先锯割两块宽度等于柱边长的厚木夹板，将其放在框架上并对好安装位置，锯割厚夹板的宽度尺寸应略放大 3mm 左右，便于安装后的修边。

（2）用手电钻将对好位置的厚夹板与角铁一并钻通，再用等于螺栓头直径的钻头在厚木板上画凹窝。然后在孔内穿入螺栓，用螺母将厚木板固定在角钢上。固定时螺钉头必须沉入木板平面下 2～3mm。常用的螺栓为 M4～M6。

（3）再锯割两块厚夹板，其宽度比柱边宽度少两个板厚尺寸，使该板在安装时，可卡在已装好的两板之间。

（4）安装时应在该两板的边侧涂刷万能胶，使与角钢和两侧边胶合，然后再用铁钉钉在两侧边，与已用螺栓固定的木夹板相固定。

（5）安装完后，对整个方柱对角处进行修边处理，使角位处方正。

四、空心圆柱体结构施工

在室内装饰工程中，有时就需要起装饰作用的金属饰面的空心圆柱。空心圆柱的结构是由角钢骨架，外焊敷钢丝网，再在钢丝网上批嵌基层水泥砂浆。同时预埋圆弧木砖。

（一）施工准备

1. 材料准备

（1）金属材料。角钢 3～5 号，钢板网（16×118），电焊条。

（2）非金属材料。普通水泥 32.5 级，中砂。方木 30mm×50mm（带圆弧）。

（3）电焊条。选用普通钢电焊条。

（4）木砖。预埋木砖应先进行防腐处理。

2. 工具准备

（1）手工工具。线锤、角尺、水平尺、直尺、木抹子、铁抹子、手锤等。

（2）电动工具。电锤、手电钻、型材切割机、电动扳手、冲击钻、射钉枪等。

（二）施工工艺

空心圆柱结构体施工工艺，如图 6-25 所示。

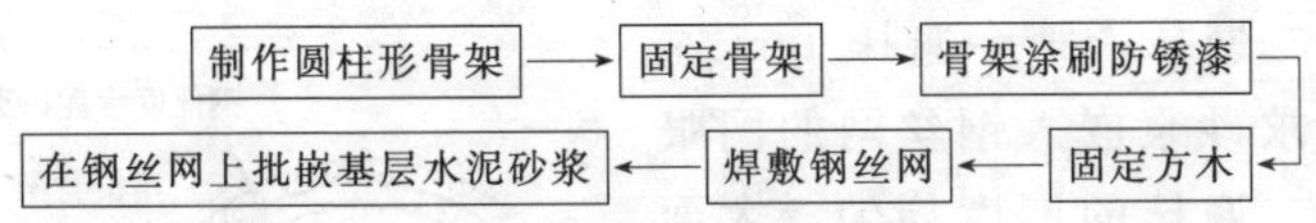

图 6-25　空心圆柱体结构施工工艺

（三）施工要点

1. 骨架安装时，应保证骨架的垂直度，骨架与基础连接牢固。

2. 骨架焊接及钢丝网的敷焊，都应保证焊接质量。

3. 圆弧木砖固定一定要位置准确。批抹水泥砂浆的稠度控制得当。

（四）操作要点

1. 骨架制作

（1）竖向龙骨制作。根据柱顶面到底面锤线的距离，确定竖向龙骨下料长度，同时还应加进竖向龙骨与顶面、地面连接的长度。

（2）横向龙骨下料。应考虑横向龙骨间距，方木及钢丝网固定。

（3）焊接。焊接时应时刻检查竖向龙骨与横向龙骨保持垂直，同时要对称焊接防止骨架变形。

2. 固定圆弧木方

当骨架安装后，在圆柱直径垂直四方安装圆弧木方，用螺栓与角钢固定。

3. 焊敷钢丝网

钢丝网分成 4 片，其宽度应是 1/4 圆柱周长减去圆弧方木的宽度。钢丝网不可与角钢骨架直接焊接，而是要先在角钢骨架表面焊上 8 号的钢丝，然后再将钢丝网焊接在 8 号钢丝上。钢丝网要与龙骨架焊敷平整贴切。

4. 批抹水泥砂浆

（1）水泥砂浆拌制。用 32.5 级普通硅酸盐水泥与中砂搅拌成水泥砂浆，砂浆中掺入 3% 的纤维丝，以增加水泥砂浆的挂网性能。砂浆的稠度控制在合适的范围。

（2）抹水泥砂浆。柱面水泥砂浆应从柱顶开始，依次向下进行。分二遍抹，第一遍抹 1cm 左右，要求砂浆嵌入钢丝网的网眼内。第二遍抹的厚度均匀，大面平整，但不要光滑，总厚度为 2.5cm。

图 6-26 为空心圆柱体结构图。

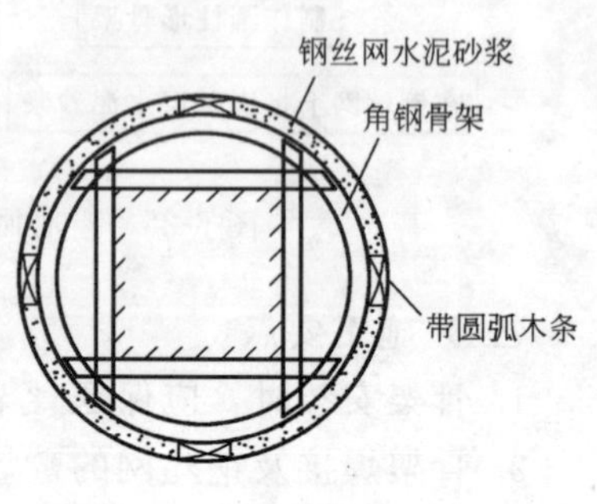

图 6-26 空心圆柱体结构图

五、方柱体改装成圆柱体结构施工

将方柱改装成圆柱，是目前装饰工程常见的一种施工方法，也是装饰工人必须掌握的一种方法。

（一）施工要点

1. 掌握方柱准确尺寸，确定方框。

2. 圆柱的中心在已建的方柱上，所以必须采用不用圆心而画出圆的方法。

3. 骨架的制作要保证骨架的精度、垂直度，即每个框架从上到下要保证在同一个同心圆上。

（二）施工工艺

方柱改装成圆柱施工工艺，如图 6-27 所示。

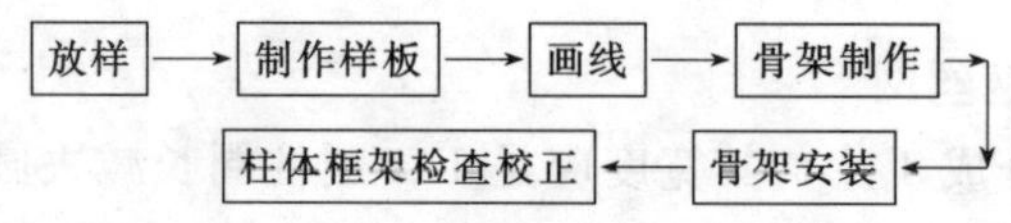

图 6-27 方柱改成圆柱施工工艺

（三）操作要点

1. 放样，制作样板

（1）确立基准方柱底边，因为建筑上的结构尺寸有误差，方柱不一定是正方形或矩形，所以必须确立方柱底边的基准线，才能进行下一步的画线工作。确立基准底边的方法为：

1）测量方柱的尺寸，找出最长的一条边。

2）以该边为边长，用直角尺在方柱底弹出一个正方形，该正方形就是基准方边（图 6-28）。并需将该方边线的每条边线中点标出。

（2）制作样板。在一张纸板上或三夹板上，以装饰圆柱的半径画一个半圆，并剪裁下来，在这个半圆形上，以标准方边线边长的一半尺寸为宽度，做一条与该半圆形直径相平行的直线。然后从平行线处剪裁这个半圆。所得到的这块圆弧面，就是该柱的弦切弧样板，如图 6-29 所示。

2. 画线

以该样板的直边，靠住基准底边的四个边将样板的中点线对准基准底边线的中心。然后沿样板的圆弧边画线。这样就得到方柱改装成圆柱的底圆。如图 6-30 所示。

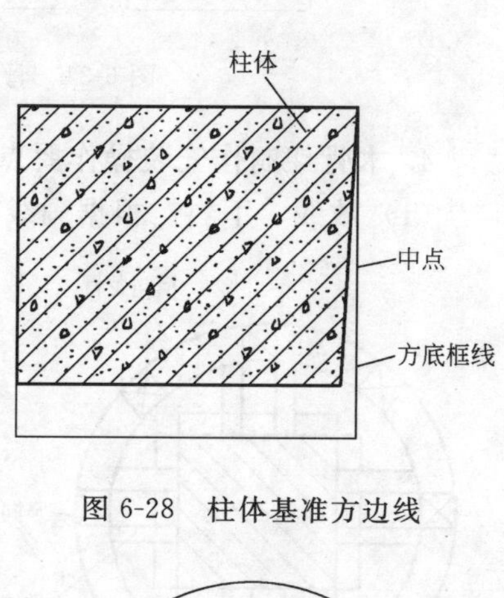

图 6-28 柱体基准方边线

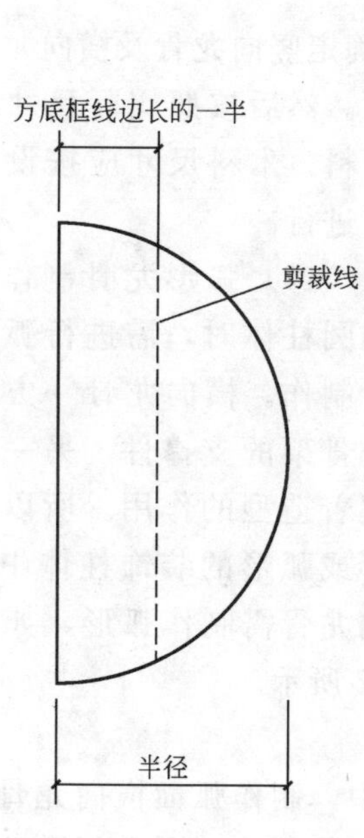

图 6-29 弦切弧样板画法

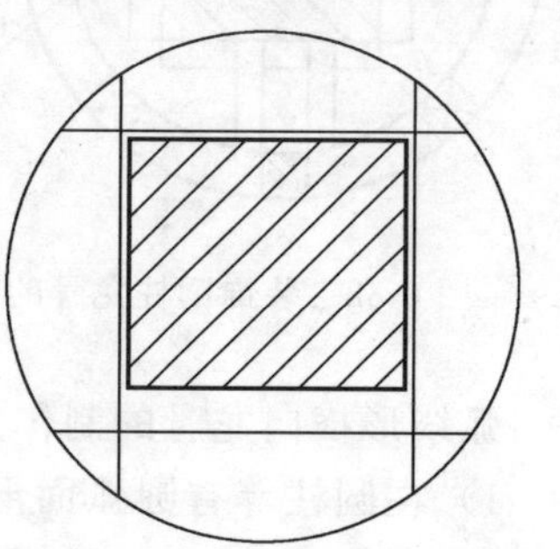

图 6-30 装饰圆柱的底圆画法

顶面的划线方法与底圆画法基本相同。但基准顶面圆的画出，必须通过与底边框吊锤线的方法来获得，以保证地面与顶面的一致性和垂直度。

3. 骨架制作工艺

装饰柱体的骨架有木骨架和钢骨架两种。木骨架用木方连接成框体，钢骨架用角钢或薄壁型钢采取焊接或螺栓连接制作。木骨架主要用于不锈钢饰面板及粘贴金属面板。钢骨架主要用于铝合金饰面板的安装。

骨架制工艺，如图 6-31 所示。

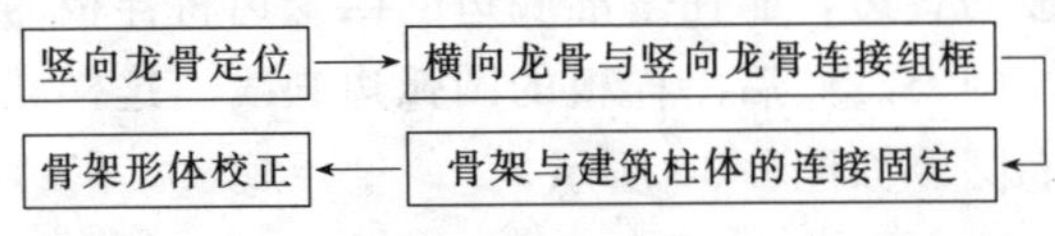

图 6-31 骨架制作工艺图

4. 木骨架制作安装操作要点

(1) 放线、下料。根据画线位置，确定竖向龙骨及横向龙骨尺寸。然后按照实际尺寸进行下料。木料尺寸应按设计要求进行。

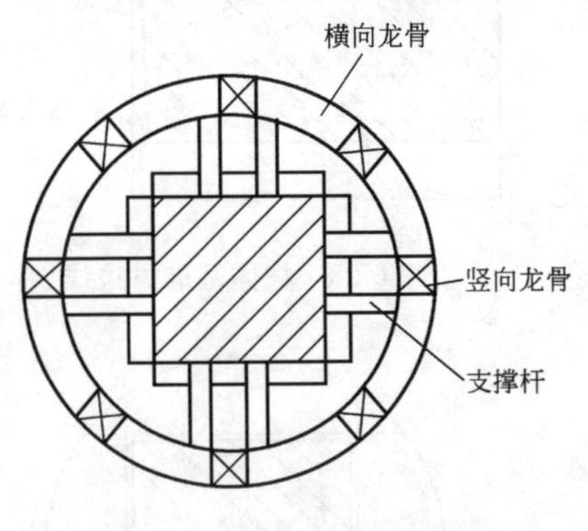

图 6-32 装饰圆柱龙骨的骨架

(2) 弧形龙骨制作。装饰圆柱体时，需进行弧形龙骨制作。横向龙骨一方面是龙骨架的支撑件，另一方面起着造型的作用。所以在圆形或弧形的装饰柱体中，横向龙骨需制作弧形，如图 6-32 所示。

弧线形横向龙骨的制作方法如下：

1) 在圆柱等有圆弧面形的木骨架中，制作弧面横向龙骨，通常方法是用 15mm 木夹板来加工。首先在 15mm 厚夹板上按所需的圆半径，画出一条圆弧，在该圆半径上减去横向龙骨的宽度厚，再画出一条同心圆弧。

2）按同样方法在一张木夹板上画出各条横向龙骨，但在木夹板上画线排列后，可用电动线锯按线切割出横向龙骨，如图6-33所示。

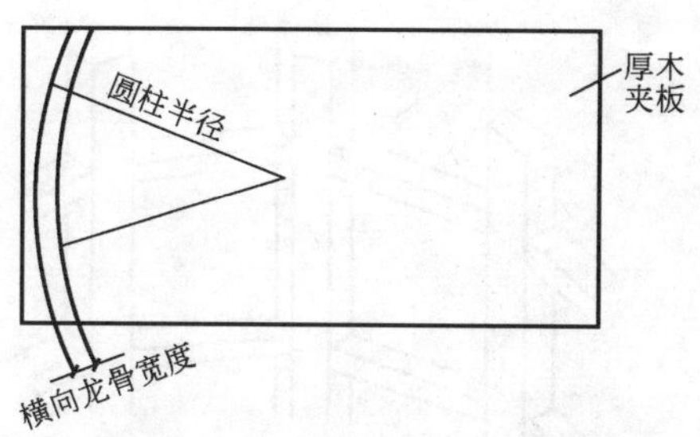

图 6-33　圆弧形横向龙骨的制作

(3) 竖向龙骨安装。先从画出的装饰圆柱顶面线向底面吊垂直线，并以垂直线为基准，在顶面与地面之间竖起竖向龙骨，校正好位置后，分别在顶面和地面把竖向龙骨固定起来。

固定方法，可以用角钢连接件，通膨胀螺栓或射钉与顶面、地面固定，如图6-34所示。

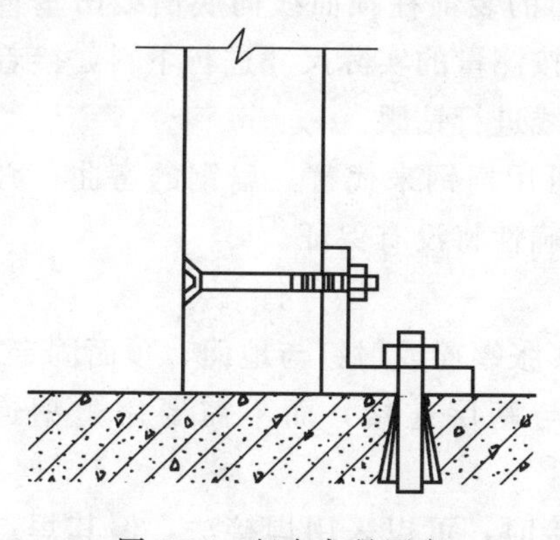
图 6-34　竖向龙骨固定

(4) 横向龙骨与竖向龙骨的连接

1）在连接之前，必须在柱顶与地面间设置形体位置控制线，控制线主要是吊垂线和水平线。

2）连接方法可用槽接法和加胶钉接法。通常圆柱连接用槽接法。

槽接法是在槽向和竖向龙骨上分别开出半槽，两龙骨在槽口处对接。槽接法也需在槽口处加胶、加钉固定，这种连接固定方法稳固性好，可用于敲击振动较大的饰面安装。加胶钉接法是在横向龙骨的两端头面加胶，将其置于两竖向龙骨之间，再用扁头钉斜向与龙骨固定。横向龙骨之间的间隔距离，通常为300mm或400mm。如图6-35所示。

5. 钢骨架制作安装要点

圆柱体钢骨架是用角钢（槽钢）焊接或薄壁型钢用螺栓连接制作成的。

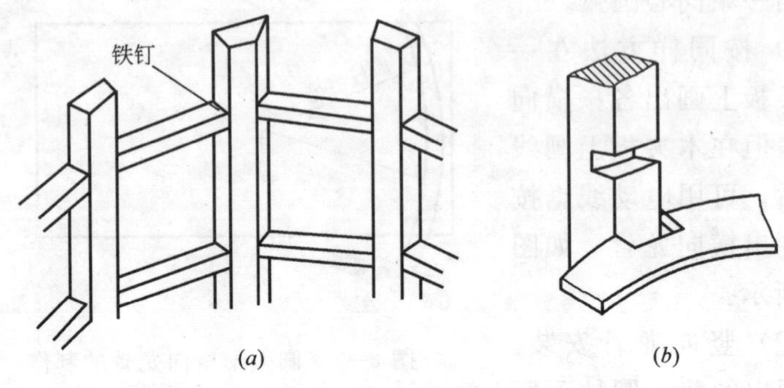

图 6-35　装饰圆柱木龙骨的连接

(a) 加胶钉接法；(b) 槽接法

(1) 龙骨制作

1) 竖向龙骨制作应先从画出的装饰柱顶面线向底面线吊垂直线，测量出顶面与地面的距离，按测量的实际尺寸进行下料，接着在竖向龙骨上，划出连接点位置线进行钻眼。

2) 在钢骨架中，横向龙骨可用扁钢来代替。扁钢的弯曲，必须用靠模来进行，否则曲面的准确性将没有保证。

(2) 龙骨安装

1) 竖向龙骨安装也同样用膨胀螺栓或射钉与地面、顶面固定。钢骨架竖向龙骨连接可以直接与基层连接，而不需要用角钢连接件。

2) 横向龙骨与竖向龙骨连接时，可以采用焊接法，但其焊点与焊缝不得在柱体框架的外表面。否则将影响柱体表面安装的平整性。

6. 圆柱体骨架与方柱体连接

为保证圆柱体的稳固性，通常在建筑方柱体上安装支撑杆件，使之与装饰柱体骨架相固定连接。支撑杆可用木方或角钢来制作，并用膨胀螺栓或射钉、木楔铁钉的方法与建筑柱体连接。其另端与圆柱体骨架钉接或焊接。支撑杆应分层设置，在柱体的高度上分层的间隔为 800～1000mm，支撑杆的连接固定方式，如图 6-36 所示。

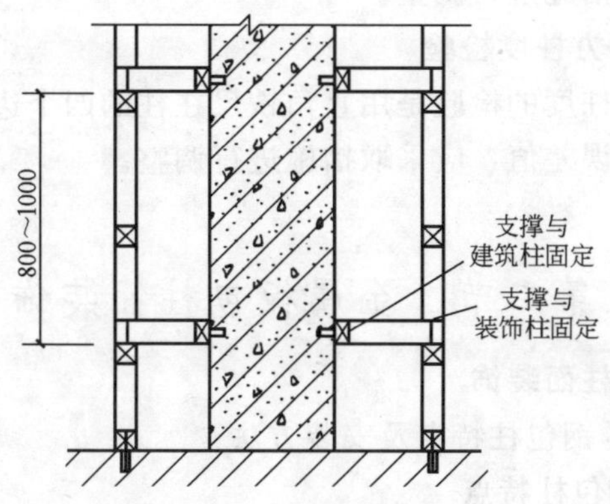

图 6-36　支撑杆的连接固定方法

六、柱体骨架安装质量要求及质量检验

（一）柱体骨架安装质量要求

柱体龙骨在安装时，为了保证柱体质量，必须满足如下要求：

1. 柱体垂直度

当柱体高度在 3m 以下时，误差值在 3mm 以内。

2. 柱体不圆度

圆柱柱体表面的不圆度误差值不得超过±3mm。

3. 柱体不方柱度

柱体不方柱度误差值不得大于 3mm。

（二）柱体骨架安装质量检验方法

1. 柱体垂直度检验

在柱体龙骨架的顶端边框线上，设置吊垂线，如果吊垂线下端与柱体的边框平行，说明柱体没有歪斜度。如果垂线与骨架不平行，就说明柱体有歪斜度，吊线检查应在柱体周围进行，一般不少于 4 点位置。如果超过误差允许值，就必须进行调整。

2. 柱体不圆度检验方法

柱体的骨架不圆度，经常表现为凸肚和内凹，这将对饰面板的安装带来不便，进而严重影响装饰效果。检查不圆度的方法也采用垂线法。将圆柱上下边用垂线相接，如中间骨架顶弯细垂线，说明柱体凸肚，如细线与中间骨架有间隔，说明柱体内凹。如果超过误差值，应采取措施进行调整。

3. 柱体不方柱度检验

柱体不方柱度的检验是用直角铁尺在柱的四个边角上分别测即可。如果超出误差值，应采取措施进行调整。

第二节　金属板包柱面装饰

一、不锈钢包柱面装饰

（一）不锈钢包柱特点及安装方法

1. 不锈钢包柱特点

（1）不锈钢柱面具有华丽的金属光泽和明快的质感。

（2）不锈钢柱具有耐腐蚀性强，不易锈蚀的特点，因此可以长时间的保持初始的装饰效果。

（3）不锈钢柱面具有较高的强度和硬度，因此在施工中和使用中不易发生变形。

（4）由于不锈钢柱面经抛光后，如同镜面的效果，通过镜面的反射作用，可取得与周围环境中的各种色彩、景物交相辉映的效果。

（5）不锈钢柱面，具有很强的反射光线能力，在灯光的配合下，可形成晶莹明亮的高光部分，从而有助于形成空间环境的艺术中心点，从而对环境装饰效果起到强化、点缀和烘托作用。

2. 安装方法

不锈钢包柱安装的方法有两种：一是焊接法；二是非焊接法。

（二）不锈钢圆柱焊接安装

1. 施工准备

（1）柱体结构的选择。因不锈钢圆柱是用焊接方法进行包面，所以对圆柱体结构一定要选用钢骨架的或钢筋混凝土的或钢丝水泥砂浆角钢骨架的圆柱体。

（2）不锈钢薄板在焊接时易产生变形，故在安装前应准备铜质（钢质）衬垫，在焊时起散热作用。

（3）按设计要求选用好不锈钢板的厚度。以免在焊接时给施工带来麻烦。

(4) 工具、机具准备。除了常用的手工工具，电动工具，还要准备卷板机和电焊设备。

2. 施工工艺

不锈钢圆柱面，用焊接法安装面板，施工工艺，如图 6-37 所示。

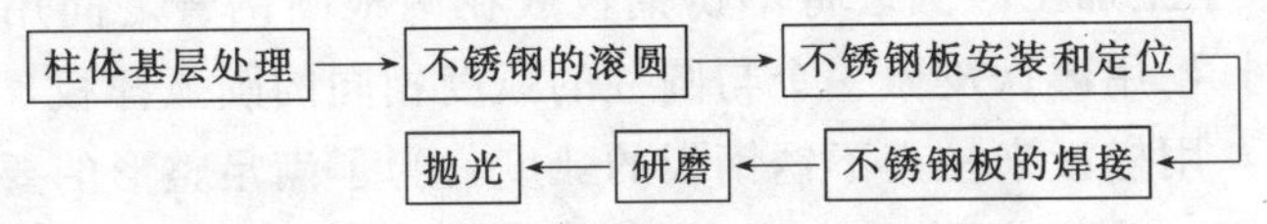

图 6-37 不锈钢圆柱焊接法施工工艺

3. 安装要点

(1) 柱体基层处理

1) 柱体检验。在安装不锈钢板安装之前，应对柱体进行全面检查，垂直度、平整度、不圆度是否符合设计要求。不合格的应及时修整，因为柱面有缺陷都会引起板面变形，使焊缝的间隙大小不一，会使焊接变得比较困难。

2) 预安铜质（钢质）衬垫。安装不锈钢板前，应在焊缝处、安放铜质（钢质）垫板，可以减少不锈钢板焊接时变形。垫板一般采用宽 20～25mm 的与母材材料相同的钢带，沿焊缝顺管布置。当焊接温度较高时，可采用铜垫板。图 6-38 所示的是垫板和压板

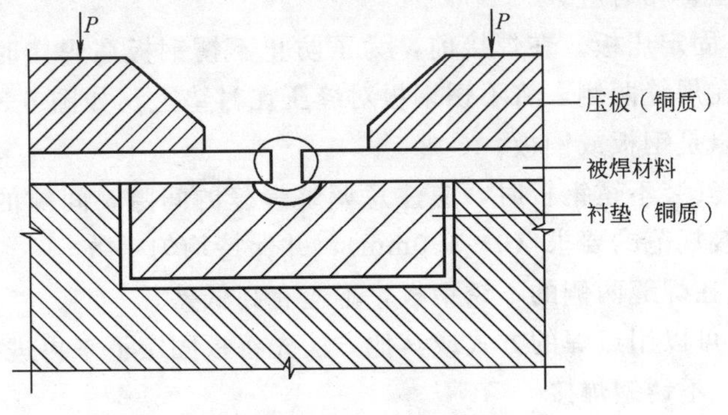

图 6-38 垫板和压板的使用

使用情况。安装衬垫位置应尽量结合周围的环境特点，将衬垫放在次要视线上，以便使不锈钢柱面接缝不很显眼。

（2）不锈钢板滚圆

将不锈钢板加工成所需的圆柱面，即所谓滚圆。是不锈钢包柱的制作中关键的环节。常用的方法有两种，即手工加工滚圆和卷板机上进行滚圆。

1）手工加工滚圆。将不锈钢板放在两根圆钢管之间用安装锤进行敲打，用薄铁皮做一个与圆柱的弧度相同的圆弧样板，在敲打过程中，用样板来检查不锈钢板的弧度，为了满足整形的要求，也常常采用一些米字形、星形、鼠笼形的支撑架来保证滚圆弧的质量。同时还应注意敲打的力度不能用力过猛，不能在钢板上留下痕迹。

2）卷板机滚圆。卷板机滚圆通常用三轴式卷板机，有手动的、电动的两种。可将各种厚度的钢板按所需的直径滚成非常规则的圆柱体。

当不锈钢板厚＞0.75mm，通常宜采用三轴式卷板机对钢板进行滚圆加工，用薄铁皮做成与圆柱弧度相同的圆弧样板、边滚边检验。一般不宜滚成一个完整的圆柱面，而是将钢板滚制成两个半圆，安装时通过焊接成一个完整的圆柱体。

（3）不锈钢板的安装和定位

1）不锈钢板在安装时，应注意接缝的位置与柱子基体安放的衬垫的位置相对应。

2）固定压板。在焊接前，为了防止不锈钢板在焊接时发生变形，应在焊缝两侧，将不锈钢板对缝压在衬垫上，如图 6-38 所示。压板可以是钢板或铜板。

3）安装不锈钢板时，应注意调整焊缝的间隙，间隙的大小应符合焊接规范的要求（0～1.0mm），并保持均匀一致。

4）在焊缝两侧的不锈钢板，不应有高低差。

5）可以用点焊的方式或其他方法先将板固定下来再进行焊接。

（4）不锈钢焊接

1）焊接方法。不锈钢焊接一般采用手工电弧焊，当不锈钢板厚度<0.75mm，可采用钨极惰性气体保护焊。

2）不锈钢的焊缝形式

① 手工电弧焊、焊缝形式，见表 1-25。

② 钨极氩弧焊（TIG）焊缝形式，见表 1-25。

3）焊接顺序。圆柱体焊缝，应采用分段逆焊法。

4）操作要点

① 手工电弧焊操作要点，见表 1-26。

② 钨极氩弧焊操作要点，见表 1-34，及送丝技术，见表 1-33。

③ 打磨修光。由于焊接后，焊缝的表面很不平整、而且粘附有一定量的熔渣，因此，必须采用适当的方法将残留的熔渣及飞溅清除干净，并将焊缝表面加工光滑平整。当焊缝表面没有太大的凹痕及凸出于表面的粗大焊珠时，可直接进行抛光。当焊缝表面凸出的焊珠粗大时，可用砂轮机磨光，然后再换用抛光机进行抛光处理，以便使焊缝在加工成光滑洁净的表面，使焊缝的痕迹不很明显。

(5) 研磨与抛光

当不锈钢圆柱包面安装后，最后对整个柱面进行研磨与抛光。

（三）不锈钢圆柱面嵌镶法安装

1. 施工工艺

不锈钢圆柱面嵌镶法安装面板，其施工工艺，如图 6-39 所示。

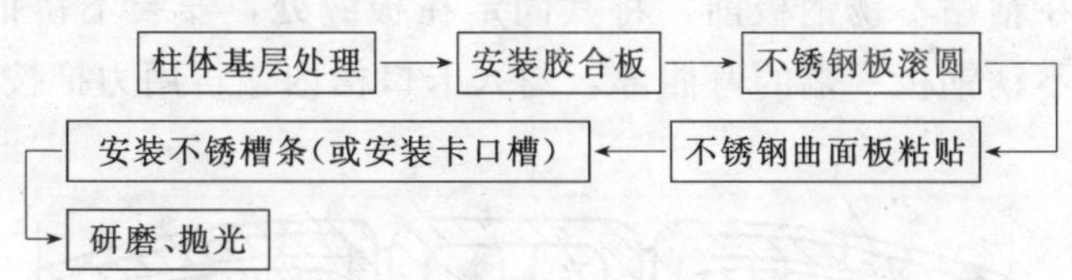

图 6-39 不锈钢圆柱嵌镶法安装工艺

2. 安装要点

(1) 柱体基层处理

1）检查柱体垂直度，不圆度是否符合施工规范要求。

2）检查柱体安装圆弧木砖或木方与设计位置是否相符。

以上两点不符合要求，或有误差，遗漏都应即时处理。

(2) 安装胶合板

一般用胶合板做基层面，并将它用扁头钉钉在柱体预埋的木砖或木方上。

(3) 不锈钢板滚圆

圆柱不锈钢板滚圆，可将圆柱面板分成二片，四片进行加工，加工的方法是：一是手工滚圆；二是在三轴机上滚圆。

(4) 不锈钢板安装

粘贴不锈钢板：

① 涂胶。在圆柱胶合板面上和不锈钢粘贴面上，分别涂上胶粘剂。

② 陈放。涂完胶粘剂后，陈放一段时间，当不粘手时，即可进行粘贴。

③ 粘贴。粘贴时注意应对粘贴面施加压力。

(5) 板缝处理

用嵌镶法安装不锈钢圆柱面，其关键是在不锈钢曲面板对口处的板缝处理。目前处理方法有三种：卡口式和嵌槽压口式和嵌镶耐候胶。

1) 卡口式

卡口式安装，就是在两片不锈钢板对口处，安装一个不锈钢卡口槽，在粘贴不锈钢板前，将其固定在板缝处，安装不锈钢板时，只要将不锈钢板一端的弯曲部，勾入卡口槽内，再用力推按不锈钢

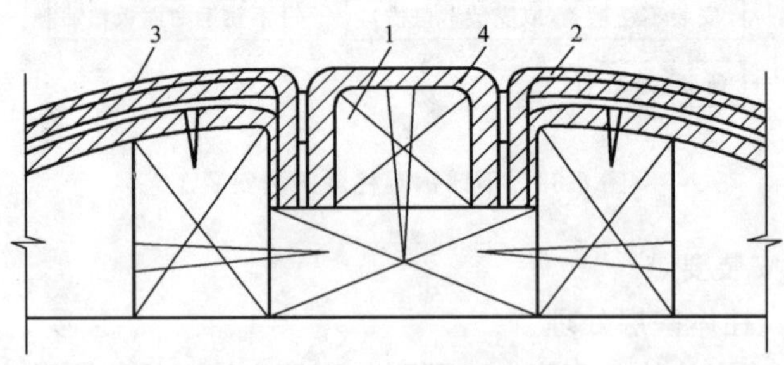

图 6-40 卡口槽安装

1—垫木；2—不锈钢板；3—木夹板；4—不锈钢槽条

板的另一端，利用不锈钢板本身的特性，使其卡入另一个卡口槽内，如图 6-40 所示。安装卡口槽条时，尺寸应准确，不能产生歪斜现象。

2）嵌镶压口式

① 先把不锈钢板在对口处的凹部用螺钉（铁钉）固定在凹槽中间，两边空出的间隙相等，其间隙宽为 1mm 左右。

② 在木条上涂刷万能胶，等胶面不粘手时，向木条上嵌入不锈钢槽条。

③ 固定凹槽的木条尺寸，形状要准确。尺寸准确既可保证木条与不锈钢槽的配合松紧适度，安装时不需用锤大力敲击，避免损伤不锈钢槽面，又可保证不锈钢槽嵌与柱体面一致，没有高低不平现象。形状准确可使不锈钢槽嵌入木条后胶粘面均匀，粘结牢固，防止槽面的侧歪现象。

④ 在木条安装时，应先与不锈钢槽条试配木条的高度，一般大于不锈钢槽内的深度 0.5mm。

图 6-41 为嵌槽压口式安装图。

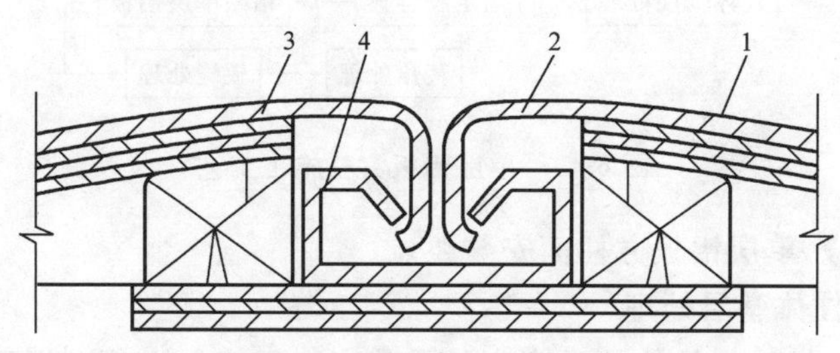

图 6-41　嵌槽压口式安装

1—垫木；2—不锈钢板；3—木夹板；4—不锈钢槽条

⑤ 嵌镶不锈钢槽条之前，应用酒精或汽油清擦槽条内的油迹污物，并涂刷一层胶粘剂。

3）嵌镶耐候胶

当不锈钢板安装后，板与板的对缝也可嵌镶耐候胶，板缝宽应不大于 1cm。

（6）研磨与抛光

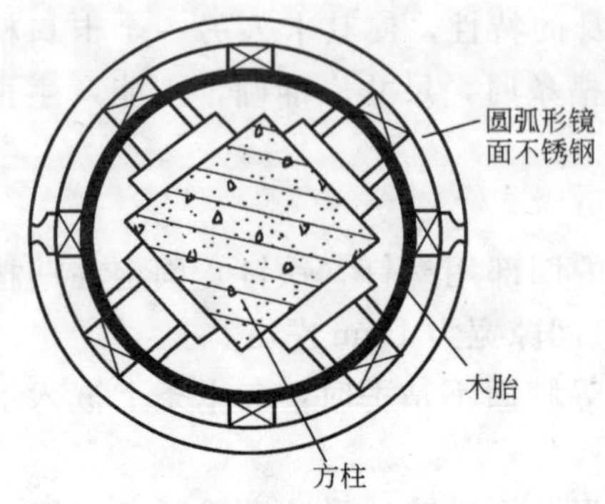

图 6-42　方柱外包不锈钢圆柱饰面示意图

不锈钢圆柱面，安装完后，应立即对整个柱面进行研磨与抛光。

图 6-42 为方柱外包不锈钢圆柱饰面示意图。

二、单层铝板方柱装饰

单层铝板方柱装饰，色彩绚丽、质感强，自重轻，安装方便。为室内外方柱装饰营造出特别精致的效果，广泛应用于大型公共建筑方柱的装饰。

（一）施工工艺

单层铝板方柱装饰，主要采用嵌镶法安装单层铝板。先在基层上固定胶合板，再将单层铝板粘贴在胶合板上。施工工艺，如图 6-43 所示。

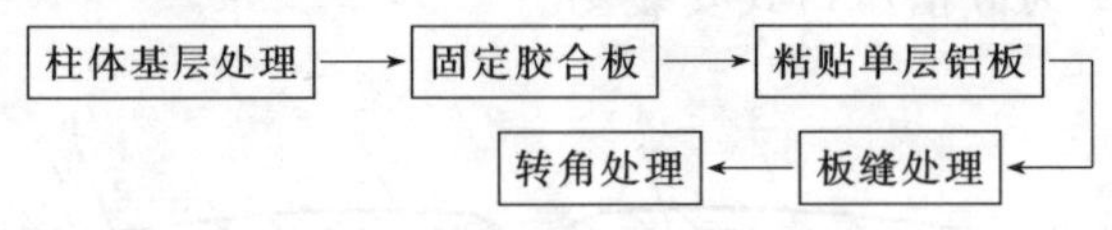

图 6-43　单层铝板方柱施工工艺

（二）单层铝板方柱面安装要点

1. 柱体基层处理

（1）检验方柱体的垂直度、平整度、不符合施工规范要求应及时处理，修正达到要求。

（2）检验柱体预埋位置和安装的木龙骨，是否合理，遗漏的应及时增补。

2. 固定胶合板

根据方柱柱体尺寸，锯割胶合板，将胶合板用扁头钉固定在木砖或木龙骨上。柱转角处两边板可割口 45°，使两板对缝组成 90°角。

3. 粘贴单层铝板

在单层铝板粘贴前，应按设计尺寸进行下料，然后再在单层铝板背面和胶合板表面分别涂上胶粘剂，陈放一定时间后，可以将单层铝板粘贴在胶合板上。

4. 板缝处理

板缝处理有三种形式：

(1) 嵌槽压口式

嵌槽压口式，就是将槽条固定在板缝处，如图 5-8 所示。

(2) 直接卡口式

在单层铝板安装前，应将卡槽条安装在板缝位置上并用螺钉固定，接着将加工好的单层铝板卡在卡槽条内。如图 5-9 所示。

(3) 直接在板缝内嵌镶耐候胶

单层铝板安装后，检查板缝符合设计要求后，可以直接在板缝内嵌镶耐候胶。如图 5-7 所示。

5. 转角处理

(1) 阳角

1) 压边处理，如图 6-44 所示。

2) 封角处理，方柱阳角直接用铝合金压角线进行封角，如图 5-11 所示。

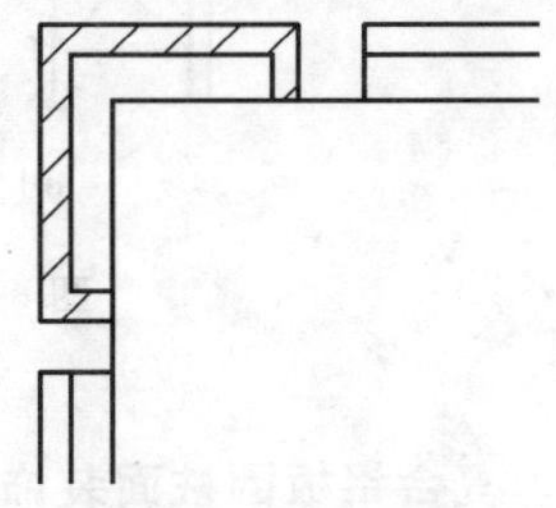

图 6-44　压边处理

(2) 阴角

在方柱转角处做一个内凹的角即成阴角。一般用于造型柱体，起装饰作用，阴角包角可以是铝合金、铜合金或不锈钢型材进行包角，如图 6-45 所示。

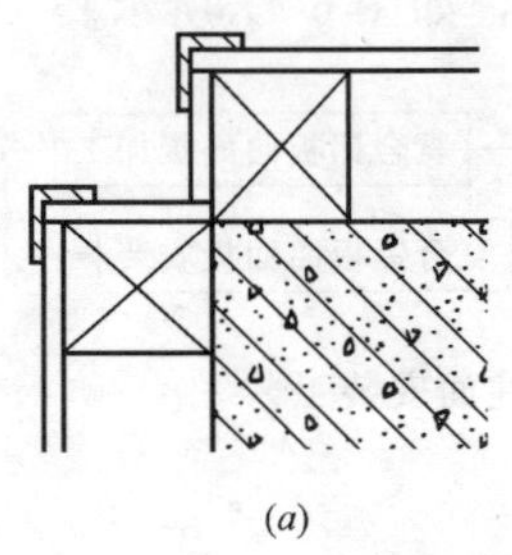

(a)

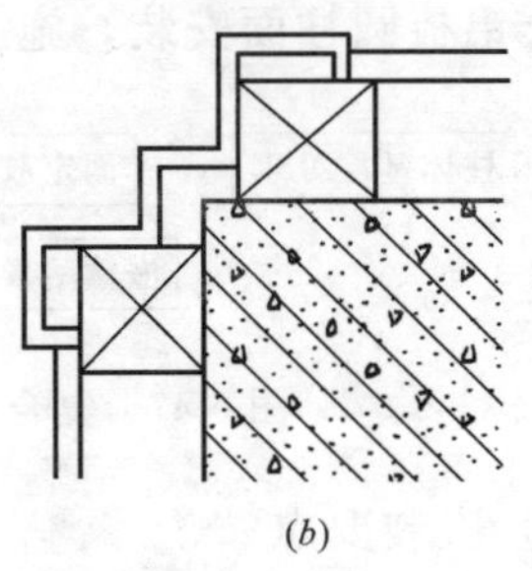

(b)

图 6-45　方柱阴角处理

(3) 斜角

斜角有大斜角和小斜角之分：

1) 大斜角

大斜角是用木胶合板接 45°角，将两个面连接在一起，木胶合板固定在 45°角的带斜坡的木方上。面层可以用单层铝板包面，对缝要严密，如图 6-46 (*b*) 所示。

2) 小斜角

小斜角先用木料做成一个斜角，将木料固定在方柱阳角处，在斜角外直角包上金属线条如图 6-46 (*a*) 所示。

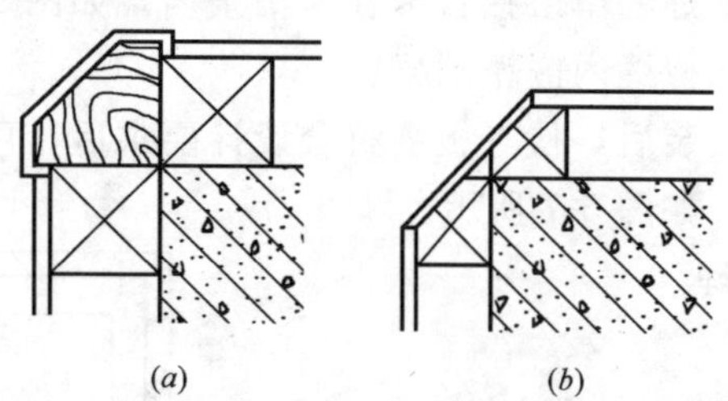

图 6-46 方柱斜角结构形式

(*a*) 斜角；(*b*) 大斜角

三、复合铝板圆柱面装饰

复合铝板色彩绚丽，质感强，用来做装饰圆柱面是极好的材料。又因为它加工方便，安装简单，易于成型，是目前装饰柱广泛采用的新型材料。

(一) 施工工艺

复合铝板圆柱面安装，施工工艺，如图 6-47 所示。

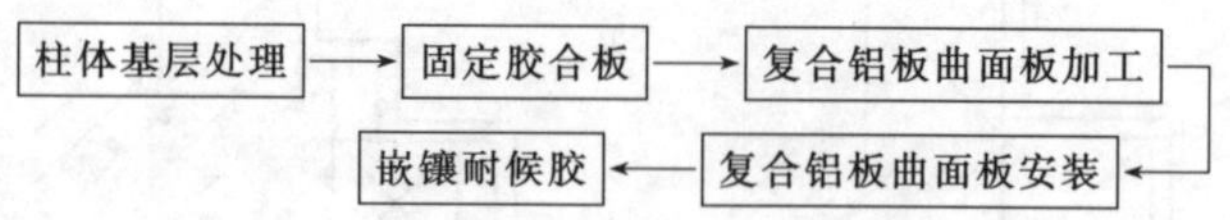

图 6-47 复合铝板圆柱面安装工艺

(二) 安装要点

1. 柱体基层处理

为了保证安装质量，必须对柱体认真检验：

(1) 检验圆柱体的垂直度，不圆度是否符合施工规范。不合格的应及时处理。

(2) 检验圆柱体预埋木砖或安装的木方是否符合设计要求，是否有遗漏。否则应及时增补。

2. 柱面固定胶合板

在固定胶合板前，应在胶合板背面用壁纸刀划缝。接着围成圆弧，将胶合板固定在木砖或木龙骨上，用扁头钉钉紧。

3. 复合曲面板加工

复合曲面板加工，主要是用手工方法。根据圆柱直径大小，圆柱面可以由一片到多片进行加工。加工方法：

(1) 切刻板缝

在复合铝板背面，使用装饰工壁低刀，以 4～8cm 的间距，切割至铝片的深度，并用平口型刀刃在板的两侧刨预留距表面 1.5mm 厚度，以利于安装时板的接合，如图 6-48 所示。

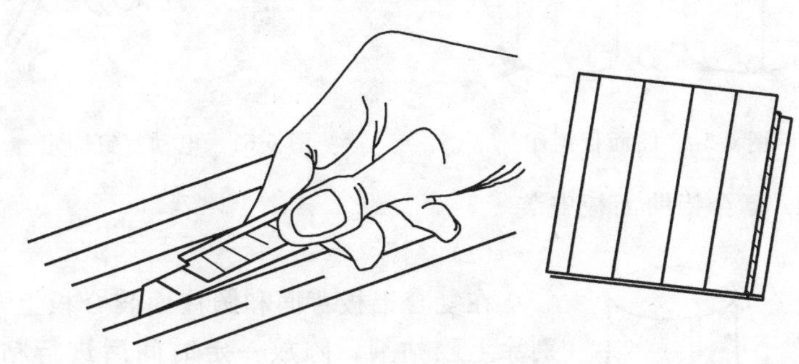

图 6-48　切刻板缝

(2) 撕铝片

用尖嘴钳子将一片片的铝片撕下，或用小圆型木棍将铝片全部卷起，如图 6-49 所示。应注意间隔的撕下铝片。

(3) 制作半圆弧曲面板

将背面铝片撕下后，铝板将徐徐弯曲，而形成两个半圆弧的曲面板，如图 6-50 所示。

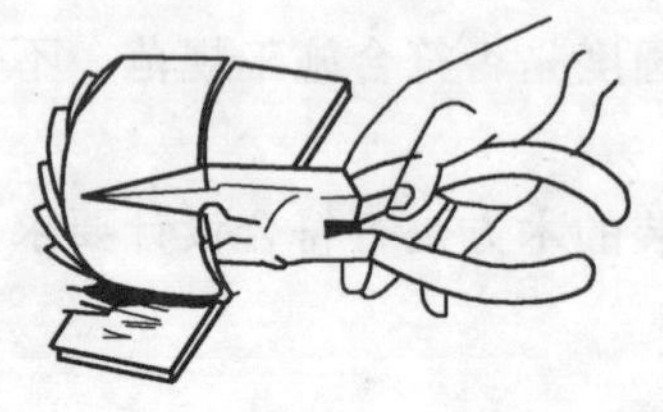
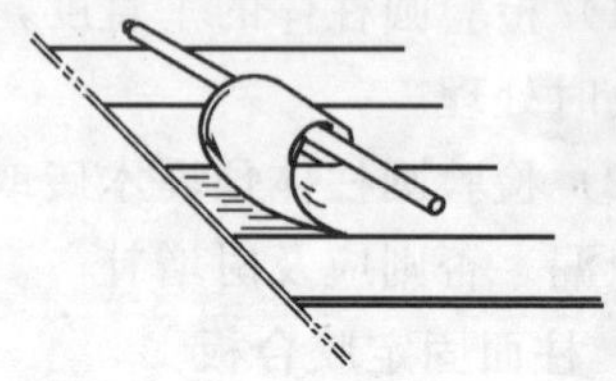

图 6-49　撕铝片

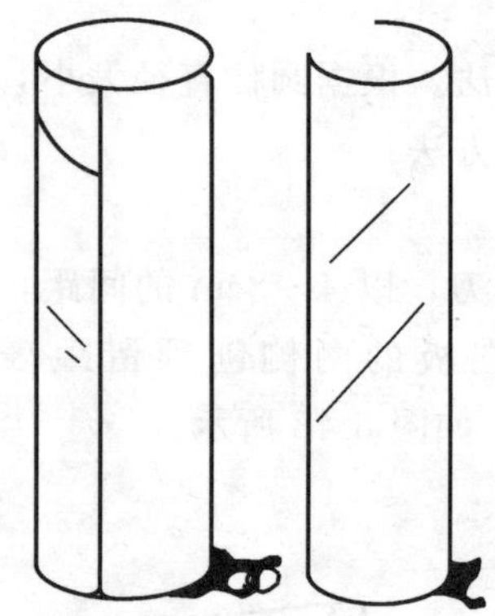

图 6-50　曲面板制作

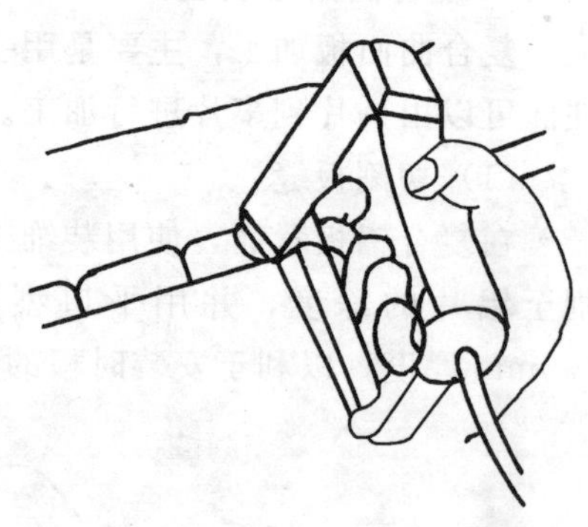

图 6-51　电动打钉固定

4. 复合铝曲面板安装

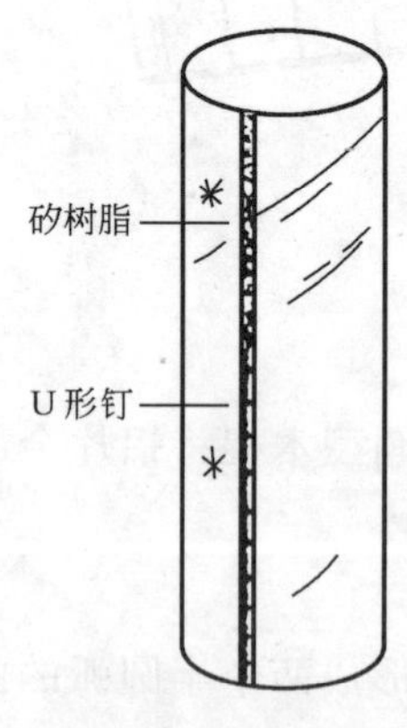

图 6-52　嵌缝

(1) 粘贴

在复合铝板背面和圆柱面胶合板上，分别涂上胶粘剂，陈放一定时间后进行粘贴。在粘贴时应注意板的两侧边在缝口处重叠。

(2) 固定

当复合铝板与圆柱面胶合板粘结固化后，在接缝处电动打钉枪，用“V”钉子将复合铝板固定在圆柱体的胶合板上。如图6-51。

5. 嵌缝

当复合铝板在接缝处固定后，应进行嵌

缝处理。当缝宽小于1cm，缝隙小于5～6mm时可以直接嵌镶耐候胶，反之，应在缝隙里先填塞泡沫条，后嵌镶耐候胶，如图6-52所示。

四、铜合金半圆柱面装饰

铜合金半圆柱在装饰工程中起到画龙点睛的作用，目前已广泛采用。

（一）施工工艺

铜合金半圆柱面装饰，施工工艺，如图6-53所示。

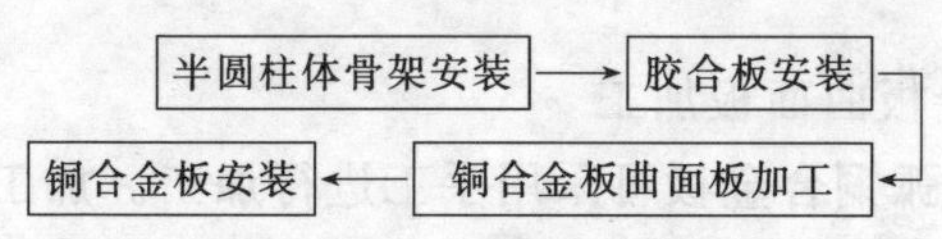

图6-53 铜合金半圆柱安装工艺

（二）安装要点

1. 半圆柱骨架安装

（1）骨架制作

用9～12mm厚的胶合板开出与柱身半径相同的弧形板，再用木方与弧形板组合固定成半圆柱的骨架，如图6-54所示。

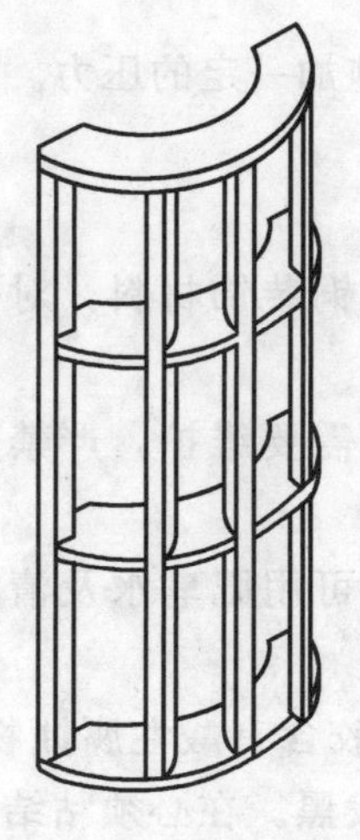

图6-54 半圆柱骨架

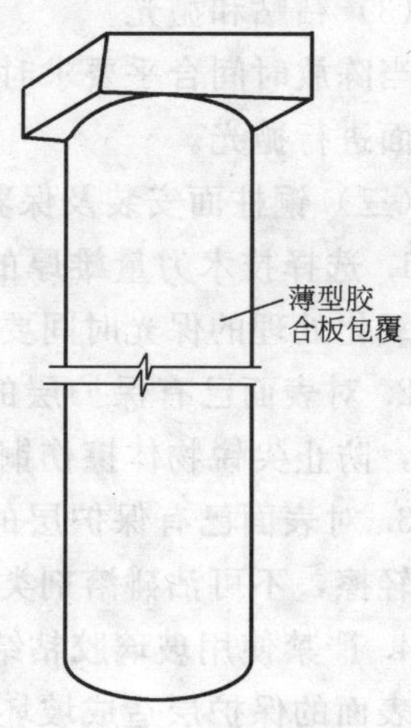

图6-55 胶合板安装

（2）骨架安装

在墙面上放出半圆柱的位置线并标出预埋木砖的位置线，按木砖位置线、预埋木砖，将预制好的骨架钉在木砖上。

2. 胶合板安装

当半圆柱体骨架固定在墙面上后，可以将薄型胶合板用大头钉钉在骨架上。如图 6-55 所示。

当半圆柱的半径较小时（R＝150mm 左右），也可以不用弧形板，而将竖向的木方骨架外边倒成圆角，使外包板直接覆贴在竖向木方骨架上。

3. 铜合金板曲面板加工

加工半圆弧铜合金板可采用手工进行加工。加工前应先做一块半圆弧样板，在两根圆管上，用木锤敲打，用半圆弧样板找圆弧。

4. 铜合金曲面板安装

（1）涂胶

选用的胶粘剂一定是中性胶，分别涂在铜板和胶合板的粘结面上。

（2）陈放

当胶涂完后，根据胶的性能，确定陈放时间。

（3）粘贴和抛光

当陈放时间合乎要求时，即可粘贴，并施加一定的压力。最后对柱面进行抛光。

（三）铜柱面安装及保养应注意问题

1. 选择技术力量雄厚的铜制品厂生产的铜装饰材料，对铜表面防氧化处理的保光时间要长。

2. 对表面已有保护层的铜饰面，一般不需要维护，严禁用力擦洗，防止尖锐物体擦伤铜饰品表面。

3. 对表面已有保护层的铜饰面上的污渍可用肥皂水及清水用软布轻擦，不可沾碰溶剂类与腐蚀性化学品。

4. 严禁使用玻璃胶粘结铜饰品，因玻璃胶含有酸性腐蚀物质，对铜表面的保护层造成坡坏，使铜饰品很快发黑。在必须粘结处可用立时得胶水、密封胶或其他中性胶。

5. 对经常手摸和擦碰的铜饰品，一般在抛光后，不再进行表面处理，平时可用擦铜油进行揩擦维护。具体方法是：先将擦铜油倒少许于毛巾上后，用力在被擦铜饰品上揩擦一遍，再用毛巾将油污擦去，最后用干净软布再擦一次（对表面有保护层的铜饰品不可进行上述揩擦）。

如果铜饰品的质量较好，认真施工并注意保养，那么铜饰品会永葆镜面光亮。

第七章　金属门窗

随着我国建筑业的蓬勃发展，用金属门窗代替木门窗已成定局。由于它质轻，密封性能好，适用于高级宾馆、民用住宅、商店、影剧院等各种建筑的门窗装饰。目前常用的金属门窗有彩色涂层钢板门窗、铝合金门窗及特殊金属门窗。

第一节　彩色涂层钢板门窗

彩色涂层钢板门窗是采用 0.7～1mm 的彩色涂层钢板在液压自轧机上轧制而成，不但可以满足型材复杂断面的需要，且加工精度高。

一、彩色涂层钢板门窗性能、代号及种类

（一）性能

彩色涂层钢板门窗性能，见表 7-1。

（二）代号

彩色涂层钢板门窗性能　　**表 7-1**

性　能	特　点
装饰性能	彩色涂层钢板门窗具有良好的装饰性。其基板经过脱脂化学辊涂预处理后，辊涂环氧底漆与建筑外用聚酯漆，颜色协调醒目。有棕色、海蓝色、乳白色、红色等
机械性能（抗风能力）	推拉(GS)系列 抗风压强度值为 1530Pa，挠度值小于 1/200，达到意大利门窗协会 UNI 7979V_{1a}级 平开(SP)系列 抗风压强度值为 3920Pa，挠度值小于 1/200，达到意大利门窗协会 UNI 7979V_3 级

续表

性　能	特　　点
物理性能	气密性 当 $a \leqslant 0.5m^3/m \cdot h$，按 $Q = m \cdot \Delta P^{2/3}$　$\Delta P = 100Pa$ 时 推拉(GS)系列：达到意大利 UNI 7979 标准 A_3 级 平开(SP)系列：达到意大利 UNI 7979 标准 A_3 级 水密性 ≥300Pa 时，平开(SP)系列达到意大利 UNI 标准的 E_2 级，保持水密数最高压力：400Pa ≥150Pa 时，推拉(GS)系列达到意大利 UNI 标准的 E_2 级，保持水密数最高压力：200Pa
防腐性能	各种彩色涂层钢板盐雾试验 480h 不起泡，无锈蚀。防腐性能优于其他各种金属门窗，不需任何特殊保养，解决了钢质金属门窗的防腐问题
隔声保温性能	工艺技术结构合理，框扇搭接量大于空腹实腹钢窗。该门窗框与扇，框扇与玻璃之间有特制的胶条为介质的软接触层，除保证门窗优良的气密性、水密性之外，还增加其隔声保温性能，使室内环境舒适安静。配装中空玻璃后，其隔声保温效果更佳，起到节约能源的作用

彩色涂层钢板门窗类型代号，见表 7-2。

彩色涂层钢板门窗类型代号表　　表 7-2

类别	类　型	代号	类别	类　型	代号
门	平开门	SPM	窗	附纱平开窗	SPB
	双面弹簧门	SPY		中悬窗	SPZ
	附纱推拉门	SGMT		立转窗	SPL
	带遮阳防护卷帘门	SCM		下悬窗	SPX
窗	固定窗	SPG		上悬窗	SPS
	平开窗	SPP		附纱推拉窗	SGCT
				带遮阳防护卷帘窗	SCC

（三）种类

彩色涂层钢板门窗种类，见表 7-3。

彩色涂层钢板门窗种类　　表 7-3

类型	固定窗	平开窗	附纱平开窗	平开门
图例				
类型	中悬窗	立转窗	下悬窗	上悬窗
图例	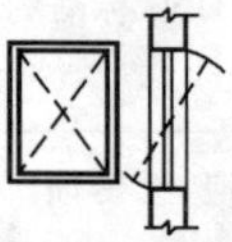		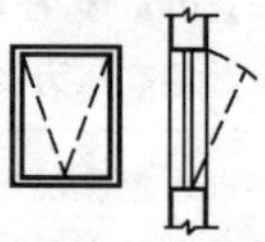	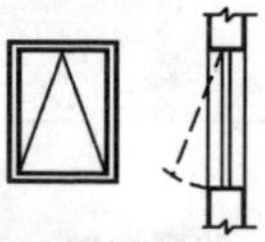
类型	附纱推拉窗	附纱推拉门	弹簧门	
图例		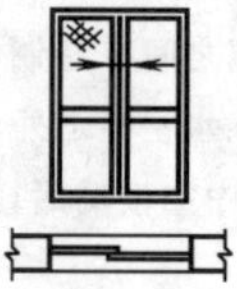	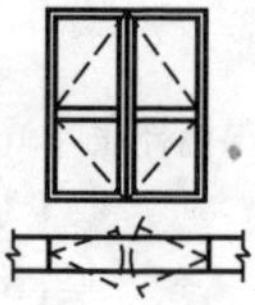	

二、彩色涂层钢板门窗安装

（一）施工准备

1. 结构验收

（1）按设计要求，对门窗洞口进行质量验收，并检查预埋件位置是否符合设计要求。

（2）室内外墙粉刷应基本完毕。

2. 材料准备

（1）门窗规格是否符合设计要求，检查门窗框梃有无变形，玻璃及零配件是否损坏。

（2）材料。自攻螺钉、膨胀螺栓、连接件、焊条、密封膏、密封胶条（或塑料垫片）、对拔木楔、硬木条（或玻璃条）、抹布、小五金等。

3. 工具

(1) 手工工具。螺丝刀、线锤、灰线包、拔手、手锤、钢卷尺、塞尺、角尺、水平尺、括刀、扁铲等。

(2) 电动工具。冲击电钻、电锤、射钉枪等。

(二) 安装方法

彩色涂层钢板门窗按其构造形式不同，有两种安装方法：

1. 带副框彩色涂层钢板门窗安装；

2. 不带副框彩色涂层钢板门窗安装。

(三) 带副框门窗安装要点

1. 组装好副框，并将连接件用 5×12mm 自攻螺钉固定在副框上。

2. 将副框装入洞口安装线上，用对拔木楔初步固定。

3. 校对副框正、侧面垂直度和对角线合格后，对拔楔应固定牢靠。

4. 将副框的连接件逐件用电焊焊接在预埋件上。

5. 将副框三面贴上保护胶条，副框底应嵌入硬木条或玻璃。处理洞口，修整墙面，进行室内外装修，待洞口水泥砂浆凝固，室内外装修完毕，再将门窗与副框用螺钉连接。

6. 洞口与副框、副框与窗框的安装缝隙处，用密胶密封，最后剥去门窗保护条、擦净窗框与玻璃。

7. 装饰装修后的地面、窗台应与副框下部端面平齐。

8. 安装推拉窗时，还应调整好滑块，副框与外框、外框与门窗之间的缝隙应填充密封膏。

图 7-1 和图 7-2 分别为带副框的平开窗和推拉窗的安装节点。

(四) 不带副框的门窗安装要点

1. 室内、外及洞口应粉刷完毕，洞口粉刷后的成型尺寸应略大于门窗外框尺寸，其间隙宽度方向 3～5mm，高度方向5～8mm。

2. 按设计图的规定在洞口内弹好门窗安装线，确定门窗位置。

3. 按门窗外框上膨胀螺栓的位置，在洞口相应位置的墙体上，用电锤打 ϕ8mm 的金属膨胀螺栓孔。

4. 将门窗装入洞口安装线上，调整门窗的垂直度、水平度和

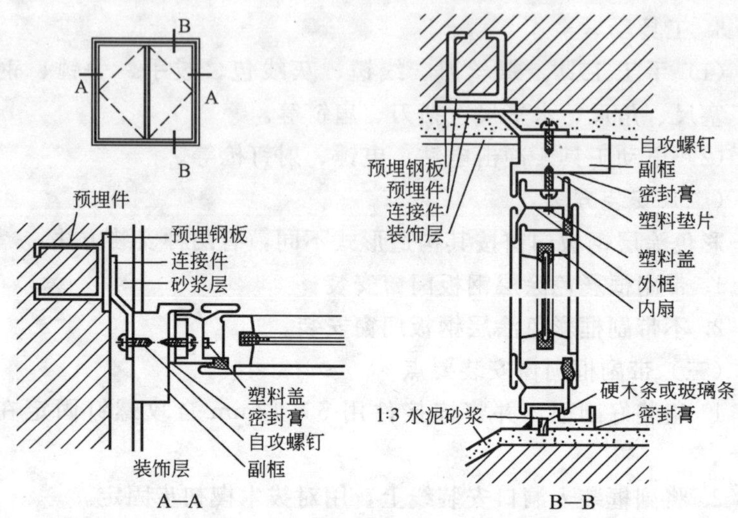

图 7-1　带副框平开窗安装节点

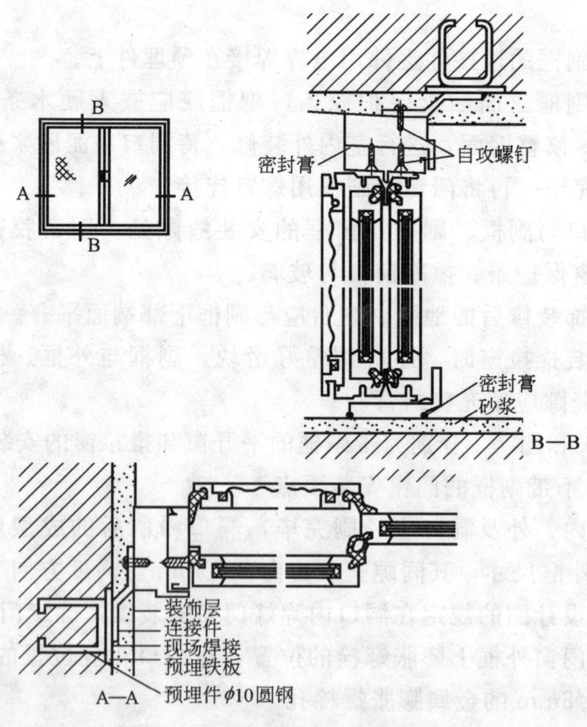

图 7-2　带副框推拉窗安装节点

对角线合格后，以木楔固定，门窗与洞口用膨胀螺栓连接，盖上螺钉盖，门窗与洞口之间的缝隙用建筑密封膏密封。

5. 竣口后剥去门窗上的保护胶条，擦净玻璃及框扇。密封胶粘结面应清洁、干燥。

6. 亦可采用“先安装外框后做粉刷”的工艺，其做法：门窗外框先用螺钉固定好铁件，放入洞口内调整水平度、垂直度和对角线，合格后以木楔固定，用射钉将外框连接件与洞口墙体连接，框料及玻璃覆盖塑料薄膜保护。然后进行室内外装修，干燥后，清理门窗构件装入内扇。图 7-3 和图 7-4 为不带副框的平开窗和推拉窗安装节点。

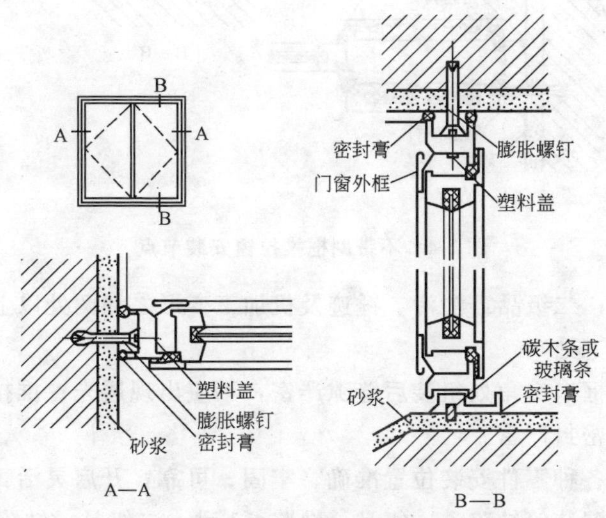

图 7-3　不带副框平开窗安装节点

三、彩色涂层钢板门窗质量要求及检验标准

（一）制作质量要求及允许偏差

1. 加工技术要求

(1) 门窗漆层表面不得有脱漆裂漆、碰伤、压伤、划伤缺陷。一级品：缺陷≤2 处；二级品：2 处≤缺陷≤4 处。

(2) 框扇四角组装牢固，无松动，表面无密封膏、油污、锤迹、破裂及机加工变形。一级品：油污、锤迹及机加工变形之和不

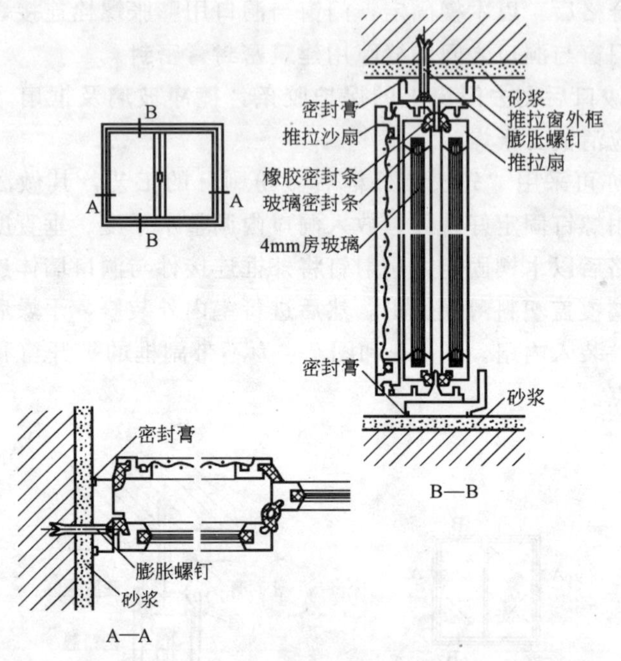

图 7-4　不带副框推拉窗安装节点

大于两处；二级品：油污、锤迹及机加工变形之和两处以上，三处以下（含三处）。

（3）框扇交角处组装后缝隙严密，不应出现透光；推拉门窗组角处缝隙密封严密。

（4）各种零件安装位置准确、牢固、可靠，开启灵活，不得存在错装、漏装等缺陷。一级品：缺陷≤1 种；二级品：缺陷≤2 种。

2. 装配允许偏差

彩色涂层钢板门窗加工装配允许偏差，见表 7-4。

门窗框尺寸偏差　　　　表 7-4

项目	尺寸 \ 等级	一级品	二级品
宽度 B	B≤1500	≤2	≤3
	B>1500	≤3	≤4

续表

项目 \ 尺寸 \ 等级		一级品	二级品
高度 H	$H \leqslant 1500$	$\leqslant 2$	$\leqslant 3$
	$H > 1500$	$\leqslant 3$	$\leqslant 4$
对角线尺寸差 L	$L \leqslant 2000$	$\leqslant 2$	$\leqslant 3$
	$L > 2000$	$\leqslant 3$	$\leqslant 4$
平开门窗搭接量	框与扇、扇与扇 11.5	±1.0	±1.5
推拉门窗搭接量	框与扇 11.0，扇与扇 3.0	±1.0	±1.5

（二）彩色涂层钢板门窗安装质量要求及检验方法

1. 安装质量要求及检验方法

彩色涂层钢板门窗安装质量要求及检验方法，见表 7-5。

涂色镀锌钢板门窗安装质量要求和检验方法　　表 7-5

项次	项目	质量等级	质量要求	检验方法
1	平开门窗扇	合格	关闭严密，间隙基本均匀，开关灵活	观察和开闭检查
		优良	关闭严密，间隙均匀，开关灵活	
2	推拉门窗扇	合格	关闭严密，间隙基本均匀，扇与框搭接量不小于设计要求的 80%	观察和用深度尺检查
		优良	关闭严密，间隙均匀，扇与框搭接量符合设计要求	
3	弹簧门扇	合格	自动定位准确，开启角度为 90°±3°，关闭时间在 6～15s 范围之内	用秒表、角度尺检查
		优良	自动定位准确，开启角度为 90°±1.5°，关闭时间在 6～10s 范围之内	
4	门窗附件安装	合格	附件齐全，安装牢固，灵活适用，达到各自的功能	观察、手扳和尺量检查
		优良	附件齐全，安装位置正确，牢固，灵活适用，达到各自的功能，端正美观	

续表

项次	项目	质量等级	质量要求	检验方法
5	副框或门窗框与墙体间缝隙填嵌质量	合格	填嵌基本饱满密实，表面平整，填塞材料、方法基本符合设计要求	观察检查
		优良	填嵌饱满密实，表面平整、光滑、无裂缝，填塞材料、方法符合设计要求	
6	门窗外观质量	合格	表面洁净，无明显划痕、碰伤，基本无锈蚀，涂漆表面基本光滑、无气孔	观察检查
		优良	表面洁净，无划痕、碰伤，无锈蚀，涂漆表面光滑、平整，厚度均匀，无气孔	
7	密封质量	合格	关闭后各配合处无明显缝隙，不透气、透光	
		优良	关闭后各配合处无缝隙，不透气、透光	

2. 安装质量的允许偏差

彩色涂层钢板门窗安装质量的允许偏差，见表 7-6。

涂色镀锌钢板门窗安装质量的允许偏差　　表 7-6

项次	项目		允许偏差/mm	检验方法
1	门窗槽口宽度高度	≤1500mm	±2	用 3m 钢卷尺检查
		>1500mm	±3	
2	门窗槽口对角线尺寸之差	≤2000mm	≤4	用 3m 钢卷尺检查
		>2000mm	≤5	
3	门窗框（含拼樘料）的垂直度	≤2000mm	≤2	用线坠、水平靠尺检查
		>2000mm	≤3	
4	门窗框（含拼樘料）的水平度	≤2000mm	≤2	用水平靠尺检查
		>2000mm	≤3	
5	门窗横框标高		≤5	用钢板尺检查
6	门窗竖向偏离中心		≤5	用线坠、钢板尺检查
7	双层门窗内外框（含拼樘料）中心距		≤4	用钢板尺检查

第二节　铝合金门窗

一、铝合金门窗特点、类型与构造

在现代建筑装饰工程中，铝合金门窗作为建筑物的重要装饰构件已被大量采用。

（一）铝合金门窗特点

1. 轻质、高强

由于铝合金门窗框的断面是空腹薄壁组合断面，这种断面利于使用并因空腹而减轻了铝合金型材重量。铝合金门窗较钢门窗轻50%左右。在断面尺寸较大，且重量较轻的情况下，其截面却有较高的抗弯刚度。

2. 密闭性能好

密闭性能是门窗的重要性能之一，铝合金门窗较之普通木门窗和钢门窗，其气密性、水密性和隔音性能均佳。铝合金窗本身，其推拉窗比平开窗的密闭性稍差，故此推拉窗在构造上加设了尼龙毛条，以增强其密闭性能。

3. 使用中变形小

一是因为型材本身的刚度好，二是由于其制作过程中采用冷连接。横竖杆件之间及五金配件的安装，均是采用螺丝、螺栓或铝钉、铝角或其他类型的连接件，使框扇杆件连成一体。这种冷连接同钢门窗的电焊连接相比，可以避免在焊接过程中因受热不均而产生的变形现象，从而确保制作精度。

4. 耐腐蚀性较好、维修方便

由于铝型材表面镀有保护膜、安装后不需要涂漆、长期使用不褪色、不脱落，表面也不需维修，其耐腐蚀性要比钢木门窗高。同时，由于铝型材重量较轻，加工装配精密、准确，因而开启灵活无噪音。注意，如果铝合金门窗在使用过程中，长期与铁、铁锈等接触，就会产生电位差腐蚀，而且腐蚀速度较快，这样会大大缩短铝合金门窗的使用寿命。

5. 造型、色彩美观

一是造型美观。由于铝合金门窗分格尺寸较大，使建筑物立面效果简洁明了并增加了虚实对比，富有层次感。二是色调美观，铝合金门窗框料经过氧化着色处理，可具银白色、古铜色、暗红色、黑色等色调或带色的花纹，外观华丽雅致而色泽牢固，无需再涂漆和进行表面维修。

6. 便于工业化生产

铝合金门窗框料型材加工，配套零件及密封件的制作与门窗装配试验等，均可在工厂内进行大批量工业化生产，有利于实现门窗设计标准化，产品系列化及零件通用化。

7. 安装速度快、质量高

由于铝合金门窗是成品安装，工作量小，安装速度快，易保证质量。特别是对于高层建筑、高档次的装饰工程，如果从装饰效果、空调运行及年久维修等方面综合权衡，铝合金门窗的使用价值是优于其他种类的门窗。

（二）铝合金门窗类型

铝合金门窗分类有两种：一是按其结构与开闭方式分；二是按所用型材分。

1. 按其结构与开闭方式分

按其结构与开闭方式分：推拉窗（门）、平开窗（门）、回转窗（门）、固定窗、悬挂窗、百叶窗、纱窗等。推拉窗系指窗扇可沿左右方向推拉启闭的窗；平开窗是窗扇绕合页旋转启闭的窗；固定窗是固定不开启的窗；百页窗则是用铝合金页片组成的，用于通风或遮阳的窗子。

2. 按所用型材分

按所用型材分，也就是按铝合金门窗所用的框料截面宽度进行分类。

铝合金窗的种类有：38 系列至 60 系列平开窗；55 系列、60 系列、70 系列、90 系列推拉窗；各系列固定窗；各系列旋转窗。

铝合金门的种类有：铝合金 90 系列、100 系列地弹簧门；铝合金 100 系列自动门；铝合金 42～90 系列折叠门等。

3. 铝合金门窗代号

铝合金门窗代号，见表 7-7。

铝合金门窗代号 **表 7-7**

类　型	代号	类　型	代号
平开铝合金门	PLM	固定铝合金窗	GLC
推拉铝合金门	TLM	平开铝合金窗	PLC
地弹簧铝合金门	DHLM	上悬铝合金窗	SLC
固定铝合金门	GLM	中悬铝合金窗	CLC
折叠铝合金门	ZLM	下悬铝合金窗	XLC
平开自动铝合金门	PDLM	保温平开铝合金窗	BPLC
推拉自动铝合金门	TDLM	立转铝合金窗	LLC
圆弧自动铝合金门	YDLM	推拉铝合金窗	TLC
卷帘铝合金门	JLM	固定铝合金天窗	GLTC
旋转铝合金门	XLM		

（三）铝合金门窗构造

铝合金门窗的种类繁多，在这里以双扇推拉窗为例介绍其构造。

图 7-5 为铝合金双扇推拉窗构造图。它是由固定件和活动件两部分组成：上框 1、下框 2、外框 3、4 四根外框为固定部分与墙体连接。上内框 5、下内框 6、侧面框 7、中框 8 及 16 分别组成两个活动窗扇，经滚轮 9 在下外框轨道上滑动使窗扇开闭，14 为开闭锁。

活动窗扇内用橡皮压条 12 安装平板玻璃 13（厚度 3～6.8mm)。窗扇四周都有尼龙密封条 10、15 与固定框保持密封，并使金属框料之间不直接接触。尼龙圆头钉 11 用窗扇导向，塑料垫块 18 使窗在闭合时定位。

窗框料之间连接采用直角榫头接合，上下内框与两侧内框的连接，是将两侧内框的上下两端铣出榫槽（槽长分别等于上下内框的高度)，然后把上下内框两端分别插入两侧框的榫槽中（型材断面在设计时已使上下内框 5 及 6 的厚度等于两侧内框 7 的内腔宽度)，并用合成树脂胶作黏结剂临时固定，然后在接合榫内腔放入“L”

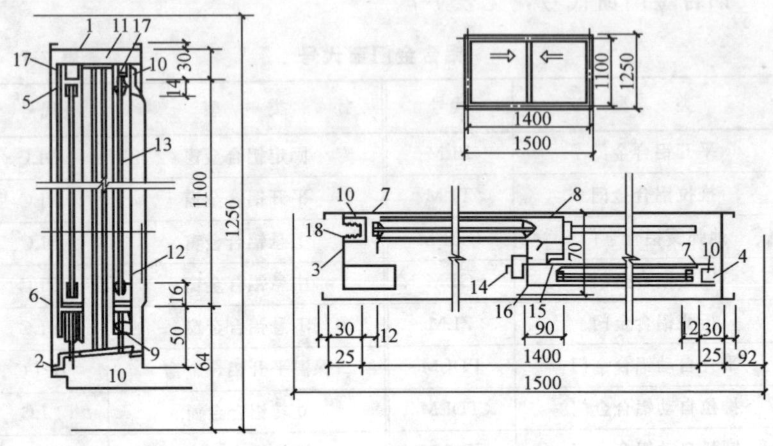

图 7-5　双扇推拉窗的结构

1—上框；2—下框；3，4—外框；5—上内框；6—下内框；7—侧面框；8，16—中框；9—滚轮；10，15—尼龙密封条；11—尼龙圆头钉；12—橡胶压条；13—平板玻璃；14—开闭锁；17—特殊钉孔；18—塑料垫块

形铝合金角板作连接件，并用不锈钢螺钉固定。铝材在挤压时制出特殊钉孔 17，不锈钢螺钉旋入钉孔后直接在孔中挤出螺纹，便于加工和装配。

其他铝合金门窗的结构也都大同小异，都是由窗框和窗扇组成。铝合金门窗安装的附属结构还有连接件，通常由镀锌钢板制成，其一端与门窗框连接，另一端与墙体连接。有的门窗孔洞的墙体上还设有预埋件。施工时，将门窗的连接件与预埋件焊接在一起固定门窗。

二、铝合金门窗制作

（一）加工准备

1. 材料准备

铝合金窗分为推拉窗和平开窗两类，所使用的铝合金型材规格完全不同，所采用的五金配件也不完全相同。

（1）推拉窗的主要组成材料准备

窗框部分有：上滑道、下滑道和两侧的边封三种，这三种均为铝合金型材。

窗扇部分有：上横、下横、边框和带钩边框四种，均为铝合金型材，以及密封边的两种毛条。

推拉窗五金件主要有：装于窗扇下横之中的导轨滚轮，装于窗扇边框的窗扇钩锁。

窗框及窗扇的连接件有：厚 2mm 的铝角型材，以及 M4mm×15mm 的自攻螺钉。

窗扇与玻璃的固定材料有塔形橡胶封条和玻璃胶两种。

(2) 平开窗的主要组成材料准备

窗框部分有：用于窗框四周的框边型材，用于窗框中间的工字型窗料型材。

窗扇部分有：窗扇框料、玻璃压条、以及密封玻璃用的橡胶压条。

平开窗五金件主要有：窗扇拉手、风撑和窗扇扣紧件。

窗框及窗扇的连接件有：厚 2mm 左右的铝角型材，以及 M4mm×15mm 的自攻螺钉。

(3) 玻璃。根据设计要求，进行选用。

2. 加工条件检查

在装饰工程中，一般采用现场进行铝合金窗制作安装，因此，要查验复核窗的尺寸、铝合金型材的规格和数量及五金附件的规格与数量。

(1) 检查、复核窗的尺寸与样式。根据施工现场对照施工图，检查窗洞口的尺寸与设计是否相符，与其他工程有无妨碍，若有问题应及时解决。

(2) 检查铝合金型材的规格尺寸。检查进场的铝合金型材形状尺寸、壁厚尺寸是否符合铝合金窗制作的要求。

(3) 检查五金件及其他附件的规格。铝合金窗五金件分推拉窗和平开窗两大类，每类有几个系列，所以在制作前要检查一下五金件与所制作品种。

3. 施工工具准备

常用电动工具为铝合金切割机、手电钻、电锤、电动螺丝刀、射钉枪、电动扳手、小型台钻等。

常用手工工具为 $\phi 8$ 圆锉刀、R_{20} 半圆锉刀、十字螺丝刀、划针、铁脚圆规、钢尺、铁角尺、拉铆枪、铆螺母枪、助推器等。

（二）推拉窗的制作

推拉窗有带上亮及不带上亮之分，在用料规格上有 55、70、90 三种系列，90 系列是最常用的一种，图 7-6 是 90 系列铝合金窗带上亮的双扇推拉窗装配图，下面以该装配图为例介绍推拉窗的制作方法。图中 A_1 为窗洞高，B_1 为窗洞宽，B_2 为窗框宽。

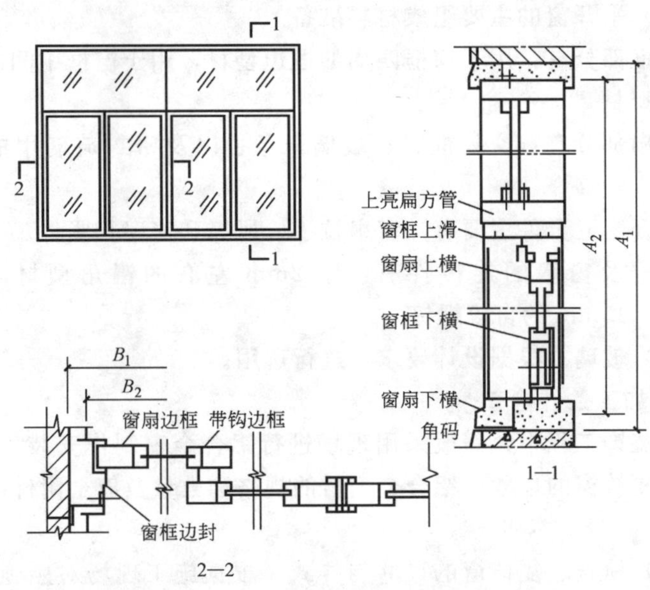

图 7-6　90 系列双扇推拉窗装配图

1. 推拉窗的制作

推拉窗制作工艺：

断料──→钻孔──→组装──→保护。

（1）断料。断料亦称下料，是铝合金窗制作的第一道工序也是重要关键的工序。断料主要使用切割设备，切割的精确度要保证，否则组装的方正将受到影响。所以断料尺寸必须准确，其偏差值应控制在 2mm 范围内。

断料时，切割机的刀口位置应划在线以外，并留出划线痕迹。

1）上亮部分的断料：窗的上亮通常是用 25.4mm×90mm 的

扁方管做成“口”字形。“口”字形的上下两条扁方管长度为窗框宽度，“口”字形两边的竖扁方管长度为上亮高度减去两个扁方的厚度。

2）窗框的断料：窗框的断料是切割两条边封铝合金型材，上、下滑道铝合金型材各一条，两条边封的长度等于全窗高减上亮部分的高度。上、下滑道的长度等于窗框宽度减去两个边封铝合金型材的厚度。

3）窗扇的断料：因为窗扇在装配后既要在上、下滑道内滑动，又要进入边封的槽内，通过挂钩把窗扇销住，窗扇销定时，两窗扇的带钩边框与钩边刚好相碰，但又要能封口，所以窗扇断料要十分小心，使窗扇与窗框配合恰当。

窗扇的边框和带钩边框为同一长度，其长度为窗框边封的长度再减 45～50mm。

窗扇的上、下横为同一长度，其长度为窗框宽度的一半再加 5～8mm。

(2) 钻孔。窗的组装采用螺丝连接，所以，不论是横竖杆件的组装、还是配件的固定，均需要钻孔。

型材钻孔，可以用小型台钻或手枪式电钻。前者有工作台，利用模具，从而保证钻孔的精确度；而后者操作灵活，携带方便。

至于安装拉锁、执手、圆锁的较大孔洞，在工厂多用插床；在现场往往是先钻孔，然后再用手锯切割，最后再用锉刀修平。

钻孔的位置要准确，不可在型材表面反复更改钻孔。因为孔一旦形成，难于修复，所以钻孔前要先在工作台上划好线。

(3) 组装

1）上亮部分的组装。上亮部分的扁方管型材，通常采用铝角码和自攻螺钉进行连接，如图 7-7 所示。铝角码多采用厚 2mm 左右的直角铝角条，角码的长度最好能同扁方管内宽相符，以免发生接口松动现象。

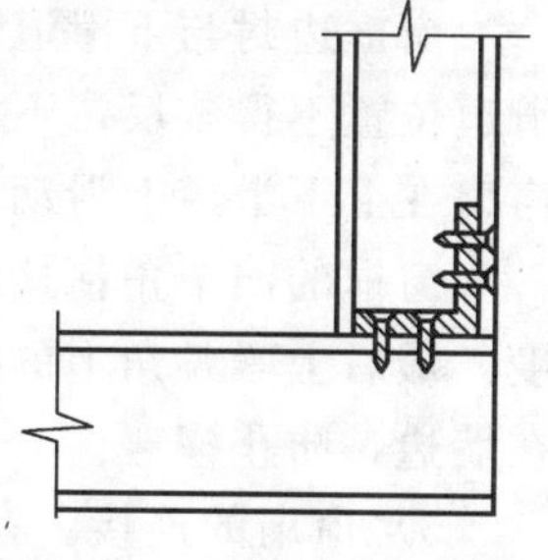

图 7-7　上亮扁方管连接

上亮的铝合金型材在四个角位处衔接

固定后，再用截面尺寸为 12mm×12mm 的铝合金槽作固定玻璃的压条。安装压条前，先在扁方管的宽度上画出中心线，再按上亮内侧长度割切四条铝合金槽条。按上亮的侧高度减去两条铝合金槽截面高的尺寸，切割四条铝合金槽条。安装压条时，先用自攻螺钉把铝合金槽紧固在中线外侧，然后再留出大于玻璃厚度 0.5mm 的距离，安装内侧铝合金槽，但自攻螺钉不需上紧等最后装上玻璃时再固紧。

2）窗框的连接。窗框边封上部钻完孔后，用专用的碰胶垫，放在边封的槽口内，再将 M4mm×35mm 的自攻螺钉，穿过边封上钉出的孔和碰口胶垫上的孔，旋进上滑道上面的固紧槽孔内，如图 7-8 所示。在旋紧螺钉的同时，要注意上滑道与边封对齐，各槽对正，最后再上紧螺钉，然后在边封内装毛条。

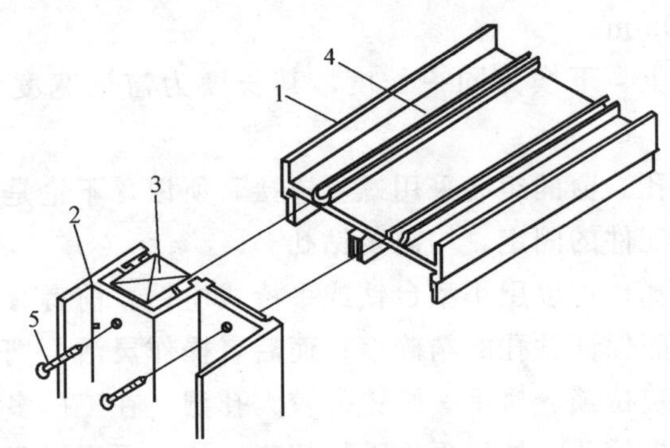

图 7-8 窗框上滑部分的连接组装

1—上滑道；2—封边；3—碰口胶垫；4—上滑道的固紧槽；5—自攻螺钉

窗框边封与下滑道连接，如图 7-9 所示。连接时，注意固定下滑道位置不得装反，下滑道的滑轨面一定要与上滑道相对应才能使窗扇在上下滑道上滑动。

窗框的四个角衔接起来后，用直尺测量并校正一下窗框的直角度，最后上紧各角上的衔接自攻螺钉。将校正并紧固好的窗框立放在墙边，防止撞碰。

3）窗扇的连接。在连接拼装窗扇前，要先在窗扇的边框和带钩边框上下两端处进行切口处理，以便将上下横插入其切口内进行

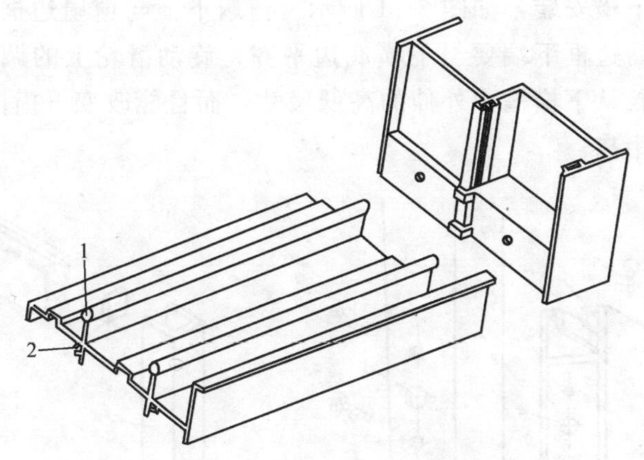

图 7-9　窗框下滑部分的连接组装

1—下滑道的轨道；2—下滑道的固紧槽

固定。上端开切 51mm 长，下端开切 76.5mm 长，如图 7-10 所示。

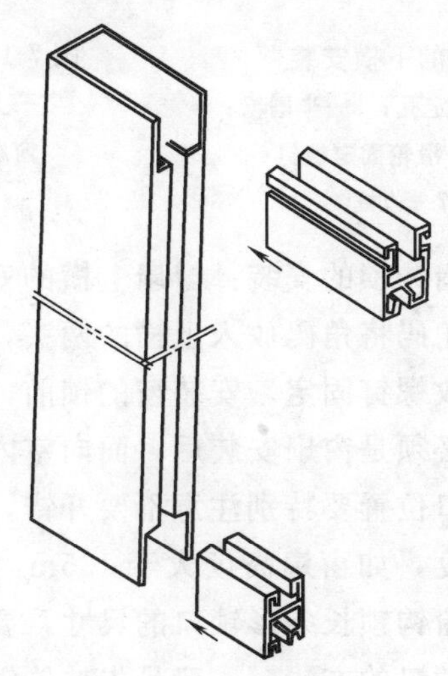

图 7-10　窗扇的连接

底槽安装滑轮：把铝窗滑轮放进下横一端的底槽中，使滑轮框上有调节螺钉的一面向外，该面与下横端头边平齐，在下横底槽板上划线定位，再按划线位置在下横槽板上打 $\phi 4.5$mm 的孔两个，然后用滑轮配套螺钉，将滑轮固定在下横内。

窗扇下横安装，如图 7-11 所示。窗扇下横与窗扇边框连接时，要求固定后边框下端要与下横底边平齐；旋动滑轮上的调节螺钉，能改变滑轮从下横槽中外伸的高低尺寸，而且能改变下横内两个滑轮之间的距离。

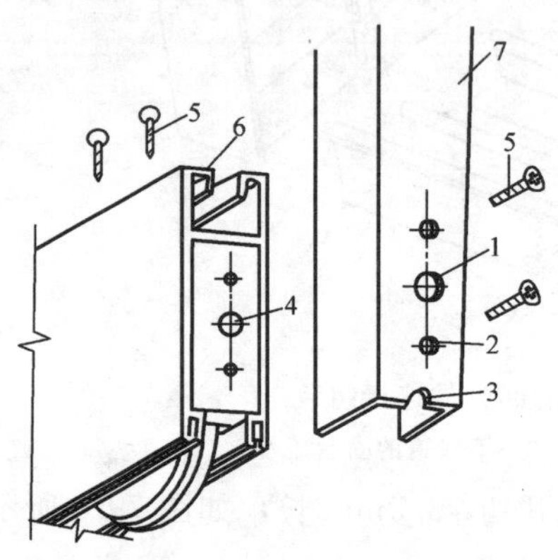

图 7-11 窗扇的下横安装

1—调节滑轮；2—固定孔；3—半圆槽；4—调节螺丝；5—滑轮固定螺钉；6—下横；7—边框

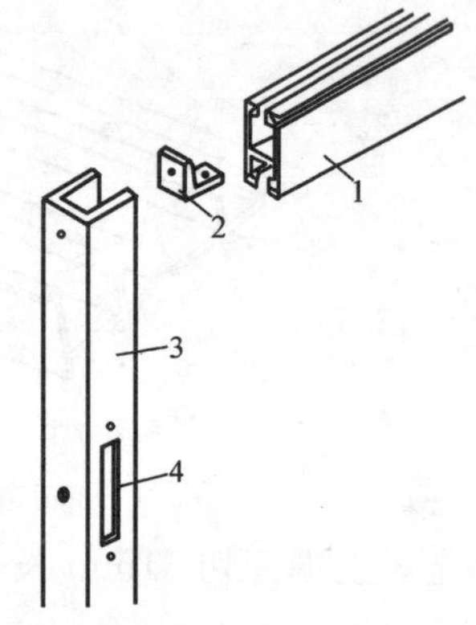

图 7-12 窗扇上横的安装

1—上横；2—角码；3—窗扇边框；4—铁锁洞

窗扇上横及窗扇钩锁的安装：窗扇上横的安装如图 7-12 所示。安装时截取二个铝角码将角码放入上横的两头，使之一个面与上横端头面平齐、用自攻螺钉固定。安装窗的锁前，先要在窗边框上开锁口，开口的一面必须是窗扇安装后，面向室内的面。而且窗扇有左右之分，所以开口位置要特别注意不要开错，窗钩锁通常是装于窗扇边框的中间高度，如窗扇高度大于 1.5m，装窗钩锁的位置也可适当降低些。开窗钩锁长条形锁口的尺寸，要根据钩锁可装入边框的尺寸来定。开锁口的方法，一般是先按钩锁可装入部分的尺寸来定。在边框上划线，用手电钻在划线框内的角位打孔，或在划线框内沿线打孔，再将多余的部分取下，用平锉修平即可，然后在边框侧面再挖一个直径为 ϕ25mm 左右锁钩插入孔，孔的位置对正锁内钩之处，最后将锁身放入长形口内。

安装密封毛条：窗扇上的密封毛条有两种，一种是长毛条，一种是短毛条。长毛条装于上横顶边的槽内，以及下横底边的槽内，而短毛条是装于带钩边框的钩部槽内。两种毛条安装位置如图 7-13 所示。

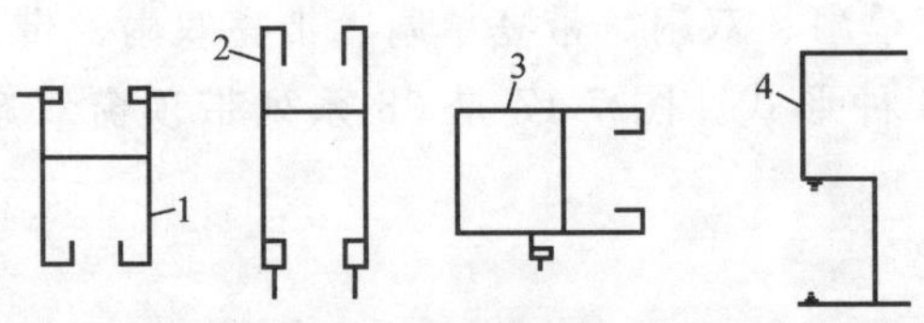

图 7-13 密封毛条安装位置

1—上横；2—下横；3—带钩边框；4—窗框边封

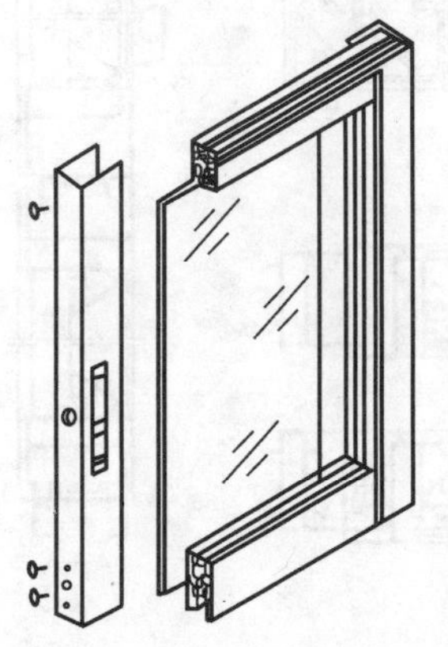

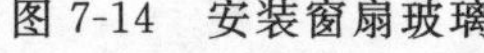
图 7-14 安装窗扇玻璃

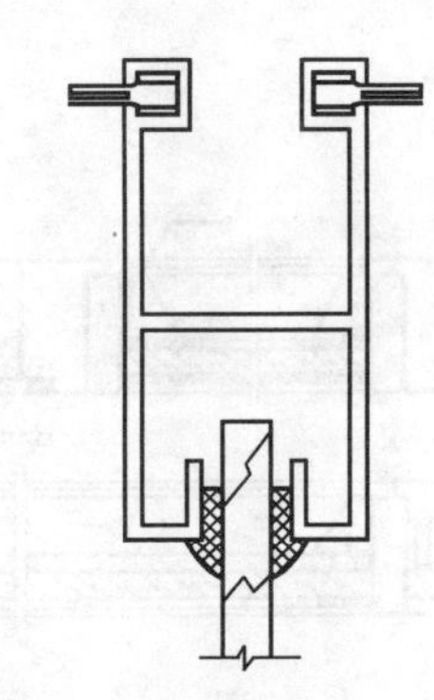

图 7-15 玻璃与窗扇槽的密封

安装窗扇玻璃时，要先检查玻璃尺寸。通常玻璃尺寸长宽方向均比窗扇内侧长宽尺寸大 25mm。然后从窗扇一侧将玻璃装入窗扇内侧的槽，并紧固连接好边框。安装方法见图 7-14 所示。

最后在玻璃与窗扇槽之间用橡胶条或玻璃胶密封，如图 7-15 所示。

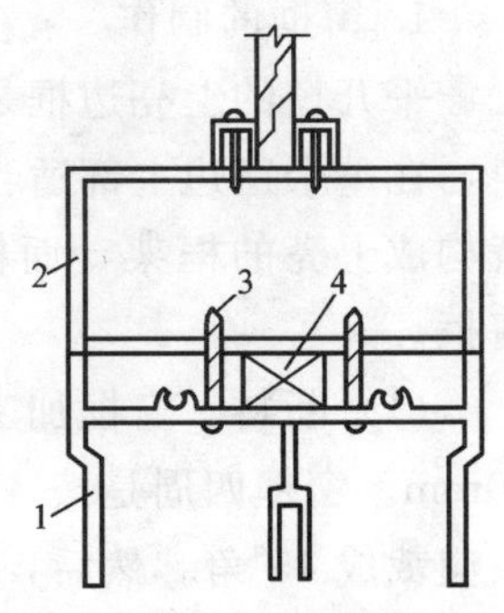

图 7-16 上亮与窗框的连接

1—上滑；2—上亮框扁方管；3—自攻螺钉；4—木垫块

4）上亮与窗框的组装。先切两小块 12mm 厚木板，将其放在窗框上滑的顶面；再将口字形上亮框放在上滑的顶面，并将两者前后、左右的边对正；然后从上滑下面向上打孔，把两者一并钻通，用自攻螺钉将上滑与上亮框扁方管连接起来，如图 7-16 所示。

（三）平开窗的制作

平开窗有单扇、双扇、带亮单扇、带亮双扇、带顶窗单扇、带顶窗双扇等 6 种形式。图 7-17 是 38 系列带顶窗双扇平开窗的装配图。

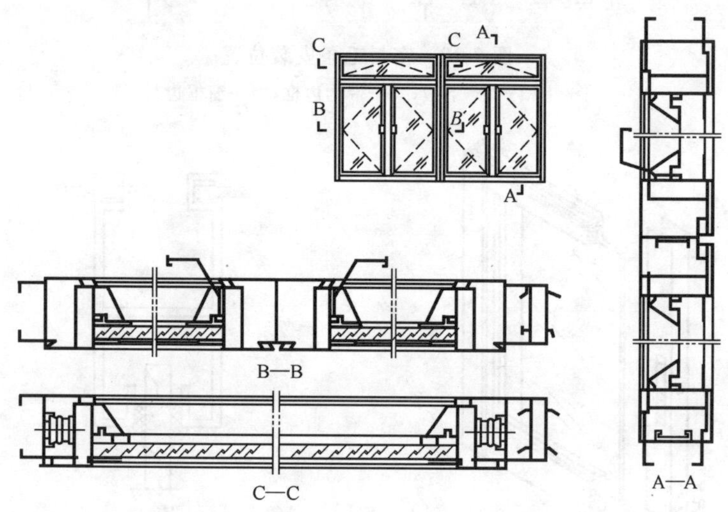

图 7-17　38 系列带顶窗双扇平开窗的安装图

1. 窗框的制作

平开窗的上亮边框是直接取之于窗边框，故上亮边框为同一框料，在整个窗边上部适当的位置（1m 左右），横加一条窗工字料，就构成上亮的框架，而横窗工字料以下部位，就构成了平开窗的窗框。

(1) 断料。窗框加工的尺寸应比已留好的砖墙窗洞略小 20～30mm。窗框四周是按 45°角对接方式，故在裁切时四条框料的端头应裁成 45°角。然后，再按窗框尺寸，将横向窗工料裁下来，竖窗工字料的尺寸，应按窗扇高度加上 20mm 左右榫头尺寸截取。

(2) 钻孔、做榫眼。因平开窗是用螺丝和榫连接，因此，组装前应划线钻孔和做榫眼。

（3）窗框组装。窗框对角处采用45°角拼接，用自攻螺丝固定。横窗工字料与竖窗工字料之间的连接，采用榫接法连接，如图7-18所示。

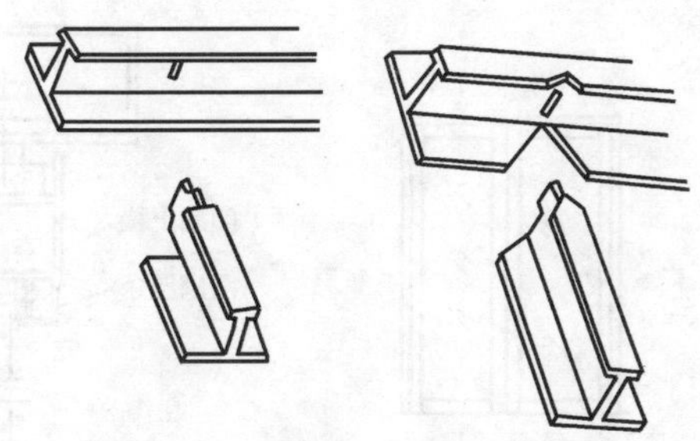

图7-18　横竖窗工字料的连接

在窗框料上所有榫头、榫眼加工完毕后，先将窗框料上的密封胶条上好，再进行窗框的组装连接，最后在各对口处上玻璃封口。

2. 平开窗扇的制作

（1）断料。断料前，先在型材上划线。窗扇横向框料尺寸，要按窗框中心竖向工字型料中间，至窗框的边框料外边的宽度尺寸来切割。窗扇竖向框料要按窗框上部横向工字型料中间，至窗框边框料外边的高度尺寸来切割，使得窗扇组装后，其侧边的密封条能压在窗框架的外边。

横、竖窗扇料裁切下来后，还要将两端再切成45°角的斜口并用细锉修正飞边和毛刺。连接铝角是用比窗框铝角小一些的窗扁铝角。

窗压线条按窗扇框尺寸裁割，端头也是切成45°角，并修整好切口。

（2）连接。窗扇连接主要是将窗扇框料连接成一个整体，连接前需将密封胶条植入槽内。

3. 组装

组装的内容有：上亮安装、窗扇安装、装窗扇拉手及玻璃、装执手和风撑。

（四）铝合金门的制作

铝合金门由门框、门扇、闭门器等所组成，常用的闭门器有座地式地弹簧及顶闭门器两种，门框料多选用 76mm × 44mm、100mm×44mm 的扁方管铝合金型材，门扇料多选用 46 系列铝合金门型材。图 7-19 是 46 系列地弹簧门的装配图。

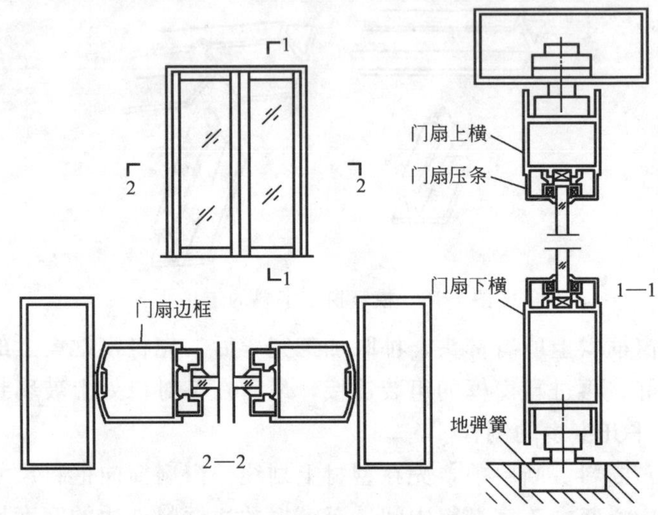

图 7-19　46 系列铝合金门装配图

1. 门扇制作

(1) 选料下料。目前各厂生产的铝合金规格不统一，选料时要考虑表面色彩、料型、壁厚等因素，以保证足够的刚度、强度和装饰性。每一种铝合金型材都有其特点和使用部位，如推拉、平开、自动门所采用的型材规格各不相同。确认了材料及其使用部位后，要按设计尺寸进行下料。在一般建筑工程中，铝合金门无详图设计，仅给出门、洞口尺寸和门扇划分尺寸。门扇下料时，要在门洞口尺寸中减掉安装缝、门框尺寸，其余按扇数均分调整大小。要先计算，画简图，然后再按图下料。下料原则是：竖挺通长满门扇高度尺寸，横档截断，即按门扇宽度减去两个竖挺宽度。切割时要将切割机安装合金锯片，严格按下料尺寸切割。

(2) 门扇组装

1) 竖挺钻孔：在竖挺上拟安装横档部位用手电钻钻孔，用钢筋螺栓连接钻孔在安装部位中间，孔径大于钢筋直径。角铝连接部位靠上或靠下，视角铝规格而定。角铝规格可用 22mm×22mm，钻孔可在上下 10mm 处，钻孔直径小于自攻螺栓。两边挺的钻孔部位应一致，否则将使横档不平。

2）门扇节点固定：上下横档（上下冒头）一般用套螺纹的钢筋固定，中横档（冒头）用角铝自攻螺栓固定。先将角铝用自攻螺栓连接在两边挺上，上下冒头中穿入套扣钢筋；套扣钢筋从钻孔中伸入边挺，中横档套在角铝上。用半步扳手将上下冒头用螺母拧紧，中横档再用手电钻上下钻孔，自攻螺栓挤紧。

3）门扇转动配件的安装：门扇转动配件有装于上横料内的转动销孔组件和装于下横料内的地弹簧连杆。安装时按门框横料中的转动销轴线，距竖料内边的距离给这两个门扇转动配件定位，使其与转动销、地弹簧轴的这条轴线一致。通常，转动销孔中心线距门扇框外侧边为 96～98mm。门扇转动配件的安装，如图 7-20 所示。

4）销孔和拉手安装：在拟安装的门锁部位，用手电钻钻孔，再伸入曲线锯切割成锁孔形状。在门边挺上，门锁两侧要对正，为了保证安装精度，一般在门扇安装后，再装门锁。

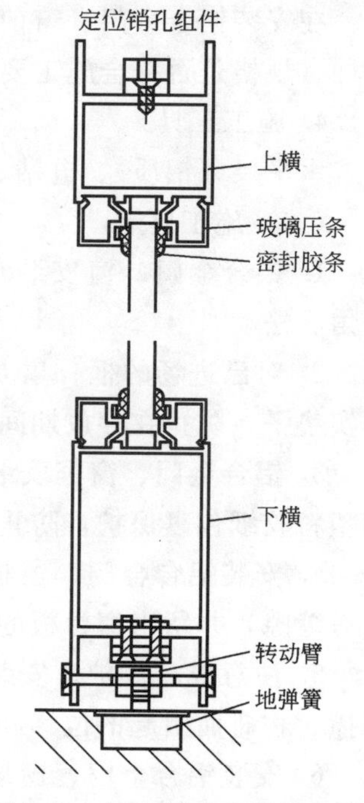

图 7-20　门扇转动配件的安装

2. 铝合金门框制作

（1）选料下料。视门的大小选用 50mm × 70mm、50mm × 100mm、100mm×25mm 门框梁，按设计尺寸下料，具体作法同门扇制作。

（2）门框钻孔组装。在安装门的上框和中框部位的边框上，钻孔安装角铝，方法同门扇。然后将中、上框套在角铝上，用自攻螺栓固定。

（3）设连接件。在门框上，左右设扁铁连接件，扁铁件与门框上用自攻螺栓拧紧，安装间距为 150～200mm，视门料情况和与墙体的间距而定，扁铁做成平的，Π字形的。连接方法视墙体内埋件情况而定。

三、铝合金门窗的安装

（一）施工准备

1. 门、窗洞口质量检查

铝合金门、窗安装前，应对洞口进行检验。因门、窗框一般是后塞口，在施工期间，应按设计尺寸留出。窗框与结构之间的间隙，应视不同的材料而定。如果内外墙均是抹灰，窗框的实际外缘尺寸每一侧应比洞口尺寸小2cm。如果是大理石面层门、窗框的外缘尺寸应比洞口实际尺寸小5cm左右。还应检查预留洞口的偏差。

2. 检查铝合金门、窗的质量

在铝合金门、窗安装前，应检查它们各自的尺寸是否符合设计要求，有无变形和扭曲，并检查方正。

3. 检查各种配件

在安装铝合金门、窗前，应检查铝合金门、窗各种配件数量、品种、规格是否符合施工要求。

4. 施工工具

水平尺（铝质）、电钻、冲击钻、打胶筒、玻璃吸手、榔锤。

（二）施工要点

1. 铝合金门、窗安装位置要规矩、方正、牢靠，不得翘曲、窜角、松动。

2. 对已进场的框、扇要按规格和种类分别堆放整齐，底层须垫实垫平，防止在存放期间受压或碰撞引起变形。

3. 铝合金门、窗框安装前，除了塞灰的一侧外，其余三面需用塑料胶纸包裹保护，防止受污染。

4. 安装铝合金门、窗框的洞口尺寸要正确，框上下、两侧要留有缝隙，并留出窗台板的位置。

5. 注意成品保护，安装后的铝合金门、窗框必须严格避免因车撞、物碰而引起的位移和损伤。

6. 安装铝合金门、窗扇时所选用的五金件要配套，要使启闭灵活自如。

7. 窗扇四周都应安装有尼龙密封条，以保证框扇的密封，并使金属框料之间不直接接触。

（三）操作要点

1. 放线

按设计要求在门、窗洞口弹出门、窗位置线，并注意同一立面的窗在水平及垂直方向应做到整齐一致，还要特别注意室内地面的标高，地弹簧的表面，应该与室内地面标高一致。

2. 安框

在安装制作好的铝合金窗、门框时，吊垂线后要卡方，待两条对角线的长度相等，表面垂直后，将框临时用木楔固定，待检查立面垂直，左右间隙，上下位置符合要求后，再用射钉将镀锌锚固板固定在结构上。镀锌锚固板是铝合金门、窗固定的连接件，锚固板的一端固定在门、窗框的外侧，另一端用射钉枪固定在密实的基层上。

3. 填缝

铝合金门、窗框在填缝前经过平整、垂直度等安装质量复查后，再将框四周清扫干净、洒水湿润基层。

对于较宽的窗框，仅靠内外挤灰时挤进一部分灰是不能饱满的，应专门进行填缝。填缝所用的材料，原则上按设计要求选用，但不论使用何种材料，均应达到密闭、防水的目的。目前用得较多的是水泥砂浆。在填缝时应注意，由于水泥砂浆在塑性状态下呈强碱性，对型材的氧化膜有一定的影响。特别是当氧化膜被划破时，碱性材料对铝合金有腐蚀。当用水泥砂浆做填缝材料时，门、窗框的外侧应刷上防腐剂。

4. 抹面

铝合金框四周的塞灰砂浆达到一定的强度后（一般需 24h），才能轻轻取下框旁的木楔，继续补灰，然后才能抹面层，压平抹光。

5. 门、窗扇安装

(1) 在土建施工基本做完的情况下方可进行安装，应合理安排进度。

(2) 平开窗扇安装前，先固定窗铰链，然后将窗铰链与窗扇固定，框装扇必须保证窗扇立面在同一平面内，要达到周边密封，启闭灵活。

(3) 如是安装门扇，下面安装地弹簧，应可向内外自由开闭。

6. 安装玻璃

(1) 裁玻璃。按照门、窗扇的内口实际尺寸，合理计划用料，裁割玻璃，分类堆放整齐，底层垫实找平。

(2) 安装玻璃。当玻璃单块尺寸较小时，可以用双手夹住就位。如果玻璃尺寸较大，为便于操作，往往用玻璃吸盘。玻璃应该摆在凹槽的中间，内、外两侧的间隙应不少于 2mm。

(3) 玻璃密封与固定。玻璃就位后，应及时用胶条固定。型材镶嵌玻璃的凹槽内，用橡胶条挤紧，然后在胶条上面注入硅酮系列密封胶。

四、铝合金门窗加工、安装质量要求及检验标准

(一) 铝合金门窗加工质量要求及检验标准

1. 加工外观质量要求

(1) 门窗上相邻构件着色表面不应有明显的色差。

(2) 门窗表面应无铝屑、毛刺、油斑或其他污迹存在，装配连接处不应有外溢的胶粘剂。

(3) 门窗装饰表面不应有明显的损伤，每樘门窗局部擦伤、划伤不应超过表 7-8 的规定。

铝合金门窗局部擦伤、划伤分级控制表　　表 7-8

项目 \ 等级	优等品	一等品	合格品
擦伤、划伤深度	不大于氧化膜厚度	不大于氧化膜厚度的 2 倍	不大于氧化膜厚度的 3 倍
擦伤总面积(mm^2)	≤500	≤1000	≤1500
划伤总长度(mm)	≤100	≤150	≤150
擦伤或划伤处数	≤2	≤4	≤6

2. 装配质量

铝合金门窗装配质量应符合下列要求。

(1) 门窗框、扇相邻构件的装配间隙及同一平面高低差的质量允许偏差见表7-9的标准。

门窗框、扇装配间隙允许偏差 (mm)　　表7-9

项目 \ 等级	优等品	一等品	合格品
门窗框、扇各相邻构件同一平面高低差	≤0.3	≤0.4	≤0.5
门窗框、扇各相邻构件装配间隙	≤0.3		≤0.5
门窗框与扇、扇与扇竖向缝隙偏差	±1.0*		

注：*用于铝合金地弹簧门。

(2) 装配成的门窗框尺寸偏差见表7-10规定。

门窗框尺寸偏差 (mm)　　表7-10

项目	尺寸 \ 等级	优等品	一等品	合格品
门窗框槽口宽度高度允许偏差	≤2000	±1.0	±1.5	±2.0
	>2000	±1.5	±2.0	±2.5
门窗框槽口对边尺寸偏差	≤2000	≤1.5	≤2.0	≤2.5
	>2000	≤2.5	≤3.0	≤3.5
门窗槽口对角线尺寸偏差	≤3000	≤1.5	≤2.0	≤2.5
	>3000	≤2.5	≤3.0	≤3.5

(二) 铝合金门窗安装质量要求及检验标准

1. 质量检查

(1) 检查数量

按不同门窗类型的樘数，各抽查5%，但不少于3樘。

(2) 保证项目

1) 铝合金门窗及其附件质量必须符合设计要求和有关标准的规定。

检验方法：观察检查和检查出厂合格证、产品验收凭证。

2) 铝合金门窗安装的位置、开启方向，必须符合设计要求。

检验方法：观察检查。

3）铝合金门窗框安装必须牢固，预埋件的数量、位置、埋设连接方法及防腐处理必须符合设计要求。

检验方法：框与墙体间缝隙填塞前观察和手扳检查，并检查隐蔽记录。

2. 铝合金门窗安装质量要求及检验方法

铝合金门窗安装质量要求，及检验方法，见表 7-11 所列。

铝合金门窗安装质量要求和检验方法　　表 7-11

项次	项目	质量等级	质量要求	检验方法
1	平开门窗扇	合格	关闭严密，间隙基本均匀，开关灵活	观察和开闭检查
		优良	关闭严密，间隙均匀，开关灵活	
2	推拉门窗扇	合格	关闭严密，间隙基本均匀，扇与框搭接量不小于设计要求的 80%	观察和用深度尺检查
		优良	关闭严密，间隙均匀，扇与框搭接量符合设计要求	
3	弹簧门扇	合格	自动定位准确，开启角度为 90°±3°，关闭时间在 3～15s 范围之内	用秒表、角度尺检查
		优良	自动定位准确，开启角度为 90°±1.5°，关闭时间 6～10s 范围之内	
4	门窗附件安装	合格	附件齐全，安装牢固，灵活适用，达到各自的功能	观察、手扳和尺量检查
		优良	附件齐全，安装位置正确、牢固、灵活适用，达到各自的功能，端正美观	
5	门窗框与墙体间缝隙填嵌	合格	填嵌饱满，填塞材料符合设计要求	观察检查
		优良	填嵌饱满密实，表面平整，光滑、无裂缝，填塞材料、方法符合设计要求	

续表

项次	项目	质量等级	质量要求	检验方法
6	门窗外观	合格	表面洁净,大面无划痕、碰伤、锈蚀;涂胶大面光滑,无气孔	观察检查
		优良	表面洁净,无划痕,碰伤,无锈蚀;涂胶表面光滑,平整,厚度均匀,无气孔	
7	密封质量	合格	关闭后各配合处无明显缝隙,不透气、透光	观察检查
		优良	关闭后各配合处无缝隙,不透气、透光	

3. 铝合金门窗安装质量检查的允许偏差

铝合金门窗安装质量检查的允许偏差，见表 7-12 所列。

铝合金门窗安装质量的允许偏差　　表 7-12

项次	项目		允许偏差/mm	检验方法
1	门窗槽口宽度高度	≤2000mm >2000mm	±1.5 ±2	用 3m 钢卷尺检查
2	门窗槽口对边尺寸之差	≤2000mm >2000mm	≤2 ≤2.5	用 3m 钢卷尺检查
3	门窗槽口对角线尺寸之差	≤2000mm >2000mm	≤2 ≤3	用 3m 钢卷尺检查
4	门窗框(含拼樘料)的垂直度	≤2000mm >2000mm	≤2 ≤2.5	用线坠、水平靠尺检查
5	门窗框(含拼樘料)的水平度	≤2000mm >2000mm	≤1.5 ≤2	用水平靠尺检查
6	门窗框扇搭接宽度差	$\leq 2m^2$ $>2m^2$	±1 ±1.5	用深度尺或钢板尺检查
7	门窗开启力		≤60N	用 100N 弹簧秤检查
8	门窗横框标高		≤5	用钢板尺检查
9	门窗竖向偏离中心		≤5	用线坠、钢板尺检查
10	双层门窗内外框(含拼樘料)中心距		≤4	用钢板尺检查

第三节 特殊门窗

一、防火门

防火门是具有特殊功能的一种新型门，是为了解决高层建筑的消防问题而发展起来的。它可与烟感、自动报警装置配套使用。

(一) 种类

1. 按耐火极限分

防火门的ISO标准有甲、乙、丙三个等级。

(1) 甲级耐火门。耐火极限为1.2h，一般为全钢板门，无玻璃窗。甲级防火门以火灾时防止火灾扩大为目的。

(2) 乙级耐火门。耐火极限为0.9h，为全钢门，在门上开一小玻璃窗，玻璃选用5mm厚夹丝玻璃或耐火玻璃。乙级防火门以火灾时防止开口部火灾蔓延为主要目的。性能较好的木质防火门也可达到乙级防火门。

(3) 丙级耐火门。耐火极限为0.6h，为全钢板门，在门上开一小玻璃窗，玻璃选用5mm厚夹丝玻璃。大多数木质防火门都属于这一级范围内。

2. 按材质分

可分为钢质防火门、复合玻璃防火门和木质防火门。

(1) 钢质防火门。它是采用优质冷轧钢板作为门扇、门框的结构材料，经冷加工成型而成。内部填充的耐火材料通常为硅酸铝耐火纤维毡、毯（陶瓷棉）。乙、丙级防火门多采用填充岩棉、矿棉耐火纤维，乙、丙级防火门可加设视窗，视窗玻璃使用夹丝玻璃；一般视窗面积不大于$0.1m^2$。

钢质防火门的配套五金件有轴承合页，不锈钢防火门锁、闭门器及不锈钢拉手等。对于双开防火门，可加装控制双扇门关闭顺序的顺序器。

(2) 复合玻璃防火门。它是参照国外同类产品的防火门。采用冷轧钢板作防火的门扇骨架，镶设透明防火复合玻璃。其玻璃部分的面积一般可达门扇面积的80%左右，因而比较美观，但价格较

防火门及其洞口的建筑标准模数（mm） 表 7-13

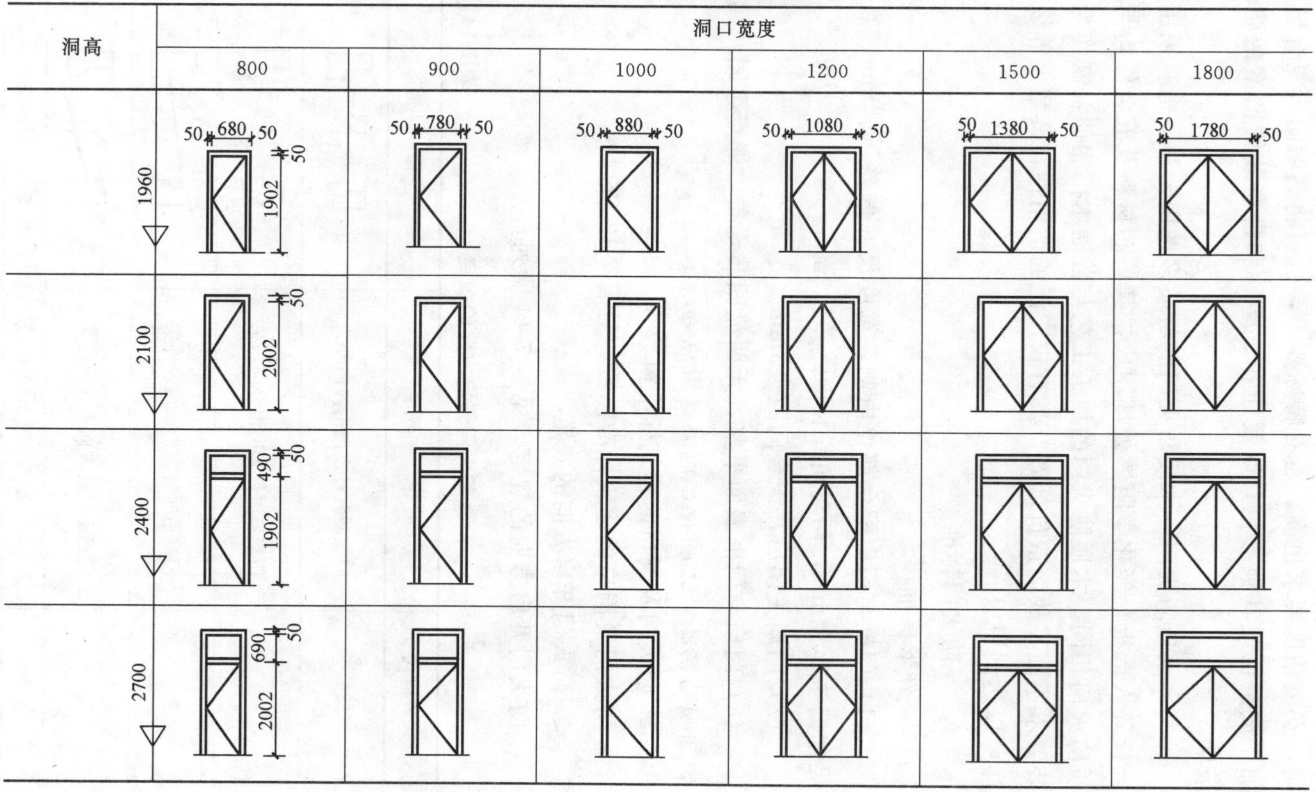

洞高	洞口宽度					
	800	900	1000	1200	1500	1800
1960	50 680 50 50 1902	50 780 50	50 880 50	50 1080 50	50 1380 50	50 1780 50
2100	50 2002					
2400	50 490 1902					
2700	50 690 2002					

高，安装精度要求也高。若有特殊要求，也可将透明防火复合玻璃加工成茶色或其他彩色，以及压花、磨砂和带有装饰图案的防火玻璃。

(3) 木质防火门。木质防火门的材质多选用云杉，也有采用胶合板等人造板，经化学阻燃处理制成，其填芯材料及五金件均与钢质防火门相同。木质防火门的加工工艺与普通木门相似，制作与安装要求不高，故而造价低廉，具有较广泛的适用性，其耐火等级同样可以达到甲级。

（二）防火门标准

1. 外形标准

(1) 门框与门扇配合部位内侧，宽度尺寸偏差$^{+2.00}_{-0.00}$mm，高度尺寸偏差$^{+2.00}_{-0.00}$mm，两对角线长度之差<3mm。

(2) 门扇关闭后，配合间隙<3mm。

(3) 门扇与门框表面平整，无明显凹凸现象，焊点牢固，门体表面喷防锈漆，无喷花、流涎、斑点等现象。

2. 防火门及洞口的建筑标准模数

防火门及洞口的建筑标准模数，见表 7-13 所列。

3. 防火门开启方向的规定

防火门开启方向的规定，见表 7-14 所列。

防火门开启方向的规定 **表 7-14**

开关方向代号	说　明	图　例
5.0	门扇顺时针方向由内向外关	0 1
5.1	门扇顺时针方向由外向内关	1 0
6.0	门扇逆时针方向由内向外关	0 1
6.1	门扇逆时针方向由外向内关	1 0
备注	0. 开面　1. 关面、顺时针方向　5. 逆时针方向	

（三）钢质防火门

钢质防火门采用优质冷轧钢板加工而成，门框料钢板厚1.5mm，门扇体厚45mm，钢板厚1mm，按耐火极限等级填充岩棉等耐火材料，表面经防锈漆喷涂处理。根据需要装配轴承铰链，高级防火门锁、闭门器、电磁释放开关和夹丝玻璃。双开门还配暗插销和关门顺序器等。再与烟感、光感、温感报警器和喷淋等防火报警装置配装设置后，遇有火情可自动报警、自动关门、自动灭火，防止火势蔓延。

1. 用途

钢质防火门采用框架组合结构，整体性较好，高温状态下支撑强度高。适用于需要设置防火门的各类民用与工业建筑。

2. 构造图

钢质防火门构造如图7-21所示。

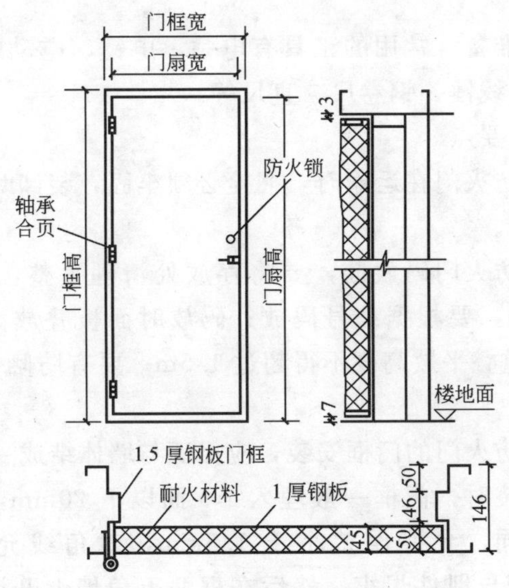

图7-21　钢质防火门构造示意

3. 洞口尺寸

钢质防火门预留洞口尺寸，宽度有900、1000、1200、1500、1800mm，高度有1960、2100、2700mm等几种。洞口宽度不宜大于2000mm，高度不宜大于3000mm。安装缝宽度方向一般为20mm，高度方向一般为10～40mm，具体尺寸以图纸为准。

4. 防火等级

钢质防火门防火等级，有甲、乙、丙三种耐火等级。带玻璃钢窗钢质防火门只允许乙、丙两个耐火等级。

5. 标记示例

钢质防火门洞口宽度为1000mm，洞口高度1960mm，甲级耐火极限等级，左开门。其代号标记为：FM1019—甲1。

6. 钢质防火门安装

(1) 施工准备

1) 熟悉图纸 掌握钢质防火门开启方向，掌握洞口尺寸。

2) 检查预埋件位置、个数。

3) 材料准备 安装前将门、门框、配件清点清楚，防止缺东少西。

4) 工具准备 常用的工具有电钻、电锤、电动螺丝刀、气钉枪、直角尺、线锤、钢卷尺、直尺等。

(2) 施工要点

1) 钢质防火门在运输时，捆拴必须牢固，装卸时须轻抬轻放，避免磕碰现象。

2) 钢质防火门码放前，要将存放处清理平整，垫好支撑物，如果门有编号，要根据编号码放；码放时面板叠放高度不得超过1.2m；门框重叠平放高度不得超过1.5m；要有防晒、防风及防雨措施。

3) 钢质防火门的门框安装，应保证与墙体结成一体。

4) 在安装时，门框一般埋入±0面以下20mm，需保证框口上下尺寸相同，允许误差小于1.5mm，对角线允许误差小于2mm，再将框与埋件焊牢。然后在框两上角墙上开洞，向框内灌注100号水泥素浆，待其凝固后方可装配门扇。

5) 安装后的防火门，要求门框与门扇配合部位内侧宽度尺寸偏差不大于2mm，高度尺寸偏差不大于2mm，两对角线长度之差小于3mm。门扇关闭后，其配合间隙须小于3mm。门扇与门框表面要平整，无明显凹凸现象，焊点牢固，门体表面喷涂无喷花、斑点等。门扇启闭自如，无阻滞、反弹现象。

6）冬季施工应注意防寒，水泥素浆浇注后的养护期为 21d。

7）为保证消防安全，应采用防火门锁，该类门锁在 927℃高温下仍可照常开启。其构造和应用等情况见图 7-22。

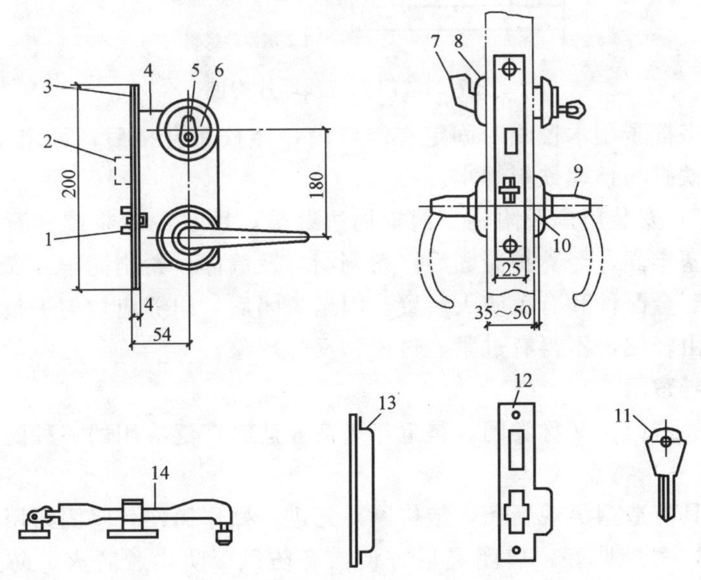

图 7-22　防火门锁

1—斜舌；2—方舌；3—锁舌面板；4—锁体；5—锁头；6—锁头面板；7—小执手；8—小执手面板；9—执手；10—执手面板；11—钥匙；12—锁扣板；13—装饰盒；14—风钩

（3）操作要点

1）检查门窗洞口尺寸与门窗框尺寸有无差错。

2）安装预埋件（如图 7-23 所示）。当预埋件的混凝土强度达到设计强度 80％时方可安装。

3）划线。按设计要求尺寸标高和方向，画出门框框口位置线。

4）立框子。先拆掉门框下部的固定板，凡框内口高度比门扇的高度大于 30mm 者，洞口两侧地面须预留凹槽，门框埋地 20mm 深。

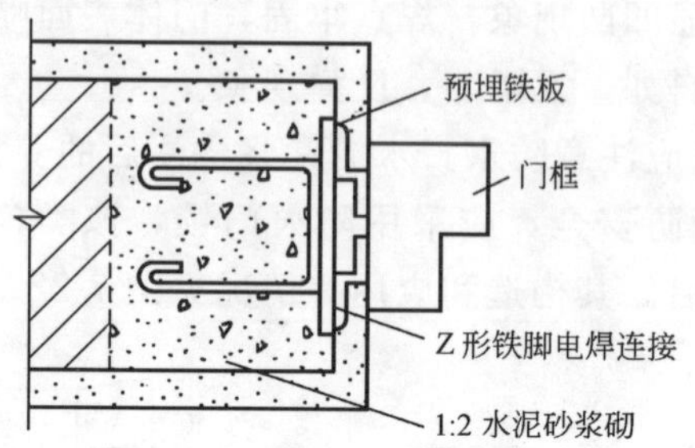

图 7-23 门框与预埋件连接

将框子用木楔临时固定在洞口内，经校正合格后，固定木楔，门框铁脚与预埋铁板焊牢。

5）安装门扇及附件。门框周边缝隙，用水泥砂浆或细石混凝土嵌塞牢固，经养护凝固后，粉刷洞口及墙体。粉刷完毕，安装门扇、五金配件和有关防火装置。门扇关闭后，门缝应均匀平整，开启自由轻便，不得有过紧、过松和反弹现象。

二、卷帘门

卷帘门，又称卷闸，是近年来商业建筑广泛应用的一种门。

（一）特点

具有造型美观新颖，结构紧凑先进，操作简便，坚固耐用，刚性强，密封性好，启闭灵活方便，有防风、防尘、防火、防盗的特点。

（二）种类

1. 按传动方式分类

卷帘门按其传动方式分为四种形式：

（1）电动卷帘门如图 7-24（*a*）。

（2）摇杆式卷帘门如图 7-24（*b*）。

（3）手动卷帘门如图 7-24（*c*）。

（4）链条式卷帘门如图 7-24（*d*）。

2. 按外形分类

卷帘门按帘片外形分为四种形式：

（1）板状帘片卷帘门如图 7-25 所示。

（2）片状帘片卷帘门如图 7-26 所示。

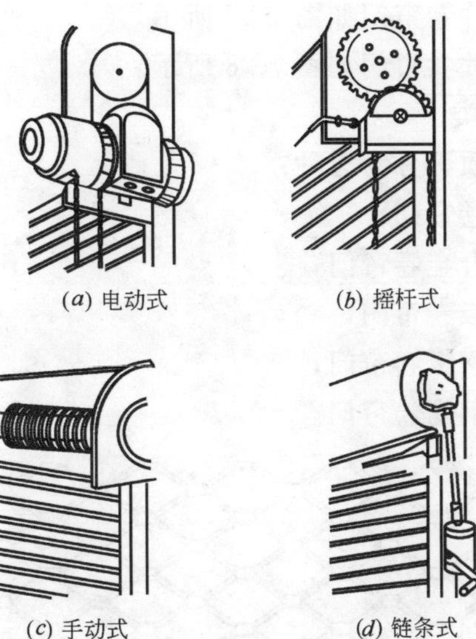

图 7-24　卷帘门的开启方式

图 7-25　板状帘片

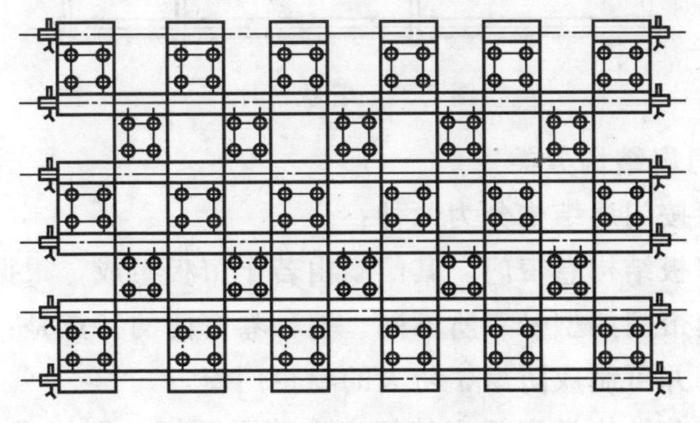
图 7-26　片状帘片

(3) 网状帘片卷帘门如图 7-27 所示。

(4) 管状帘片卷帘门如图 7-28 所示。

3. 按材质分类

卷帘门按材质可分为五种：

(1) 铝合金卷帘门；

(2) 电化铝合金卷帘门；

(3) 镀锌铁板卷帘门；

(4) 不锈钢钢板卷帘门；

(5) 钢管及钢筋卷帘门。

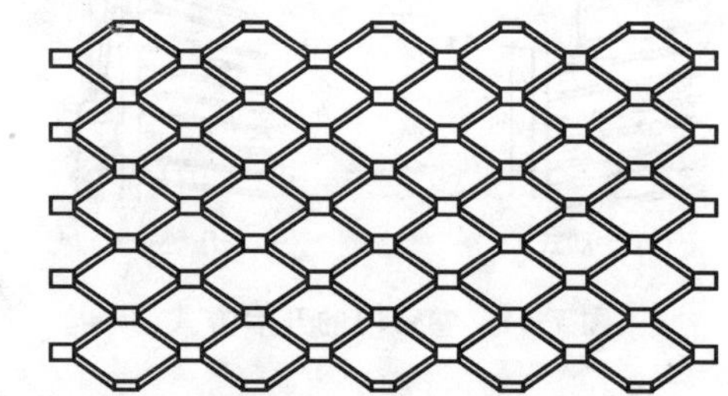

图 7-27 网状帘片

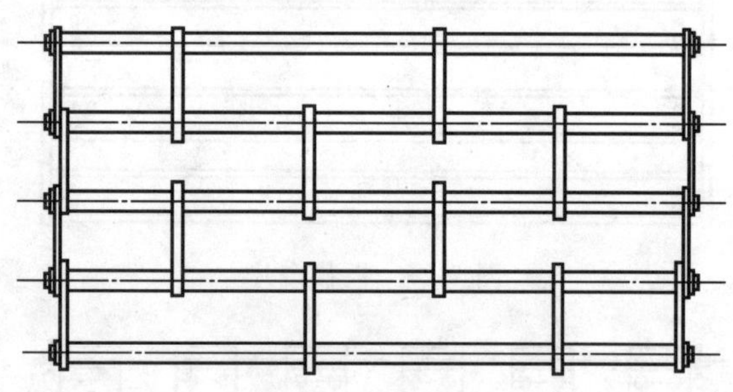

图 7-28 管状帘片

4. 按门扇结构分类

卷帘门按门扇结构分为两种：

(1) 帘板结构卷帘门。其门扇由若干帘板组成，根据门扇帘板的形状，卷帘门的型号有所不同。这种卷帘门的特点是：防风、防沙、防盗，并可制成防烟、防火的卷帘门窗。

(2) 通花结构卷帘门。其门扇由若干圆钢、钢管或扁钢组成。

这种卷帘门的特点是美观大方，轻便灵活。

5. 按性能分类

卷帘门按性能分为三种：

（1）普通型卷帘门；

（2）防火型卷帘门；

（3）抗风型卷帘门。

（三）用途

适用于各类商店和商场、宾馆、银行、医院、学校、机关、厂矿、车站、码头、仓库、变电室及工业厂房等装潢设施。

（四）卷帘门安装方式

1. 安装在门洞之外

卷帘板装在门洞之外，帘板在外侧卷起，如图 7-29 所示。

2. 安装在门洞之内

卷帘板装在门洞之内，帘板在内侧卷起，如图 7-30 所示。

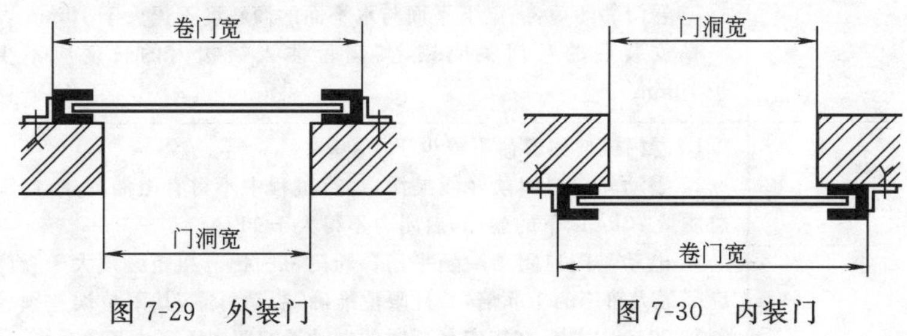

图 7-29　外装门　　图 7-30　内装门

3. 安装在门洞之中

卷帘板装在洞内，卷帘板可向内侧或外侧卷起，如图 7-31 所示。

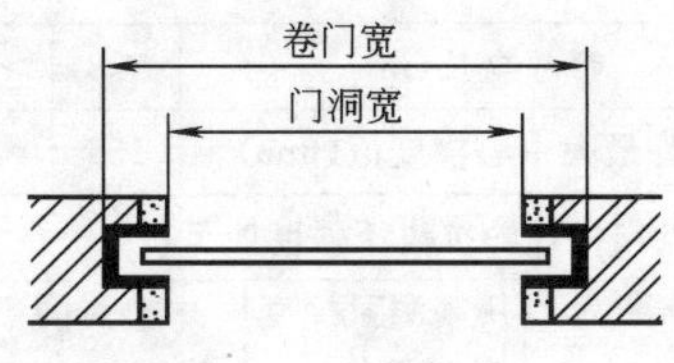

图 7-31　中装门

（五）卷帘门窗技术要求

卷帘门窗技术要求，见表 7-15 所列。

卷帘门技术要求（QB 1137—91）　　表 7-15

<table>
<tr><th>项目</th><th>要　求</th></tr>
<tr><td>材料</td><td>弹簧钢带的力学性能应不低于GB 3525《弹簧工具钢冷轧钢带》中65Mn冷轧钢带的力学性能</td></tr>
<tr><td>精度</td><td>1. 卷门宽 L(包括两导轨的外形总宽)：
外、内装门 L=洞口宽尺寸＋两导轨宽度＋20mm
中装门 L=洞口宽尺寸＋两导轨在墙体中的嵌入量
2. 卷门高 H(门帘总高)：
外、内装门　H_{min}=洞口高尺寸＋300mm
中装门　H_{min}=洞口高尺寸
3. 导轨和中柱的开口宽度与帘片厚度之差不得大于15mm
4. 主轴安装水平位置高低偏差，当门宽3m以下时(包括3mm)，不得大于3mm;门宽3m以上时，不得大于5mm
5. 导轨与中柱安装后，两导轨对中柱的平行度偏差不得大于5mm,导轨与中柱对水平面垂直度偏差不得大于5mm
6. 安装后卷门的帘片在导轨槽中的嵌入量应不少于20mm(包括挡片)
7. 卷门关闭后，底梁下平面与水平面的倾斜度不得大于10mm
8. 安装后的卷门关闭锁，其锁舌插入锁扣内的长度应不少于10mm</td></tr>
<tr><td>性能</td><td>1. 卷门机使用寿命不得少于4000次
2. 手动卷门启闭须轻便灵活，运行过程中不得有阻滞现象，门帘总质量70kg以下的卷门，启闭力不得大于117N
3. 电动卷门启闭须顺畅平稳。卷门机的提升扭矩必须大于卷门启闭最大扭矩的1.5倍，并且限位准确，制动可靠，其限位误差须控制在20mm以内，在额定载荷时的制动滑行距离不得大于20mm
4. 电动卷门启闭的平均速率应在2.5～7.5m/min
5. 帘片的抗风压强度：卷门帘片在承受490N/m²、686N/m²风压载荷时，允许最大的中心挠度值见下表。且卸载后不能留下有害的变形
<table>
<tr><td>帘片全长(m)</td><td>≤3</td><td>>3～4</td><td>>4～5</td><td>>5～6</td></tr>
<tr><td>允许最大中心挠度值(mm)</td><td>155</td><td>185</td><td>205</td><td>225</td></tr>
</table>
6. 卷门中柱的抗风压强度如下：
<table>
<tr><td>风压载荷(N/m²)</td><td>用来测量挠度弯曲载荷(N)</td><td>中心点的挠度(mm)</td><td>弯曲破坏载荷(N)</td><td>载荷施加方法</td></tr>
<tr><td>490</td><td>3432</td><td>≤3</td><td>≥6668</td><td>集中载荷</td></tr>
<tr><td>686</td><td>4413</td><td>≤3</td><td>≥8630</td><td>集中载荷</td></tr>
</table>
</td></tr>
</table>

续表

项目	要求
外观表面质量	1. 外露表面应光洁,涂层不应有明显的色差、流挂、剥落、锈蚀、拉毛、压痕等影响美观的缺陷 2. 卷门正常使用时,被手触摸部分不允许有有害的毛刺 3. 表面镀锌的普通碳素钢零件不得露底、脱落,耐腐蚀性能试验12h不低于8级 4. 表面喷漆的普通碳钢零件,其漆膜附着力应不低于3级 5. 表面阳极氧化铝合金零件的表面氧化膜经规定的耐碱度测定后5min内不得改变颜色
联结质量	1. 铆接件应牢固,铆头应圆整 2. 焊缝应均匀平整,不得有假焊及漏焊

(六) 钢质防火卷帘门

钢质防火卷帘门是由帘板、卷筒体、电气传动部分组成,帘板为1.5mm厚的冷轧带钢轧制成"C"型板重叠联销,具有刚度好,密封性能优的特点,亦可采用钢质"L"型串联式组合结构,另配温感、烟感、光感报警系统,水幕喷淋系统,遇有火情自动报警、自动喷淋、门体自控下降、定点延时关闭,使受灾区域人员得以疏散,全系统防犯综合性显著。

1. 钢质防火卷帘门的构造

钢质防火卷帘门由卷筒体、帘板、水幕喷淋、供水系统、导轨、电控箱、防火罩、电动传动机构组成,如图7-32所示。

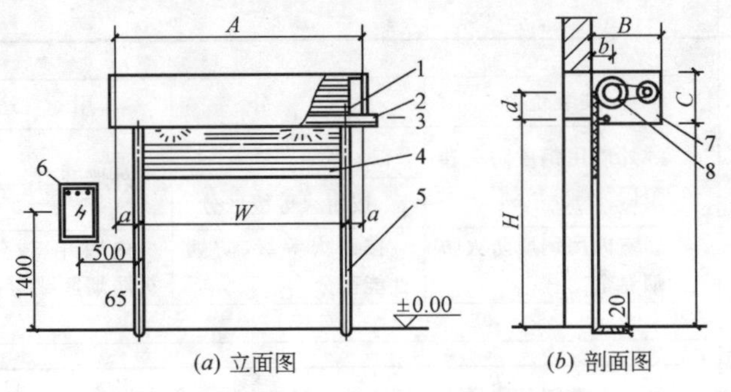

图7-32 防火卷帘门立、剖面示意图

1—卷筒体;2—水幕喷淋;3—供水系统;4—帘板;5—导轨;6—电控箱;7—防火罩;8—电机传动机构

钢质防火卷帘门各部尺寸，见表 7-16 所列。

钢质防火卷帘门各部件尺寸（mm）　　　　表 7-16

洞口宽 W	洞口高 H	最大外形宽 A	顶高 H'	最大外形厚 B	a	b	c	d
<5000	<5000	W+305	H+80	630	140	220	140	300

钢质防火卷帘门主要帘板形式，如图 7-33 所示。

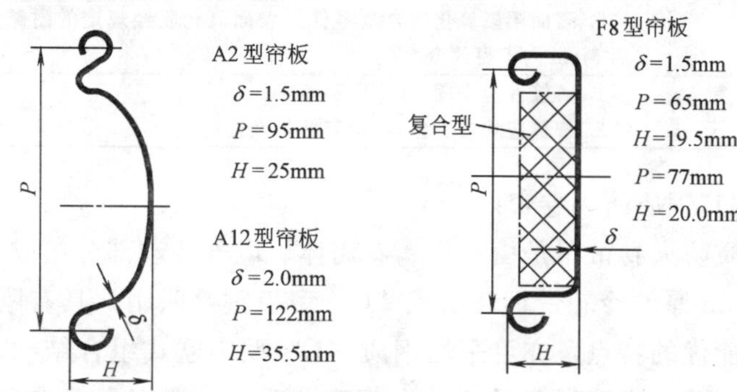

图 7-33　防火卷帘门主要帘板形式

2. 钢质防火卷帘门产品分类

钢质防火卷帘门产品分类，见表 7-17 所列。

钢质防火卷帘门产品分类（GB 14102—93）　　　　表 7-17

分类	内容			
按安装位置分类	安装位置	区分	用途	
	外墙用钢质防火卷帘门	按强度区分	外墙开口	
		按耐火等级区分		
	室内用钢质防火防烟卷帘门	按耐火等级、防烟性能区分	内墙开口；分隔防火防烟区域	
按耐风压强度分类	类别及代号	50	80	120
	耐火压(Pa)	490.3	784.5	1176.8

续表

<table>
<tr><th>分类</th><th colspan="3">内　容</th></tr>
<tr><td rowspan="6">按耐火时间分类</td><td colspan="3">1. 普通型钢质防火卷帘门</td></tr>
<tr><td>类别及代号</td><td>F1</td><td>F2</td></tr>
<tr><td>耐火时间(h)</td><td>1.5</td><td>2.0</td></tr>
<tr><td colspan="3">2. 复合型钢质防火卷帘门</td></tr>
<tr><td>类别及代号</td><td>F3</td><td>F4</td></tr>
<tr><td>耐火时间(h)</td><td>2.5</td><td>3.0</td></tr>
<tr><td rowspan="8">按耐火时间、防烟性能分类</td><td colspan="3">1. 普通型钢质防火防烟卷帘门</td></tr>
<tr><td>类别及代号</td><td>FY1</td><td>FY2</td></tr>
<tr><td>耐火时间(h)</td><td>1.5</td><td>2.0</td></tr>
<tr><td>漏烟量(20Pa 压差)时 [$m^3/(m^2 \cdot min)$]</td><td>≤0.2</td><td>≤0.2</td></tr>
<tr><td colspan="3">2. 复合型钢质防火防烟卷帘门</td></tr>
<tr><td>类别及代号</td><td>FY3</td><td>FY4</td></tr>
<tr><td>耐火时间(h)</td><td>2.5</td><td>3.0</td></tr>
<tr><td>漏烟量(20Pa 压差)时 [$m^3/(m^2 \cdot min)$]</td><td>≤0.2</td><td>≤0.2</td></tr>
<tr><td rowspan="3">按安装形式分类</td><td>类别及代号</td><td>安装形式</td><td>说　明</td></tr>
<tr><td>C</td><td>墙侧安装</td><td>1. 外墙用防火卷帘:墙外侧安装、墙内侧安装
2. 室内墙体两侧面安装</td></tr>
<tr><td>Z</td><td>墙中间安装</td><td>1. 墙中安装
2. 通道安装</td></tr>
</table>

3. 钢质防火卷帘门技术要求

钢质防火卷帘门技术要求，见表 7-18 所列。

钢质防火卷帘门技术要求（GB 14102—93）　　表 7-18

<table>
<tr><th>项目</th><th>要求</th></tr>
<tr><td>外观要求</td><td>1. 帘板、导轨、门楣、卷轴等部件的表面不允许有裂纹、压坑及较明显的凹凸、锤痕、毛刺、空洞等缺陷
2. 相对运动件在切割、弯曲、冲钻等加工处，必须清理毛刺
3. 构件或零部件的组装、拼接处不允许有错位
4. 焊接处应牢固，外观平整，不允许有夹渣、漏焊等现象
5. 零部件的外露表面，必须做防锈处理，其涂层、镀层应均匀，不得有斑剥的现象
6. 所有紧固件必须紧牢，不允许有松动现象</td></tr>
<tr><td>噪声</td><td>卷帘启闭、运行的平均噪声
<table>
<tr><td>卷门机功率(W/kW)</td><td>W≤0.4</td><td>0.4<W≤1.5</td><td>W>1.5</td></tr>
<tr><td>平均噪声(dB)</td><td>≤50</td><td>≤60</td><td>≤70</td></tr>
</table></td></tr>
<tr><td>材料</td><td>1. 主要零部件使用的原材料
<table>
<tr><th>零部件名称</th><th>原材料名称</th><th>应符合的标准</th></tr>
<tr><td>帘板、座板、导轧、门楣、箱体</td><td>镀锌钢板和钢带
普通碳素结构钢</td><td>GB 2518
GB 700</td></tr>
<tr><td>卷　轴</td><td>优质碳素结构钢
普通碳素结构钢
电焊钢管、无缝钢管</td><td>GB 699
GB 700
YB 242、YB 231</td></tr>
<tr><td>支　座</td><td>普通碳素结构钢
灰口铸铁</td><td>GB 700
GB 9439</td></tr>
</table>
注：允许使用性能不低于表列材料的其他材料
2. 主要零部件使用的原材料厚度
<table>
<tr><th>零部件名称</th><th>帘板</th><th>座板</th><th>导轨</th><th>门楣</th><th>箱体</th></tr>
<tr><td>材料厚度(mm)</td><td>1.2～20</td><td>≥3</td><td>掩埋型 1.5～2.5
外露型≥3.0</td><td>1.0～2.0</td><td>0.8～1.0</td></tr>
</table></td></tr>
</table>

续表

<table>
<tr><th>项目</th><th>要　求</th></tr>
<tr><td>帘
板</td><td>1. 相邻互锁帘板串接后转动灵活，摆动±90°不允许脱落。对具有防烟性能的重叠形帘板串接后，摆动90°不允许脱落
2. 帘板两端挡板或防窜机构要装配牢固，装配成卷帘后，帘板窜动量不得大于2mm
3. 帘板要平直，帘板直线度每米不得大于1.5mm，全长直线度不得超过0.12%
4. 帘板装配成卷帘后，不允许有孔洞和缝隙存在
5. 具有防烟性能的帘板，内外鼻钩串接后的接触面或弧面接触，弧度角在30°范围内必须接触
6. 帘板装配成卷帘后，在运行时不允许有倾斜，应当平行升降，卷帘的不平直度不大于洞口高度的1/300</td></tr>
<tr><td>导
轨</td><td>1. 帘板嵌入导轨的深度
<table><tr><td>洞口宽度 B(mm)</td><td>$B<3000$</td><td>$3000\leqslant B<5000$</td><td>$5000\leqslant B<9000$</td></tr><tr><td>每端嵌入最小长度(mm)</td><td>45</td><td>50</td><td>60</td></tr></table>2. 导轨的顶部应呈圆弧形，其长度应超过洞口至少75mm
3. 具有防烟性能的导轨必须有防烟装置，使用材料应为不燃材料，隔烟装置与卷帘表面应均匀紧密贴合，贴合面不应小于80%
4. 导轨的滑动面应光滑平直，直线度每米不得大于1.5mm，全长直线度不得超过0.12%，不允许有扭曲、凹凸、毛刺等
5. 导轨现场安装应牢固，预埋钢件间距不得大于600mm，安装后垂直度每米不得大于5mm，全长垂直度不得超过20mm
6. 卷帘在导轨内运行应平稳、顺畅，不允许有碰撞、冲击现象，其噪声不得超过规定值</td></tr>
<tr><td>门
楣</td><td>1. 门楣的结构必须有效地阻止火焰蔓延
2. 具有防烟性能的门楣，必须设置防烟装置，有效地阻止烟气外溢。防烟装置所用的材料应为不燃材料
3. 门楣的防烟装置与门楣密封面和卷帘表面应均匀接触，接触面不应小于洞口宽度的80%，非接触部位缝隙不得大于2mm
4. 门楣现场安装应牢固，预埋钢件间距不得大于600mm</td></tr>
<tr><td>座
板</td><td>1. 座板与地面的接触应均匀、平行，并符合“帘板”第6条的规定
2. 座板宜采用角钢组成，角钢尺寸应根据洞口宽度而定，铆接连接或用螺栓连接，间距不大于300mm</td></tr>
</table>

续表

<table>
<tr><th>项目</th><th>要　求</th></tr>
<tr><td>传动装置</td><td>1. 钢质防火卷帘启闭的平均速度
<table>
<tr><th>启闭状态 \ 洞口高度(m)</th><th><2</th><th>2～5</th><th>>5</th></tr>
<tr><td>电动启闭($m \cdot min^{-1}$)</td><td>2～6</td><td>2.5～6.5</td><td>3～9</td></tr>
<tr><td>自重下降($m \cdot min^{-1}$)</td><td>2～6</td><td>3～7</td><td>3～9</td></tr>
</table>
2. 卷门机的安装必须留有检修的空间,安装应牢固,不得漏油
3. 支座安装牢固,轴承无异样,加油充足
4. 各个旋转轴的链轮中心应同轴一致,无破损
5. 传动用套筒滚子链的基本参数与尺寸按 GB 1243.1 执行,链条静强度选用的许可安全系数应大于 4</td></tr>
<tr><td>卷门机</td><td>1. 卷门机有电动式和手动式两种,防火卷帘必须配用防火卷门机或普通卷门机加隔热保护装置,并应取得耐火测试合格证明
2. 电动式卷门机
a. 应设置限位开关,卷帘启闭至上下限时,能自动停止,其重复定位误差应小于 20mm
b. 应设有手动启闭装置,以备断电时使用
c. 应具有依靠卷帘自重下降的性能,并具有恒速性能
d. 能使卷帘在任何位置停止
e. 可以附设以下控制保险装置:联动装置、手动速放关闭装置、烟感装置、温度金属熔断装置等,其位置不允许安装在可燃材料上
f. 控制箱应安全并便于检修
g. 所装配的操纵装置都应有明显的操纵标志,便于灾情发生时消防人员、值勤人员准确迅速地操作使用
h. 用于疏散走道、出口的钢质防火卷帘下降至 1.5m 应有延时装置
i. 使用手动速放装置时,臂力不得大于 50N
j. 制动装置的制动力矩的安全系数应为 1.5
3. 手动式卷门机
a. 手动式卷门机单独使用时,钢质防火卷帘的洞口高度应不于 3.5m
b. 具有依靠卷帘自重下降的功能
c. 卷帘能在任何位置上停止
d. 手动式钢质防火卷帘不允许采用螺旋扭转弹簧或发条弹簧为卷动卷帘的机构
e. 手动牵引力应在 150N 以下
f. 操纵装置处应有明显的操作标志,便于灾情发生时,使用人员操作</td></tr>
</table>

续表

<table>
<tr><th>项目</th><th>要　求</th></tr>
<tr><td>电气安装</td><td>1. 电气按钮启动操纵灵活，集中控制和联动控制的动作灵敏准确
2. 自动控制的保险装置应安装在卷帘附近 2m 范围内的暴露部分及随时能监控的部分
3. 自动控制的电源、备用电源或蓄电池应能保证正常工作状态，所用的电气线路不允许裸露，应埋入墙内或有穿管
4. 各电路的绝缘电阻
<table>
<tr><th>电路类别</th><th colspan="2">电动机等主电路</th><th colspan="2">控制电路、信号电路</th></tr>
<tr><td>电路电压(V)</td><td>＞300</td><td>＜300</td><td>150～300</td><td>＜150</td></tr>
<tr><td>绝缘电阻(MΩ)</td><td>＞0.4</td><td>＞0.2</td><td>＞0.2</td><td>＞0.1</td></tr>
</table></td></tr>
<tr><td>耐火性能</td><td>按 GB 7633 的规定对钢质防火卷帘进行耐火试验。从受火作用起到背火面隔热辐射强度超过临界热辐射强度规定值时止，或发生帘板面窜火时止。这段时间称为耐火极限，用以决定钢质防火卷帘的耐火性能等级，耐火性能等级应符合上述“产品分类”中规定值</td></tr>
<tr><td>耐风压性能（帘板强度）</td><td>在规定载荷下，挠度值应符合下表规定，并以导轨与卷帘不脱落为第二考核依据
<table>
<tr><th rowspan="2">强度类别及代号</th><th rowspan="2">耐风压(Pa)</th><th colspan="6">挠　度/mm</th></tr>
<tr><th>$B \leqslant 2.5$m</th><th>$B=3$m</th><th>$B=4$m</th><th>$B=5$m</th><th>$B=6$m</th><th>$B>6$m</th></tr>
<tr><td>50</td><td>490.3</td><td>25</td><td>30</td><td>40</td><td>50</td><td>60</td><td>90</td></tr>
<tr><td>80</td><td>784.5</td><td>37.5</td><td>45</td><td>60</td><td>75</td><td>90</td><td>135</td></tr>
<tr><td>120</td><td>1176.8</td><td>50</td><td>60</td><td>80</td><td>100</td><td>120</td><td>180</td></tr>
</table>
当帘板强度不能满足表值时，可以在帘板端部和导轨槽内设防风钩或用增大帘板的厚度和节距的办法来解决</td></tr>
<tr><td>防烟性能</td><td>在压差为 20Pa 时，漏烟量应小于 $0.2m^3/(m^2 \cdot min)$</td></tr>
<tr><td>安装要求</td><td>钢质防火卷帘安装在建筑物墙体上，应采用焊接或预埋螺栓连接。对原有建筑可以在混凝土墙或混凝土柱上采用膨胀螺栓装配，并应保证安装强度，满足设计要求</td></tr>
</table>

4. 钢质防火门安装

(1) 施工准备

1）按设计型号、查阅产品说明书和电气原理图。

2）检查产品表面处理和零附件，测产品各部位尺寸是否符合要求。

3）检查门洞口是否与卷帘门尺寸相符，导轨、支架的预埋位置、数量是否正确。

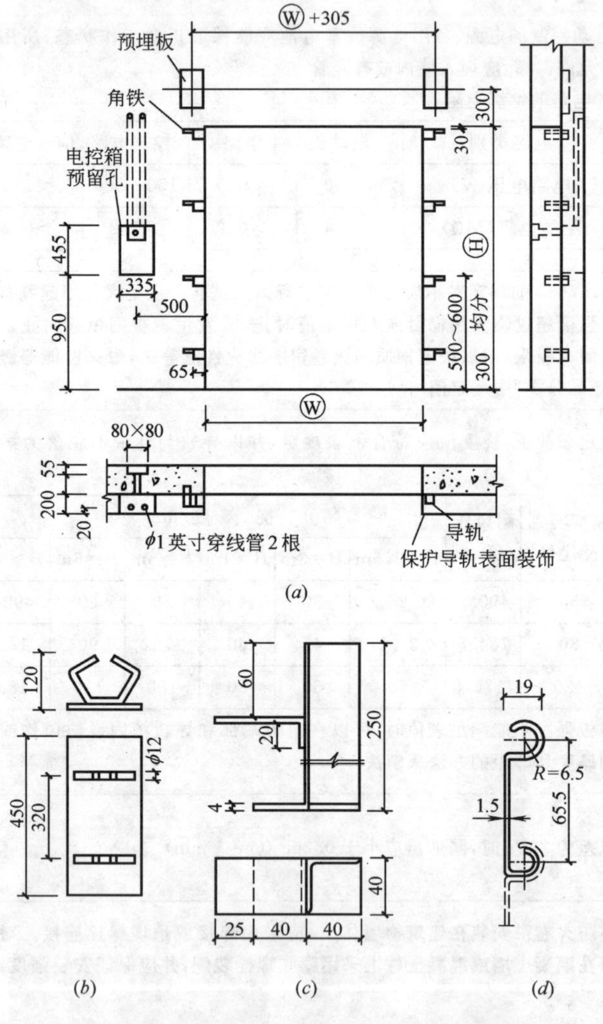

图 7-34　防火卷帘门洞口预埋件安装图

(a) 门口预埋件位置；(b) 支架预埋铁板；

(c) 导轨预埋角铁；(d) 帘板连接

4）预埋件应提前安装，安装位置如图 7-34 所示。

5）工具准备

常用工具有：电钻、电锤、电动螺丝刀、电动扳手、型材切割机、直尺、角尺、线锤、钢卷尺等。

（2）安装要点

1）测量洞口标高，弹出两导轨垂线及卷筒中心线。

2）将垫板电焊在预埋铁板上，用螺丝固定卷筒的左右支架，安装卷筒，卷筒安装后应左右灵活。

3）安装减速器和传动系统。

4）安装电气控制系统。

5）空载试车。

6）将事先装配好的帘板安装在卷筒上。

7）安装导轨。按图纸规定位置，将两侧及上方导轨焊牢于墙体预埋件上，并焊成一体，各导轨应在同一垂直平面上。

8）安装水幕喷淋系统，并与总控制系统联结。

9）试车。先手动试运行，再用电动机启闭数次，调整至无卡

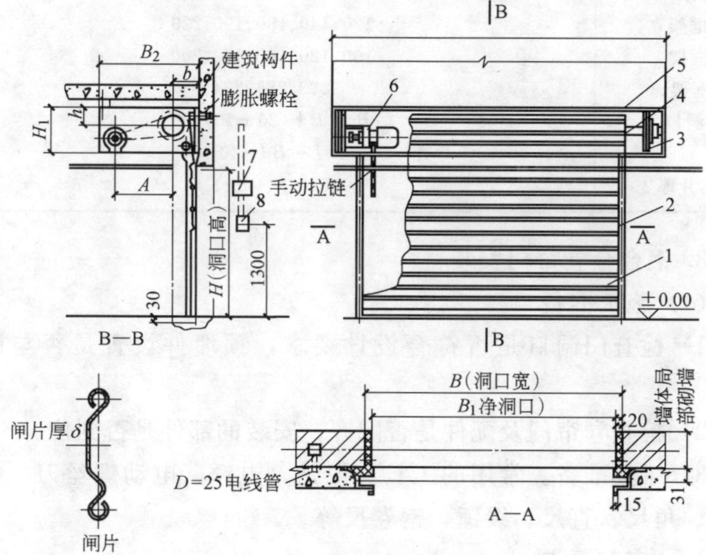

图 7-35　JLM 系列铝合金卷帘门构造图

住、阻滞及异常噪声等现象为止。全部调试完毕，安装防护罩。

（七）铝合金卷帘门

铝合金卷帘门有防风、防沙、防盗等功能，启闭通常采用手动、电动兼手动或自动开启方式。正常情况下门电动开闭，遇临时停电或其他情况下则手动开闭。

1. 铝合金卷帘门构造图

图 7-35 为 JLM 系列铝合金卷帘门构造图。

2. 铝合金卷帘门选用表

根据铝合金卷帘门洞口尺寸选用铝合金门，见表 7-19 所列。

JLM 系列铝合金卷帘门选用表（mm）　　　表 7-19

项　目	尺　寸					
洞口高 H	1800 4600	2000 5000	2400 5500	3000 6000	3600	4000
洞口宽 B	1200 4000	1500 4500	1800 5000	2400 5700	3000 6000	3600
框架 B_2	370、400、450、530					
框架 H_1	370、400、440、450、530、550					
框架 b	120、140、180、190、220					
框架 h	100、120、160、170、200					
框架 A	193、286、324					
净洞口 B_1	$B_1=B+(20+15)\times 2$					
L	$L=B+440$					
闸片厚 δ	0.6、0.9、1.2、1.5					

3. 铝合金卷帘门安装

（1）施工准备

1）检查门洞口是否符合设计要求，预埋件设置是否与图纸相符。

2）检查卷帘门及配件是否配齐，安装的部件是否到位。

3）工具准备。常用的工具有电钻、电锤、电动螺丝刀、电动扳手、角尺、直尺、线锤、钢卷尺等。

（2）安装要点

1）划线。根据安装尺寸、测量出洞口标高弹出轨道垂线及卷筒中心线。

2）安装卷筒。卷筒安装与安装形式有关，如图 7-36 所示。卷筒安装后，应转动灵活。

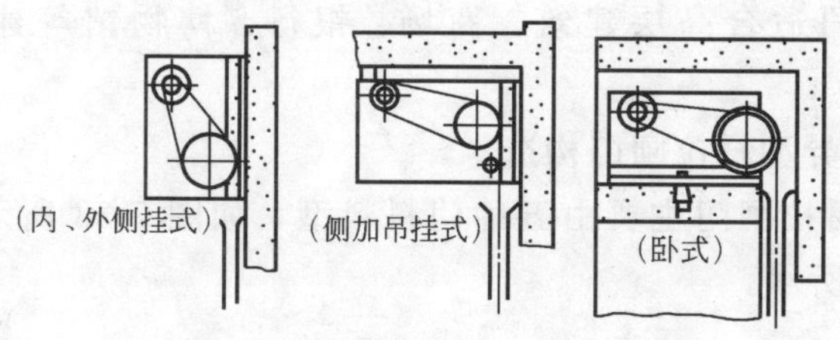

图 7-36　铝合金卷帘门卷筒安装图

3）安装减速器与传动系统　减速器电机功率、提升重量与速度，见表 7-20 所列。

减速器功率、提升重量与速度　　　　**表 7-20**

减速器电机功率(kW)	提升重量(kg)	提升速度(m/min)	卷帘重量(kg)	膨胀螺栓
0.55	≤250	<9	～250	M10
0.75	>250～500	<8	>250～500	M12
>1.1	>500～750	<8	>500～750	M12

4）安装电气控制系统。

5）安装帘板。将事先装配好的帘板安装在卷筒上。

三、异型材拉闸门

异型材拉闸门一般采用镀锌钢板经机械滚压工艺加工而成。它由空腹式双排列槽型轨道，配以优质工程塑料制作的滑轮，单列向心球轴承等零配件组合而成。其外形如图 7-37 所示。

（一）特性

异型材拉闸门是目前常用的钢制门，它造型新颖、外形平整

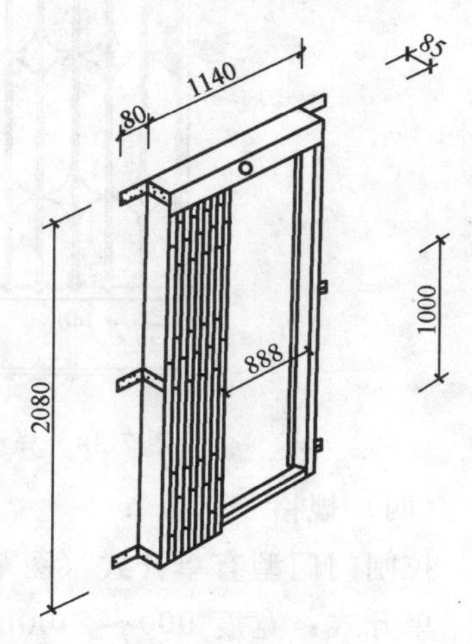

图 7-37　异型材拉闸门外形示意图

美观、结构紧凑、刚性强、耐腐蚀、开关轻巧省力，还设有明暗锁控制和三锁钩保险，具有防盗功能。

（二）用途

此种门适合高层建筑、商场、银行、博物馆等建筑和民用住宅。

（三）异型材拉闸门构造

异型材拉闸门主要由五种门料料型，如图 7-38 所示。其构造如图 7-39 所示。

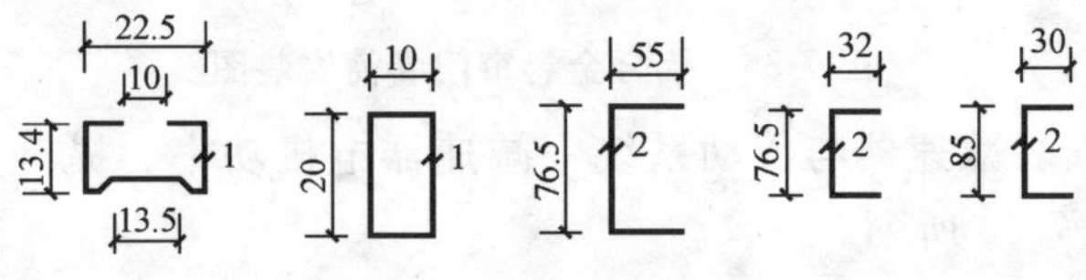

图 7-38　主要门料料型

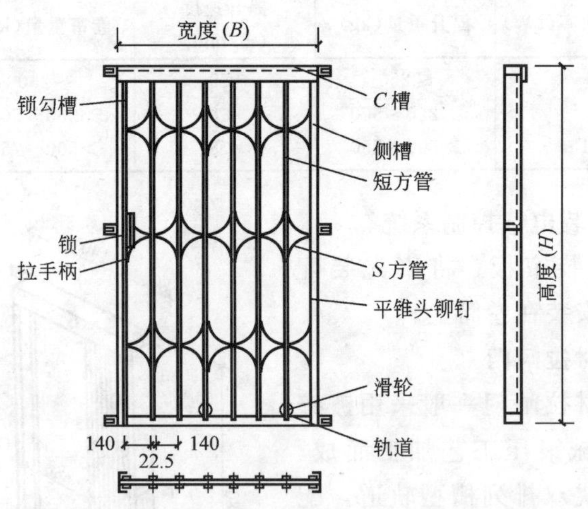

图 7-39　异型材拉闸门构造图

（四）规格

拉闸门门型有单开式（图 7-39）和双开式两种。

单开式：宽度 900～2400mm，高度 2100～3600mm，可配上高度为 600～1200mm 的固定亮子花窗。

双开式：宽度 2400～6000mm，高度 2100～3600mm，可配高

度 600～1200mm 的固定亮子花窗。

（五）技术要求

1. 拉闸门开关力＜19.6N。

2. C 槽每 1m 承受 25kg 重物，静荷载 24h，塑性挠度变形＜4mm。

3. 锁钩槽中锁钩焊接点抗拉强度＞39.2MPa。

4. 锁钩槽每 1m 承受 100kg 重物，静荷载 0.5h，塑性挠度变形＜3mm。

（六）安装方法

异型材拉闸门安装方法有四种：

1. 外装式

外装式拉闸门突出在门洞外墙面安装，一般闸门拉开后其宽度与内开门扇宽度一致，如图 7-40 所示。

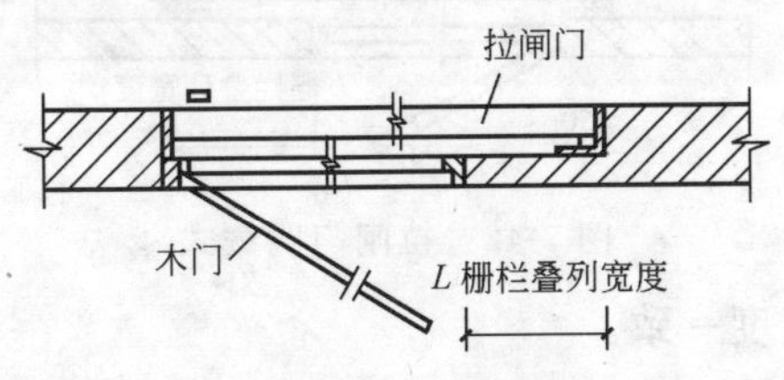

图 7-40　拉闸门外装式

2. 内装式

内装式拉闸门嵌固在门洞内，拉闸门与外墙面齐平，稍内嵌或居中，门两竖向采用直码、曲码固定，或在槽内重新钻孔，用特长木螺丝与墙体预埋木砖固牢，亦可打硬质钢钉固牢于墙体上，拉闸门全宽与内开门框宽度一致，如图 7-41 所示。

3. 明藏式

明藏式拉闸门装在门洞内，闸门栅栏叠列部分明藏于内门墙体之外，即内门框宽度与闸门拉开宽度一致，如图 7-42 所示。

4. 暗藏式

暗藏式拉闸门装在门洞墙体中线部位，拉闸门用胀管螺栓将曲码或直码固定在墙体上，栅栏叠列部位砌砖墙隐藏，闸门的拉开宽

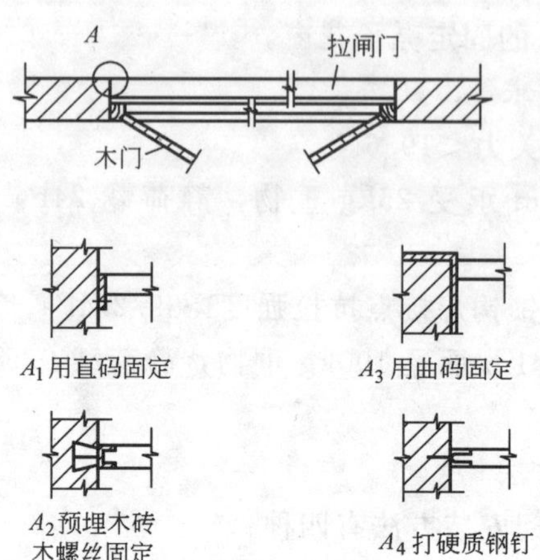

图 7-41 拉闸门内装式

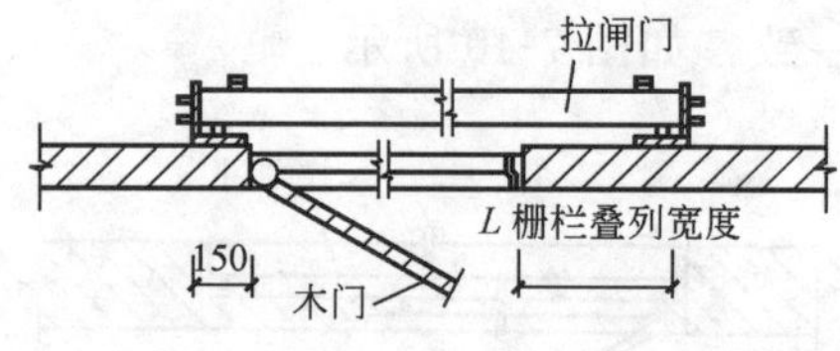

图 7-42 拉闸门明藏式

度与内开门框宽度一致。

拉闸门的导轨突出地面安装（约 35mm）的称高轨式，在地面开槽（槽深约 40mm）安装导轨的称地槽式。

拉闸门装在门洞内固定时，其预留洞口宽度和高度应比拉闸门的宽度和高度放大 10～25mm。

（七）异型材拉闸门安装

1. 施工准备

（1）检查洞口尺寸，根据设计要求确定安装方式。

（2）检查拉闸门预埋件安装是否到位，是否符合安装要求。检查拉闸门配件是否齐全。

（3）施工工具准备。常用工具电钻、电锤、电动螺丝刀、电动扳手、直尺、直角尺、卷尺等。

2. 安装调试工艺

闸门栅栏花组部件组装→分别将上下导轨 U 形螺栓插入栅栏

花组上下固定孔中（上导轨槽口附带封盖定位片）→套定位码和螺母→紧固螺母→将上下导轨另一端U形螺栓套上勾槽→套上定位码和螺母→紧固螺母→紧固两侧槽中的定位码螺栓→紧固上封盖→整扇闸门装至门洞中→校正闸门的垂直度、水平度→按定位码中的长孔位置打孔→用胀管螺栓紧固闸门各定位码→上下导轨两侧打蜡→安部拉闸门拉手→调试。

3. 安装要点

(1) 测量洞口标高，弹出轨道安装线。

(2) 安装C槽和下轨道。

(3) 安装侧槽并校正其垂直度。

(4) 整扇闸门装至门洞中并校正其垂直度、水平度。

(5) 安装闸门配件。

四、金属百叶窗帘

金属百叶窗帘质轻、易加工、色彩丰富，常用的有铝合金、薄钢百叶窗。

(一) 金属百叶窗形式

金属百叶窗有水平百叶和垂直百叶两种形式。

1. 水平百叶窗帘

水平百叶遮光帘由横向叶片组成，通过改变叶片的角度，即可改变其采光的状态。当不需遮阳时也可全开启，如图7-43所示。

2. 垂直百叶窗帘

垂直软百叶窗帘通过导轨内的螺杆传动控制叶片的开合，可根据需要调整成全开启，半遮闭。当所有百叶片完全张开时，方可通过操作叶片倾斜调节绳转动叶片角度，调整照进室内的光线。如图7-44所示。

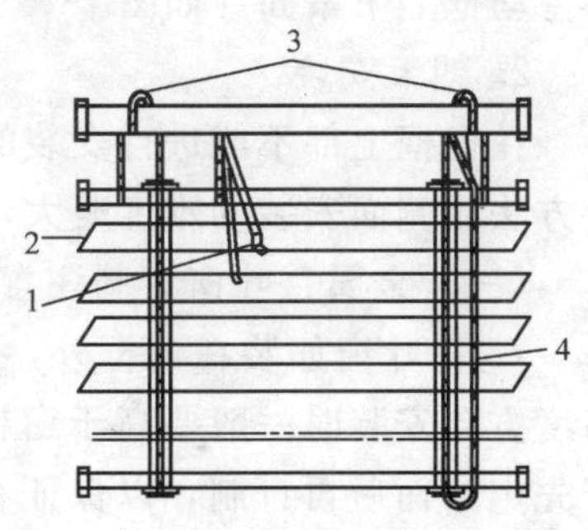

图7-43 金属百叶窗帘吊挂示意图
1—调向绳；2—叶片；3—固定吊绳；4—升降绳

(二) 金属百叶窗的安装方法

金属百叶窗的安装有两种方法：侧面安装和朝天安装。

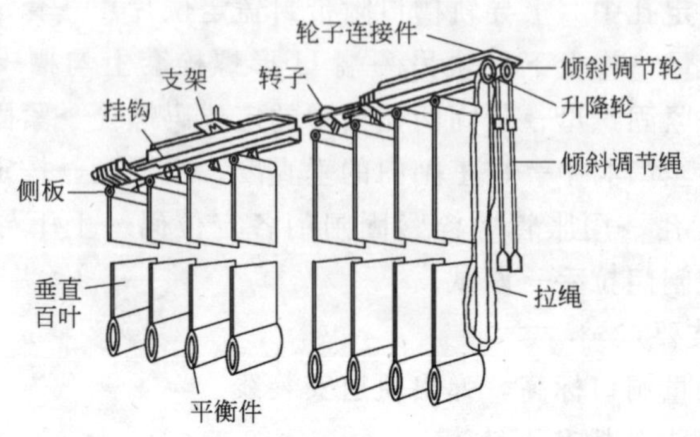

图 7-44 垂直百叶窗帘的组成示意

1. 侧面安装

侧面安装由于固定方法不同，有两种情况：

(1) 用支架固定窗帘轨

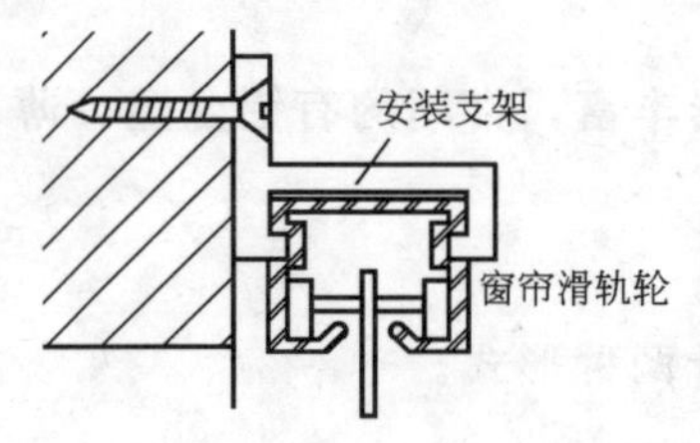

图 7-45 用支架固定窗帘轨示意

安装时可用支架固定窗帘轨，如图 7-45 所示。金属百叶窗帘与窗帘轨是组装好的成套产品，安装前，在窗帘轨转动部件上加少许润滑黄油即可。

(2) 膨胀螺栓固定传动框

安装时，用膨胀螺栓固定传动框与侧面墙体上，再用紧固螺丝将传动框上下紧固。如图 7-46 所示。

2. 朝天安装

在窗框上部不能进行安装的情况下，可采用朝天安装，这种安装方法比侧面安装的难度略大，如图 7-47 所示。

(三) 金属百叶窗订制注意事项

1. 百叶窗如装在窗框外，在宽度方向上两边各应放出 30mm，高度方向安装时一般要高于窗框 100mm 左右。具体放出尺寸可自行先定，而后再订制，以保证有足够的安装尺寸能遮住整个窗框。

2. 百叶窗如安装在框内，则需根据窗框的高，宽各减去 20mm。例如窗框的规格尺寸为 1520mm×1520mm 时，则实做百叶窗尺寸为 1500mm×1500mm。

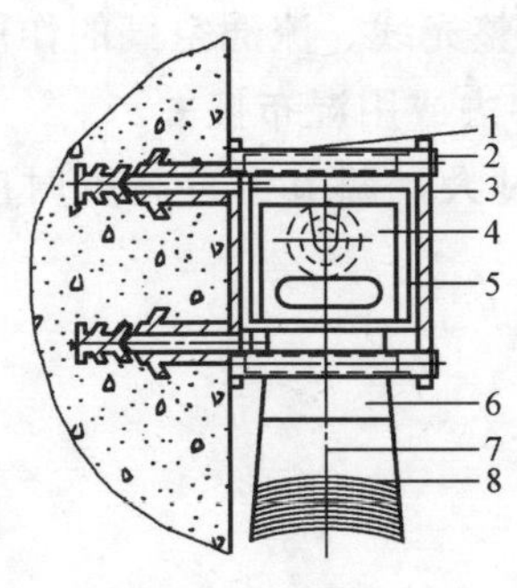

图 7-46 铝合金百叶窗侧面安装局部示意

1—尼龙膨胀管；2—木螺丝；3—紧固螺丝；4—塑料零件；5—传动框；6—样格线；7—百叶片；8—升降绳

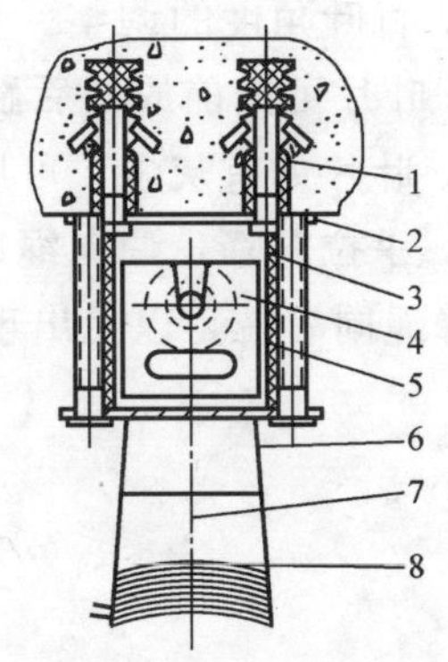

图 7-47 铝合金百叶窗朝天安装局部示意

1—尼龙膨胀管；2—紧固螺丝；3—木螺丝；4—塑料零件；5—传动框；6—梯格线；7—百叶窗；8—升降绳

3. 百叶窗的产品有几种表面处理方法，订制时应根据需要进行选择。其处理特点为：

(1) 烘（喷）漆：选用优质胺基平光漆、烘漆牢固、色彩丰富。

(2) 喷塑：具有耐酸、耐油、耐碱、耐老化、耐冲击和绝缘等优点，比喷漆的牢固性更佳。

(3) 电化：将百叶片氧化，经化学处理后，获得所需要的色泽，其色彩渗透于铝片内，既耐冲击又使窗片保持原重。

(4) 喷花：表面经喷花工艺，装饰出各种图案及标志，使表面具有美感和特色。

(四) 百叶窗使用注意事项

1. 窗帘收放。窗帘收放时，首先应把叶片调平。要放下窗帘时，用手拉住升降绳，向下偏左的方向拉动一下，然后徐徐松绳，窗帘即可放开。如出现倾斜，则是两股升降绳有一股被卡住，只要再拉起一点后，继续放松即可。如果收起窗帘时，用手向下拉升降绳，待百叶窗帘收起后，把升降绳向右摆动大于 20°角度即可自行锁住。如要中途停下，也只要向右一摆动即可。

2. 百叶角度的调整。用手握住调向绳手柄，轻力向下拉动一股绳，叶片可向前或向后翻转，起到调整光线、流通空气的作用。

3. 叶片如有灰尘，可用鸡毛掸子拂去或用湿布擦去。

4. 手拉升降，调向绳时不可用力过大，调节窗帘高度时应双股升降绳同时拉，以免出现倾斜。

第八章　金属扶手、栏杆（栏板）及楼梯

金属扶手、栏杆、栏板及楼梯，在当今的建筑的室内外已广泛使用。它具有造型美观、防火性能好。施工方便、占据空间小等特点，因而在室内外装饰工程中它是首选的方案。按金属材料不同，目前有钢、不锈钢、铝合金、铜合金等几种金属扶手、栏杆、栏板及楼梯。

第一节　钢扶手、栏杆

一、钢扶手、栏杆构造

（一）钢扶手、栏杆构造图

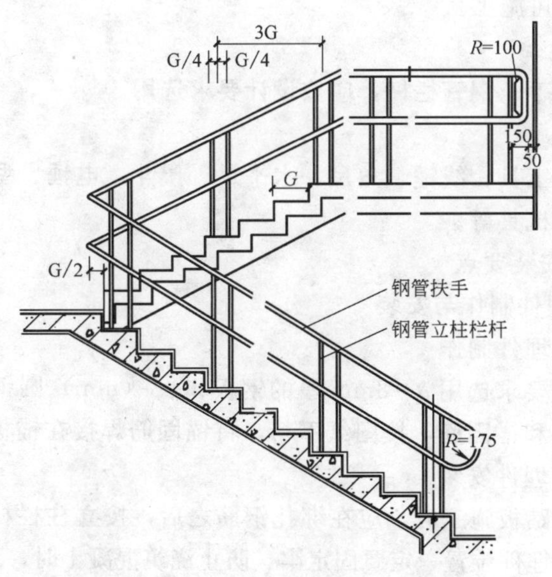

图 8-1　钢扶手栏杆构造图

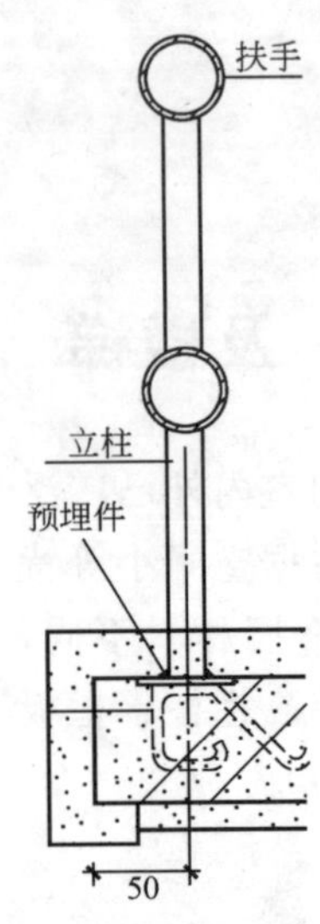

图 8-2 钢扶手、栏杆节点构造

图 8-1 为钢扶手、栏杆构造图。它是由钢管扶手和钢管栏杆组成。

（二）钢扶手、栏杆节点构造

图 8-2 为钢扶手、栏杆节点构造图。钢栏杆分为两截、上截栏杆上端焊接在扶手上，下端焊接在横栏杆上。下截栏杆的上端焊接在横栏杆上、下截栏杆的下端焊接在楼梯踏步板的预埋件上。

二、钢扶手、栏杆安装

（一）施工准备

1. 安装前准备

（1）确定预埋件安装方案

钢筋混凝土楼梯踏步板，是否已浇筑混凝土或是预制板，根据踏步板施工情况，确定预埋件安装方案。

（2）检验预埋件的预留孔的位置

浇筑完的混凝土踏步板、预留栏杆底座位置是否正确定、经检验合格后方可施工。

2. 材料

钢管扶手、钢管栏杆，应按设计要求选用。

3. 工具

常用的工具：线锤、角尺、水平尺、墨斗、电锤、型材切割机及电弧焊的机具等。

（二）安装要点

1. 预埋件制作与安装

（1）预埋件制作

按设计要求选用 $\delta=8$mm 厚的钢板和 $\phi8$（mm）圆钢筋作为预埋件的锚板和锚固筋，按图纸下料，将锚固筋焊接在锚板上。

（2）预埋件安装

当楼梯踏板施工时，应在绑扎钢筋之后，按立柱栏杆位置埋设预埋件。预埋件位置一定要固定牢，防止浇筑混凝土时，产生位移。

2. 栏杆安装

(1) 弹线、补焊锚固板

根据楼梯设计，弹出栏杆立柱位置线。再检查预埋件锚固板中心与栏杆立柱位置中心差距，如大，就应该补焊锚固板。

(2) 下料

按照图纸尺寸将栏杆按 1∶1 放样，栏杆立柱分上、下截，并且与横栏杆和扶手相交，交口都是圆弧，因此下料时一定要按样板进行，否则在安装时难度大了。因为扶手和横栏杆是一根钢管煨弯而成，所以下料时应先放出样板，按样板进行下料。

(3) 点焊立柱栏杆下截

将立柱栏杆下截的下端，点焊在立柱中心位置上。下截临时固定后，拉线检查立柱栏杆下截位置是否符合设计要求，否则应及时处理。

(4) 点焊横栏杆

当立柱栏杆下截检查合格后，可将横栏杆点焊在立柱栏杆下截上端。

(5) 点焊立柱栏杆上截

横栏杆临时固定后，将立柱栏杆上截下端对应立柱栏杆下截点焊在横栏杆上。立柱栏杆上下截应在一条垂直线上。

(6) 点焊扶手

将扶手点焊在立柱栏杆上截上端。

(7) 检验栏杆

当栏杆点焊完后，应对栏杆进行检验，检验平面度、垂直度、位置是否符合安装要求。

3. 焊接

当栏杆、扶手检验合格后，可以进行焊接。

(1) 焊接立柱

焊接立柱时，应注意对称焊，焊完一根立柱可以轮换焊接。也可按立柱的顺序按一个方向进行。

(2) 焊接扶手

焊接扶手一定要对称焊、跳开焊。

4. 涂防锈漆

焊接好后，除锈，涂三遍防锈漆。

第二节　不锈钢楼梯

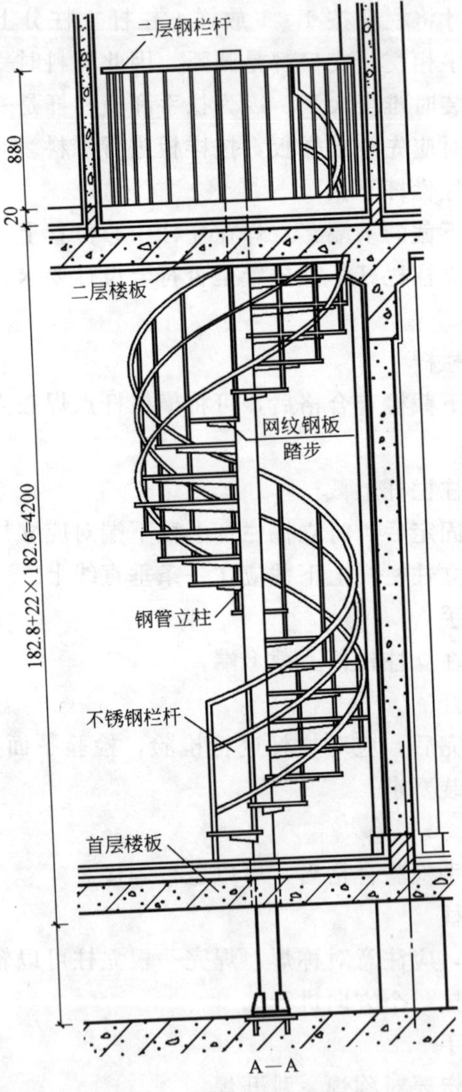

图 8-3　不锈钢螺旋梯及栏杆

不锈钢楼梯，就是楼梯的扶手、栏杆及踏步板完全用不锈钢材料制作。由于不锈钢楼梯造型优美、防腐、不生锈、安全防火、安装方便等特点，因而在装饰工程中，已广泛采用。

一、不锈钢螺旋楼梯建筑构造图

（一）不锈钢螺旋楼梯安装示意图

1. 立面图

图 8-3 为不锈钢螺旋楼梯安装立面示意图。不锈钢螺旋楼梯，它是由不锈钢管扶手、不锈钢栏杆和不锈钢板楼梯组成。由不锈钢管作立柱支撑整个楼梯。也就是楼梯的所有踏步板焊接在立柱上，通过立柱将载荷传递到地基上。

2. 平面图

（1）底层平面图

图 8-4 为不锈钢螺旋楼梯安装底层平面示意图。踏步板是扇形不锈钢板，共有 23 步。踏步板应用不锈钢带网纹钢板。

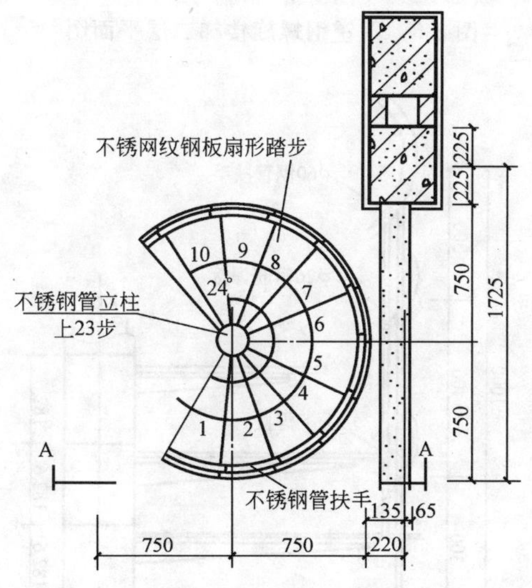

图 8-4　不锈钢螺旋楼梯底层平面图

（2）二层平面图

图 8-5 为不锈钢螺旋楼梯安装二层平面示意图。

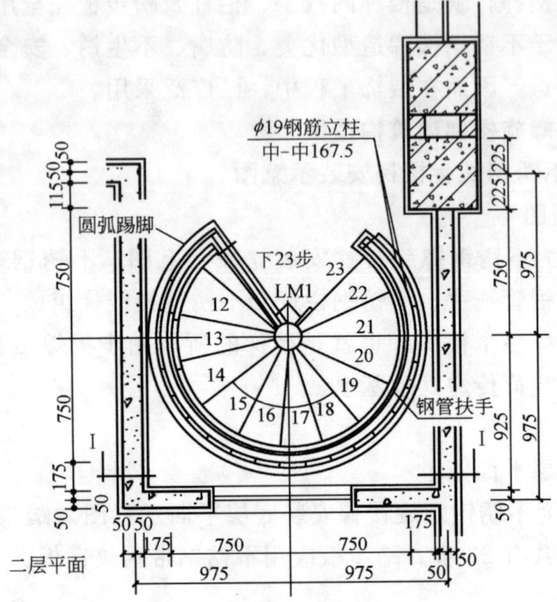

图 8-5　不锈钢螺旋楼梯二层平面图

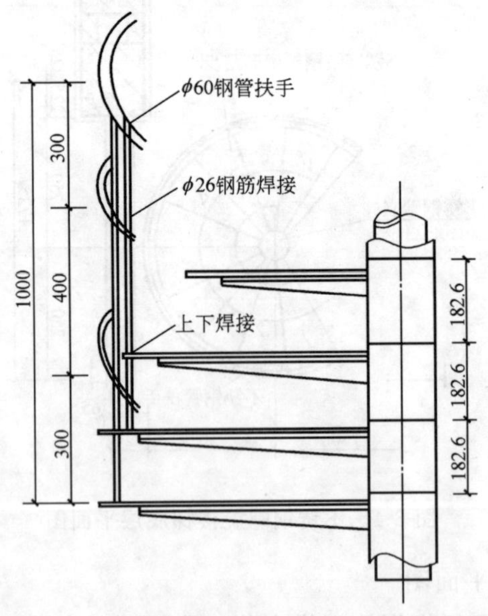

图 8-6　不锈钢螺旋楼梯扶手、栏杆构造图

(二）不锈钢螺旋楼梯节点构造图

1. 扶手、栏杆立面节点构造图

图 8-6 为扶手、栏杆立面节点构造图。不锈钢扶手和栏杆通过焊接连接在一起，不锈钢栏杆与踏步板通过焊接固定。

2. 踏步节点构造图

(1) 踏步立面节点构造图

图 8-7 为踏步立面节点构造图。踏步板焊接在套管上，套管固定在不锈钢立柱上。

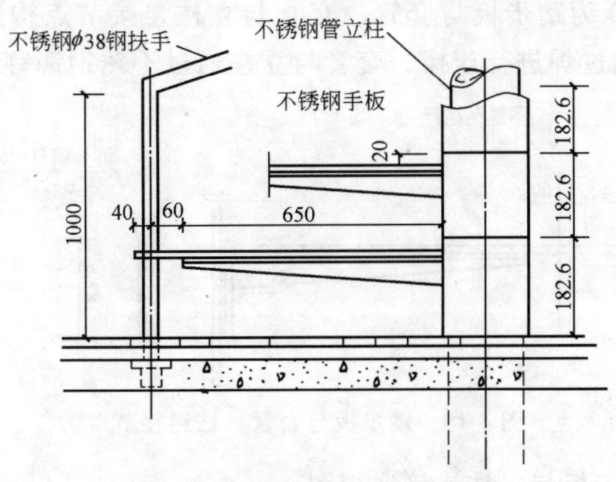

图 8-7 不锈钢螺旋楼梯踏步构造

(2) 踏步水平剖面节点构造图

图 8-8 为踏步水平剖面节点构造图。踏步板为不锈钢网纹

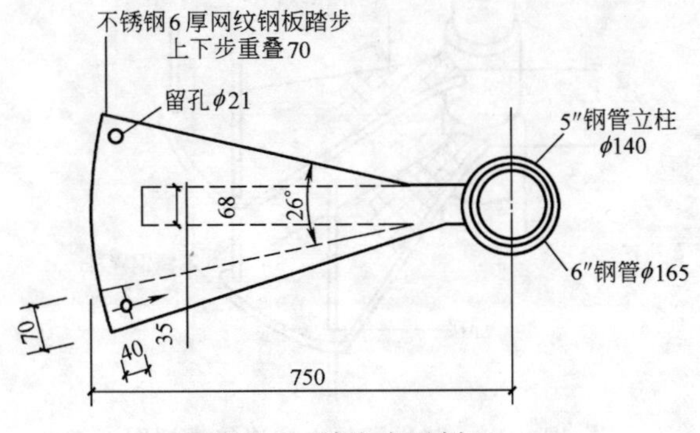

图 8-8 踏步水平剖面

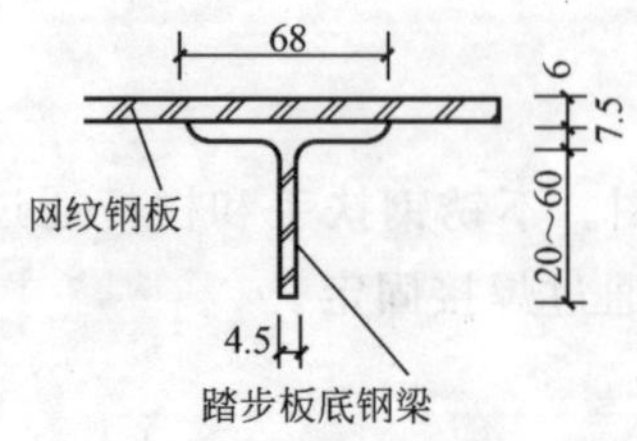

图 8-9　踏步板截面构造图

6mm 厚扇形的踏步板。扇形踏步板与套管通过焊接在一起。

(3) 踏步板截面构造图

图 8-9 为踏步板截面构造图。不锈钢网纹扇形钢板焊接在 T 形钢梁上。

(4) 踏步板与立柱连接节点构造

1) 踏步板与套管、套管与立柱连接节点构造

图 8-10 为踏步板与套管、套管与立柱连接节点构造图。踏步板与套管通过焊进行连接。套管与立柱通过不锈钢铆钉进行铆接。

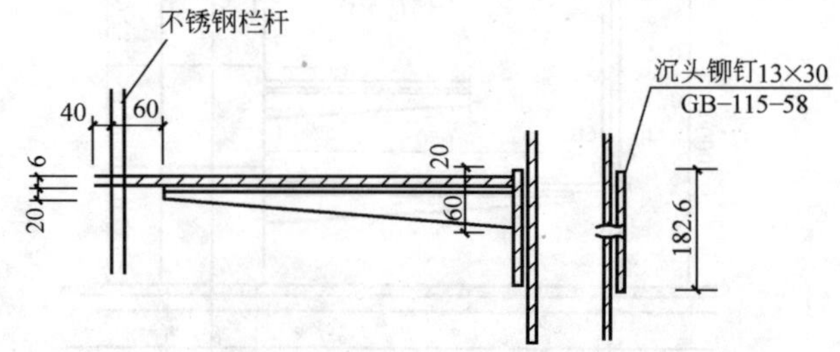

图 8-10　踏步板与套管、柱连接节点

2) 踏步板与立柱连接透视图

图 8-11 为不锈钢踏步板与立柱连接透视图。不锈钢踏步板焊接在套管上，套管用不锈钢铆钉固定在立柱上。

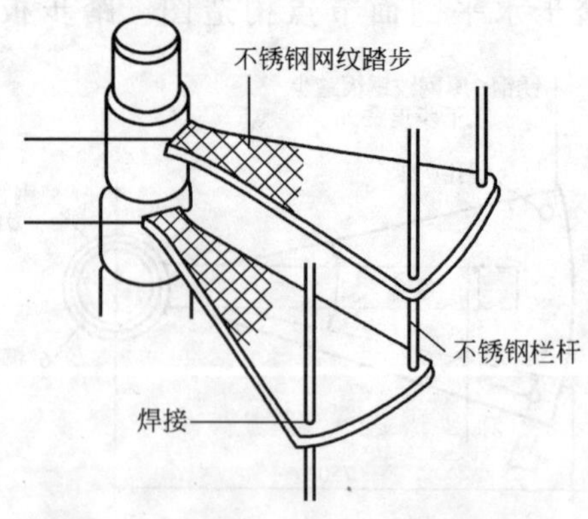

图 8-11　踏步板与立柱连接透视图

二、不锈钢螺旋楼梯安装

（一）施工准备

1. 材料

(1) 不锈钢管立柱。选用不锈钢管 ϕ140（mm），其规格见表 3-54。

(2) 不锈钢管立柱套管。选用不锈钢管 ϕ165（mm），其规格见表 3-54。

(3) 不锈钢管扶手。选用不锈钢管 ϕ38（mm），其规格见表 3-53。

(4) 不锈钢管栏杆。选用不锈钢管 ϕ19（mm），其规格见表 3-53。

(5) 不锈钢踏步板。不锈钢踏步板，选用不锈钢花纹板（δ＝8mm）。

(6) 不锈钢踏步板底钢梁。选用不锈钢板（δ＝8mm）制作。

(7) 预埋件钢板和钢筋

(8) 不锈钢焊条。不锈钢电焊条，其规格见表 3-118。

2. 工具

(1) 手工工具

卷尺、角尺、水平尺、线锤、电焊钳、电焊罩、电焊锤等。

(2) 电动工具

电钻、电锤、型材切割机、电焊机等。

（二）不锈钢楼梯构件加工

1. 预埋件及立柱底座加工

预埋件及立柱底座（如图 8-12）。

(1) 预埋件加工

预埋件锚固板用 δ＝10mm 的钢板，锚固筋用 ϕ8（mm）圆钢筋，按图 4-1 尺寸下料，进行焊接。

(2) 立柱底座加工

立柱底座按图 8-12 进行下料加工，用不锈钢板 δ＝8mm 制作柱底钢板（250×250×8）用不锈钢板（δ＝8mm）制作加劲板。

2. 立柱与立柱套管加工

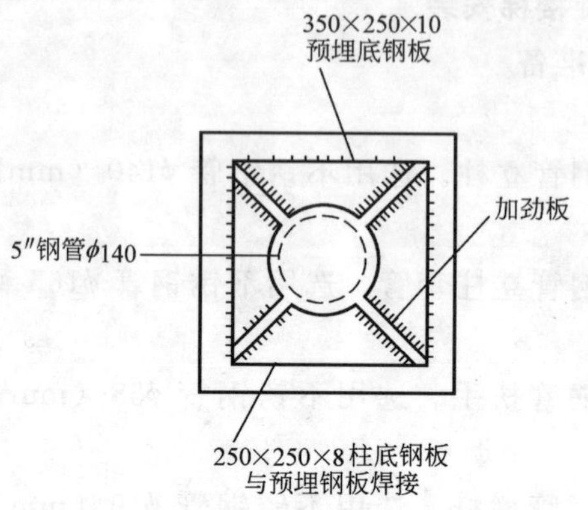

图 8-12　立柱底座

用不锈钢管（φ140mm），按设计尺寸在型材切割机上下料。用不锈钢管（φ165mm），按设计尺寸在型材切割机上下料。

3. 扇形踏步板加工

扇形踏步板由两部分组成，一是踏步面板，二是踏步板底梁（T 形梁）。

（1）扇形踏步板加工

用花纹不锈钢板（δ＝6mm），按设计要求，加工为扇形，并按图纸钻孔位置，在钻床上钻孔（φ28mm），如图 8-8 所示。

（2）踏步板底梁（T 形梁）加工

踏步板底 T 形梁，用不锈钢板（δ＝4.5mm）和不锈钢板（δ＝7.5mm）切割后，焊接而成，如图 8-9 所示。

（3）将 T 形梁焊接在踏步板底部。

4. 不锈钢栏杆加工

不锈钢栏杆，选用 φ26mm 不锈钢管，在型材切割机上切割，按图纸尺寸下料，如图 8-6 所示。

5. 不锈钢扶手

不锈钢扶手，选用 φ60mm 不锈钢管加工而成，根据设计要求，在煨弯机上进行冷煨。

（三）不锈钢螺旋楼梯安装

1. 放线

根据设计图纸，在地基层、首层楼板及二层楼板上，放出楼梯立柱中心位置。

2. 安放预埋件

在混凝土楼板未浇筑前，应在底层、首层和二层立柱中心位置分别安放预埋件、预埋立柱套管和放置固定立柱的预埋钢板。

3. 安装立柱前应检验预埋件位置、预埋套管位置，是否合乎设计要求。检验方法从二层楼立柱中心吊线锤即可检查。

4. 安装立柱底座

将立柱底座不锈钢板与预埋钢板焊接在一起。

5. 安装不锈钢立柱

安装立柱时，应提前把套管放好，将立柱临时固定、校正后，焊接立柱底座加劲板。

6. 安装楼梯踏步板

将踏步板的T形挑梁和钢管套箍焊接好。根据图纸确定踏步板高度，再以铆钉与立柱相固定。

7. 不锈钢栏杆安装

踏步板安装时上下重叠70mm，不锈钢栏杆穿孔焊接。如图8-11所示。

8. 不锈钢扶手安装

将加工好的不锈钢扶手，先点焊在栏杆上，经过检验后方可焊接。

9. 不锈钢焊接

（1）不锈钢手工电弧焊坡口形式及尺寸，见表1-25。

（2）不锈钢手工电弧焊，操作要点见表1-26。

第三节　铝、铜合金扶手栏杆

铝、铜合金扶手栏杆、在室内外装饰中，光彩夺目、亮丽照人，起到画龙点睛的作用，是目前广泛采用的一种装饰方法。

一、铝合金扶手、栏杆

（一）铝合金扶手、栏杆构造

1. 铝合金扶手、栏杆构造图

图 8-13 为铝合金方管型材扶手-栏杆构造图。它是由铝合金方管型材组成的栏杆和扶手。造型清晰、直观性强。

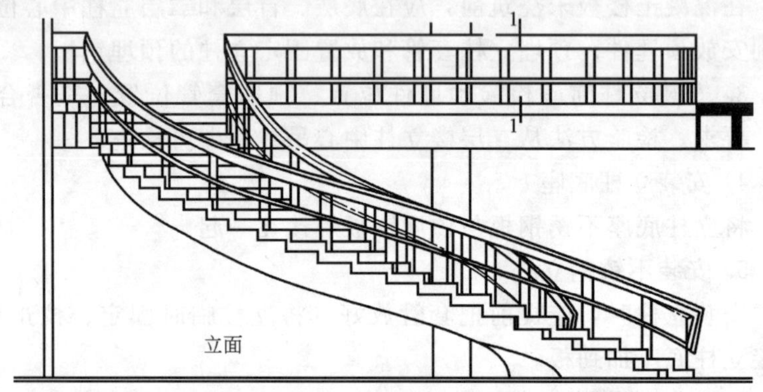

图 8-13　铝合金方管型材扶手、栏杆构造图

2. 铝合金扶手、栏杆节点构造

图 8-14 为铝合金方管扶手、栏杆节点构造图。扶手是由特制扶手、铝合金方管外镶瓦楞板组成，而栏杆是方管和方带组成。

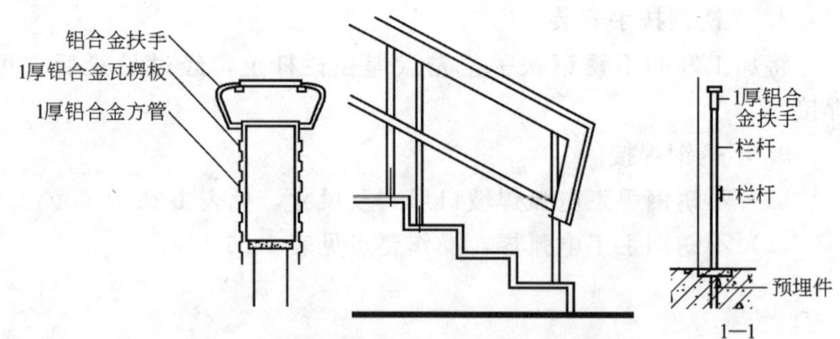

图 8-14　铝合金方管扶手、栏杆节点构造

（二）铝合金扶手、栏杆安装

1. 施工准备

（1）材料

1）铝合金扶手。可按设计选用。

2）铝合金扶手方管。根据规格，按表3-74选用。

3）铝合金栏杆方管。根据规格，按表3-73选用。

4）铝合金带。根据规格，按设计要求选用。

5）预埋件。钢板$\delta=8$mm，圆钢筋$\phi8$（mm）钢管（根据栏杆尺寸确定）。

6）焊接材料

① 铝焊。焊条的选用，见表3-121。

② 钢焊。焊条的选用，见表3-116。

（2）工具、机具

1）手工工具。线锤、卷尺、角尺、水平尺、手锤、电焊帽、电焊钳及电焊手套等。

2）电动工具。电锤、型材切割机、铝型材切割机。

3）机具。电焊设备、铝焊设备。

2. 安装要点

（1）预埋件的制作与安装

1）预埋件制作

选钢板（$\delta=8$mm）和钢筋（$\phi8$mm），按设计要求的尺寸切割锚板和锚固筋，用电弧焊将锚固筋焊接在锚固板上。

2）预埋件安装

当楼梯踏步板施工绑扎钢筋时，应将预埋件固定在栏杆设计的位置上。为防止位移，应与钢筋和模板双向固定。

（2）栏杆安装

铝合金方管栏杆安装，先将立柱栏杆插在预埋件锚固板上的方钢管，然后再安装横栏杆铝带，最后安装扶手。

1）弹线

将立柱栏杆中心线，弹在踏步板的预埋件上，检验预埋件位置是否正确。若位差大应采取补救措施。

2）焊接方钢管

在立柱栏杆中心位置上、将方钢管（外径小于铝合金方管内径）焊接在锚固板上。方钢管长度为3～4cm。先点焊，检查位置符合设计要求时再焊牢。

3）安装立柱栏杆和横栏杆铝带

将立柱栏杆直接插在方钢管上。再将铝带点焊在立柱栏杆上。

4）安装扶手

① 安装铝带。在立柱栏杆端部点焊铝带、点焊前应检验立柱栏杆标高是否符合设计要求。

② 安装铝合金方管。在铝带上再点焊铝合金方管。

③ 安装铝合金扶手。将特制的铝合金扶手点焊在铝合金方管上。

5）铝焊

铝及铝合金焊接一般采用铝气焊进行焊接。

① 铝气焊坡口形式及尺寸，见表 1-47。

② 铝气焊操作要点，见表 1-48。

二、铜合金扶手、栏杆

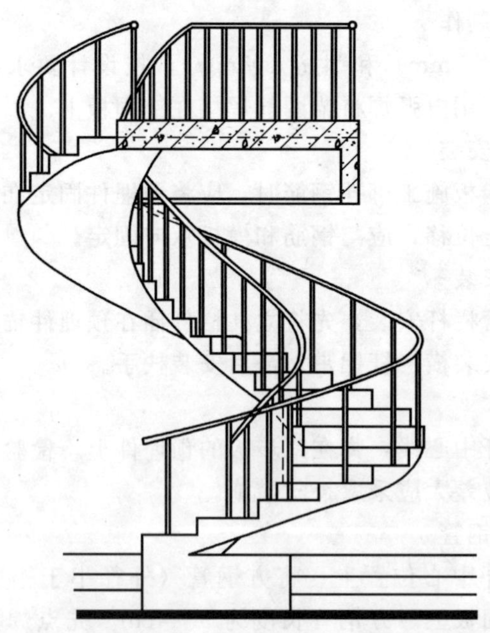

图 8-15 铜合金扶手、栏杆构造图

（一）铜合金扶手-栏杆构造

1. 铜合金扶手、栏杆构造图

图 8-15 为铜合金扶手、栏杆构造图。它是由铜扶手和铜栏杆组成。

2. 铜合金扶手、栏杆节点构造图

图 8-16 为铜合金扶手、栏杆节点构造图。扶手与栏杆通过铜

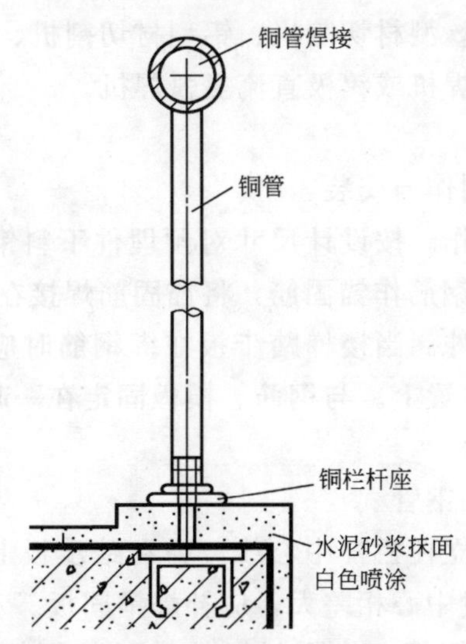

图 8-16　铜合金扶手、栏杆节点构造

焊连接在一起，而栏杆与预埋件是通过预件上的丝扣钢管进行连接，其构造节点，如图 8-17 所示。

（二）铜合金扶手、栏杆安装

1. 施工准备

（1）材料

1）扶手。铜管扶手根据设计要求，按表选用。

2）铜管栏杆。根据设计要求，按表选用。

3）铜栏杆座。根据设计要求，

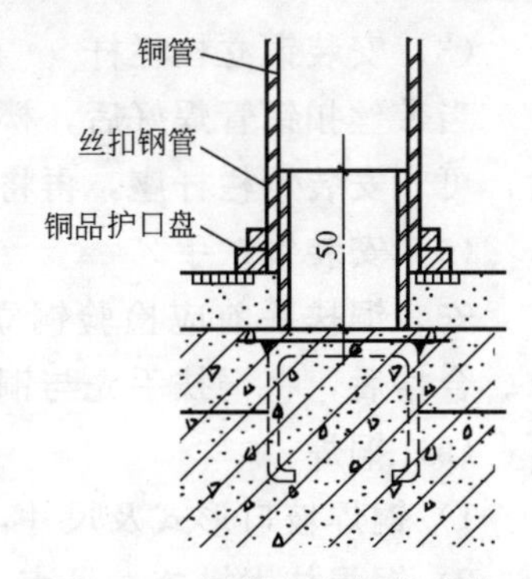

图 8-17　铜栏杆与钢管连接

按表选用铜板进行加工。

4）铜焊材料。应根据铜焊的焊接方法，选用铜焊的焊接材料。

5）预埋件。选用 $\delta=8$mm 钢板和 $\phi8$mm 钢筋。

6）扣丝钢管。钢管外径小于铜栏杆的内径并加工丝扣。

（2）工具、机具

1）手工工具。线锤、角尺、卷尺、水平尺、手锤。

2）电动工具。型材切割机、铝型材切割机、电锤等。

3）机具。电焊机或钨极直流氩弧焊机。

2. 安装要点

（1）预埋件制作与安装

1）预埋件制作。按设计尺寸对预埋件下料钢板 $\delta=8$mm 为锚固板、$\phi8$（mm）钢筋作锚固筋，将锚固筋焊接在锚固板上。

2）安装预埋件。当楼梯踏步板在绑钢筋时应将预埋件安装在踏步板主柱栏杆位置上。与钢筋、模板固定在一起，防止振动混凝土时产生位移。

（2）安装丝扣钢管

1）弹线。将立柱栏杆中心线，弹在踏步板上的锚固板上。若锚固板中心与弹线中心相差大，应补焊锚固板。

2）焊接丝扣钢管。将预制好的带丝扣钢管点焊在立柱栏杆中心位置上。检查丝扣钢管位置是否符合设计要求，方可进行焊接。

（3）安装铜立柱栏杆

当带丝扣钢管焊好后，楼梯踏步抹灰已完成，强度达设计要求后，可先安装铜栏杆座，再将铜立柱栏杆安装上。

（4）安装铜扶手

安装铜扶手前应检验铜立柱栏杆标高、平面是否符合设计要求。合格后，将铜扶手先与铜立柱栏杆点焊临时固定。

（5）铜焊

1）铜焊坡口形式及尺寸，见表 1-49。

2）铜焊技术措施，见表 1-50。

第四节 金属扶手栏板

一、金属扶手玻璃栏板

（一）金属扶手玻璃栏板分类

金属扶手玻璃栏板根据玻璃栏板柱和扶手安装位置不同，可分为半玻式和全玻式栏板。

1. 半玻式栏板

图 8-18 为金属扶手半玻式栏板。它是将玻璃安装在栏杆立柱之间，上、下与扶手和地面不接触。

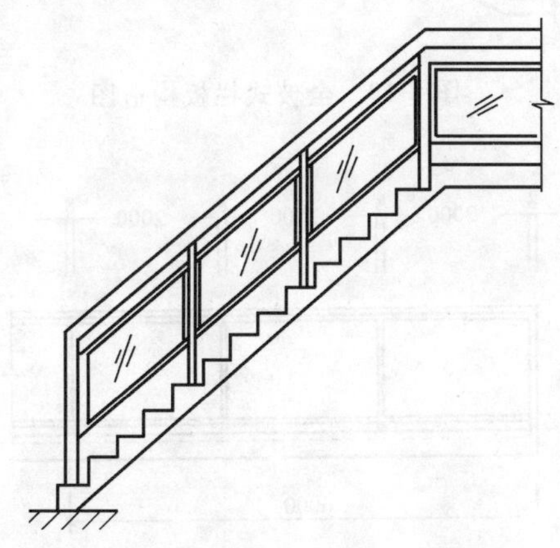

图 8-18 半玻式栏板构造图

2. 全玻式栏板

图 8-19 为金属扶手全玻式栏板。它是将玻璃安装在栏杆立柱、扶手和地面之间，整个扶手、栏板、立柱和地面是封闭的。

（二）金属扶手玻璃栏板构造

1. 玻璃分布构造

所使用的玻璃应为安全玻璃。因为这些部位的栏板除了具有一定的装饰效果外，本身还是受力构件，起到防护、推、靠等功能作用。常用的是钢化玻璃和夹层钢化玻璃。单块尺寸多用 1.5m 宽。水平部位的玻璃宽度在 2m 左右，厚 12mm，其分布如图 8-20 所示。

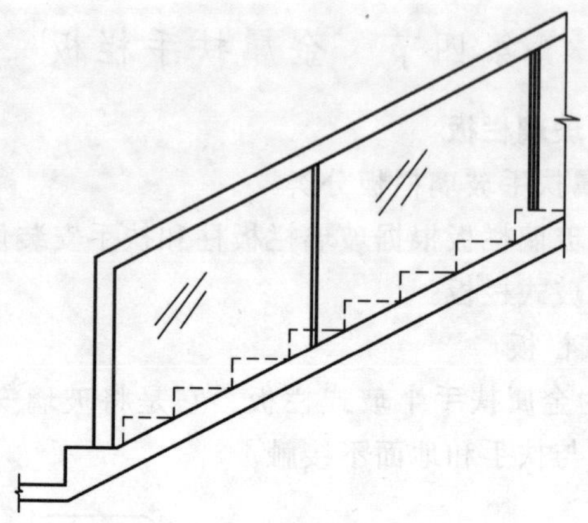

图 8-19　全玻式栏板构造图

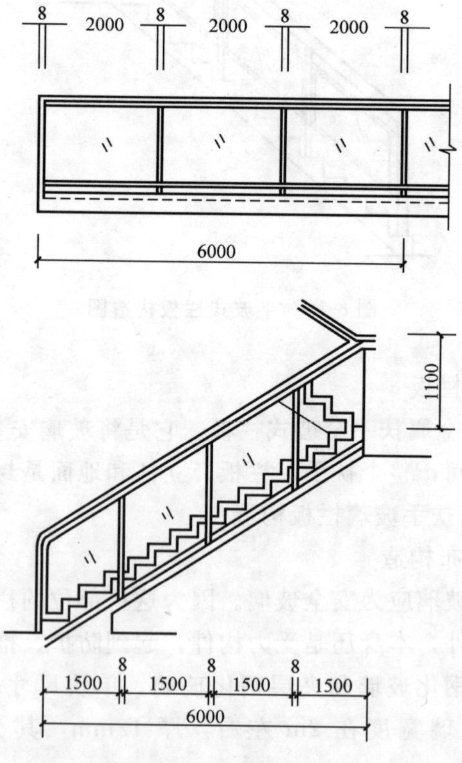

图 8-20　玻璃分布构造

2. 金属扶手半玻式栏板节点构造

(1) 玻璃与立柱安装连接节点构造

图 8-21 为玻璃与立柱安装连接节点构造图。其中厚玻璃是用卡槽安装于楼梯扶手立柱之间，如图 8-21（*a*）所示。另一种是在立柱上开出槽位，将厚玻璃直接安装在立柱内，并用玻璃胶固定，如图 8-21（*b*）所示。

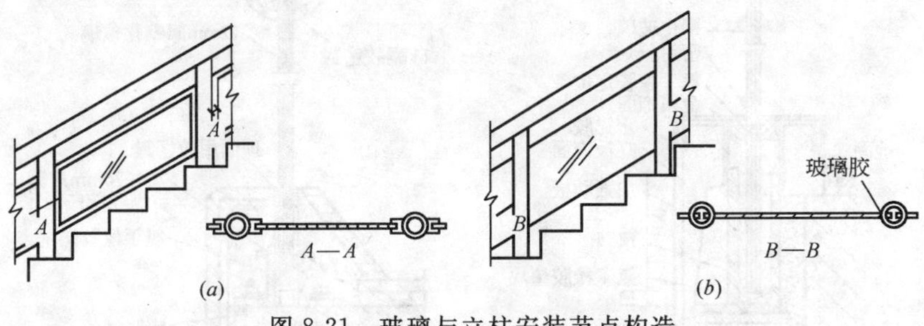

图 8-21 玻璃与立柱安装节点构造

(2) 半玻式立柱节点构造

半玻式立柱节点构造与玻璃安装方式不同，有两种节点构造。一是在立柱内开槽镶安玻璃的节点构造，如图 8-22（*a*）所示。另

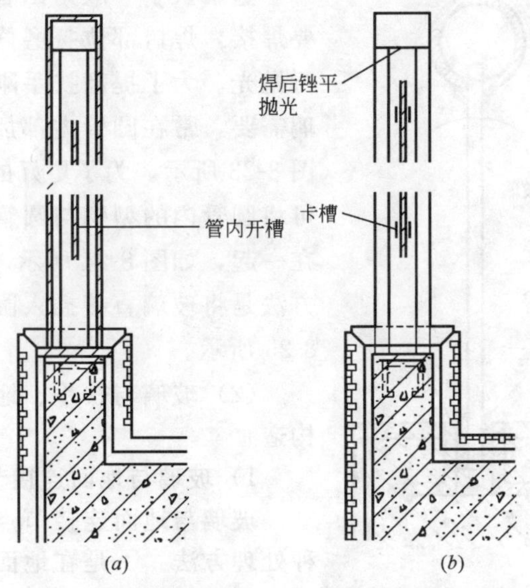

图 8-22 半玻式立柱节点构造

一种是用卡槽安装玻璃的立柱节点构造，如图 8-22（b）所示。

3. 金属扶手全玻式栏板节点构造

（1）金属扶手节点构造

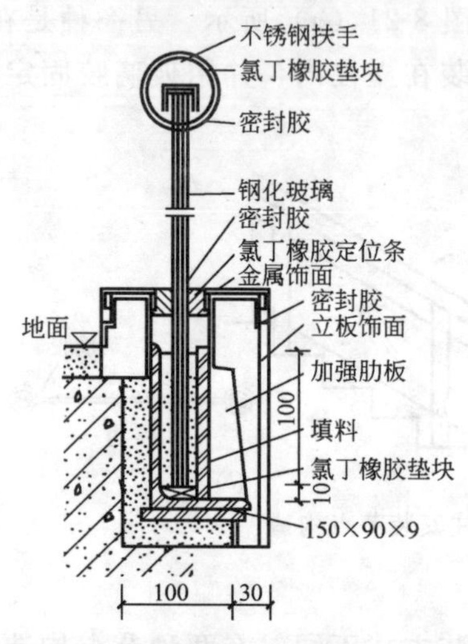

图 8-23 金属圆管扶手玻璃栏板构造

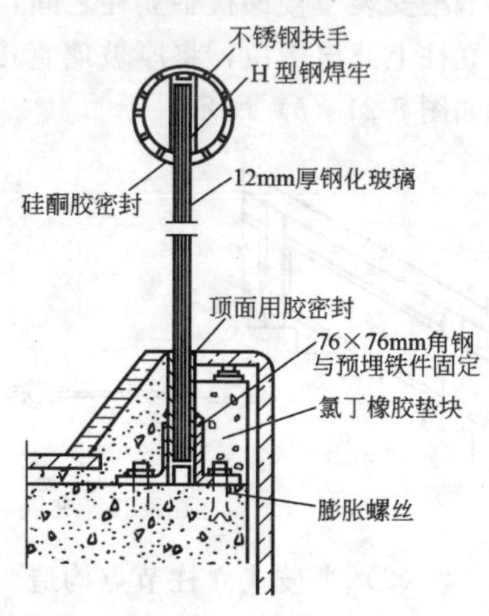

图 8-24 圆管内焊接型钢构造

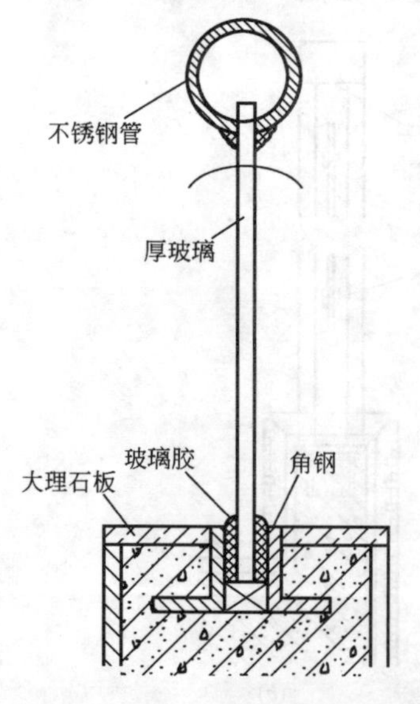

图 8-25 全玻式楼梯扶手结构

金属扶手一般是圆管的，接长时要焊接，焊口部位打磨修平后，再进行抛光。为了提高扶手刚度及安装玻璃需要，常在圆管内部加设型钢，如图 8-23 所示。为了更好的形成整体也可将圆管内的型钢与圆管的外表焊接在一起，如图 8-24 所示。目前常用的方法是将玻璃直接插入圆管内，如图 8-25 所示。

（2）玻璃与扶手、地面连接节点构造

1）玻璃与地面连接节点构造

玻璃与地面连接节点构造，有两种处理方法：一是在地面或地面沟槽里加入加强肋板或型材，如图 8-23 所示。另一种方法是在地面沟槽内，加入密封胶，直接镶固，如图 8-26 所示。

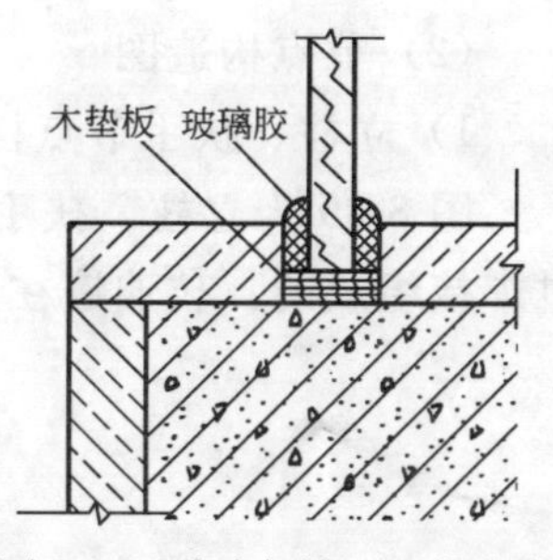

图 8-26　玻璃与楼地面的连接

2）玻璃与扶手连接节点构造

玻璃与扶手连接节点构造，有三种形式：(*a*) 厚玻璃插入管槽内；(*b*) 厚玻璃插入卡槽内；(*c*) 用玻璃胶粘结。如图 8-27 所示。

（三）金属扶手半玻式栏板槽式安装

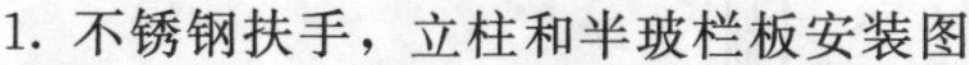

1. 不锈钢扶手，立柱和半玻栏板安装图

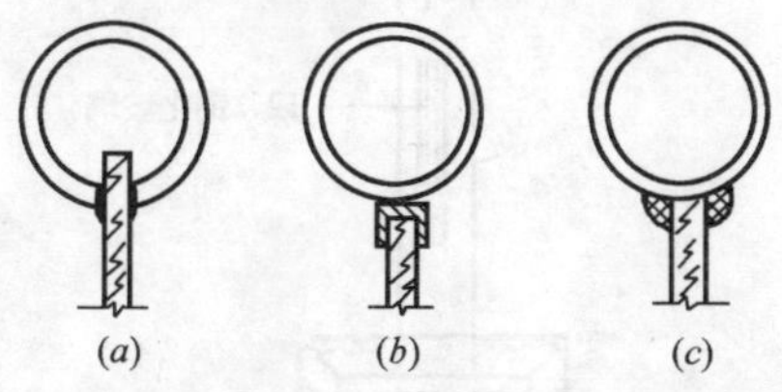

图 8-27　厚玻璃与上部金属管的连接形式

(*a*) 厚玻璃插入管内；(*b*) 厚玻璃装入卡槽内；(*c*) 用玻璃胶粘结

（1）安装示意图

图 8-28 为不锈钢扶手，立柱和半玻栏板安装示意图。它是由不锈钢圆管扶手、不锈钢圆管立柱和厚玻璃板组成。

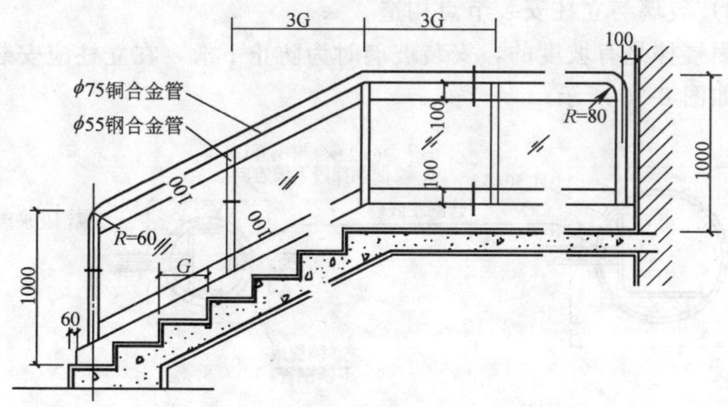

图 8-28　不锈钢扶手、半玻式栏板

(2) 节点构造图

1) 立柱、扶手节点构造图

图 8-29 为立柱、扶手节点构造图。立柱与扶手和地面连接通过焊接组成的。玻璃镶在立柱的槽沟里。

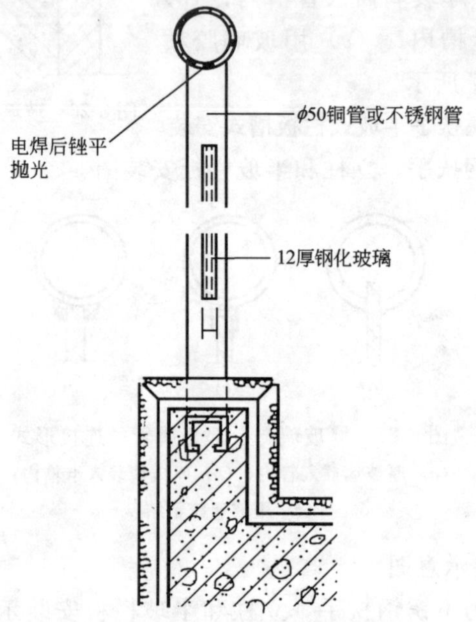

图 8-29 立柱、扶手节点构造图

2) 玻璃与立柱安装节点构造

因楼梯是有坡度的，安装玻璃时为防止下滑，在立柱应安装型材，如图 8-30 所示。

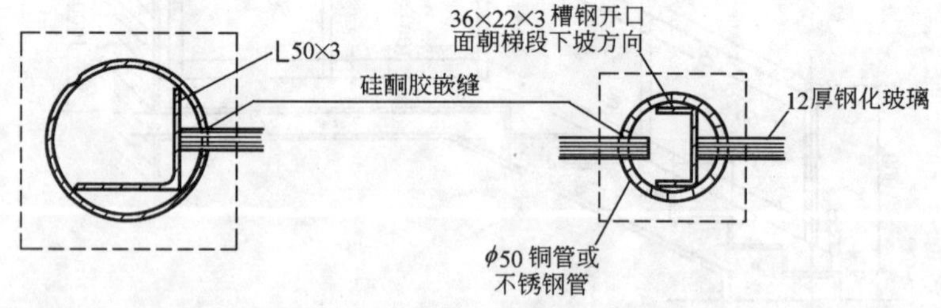

图 8-30 玻璃与立柱安装节点

2. 施工准备

（1）材料

1）扶手。不锈钢圆管，按表 3-56 选用。

2）立柱。不锈钢圆管，按表 3-57 选用。

3）厚玻璃。12mm 厚的钢化玻璃。

4）预埋件。预埋件锚板 $\delta=8$mm 钢板，锚固筋用 $\phi8$（mm）圆钢。

5）密封材料。选用硅酮胶嵌缝。

6）不锈钢焊条。按表 3-116 选用。

（2）工具、机具

1）手工工具。线锤、角尺、水平尺、卷尺红铝竿、电焊工具等。

2）电动工具。电锤、型材切割柱等。

3）机具。电焊机。

3. 安装要点

（1）预埋件制作与安装

1）预埋件制作。预埋件锚固板用 $\delta=8$mm 钢板、预埋件锚固筋用 $\phi8$ 圆钢筋，将锚固筋焊接在锚固板上。

2）安装预埋件。在楼梯板绑扎钢筋时，应将预埋件固定在钢筋上，位置应符合设计要求，方向应和梯板坡度一致，如图 8-31 所示。

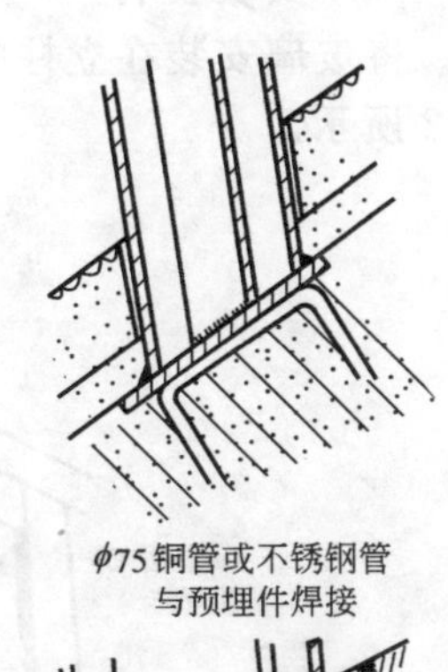

$\phi75$ 铜管或不锈钢管与预埋件焊接

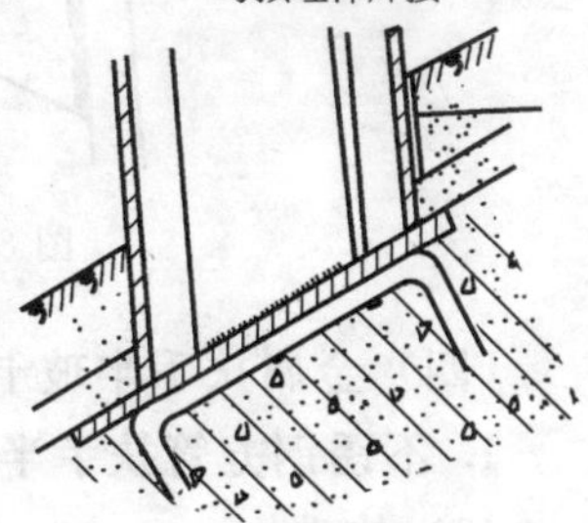

图 8-31 立柱与预埋件焊接

（2）下料

根据扶手、立柱的设计尺寸进行放样，按样板尺寸进行下料。因为立柱安装楼梯梁上，只有 1∶1 的尺寸放样，才能准确下料。

（3）立柱开槽、安装型材

不锈钢立柱开槽，槽口长度按玻璃高度确定，槽口宽度按玻璃厚度确定，再加 2mm 即可。不锈钢可在刨床上开槽。按立柱内径尺寸确定型材尺寸规格，开完槽口后，将型材安装到立柱管内。

（4）玻璃加工

按设计尺寸，对玻璃进行加工。玻璃切割后，边缘不应有明显的缺陷，应符合表 10-5 要求。玻璃应进行边缘处理，质量应符合图 10-18 要求。

（5）安装立柱

按设计图纸，弹出立柱中心位置并检验预埋件中心位置与其误差，若偏差大应及时修补。在立柱中心位置上点焊立柱。

（6）安装扶手

检查立柱的平面、垂直度和标高符合设计要求时，可将扶手点焊在立柱上。

（7）焊接

扶手、立柱临时固定后，经检验一切合格后进行焊接。焊接立柱和扶手是对称性进行焊接，轮流作业。

（8）安装玻璃

将玻璃安装在立柱的开槽内，安装后用嵌缝膏进行密封，如图 8-32 所示。

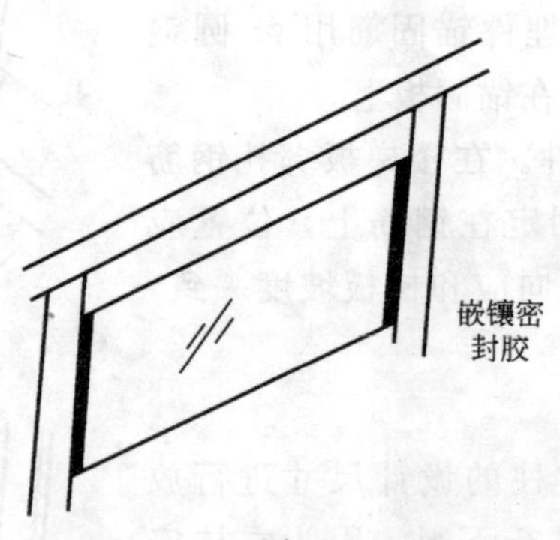

图 8-32　玻璃嵌镶密封膏

（四）金属扶手半玻卡式栏板

1. 不锈钢方管扶手半玻卡式栏板构造图

（1）构造图

图 8-33 为不锈钢方管扶手半玻卡式栏板构造图。

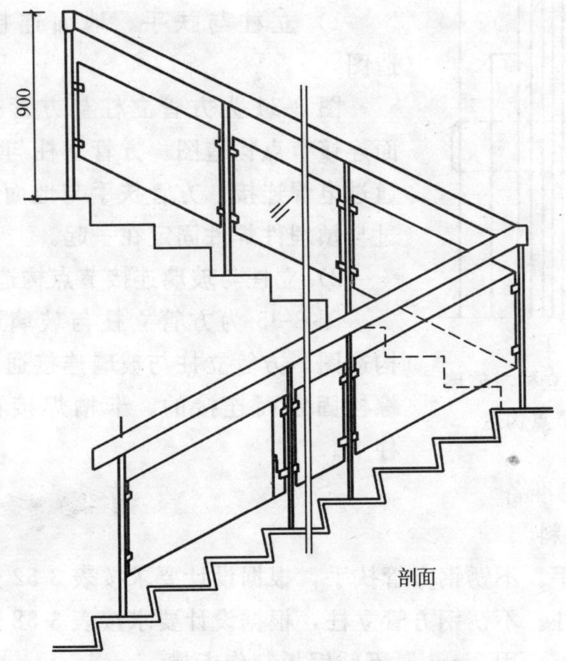

图 8-33　不锈钢方管扶手半玻卡式栏板

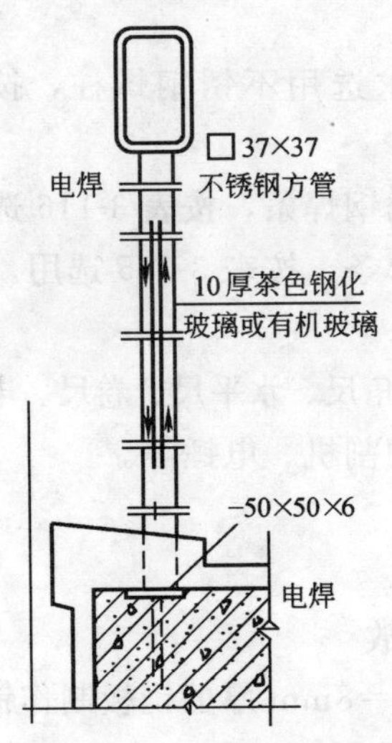

图 8-34　立柱扶手节点构造图

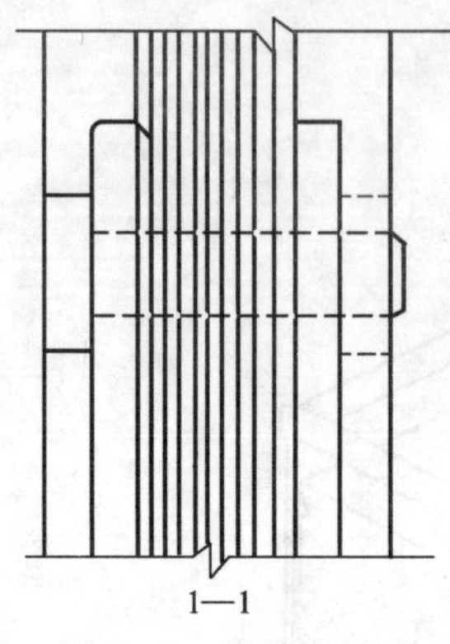

图 8-35　立柱与玻璃连接节点构造

(2) 节点构造图

1) 立柱与扶手、地面连接节点构造图

图 8-34 为方管立柱与方管扶手和地面连接节点构造图。方管立柱与方管扶手通过电焊连接。方管扶手与地面连接，通过与预埋件焊件固定在一起。

2) 立柱与玻璃连接节点构造图

图 8-35 为方管立柱与玻璃连接节点构造图。方管立柱与玻璃连接通过卡槽用螺栓固定而连接的。卡槽焊接在方管立柱上。

2. 施工准备

(1) 材料

1) 扶手。不锈钢方管扶手，根据设计要求按表 3-52 选用。

2) 立柱。不锈钢方管立柱，根据设计要求按表 3-58 选用。

3) 卡槽。用 3mm 厚不锈钢板制作卡槽。

4) 预埋件。用 $\delta=8$mm 厚钢板制作锚板，用 $\phi8$ 钢筋制作锚筋。

5) 螺栓。按设计要求选用不锈钢螺柱，按表 3-93～表 3-96 选用。

6) 不锈钢焊条。不锈钢焊条，按表 3-116 选用。

7) 钢焊条。普通钢焊条，按表 3-115 选用。

(2) 工具、机具

1) 手工工具。线锤、角尺、水平尺、卷尺、电焊工具、扳手等。

2) 电动工具。型材切割机、电锤等。

3) 机具。电焊机。

3. 安装要点

(1) 预埋件制作与安放

1) 预埋件制作。用 $\delta=8$mm 厚的钢板制作锚固板，用 $\phi8$ 钢筋作锚固筋。将锚固筋焊接在锚固板上。

2）预埋件安放。当楼梯踏步板绑钢筋时，应将预埋件固定在立柱中心位置的钢筋上。防止预埋件在混凝土施工时，产生位移。

（2）不锈钢卡槽制作

用不锈钢薄板（$\delta=3$mm），按设尺寸制作不锈卡槽，并用电钻钻孔，孔径按螺栓直径确定。

（3）扶手、立柱下料

根据设计图纸，扶手、立柱按 1∶1 放样，做出样板进行下料。

（4）卡槽与立柱连接

将卡槽两边分别焊接在方管立柱上，中间间距等于玻璃厚度。两边的螺栓孔应同心。同时应注意卡槽的倾斜度，如图 8-36 所示。

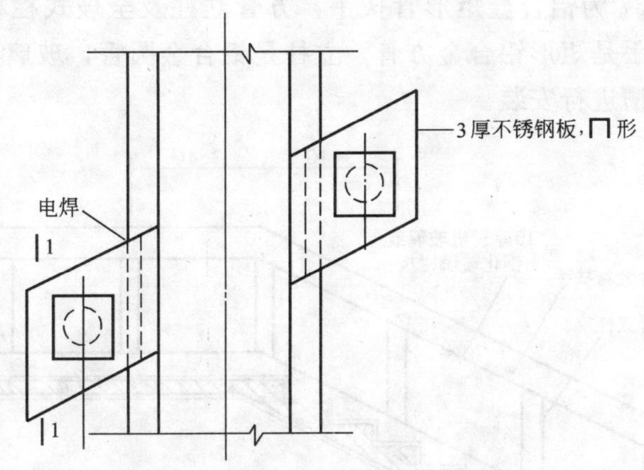

图 8-36　卡槽与立柱连接节点处理

（5）安装立柱

安装立柱前应检查预埋件位置是否正确，若误差大，应立即补修，将方管立柱焊接在预埋件锚固板上。

（6）安装扶手

安装扶手前应对立柱垂直度、平面度、标高等进行检查，符合要求时，将不锈钢扶手点焊在立柱上，进行临时固定。

（7）焊接

薄壁不锈钢型材进行焊接，应采用手工不锈钢钨极氩弧焊。

1）不锈钢手工钨极氩弧焊坡口形式，见表 1-25。

2）不锈钢手工钨极氩弧焊，送丝技术，见表1-33。

3）不锈钢手工钨极氩弧焊、操作技术，见表1-34。

（8）玻璃安装

安装玻璃前，应对玻璃进行加工，特别钻孔应按要求进行，注意圆孔与螺栓直径相匹配，同时应注意玻璃板倾斜度。

（9）抛光

安装完玻璃后，应对整体不锈钢扶手、立柱进行抛光。

（五）金属扶手全玻式栏板安装

1. 铝合金矩形管扶手、全玻式栏板构造图

（1）安装构造图

图8-37为铝合金矩形管扶手，方管立柱及全玻式栏板安装示意图。扶手是矩形铝合金方管，立柱是铝合金圆管，玻璃与立柱通过立柱开槽进行安装。

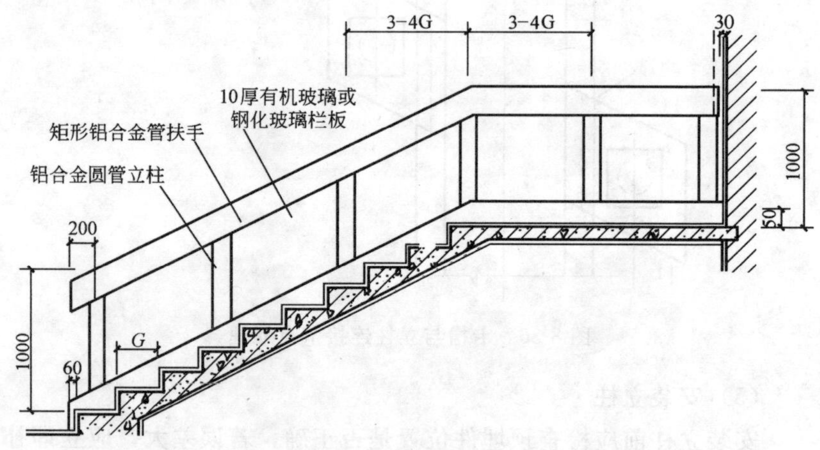

图8-37 铝合金方管扶手、立柱、全玻式栏板构造

（2）节点构造图

1）玻璃与扶手、地面连接节点构造图

图8-38为玻璃与扶手、地面连接节点构造图。玻璃与扶手、地面是通过铝合压条将玻璃固定。

2）玻璃与立柱、立柱与扶手、立柱与地面连接节点构造

图8-39为玻璃与立柱、立柱与扶手、立柱与地面连接节点构

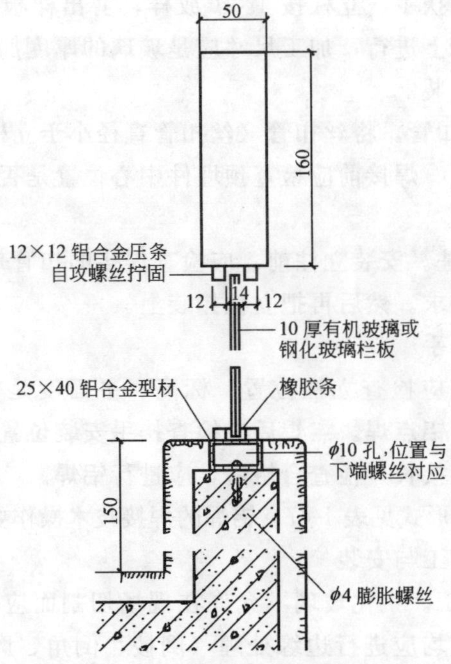

图 8-38　玻璃与扶手、地面连接节点

造图。玻璃与立柱连接是通过立柱开槽将玻璃嵌镶在槽内。立柱与扶手是通过焊接连在一起。立柱与地面是通过丝扣与预埋件上螺丝管连接在一起。

2. 安装要点

（1）预埋件制作与安放

1）预埋件制作。按预埋件设计尺寸在钢板（$\delta=8$mm）上下锚固板料，用钢筋（ϕ8）做锚固筋，将锚固筋焊接在锚固板上。

2）预埋件安放。当楼梯板绑钢筋时，应将预埋件固定在立柱中心线的位置上，防止移动。

（2）立柱、扶手下料加工

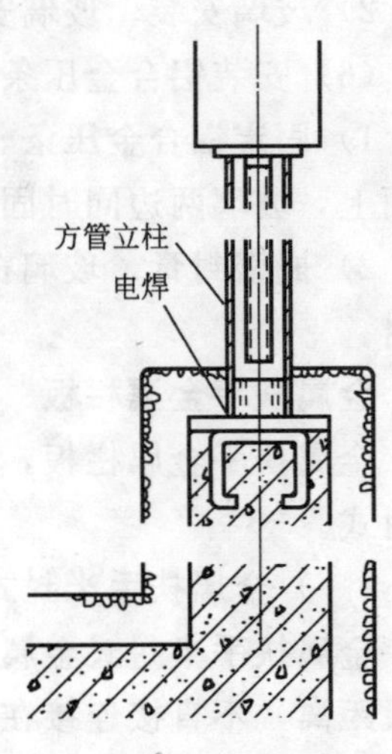

图 8-39　玻璃与立柱连接节点构造

根据图纸将扶手、立柱按 1∶1 放样，剪出样板进行下料。立柱开槽可在刨床上进行，加工尺寸应是玻璃的厚度加 4mm。

（3）立柱安装

1）焊接丝扣管。将丝扣管（丝扣管直径小于立柱，长度 4cm）焊接在预埋件上。焊接前应检查预埋件中心位置是否正确，误差大应及时修补。

2）安装立柱。安装立柱前，应检查焊接的扣管是否位置正确，是否符合设计要求。然后再把立柱扣装上。

（4）安装扶手

安装扶手前应检查立柱位置、标高、平面度是否符合设计要求，合格后进行铝点焊。点焊后应检查扶手安装位置是否符合设计要求，是否需要接长，检查合格后，应进行铝焊。

铝焊的坡口形式见表 1-47。铝焊的焊接技术操作要点见表 1-48。

（5）玻璃加工与安装

1）玻璃加工。钢化玻璃不允许在现场切割而应按设计尺寸在工厂进行。玻璃均应进行边缘处理（倒棱、倒角、磨边），以防止应力集中而发生破裂。

2）玻璃安装。玻璃安装在沟槽里长度不应小于 5mm。

（6）安装铝合金压条和嵌镶密封膏

1）固定铝合金压条。用自攻螺钉将铝合金压条固定在扶手和地面上，玻璃两边同时固定。

2）嵌密封膏。玻璃在立柱沟槽两边的缝隙用建筑硅酮膏进行密封。

二、金属扶手金属栏板

金属扶手金属栏板，由于金属栏板安装位置不同，分为半封式全封式。

（一）金属扶手半封式金属栏板

金属扶手半封式金属栏板，是指安装金属栏板与扶手和地面有一段距离，不直接连接在一起。

1. 金属扶手半封式栏板构造图

（1）构造图

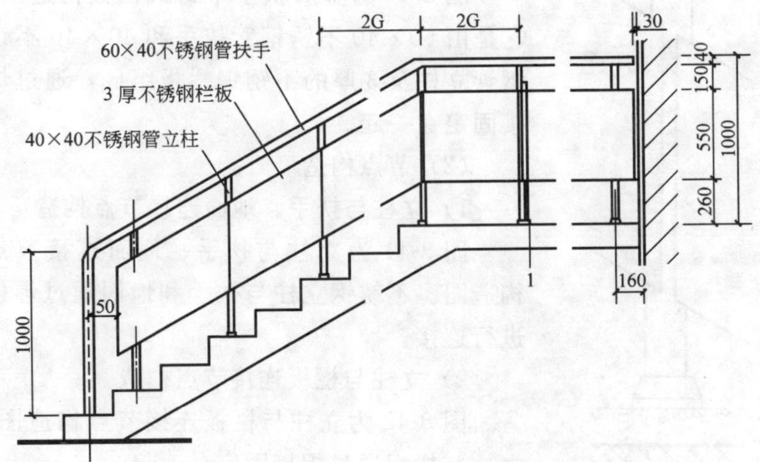

图 8-40　金属扶手、半封式金属栏板构造图

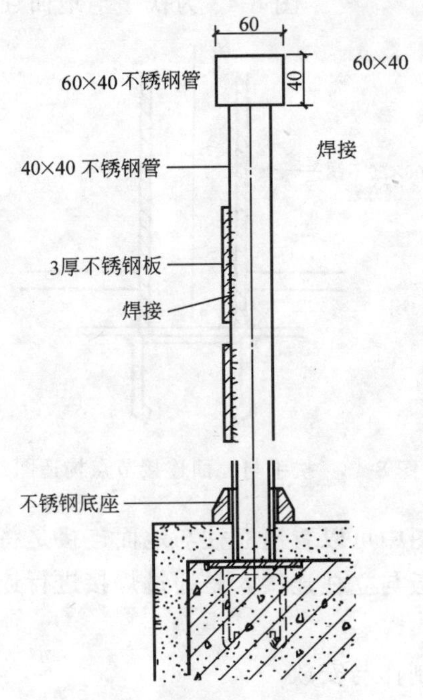

图 8-41　立柱与扶手、地面连接节点构造图

图 8-40 为金属扶手半封式栏板构造图。它是由 60×40 不锈钢管扶手和 40×40 不锈钢管立柱及 3 厚的不锈钢栏板组成，通过焊接固定在一起。

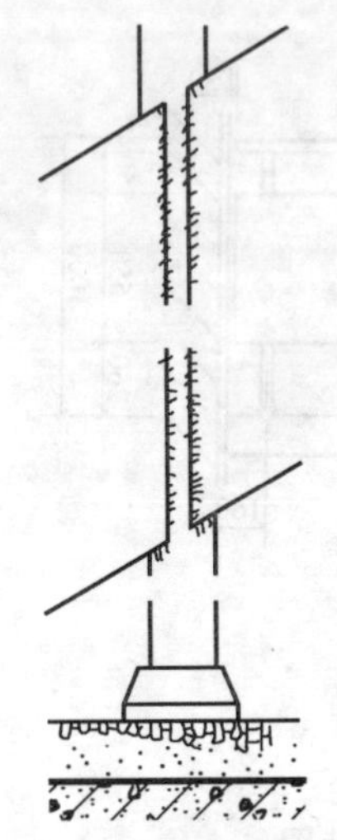

图 8-42 立柱与栏板连接节点构造图

(2) 节点构造

1) 立柱与扶手、地面连接节点构造

图 8-41 为立柱与扶手、地面连接节点构造图。不锈钢立柱与扶手和地面通过焊接进行连接。

2) 立柱与栏板连接节点构造

图 8-42 为立柱与栏板连接节点构造图。立柱与栏板通过焊接固定在一起。

3) 扶手与地面连接节点构造

图 8-43 为扶手与地面连接节点构造图。

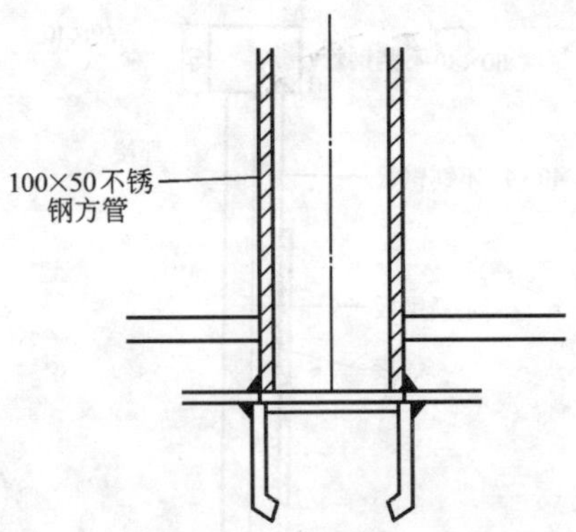

图 8-43 扶手与地面连接节点构造图

从节点构造图中可以看出立柱与地面连接是将立柱直接焊在预埋件上。不锈钢板与立柱连接，是通过焊接进行连接。

2. 安装要点

(1) 预埋件制作与安放

1) 预埋件制作。按设计要求，将锚固板与锚固筋料切割好后，再将锚固筋焊接在锚固板上。

2）安放预埋件。楼梯施工时，应将预埋件固定在立柱中心位置上，防止施工产生位移。

（2）放样、下料

根据图纸，将扶手、立柱按 1∶1 放样，再按样板对扶手、立柱进行下料。

（3）弹出立柱中心位置线

在楼梯踏板上弹出立柱中心线，检查与锚固板中心差距是否大，否则应对锚固板采取补救措施。

（4）安装立柱

在立柱中心位置上，用点焊临时固定立柱在锚固板上。固定后再检验立柱平面度、垂直度和标高，合格后方可焊接立柱。

（5）安装扶手

安装扶手前，应检验立柱合格后，将扶手点焊在立柱上。端部扶手点焊在预埋件上。检验合格后，方可焊接。

（6）安装不锈钢栏板

1）下料。根据立柱间距和栏板间缝隙，以及栏板的设计尺寸进行下料。

2）安装。将栏板按设计尺寸位置，点焊在立柱上，并认真检查安装位置，缝隙宽窄一致，栏板高低在一水平线，坡度一致，合格后可进行焊接。

3）焊接

① 焊接方法。因为栏板厚度为 1.5mm，故应用钨极亚弧焊（TIG）进行焊接。

② 不锈钢钨极亚弧焊（TIG），操作技术，见表 1-32。

（7）研磨、抛光

1）研磨。用磨轮将焊接处的表面毛刷、砂眼、气泡焊疤、氧化皮以及各种宏观缺陷等除去，以提高表面的平整度。

2）抛光。抛光一般用机械进行，即在涂有抛光膏的抛光轮上进行。

（二）金属扶手全封式金属栏板

金属扶手和全封式的金属栏板楼梯，是目前室外工程常用的金属结构形式，具有美观、装饰效果好的特点，目前在室内外广泛采用。

1. 金属扶手全封式金属栏板构造

(1) 金属扶手金属栏板构造

图 8-44 为金属扶手全封式金属栏板构造。

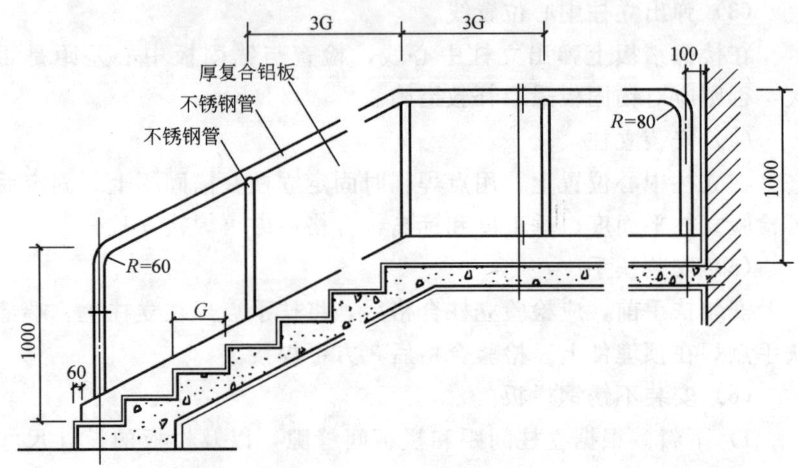

图 8-44 不锈钢扶手全封式复合铝板栏板构造

(2) 节点构造

图 8-45 为扶手与立柱、栏板与立柱、扶手连接节点构造。

2. 安装要点

(1) 安装前准备

1) 预埋件加工和预埋件安放。

2) 立柱加工。在安装立柱前，应对立柱进行开槽、槽宽和高都应和金属复合铝板厚和高一致。开槽最好在刨床上进行。

3) 板材加工。全封式金属栏板多用复合铝板，因此在安装前应按板的实际尺寸进行加工。

(2) 安装要点

1) 检查预埋件位置是否符合设计要求。

2) 放线。在预埋件上弹出立柱的中心线，确定立柱位置。

3) 焊接立柱。先将立柱用点焊固定。

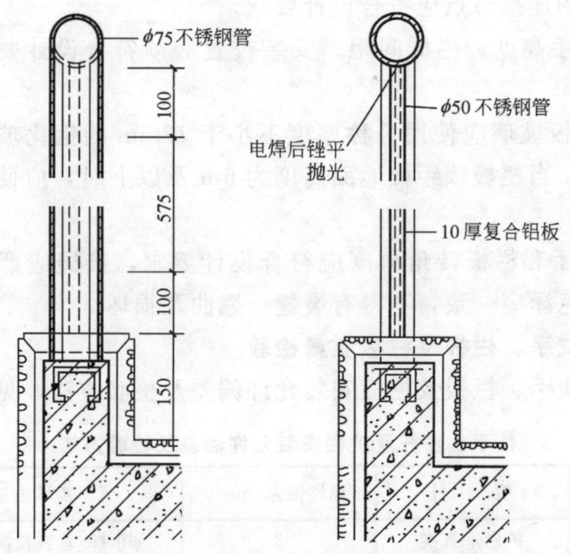

图 8-45　扶手与立柱、栏板连接节点构造

4）安装扶手。将扶手点焊在立柱上，临时固定。

5）检验立柱。检验立柱是否在一个平面上，检验标高，合格后进行焊接。

6）焊接

① 不锈钢手工电弧焊坡口形式，见表 1-25。

② 不锈钢手工电弧焊，操作要点，见表 1-26。

第五节　金属扶手、栏杆及栏板安装质量要求及检验

一、金属扶手、栏杆及栏板安装质量要求

1. 扶手、栏杆及栏板制作与安装所使用的材料材质、规格、数量等应符合设计要求。

2. 扶手、栏杆及栏板的造型、尺寸及安装位置应符合设计要求。

3. 扶手、栏杆安装预埋件的数量、规格位置以及扶手、栏杆

与预埋件的连接节点应符合设计要求。

4. 扶手高度、栏杆间距、安装位置必须符合设计要求，安装必须牢固。

5. 栏板玻璃应使用公称厚度不小于 12mm 的钢化玻璃或钢化夹层玻璃。当栏板顶距楼地面高度为 5m 及以上时，应使用钢化夹层玻璃。

6. 扶手和栏板转角弧度应符合设计要求，接缝应严密，表面应光滑、色泽应一致，不得有裂缝、翘曲及损坏。

二、金属扶手、栏杆及栏板质量检验

金属扶手、栏板及栏板安装允许偏差及检验方法，见表 8-1。

扶手、栏杆及护栏安装允许偏差及检验方法　　表 8-1

项次	项目	允许偏差(mm)	检验方法
1	护栏垂直度	3	用 1m 垂直检测尺检查
2	栏杆间距	3	用钢尺检查
3	扶手直线度	4	拉通线用钢尺检查
4	扶手高度	3	用钢尺检查

第九章 金属吊顶

吊顶，又称为“顶棚”或“天花板”。它是室内空间的顶界面。吊顶是室内装修工程的重要组成部分。吊顶的构造设计与选择应从建筑功能、建筑声学、建筑照明、建筑热工、管线敷设、维护检修、防火安全等多方面综合考虑。而金属吊顶则在各方面提供了更广阔的空间。

第一节 金属吊顶的作用与分类

一、金属吊顶的作用

（一）装饰室内空间

金属吊顶是室内用以围合空间的一个大面。它可以从空间、材质等诸方面，喧染环境、烘托气氛。

不同的金属吊顶的建筑形式，对室内空间装饰效果也不尽一致。有的有延伸和扩大空间感，对人的视觉起导向作用；有的可使人感到亲切、温暖、舒适，以满足人们生理和心理环境的需要。如公共建筑的大厅、门厅、出入口人流进出的集散场所，金属吊顶的装饰效果往往极大的影响人视觉对该建筑物及其空间的第一印象。

（二）提高室内装饰效果

金属吊顶具有色泽美观大方，有独特的质感，而且平挺，线条刚劲明快，使人们会有明达、舒畅、新颖及富有吸引力的感觉。

（三）满足使用要求

金属吊顶具有强度高、重量轻、耐高温、防火等特性，而且可以增加室内亮度。此外人们还经常利用金属吊顶内的有限空间来处理好人工照明、空气调节、音响等技术问题。

二、金属吊顶分类

（一）金属吊顶分类方法

金属吊顶分类方法见表 9-1。

金属吊顶板的类型　　表 9-1

分类方法	名　　称	代　　号	标识示例
按板材形状分	条形板 块形板 格栅形板 挂片	T K G	JDTLY—80×12×6000，表示长为 6000mm，宽为 80mm，高为 12mm 的铝合金条形金属吊顶板
按制品材料分	铝合金板 冷轧钢板 不锈钢板 铜合金板	L Z B H	
按表面处理分	铝合金氧化 电镀 烤漆 喷塑	Y D Q S	

（二）金属吊顶按板材形状分类

金属吊顶按板材形状分类有四种类型：金属条形板吊顶；金属方形板吊顶；金属格栅形吊顶；挂片形吊顶。

1. 金属条形板吊顶

金属条形板吊顶，按板材的截面形状又分为 M 型、E 型、V 型和 F 型等几种。

（1）M 型金属条形板吊顶

图 9-1 为 M 型金属条形板吊顶示意图。它是由“⌒”形龙骨和 M 型金属条形板组成。

（2）E 型金属条形板吊顶

图 9-2 为 E 型金属条形板吊顶示意图。它是由“⌒”形龙骨和 E 型金属条形板组成。

（3）V 型金属条形板吊顶

图 9-3 为 V 型金属条形板吊顶示意图。它是由“⌒”形龙骨和 V 形金属条形板组成。

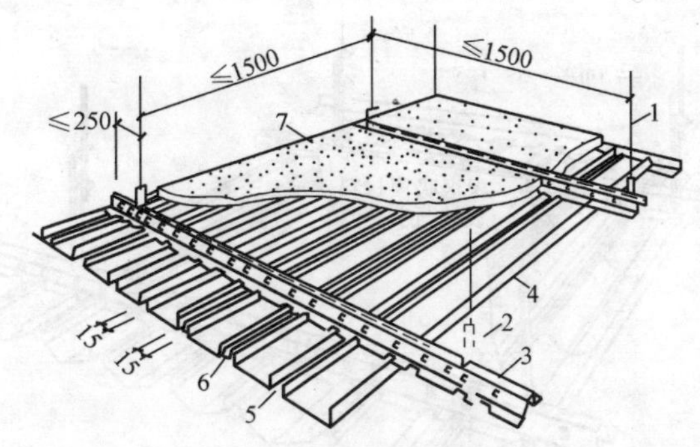

图 9-1　M 型条形金属板吊顶

1—吊杆；2—吊件；3—“⋀”形条龙骨；4—金属条板；
5—敞开式条板板缝；6—封闭式板缝；7—保温材料

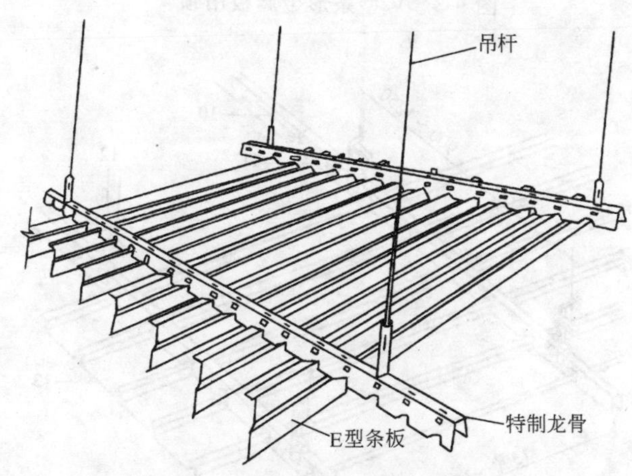

图 9-2　E 型条形金属板吊顶

(4) F 型金属条形板吊顶

图 9-4 为 F 型金属条形板吊顶示意图。它是由“⋀”形龙骨和 F 型金属条形板组成。

2. 金属方形板吊顶

金属方形板吊顶，按照安装方法分为两种类型：一是搁置式；二是卡入式。按照承载又分为上人吊顶；不上人吊顶。

(1) 按照吊顶安装方法分类型

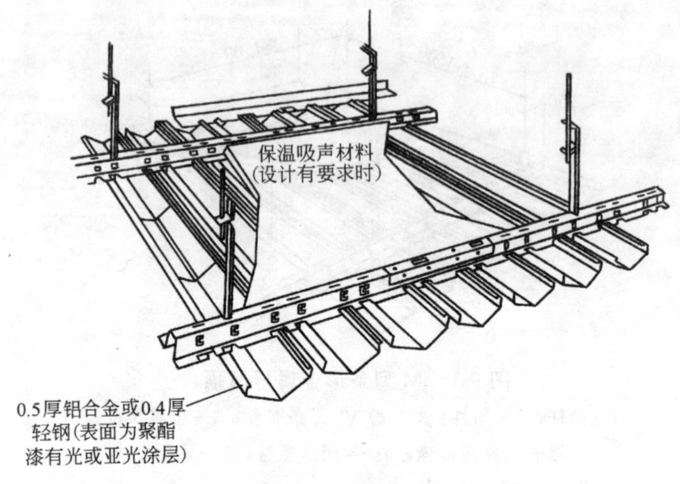

图 9-3　V 型条形金属板吊顶

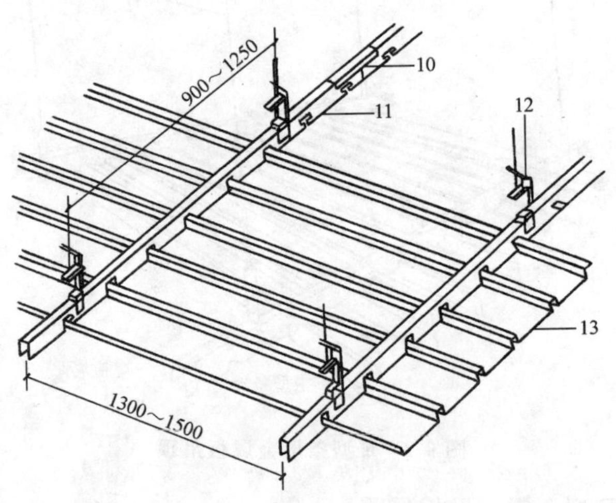

图 9-4　F 型条形金属板吊顶

1）金属方形板搁置式吊顶

图 9-5 为金属方形板搁置式吊顶示意图。将金属方形块板直接搁置在 T 型龙骨的翼缘上。

2）金属方形板卡入式吊顶

图 9-6 为金属方形板卡入式吊顶示意图。金属方形板通过弹簧

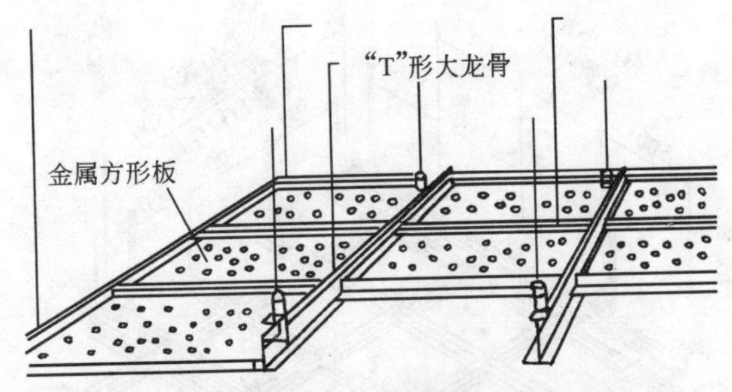

图 9-5　金属方形板搁置式吊顶

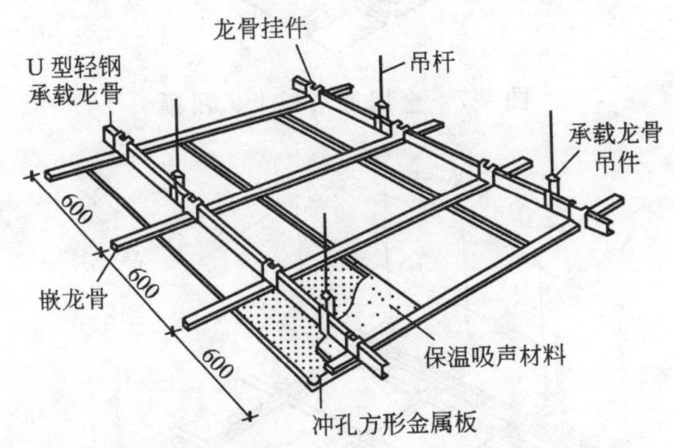

图 9-6　金属方形板卡入式吊顶

卡扣件直接与管形龙骨相连接。

(2) 按照吊顶承载类型分

1) 上人吊顶

图 9-7 为金属方形板上人吊顶示意图。上人吊顶，其承载龙骨为 U 型龙骨，而覆面龙骨可采用 T 型轻钢（或 T 型铝合金）龙骨，也可采用配套的嵌龙骨。吊杆采用承载吊杆。

2) 不上人吊顶

图 9-8 为金属方形板不上人吊顶示意图。采用“T”型轻钢龙骨和配套的嵌龙骨，吊杆采用简易吊杆。

3. 金属格栅吊顶

金属格栅吊顶，分为网络体型格栅吊顶和金属格栅吊顶两种。

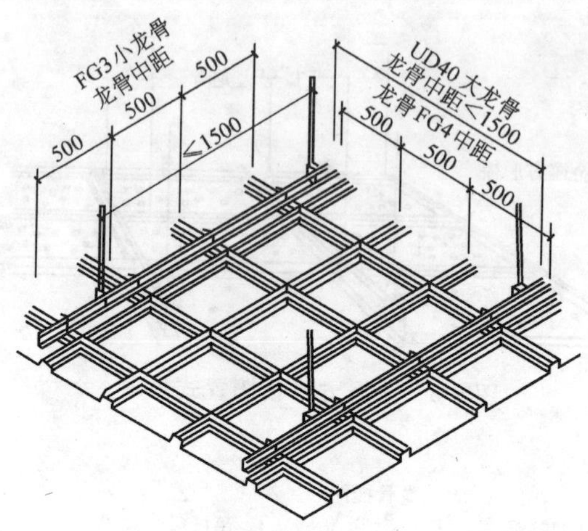

图 9-7　金属方形板上人吊顶

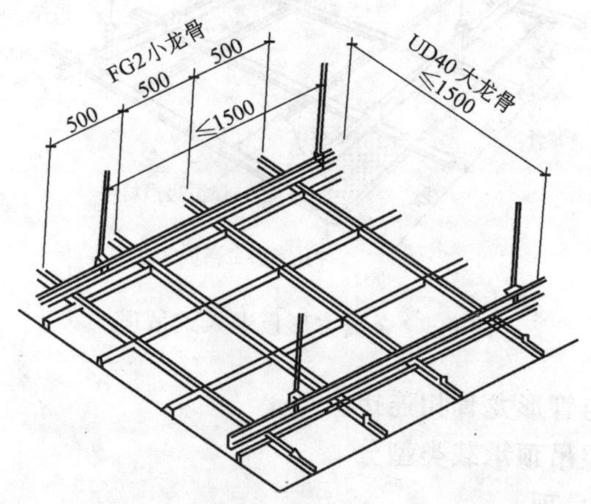

图 9-8　金属方形板不上人吊顶

（1）网络体型格栅吊顶

图 9-9 为网络体型格栅吊顶示意图。它的单体是由圆筒或圆圈网板组成。

（2）金属格栅吊顶

图 9-10 为金属格栅吊顶示意图。它是由格栅组成的单体构件拼装成的格栅吊顶。

图 9-11 为金属圆筒吊顶示意图。它是由圆筒组成格栅式吊顶。

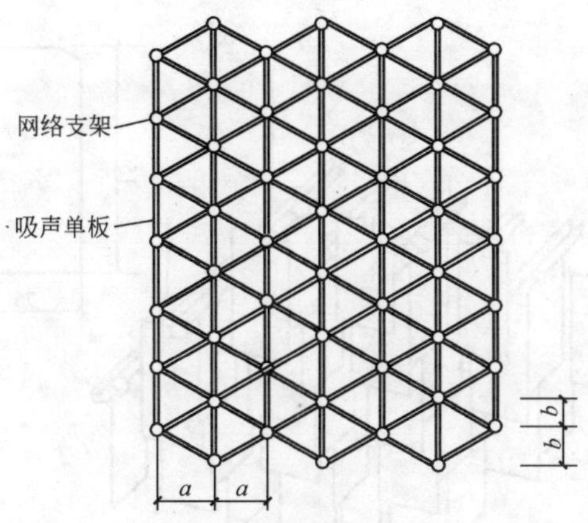

图 9-9 网络体型格栅吊顶

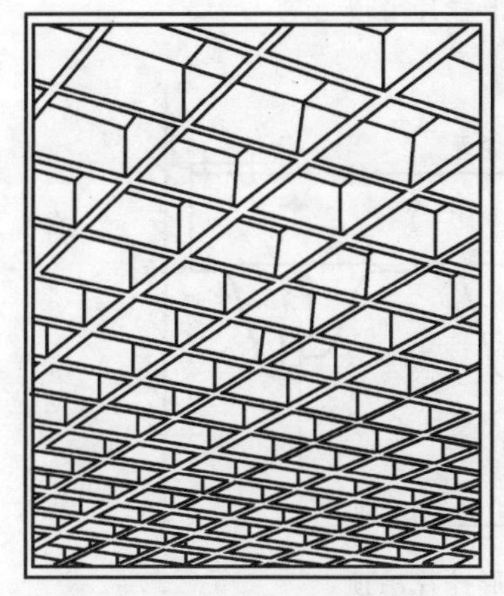
图 9-10 金属格栅吊顶

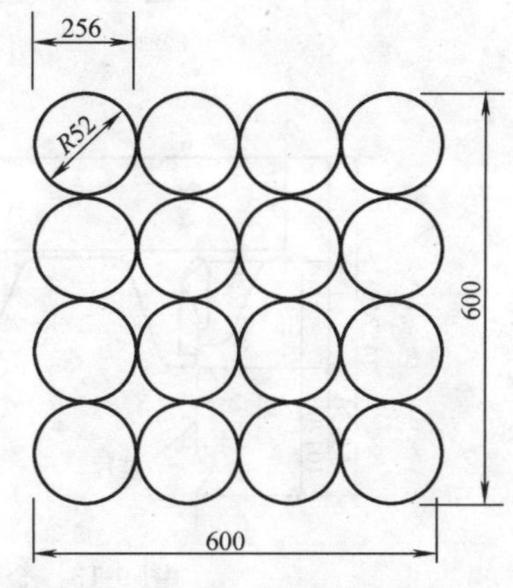

图 9-11 金属圆筒吊顶

4. 金属挂片吊顶

金属挂片吊顶，分为块形挂片吊顶和条形挂片吊顶。

(1) 块型挂片吊顶

图 9-12 为块形挂片吊顶。它是将吊杆和龙骨架固定在楼面上，然后将铝合金挂片用配套挂卡子，将挂片卡在次龙骨上，构成挂片式吊顶。

(2) 条形挂片吊顶

图 9-13 为条形挂片吊顶。该吊顶是将条形挂片，通过卡型龙

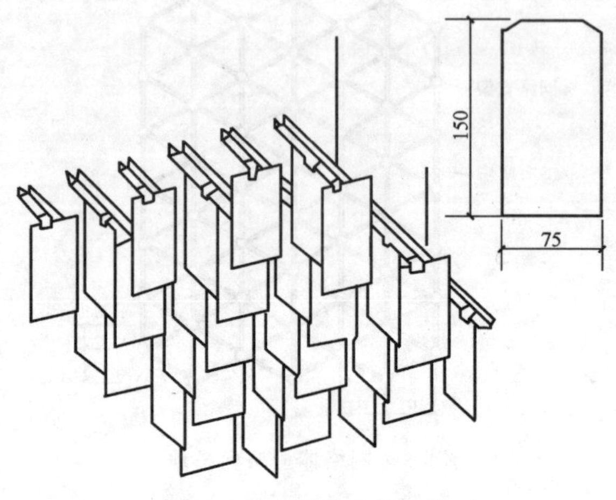

图 9-12　金属块形挂片吊顶

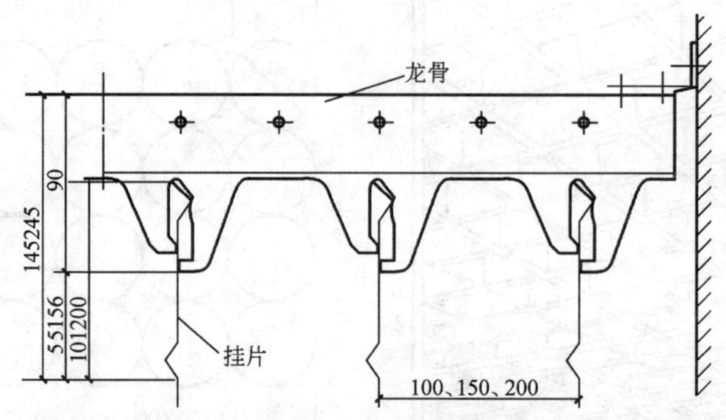

图 9-13　金属条形挂片吊顶

骨和吊杆固定在屋面板（或楼面板）上。

第二节　金属条型板吊顶

金属条形板吊顶，根据条形板断面的不同，分为 M 型、E 型、V 型、F 型、C 型和 U 型等系列条形板吊顶。它们都有相应的配套的吊顶配件。通常专用“⌒”龙骨、蝶型挂钩（或游标挂钩）与金属条形板配套使用。当吊顶为上人的顶棚时，应加设 U、C 型轻钢主龙骨，吊挂件及吊杆。

一、金属条板类型及配件

（一）金属条板类型及规格

金属条板类型及规格，见表 9-2。

金属条形板类型及规格 **表 9-2**

类型	造型截面	条板造型	条板截面	型号	规格 B	规格 B_1
M型	M_1	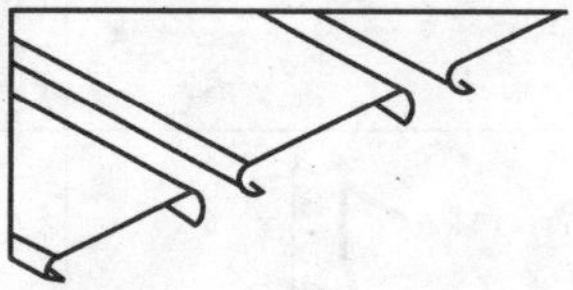	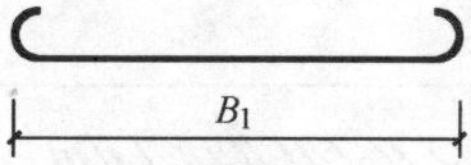 B_1 造型示意	M_1-1	100	84
				M_1-2	120	104
				M_1-3	150	134
				M_1-4	200	184
				M_1-5	250	234
				M_1-6	300	284
	M_2	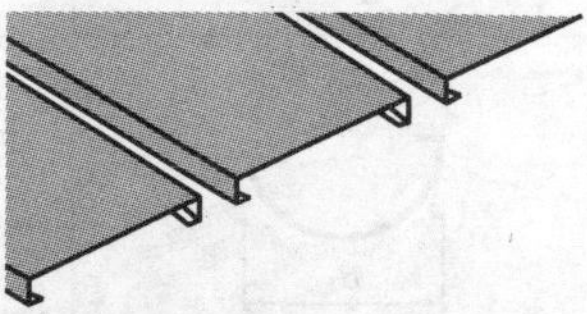	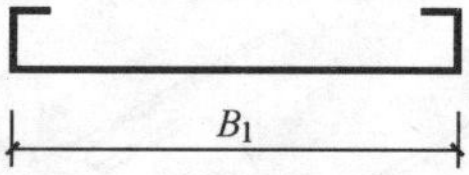 B_1 造型示意	M_2-1	50	34
				M_2-2	100	84
				M_3-3	120	104
				M_2-4	150	134
				M_2-5	200	184
	M_3	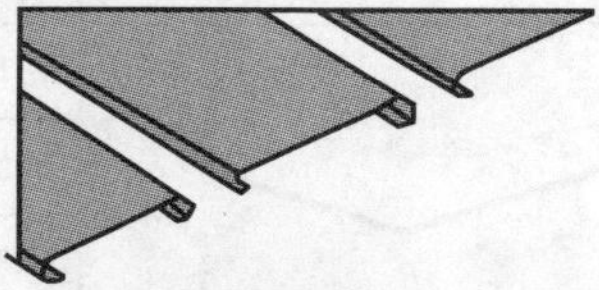	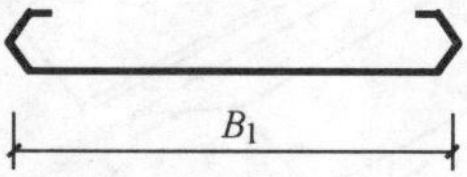 B_1	M_3-1	100	84
				M_3-2	120	104
				M_3-3	150	134
				M_3-4	200	184
F型	F_1	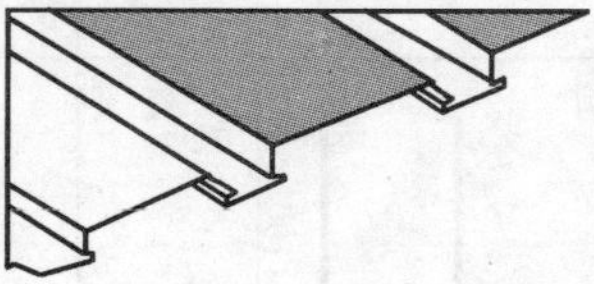	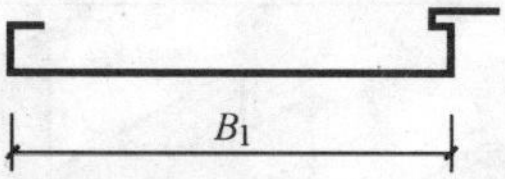 B_1	F_1-1	100	84
				F_1-2	120	104
				F_1-3	150	134
				F_1-4	200	184
	F_2	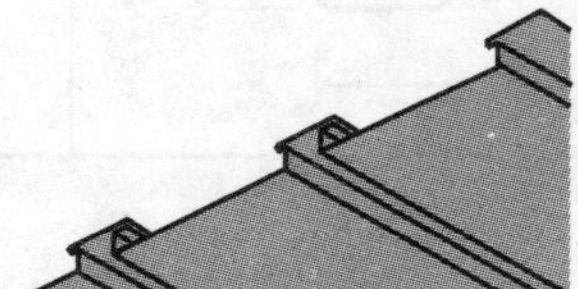	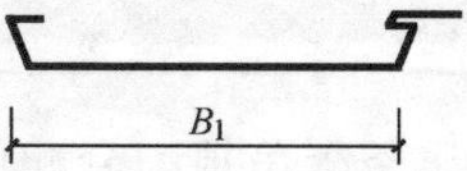 B_1	F_2-1	100	84
				F_2-2	120	104
				F_2-3	150	134
				F_2-4	200	184

续表

造型 截面 类型	条板造型	条板截面	型号	规格 B	规格 B_1
F型			F_2-1	100	80
			F_3-2	120	100
			F_3-3	150	130
			F_3-4	200	180
			F_3-5	250	230
			F_3-6	300	280
E型					
C型				100	84
				120	104
				150	134
				200	184
V型			V-1	100	84
			V-2	120	104
			V-3	150	134
			V-4	200	184
U型					

（二）金属条板吊顶配套配件

金属条板吊顶配套配件，见表 9-3。

金属条形板吊顶配套件 **表 9-3**

金属条型板吊顶龙骨配件 名称	形状	规格、尺寸、材质 (选用金属条型板→)	M	F	E	C	V	U
W 型墙角装饰条（简称 W 型角线）		材料:标准同 5 外形尺寸:44mm×36.5mm 压舌距离:12.5mm	√	√				
边龙骨		材料:标准同 2 外形尺寸:20mm×48mm	√				√	
平面龙骨		材料、标准、齿距、长度同 2	√					
嵌条（VH 型）		材料:0.3mm/0.5mm 铝合金或 0.3mm/0.5mm 钢冷轧成型 标准:同 1,有密封型和通风型(间隔 59mm 处设有 6mm×22mm 孔)两种	√				√	
嵌条（VL 型）		材料:0.3mm 铝合金冷轧成型 标准:同 1,有密封型和通风型(间隔 10.5mm 处设有 7mm × 3mm 孔)两种	√				√	
面板连接板		长度:125mm 材质:同面板	√					

续表

金属条型板吊顶龙骨配件		选用金属条型板	M	F	E	C	V	U
名称	形状	规格、尺寸、材质						
面板连接板	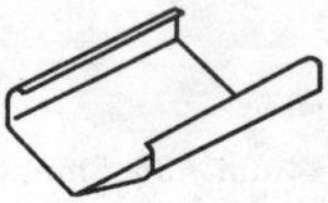	面板连接板 长度:125mm 材料:0.5mm 铝合金或 0.4mm 钢					√	
V型主龙骨	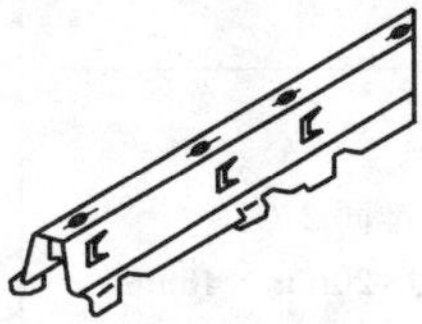	材料:0.8mm 铝合金或 0.6mm 钢冷轧成型 长度:4000mm 标准:瓷形黑色聚酯漆或镀锌 齿距:与面板配合 外形尺寸:25mm×53mm 宽:53mm	√		√		√	
连接龙骨	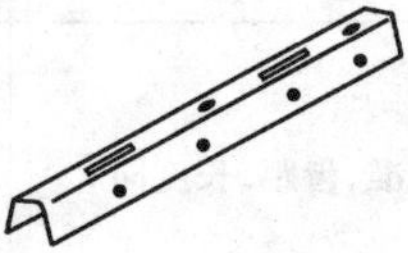	材料:0.6mm 钢冷轧成型 标准:同主龙骨	√	√	√		√	
蝶型挂钩	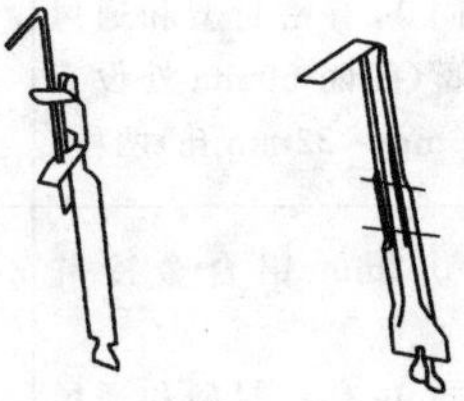	材料:1.5mm 钢制成,带有弹簧片和直径 4mm 挂钩 标准:镀锌,长度:125～1000mm 游标挂钩 材料:上部吊杆 1.0mm 钢冷轧成型,侧面有 2.5mm 孔,62mm 处刻有"V"凹槽,便于弯曲及折断。下部挂钩 1.25mm 钢制成,侧面制有 2.5mm 孔,备有钢销,便于和上部吊杆连接 标准:上部防锈处理,下部镀锌 长度:200～1000mm	√	√	√		√	
保温材料	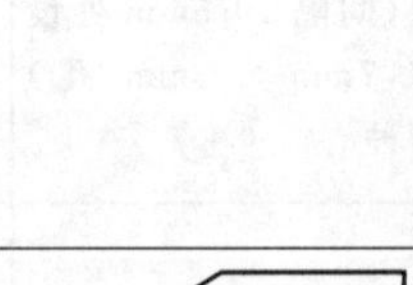	石棉或玻璃纤维	√	√			√	

续表

金属条型板吊顶龙骨配件 \ 选用金属条型板			M	F	E	C	V	U
名称	形状	规格、尺寸、材质						
L型墙角装饰条（简称L型角线）带弹簧压片	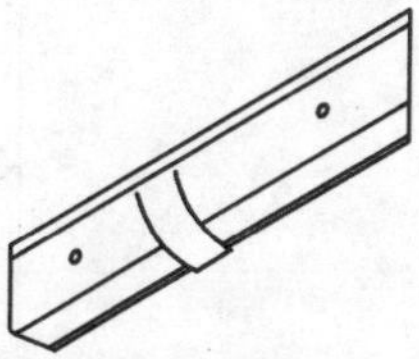	材 料：0.8mm 铝合金或 0.6mm 钢冷轧成型 标准：白色或黑色瓷形聚酯漆 长度：4000mm 外形尺寸：40mm×20mm	√	√			√	
标准孔面板 微孔面板	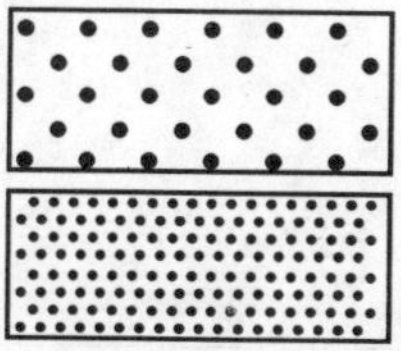	孔径：2mm，孔面积：15% 孔径：1.3mm 孔面积：22%	√	√			√	
吊顶龙骨	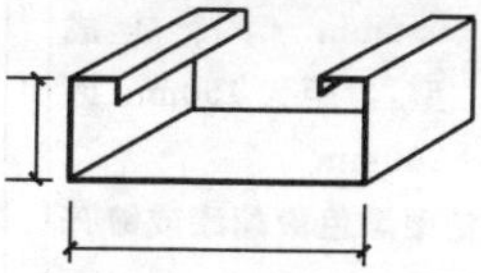		√	√	√	√	√	√
吊顶主龙骨	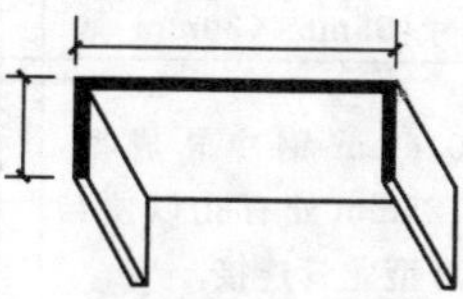		√	√	√	√	√	√
吊件（主龙骨）	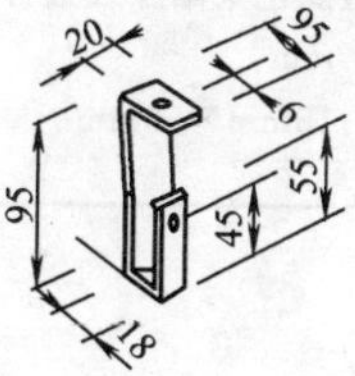 20, 95, 6, 95, 55, 45, 18	D38	√	√	√	√	√	√
吊件	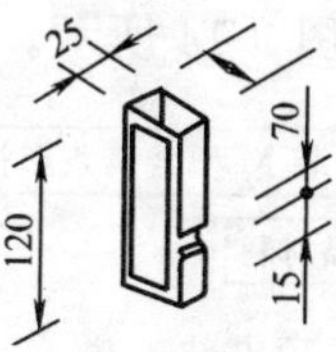 25, 70, 120, 15	D50	√	√	√	√	√	√

续表

金属条型板吊顶龙骨配件 \ 选用金属条型板			M	F	E	C	V	U
名称	形状	规格、尺寸、材质						
挂件		D60 D38 D50	√	√	√	√	√	√
挂件		D38 D50	√	√	√	√	√	√
Ω型主龙骨		材料：0.8mm 铝合金或0.6mm 钢冷轧成型，齿距为150mm或200mm 标准：瓷型黑色聚酯漆或镀锌 长度：4000mm 外形尺寸：55mm×30mm		√				
长连接杆		材料：0.6mm 钢冷轧成型，125mm处有孔以便与Ω型龙骨连接 标准：瓷型黑色聚酯漆或镀锌 长度：4000mm 外形尺寸：15mm×50mm		√				

二、M型金属条形板吊顶

（一）M型金属条形板吊顶安装工艺

M型金属条形板吊顶安装工艺，如图9-14所示。

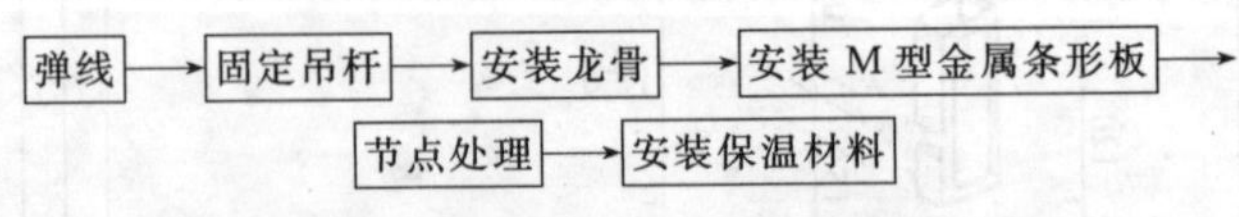

图9-14　M型金属条形板吊顶安装工艺

（二）M 型金属条形板吊顶安装要点

1. 弹线

（1）标高线。弹标高线时，先确定地面基准点，再从该基准点处量出吊顶高度差，然后定出吊顶平面的标高线，并将标高线弹到墙面或柱面上。

（2）吊点位置线。根据设计图纸，在屋面板（楼面板）上，定出吊点的位置线。并在屋面板（楼面板）上弹出吊点位置线。吊点间距 1m 左右。

（3）确定龙骨的位置线。由于条形板安装有走向问题、接头设置以及条板固定方法等，应将龙骨的位置线弹到屋面板（楼面板）上。

（4）弹出吊顶高低位置线。如果吊顶有高差变化，应在屋面板（楼板）上弹出吊顶高差变化的位置线。

2. 固定吊杆

M 型金属条形板吊顶用的配套伸缩式吊杆，吊杆下部带有挂钩，用射钉或膨胀螺栓将吊杆固定在屋面板（楼板）上的吊杆位置线上。

3. 安装龙骨

将吊杆的下部带有挂钩插入“⋀”形龙骨上面的长孔内，然后旋转 90°，挂钩就可以钩住龙骨，如图 9-15 所示。

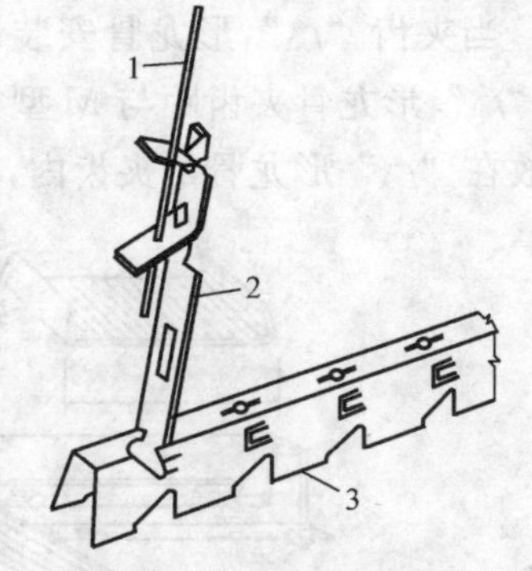

图 9-15　吊杆与龙骨固定

1—吊杆；2—挂件；3—“⋀”形龙骨

龙骨的连接。龙骨的接长可以用连接件进行连接，连接时将龙骨上的连接耳插入连接件上的孔内，然后弯折 90°即可。

龙骨的调平。应拉标高线，纵横十字线及对角线。从一边开始，边安装、边调整。安装到最后，应再精调一遍。调平时，一般可按照 3/1000 起拱。

4. M 型金属条形板安装

M 型金属条形板安装方式与“⋀”龙骨齿形有关，故有二种：

（1）卡齿形“⋂”龙骨条板安装

龙骨调平后，可以从一个方向依次安装条形板，由于龙骨的卡齿距与M型金属条板宽度一致，可以直接将条板卡在“⋂”龙骨的齿距上，如图9-16所示。面板的接长可通过面板的连接板来完成，面板与连接板间通过凹凸槽相互卡住，不用另外进行锚固。

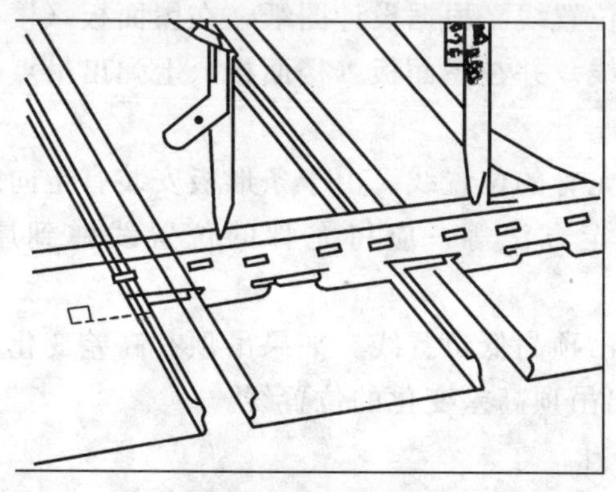

图9-16　M型金属条板卡齿形安装示意图

（2）夹齿“⋂”形龙骨条板安装

当夹齿“⋂”形龙骨安装调平后，可以从一侧安装条形板，又因“⋂”形龙骨夹齿距与M型板条宽度一致，可以直接将M型条板安放在“⋂”形龙骨的夹齿内，夹挂住条板的侧边，如图9-17所示。

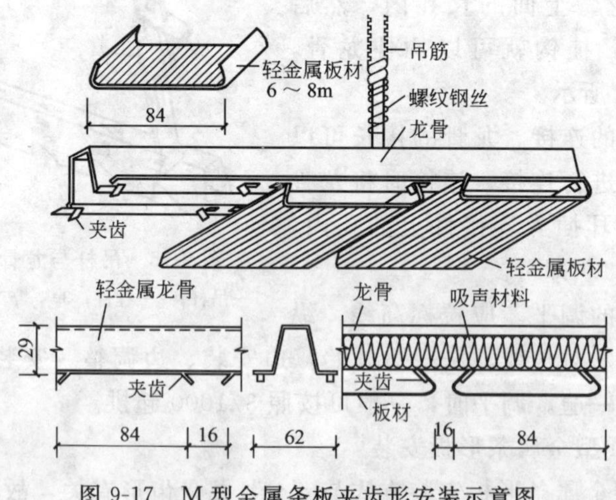

图9-17　M型金属条板夹齿形安装示意图

5. M 型金属条形板吊顶（不上人）节点处理

(1) M 型金属条形板吊顶与墙（柱）连接节点处理

M 型金属条形板吊顶与墙（柱）连接节点处理，有两种方式：

1）安装角条封口

角条的作用是吊顶与墙（柱）连接处的封口板条。即在墙（柱）与吊顶连接处，在墙上安装角条把 M 型金属条板端部搭接在角条上。角条有 L 型和 W 型，如图 9-18 所示。

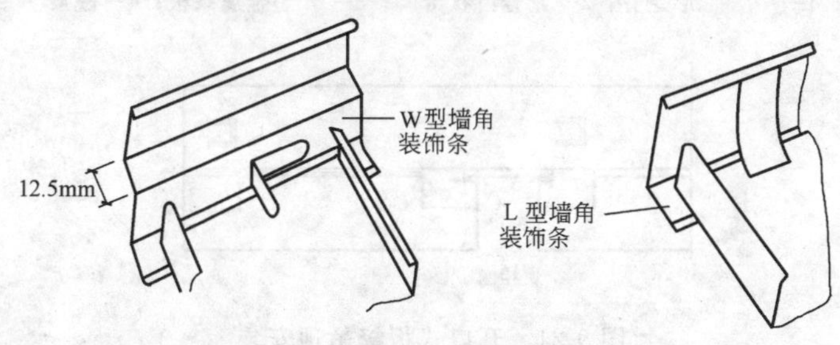

图 9-18 W、L 型装饰墙角条

2）安装铝板封口

M 型金属条形板吊顶与墙（柱）连接处，用铝板进行封口，如图 9-19 所示。

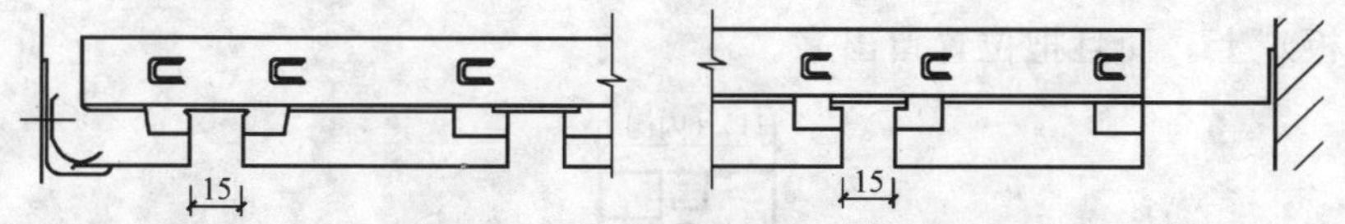

图 9-19 M 型金属条板吊顶墙角封口

(2) M 型金属条形板板缝节点处理

M 型金属条形板板缝节点处理有两种方式：

1）闭式安装

闭式安装就是在板缝之间安装嵌缝条，如图 9-20 所示。闭式安装，可用于需隔绝空气的条形板吊顶。

2）开口式安装

开口式安装，即在板缝间镶带孔的嵌缝条，或板缝间就是留有开口，如图 9-21 所示。开口式安装主要用于带空调的条形板吊顶。

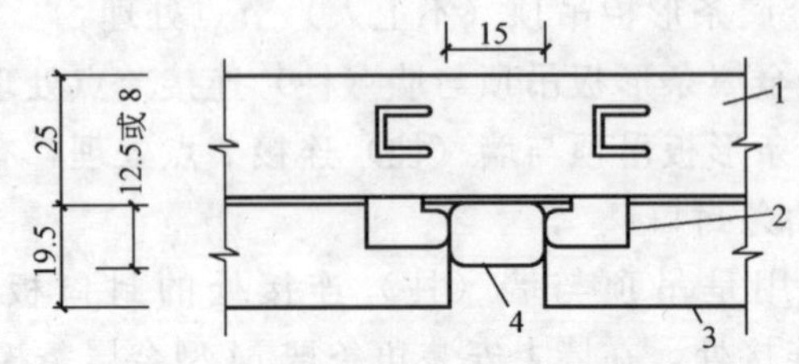

图 9-20　金属条板吊顶板缝嵌安装示意图

1—“⋀”形龙骨；2—龙骨齿状卡脚；3—M 型金属条板；4—嵌条

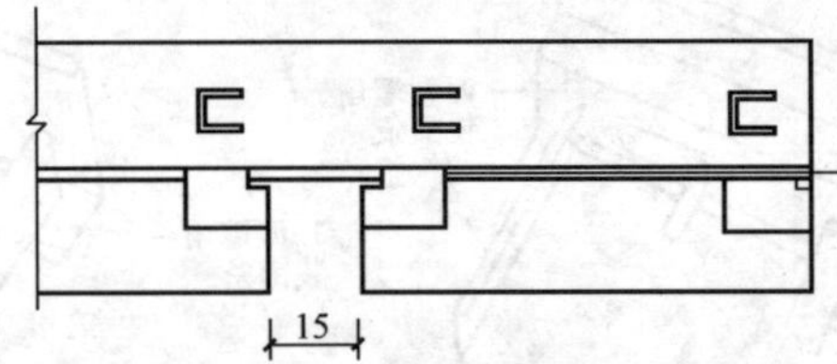

图 9-21　开口式板缝吊顶安装

利用吊顶的开口和嵌条孔隙，调节冷热空气的流向和流量。

（3）M 型金属条形板吊顶与荧光灯槽结合节点处理

图 9-22 为 M 型金属条板吊顶灯槽节点构造图。安装 M 型金属条板时，应提前把灯槽位置确定好，并把位置线弹到屋面板（楼面板）上。而且把位置留出来。

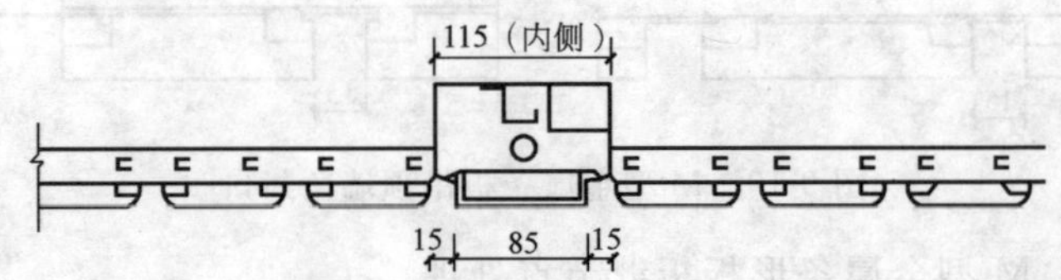

图 9-22　M 型条板吊顶灯具安装

6. 上人吊顶节点构造处理

上人吊顶必须将原“⋀”型龙骨吊挂 U 型主龙骨上，再通过吊件和吊杆，将吊顶吊挂在屋面板（或楼面板）上。图 9-23 为 M 型条板上人吊顶构造节点图。

7. 安装保温材料

吊顶龙骨及金属条形板安装完后，可在 M 型金属条形板上方安装

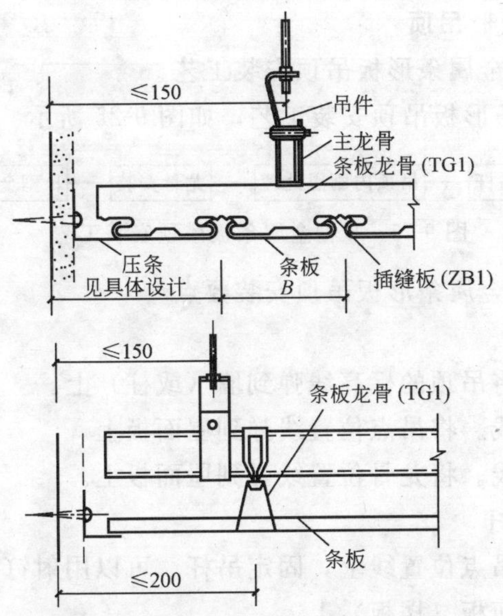

图 9-23　M 型条板上人吊顶节点构造

保温材料板，板的规格应与龙骨的间距一致，铺贴后可形成保温层。

图 9-24 为 M 型金属条形板吊顶安装示意图。

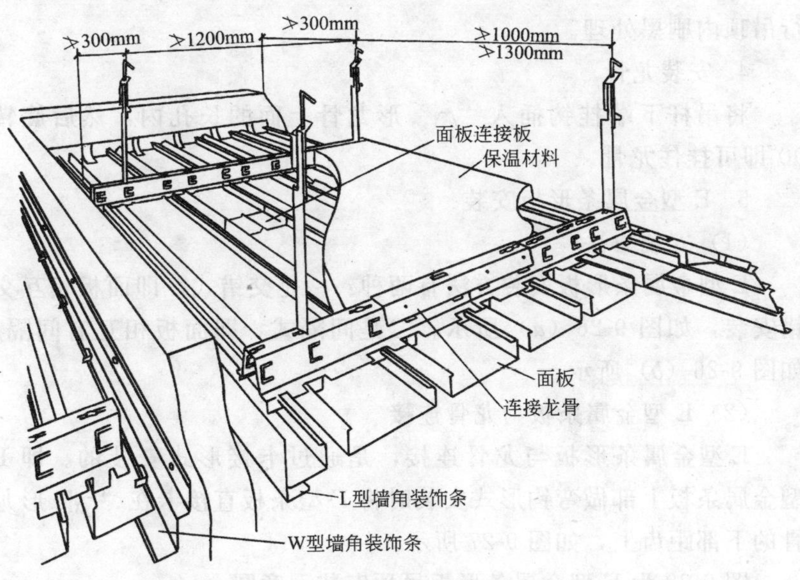

图 9-24　M 型金属条形板吊顶安装示意图

三、E型金属条形吊顶

(一) E型金属条形板吊顶安装工艺

E型金属条形板吊顶安装工艺，如图9-25所示。

弹线 → 固定吊杆 → 吊顶内刷黑处理 → 龙骨安装 → E型金属条形板安装

图9-25 E型金属条板吊顶安装工艺

(二) E型金属条形板吊顶安装要点

1. 弹线

标高线。将吊顶的标高线弹到墙（或柱）上。

吊点位置线。将吊点位置线弹到屋面板上。

确定龙骨线。将龙骨位置线弹到屋面板上。

2. 固定吊杆

在屋面板吊点位置线上，固定吊杆。可以用射钉、膨胀螺栓将吊杆固定在屋面板（楼板）上。

3. 吊顶内刷黑处理

由于E型金属条形板吊顶是开放式吊顶，所以一般应在吊顶内部先做刷黑处理。这样可以防止产生眩光。在安放龙骨前，应进行吊顶内刷黑处理。

4. 安装龙骨

将吊杆下端挂钩插入“⌒”形龙骨上面的长孔内，然后旋转90°即可挂住龙骨。

5. E型金属条形板安装

(1) 安装方法

E型金属条形板安装方法有两种：一是交错式，即面板相互交错安装，如图9-26 (*a*) 所示。二是间隔式，即面板相互有间隔，如图9-26 (*b*) 所示。

(2) E型金属条板与龙骨连接

E型金属条形板与龙骨连接，是通过卡接形式安装的。即E型金属条板上部做弯钩形式安装时将E型条板直接卡在“⌒”形龙骨的下部距齿上，如图9-27所示。

图9-28为E型金属条形板吊顶安装示意图。

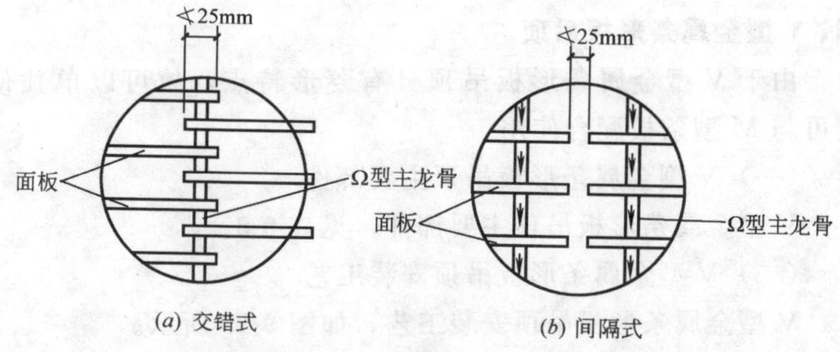

图 9-26 E 型金属条板安装方式

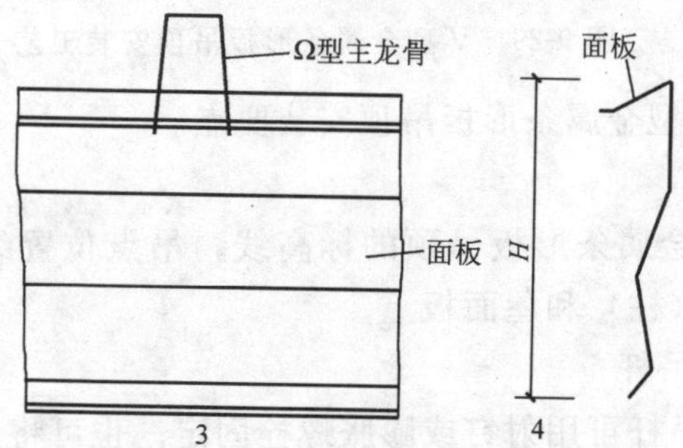

图 9-27 E 型金属条板与龙骨连接

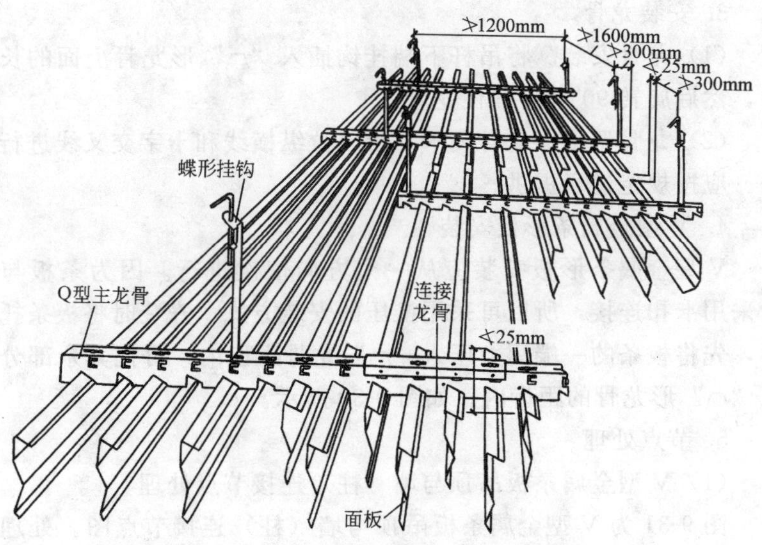

图 9-28 E 型金属条板吊顶安装示意图

四、V 型金属条形板吊顶

由于 V 型金属条形板吊顶具有菱形特点，故可以单独使用，也可与 M 型条板配合使用。

（一）V 型金属条形板吊顶主要部件

V 型金属条形板吊顶主要部件，见表 9-3。

（二）V 型金属条形板吊顶安装工艺

V 型金属条形板吊顶安装工艺，如图 9-29 所示。

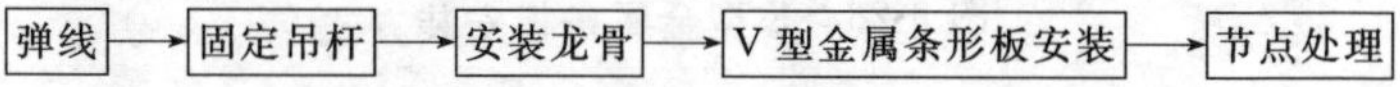

弹线 → 固定吊杆 → 安装龙骨 → V 型金属条形板安装 → 节点处理

图 9-29　V 型金属条形板吊顶安装工艺

（三）V 型金属条形板吊顶安装要点

1. 弹线

将 V 型金属条形板吊顶的标高线，吊点位置线，龙骨走向线分别弹在墙（柱）和屋面板上。

2. 固定吊杆

吊顶的吊杆可用射钉或膨胀螺栓固定。也可将单眼螺栓固定在吊点位置线上，再将吊杆挂在单眼螺栓上。

3. 安装龙骨

(1) 龙骨安装。将吊杆下端挂钩插入“⌒”形龙骨上面的长孔内，然后旋转 90°即可挂住龙骨。

(2) 龙骨调平。龙骨调平，可以拉纵横线和十字交叉线进行调平。应按规定进行提供。

4. V 型金属条形板安装

V 型金属条形板安装应从一个方向依次进行。因为条板与龙骨采用卡扣连接，所以可采用推压的安装方式。安装时将板条托起后，先将板条的一端用力压入“⌒”龙骨距齿内，再把其余部分压入“⌒”形龙骨的距齿内。如图 9-30 所示。

5. 节点处理

(1) V 型金属条板吊顶与墙（柱）连接节点处理

图 9-31 为 V 型金属条板吊顶与墙（柱）连接节点图。处理方法有两种：一是在吊顶与墙（柱）连接处，用铝板将连接口封住；

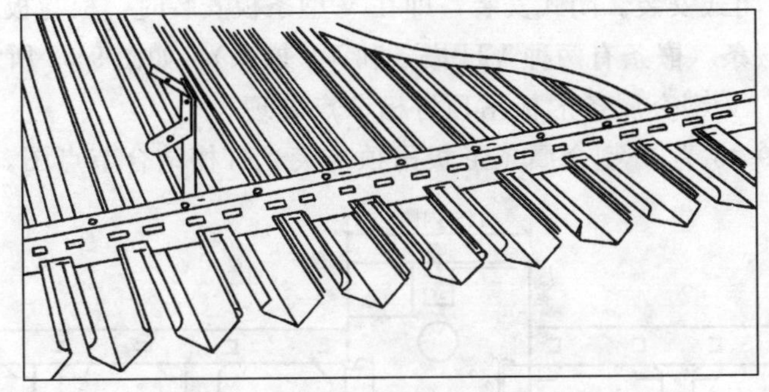

图 9-30　V 型金属条板安装示意图

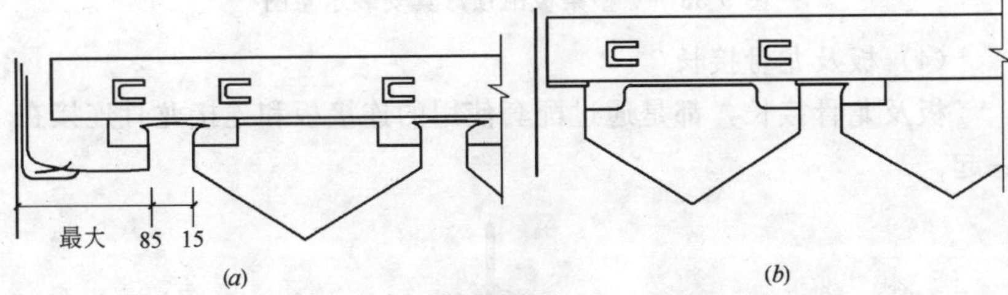

图 9-31　V 型金属条板吊顶与墙（柱）连接

另一种方法是连接处近距离的敞开。

(2) V 型金属条板板缝节点处理

V 型金属条形板吊顶板缝处理有两种方法：

1）开口式安装。开口式安装，即在 V 型条板安装时，板与板之间留有缝隙，缝隙是敞开的不作任何处理。如图 9-32（*a*）所示。

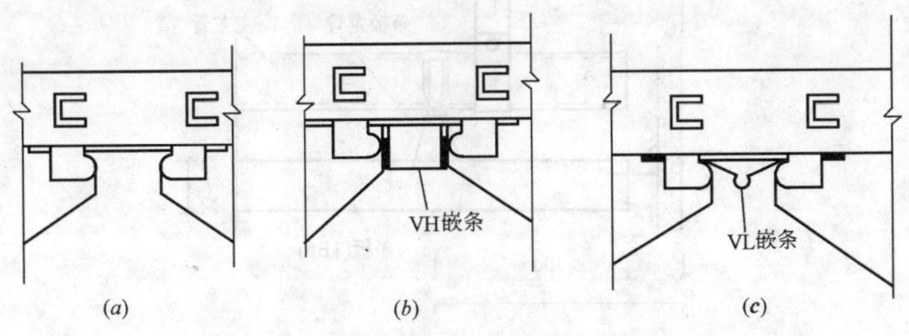

图 9-32　V 型金属条板吊顶板缝处理

2）闭式安装。闭式安装，即在V型条板安装时，板与板之间缝隙镶有嵌条（嵌条有两种VH嵌条和VL嵌条）。如图9-32所示。

（3）V型金属条形板吊顶灯槽节点处理

图9-33为V型金属条形板吊顶与荧光灯槽结合节点图。

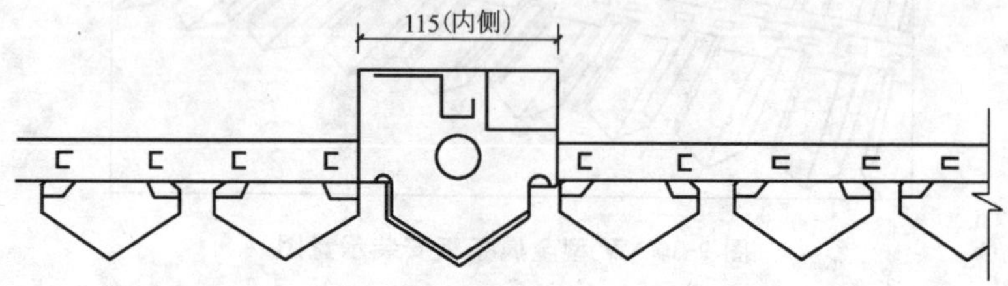

图9-33　V型条板吊顶灯具安装示意图

（4）板及龙骨接长

板及龙骨接长，都是通过配套使用的连接板和连接龙骨连接在一起。

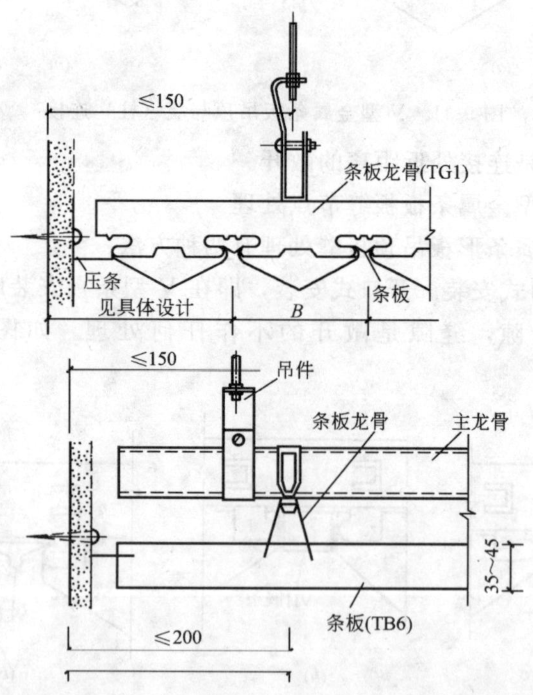

图9-34　V型条板上人吊顶节点构造

(5) V 型条形板吊顶载人顶棚构造节点

图 9-34 为 V 型条形板吊顶载人顶棚构造节点。从图中可以看出 U 型龙骨（主龙骨）挂吊着下面条板龙骨“⋀”。由 U 型龙骨承受荷载。

图 9-35 为 V 型条形金属板吊顶安装示意图。

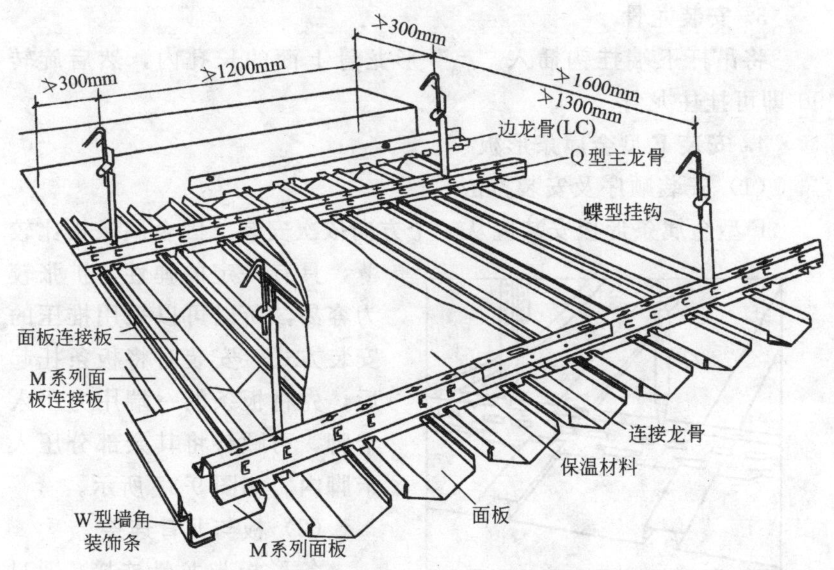

图 9-35 V 型条形金属板吊顶安装示意图

五、F 型金属条形板吊顶安装

F 型金属条形板吊顶在安装时，安装方法有两种：一是嵌卡式；二是搭接式。

(一) F 型金属条形板吊顶安装工艺

F 型金属条形板吊顶安装方法有两种：一是嵌卡式；二是搁置式。安装工艺是相同的，如图 9-36 所示。

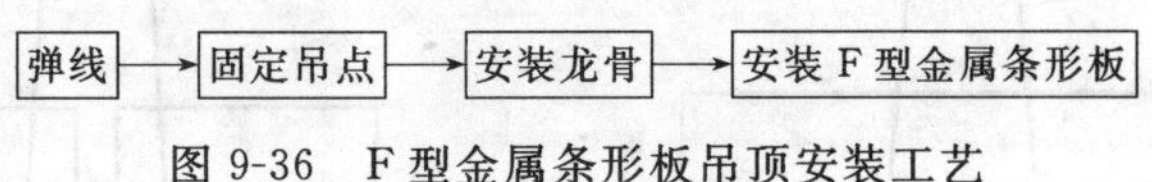

图 9-36 F 型金属条形板吊顶安装工艺

(二) 嵌卡式 F 型金属条形板吊顶安装要点

1. 弹线

将吊顶的标高线、吊点的位置线、龙骨的走向线分别弹在墙（柱）、屋面板（楼板）上。

2. 固定吊点

用射钉或膨胀螺栓将吊杆固定在屋面板（楼板）的吊点的位置线上。

3. 安装龙骨

将吊杆下端挂钩插入"⌒"形龙骨上面的长孔内，然后旋转90°即可挂住龙骨。

4. 安装F型金属条形板

(1) 安装顺序及安装方法

F型金属条形板安装应从一个方向依次安装。因金属条板比较薄，具有一定的弹性，扩张较为容易，所以可以采用推压的安装方式。安装时将板条托起后，先将板条的一端用力压入卡脚，再顺势将其余部分压入卡脚内。如图9-37所示。

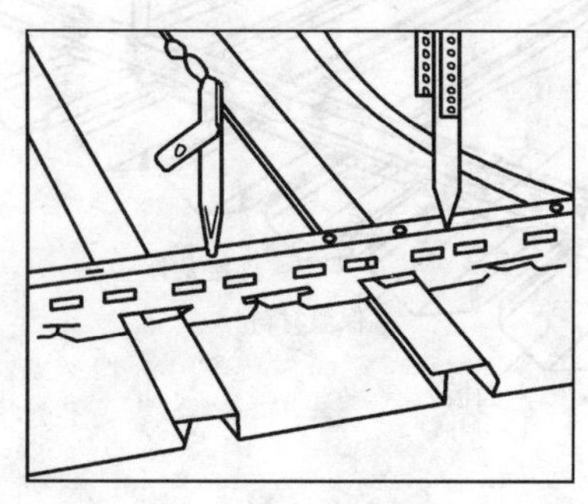

图9-37 F型金属条板嵌卡式安装

(2) 板与龙骨连接

条形板与龙骨连接，通过卡接在一起，如图9-38所示。龙骨的卡距和面板的宽尺寸相一致，这样才可以保证条形板与龙骨镶嵌紧密不松动，如图9-39所示。

(3) 板与板的连接

条形板的连接，应在板的搭接处，安装龙骨时骑在板的搭接

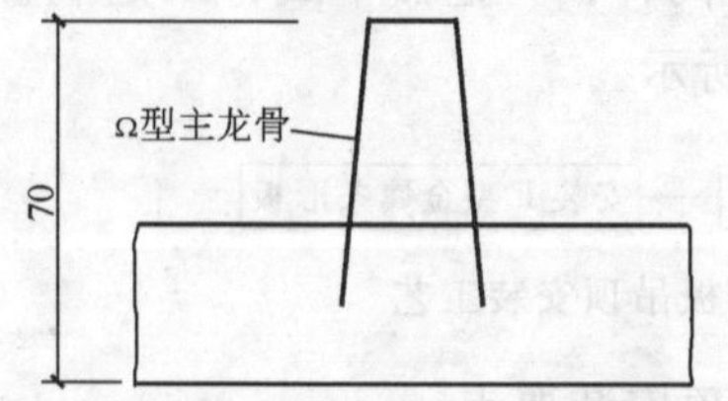

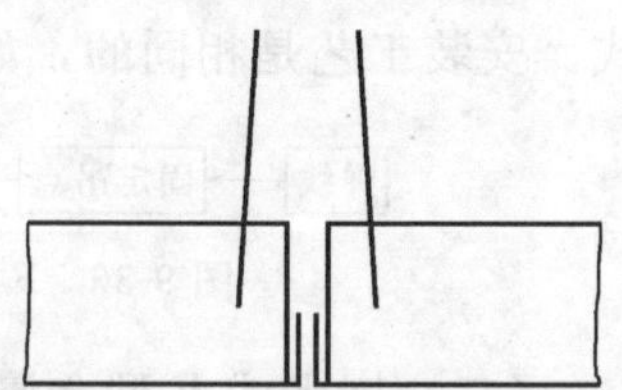

图9-38 板与龙骨连接

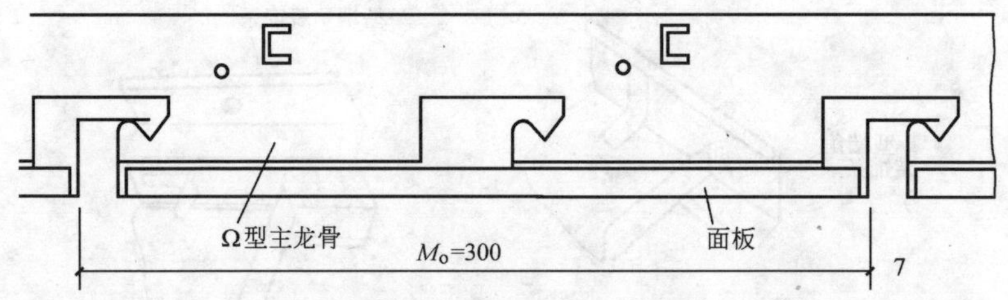

图 9-39　条形板宽与龙骨卡距一致

处，防止板间的相互移动，如图 9-40 所示。在安装前，应在龙骨上开一个安装板的搭接处的结合槽的开口，便于安装时龙骨可以卡住面板的结合槽。

板与板之间横向结合，应注意横向结合槽的尺寸为 15mm，如图 9-41 所示。

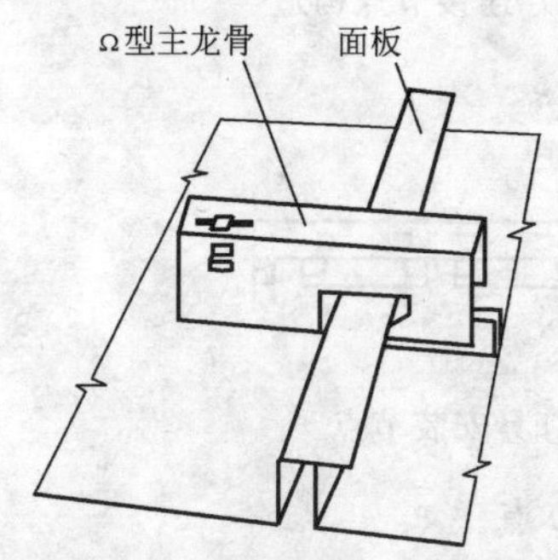

图 9-40　F 型条形金属板连接

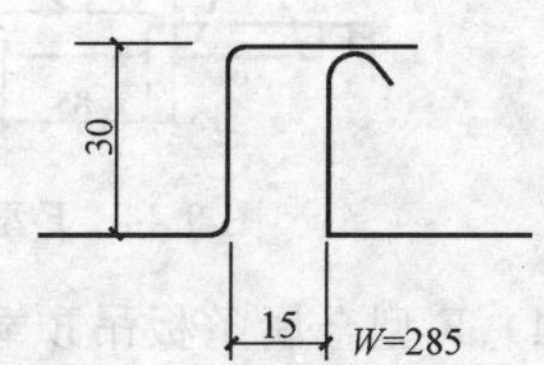

图 9-41　横向结合槽尺寸

5. 嵌卡式 F 型金属条形板吊顶构造节点

(1) 安装角条封口

在条形板与墙（柱）交接处，应安装 L 型墙角装饰条，或安 W 型墙角装饰条，如图 9-42 所示。

(2) 安装铝板封口

F 型金属条板吊顶与墙（柱）连接好，用铝板进行封口，如图 9-43 所示。

(3) F 型金属条形板吊顶与荧光灯槽构造节点

图 9-44 为 F 型金属条形板吊顶与荧光灯槽构造节点。

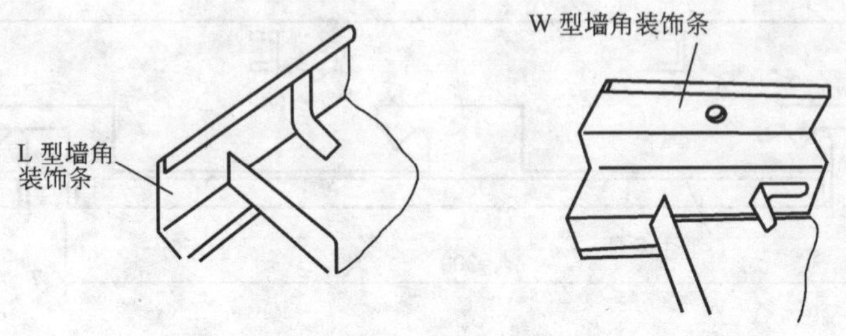

图 9-42　墙、板交接处安装 L、W 墙角装饰条

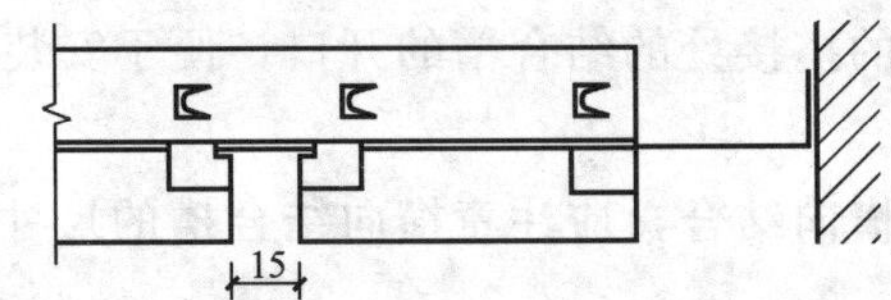

图 9-43　F 型条板与墙（柱）连接节点构造

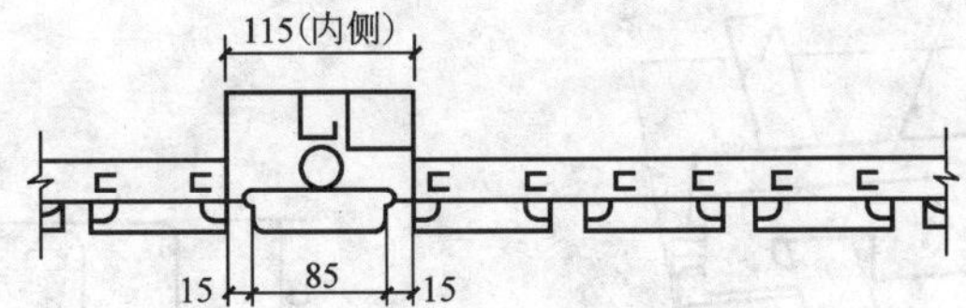

图 9-44　F 型条板吊顶灯具安装节点

(4) F 型金属条板吊顶载荷构造节点

图 9-45 为 F 型金属条板上人吊顶构造节点图。

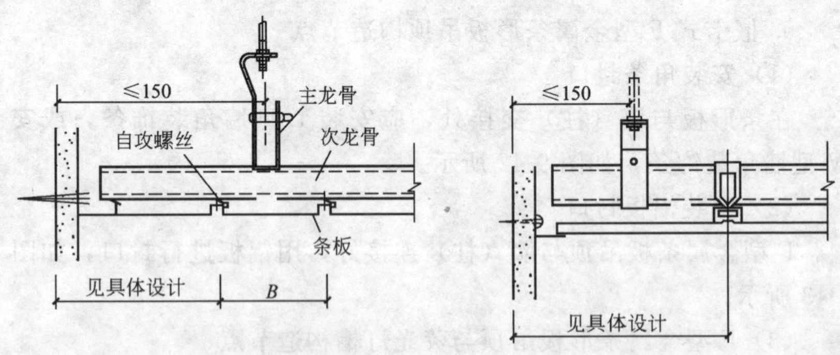

图 9-45　F 型条板人吊顶节点构造

图 9-46 为嵌卡式 F 型金属条板吊顶安装示意图。

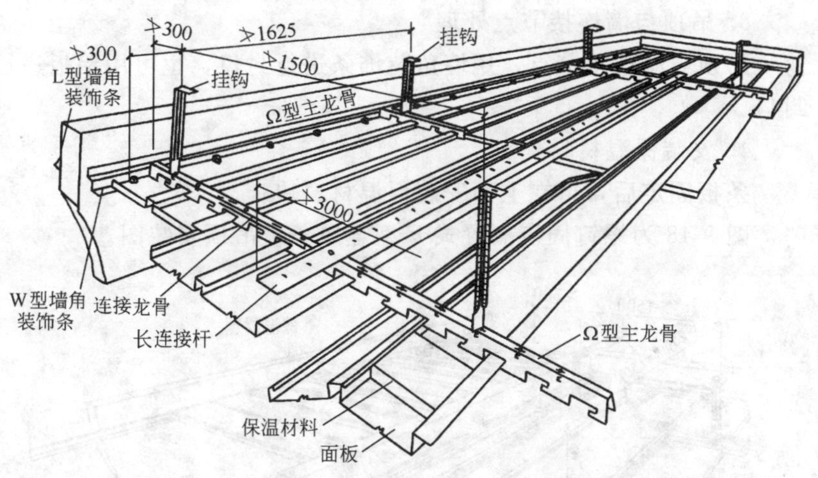

图 9-46 嵌卡式 F 型金属条板吊顶安装示意图

（三）搁置式 F 型金属条形板吊顶安装要点

在搁置式安装 F 型金属条板吊顶，就是将 F 型条板搁置在 T 型吊顶龙骨上，接着将条板用螺钉固定在 T 形龙翼缘上。

1. 安装 T 型吊顶龙骨

安装前应先弹标高线，吊点位置线及龙骨位置线。安装好吊杆后，先安装主龙骨，再安装次龙骨，最后进行调平。

2. 搁置 F 型金属条形板

将 F 型金属条板，搁置在 T 型龙骨的翼缘上，并用螺钉固定，

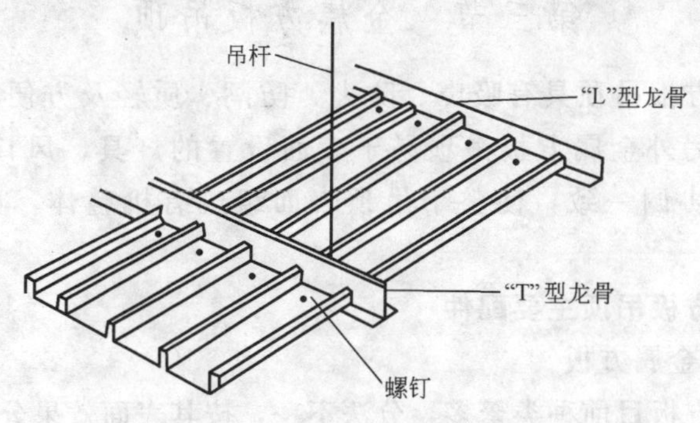

图 9-47 搁置式 F 型条板安装

如图 9-47 所示。

3. 吊顶与墙连接节点处理

吊顶与墙连接节点，用墙角装饰条进行封口，也可用铝板进行封口。

4. 安装保温材料

条板固定后，可在上面安装保温材料块。

图 9-48 为螺钉固定搁置式 F 型金属条板吊顶安装图。

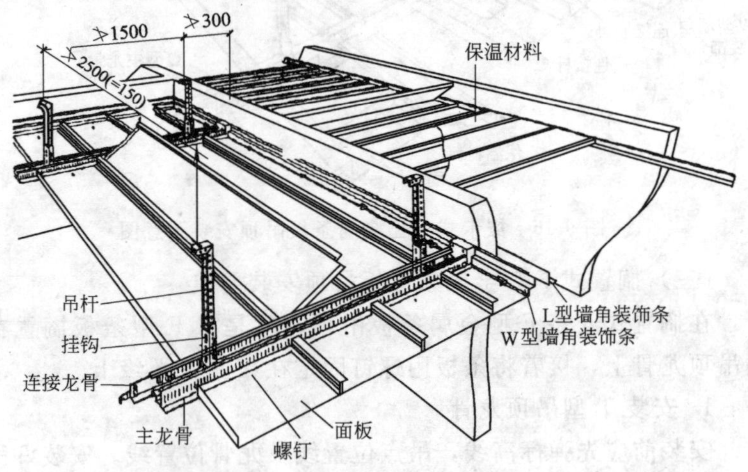

图 9-48 搁置式 F 型金属条板吊顶安装示意图

第三节 金属方板吊顶

金属方板吊顶具有吸声、防火、防潮、质轻及方便检修等综合因素。另外金属方板吊顶易于表面设置的灯具、风口、喇叭、检修口等协调一致，使整个吊顶表面组成有机整体，如图 9-49 所示。

一、金属方板吊顶主要配件

（一）金属方板

金属方板目前种类繁多，分法不一，按其表面效果分：平面方形板、浮雕方形板、穿孔方形板。目前常用还是铝合金方板和铝合

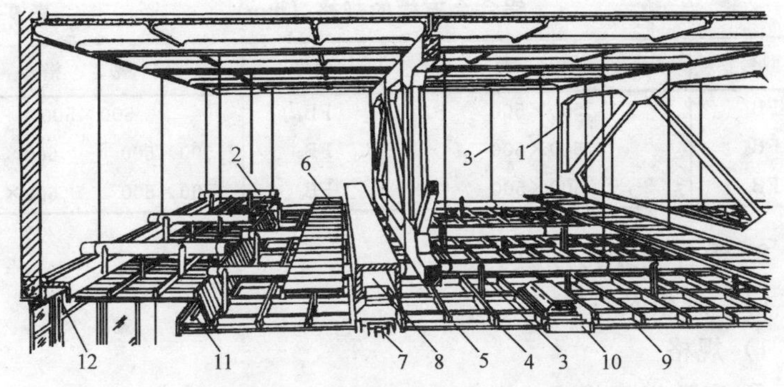

图 9-49 金属方板吊顶构造示意

1—屋架；2—主龙骨；3—吊筋；4—次龙骨；5—间距龙骨；6—检修走道；7—出风口；8—风道；9—吊顶；10—灯具；11—灯槽；12—窗帘盒

金穿孔方形板。

1. 铝合金方板

(1) 铝合金方板形状

图 9-50 为铝合金方板的各种形状。

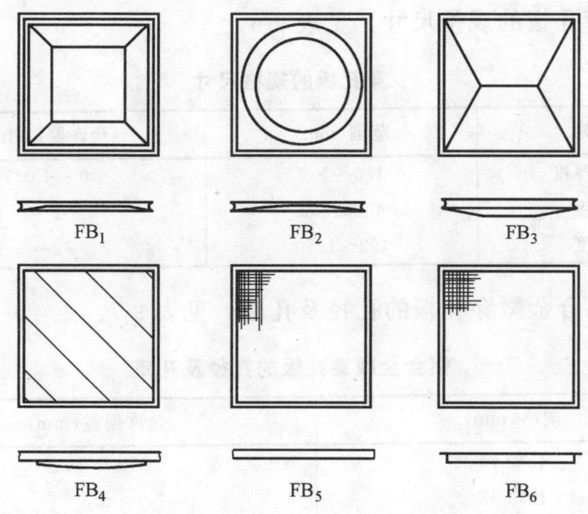

图 9-50 铝合金方板的各种形状

(2) 铝合金方板规格

铝合金方板规格，见表 9-4。

铝合金方板的规格（mm） **表 9-4**

型号	规　　格	型号	规　　格	
FB_1	500×500	FB_4	500×500	
FB_2	500×500	FB_5	500×500	600×600
FB_3	500×500	FB_6	500×500	600×600

2. 铝合金穿孔方板

(1) 规格及性能

1) 规格

① 穿孔板用铝合金及规格，见表 9-5。

穿孔板用铝合金及规格 **表 9-5**

合金	供应状态	板厚(mm)	孔径(mm)
L_2～L_5	Y	1.0～1.2	$\phi6$
LF_2	Y	1.0～1.2	$\phi6$
LF_3	Y_2	1.0～1.2	$\phi6$
LF_{21}	Y	1.0～1.2	$\phi6$

② 穿孔板的规格尺寸，见表 9-6。

穿孔板的规格尺寸 **表 9-6**

规格	范围(mm)	允许偏差(mm)
底模厚度	1.0～1.2	0～＋0.16
宽度	492～592	＋2～＋3
长度	492～1250	＋2～＋3

③ 铝合金微穿孔板的孔径及孔距，见表 9-7。

铝合金微穿孔板的孔径及孔距 **表 9-7**

规格(mm)	允许偏差(mm)
孔径 $\phi6$	±0.10
孔距 12	±3
孔距 14	±3

2) 性能

铝合金微穿孔板的技术性能，见表 9-8。

铝合金微穿孔板的技术性能　　表 9-8

合金	供应状态	底板厚度(mm)	σ_b(MPa)	δ(%)
L_2～L_5	Y	1.0～1.2	≥140	≥3
LF_2	Y	1.0～1.2	≥270	≥3
LF_3	Y_2	1.0～1.2	≥230	≥3
LF_{21}	Y	1.0～1.2	≥190	≥3

(2) 铝合金穿孔板的规格、性能

铝合金穿孔板的规格、性能见表 9-9。

铝合金穿孔板的规格、性能　　表 9-9

品名	规格(mm)	技术性能	生产单位
铝合金穿孔压花吸声板	500×500 1000×1000	材质:电化铝板 孔径:ϕ6～8,0.8～1.0mm 穿孔率:1%～5%、20%～28% 工程使用降噪效果:4～8dB 可根据用户要求定制加工	上海市红旗机筛厂
吸声吊顶板墙面穿孔护面板		1. 材料质量、规格、穿孔率可根据需要任选 2. 孔型有圆孔、方孔、长圆孔、长方孔圆、三角孔、菱形孔、大小组合孔等	江苏无锡县堰桥噪声控制设备厂
穿孔平面式吸声板	495×495×(50～100)	材质:防锈铝合金 板厚:1mm 孔径:ϕ6 孔距:10mm 降噪系数:1.16 工程使用降噪效果:4～8dB左右 吸声系数:厚度 75mm $\frac{125}{0.13}$、$\frac{250}{0.14}$、$\frac{500}{0.18}$、$\frac{1000}{0.37}$、$\frac{2000}{0.64}$、$\frac{4000}{0.97}$	江苏无锡市铝制品厂

续表

品名	规格(mm)	技术性能	生产单位
铝装饰板	500×500×0.5 500×500×0.8	采用光电制板技术,彩色阳极化表面处理工艺,图案深度5～8mm、10～12mm。颜色有铝本色、金黄色、淡蓝色等。立体感强,可制成名人字画、古董古币、湖光山色等图案,并具有耐腐蚀、耐热、耐磨损特性,能长期保持光亮如新	天津市电器厂
冰花彩色立体隔声天花板 冰花彩色金属隔声天花板	500×500 500×500		江苏无锡县日用工艺品厂
穿孔块体式吸声体	750×500×100	材质:防锈铝合金 板厚:1mm 孔径:$\phi 6$ 孔距:10mm 降噪系数:2.17 工程使用降噪效果:4～3dB左右 吸声系数:厚度100mm $\frac{125}{0.22}$、$\frac{250}{0.25}$、$\frac{500}{0.34}$、$\frac{1000}{0.35}$、$\frac{2000}{0.54}$、$\frac{4000}{0.65}$	
铝合金吸声板	500×500	材质:LF_{21}铝板	成都市卷闸门厂
铝合金板式吊顶	特殊规格按需加工 2000×(60～400) 50×50 60×60 187.5×75 62.5×62.5 125×62.5	铝合金板式吊顶具有组装灵活,施工方便,防火耐腐蚀,质轻,立体感强,吸声 表面处理可根据设计要求选用氧极化、烤漆、喷砂等方法。颜色有古铜色、金黄色、天蓝色、咖啡色等	江苏常州市百丈建筑装饰器材厂
铝装饰板	420×420×0.5 480×270×0.8 275×410×0.8 415×600×0.8 436×610×0.8	采用彩色氧极化表面处理工艺,有多种图案花纹,有方形、长方形、梯形等不同形状。颜色有铝本色、褐色、金黄色等,具有防腐蚀、耐热、抗裂、抗震、抗晒、图案优美、色泽鲜艳,美观大方等特点	天津市津翔机械厂

（二）金属方板吊顶主要配件

1. 方板吊顶龙骨及配件

图 9-51 为方板吊顶龙骨及配件图。

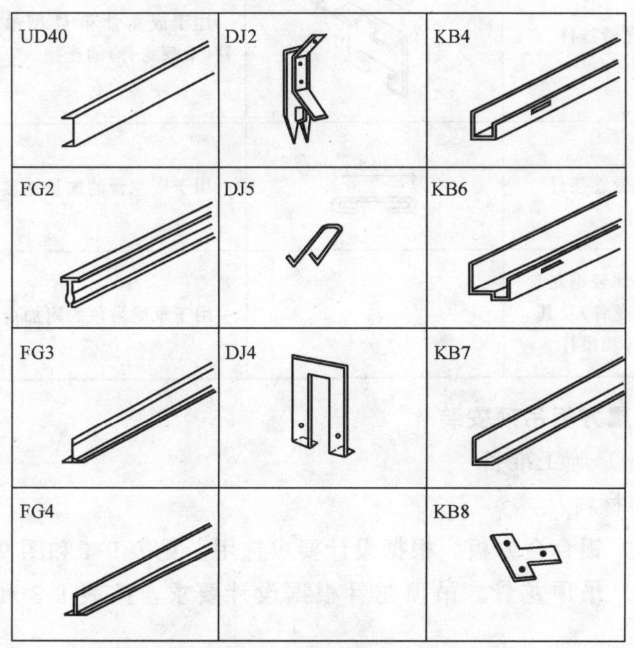

图 9-51　方板吊顶龙骨及配件

2. 方板金属吊顶板的安装配套材料

方板金属吊顶板的安装配套材料，见表 9-10。

方形金属吊顶板的安装配套材料　　　　表 9-10

名　称	形　式	用　途
嵌龙骨	40 26	用于组装成龙骨骨架的纵向龙骨 用于卡装方型金属吊顶板
半嵌龙骨	26	用于组装成龙骨骨架的边缘龙骨 用于卡装方型金属吊顶板

续表

名　称	形　式	用　途
嵌龙骨挂件	60 25 49	用于嵌龙骨和U型吊顶轻钢龙骨(承载龙骨)的连接
嵌龙骨连接件	40.5	用于嵌龙骨的加长连接
U型吊顶轻钢龙骨(承载龙骨)及其吊件和吊杆		用于承受吊顶的附加荷载

二、金属方板吊顶安装

(一) 施工准备

1. 材料

(1) 铝合金方板。根据设计要求选用，见表9-4和图9-50。

(2) 吊顶龙骨。吊顶龙骨根据设计要求，按表9-3和图9-51选用。

2. 紧固件

(1) 自攻螺钉。自攻螺钉，按表3-89选用。

(2) 膨胀螺栓。膨胀螺栓，按表3-104选用。

(3) 射钉。射钉，按表3-114选用。

(4) 水泥钉。水泥钉，按表3-84选用。

(5) 拉铆抽芯钉。拉铆抽芯钉，按表3-107选用。

3. 工具

(1) 手工工具。线锤、角尺、卷尺、水平尺、手锤、安装锤。

(2) 电动工具。手电钻、冲击钻、电锤、型材切割机、铝型材切割机、电动螺丝刀、自攻螺丝钻。

(二) 施工工艺

铝合金方板吊顶施工工艺，如图9-52所示。

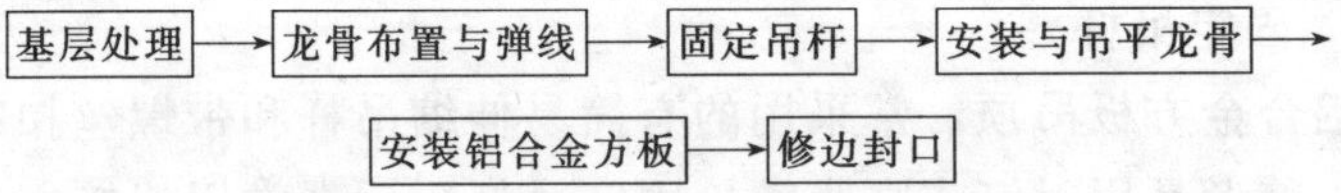

基层处理 → 龙骨布置与弹线 → 固定吊杆 → 安装与吊平龙骨 → 安装铝合金方板 → 修边封口

图 9-52 铝合金方板吊顶施工工艺

（三）施工要点

1. 根据铝合金方板的尺寸规格，合理确定龙骨位置、结构尺寸，使金属饰面板块组合的图案完整，当四周留边时，留边的尺寸对称均匀。

2. 安装时按照弹好的板块安排布置线，从一个方向开始依次安装。

3. 铝合金块板与轻钢龙骨骨架的安装，主要采用吊钩悬挂式或自攻螺钉固定式，也可采用不锈钢丝扎结式。采用吊钩悬挂式时，吊钩应与龙骨连接固定，再钩住板块侧边的小孔，用自攻螺钉固定时，应先用手电钻打出孔位后再上螺钉。

4. 铝合金方板在安装时应轻拿轻放，保护板面不受碰伤或刮伤。

（四）操作要点

1. 基层处理

在安装吊顶前，应对基层结构（屋面板或楼板）进行认真检查，若基层结构强度、结构尺寸不符合施工质量要求时，应及时进行处理。

2. 龙骨布置与弹线

（1）弹线。应将吊顶标高线、吊点位置线、龙骨布置线，分别弹在墙面（柱面）、屋面板（楼板）上。如果吊顶底面有高差变化时，也应将变截面位置线弹在屋面板（楼）上。

（2）确定龙骨位置线。因为每块铝合金方板都是已成型的饰面板，一般不能自切割分块。为了保证吊顶饰面的完整性和安装的可靠性，需要根据铝合金方板的尺寸规格，以及吊顶的面积尺寸来安排吊顶龙骨架的结构尺寸。对铝合金方板饰面的尺寸布置要求是：板块组合的图案要完整，四周留边时，留边的尺寸要对称或均匀。将安排布置好的龙骨架位置线画在标高线的上边。

3. 固定吊杆

铝合金方板吊顶，常采用的有简易伸缩吊杆和带螺丝扣的钢筋吊杆。前者是用射钉或膨胀螺栓固定吊杆；后者常用焊接方法将吊杆与屋面板（楼板）的预埋件（或楼板的预留钢筋）焊接在一起。

4. 安装龙骨

吊顶龙骨的安装与金属方板安装的方式不同，有三种：

(1) 搁置式吊顶龙骨安装。先安装U型承载龙骨，通过主龙骨吊件用螺栓与吊杆连接，再安装T型覆面龙骨，通过次龙骨挂件与主龙骨连接。

(2) 嵌卡式吊顶龙骨安装。通过螺栓将L型承载龙骨与吊杆连接在一起，再通过次龙骨挂件将嵌龙骨与U型轻钢承载龙骨连接在一起。

(3) 紧固式吊顶龙安装。将龙骨直接挂在简易吊挂件上。

最后对吊顶龙骨进行调平，需起拱的按规定值进行起拱。

5. 安装金属方板

金属方板在吊顶龙骨上安装方法有三种：

(1) 搁置式安装。因为吊顶采用T型覆面龙骨，金属方板四边带翼，将方板搁置于T型龙下部的翼板之上。搁置后的吊顶面形成格子式离缝效果，如图9-53所示。

在搁置前，应对龙骨组成的方框进行检查，与金属方板尺寸是

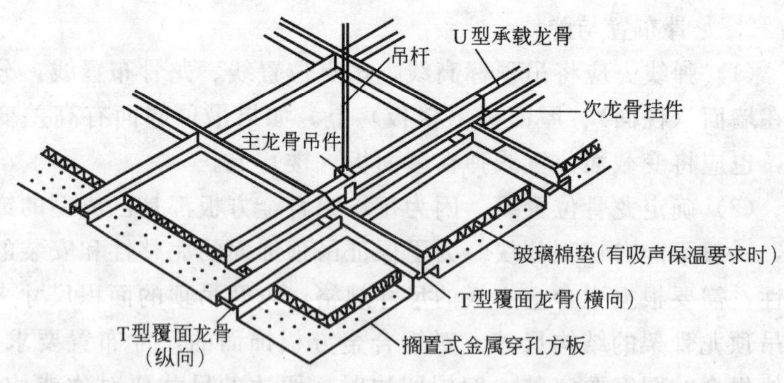

图9-53 方形金属吊顶板的搁置式安装示例

否一致，安装后，间隙应均匀一致，不能出现宽窄不一的现象。

（2）卡入式安装。因为吊顶次龙骨为带夹复的嵌龙骨，便于方型金属板的卡入。又因金属方板的卷边向上，形成缺口式的盒子形，一般的方形板边部在加工时轧出凸起的卡口，可以较精确的卡入带夹复的嵌龙骨中，如图 9-54 所示。

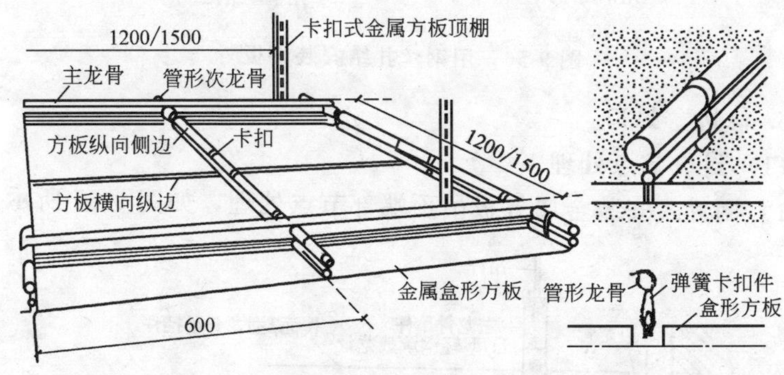

图 9-54　方形金属吊顶板卡入式安装示例

（3）紧固式安装。将金属方板采用自攻螺钉、吊钩悬挂紧固于吊顶的覆面龙骨上，如图 9-55 所示。用自攻螺钉固定时，应先用手电钻打出孔位后再上螺钉。如用 M5 螺钉，打孔直径为 4.2mm。用吊钩悬挂时，应注意吊钩与龙骨固定，再钩住板块侧边的小孔。另外金属方板安装也可采用钢丝扎结法，如图 9-56 所示。

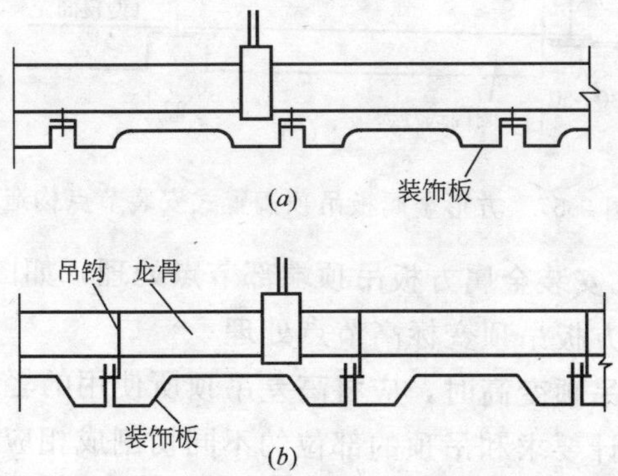

图 9-55　方形金属吊顶板紧固式安装

(a) 自攻螺钉固定；(b) 用吊钩固定

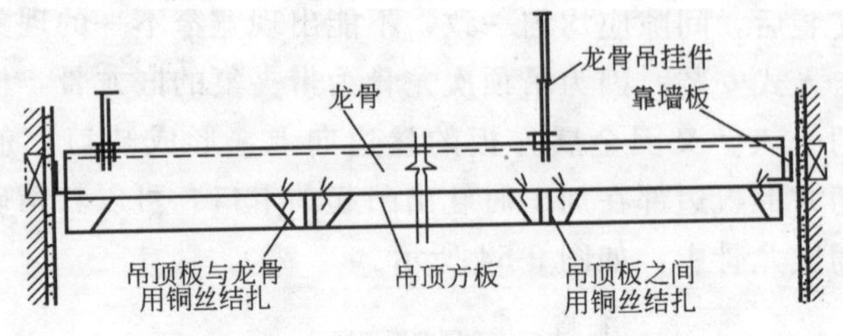

图 9-56 用钢丝扎结安装方板

6. 修边、封口

(1) 封口节点处理

1) 搁置式安装金属方板吊顶端部节点处理，如图 9-57 所示。

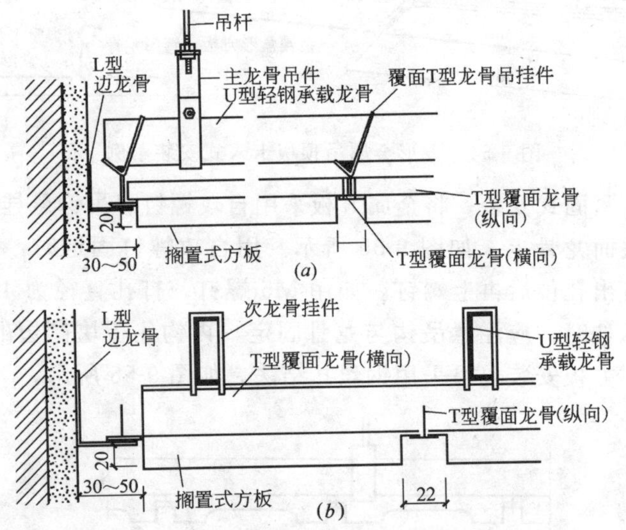

图 9-57 方形金属板吊顶搁置式安装节点构造

2) 卡入式安装金属方板吊顶端部节点处理，如图 9-58 所示。

(2) 金属方板吊顶变标高节点处理

金属方板吊顶变高时，应将高差吊顶所使用的轻钢龙骨和方形金属板，按设计要求和吊顶的部位的不同切割成相应的部件，切割下料时要力求准确，认真研究各部位之间的连接关系，以保证安装吊顶构造的严密和牢固。当罩面方型金属板安装后，其每个阳角应

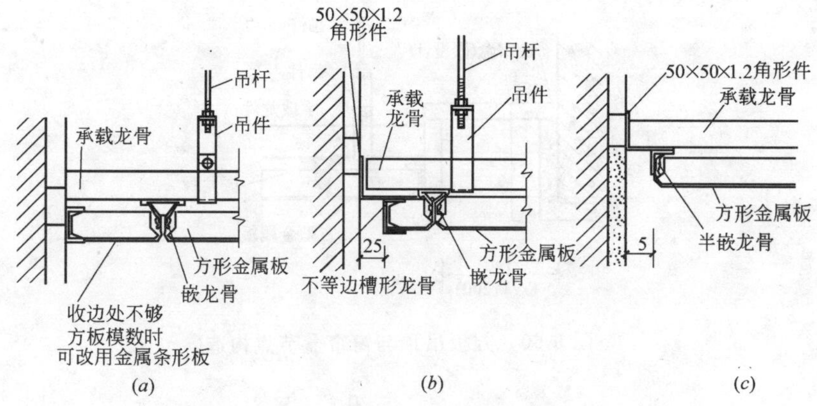

图 9-58　方形金属吊顶卡入式安装节点构造

(*a*) 吊顶端部构造节点之一；(*b*) 吊顶端部构造节点之二；
(*c*) 吊顶端部构造节点之三

增加护角。变标高吊顶安装后，其每个边角必须保持平直整洁，不允许出现凹凸不平和扭曲现象，如图 9-59 所示。

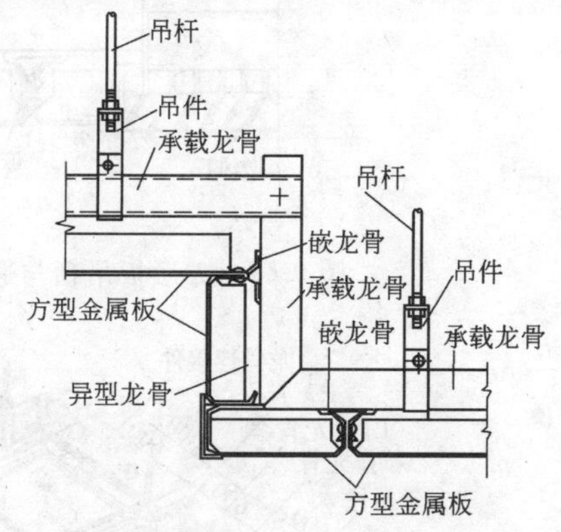

图 9-59　金属方板吊顶变标高构造

(3) 吊顶与窗帘盒节点处理

金属方板吊顶与窗帘盒立面自然平接，如图 9-60 所示。

(4) 吊顶送风口节点处理

安装室内金属方板吊顶送风口时，首先在送风口处增设附加龙骨，以便龙骨可以承受送风口重量。另外送风口与方形金属板交接处，应用铝合金边框连接，如图 9-61 所示。

7. 承载方形板吊顶

承载方形板吊顶它是由主龙骨（U 型龙骨）、主龙骨吊件和龙骨挂钩，挂吊着由 LT 龙骨和横撑龙骨组成的吊顶龙骨架组成承载方型板吊顶。如图 9-62 所示。

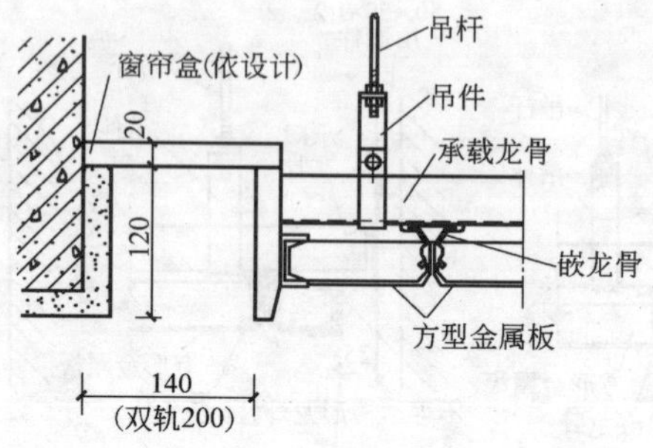

图 9-60　方板吊顶与窗帘盒节点构造

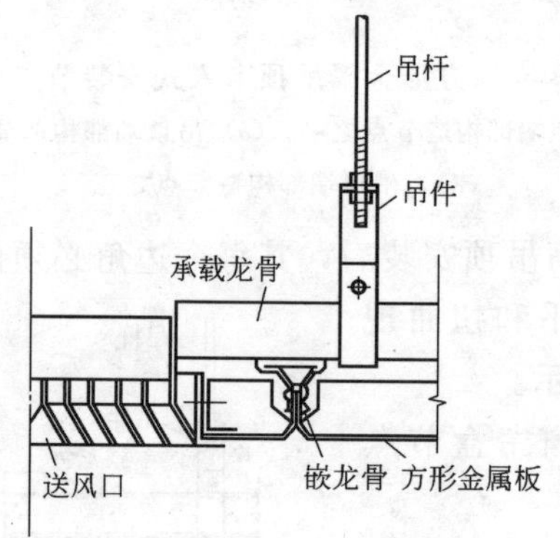

图 9-61　方形板吊顶与通风口连接节点构造

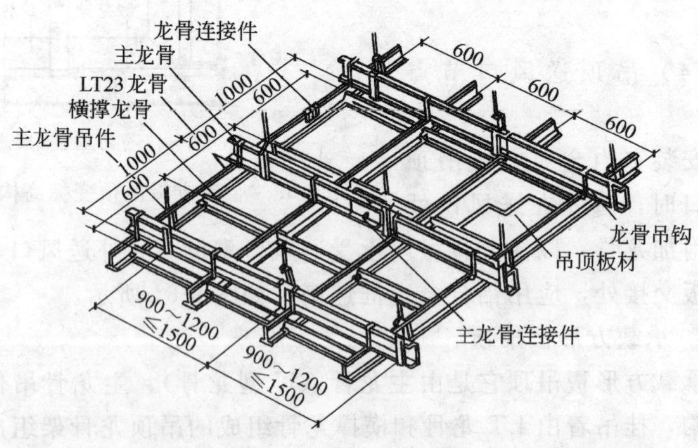

图 9-62　承载方形板吊顶

第四节　金属格栅吊顶

金属格栅吊顶，其装饰形式是通过特定形状的单元体及单元体的组合，使建筑物吊顶饰面既遮又透，既是吊顶装饰形式而又敞口，形成独特的艺术效果，如图 9-63 所示。

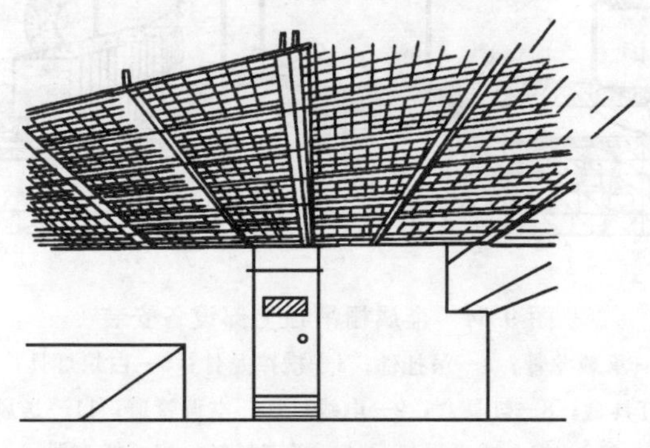

图 9-63　金属格栅吊顶

一、金属格栅吊顶特点

（一）吊顶与灯光照明融为一体

将灯具置于格栅吊顶的上部，可使光线均匀与柔和而减少眩光，有的用灯具与吊顶结成一体，使吊顶与照明统一考虑。

（二）吊顶与通风融为一体

在格栅顶棚上面设置风道、风口，向下均匀地送风，可以改善送风孔送风过于集中，同时也改善了室内通风条件。

（三）格栅吊顶可以改善音响效果

格栅吊顶，它是由单元吸声体组合的吊顶不仅吸声效果好，减少回声，音响效果好。

图 9-64 为金属格栅吊顶上部设备安装示意图。

近年来，金属格栅吊顶被较多地应用，其造型多种多样。可以是纯粹的方格网，也可由条格、方格、圆格等几何形组合，在工厂里定型铸造而成。在层高较低的公共建筑，用金属格栅作吊顶既不会减少空间容积，没有压抑感，又达到了装饰效果。

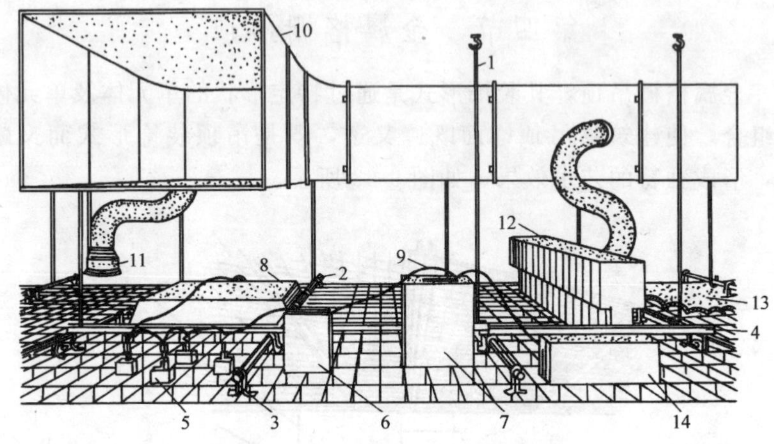

图 9-64　金属栅吊顶上部设备安装

1—吊杆；2—承载龙骨；3—吊挂件；4—横撑龙骨；5—白炽灯具；6—灯具盒；7—灯具盒；8—灯具盒；9—电线；10—空调管道；11—送风口；12—组合式送风口；13—吸声材料；14—扬声器

二、金属格栅吊顶单体构件

(一) 铝合金格栅单体构件

1. 铝合金格栅形式及构件尺寸

(1) 铝合金格栅形式

图 9-65 为铝合金格栅形式。

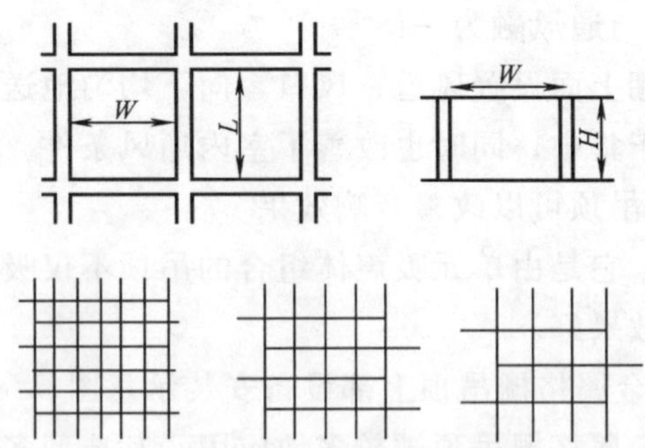

图 9-65　常用铝合金格栅形式

(2) 铝合金格栅单体构件尺寸

表 9-11 为铝合金格栅单体构件尺寸。其组合尺寸一般为

610mm×610mm，格栅系用双层 0.5mm 厚的薄板加工而成，其表面色彩按设计要求进行加工。

常用的铝合金格栅单体构件尺寸　　表 9-11

规格	宽 W(mm)	长 L(mm)	高 H(mm)	重量(kg/m²)
Ⅰ型	78	78	50.8	3.9
Ⅱ型	113	113	50.8	2.9
Ⅲ型	143	143	50.8	2.0

2. 铝合金格栅吊顶单体构造

铝合金格栅吊顶单体构造有四种：

(1) GD_2 型格栅式吊顶单体构造

图 9-66 为 GD_2 型格栅式吊顶单体构造图。表 9-12 为 GD_2 型格栅规格。

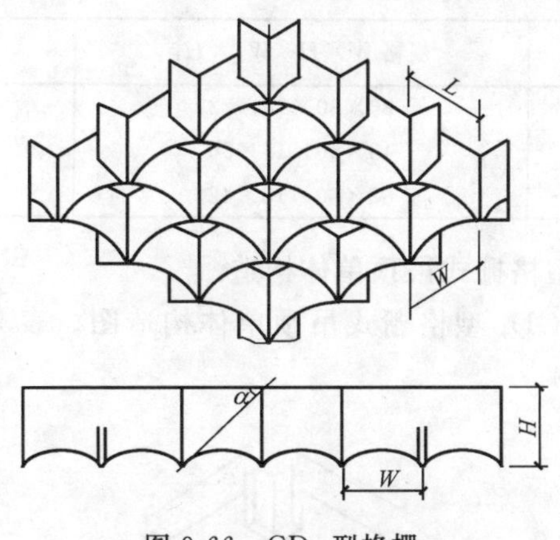

图 9-66　GD_2 型格栅

GD_2 型格栅规格 (mm)　　表 9-12

型号	规格 $W\times L\times H$	遮光角 α	厚度	分格
$GD_{2\text{-}1}$	25×25×25	45°	0.8	600×1200
$GD_{2\text{-}2}$	40×40×40	45°	0.8	600×600

(2) GD_3 型格栅式吊顶单体构造

图 9-67 为 GD_3 型格栅式吊顶单体构造图。表 9-13 为 GD_3 型格栅规格。

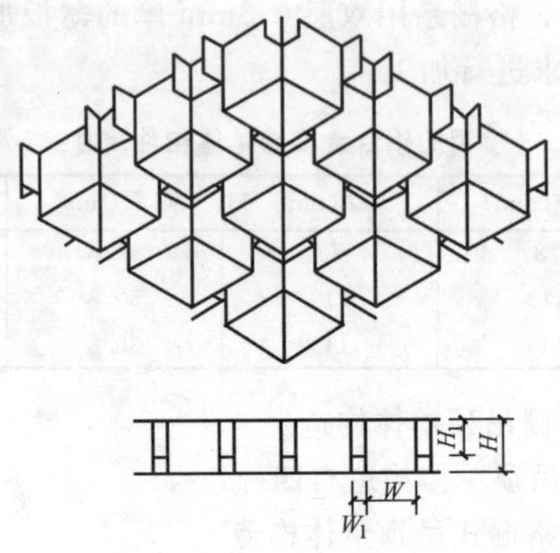

图 9-67　GD_3 型格栅

GD_3 型格栅规格（mm）　　　　**表 9-13**

型号	规格 $W \times H \times W_1 \times H_1$	分格
$GD_{3\text{-}1}$	26×30×14×22	600×600
$GD_{3\text{-}2}$	48×50×14×36	
$GD_{3\text{-}3}$	62×60×18×42	1200×1200

（3）GD_4 型格栅式吊顶单体构造

图 9-68 为 GD_4 型格栅式吊顶单体构造图。表 9-14 为 GD_4 型格栅规格。

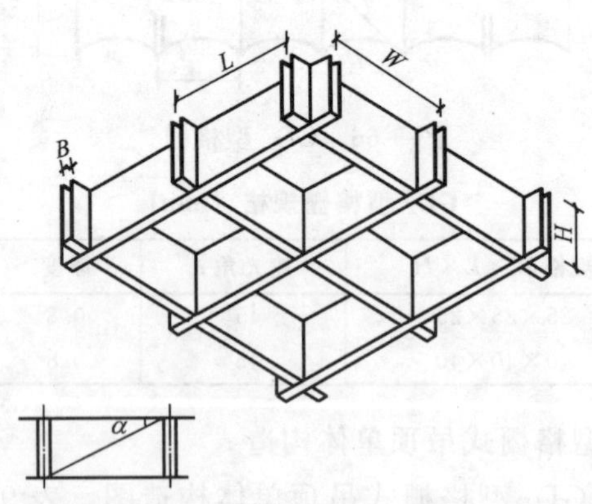

图 9-68　GD_4 型格栅

GD_4 型格栅规格（mm） 表 9-14

型号	规格 $W \times L \times H$	厚度	遮光角 α
GD_{4-1}	90×90×60	10	37°
GD_{4-2}	125×125×60	10	37°
GD_{4-3}	158×158×60	10	22°

（4）GD_1 型格片式吊顶单体构造

图 9-69 为 GD_1 格片式吊顶单体构造图。表 9-15 为 GD_1 格片式吊顶规格。与前三种格栅吊顶相比，完全没有网格的效果，但通常仍将其与格栅式吊顶列入同一类。

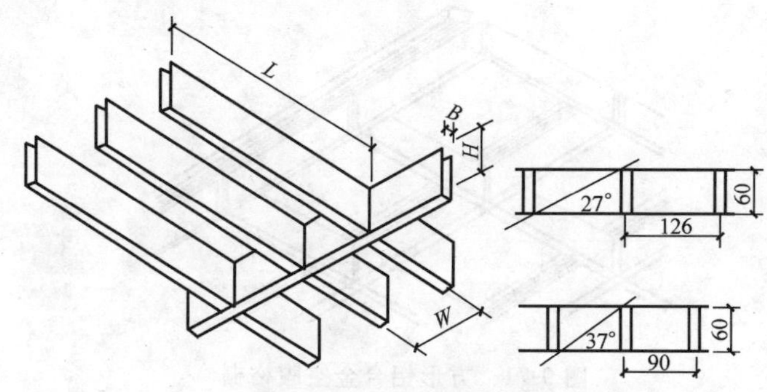

图 9-69 格片式格栅

GD_1 格片式顶棚规格（mm） 表 9-15

型号	规格 $L \times H \times W$	B	遮光角 α
GD_{1-1}	1260×60×90	10	3°～37°
GD_{1-2}	630×60×90	10	5°～37°
GD_{1-3}	1260×60×126	10	3°～27°
GD_{1-4}	630×60×126	10	5°～27°

3. 铝合金格栅吊顶其他形状单体构件

（1）直线形铝合金搁棚吊顶单体构件

图 9-70 为直线形铝合金搁栅吊顶单体构件，至由纵横直条 U 形铝合金空腹格栅组成。

（2）方形铝合金空腹格栅吊顶单体构件

图 9-71 为方形铝合金空腹格栅吊顶。

长2000宽由设计而定

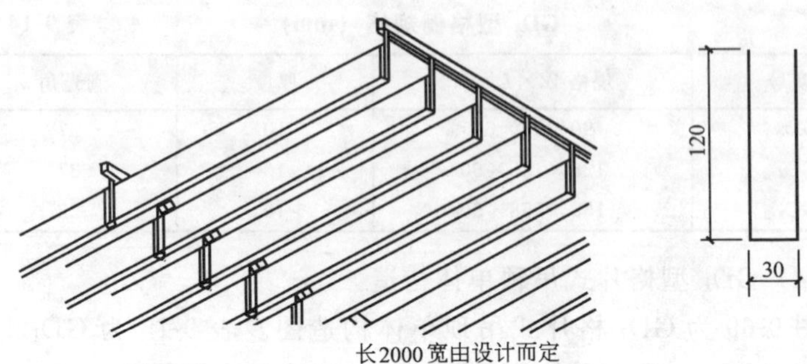

图 9-70　直线形铝合金格栅

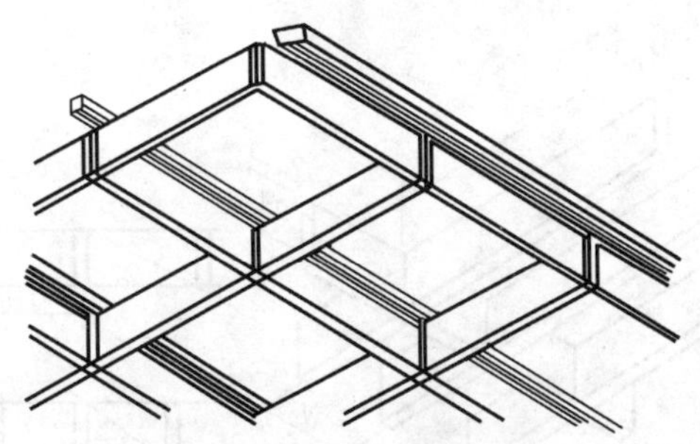

图 9-71　方形铝合金空腹格栅

(3) 多边形铝合金空腹格栅吊顶单体构件

图 9-72 为多边形铝合金空腹格栅吊顶单体构件。

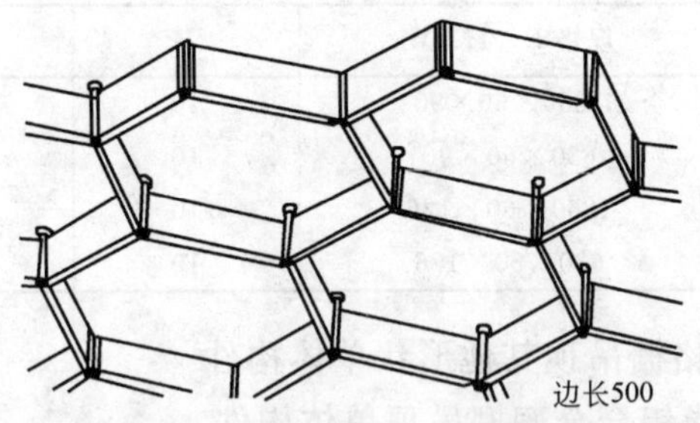

图 9-72　多边形铝合金空腹格栅

4. 铝合金吸声搁栅单体构件

(1) 条形铝合金吸声格栅吊顶单体构件

图 9-73 为条形铝合金吸声格栅单体构件。铝合金吸声格栅吊

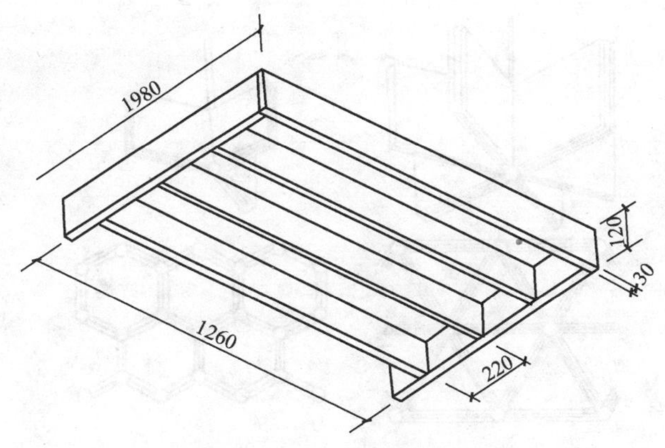

图 9-73　条形铝合金空腹格栅

顶板是在铝合金板表面冲孔后弯成 U 字形空腹搁栅，在空腹内填以吸声材料加工而成。表面处理有烤漆、阳极氧化物两种。

(2) 方形铝合金吸声格栅吊顶单体构件

图 9-74 为方形铝合金吸声格栅吊顶单体构件。

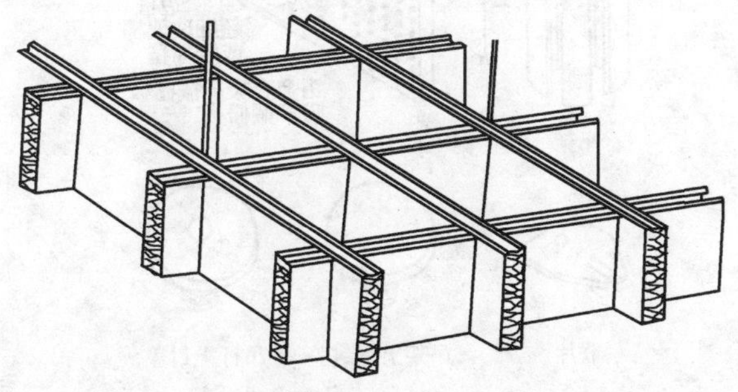

图 9-74　方形铝合金吸声格栅

(二) 网络体形格栅单体构件

1. 三角网络体形格栅单体构件

网络体形格栅单体构件，一般都是做成三角形网络的平面图案，也就是将网格支架的六个插口均装上金属吸声板。

图 9-75 为三角形网络体形格栅单体构件及不同的插接形式。

图 9-76 为铝合金吸声板及配套件。

2. 筒形网络体格栅单体构件

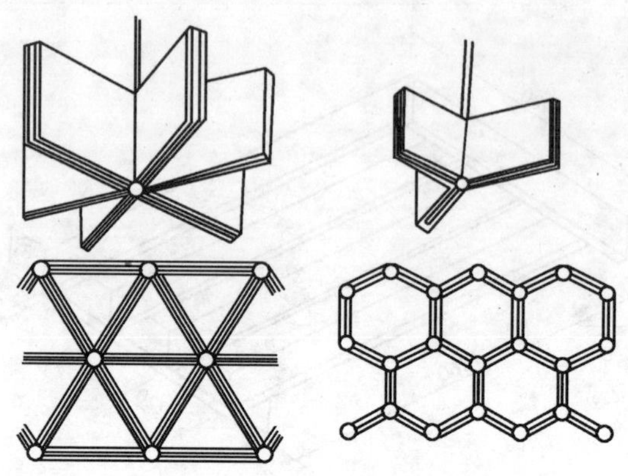

图 9-75 三角形网络体形格栅

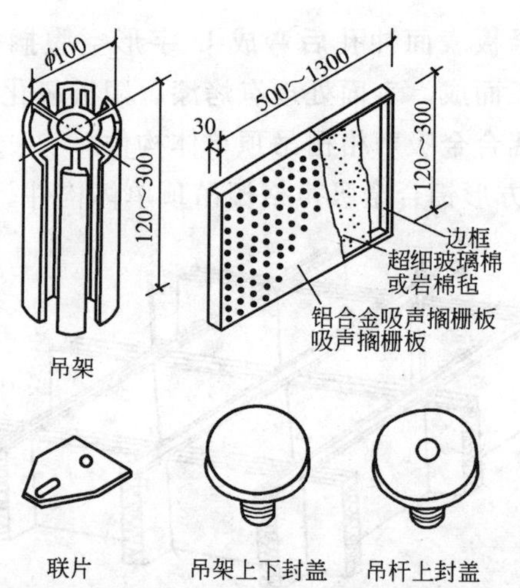

图 9-76 铝合金吸声格栅板及配套件

筒形网络体格栅，它是单个的圆筒组成吊顶构件。如图 9-77 所示。

三、金属格栅吊顶安装

（一）施工准备

1. 施工条件

（1）结构检验。在吊顶施工前，应对吊顶固定处的尾面板（楼板）进行结构检查，施工质量应符合设计要求。

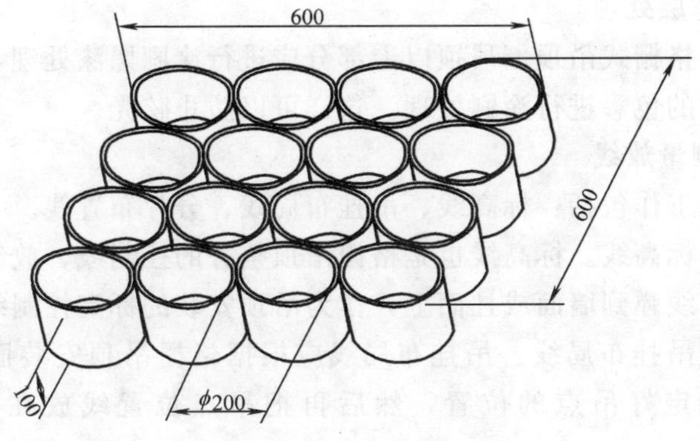

图 9-77 圆筒形网络体格栅

(2) 在吊顶安装前，吊顶以上的电气布线、空调管道、消防管道、供水排水管道必须安装就位，并基本调试完毕，从吊顶经墙体通下来的各种开关、插座线路也已安装就绪。

2. 施工材料

吊顶安装前、单体构件组装材料、连接配件、紧固件等，按设计要求进场到位。

3. 施工工具

(1) 手工工具

常用工具：角尺、卷尺、水平尺、线锤、粉线包、直尺、手锤、安装锤等。

(2) 电动工具

常用电动工具：手电钻、型材切割机、铝型材切割机，电动自攻螺钉钻，电动螺丝刀、电动扳手等。

(二) 金属格栅吊顶安装工艺

金属格栅吊顶安装工艺，如图 9-78 所示。

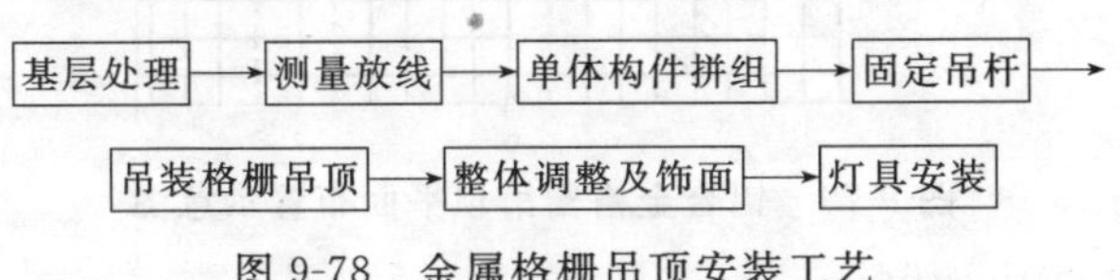

图 9-78 金属格栅吊顶安装工艺

(三) 铝合金格栅吊顶安装要点

1. 基层处理

对于格栅式吊顶、吊顶以上部分应进行涂刷黑漆处理，或者按设计要求的色彩进行涂刷处理。这样可以防止眩光。

2. 测量放线

放线工作包括：标高线、吊挂布局线、分片布置线。

（1）标高线。标高线也是格栅吊顶整齐的控制线、放线时首先要把标高线弹到墙面或柱面上，作为吊顶安装的标高控制线。

（2）吊挂布局线。吊挂布局线应根据格栅吊顶安装固定方式确定。确定好吊点的位置，然后再把吊点位置线放在屋（楼）面上。

（3）分片布置线。格栅吊顶也需要分片吊装，而每个分片可以在地面事先组装和饰面处理。分片布置就是根据吊顶的结构形式、材料尺寸和材料刚度，来确定分片的大小和位置。

分片布置线一般是从室内吊顶中心直角位置开始逐步展开，如图 9-79 所示。吊挂点的布置需根据分片布置线来确定，以使吊顶分片材料受力均匀。

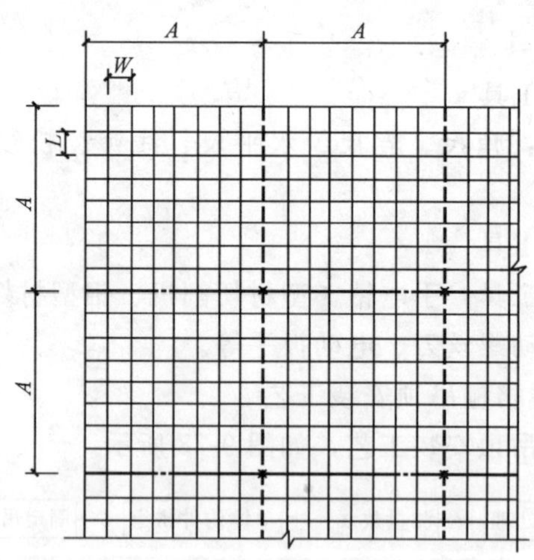

图 9-79　铝合金格栅吊顶平面布置示意图

3. 单体构件拼组

单体构件拼组，通常采用拼接法和挂接法两种。

(1) 拼接法组拼单体构件

铝合金格栅吊顶，采用铝合金条板通过拼接进行单体构件组装，如图 9-80 所示。

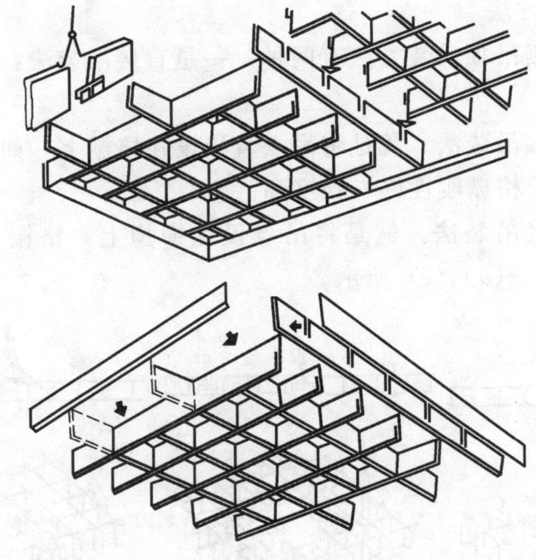

图 9-80　铝合金格栅吊顶板拼装图

(2) 通过专用特制十字连挂件组装

用特制的十字连挂件，将格栅板拼接在一起，特别的十字连接挂件，根据栅板即实际尺寸做的，如图 9-81 所示。

4. 固定吊杆

由于金属格栅吊顶大多数比较轻便，所以一般不需设预埋件或采用角钢块之类的吊顶吊点连接件，可以在混凝土楼板底或梁底的吊点位置，用冲击电钻打孔后固定膨胀螺栓，将吊杆焊于膨胀螺栓上或用 18 号铅丝绑扎；也可用带孔的射钉作吊点的紧固件，但单个射钉的承重荷载不得超过 50kg/

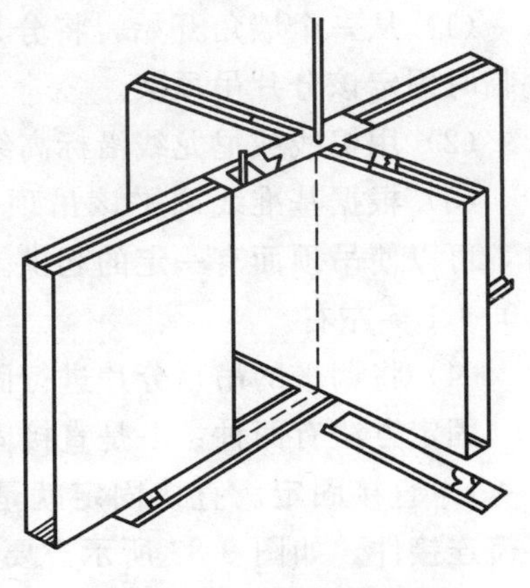

图 9-81　十字挂件组装

m^2。对于网络体型金属吸声板吊顶的吊点问题，应注意控制在 1m 之内，要根据室内顶部的平面图上每个网络支架的位置来确定吊点位置；吊点与柱、墙立面的距离须小于 300mm。

5. 吊装方法

金属格栅吊顶吊装方法有两种：一是直接吊装法：二是间接吊装法。

(1) 直接吊装法。就是将吊点直接设在格栅上，如图 9-82 (*b*) 所示。这要求格栅刚性好、强度高。

(2) 间接吊装法。就是将吊点设在横担上，格栅与横担相连接。如图 9-82 (*a*) (*c*) 所示。

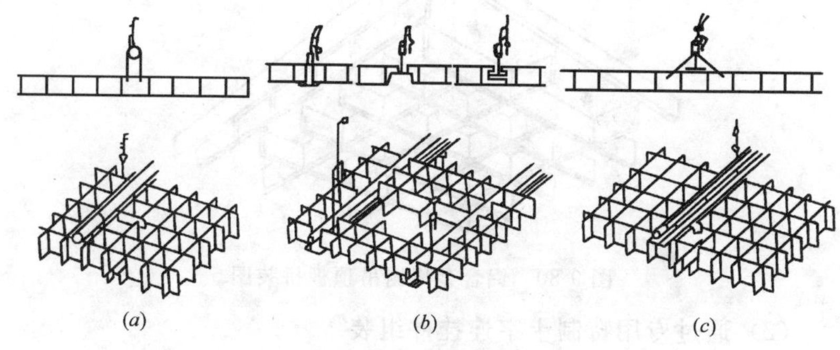

图 9-82 金属格栅及吊装方法

6. 金属格栅吊顶吊装要点

(1) 从一个墙角开始，将分片吊顶托起，高度略高于标高线，并临时固定该分片吊顶架。

(2) 用棉线或尼龙线沿标高线拉出交叉的吊顶平面的基准线。

(3) 根据基准线调平该吊顶分片。如果吊顶面积大于 $100m^2$ 时，可以使吊顶面有一定的起拱。对于构件吊顶来说起拱量一般在 2000：1.5 左右。

(4) 将调平的吊顶分片进行固定

固定方法有两种：一是直接固定；二是间接固定。

1) 直接固定。直接固定就是将吊杆直接与格栅固定在一起，不需连接件。如图 9-83 所示。要求金属格栅的刚性和强度都比较大，方可以用此方法固定。

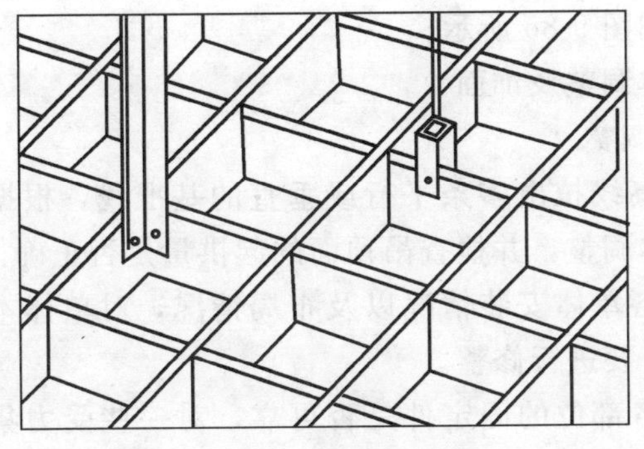

图 9-83　直接固定式

2）间接固定。间接固定就是格栅固定在可靠的骨架上，然后再将骨架用吊杆与结构相连，如图 9-84 所示。这种方法一般适用于构件本身刚度不够，稳定性差的情况。

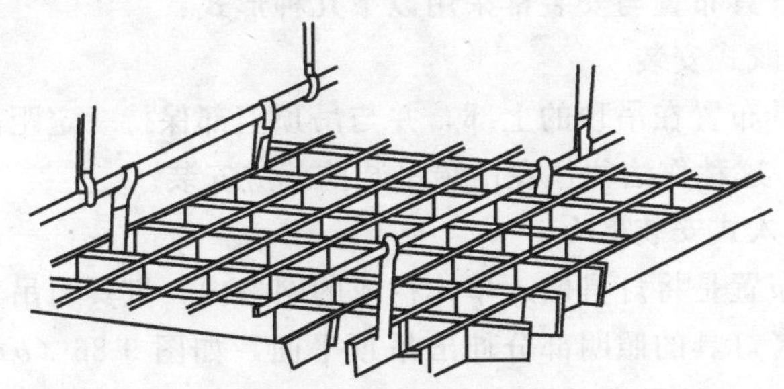

图 9-84　间接固定式

（5）构成吊顶分片间相互连接时，首先将两个分片调平，使拼接处对齐，再用连接铁件进行固定。拼接的方式通常为直角拼接和

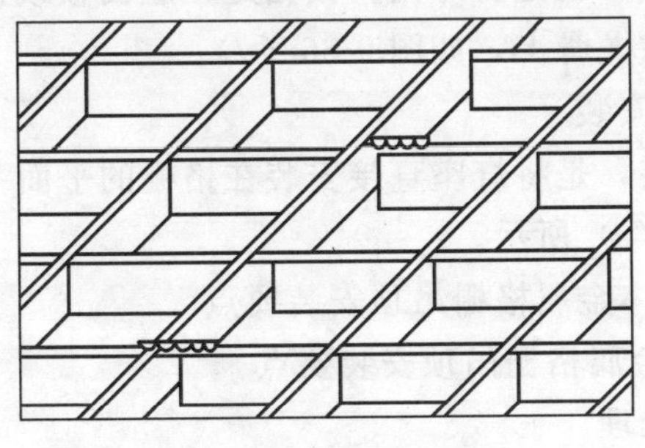

图 9-85　吊顶分片连接

顶边连接，如图 9-85 所示。

（6）整体调整及饰面

1）整体调整

① 沿标高线拉出多条平行或垂直的基准线，根据基准线进行吊顶面的整体调整，并检查吊顶面的起拱量是否正确。

② 检查各单体安装情况以及布局情况，对单体本身因安装而产生的变形，要进行修整。

③ 检查各部位的固定件是否可靠，对一些受力集中部位应进行加固。

2）整体饰面

单体和多体的格栅吊装完后，便可进行整体饰面处理。

（7）灯具的安装

各种灯具布置与安装常采用以下几种形式：

1）内藏式安装

将灯具布置在吊顶的上部，并与吊顶上部保持一定距离，如图 9-86（*a*）。这种作法往往在吊顶吊装前就应安装。

2）嵌入式安装

这种布置是将灯具嵌入单体构成的网格内，灯具与吊顶面保持齐平，或者灯具的照明部分伸出吊顶平面，如图 9-86（*b*）和图 9-86（*c*）、（*f*）。这种形式可在吊顶完成后进行，但灯具的尺寸规格应与吊顶网格尺寸尽量一致。

3）吊挂式安装

吊挂式安装，就是将灯具直接固定在屋面板或楼板上，也可以将吊杆固定在主龙骨上，如图 9-86（*d*）。

4）吸顶式安装

吸顶式安装，是将灯座直接安装在格栅的平面上与吊顶平面相平，如图 9-86（*e*）所示。

（四）网络体金属格栅吊顶安装要点

1. 圆筒形金属格栅吊顶安装要点

（1）基层处理

安装前应检查屋（楼）面结构形式，强度是否符合设计要求，

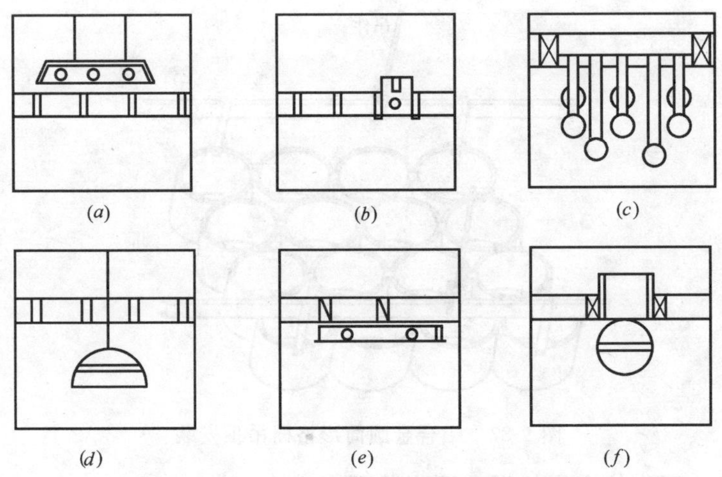

图 9-86　灯具与吊顶的安装形式

(a) 内藏式；(b) 嵌入式；(c)、(f) 嵌入外露式；(d) 吊挂式；(e) 吸顶式

否则应进行处理，达到设计要求时方可施工。

(2) 单体构件组装

先将单个圆筒按安装尺寸组成单体，通过卡具将圆筒卡接在一起，也可以通过焊接将圆筒连接在一起。

(3) 安装吊杆

在屋面上，按已弹出的吊杆位置线安装吊杆。吊点间距在 1m 以内与墙距＜300mm。

(4) 安装龙骨

按龙骨的标高线和龙骨走向线，安装龙骨。安装后应检验标高、间距是否合乎质量要求，否则及时调整。

(5) 安装吊顶

1) 确定安装方法

圆筒格栅吊顶安装方法有二种，一是直接固定方法，即将单体直接挂在龙骨上。二是间接固定方法，即将单体或多体构件固定在承重架上，承重架固定在吊杆上。

2) 安装圆筒格栅吊顶

将组装后的圆筒吊顶安装在吊杆上，如图 9-87 所示。

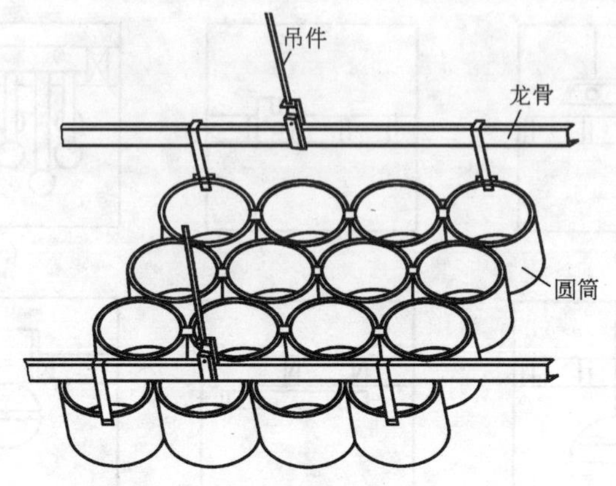

图 9-87　铝合金圆筒形格栅吊顶安装

2. 网络体金属格栅吊顶安装要点

(1) 网络体单体组装

网络体单体组装，即是将网络体元件（图 9-76）按设计要求进行组装。网络体型开敞式吊顶一般都是组装成三角形网络平面图案，也就是将网络支架的六个插口均装上金属吸声板，如图 9-88 所示。

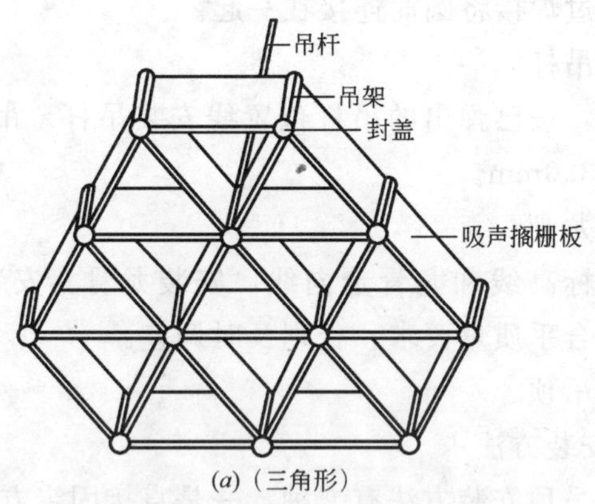

(a)（三角形）

图 9-88　网络体格栅构件安装

(2) 网络体格栅吊顶安装

网络体格栅吊顶安装，也可以采用直接固定或间接固定方法。根据网络体格栅单体构件的刚度、强度确定。

第五节 金属挂片吊顶

一、金属条形挂片吊顶

（一）金属条形挂片吊顶主要配件

1. 金属条形挂片

图 9-89 为金属条形挂片吊顶板示意图。

2. 金属条形挂片吊顶龙骨连接件

图 9-90 为金属条形挂片吊顶龙骨连接件。龙骨连接件是将龙骨与连接件制作成一整体，便于条形挂片吊顶安装。

3. 金属条形挂片十字连接件

图 9-91 为金属条形挂片十字连接件。用连接条形挂片十字连接的挂件。

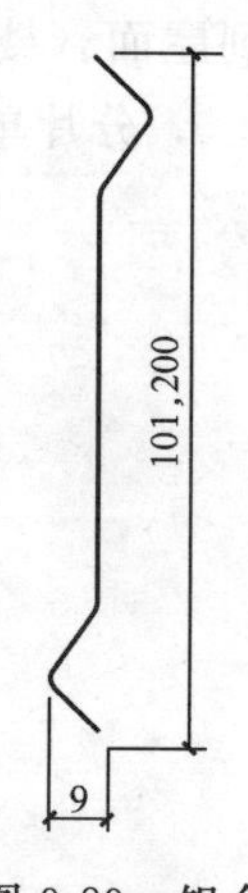

图 9-89 铝合金条形挂片

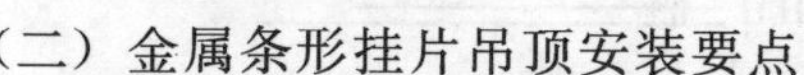

（二）金属条形挂片吊顶安装要点

1. 金属条形挂片吊顶分格组合平面

在未安装前，应按条形挂片规格，划分吊顶的组合平面。此时

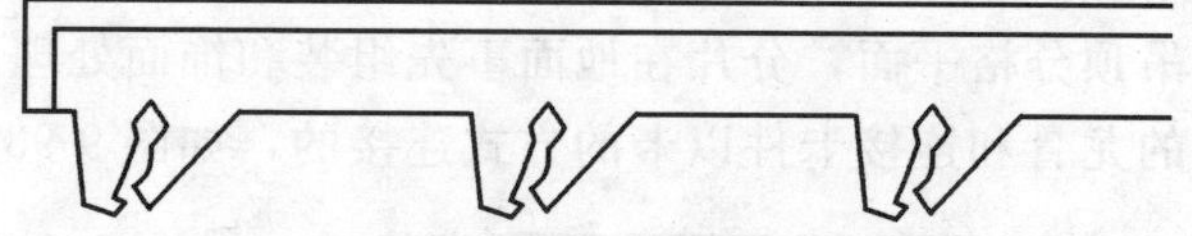
图 9-90 金属条形挂片吊顶龙骨连接件

应考虑安装方便、造型美观、布局合理。如图 9-92 所示。

2. 弹线（放线）

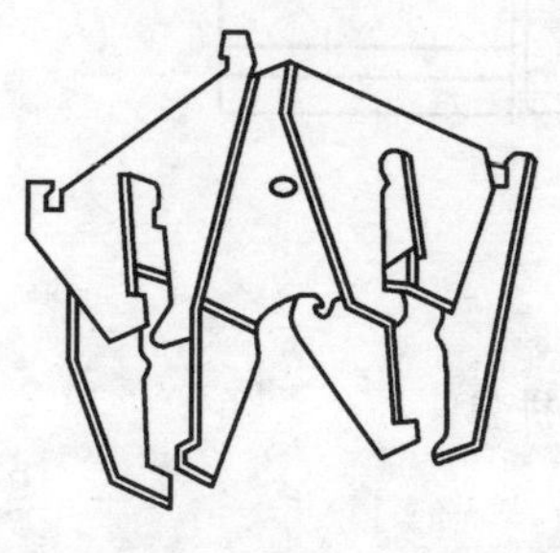
图 9-91 十字连接件

放线工作包括标高线、吊挂布局线、分片布置线。

（1）标高线。标高线也是金属条型吊顶整齐的控制，放线时首先要把吊顶标高线弹到墙面或柱面上，作为吊顶的控制线。

（2）吊挂布置线。根据吊顶设计确定的吊点位置将其弹到屋（楼）面板上。

(3) 分片布置线。条形挂片吊顶，将分格的组合平面分片布置弹到屋面（楼面）板上。

3. 分片单体构件制作

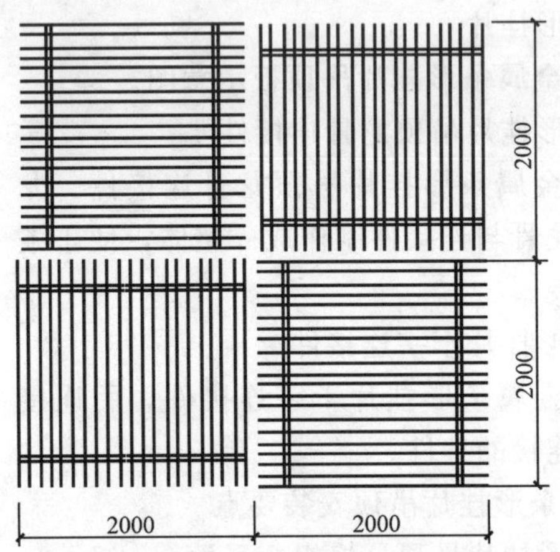

图 9-92 铝合金条形挂片吊顶分格组合平面图

(1) 条形挂片分片组装

根据吊顶分格平面，分片在地面事先组装和饰面处理。条形挂片与特制的龙骨和连接卡件以卡的方式连接的，如图 9-93 所示。

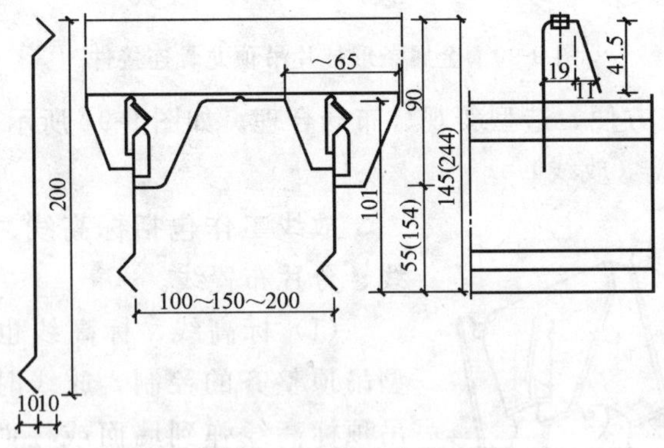

图 9-93 挂片式吊顶拼装

(2) 条形挂片十字连接

条形挂片也可以用十字连接件进行连接组成单体，如图 9-94

所示。

4. 构件吊装

（1）吊杆固定。在混凝土面板（楼板）吊杆位置上，用冲击钻固定膨胀螺栓，然后再将吊杆焊接在螺栓上。

（2）吊装方法。条形挂片吊顶安装有两种方法：一是将龙骨安装好，然后再安条形挂板，如图 9-95 所示。二是将单体构件，直接与吊杆相连接。

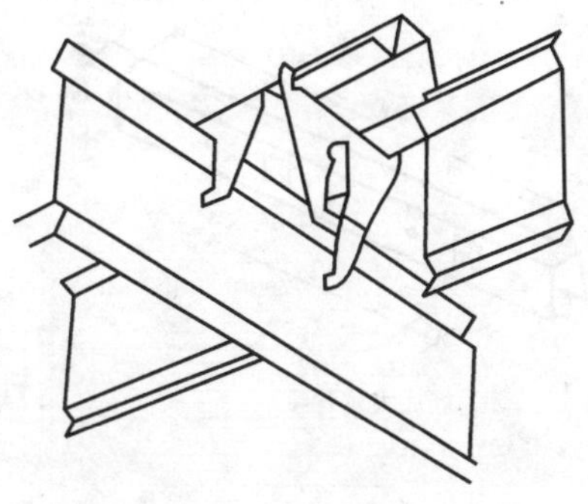

图 9-94　用十字连接件连接挂片

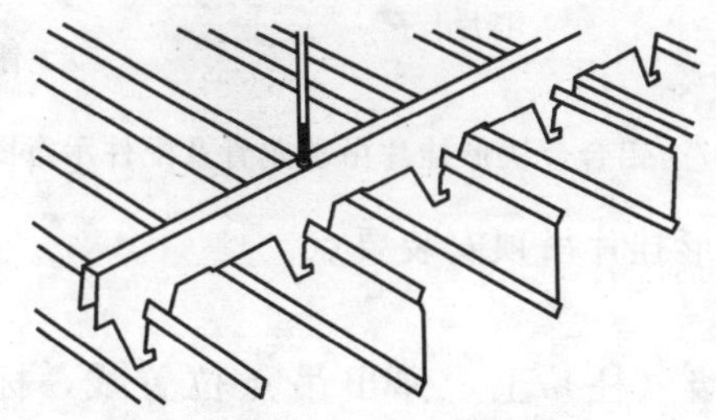

图 9-95　铝合金条形挂片吊顶安装

二、金属块形挂片吊顶

（一）金属块形挂片及吊顶龙骨配件

1. 金属块形挂片

图 9-96 为金属块形挂片类型图。

图 9-96　金属块形挂片类型图

2. 金属块形挂片吊顶龙骨及配件图

图 9-97 为金属块形挂片吊顶龙骨及配件图。

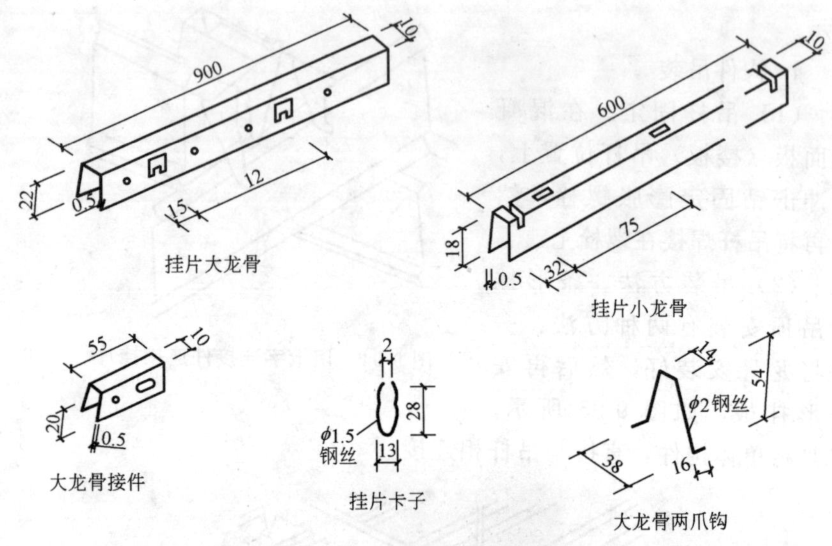

图 9-97　铝合金块形挂片吊顶龙骨及配件示意图

（二）金属块形挂片吊顶安装要点

1. 弹线

在屋面板和墙（柱）上，弹出吊点位置线，标线及分片布置线。

2. 单体构件制作及组装

将挂片先安装在次龙骨上，如图 9-98 所示。

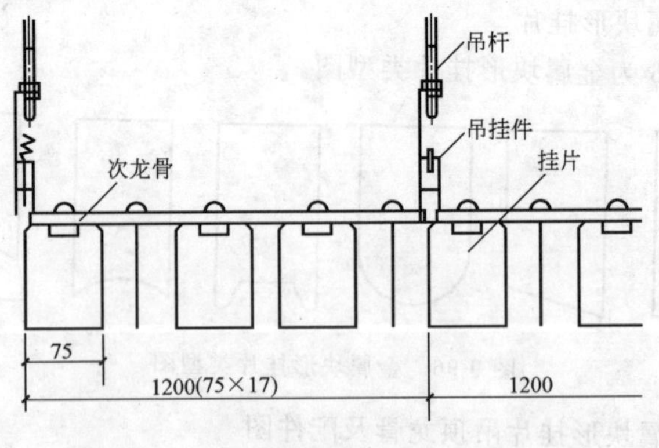

图 9-98　单体组装

3. 金属块形挂片吊顶安装

(1) 固定吊杆

将吊杆用膨胀螺栓固定在屋面(楼面)板上。

(2) 安装顺序

1) 安装主龙骨。将主龙骨安装就位,标高应符合设计要求。

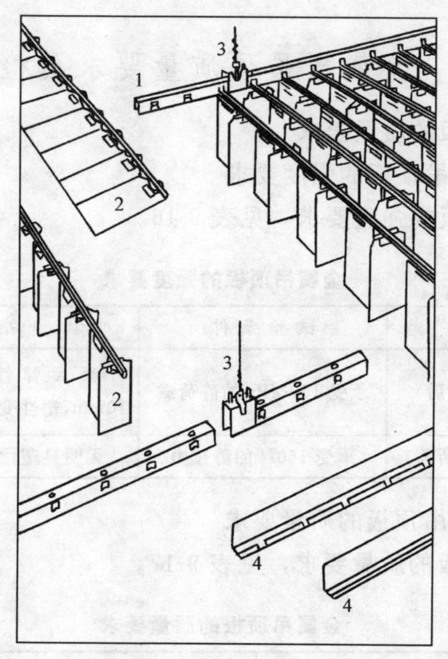

图 9-99 金属块形挂片吊顶安装示意图

1—悬吊骨架;2—单体构件;3—吊杆;4—同墙交接收口条

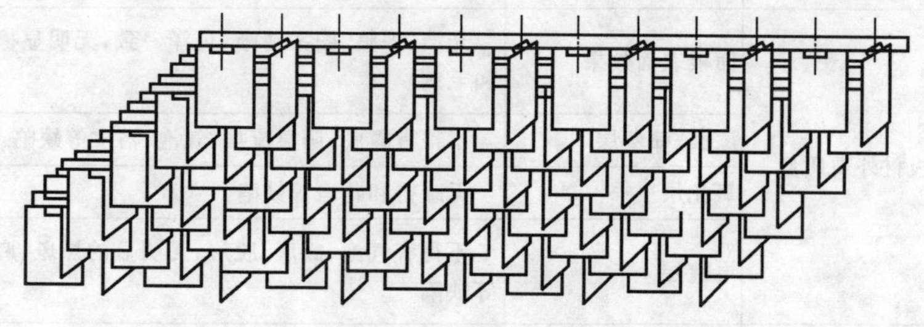

图 9-100 铝合金块形挂片吊顶

2）安装单体构件。将组合完的单体构件，安装在主龙骨上，如图 9-99 所示。

3）安装吸口条。当次龙骨和挂片安装完后，应在吊顶与墙交接处安装吸口条。

图 9-100 为铝合金块形挂片吊顶。

第六节 金属板吊顶质量要求及检验标准

一、金属吊顶板的质量要求

（一）金属吊顶板的强度要求

金属吊顶板的强度要求，见表 9-16。

金属吊顶板的强度要求 **表 9-16**

名 称	试验条件	指 标
面板(与龙骨安装后)	承受 160MPa 的静荷载	最大弹性变形量不大于 10mm,塑性变形量不大于 2mm
吊挂件(安装面板所需)	承受 150N 的静拉力	无明显塑性变形

（二）金属吊顶板的质量要求

金属吊顶板的质量要求，见表 9-17。

金属吊顶板的质量要求 **表 9-17**

项 目		技术指标	
		一级品	合格品
板材精度要求	板材的棱边	应平直,最大弯曲度不大于 3%	
板材外观质量	面板表面效果	光洁、平整、图案清晰、色泽一致,无明显擦伤和毛刺	
	漆膜、喷塑层	不得有露底、明显流挂、气泡、桔皮等缺陷	
	氧化层	无疏松和花斑等缺陷	
	电镀层	不得有气泡、露底、脱层,无明显的黑斑、麻点等缺陷	
漆膜附着力	漆膜附着力级别/级	2	3

续表

项　　目		技术指标	
		一级品	合格品
喷塑层质量	厚度(μm)	60	60
	附着力级别/级	1	2
	抗冲击强度(N·m)	5	4
铝氧化膜厚度(μm)		7	5
电镀层耐腐蚀性能	试验时间(h)	24	12
	耐腐蚀等级/级	10	10

二、金属板吊顶质量要求及检验标准

（一）金属板吊顶质量要求

1. 金属板吊顶材料的材质、品种、规格、图案和颜色应符合设计要求。

2. 吊顶工程中预埋件、钢筋吊杆和型钢吊杆应进行防锈处理，安装必须牢固。

3. 金属板吊顶上的灯具、烟感器、喷淋头、风口篦子等设备的位置应合理、美观，与饰面板交接应吻合、严密。

4. 金属吊杆、龙骨的接缝应均匀一致，角缝应吻合、表面应平整、无翘曲、锤印。

5. 用搁置片安装的金属面板，不得有漏透、翘角现象。

6. 重型灯具、电扇及其他重型设备严禁安装在吊顶工程的龙骨上。

7. 吊杆距主龙骨端部距离不得大于 300mm，当大于 300mm 时，应增加吊杆。当吊杆长度大于 1.5m 时，应设置支撑，当吊杆与设备相遇时，应调整并增设吊杆。

8. 吊顶内填充保温、吸声材料的品种和铺设厚度应符合设计要求，并应有防散落措施。

（二）金属板吊顶检验标准

金属板吊顶质量允许偏差，见表 9-18。

金属板吊顶工程质量允许偏差　　表 9-18

项次	项目		允许偏差(mm)				检验方法
			金属条形板	金属方形板	金属搁栅	金属挂片	
1	表面平整	室内	2	2	2	2	2m 靠尺
		室外	3	3	2	2	
2	接缝高低		1	0.5	1	1	5m 拉通线
3	接缝平直		1	1	1	1	5m 拉通线
4	分格线平直		2	2	2	2	5m 拉通线
5	分格线间距		2	2	2	2	5m 拉通线

第十章 金属屋面

金属屋面是用金属面板（压型钢板、彩色压型钢板，压型铝合金板及金属夹心板等）和金属型材（轻钢型材、铝合金型材）以及玻璃等作为建筑物的屋面材料，兼有围护和装饰作用。目前常见的金属屋面有金属瓦屋面、压型金属板屋面和金属玻璃屋面等。

第一节 金属瓦屋面

一、金属瓦屋面的特点及类型

（一）金属瓦屋面的特点

1. 金属瓦制作工艺简单

因金属瓦是用金属薄板（镀锌钢板或彩色钢板）加工成的，制作时在木工作台上进行，因此在施工现场即可制作。

2. 自重轻

金属瓦自重为 0.05kN/m^2，属于传统的建筑材料，比起其他屋面材料轻得多，对于减轻建筑物的自重起到重要作用。

3. 安装方便

在安装时在现场根据尺寸大小，可以立即加工成大瓦、小瓦。又因为金属瓦板重量轻，最长的尺寸也不超过 2m，所以安装用人工进行，不需大型的安装设备。

4. 防火性能好

由于整个屋面板和连接件以及屋架等都用轻钢材料，比起其他屋面材料防火性能是最好的。

5. 保温性能差

因瓦材拼缝较多，缝隙处理不好会透风漏雨，又因为没有保温层，所以屋面保温性能差。

（二）金属瓦屋面类型

金属瓦屋面根据坡度分有单坡、双坡和多坡。

1. 单坡金属瓦屋面

单坡金属瓦屋面，就是瓦屋面坡度只有一个方向，如图 10-1 所示。其特点是排水性能好，制作与安装方便，易于维修，也是建筑工地临建选择的方案。

2. 双坡金属瓦屋面

双坡金属瓦屋面，就是瓦屋面的坡度有两个方向，如图 10-2 所示。其特点是排水性能好，制作与安装方便，是我国广泛采用的建筑造型。

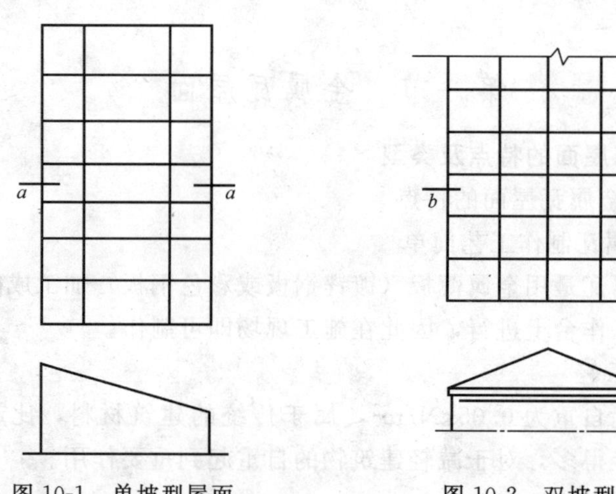

图 10-1　单坡型屋面　　图 10-2　双坡型屋面

3. 多坡金属瓦屋面

多坡金属瓦屋面，就是瓦屋面坡度有多个方向，如图 10-3 所示。其特点是建筑造型新颖，排水性能好。但拼缝多，制作安装难度较大。缝隙处理不好，会有渗漏现象。因此需在施工时精心作业，金属瓦折转处应尽量采用折叠成形，力求减少剪开。瓦材表面应进行防腐处理，先涂防腐漆，再涂罩面漆或涂料或用镀锌的金属薄板。

二、金属瓦屋面节点构造与屋面划分

（一）金属瓦屋面拼缝节点构造

坡形金属瓦屋面拼缝节点构造有两种：一是竖缝；二是横缝。

1. 竖缝节点构造

金属瓦屋面竖向拼缝连接方式通常采用相互接卷成咬口缝，以避免雨水从缝中渗漏。平行于屋面流水方向的竖缝做成立咬口缝有三种形式。

(1) 带盖条的立咬口缝

图 10-4 为带盖条立咬口缝节点构造图。安装时，应先在木望板上钉铁支架（铝合金瓦用铝制品支脚和螺钉），铁支架底加垫油毡一层，然后将金属瓦的边卷折固定在铁支架上。用螺栓把金属瓦卷边与铁支架固定，最后将盖条与卷折瓦卷在一起。

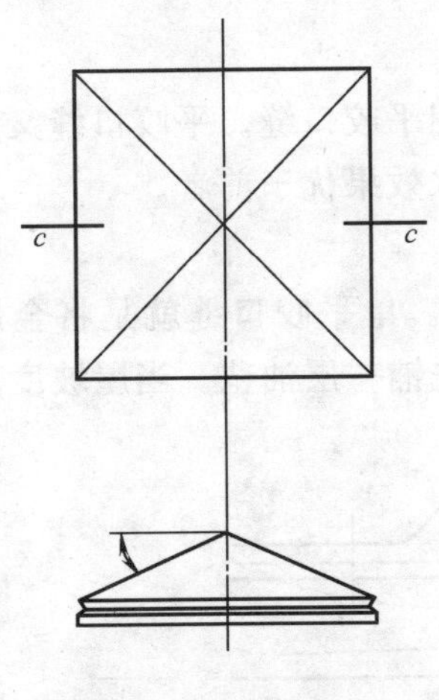

图 10-3　多坡型屋面

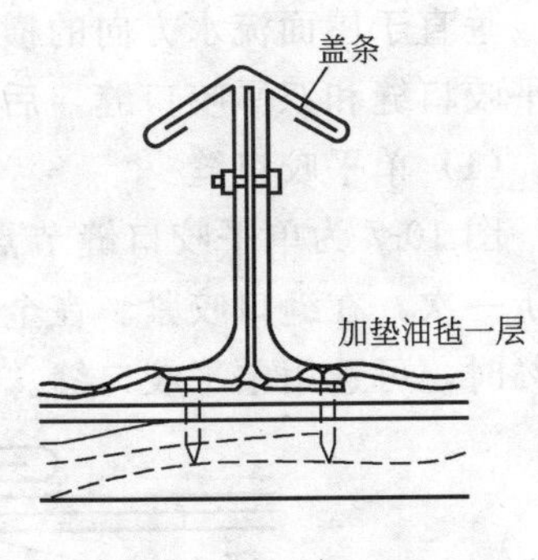

图 10-4　立咬口缝节点构造

(2) 带罩立咬口缝

图 10-5 为带罩立咬口缝节点构造图。为使立咬口缝竖直，应先在木望板上钉铁支架，然后将金属瓦的边卷折固定在铁支架上，在缝口涂抹过氯乙烯胶泥，接着将金属罩罩在竖缝上，最后用螺栓将罩与卷折及铁支架固定在一起。

(3) 单侧立咬口缝

图 10-6 为单侧立咬口缝节点构造图。为使竖缝立直，先将 30mm 宽的镀锌铁皮支脚钉于木望板上。朝一个方向弯曲，然后将金属瓦的边卷折固定在镀锌铁皮的支脚上。

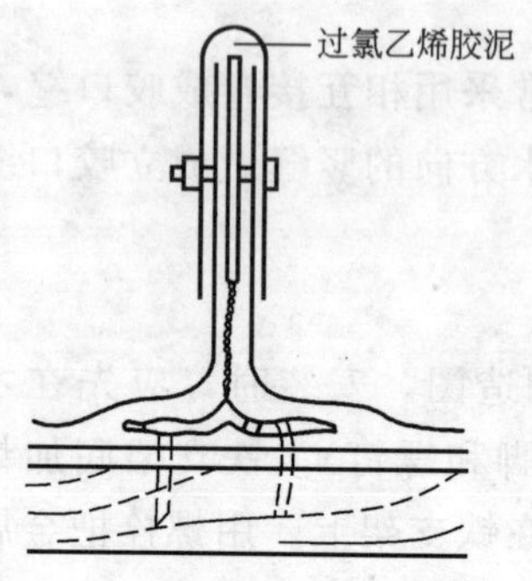

图 10-5　带罩立咬口缝节点构造

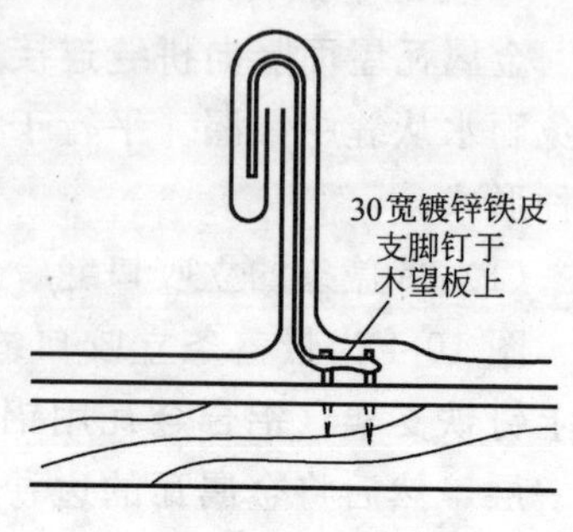

图 10-6　单侧立咬口缝节点构造

2. 横缝节点构造

垂直于屋面流水方向的横缝应采用平咬口缝。平咬口缝又分为单平咬口缝和双平咬口缝，后者的防水效果优于前者。

(1) 单平咬口缝

图 10-7 为单平咬口缝节点构造图。单平咬口缝就是将金属瓦弯折一次，在缝口咬紧。在金属底应先铺一层油毡。当屋坡度大于 30％时，可选用单平咬口缝。

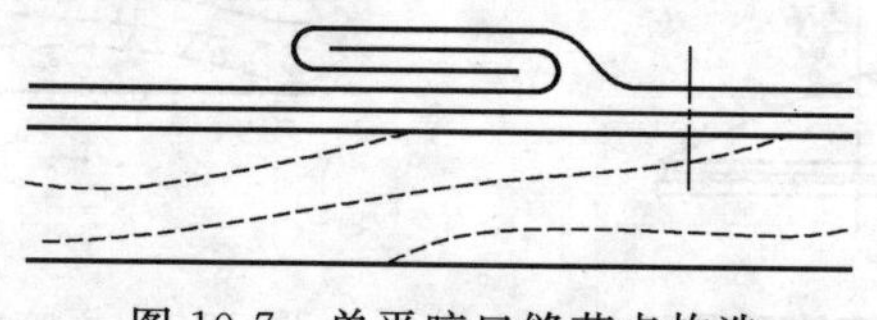

图 10-7　单平咬口缝节点构造

(2) 双平咬口缝

图 10-8 为双平咬口缝节点构造图。双平口咬口缝就是将金属瓦在缝口处弯折两次，然后在缝口处咬紧，在缝口处应填密封膏。当屋面坡度小于或等于 30％时，应采用双平咬口缝。

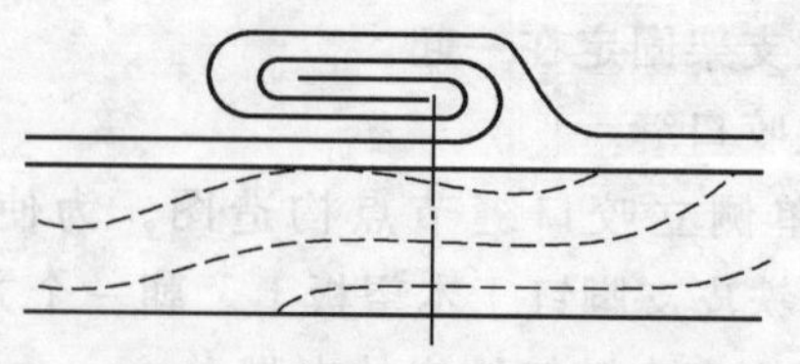

图 10-8　双平咬口缝节点构造

（二）金属瓦屋面特殊部位节点构造

金属瓦屋面特殊部位如泛水、天沟、檐口、雨水口等，应尽量做到不渗漏雨水，金属互折处应尽量采用折叠成型，避免剪开。

1. 泛水节点构造处理

凡瓦材与突出屋面墙体相接处，应将瓦材向上弯起；收头处用钉子要钉在预埋木砖上。封砖位于立墙的墙口内，用嵌缝油膏将槽口封严，泛水高度 150～200mm。

2. 天沟与斜沟节点构造处理

天沟与斜沟内的金属瓦材接缝、天沟（或斜沟）瓦材与坡面瓦材的接缝，均采用双平咬口缝，并油灰或嵌缝油膏嵌镶严密。

3. 檐口节点构造处理

无组织排水屋面，檐口瓦材应排出墙面的 200mm。檐口瓦材折卷在 T 形铁上（T 形铁间距不大于 700mm）。

4. 雨水口节点构造处理

雨水口处应将金属瓦向下弯折，铺入雨水口的套管中。

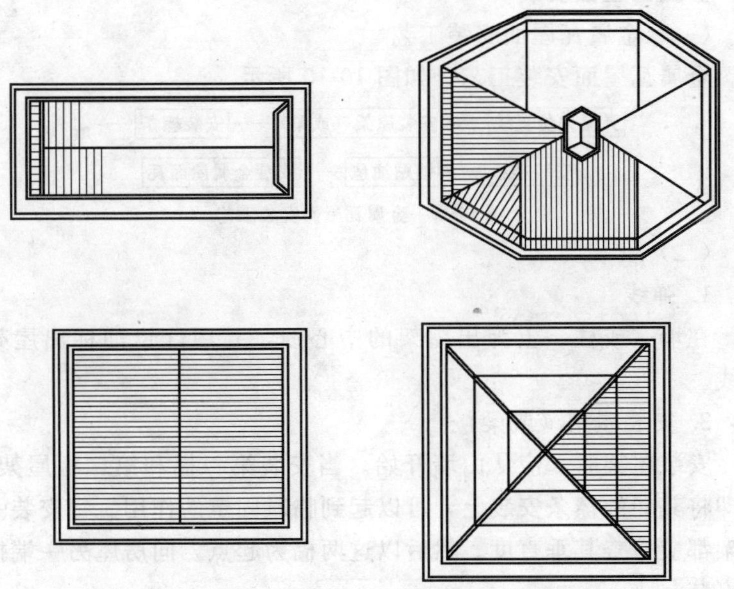

图 10-9　金属瓦屋面划分图

（三）金属瓦屋面的划分

为了便于施工，在施工图中应绘出金属瓦屋面的划分图（图10-9），并注意如下问题。

1．瓦材的尺寸大小应合适

瓦材的尺寸大小与瓦材的制作和安装都有很大的关系。金属瓦材多半是在施工现场边制作边安装。若尺寸不准将影响制作下料不准，所以安装也就无法进行。

2．瓦材的尺寸不能太小，也不能太大

瓦材的尺寸太小，瓦材安装后，接缝太多，安装工期长；瓦材的尺寸太大；运输安装都不方便。通常瓦材的最大尺寸不宜超过2m。

3．瓦屋面的竖缝和横缝位置要准确

瓦屋面安装首先要确定竖缝和横缝位置，若施工图设计中，竖缝和横缝位置不准、那将使整个屋面安装都错位。很难保证瓦屋面安装质量。

三、金属瓦屋面安装

（一）金属瓦屋面安装工艺

金属瓦屋面安装工艺，如图10-10所示。

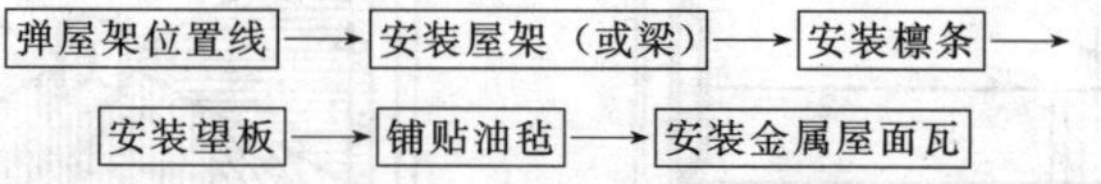

弹屋架位置线 → 安装屋架（或梁） → 安装檩条 →

安装望板 → 铺贴油毡 → 安装金属屋面瓦

图10-10　金属瓦屋面安装工艺

（二）安装要点

1．弹线

在墙（或柱）上弹出屋架的中心线，并用红铅油标出屋架位置线。

2．安装屋架（或梁）

安装屋架时，应从山墙开始。当安装第一榀和第二榀屋架后，立即将其间的檩条安装上，可以起到临时固定的作用。每安装一榀屋架都应检查其垂直度。然后以这两榀为起点，向房屋另一端按顺序安装。

3．安装檩条

当屋架安装完后，应将屋架的檩条按着顺序安装上并固定好。同时应检查檩条位置是否符合设计要求，这样可以保证铺贴金属瓦的质量。

4. 安装望板

当檩条安装完后，可以在其上铺贴望板，并用扁头钉将其固定在檩条上。同时注意铺板时保持板的坡度、平面一致。

5. 安装金属瓦

金属瓦铺设时应从房屋的一端屋脊开始，瓦材用钉子固定在木望板上。还应进行防腐和防水处理。

所有金属瓦间必须连通导电，并与避雷针、带相连。如用铝合金瓦，应用铝支脚铝螺栓固定。

第二节　金属压型钢板和压型保温板屋面

一、金属压型钢板屋面

金属压型钢屋面板是以镀锌钢板为基料，经轧制成型敷以各种防腐涂层与彩色烤漆而成的轻质屋面板。具有围护、防火、防腐和防漏功能，且自重轻，装饰性和耐久性强，常用于装饰要求较高的大空间建筑。

(一) 金属压型钢板屋面构造

1. 金属压型钢板屋面构造

图 10-11 为金属压型钢板屋面构造图。其组成：

(1) 波形钢板瓦

波形钢板瓦分为两种类型：

1) 当波高≥70mm 的波形钢板为高波形钢板瓦。

2) 当波高＜70mm 的波形钢板为低波形钢板瓦。

(2) 钢支架

钢支架是支承波形瓦的支架，它的齿形应与压型钢板的波形一致，波形瓦通过螺栓与钢支架固定。

(3) 钢檩条

钢檩条支承着钢支架和压型钢板（波形瓦），一般为槽钢、工

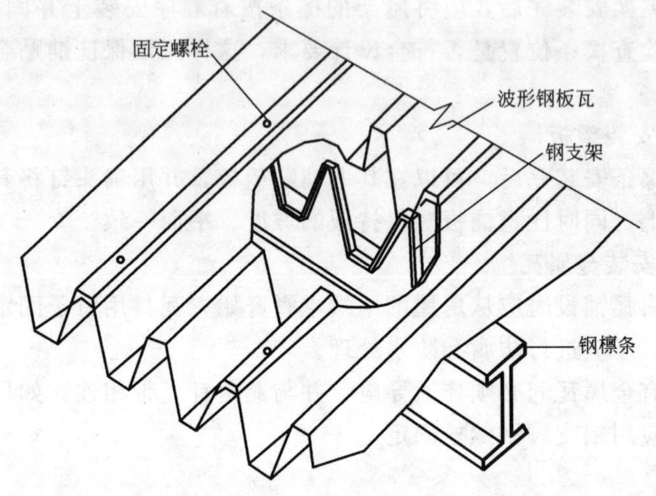

图 10-11　压型钢板屋面构造

字钢或轻钢檩条。

屋面板的坡度从 3%～100%均可，既有利于排水又可节约材料的坡度是从 5%～15%。压型板屋面的汇水长度为 50m。

金属压型板与檩条的连接是通过固定支架或固定长螺栓来实现。

2. 金属压型钢板屋面构造要求

（1）金属压型钢板腹板与翼缘水平面之间的夹角 θ 不小于 45°。

（2）金属压型钢板应采用镀锌钢板、镀铝斜钢板、铝合金板和彩色涂层钢板辊压成型。

（3）屋面金属压型钢板厚度宜取 0.4～1.6mm，金属压型钢板宜采用长尺寸板材，以减少板长方向之搭接。

（4）屋面金属压型钢板长度方向的搭接端必须与支承构件（如檩条、墙梁等）有可靠的连接，搭接部位应设置防水密封胶带。搭接长度不宜小于下列限值：

波高≥70mm 的高波屋面金属压型板：350mm

波高＜70mm 的低波屋面金属压型板：

屋面坡度＜$\frac{1}{10}$时　　250mm

屋面坡度＞$\frac{1}{10}$时　　　200mm

（5）屋面金属压型钢板侧向可采用搭接式，扣合式和咬口式等不同的搭接方式：

1）搭接式连接

当侧向采用搭接式连接时，一般搭接一波，特殊要求时可搭接两波。搭接处用连接件紧固，连接件应设于波峰上，连接件宜采用带有防水密封胶垫的自攻螺栓。对于高波压型金属板，连接件间距一般为 700～800mm；对于低波压型金属板，连接件间距为 300～400mm。

2）扣合式或咬合式连接

当侧向采用扣合式或咬合式连接时，应采用高强度板材，在檩条上设置与金属压型板波形相配套的专门固定支座，固定支座与檩条采用自攻螺栓或射钉连接，屋面金属压型板搁置在固定支座上。两片屋面金属压型板的侧边应确保扣合或咬合连接可靠。

（6）铺设高波屋面金属压型板时，应在檩条上设置固定支架，檩条上翼缘宽度应比固定支架宽 10mm。固定支架用自攻螺钉或射钉与檩条连接，每波设置一个；低波屋面金属压型板，可不设置固定支架，直接在波峰处采用带有防水密封胶垫的自攻螺钉或射钉，勾头螺栓与檩条连接，连接点可每波设置一个，但每块单层金属压型板与同一檩条的连接不得少于 3 个连接件。

（二）金属压型板屋面节点构造

金属压型板由于波高不同，就分为高波压型钢板和低波压型钢板。因此金属压型屋面节点构造也分为高波压型板屋面节点构造和低波压型板屋面节点构造。

1. 低波金属压型板屋面节点构造

（1）低波板-双坡屋脊节点构造

1）用钩头螺栓固定屋脊板节点构造

图 10-12 为用钩头螺栓固定屋脊板的节点构造图。屋脊板的搭接长度≮200mm，用钩头螺栓将屋脊板固定在檩条上，中距为 200～400mm 板与板的搭接部位及外露钩头螺栓均填充密封材料。

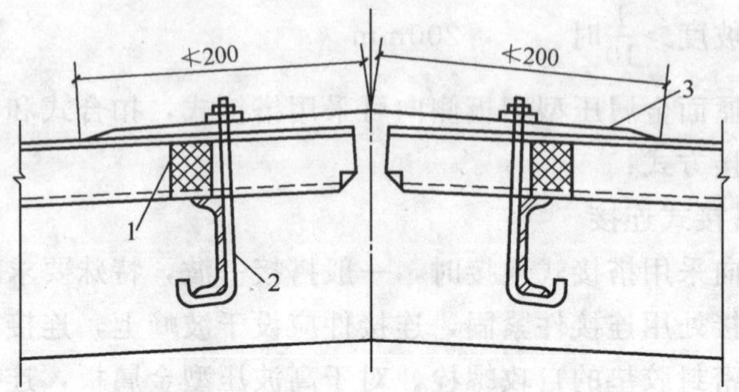

图 10-12 低波板-双坡屋脊节点构造

1—塑料封端挡水件；2—钩头螺栓；3—屋脊板

2）用拉铆钉固定屋脊板构造节点

图 10-13 为用拉铆钉固定脊板的节点构造图。屋脊板的搭接长度≥200mm，用拉铆钉连接固定，中距≤50mm。拉铆钉的钉头不可在波峰上。板与板的搭接部位及外露钉头均匀填嵌密封材料。

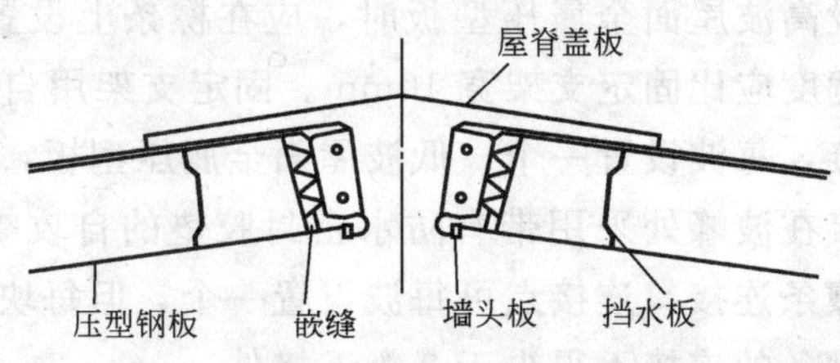

图 10-13 屋脊（拉铆钉固定）节点构造

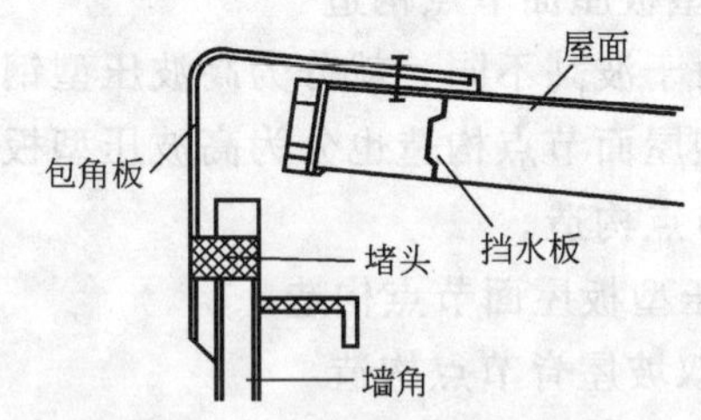

图 10-14 单坡屋脊（低波板）

(2) 低波板-单坡屋脊节点构造

图 10-14 为低波板-单坡屋脊节点构造图。单坡屋脊的包角板

在屋面搭接长度应>200mm。用拉铆钉固定。板与板连接处及外露钉头都应进行防水处理。

(3) 低波板-山墙包角节点构造

1) 用钩头螺栓固定山墙包角板

图 10-15 为用钩头螺栓固定山墙包角板的低波板-山墙包角节点构造图。包角板在屋面板和山墙搭接长度各都>200mm。用钩头螺栓在第二波峰上和山墙上将包墙角连接固定。同时还要注意对钩头和包角板进行防锈和密封处理。

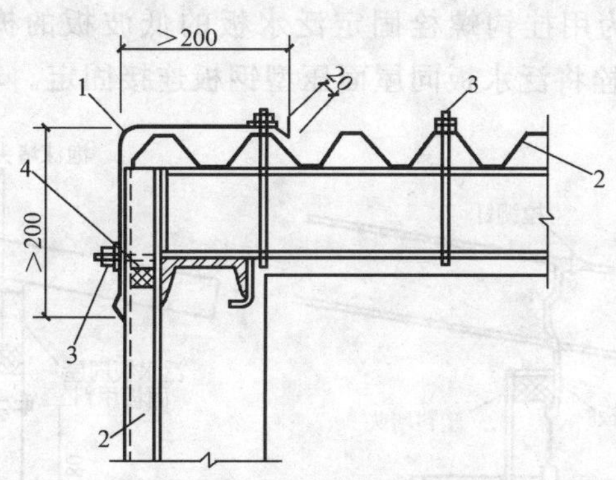

图 10-15 低波板-山墙包角

1—山墙包角板；2—低波压型板；

3—钩头螺栓；4—塑料挡水件

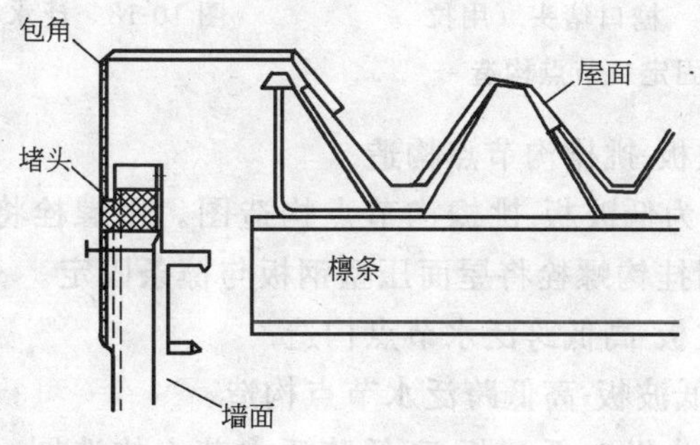

图 10-16 山墙包角（用拉铆钉固定）节点构造

2) 用拉铆钉固定山墙包角板

图 10-16 为用拉铆钉固定山墙包角板的低波板-山墙包角节点

构造图。包角板不是覆盖在屋面压型钢板上，而是与压型钢板搭接，搭接在双层压型钢板上。

（4）低波板-檐口节点构造

1）用拉铆钉固定檐口堵头

图 10-17 为用拉铆钉固定檐口堵头的低波板-檐口节点构造图。檐口堵头用拉铆钉固定在檐口处，塑料堵头用螺栓固定在墙上。拉铆钉钉头应进行防水处理。

2）用挂钩螺栓固定泛水板

图 10-18 为用挂钩螺栓固定泛水板的低波板的檐口节点构造图。用挂钩螺栓将泛水板同屋面压型钢板连接固定。

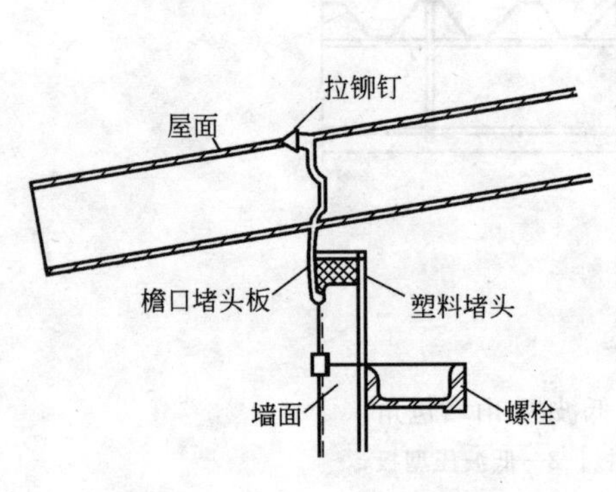

图 10-17　檐口堵头（用拉铆钉固定）节点构造

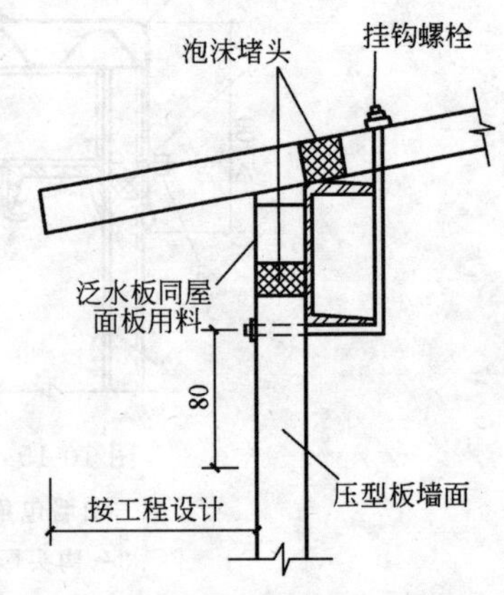

图 10-18　泛水板节点构造

（5）低波板-挑檐沟节点构造

图 10-19 为低波板-挑檐沟节点构造图。用螺栓将檐沟与压型钢板固定，用挂钩螺栓将屋面压型钢板与檩条固定。

（6）低波板-高低跨泛水节点构造

1）纵向低波板-高低跨泛水节点构造

图 10-20 为纵向低波板-高低跨泛水节点构造图。用挂钩螺栓将泛水板固定在墙面与屋面压型钢板上。泛水板与墙面和屋面压型钢板固定时应注意进行密封和防水处理。

2）横向低波板-高低跨泛水节点构造

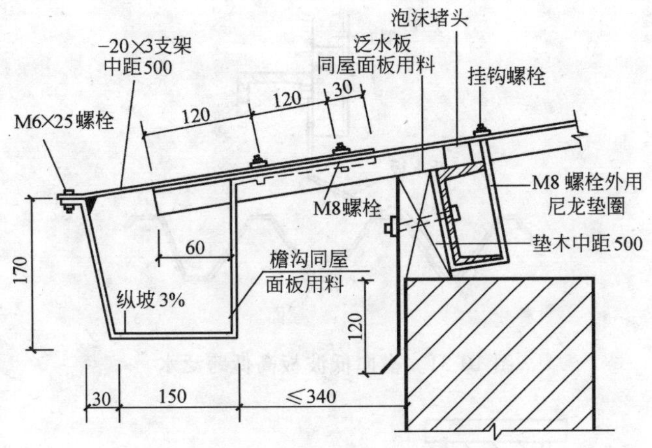

图 10-19 低波板-挑檐口节点构造

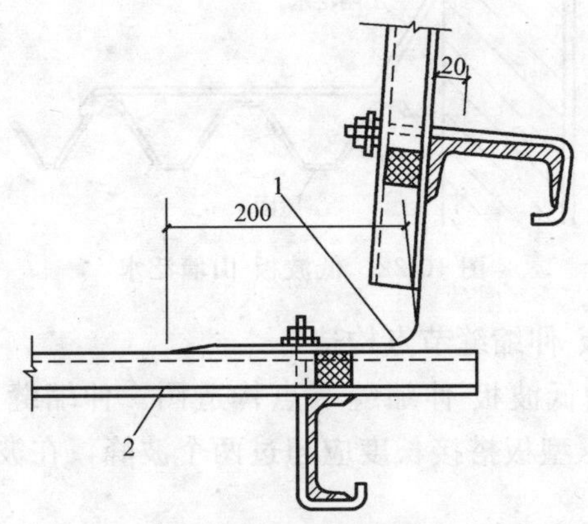

图 10-20 低波板-坡顶泛水节点构造

1—泛水坡；2—低波板

图 10-21 为横向低波板-高低跨泛水节点构造图。泛水板用拉铆钉固定在墙面和屋面压型钢板的波峰上。固定住要对外露拉铆钉进行防水处理。

(7) 低波板-山墙泛水节点构造

图 10-22 为低波板-山墙泛水节点构造图。山墙泛水板一端固定在预埋山墙里的木砖上，一头固定在屋面金属压型板的波峰上，并包住第三个波峰。

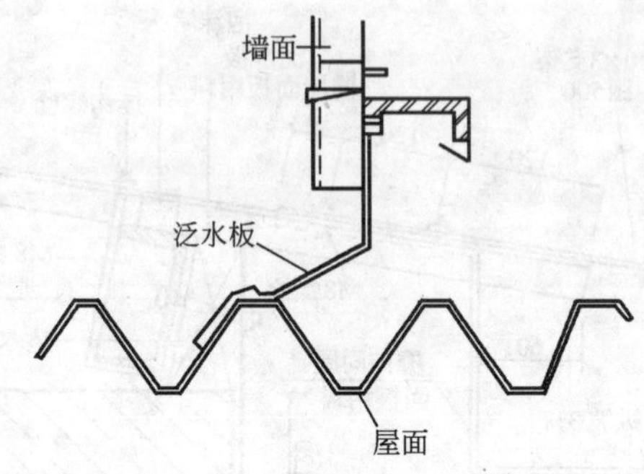

图 10-21 横向低波板高低跨泛水

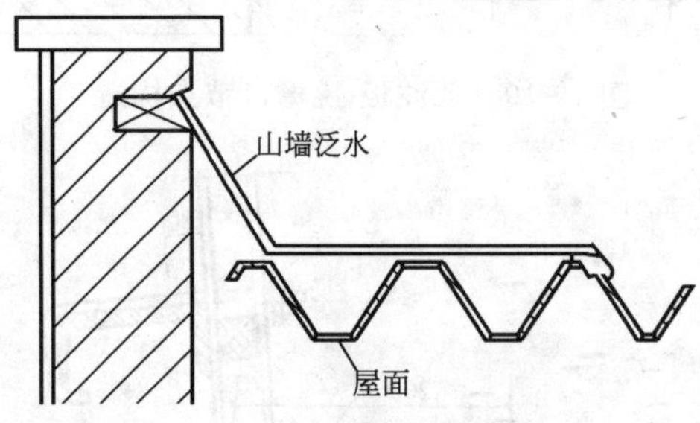

图 10-22 低波板-山墙泛水

(8) 低波板-伸缩缝节点构造

图 10-23 为低波板-伸缩缝节点构造图。伸缩缝的盖缝板与伸缩缝两边金属压型板搭接长度应超过两个波峰，在波峰处用拉铆钉将盖缝板固定。

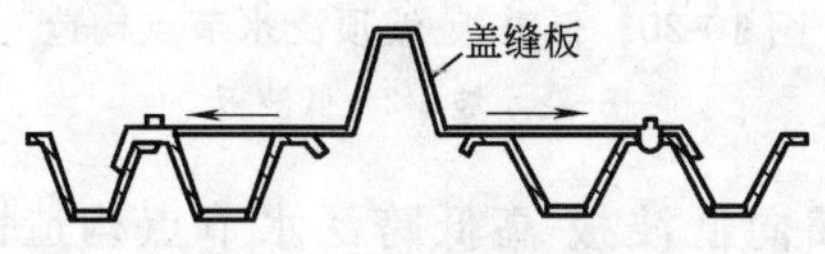

图 10-23 伸缩缝

2. 高波金属压型板屋面节点构造

(1) 高波板-山墙包角节点构造

图 10-24 为高波板-山墙包角节点构造图。高波金属压型板边波必须与山墙柱上的固定支架固定在一起，山墙包角板必须包过边波波峰 80mm。

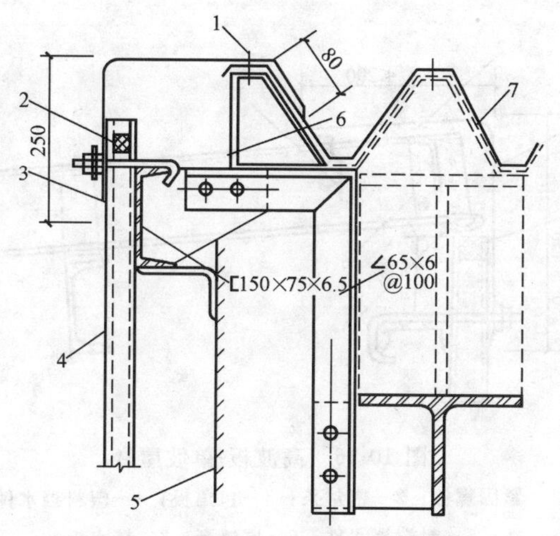

图 10-24　高波板-山墙包角节点构造

1—固定螺栓；2—塑料挡水件；3—山墙包角板；4—低波压型板；5—山墙柱；6—固定支架；7—高波压型板

（2）高波板-双坡屋脊节点构造

图 10-25 为高波板-双坡屋脊节点构造图。屋脊盖板在每个坡面，搭接长度≮200mm，螺固螺栓外露部分要做防水处理，屋脊盖板与屋面压型板缝隙，要做密封处理。

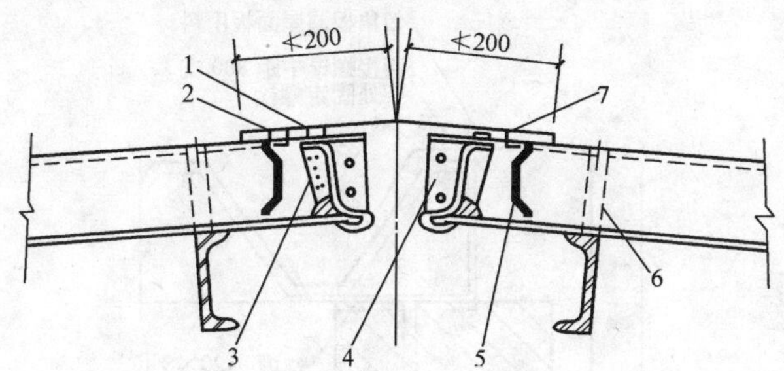

图 10-25　高波板-双坡屋脊

1—密封条；2—嵌缝条；3—嵌缝膏；4—封墙挡水件；5—挡水板；6—固定支架；7—紧固螺栓

（3）高波板-单坡屋脊节点构造

图 10-26 为高波板-单坡屋脊节点构造图。包墙角板与屋面板搭

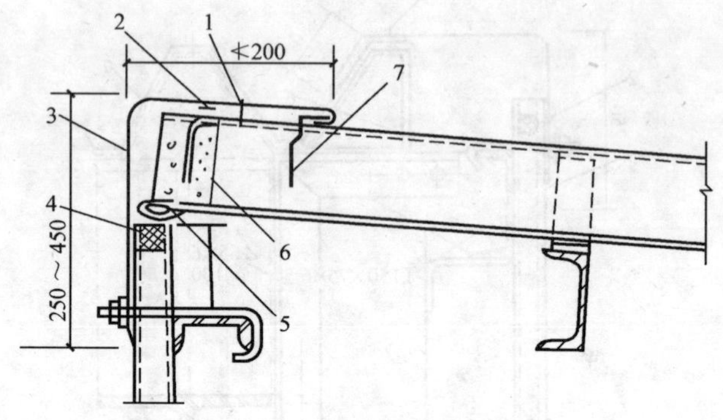

图 10-26　高波板-单坡屋脊

1—紧固螺栓；2—密封条；3—包角板；4—塑料挡水件；
5—封端挡水件；6—嵌缝膏；7—挡水板

接长度≮200mm。用钩头螺栓和紧固螺栓，将包墙角板固定在墙面和屋面上，同时注意外露部分应做防水处理。缝隙要做密封处理。

（4）高波板-山墙包角节点构造

图 10-27 为高波板-山墙包角节点构造图。包角板与墙体用膨胀螺栓固定，与金属压型板用螺栓固定。固定支架应固定在预埋件上。

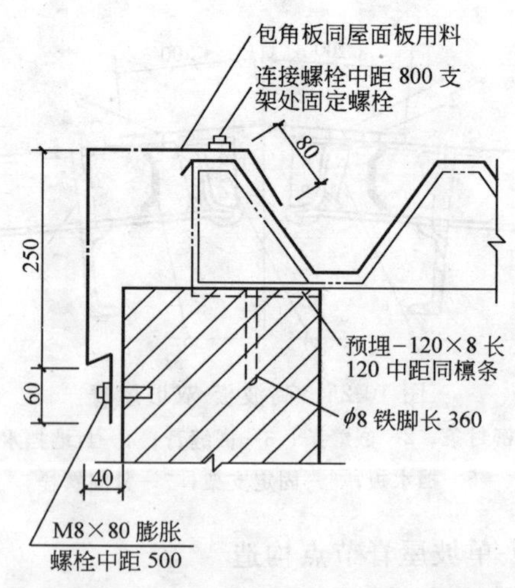

图 10-27　高波板-山墙包角节点构造

（5）高波板-沿坡度泛水节点构造

图 10-28 为高波板-沿坡度泛水节点构造图。泛水板必须覆盖高波压型钢板第二波峰的坡面上，用固定螺栓固定。外露部分应作防水处理。

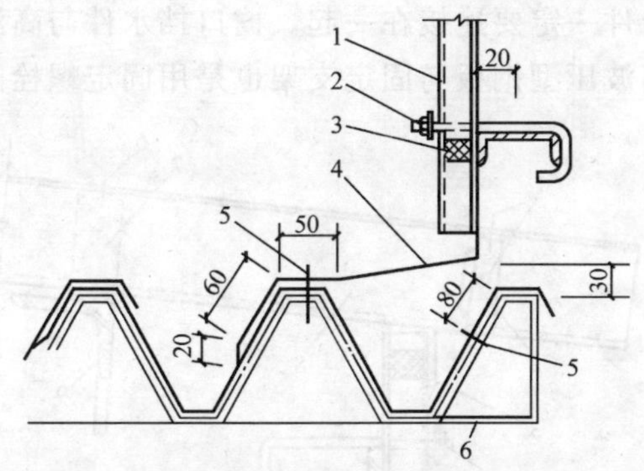

图 10-28　高波板-沿坡度泛水

1—低波墙板；2—钩头螺栓密封条；3—塑料挡水件；4—泛水板；5—固定螺栓；6—固定支架

（6）高波板-山墙泛水节点构造

图 10-29 为高波板-山墙泛水节点构造图。泛水板与山墙用膨

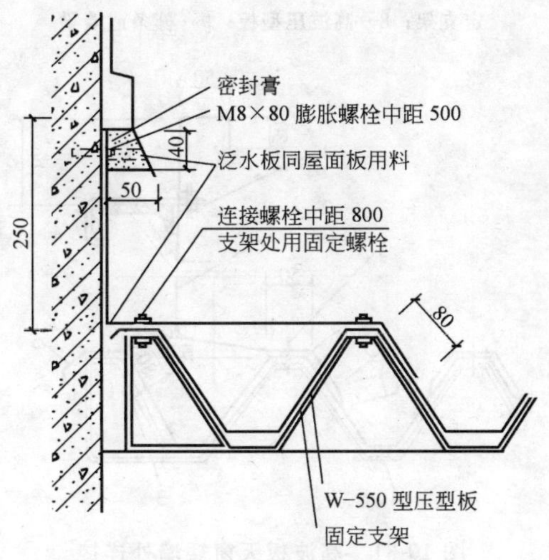

图 10-29　高波板-山墙泛水

胀螺栓固定，外露部分用密封膏封闭。泛水板与高波压型钢板在波峰处用固定螺栓固定。

(7) 高波板-檐口连接节点构造

图 10-30 为高波板-檐口连接节点构造图。安装时，檐口挡水件与塑料挡水件一定要连接在一起。檐口挡水件与高波压型钢板用螺栓固定，高波压型钢板与固定支架也是用固定螺栓固定。

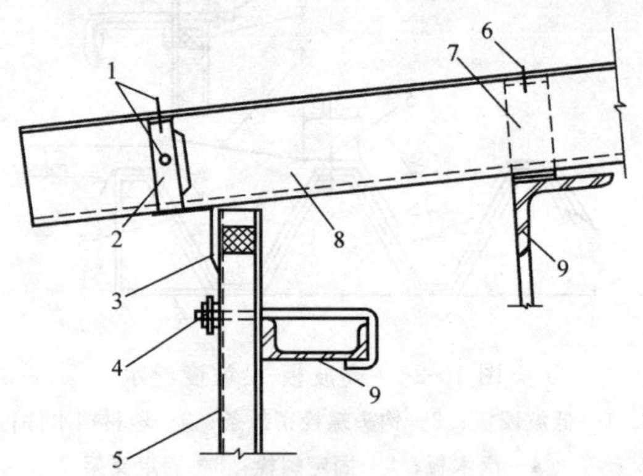

图 10-30 檐口连接

1—六角螺栓；2—檐口挡水件；3—塑料挡水件；4—螺栓；5—V-125 墙板；6—固定螺栓；7—固定支架；8—高波压型板；9—檩条或墙梁

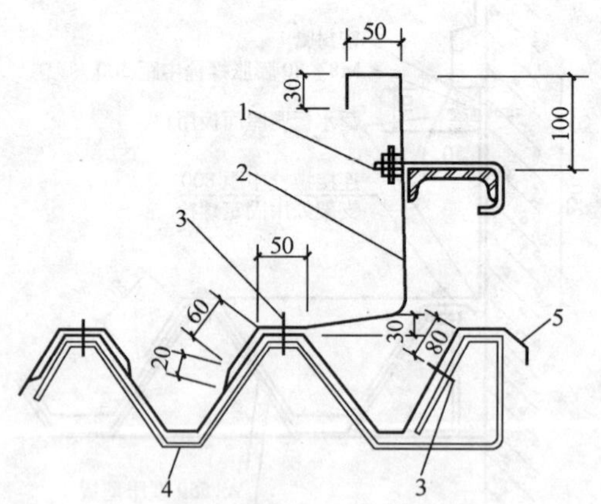

图 10-31 高波板天窗矮墙处连接

1—钩头螺栓；2—泛水板；3—固定螺栓；4—固定支架；5—高波压型板

(8) 高波板-天窗矮墙处连接节点构造

图 10-31 为高波板-天窗矮墙处连接节点构造图。泛水板与高波压型钢板用螺栓固定。与矮墙用钩头螺栓固定在型钢上。

（三）金属压型屋面板连接节点构造

金属压型屋面通常是将其屋面板直接支承在檩条上，一般为槽钢、工字钢或轻钢檩条，在有用铝合金型材等。檩条间距视屋面板型号而定，一般为 1.5～3.0m。

1. 高波金属压型板（波高＞70mm 以上）与檩条连接节点构造

图 10-32 为高波金属压型板与檩条连接节点构造图。高波金属压型板与檩条连接必须通过固定支架来实现。同时还应注意如下几个问题：

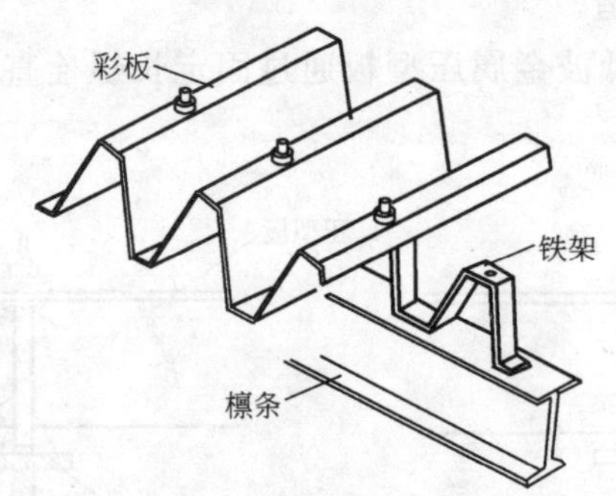

图 10-32 金属压型板与铁架及檩条的连接

(1) 固定支架下部应焊接在檩条上。

(2) 高波金属压型板在波峰处，用螺栓与固定支架固定。为了不使连接松动，当屋面板波高超过 150mm 时，屋面板应先固定在支架上，固定支架再与檩条相连。

(3) 连接螺栓必须用不锈钢材制造，为保证钉孔周围的屋面板不被腐蚀，钉帽均要用带橡胶垫的不锈钢垫圈，防止钉孔处渗水。连接螺栓间距一般为 700～800mm。

2. 低波金属压型板（波高＜70mm）与檩条连接节点构造

(1) 低波金属压型板直接固定在檩条上连接节点构造。

图 10-33 为低波金属压型板直接固定在檩上、节点构造图。金属压型板直接用自攻螺钉在波泛处固定在檩条上。

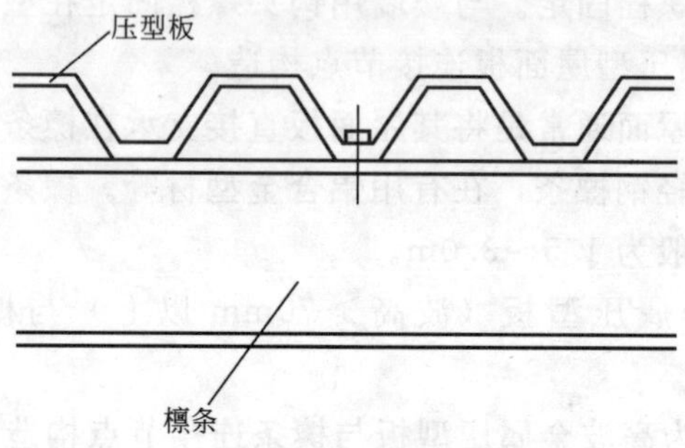

图 10-33 低波压型钢板直接与檩条固定

(2) 低波金属压型板通过固定长螺栓直接焊在檩条上，无需用支架连接节点构造。

图 10-34 为低波金属压型板通过固定长螺栓直接焊接在檩条上的连接节点构造。

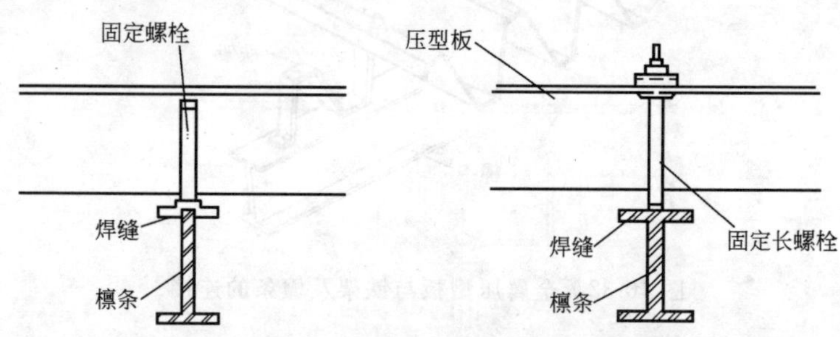

图 10-34 低波金属压型板用长螺栓固定在檩条上

(3) 低波金属压型板通过钩头螺栓固定在檩条上节点构造图。

图 10-35 为低波金属压型板通过钩头螺栓固定在檩条上节点构造图。安装时应注意对钩头螺栓进行防水处理。

3. 低波金属压型板纵向连接节点构造

图 10-36 为压型板纵向连接节点构造图。压型板纵向连接，其接头应安排在檩条处，上下压型板应彼此重叠起来，并用密封胶条嵌缝，最好用两道胶条，防水效果较好。

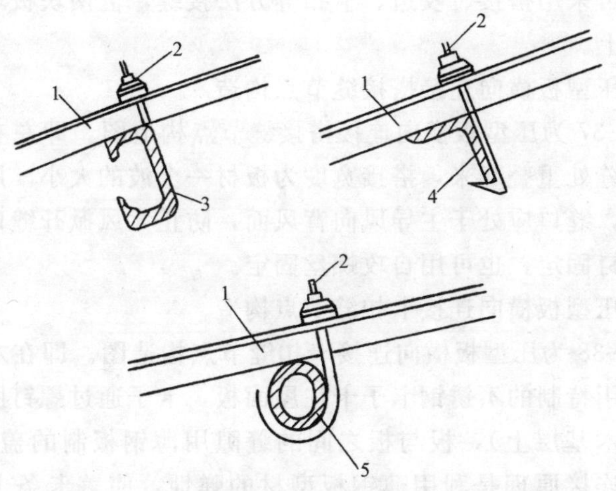

图 10-35　低波压型钢板与檩条连接形式

1—压型钢板；2—钩头螺栓；3—槽钢檩条；
4—角钢檩条；5—圆钢管檩条

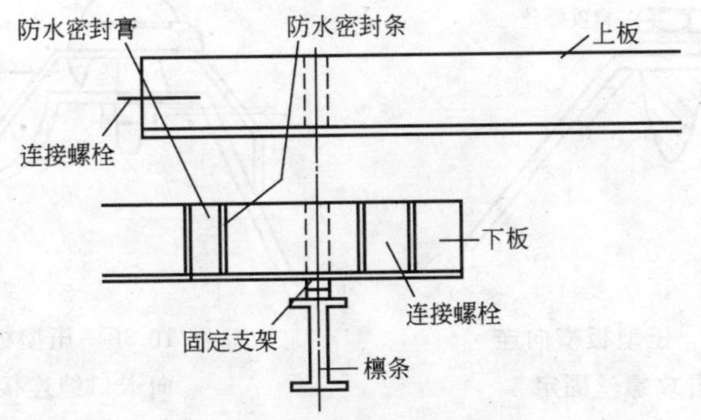

图 10-36　压型板的纵向连接

压型板的搭接长度与屋面坡度有关：

屋面坡度$<\frac{1}{10}$时：250mm

屋面坡度$>\frac{1}{10}$时：200mm

4. 金属压型板横向连接节点构造

由于受屋面板宽度的限制，压型钢板在宽度方向必然出现连接缝。接缝方法既要考虑防水密封性，又要考虑到安装方便和外表美观。通常可采用搭接、咬边、卡扣等方法接缝，但两块板均应伸至支承构件上。

(1) 压型板横向连接搭接缝节点构造

图 10-37 为压型板横向连接搭接缝节点构造图。即左右两块屋面板在接缝处重叠起来，搭接宽度为板材一个波的大小。用密封条堵塞缝隙，缝口应处于主导风向背风面，防止大风掀开缝口。用螺栓或拉铆钉固定，也可用自攻螺丝固定。

(2) 压型板横向连接卡扣缝节点构造

图 10-38 为压型板横向连接卡扣缝节点构造图。即在左右两块面板之间用特制的不锈钢卡子卡住屋面板，卡子通过螺钉固定在螺钉上（或木基层上），板与板之间的缝隙用薄钢板制的盖条盖住。卡扣缝的连接原理是利用薄钢板型材的弹性，使盖卡条卡紧屋面板，施工安装很方便，螺钉暗藏在屋面板下，没有外露的钉眼，不受雨水浸蚀，外表整洁美观，也不影响板材的热胀冷缩。

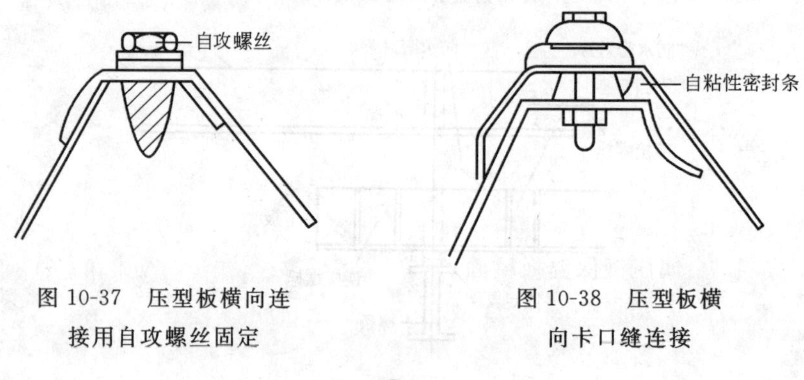

图 10-37 压型板横向连接用自攻螺丝固定

图 10-38 压型板横向卡口缝连接

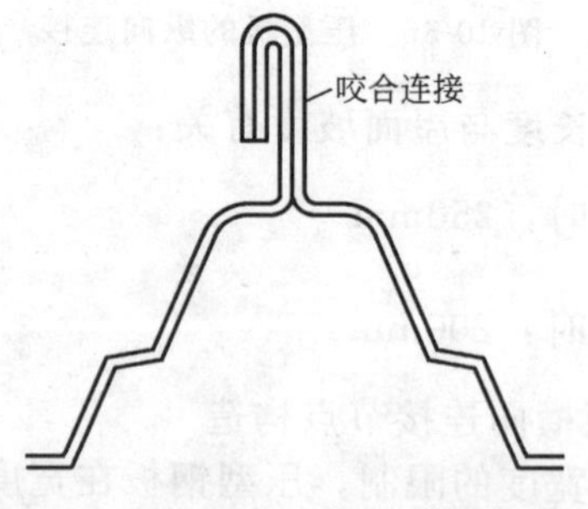

图 10-39 压型板横向咬边连接

(3) 压型板横向连接咬边缝节点构造

图 10-39 为压型板横向连接咬边缝节点构造图。咬边缝是在屋面板横向连接缝部位先安装固定屋面板用的卡子，然后将左右两块屋面板的边包卷在卡子上，并相互咬合，咬合工序可利用拼缝机完成。卷边缝不钻孔、防水性好。

二、金属压型保温板屋面

金属压型保温板是由彩色深层钢板（或铝合金板）做表面，自熄性聚苯乙烯泡沫塑料或硬质聚氨酯泡沫做芯材，通过加热固化制成的夹心板具有防寒、保温、体轻、防水、装饰、承载等多种功能，是一种高效结构材料，主要适用于公共建筑、工业厂房及民用建筑的屋面，并可按设计意图做成各种形状屋面。

（一）金属压型保温板屋面构造要求

1. 金属压型保温板屋面，在设计时应尽量应用较长尺寸的保温板。这样可以减少接缝防止渗漏和提高保温性能，但一般不宜大于 9m，以免上、下表面钢板由于温差造成不等值膨胀而曲屈变形。影响使用和外观造型。

2. 在设计屋面结构时，应使每块板至少有三个支承檩条，以保证屋面板不发生挠曲。

3. 金属压型保温板屋面，在斜交屋脊线处，必须设置斜向檩条，保证保温板的斜向端头有支承。

4. 金属压型保温板屋面，在保温板的长板端搭接处，檩条的上翼缘宽度不小于 100mm，否则应设双檩条，或加焊一条通长的角钢。

5. 每块金属压型保温板与同一檩条的连接不得少于 3 个连接件。连接件必须采用带有防水密封胶垫的自攻螺钉或射钉，钩头螺栓与檩条连接。

6. 金属压型保温板屋面的坡度为 1/6～1/20，在腐蚀性环境中屋面坡度则应≥1/12。

（二）金属压型保温板屋面节点构造

1. 金属压型保温板屋面屋脊节点构造

(1) 带有内脊瓦的屋脊节点构造

图 10-40 为带有内脊瓦的屋脊节点构造图，屋脊连接用拉铆钉固

定。压型保温板用钩头螺栓与檩条固定。屋脊用彩板脊瓦并带有内脊瓦覆盖，内脊瓦用聚苯泡沫填实，脊瓦与挡水板用拉铆钉连接。

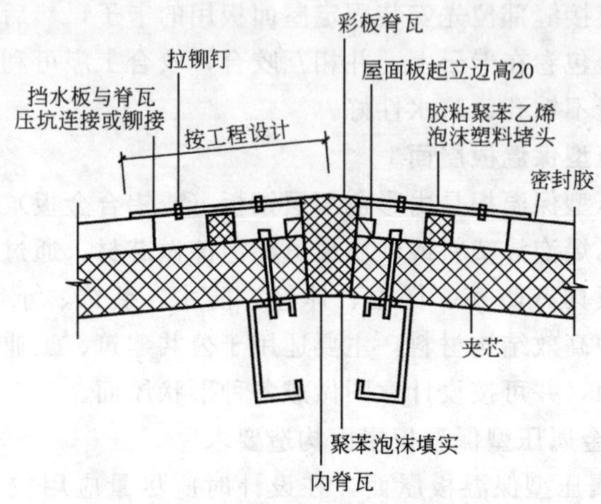

图 10-40　屋脊节点构造

(2) 带有脊瓦支架屋脊节点构造

图 10-41 带有脊瓦支架屋脊节点构造图。脊瓦由脊瓦支架支撑，用拉铆钉连接固定。金属压型屋面板用钩头螺栓与檩条和防水扣槽固定。

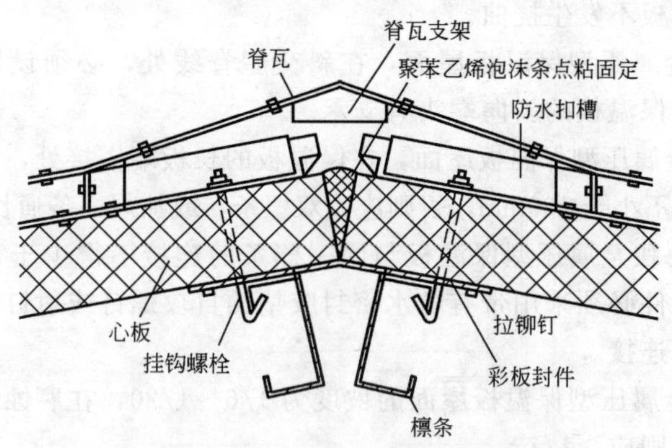

图 10-41　带脊瓦屋脊节点构造

2. 金属压型保温板屋面内天沟节点构造

(1) 端内天沟节点构造

图 10-42 为端内天沟节点构造图。天沟与端部墙板交接处，建

筑设计要满足防水要求。另外安装应注意纵向排水坡度保证达到5‰的要求。

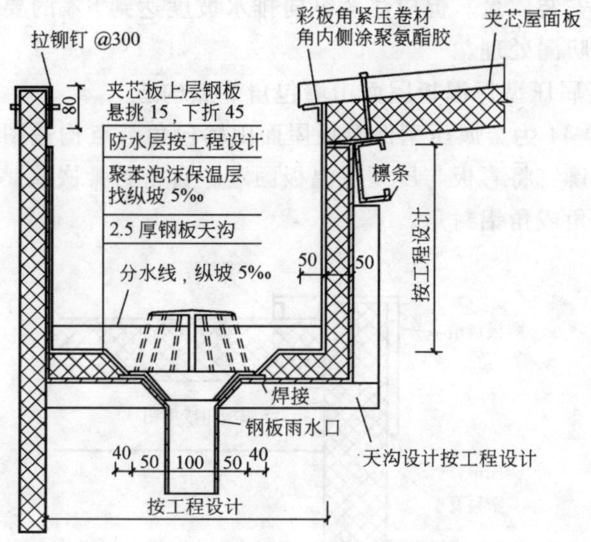

图 10-42　内天沟节点构造

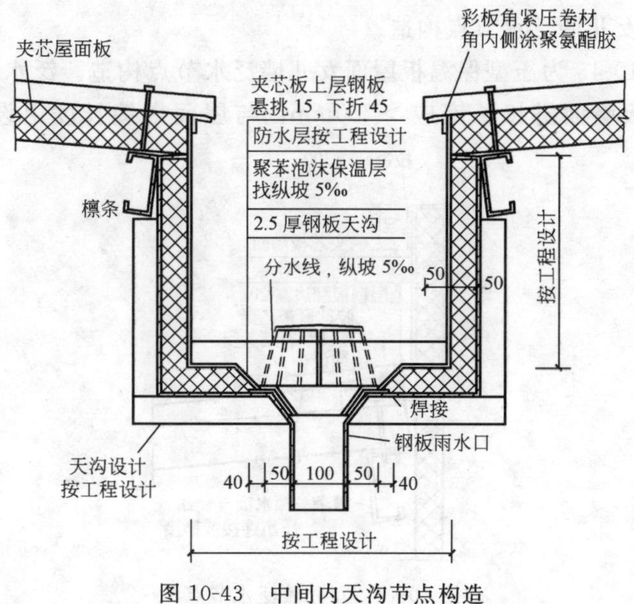

图 10-43　中间内天沟节点构造

(2) 中间内天沟节点构造

图 10-43 为中间内天沟节点构造图。中间内天沟是组装成的，容易保证安装质量。但应注意纵向排水坡度达到 5‰的要求。同时还应注意防漏处理。

3. 金属压型保温板屋面山墙包角节点构造

图 10-44 为金属压型保温板屋面山墙包角节点构造图。用彩板包角，拉铆钉将彩板与压型保温板固定。自密封膏嵌缝。内顶墙角用彩板包角或角铝封角。

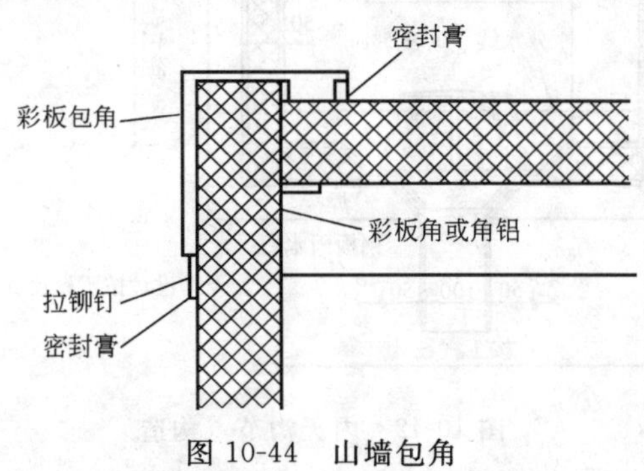

图 10-44 山墙包角

4. 女儿墙泛水节点构造

图 10-45 为压型保温板屋面女儿墙泛水节点构造。泛水板与压型保温板墙面搭接长度应＞250mm，与屋面搭接长度由设计定，

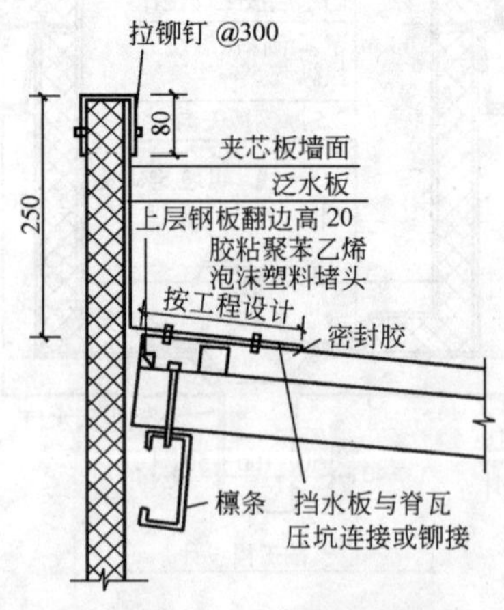

图 10-45 女儿墙泛水节点

用拉铆钉固定。

5. 屋面采光带节点构造

图 10-46 为屋面采光带节点构造图。它适用于带采光的屋面。目前大型公共建筑、展览厅等都广泛采用。

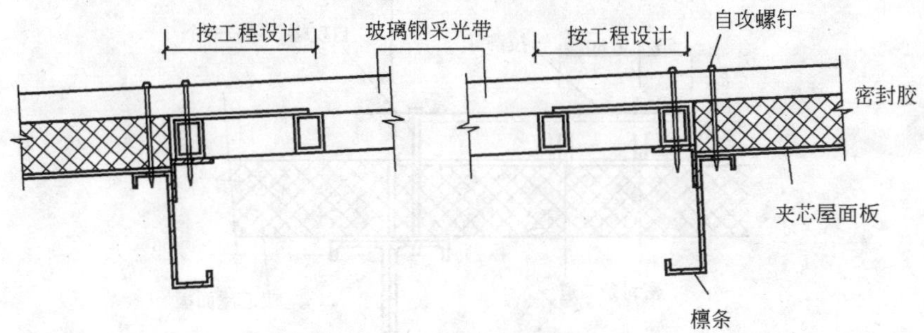

图 10-46 屋面采光带节点

（三）金属压型保温屋面板连接节点构造

金属压型保温板屋面，纵向接缝及屋脊缝以构造防水为主，材

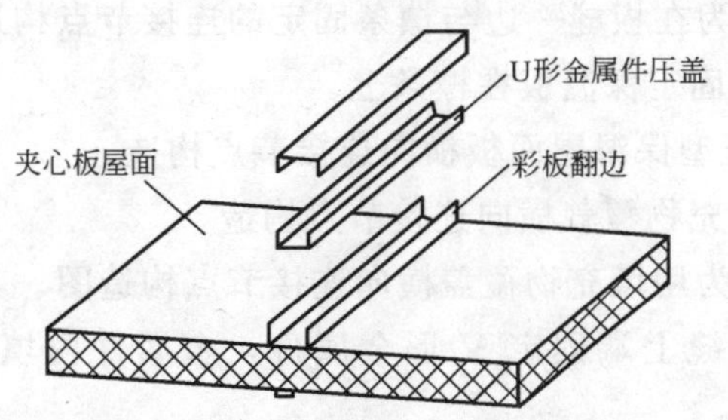

图 10-47 屋面板连接示意

料防水为辅，接缝处应设在檩条处。因为保温板与檩条的连接都必须穿透屋面板进行连接，纵向连接与屋脊连接缝都应采用凹隐蔽连接法（如图 10-47 所示），以防阻雨水及大气的侵蚀。

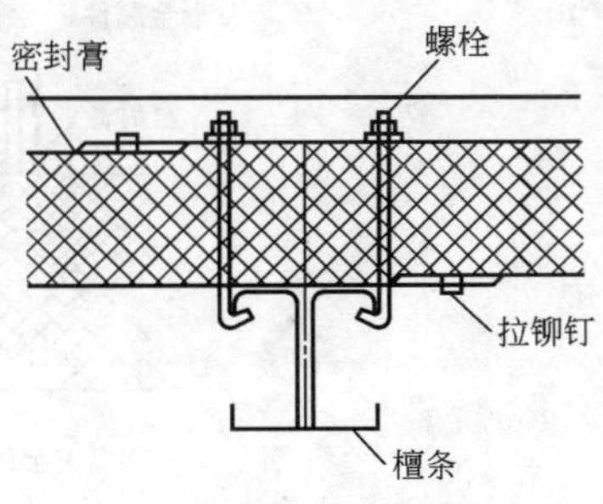

图 10-48 压型保温板横坡连接

1. 金属压型保温屋面板纵向连接节点构造

(1) 在檩条处两面固定连接节点构造

图 10-48 为在檩条两面固定的金属压型保温板纵向连接节点构造图。在连接板缝两边，用钩头螺栓固定在檩条上。

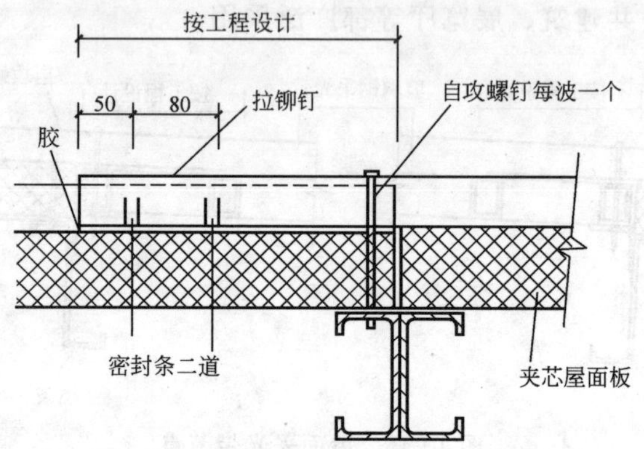

图 10-49 压型保温板板缝一侧固定

(2) 在板缝一边与檩条固定的连接节点构造

图 10-49 为在板缝一边与檩条固定的连接节点构造图。板缝一边用自攻螺钉固定保温板在檩条上。

2. 金属压型保温屋面板横向连接节点构造

(1) 用填充物覆盖横向连接节点构造

图 10-50 为用填充物覆盖横向连接节点构造图。其中横向缝用工字铝连接，缝上端固定 V 形金属件，金属件内填充防水材料，用拉铆钉固定。

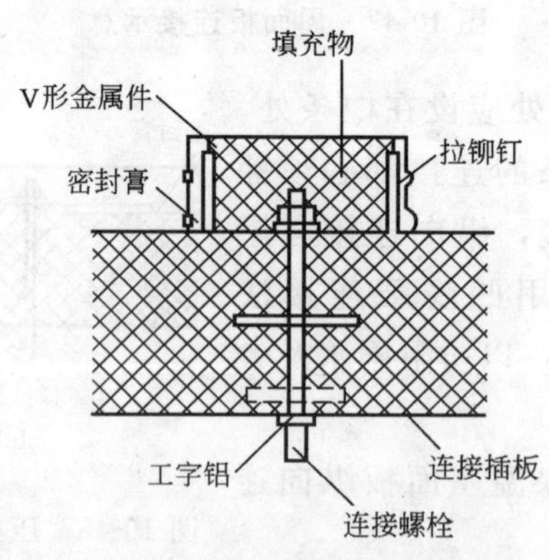

图 10-50 压型保温板顺坡连接节点

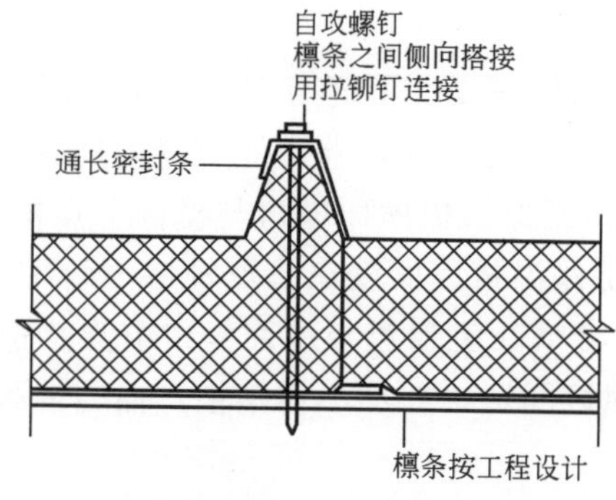

图 10-51　压型保温屋面板（通长密封条）顺坡连接

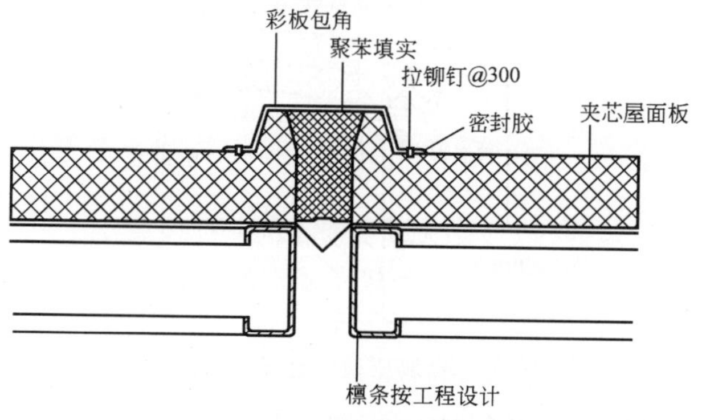

图 10-52　平屋面变形缝节点

（2）用通长密封条覆盖横向缝连接节点构造

图 10-51 为用通长密封条覆盖横向缝连接节点构造图。在横向连接缝处用通长密封条覆盖，再用通长金属条固定。

（四）金属压型保温板屋面变形缝节点构造

1. 平屋面变形缝节点构造

图 10-52 为平屋面变形缝节点构造图。在变形缝处用聚苯填实，缝上用彩板包角，拉铆钉固定，密封胶填缝。

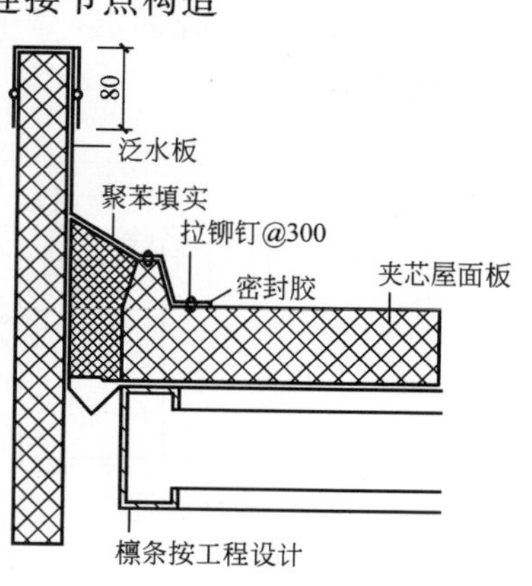

图 10-53　高低跨变形缝节点

2. 高低跨变形缝节点构造

图 10-53 为高低跨度变形缝节点构造图。泛水板与墙板、保温板的搭接长度一定要符设计要求，变形缝内用聚苯填实。

（五）金属压型保温板屋面檐口与檐沟节点构造

1. 金属压型保温板屋面檐口节点构造

图 10-54 为金属压型保温板屋面檐口节点构造图。压型保温板与檩条用自攻螺钉固定，并加不锈钢垫，而与墙板用彩角连接，拉铆钉固定。

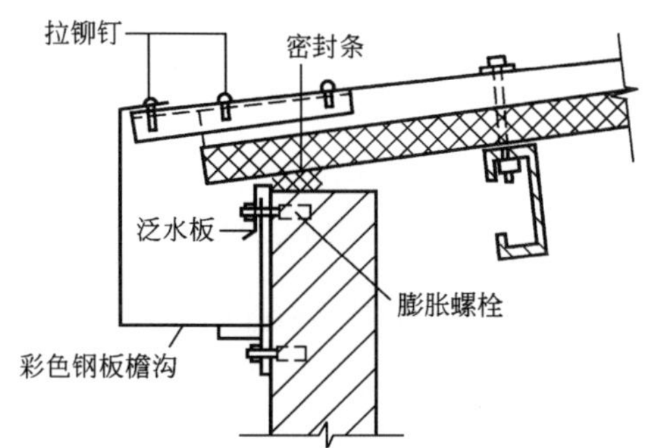

图 10-54　金属压型保温板屋面檐口节点

2. 金属压型保温板屋面檐沟节点

图 10-55 为金属压型保温板屋面檐沟节点构造图。彩板钢板檐沟与墙面用膨胀螺栓固定，与屋面板用拉铆钉固定。屋面板与檩条用螺栓固定。

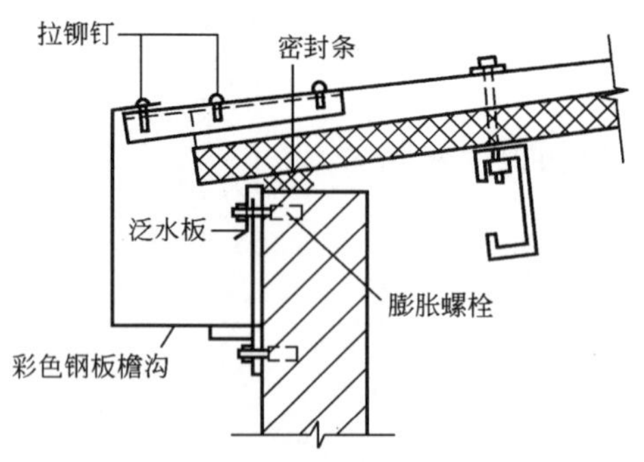

图 10-55　压型保温板屋面檐沟节点

（六）金属压型保温板屋面泛水节点

金属压型保温板屋面泛水节点构造处理有两种情况：

1. 山墙高出屋面泛水节点

图 10-56 为山墙高出压型保温屋面泛水节点构造图。泛水板与女儿墙用膨胀螺栓固定。外露螺栓用密封材料进行封闭。

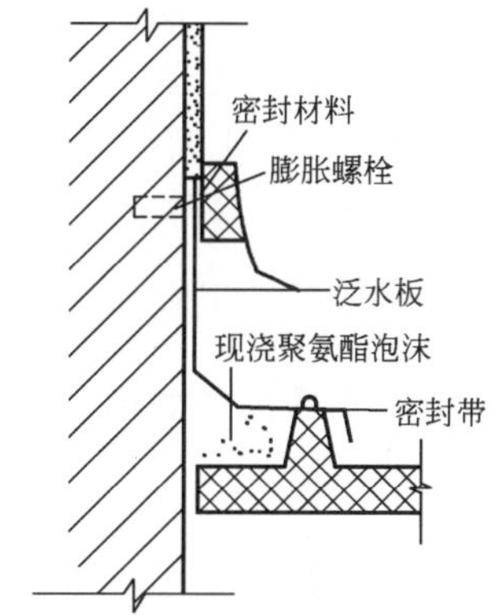

图 10-56　山墙高出屋面泛水节点

2. 山墙不高出屋面泛水节点

图 10-44 为山墙不高出压型保温板屋面泛水节点构造图。泛水板由包角板代替，用膨胀螺栓将包角板固定在墙面上。而另一端用拉铆钉与压型保温板固定。墙面与屋面板之间缝隙浇筑聚酯氨泡沫。

三、檩条与屋架、拉条及撑杆连接节点构造

（一）檩条与屋架连接节点构造

实腹式檩条根据断面有三种：一是"匚"形；二是 H 形；三是斜卷边 Z 形。

檩条端部与屋架的连接应能阻止檩条侧向失稳和扭转的作用，这对一般不需验算整体稳定性的实腹式檩条尤为重要。

1. 实腹式"匚"形檩条与屋架连接节点构造

图 10-57 为实腹式"匚"形檩条端部连接节点构造图。檩条与屋架连接处可设置角钢檩托，以防止檩条在支座处的扭转、变形和倾覆。檩条端部与檩托的连接螺栓应不少于 2 个，并沿檩条高度方

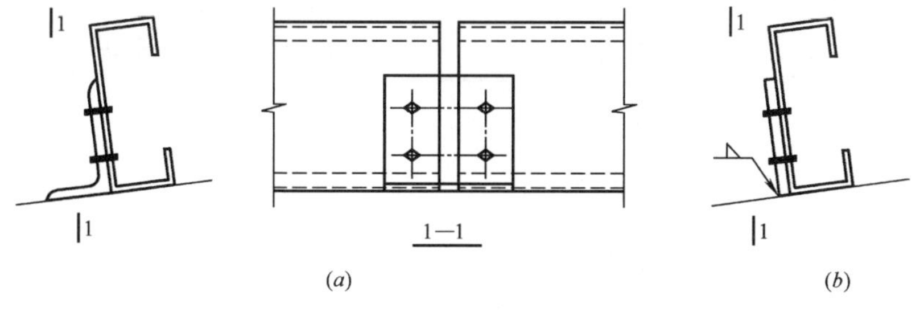

图 10-57　实腹式檩条端部连接

向设置，如图 10-57（a）所示。螺栓直径根据檩条的截面大小，取 M12～M16。

当屋面坡度与屋面荷载较小时，也可用钢板直接焊于钢架横梁上翼缘（或屋架上弦）作为檩托，如图 10-57（b）所示。

2. 实腹式 H 型檩条与屋架连接节点构造

图 10-58 为实腹式 H 型檩条与屋架连接节点构造图。当“H”型檩条截面高度 $h \leqslant 200$mm 时，可直接用螺栓与屋架连接，如图 10-58（a）所示；当截面高度 >200mm 时，需将下翼缘切去半肢檩托与屋架连接，如图 10-58（b）所示。

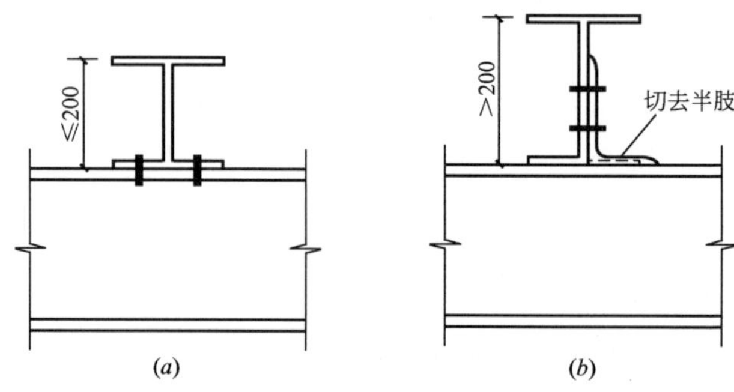

图 10-58　轻型 H 型钢檩条端部连接

3. 实腹式斜卷边 Z 型檩条与屋架连接节点构造

图 10-59 为实腹式斜卷边 Z 形檩条与屋架连接节点构造图。带

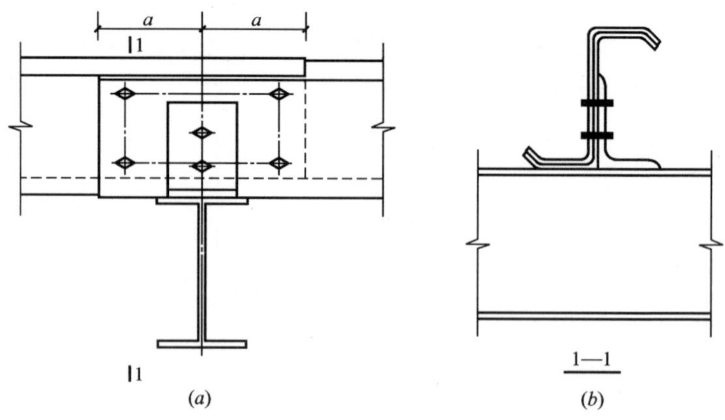

图 10-59　斜卷边 Z 形檩条的搭接

斜卷边Z形檩条与屋架连接处，可采用叠置搭接，搭接长度 $2a$ [图 10-59 (a)] 及其连接螺栓直径，应按设计进行确定，在同一工程中宜尽量减少搭接长度的类型。

（二）檩条与拉条、撑杆连接节点构造

1. 拉条与撑杆的设置

(1) 拉条的设置

檩条的拉条设置与否主要与檩条的侧向刚度有关，对于侧向刚度较大的轻型H型檩条一般可不设拉条。对于侧向刚度较差的实腹式檩条，为了减小檩条在安装和使用阶段的侧向变形和扭转，保证其稳定性，一般需在檩条间设置拉条，作为其侧向支承点。当檩条跨度 $\leqslant 4$m 时，可按计算确定是否设置拉条；当屋面坡度 $i>1/10$，檩条跨度 >4m 时，宜在檩条跨中设置一道拉条；当跨度 >6m 时，宜在檩条跨度三分点处各设一道拉条。在檐口处应设斜拉条。拉条为直径 8～12mm 的圆钢，根据荷载和檩距大小取用。

(2) 撑杆的设置

檩条撑杆的作用主要是限制檐檩和天窗缺口处边檩向上或向下两个方向的侧弯曲。撑杆的长细比按压杆要求 $\lambda \leqslant 220$，可采用钢管、方管或角钢做成。

图 10-60 为拉条和撑杆布置图。

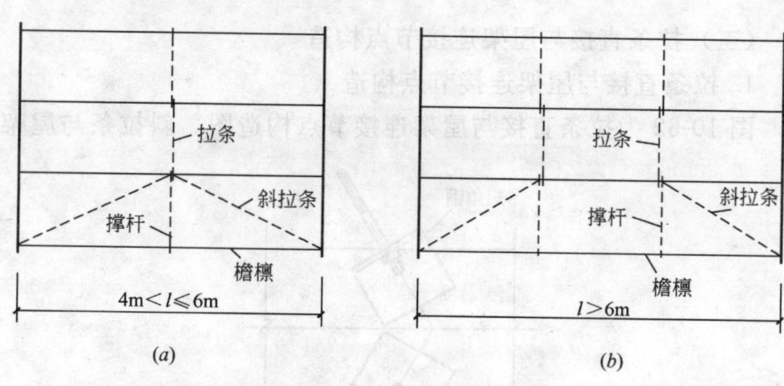

图 10-60 拉条和撑杆布置图

2. 檩条与拉条和撑杆连接节点构造

图 10-61 为檩条拉条和撑杆连接节点构造图。斜拉条与腹板的

连接处一般应予以弯折，弯折的直长度不宜过大，以免受力后发生局部弯曲。斜拉条弯折点距腹板边距直为 10～15mm。如条件许可，斜拉条可不弯折，而采用斜垫板或角钢连接。檩条与拉条和撑杆以及拉条与腹板的连接，应通过焊接或螺栓连接进行。

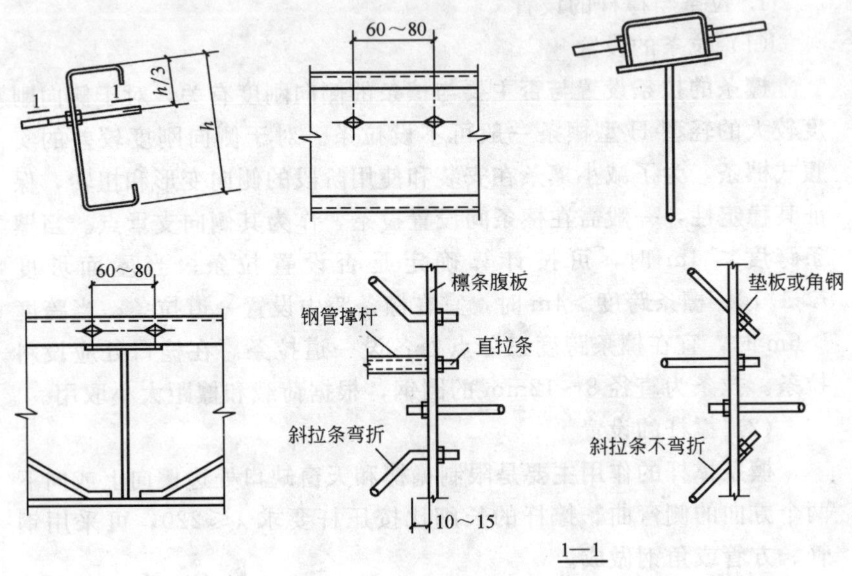

图 10-61 檩条与拉条连接

（三）拉条直接与屋架连接节点构造

1. 拉条直接与屋架连接节点构造

图 10-62 为拉条直接与屋架连接节点构造图。斜拉条与屋架连

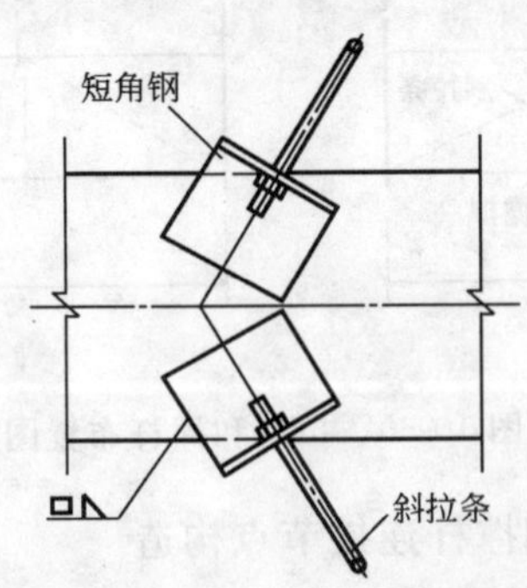

图 10-62 拉条直接与屋架连接

接时，可在屋架上焊一短角钢与斜拉条用螺栓连接。

2. 拉条间接与屋架连接节点构造

图 10-63 为拉条间接与屋架连接节点构造图。当屋面坡度较小时，也可直接连接于檩条的檩托或端部预留孔上（尽量靠檩条底部）。

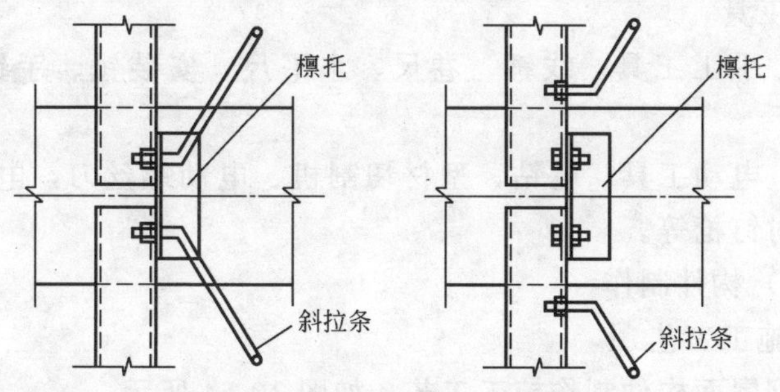

图 10-63　拉条间接与屋架连接

四、轻钢屋面构件制作与安装

（一）施工准备

1. 制作与安装条件准备

（1）轻型钢屋面构件制作与安装的单位，必须经有关部门审查核准，具有足够的工程技术人员、合格工人以及必要的技术设备。

（2）构件制作，必须严格按施工图进行。

（3）构件制作使用的材料，其材质、规格均应符合设计要求，除须有出厂合格证明外，尚应必要的检验，以确认其材质符合规定。

（4）轻钢屋面构件制作与安装应符合现行国家标准《钢结构工程施工质量验收规范》GBJ 50205 的规定。

2. 材料准备

（1）板材

常用的板材：压型钢板、压型保温钢板、彩色钢板等。

（2）檩条

轻钢檩条：卷边槽形冷弯薄壁型钢檩条、卷边 Z 形及斜卷边 Z 形冷弯薄壁型钢檩条。

（3）密封材料

常用密封材料：耐候密封胶、结构密封胶、密封棒、密封带等。

（4）紧固件

常用紧固件：自攻螺钉、钩头螺栓、膨胀螺栓、拉铆钉、不锈钢螺栓、螺钉等。

3. 工具

（1）手工工具。线锤、卷尺、水平尺、安装锤、手锤、螺丝刀、扳手。

（2）电动工具。电钻、型材切割机、电动螺丝刀，电动扳手、电锤、射钉枪等。

（二）构件制作

1. 施工工艺

轻钢屋面构件制作施工工艺，如图 10-64 所示。

放样 → 号料 → 切割 → 矫正和成型 → 成孔 → 焊接 → 构件验收 → 除锈和防腐处理

图 10-64 轻钢屋面构件制作工艺

2. 操作要点

（1）放样

制作轻钢屋构件，首先需按施工图放 1∶1 的大样，有起拱要求的应按规定值起拱，然后求出各型材构件的尺寸，制作样板。

（2）号料

有较长焊缝的构件或端部需进行加工的构件以及有特殊要求的构件，号料时均应根据焊缝变形和加工需要留有余量。号料余量通常可按下列规定采用：对接焊缝沿焊缝长度方向每米留有 0.7mm；对接焊缝垂直于焊缝方向每个对口留 1mm；加工余量按工艺要求确定，一般可取 3～5mm。

（3）切割

切割轻型钢材，可以用型材切割机，也可用手工切割（如气焊）。

轻型钢材切割面应垂直于轴线，切割线与号料线的偏差不得大于 2mm；端部的斜设不得大于 2°。切口有毛刺或熔渣时应用砂轮机磨光，气割前应清除切割区表面的铁锈及污物，气割后应清除熔渣和飞溅物。

(4) 矫正和成型

1) 轻型钢通常宜采用型钢撑直机或手锤矫直，因其壁厚较薄，矫直时需加垫块。矫直后的轻型钢材，其弯曲矢高不得大于其长度的1/1000，且不宜大于5mm；型钢截面形状畸形变值不得大于肢宽的1/100。

2) 轻型钢材弯曲加工时易发生截面形状畸变，故设计时应尽量避免采用需大角度弯曲加工轻型钢的结构形式。确需采用时，直切断翼缘和卷边后再弯曲，在成型后将切断的角部位重新焊接，必要时尚需加连接板对切口补强。

(5) 成孔

轻型钢构件成孔，孔的容许偏差，应符合下列的规定：

孔径：0～＋1.0mm；圆度：2.0mm；

中心线垂直度：≤2.0mm。

孔距的容许偏差，应符合表10-1规定。

孔距容许偏差（mm） **表10-1**

项　目	孔距（mm）			
	≤500	500～1200	1200～3000	＞3000
同一组内相邻两孔间	±0.7	—	—	—
同一组内任意两孔间	±1.0	±1.5	—	—
相邻两组的端孔间	±1.5	±2.0	±2.5	±3.0

(6) 焊接

1) 轻钢型材焊接特点。由于轻型钢结构构件壁厚较薄，宽度比较大，焊接时易烧伤母材，产生咬边、塌陷、烧穿等缺陷，易发生焊接变形，使构件弯曲或扭曲；单面焊易生焊瘤或未焊透；反复加热或持续加热可能降低母材强度，因此焊接轻型钢结构时，须严格控制输热量，正确使用焊接夹具，采用焊接程序，选用合适的焊接设备以保证焊缝质量。

2) 手工电弧焊。手工电弧焊是焊接方法中最常用的方法，因此焊接时应注意以下几个问题：

① 同类钢相焊，按等强度原则，应选择与母材强度等级相当

的焊条，即Q235钢材相焊，应选用E43型焊条；Q345钢材相焊，选用E50型焊条。

② 不等强度钢相焊（如Q235钢与Q245钢相焊），宜选用与其中母材强度等级较低的母材（Q235钢）相应的焊条（E43型焊条），以便在不降低连接强度的同时改善其塑性；当在负温度条件下施焊需要预热时，则应按强度较高的Q345钢确定预热强度。

3）焊接质量检验。电弧焊的焊接质量检验，包括外观质量（外观缺陷、焊缝形状及尺寸等）检查和内部质量（如气孔、夹渣、裂纹、未焊透、未熔合等）检查两个方面。

（7）构件验收

轻型钢结构构件制作完成后，应按设计图纸和有关标准规范的要求，对构件的尺寸进行验收。

1）轻型钢结构构件尺寸检验。轻型钢结构构件尺寸容许偏差，见表10-2。

轻型钢结构构件尺寸容许偏差值　　表10-2

构件名称	项目	允许偏差(mm)
柱(含刚架柱)	柱高(或柱底面至柱顶最上螺孔中心距)	$H/1000$,且≤10
	连接同一构件的任意两组螺孔中心距	±2.0
	柱弯曲矢高	$H/1000$,且≤12
	柱身扭曲	8.0
	柱截面几何尺寸	±5.0
	柱底板翘曲	3.0
	柱底板螺孔中心对柱中心偏差	1.5
桁架	跨度	±5.0
	跨中高度	±3.0
	跨中起拱:有起拱要求	±9.0
	无起拱要求	$\pm L/5000$
	连接檩条等任意两组螺孔中心距	±1.5
	弦杆节间内弯曲矢高	$L/1000$
	檩条支托间距	±5.0

续表

构件名称	项目	允许偏差(mm)
梁	跨度	$\pm L/2500$，± 5.0
	截面几何尺寸	± 2.0
	平面内弯曲	$-0.0 \sim +5.0$
	侧弯	$\leqslant L/2000$，且$\leqslant 9.0$
	扭曲	$h/250$
墙架及支撑	长度	± 5.0
	任意两组螺孔中心距	± 1.5
	弯曲矢高	$\leqslant l/1000$，且$\leqslant 10.0$

注：H—柱高度；L—桁架或梁的跨度；l—弦杆的节间长度；h—截面高度。

2）檩条构件尺寸检验。檩条构件尺寸的允许偏差，见表10-3。檩条尺寸偏差图，见图10-65所示。

檩条尺寸的允许偏差 **表10-3**

项目	符号	允许偏差(mm)
截面高度	h	± 5
翼缘高度	b	$+5$ -2
斜卷边或直角卷边长度	a_1	$+6$ -3
翼缘不平度	θ_1	$\pm 3°$
斜卷边角度	θ_2	$\pm 5°$
腹板孔中心至构件边缘距离	a_2	± 3
腹板孔中心至构件端部距离	a_3	± 3
翼缘孔中心至构件端部距离	a_4	± 3
翼缘孔中心至腹板外缘距离	a_5	± 3
腹板横向孔中心间距离	s_1	± 1.5
腹板纵向孔中心间距离	s_2	± 1.5
两端螺栓群中心距离	s_3	± 3
檩条构件的长度	l	± 3
弯曲矢高	c	$l/500$
最小厚度	t	设计值 t 的0.95倍

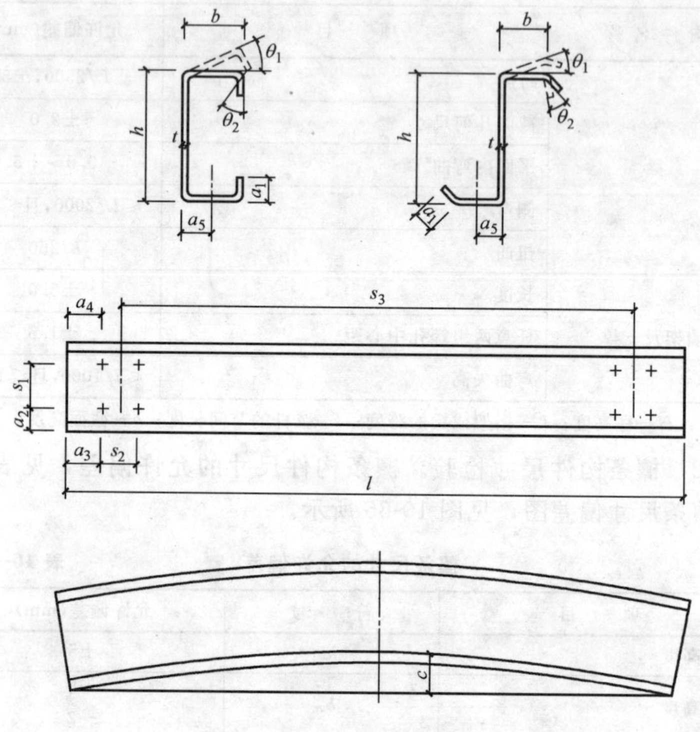

图 10-65　檩条的尺寸偏差

3）组合构件尺寸检验。组合构件尺寸的允许偏差，见表 10-4。组合构件尺寸的偏差图，如图 10-66 和图 10-67 所示。

组合构件尺寸的允许偏差　　　　**表 10-4**

项目		符号	允许偏差(mm)
几何形状	翼缘倾斜度	a_1	±2 且不大于 5
	腹板偏离翼缘中心	a_2	±3.0
	楔型构件小头截面高度	h_0	±4.0
	翼缘竖向错位	a_3	±2.0
	腹板横截面水平弓度	a_4	$h/100$
	腹板纵截面水平弓度	a_5	$h/100$
	构件长度	l	±5.0

续表

项目		符号	允许偏差(mm)
孔位置	翼缘端部螺孔至构件纵边距离	a_6	±2.0
	翼缘端部螺孔至构件端部距离	a_7	±2.0
	翼缘中部螺孔至构件端部距离	a_8	±3.0
	翼缘螺孔纵向间距	s_1	±1.5
	翼缘螺孔横向间距	s_2	±1.5
	翼缘中部孔中心的横向偏移	a_9	±3.0
弯曲度	吊车梁弯曲度	c	l/1000，且≤5
	其他构件弯曲度	c	l/500，且≤9
端板	上翼缘外侧中点至边孔横距	a_{10}	±3.0
	下翼缘外侧中点至边孔横距	a_{11}	±3.0
	孔间横向距离	a_{12}	±1.5
	孔间竖向距离	a_{13}	±1.5
	弯曲度(高度小于610mm)	c	+3.0(只允许凹进)；−0
	弯曲度(高度610～1220mm)	c	+5.0(只允许凹进)；−0
	弯曲度(高度大于1220mm)	c	+6.0(只允许凹进)；−0

(8) 除锈和防腐处理

轻型钢结构构件经检验合格后，按设计要求，应进行除锈和防腐处理。

1) 除锈。轻型钢构件加工验收合格后，应立即进行除锈。除锈方法很多，但目前仍以人工除锈为主，其主要工具有铲刀、钢丝刷、砂纸等。当轻型钢构件表面氧化皮、锈和附着物几乎都被除去，至少有2/3面积无任何可见残留物时，方可认为除锈合格。

2) 涂刷防锈漆。当轻型钢构件除锈合格后，方可涂刷两道防锈漆，未刷到的安装后补刷。

3) 涂刷防腐涂料。根据设计要求选择防腐涂料，在涂刷时应注意如下问题：

① 在涂刷防锈漆后到涂底漆的时间不应小于6h，在此期间表面应保持清洁，严禁沾水，油污等。施工图中应注明暂时不涂底漆

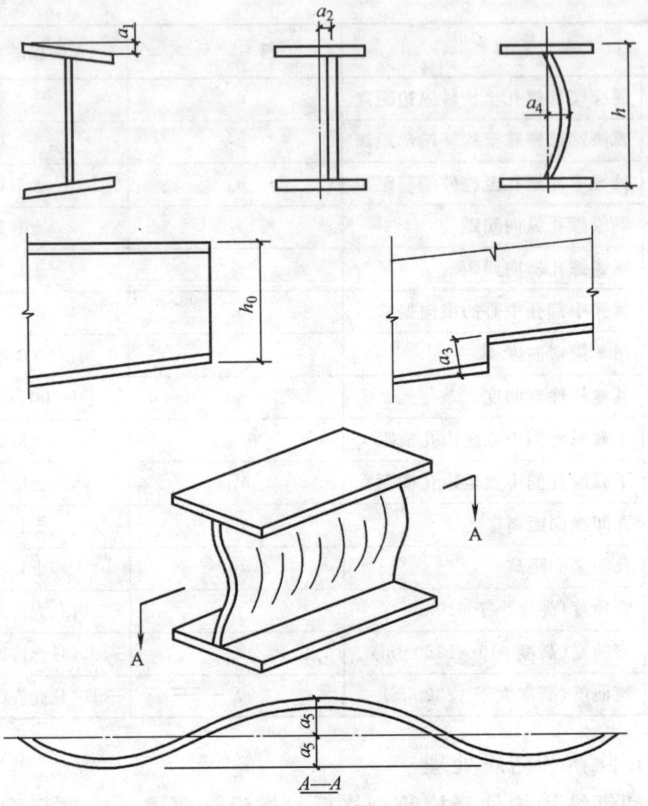

图 10-66　组合构件尺寸偏差（一）

的部位，不涂底漆，得安装完毕后补涂。构件涂底漆后，应在明显位置标注构件代号。

② 涂装固化温度以 5°～38℃为宜。

③ 施工环境相对湿度不应大于 85%，构件结露时不得涂刷。

④ 每道涂层涂刷后，表面至少在 4h 内不得低于 120μm。一般情况下，涂刷遍数不少于 4 遍；涂层干漆膜总厚度，室外不应少于 150μm，室内不应少于 125μm。

（三）轻型钢板屋面安装

1. 安装前准备

（1）构件运输、堆放

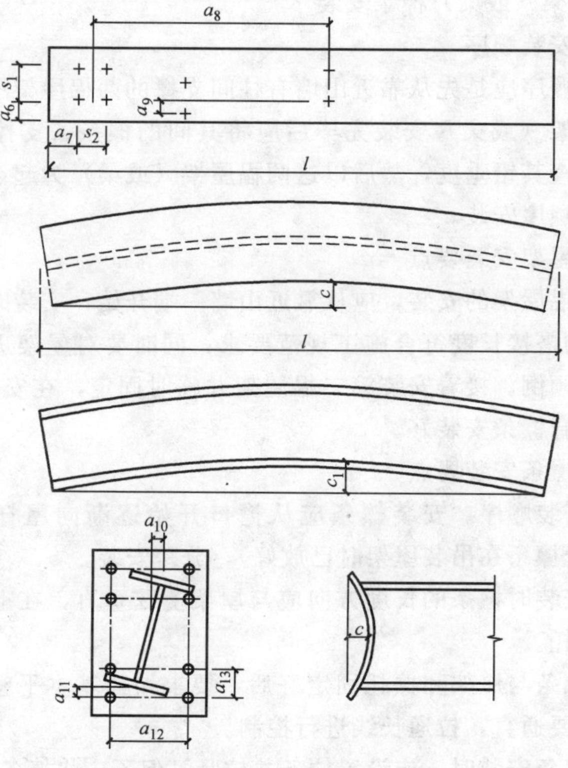

图 10-67　组合构件尺寸偏差（二）

1）构件运输时应注意便于堆放和拼装，在装卸时严禁损坏。

2）构件运输时宜在下部用木方垫起，板材搬运时宜先抬高再移动，板面之间不得相互摩擦。构件吊起时防止变形。

3）重心高的构件立放时应设置临时支撑或立柱，并绑扎牢固。

（2）构件检验

1）检验构件是否变形。构件变形和缺陷超出容许偏差时，应进行矫正、修理，符合施工图和规范要求时，方可安装。

2）检查构件运输过程中是否造成涂层的损坏，损坏的涂层及安装连接无涂层部位应补涂，补涂的涂料品种、色泽、道数及涂层厚度需与原涂层相同。

2. 屋架（或梁）檩条安装

（1）安装顺序

安装顺序应是先从靠近山墙有柱间支撑的两榀屋架（或梁）开始。当屋架（或梁）安装完毕后应将其间的檩条、支撑等全部装好，并检查其铅垂度，然后以这两榀屋架（或梁）为起点，向房屋的另一端顺序安装。

（2）屋架安装要点

第一榀屋架的安装，应从靠近山墙一端开始，安装时屋架与墙（或柱）的搭接长度符合施工规范要求，同时要对屋架进行临时固定，防止倾倒。接着安装第二榀屋架并临时固定，在安装的同时，也应将屋脊檩条安装好。

（3）檩条安装要点

1）安装顺序。安装檩条应从檐口开始逐渐向屋脊方向进行（一般屋脊檩条在吊装屋架时已放好），分跨安装。

2）安装时檩条的长度方向应与屋架上弦垂直，在上弦上檩条要紧靠檩托。

3）檩条与屋架和檩托固定好后，要求坡面基本平整，同一行檩条要求要通直，拉通长线进行控制。

4）檩条安装时，应设置拉条并拉紧，但不应将檩条拉弯。

5）所有安装的螺栓孔，均不得采用气割或扩孔，若产生错孔，可采用绞刀进行修整，但修整后的最大直径应小于螺栓直径的1.2倍。

3. 屋面板安装

（1）屋面板安装时墙梁和檩条应保持平直。

（2）面板的接缝方向应避开主要视角。当主风向明显时，应将面板搭接边朝向下风方向。

（3）压型钢板的纵向搭接长度应能防止漏水和腐蚀，采用200～250mm。

（4）屋面板搭接处均应设置胶条，纵横方向搭接边设置的胶条应连续，胶条本身应拼接，檐口的搭接边除胶条外尚应设置与压型钢板剖面相应的堵头。

(5) 屋面板施工应符合下列安全要求：

1) 在屋面上施工时，应采用安全绳、安全网等安全措施；

2) 安装前应将面板擦干，操作时施工人员应穿胶底鞋；

3) 搬运薄板时应戴手套，板边要有防护措施；

4) 不得在未固定牢靠的屋面板上行走。

(6) 屋面板安装注意事项

1) 所有安装螺栓孔，均不得采用气割扩孔，当板叠错孔超出容许偏差造成连接螺栓不能穿过时，可用绞刀进行修整，绞孔时应防止铁屑落入板叠缝隙，修后孔径应＜1.2 倍螺栓直径。

2) 安装隔热材料时，隔热材料两端应固定并将固定点之间的毡材拉紧，防潮层应置于建筑物的内侧，其面上不得有孔。防潮层的接头应采用粘接。

3) 安装高强螺栓时，应先以普通螺栓定位。待校正后，再换以高强螺栓。螺栓拧紧后，外露丝扣应不少于 2～3 扣，并应采取防松措施。

第三节 金属玻璃屋面

金属玻璃屋面，是指用金属型材（轻钢型材或铝合金型材）制作屋面构件，用玻璃或铝板制作屋面材料而建造的屋面。

一、金属玻璃屋面特点及造型

(一) 金属玻璃屋面特点

1. 屋面荷载轻

用轻钢型材或铝合金型材做骨架材料，用玻璃或铝板做屋面材料，可以大大的减轻屋面荷载。

2. 自然采光充足

采用玻璃制作屋面材料，提供了充足的自然采光，减少了照明开支。通过温室效应降低采暖费用。

3. 使用寿命长

金属型材，特别是铝合金型材及玻璃或铝板，都有耐腐蚀性能，比其他屋面材料的使用寿命长。

4. 施工速度快、安装效率高

由于屋面构件安装都是用螺栓连接，因此组装速度快、质量高，同时不受季节气候的影响，整个工程施工效率高。

5. 防火性能好

屋面材料都金属或玻璃，因此防火性能较好。

（二）金属玻璃屋面造型

金属玻璃屋面具有丰富多彩的造型，可以增强建筑艺术感，如图 10-68 所示。

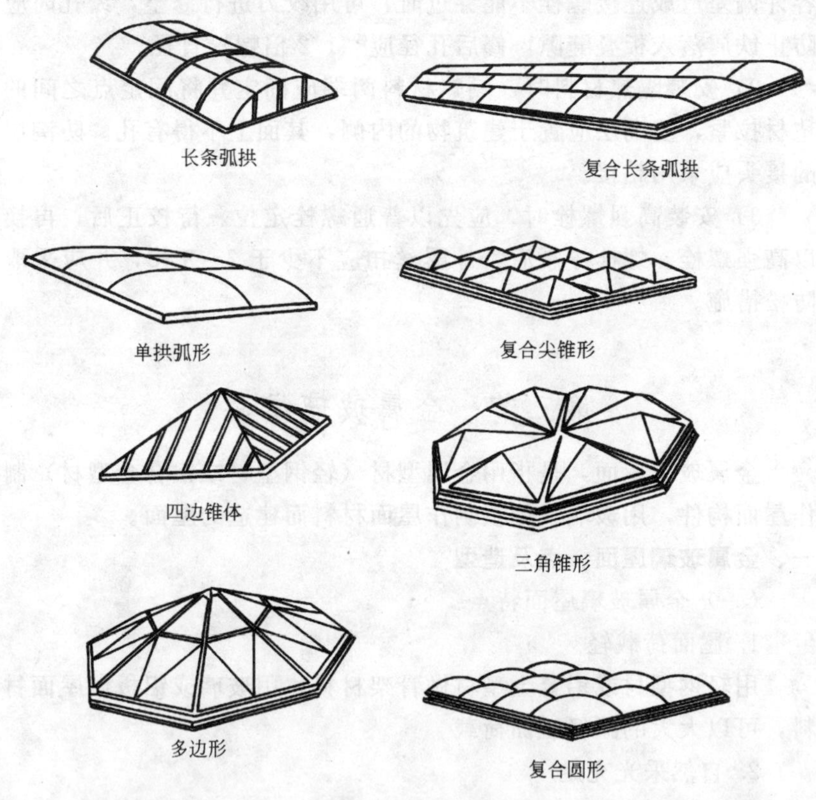

图 10-68　金属玻璃屋面造型

二、金属玻璃屋面节点构造设计要求

（一）满足防结露、防眩光及水密性要求

1. 防结露的要求

当室内外存在较大的温差时，在屋面内侧就会产生结露现象。结露所形成的冷凝水掉下来，就会引起使用者的不快，影响室内的使用，严重的还会引发事故，因此必须采取如下措施：

(1) 提高屋面内侧表面温。可以在屋面周围加暖水管或吹送热风。

(2) 保证必要的排水坡度。当屋面排水坡度大于30°角时，在屋面内安装排水槽（如图10-69所示）。

(3) 选择合适的采光顶饰面板品种，如中空玻璃板材等。

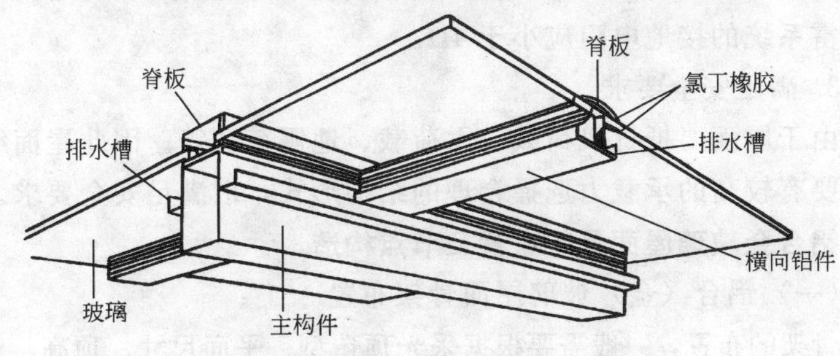

图10-69 屋面内设置排水槽

2. 满足防眩光的要求

由于采光顶都是位于建筑顶部，极易因阳光直射而在室内形成眩光，从而影响室内使用，采取的措施有两个：

(1) 使用磨砂玻璃之类面板，使光线慢反射；

(2) 在采光顶下加吊折光片顶棚。

3. 满足水密性要求

水密性是指屋面在风雨同时作用下，或积雪局部溶化，屋面有积水的情况下，阻止雨水渗漏进内侧的能力。解决这个问题采取的措施有三个：

(1) 使屋面保持一定坡度，雨水顺坡而下，由集水槽及时排走，防止积水；

(2) 接缝处采用可靠的防水构造接口，并采用性能优越的封缝材料；

(3) 室内金属型材上加上排水槽，以便将漏进内侧的少量雨水排走。

（二）满足防火、防雷和安全要求

1. 满足防火要求

这里主要指的是屋顶所封闭空间的防火问题。为此，可参照新编《高层民用建筑设计防火规范》来执行。

2. 满足防雷要求

由于屋面结构的骨架及附件都用金属制成，其防雷要特别严格。主要措施是将采光屋顶设在建筑物防雷装置的 45°线之内，且该防雷系统的接地电阻应小于 4Ω。

3. 满足安全要求

由于屋面要抵抗风荷载、雪荷载、地震荷载等。因此屋面结构必须要有较高的承载力选择合理的结构形式，以满足安全要求。

三、铝合金玻璃屋面骨架布置及节点构造

（一）铝合（金）玻璃屋面骨架布置

骨架的布置，一般需要根据采光顶造型、平面尺寸、顶高、饰面板尺寸等因素来共同确定。图 10-70 为常见采光顶的骨架布置图。

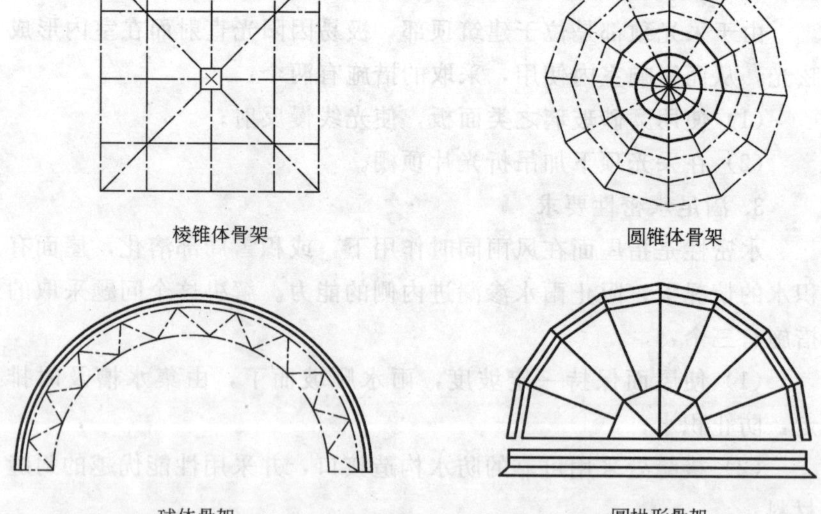

图 10-70　铝合金玻璃屋面骨架布置

（二）骨架与主体结构连接节点构造

1. 骨架与墙体连接节点构造

图 10-71 为骨架与墙体连接接点构造图。在骨架与墙体连接处、墙体在施工时，应提前安装预埋件，墙体施工完后，还要及时对预埋件进行防腐处理。

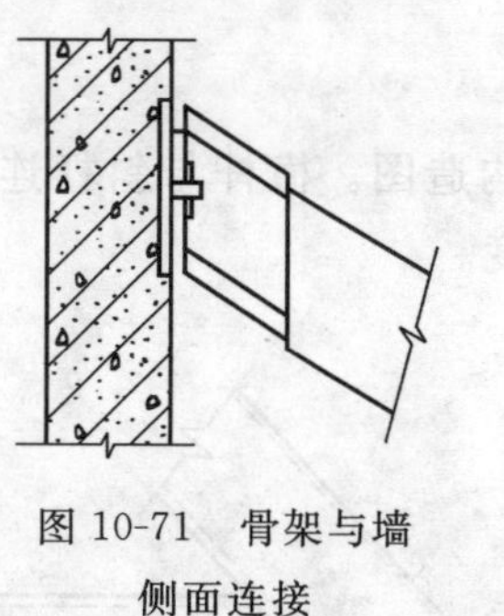

图 10-71　骨架与墙侧面连接

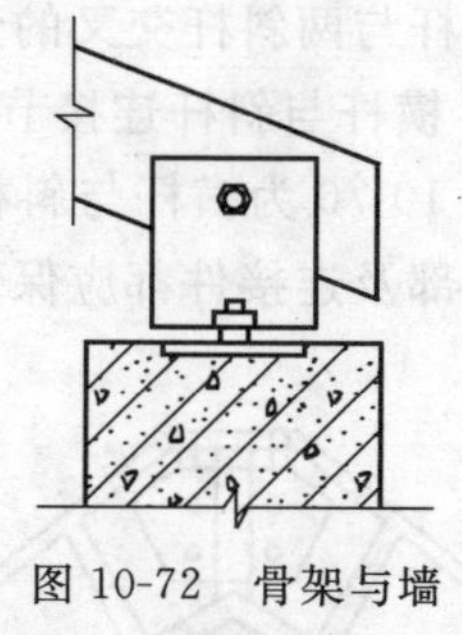

图 10-72　骨架与墙顶部连接

2. 骨架与墙顶部连接节点构造

图 10-72 为骨架与墙顶部连接节点构造图在骨架与墙顶部连接处，施工墙体时，在墙顶部应安装预埋件。施工完后，对预埋件进行防腐处理。

3. 骨架与柱（梁）连接节点构造

图 10-73 为骨架与柱（梁）连接节点构造图。在骨架与梁（柱）连接处，梁在施工时，应安放预埋件。施工完后，应进行防腐处理。

（三）骨架与骨架连接节点构造

1. 斜杆与斜杆连接节点构造

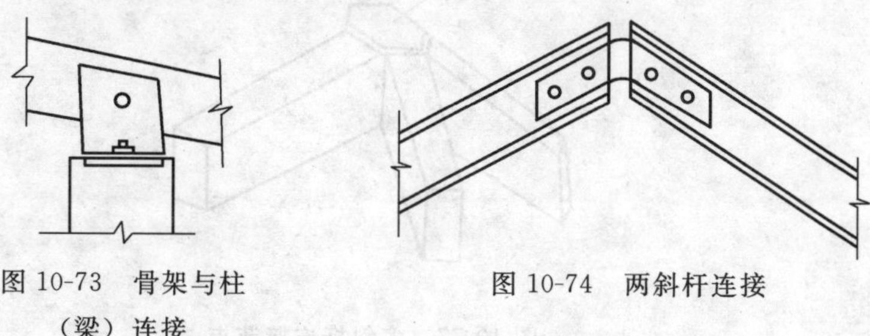

图 10-73　骨架与柱（梁）连接

图 10-74　两斜杆连接

图 10-74 为斜杆与斜杆连接节点构造图。两斜杆是通过两方向倾斜的连接件连接起来，因此在安装前，就应按施工图斜杆的倾斜角度预制连接件。

2. 横杆与两斜杆连接节点构造

图 10-75 为横杆与两斜杆连接节点构造图横杆与两斜杆连接时，横杆与两斜杆交叉的角应一致。

3. 横杆与斜杆连接节点构造

图 10-76 为横杆与斜杆连接节点构造图。横杆与斜杆连接时，横杆端部及连接件都应保斜杆的倾斜度。

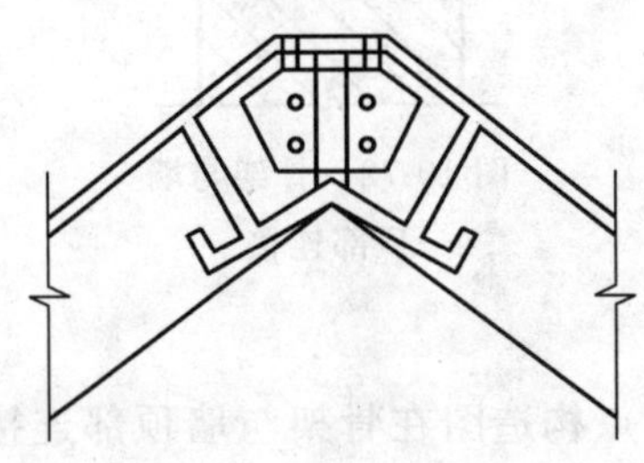

图 10-75　横杆与斜杆连接

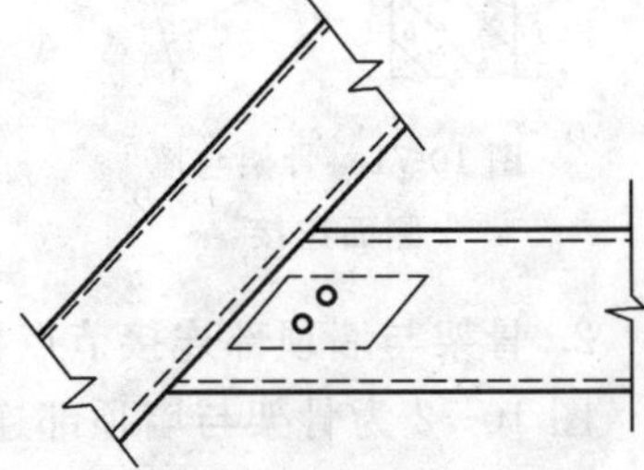

图 10-76　横杆与斜杆连接

4. 多斜杆在顶端连接节点构造

图 10-77 为多斜杆在顶部节点构造图。多斜在顶部安装后，应保持多斜杆的倾斜度，同时在顶部要做泛水。

5. 杆件与专用连接件节点构造

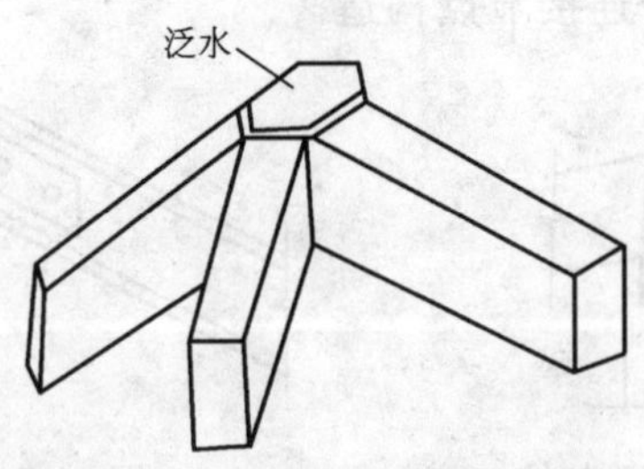

图 10-77　多斜杆连接节点

图 10-78 为杆件与专用连接件连接节点构造图。专用连接件是专门预制的、定型的。有专用于与斜杆连接件，也有专用于连接横杆的专用连接件。

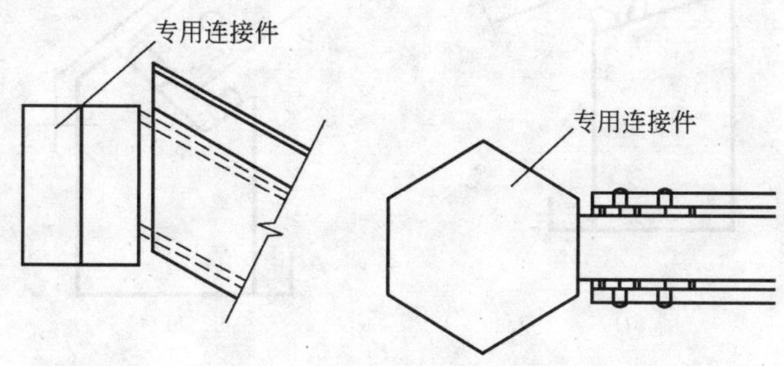

图 10-78 专用连接件

（四）铝合金明框骨架与面板连接节点构造

1. 两平板与直骨架连接节点构造

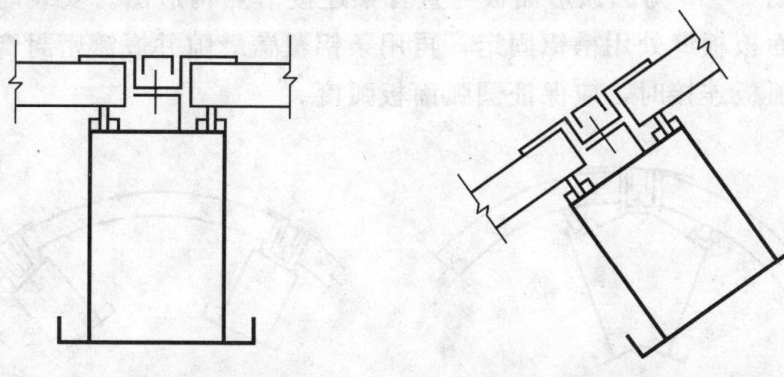

图 10-79 两平板连接

图 10-80 两斜板连接

图 10-79 为两平板与直骨架连接节点构造图。安装时，两平板在同一平面，板缝由铝合金型材覆盖，防止渗漏。

2. 两斜板与斜骨架连接节点构造

图 10-80 为两斜板与斜骨架连接节点构造图。安装时两斜板坡度一致，斜平面与斜骨架夹角一致。板缝用铝合金型材覆盖。

3. 斜面板与直骨架连接节点构造

图 10-81 为斜面板与直骨架连接节点构造图。在连接处，应注意用铝合金型材包住板缝并填密封膏进行密封处理。

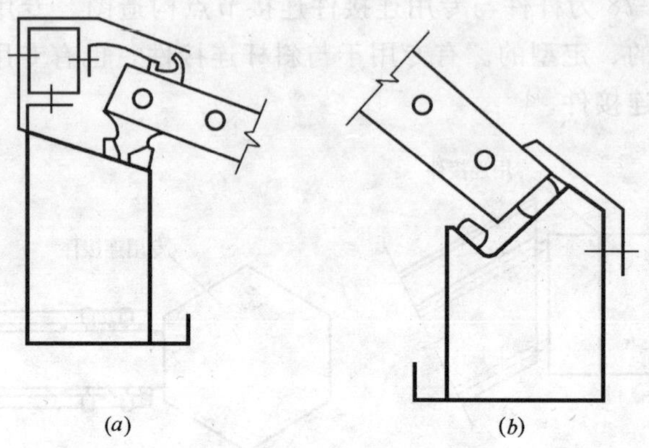

图 10-81　上、下端板缝处理

（a）上端板缝处理；（b）下端板缝处理

4. 圆弧形面板与直骨架连接节点构造图

图 10-82 为圆弧形面板与直骨架连接节点构造图。安装时，在圆弧面板板缝处用槽铝固定，再用条铝覆盖缝隙并嵌镶密封膏。三块圆弧板连接时，应保证圆弧面板弧度。

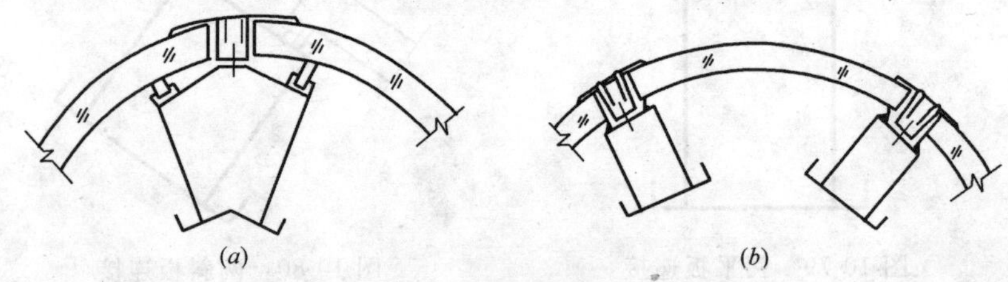

图 10-82　圆弧形面板连接

（a）两块圆弧形面板连接；（b）三块圆弧形面板连接

5. 专用连接件连接斜面节点构造

图 10-83 为专用连接件连接斜面节点构造图。专用连接件在面板安装后，可以保证面板的倾斜度。

6. 明框嵌装玻璃节点构造

图 10-84 为明框嵌装玻璃节点构造图。用铝合金型材压条固定玻璃，按缝处用密封材料密封。图 10-85 直接用密封膏嵌缝。

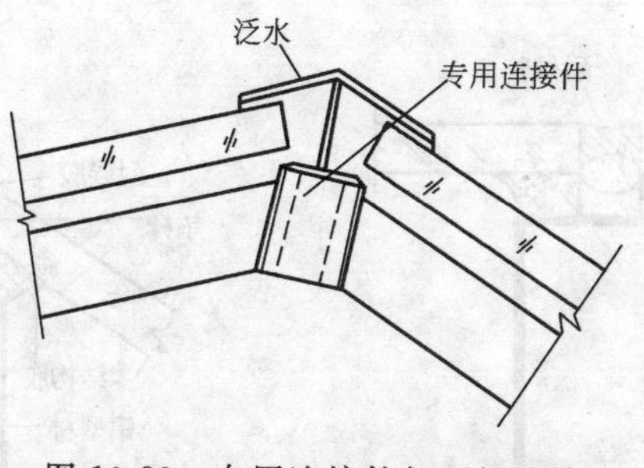

图 10-83　专用连接件与面板连接

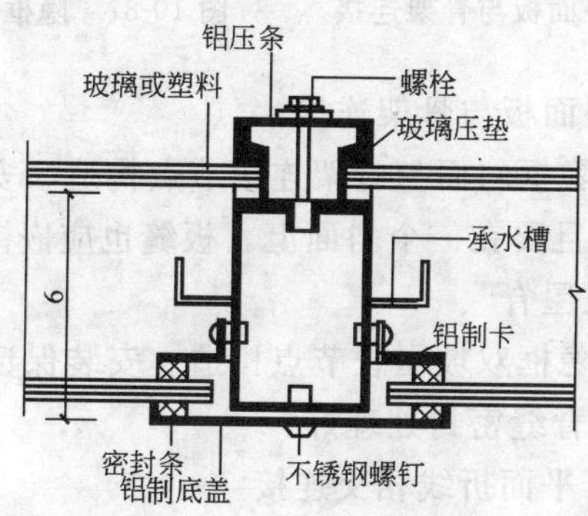

图 10-84　铝压条嵌缝

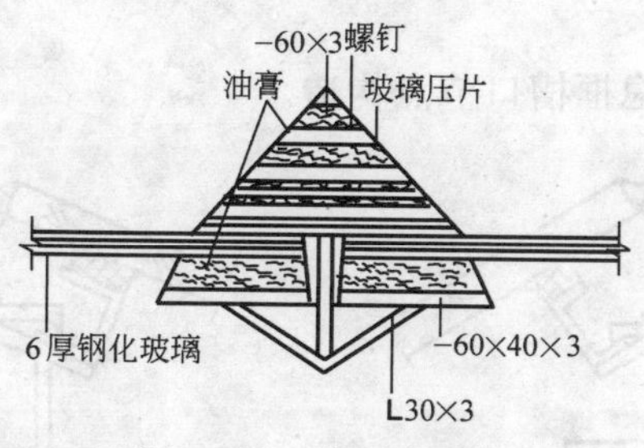

图 10-85　密封膏嵌缝

（五）铝合金隐框玻璃尾面骨架与面板连接

1. 隐框平面板与骨架连接

图 10-86 为隐框平面板与骨架连接节点构造图。安装时，采用结构胶将玻璃粘结在骨架上，在板缝间嵌镶耐候胶。

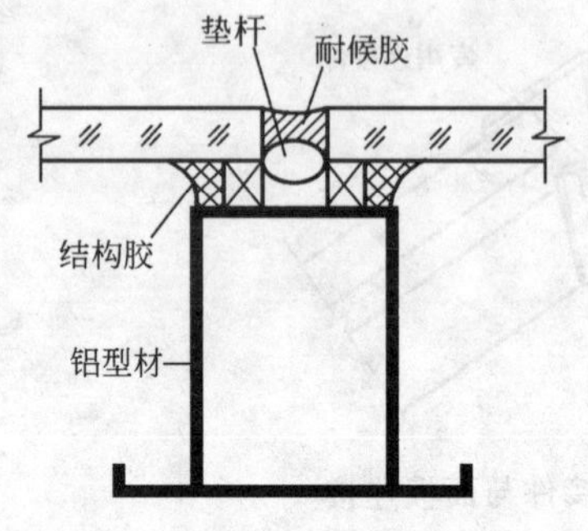

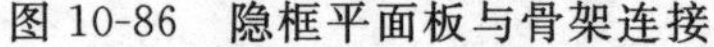
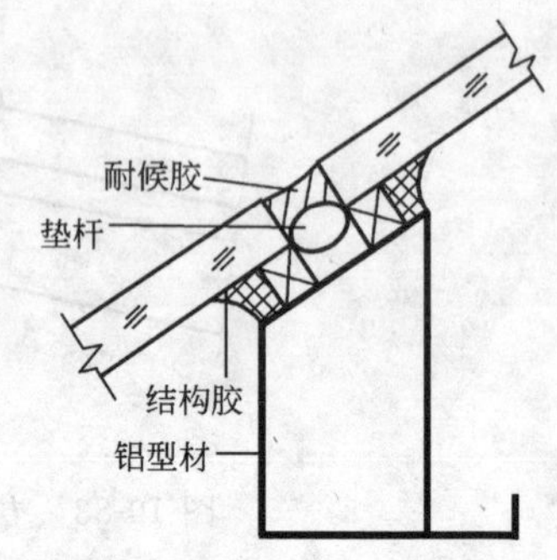

图 10-86　隐框平面板与骨架连接　　图 10-87　隐框斜面板与骨架连接

2. 隐框斜面板与骨架连接

图 10-87 为隐框斜面与骨架连接节点构造。安装时应保证两面板坡度一致，而且要在一个斜面上。板缝也应嵌镶耐候胶。

3. 隐框双坡屋脊

图 10-88 为隐框双坡屋脊节点构造。安装保证两面板坡度应符合设计要求。屋脊缝密封处理好。

4. 隐框斜杆平面折线相交连接

图 10-89 为斜杆平面折线相交连接节点构造。安装时，两斜杆角度应一致，折线缝应进行密封处理。

5. 隐框槽口

图 10-90 为隐框槽口节点构造。

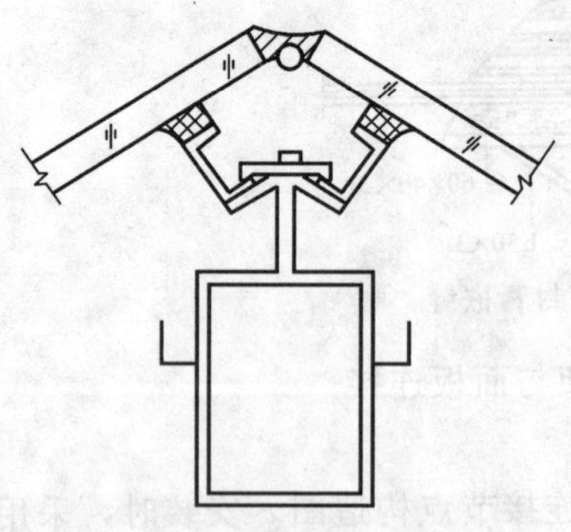
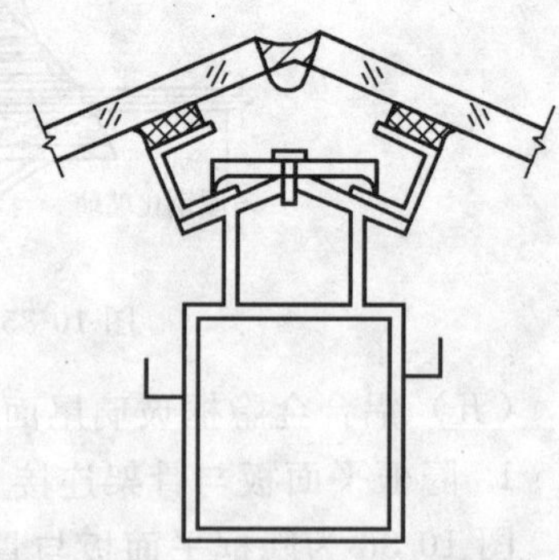

图 10-88　隐框双坡屋脊　　图 10-89　隐框斜杆平面折线相交

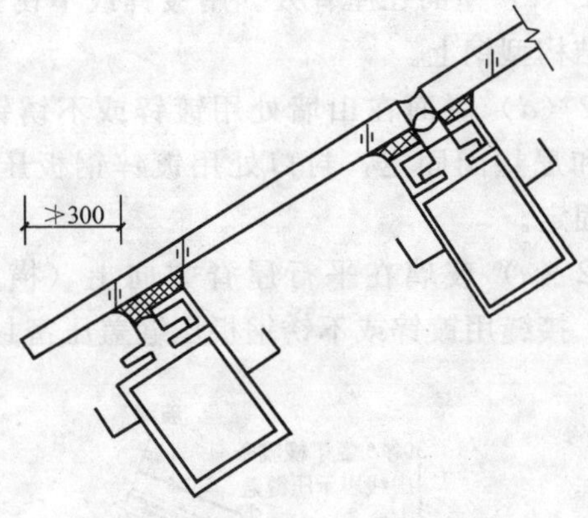

图 10-90　隐框槽口节点

6. 隐框曲线杆平面曲线相交

图 10-91 为隐框曲线杆平面曲线相交节点构造。相交处注意密封处理；即在板缝中嵌耐候胶，结构交接处嵌结构胶。

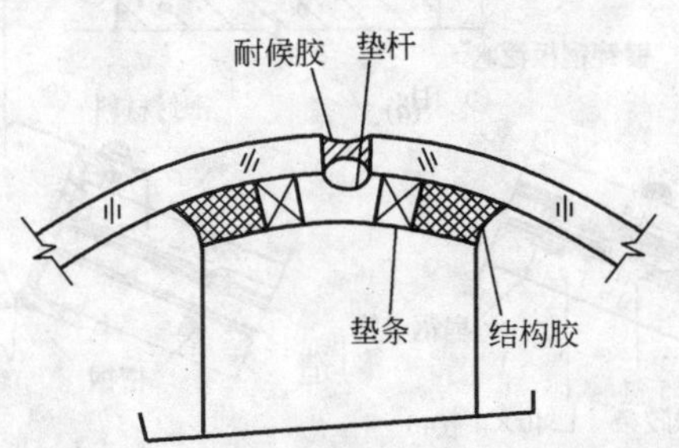

图 10-91　隐框曲线杆平面曲线相交

四、金属玻璃屋顶构造

(一) 普通型钢玻璃屋顶构造

图 10-92 为普通型钢玻璃屋顶构造图。从图中可看出：

1. 图 10-92 (*a*) 槽钢檩条与墙体，通过焊接连接在一起。即与墙体的预埋件焊在一起。檐沟支架焊于工字钢端部。

2. 图 10-92 (*b*) 玻璃搭接处、应安装氯丁橡胶条，同时用扁钢卡钩卡住上下层玻璃和角钢，防止玻璃移动。

3. 图 10-92（*c*）屋面在屋脊处。用镀锌或不锈钢板做盖缝板。用螺栓固定在结构型钢上。

4. 图 10-92（*d*）屋面在山墙处用镀锌或不锈钢板包角吸头，上端用木螺钉和尼垫圈固定，封口处用镀锌钢板压条、压住密材料、并用螺栓固定。

5. 图 10-92（*e*）玻璃在平行屋脊方向上（横向）采用对接（一字形连接），接缝用镀锌或不锈钢板压缝盖压密封固定。用来压

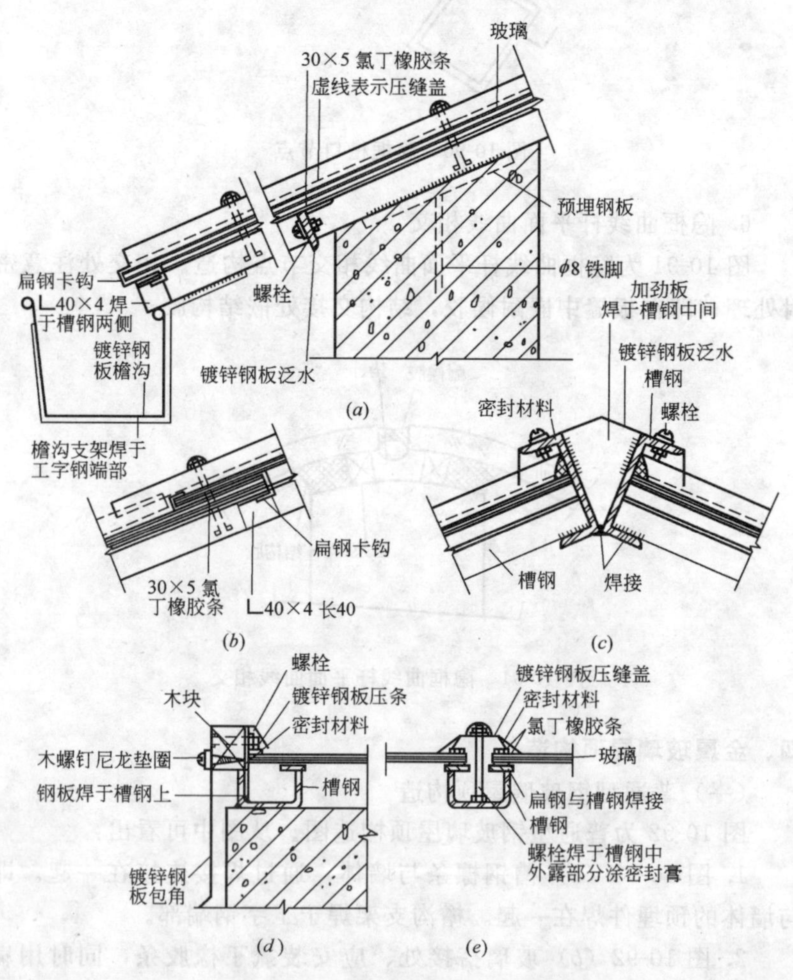

图 10-92 普通型钢玻璃屋顶构造

缝盖的螺栓应与缝下部槽钢焊接在一起，外露部分涂密封膏。

（二）铝合金玻璃屋顶构造

图 10-93 为铝合金玻璃屋顶构造图。其中节点①是表示屋面边檩条是通过铝合金型材与角钢固定再与墙顶预埋钢板焊接而构成屋面坡度。节点②是表明屋脊铝压帽应用不锈钢螺丝进行固定，再用铝槽条进行封口。节点③和节点④都表示两山墙结构处理的不同。和铝合金型材檩条固定的方法不同。

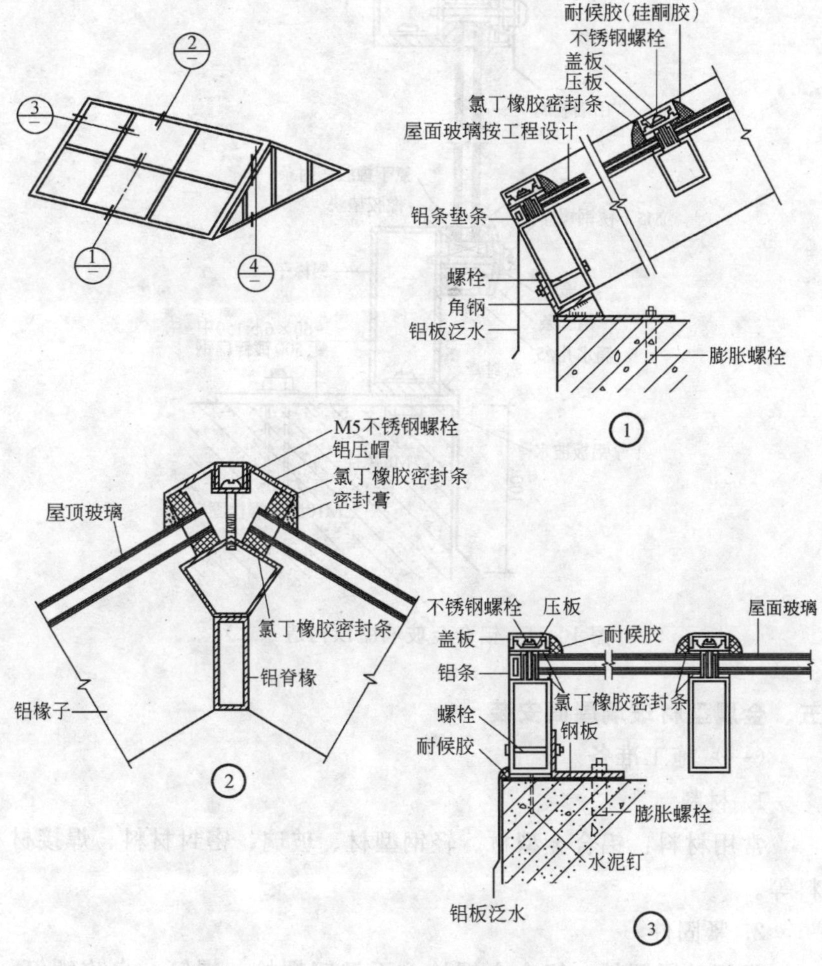

图 10-93 铝合金玻璃屋顶构造（一）

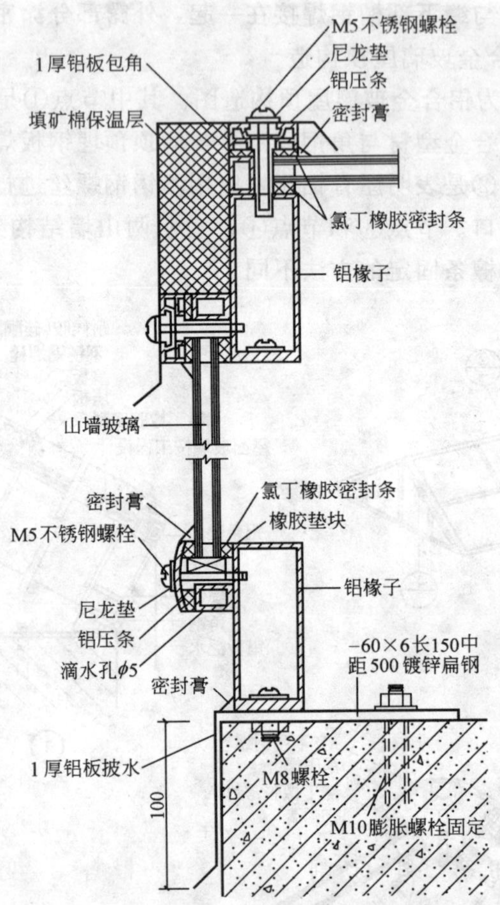

图 10-94 铝合金玻璃屋顶构造（二）

五、金属型材玻璃屋面安装

（一）施工准备

1. 材料

常用材料：铝合金型材、轻钢型材、玻璃、密封材料、焊接材料等。

2. 紧固件

常用的紧固件：铝合金螺栓、不锈钢螺栓、螺钉、自攻螺钉、抽芯铆钉、膨胀螺栓等。

3. 工具

(1) 手工工具：角尺、卷尺、线锤、水平尺安装锤、扳手、手动拉铆栓。

(2) 电动工具：手电钻、电锤、电动扳手、电动螺丝刀、电动自攻螺丝钻、型材切割机等。

(二) 金属构件加工

1. 铝型材加工要点

(1) 矫正和成型

铝合金型材在运输和搬运过程中，出现扭曲、变形应及时矫正。

(2) 放样、下料

根据设计图纸，对每根构件进行1∶1的放样，有起拱要求的，应按规定值进行起拱。然后求出各型材尺寸，制作样板。按样杆进行下料。下料的尺寸和精度应符合规范要求。

(3) 成孔、开槽

成孔、开槽应符合表4-3、表4-4及表4-5和表4-6。

2. 普通轻钢型材构件加工要点

(1) 放样、号料和切割

制作轻钢型材构件时，首先放样，求出各型材的尺寸，制作样杆，按样杆进行下料和切割。号料时均应根据焊接变形和加工留有余量。号料余量通常可按下列规定采用：对接焊缝沿焊缝长度方向每米留0.7mm；对接焊缝垂直于焊缝方向每个对口留1mm；加工余量按工艺要求确定，一般可取3～5mm。

(2) 矫正和成型

轻钢型材通常采用手锤矫直，因其壁厚较薄，矫直时需加垫块。矫直后的轻型钢其弯曲矢高不得大于其长度的1/1000，且不大于5mm；型钢截面形状畸变值不得大于肢宽的1/100。

(3) 制孔

轻钢型材制孔，应符合设计要求和规范规定，见表10-1。

(4) 螺栓连接的摩擦面处理

螺栓连接面通常用喷砂、机动钢丝刷、手工除锈等方法处理。

（三）玻璃加工

1. 玻璃加工一般规定

（1）钢化、半钢化和夹丝、夹网玻璃都不允许在现场切割、而应按设计尺寸在工厂进行。

（2）钢化、半钢化的热处理必须在玻璃切割、钻孔、挖槽等加工完毕后进行。

（3）玻璃均应进行边缘处理（倒棱、倒角、磨边），以防止应力集中而发生破裂。

2. 玻璃加工操作要点

（1）玻璃切断面

玻璃切割后，边缘不应有明显的缺陷，其质量应符合表 10-5 的要求，如图 10-95 所示。

玻璃切割边缘的质量要求　　表 10-5

缺　陷	允许程度	说　明
明显缺陷	不允许	见图
崩块	$b\leqslant 10mm, b\leqslant t$ $b_1\leqslant 100mm, b_1\leqslant t$ $d\leqslant 2mm$	
切斜	$b_2\leqslant \frac{t}{4}$	
缺角	$a\leqslant 5mm$	

（2）玻璃开孔

为防止玻璃破碎在玻璃上钻孔时，其尺寸应符合下列要求：

1）圆孔（如图 10-96）

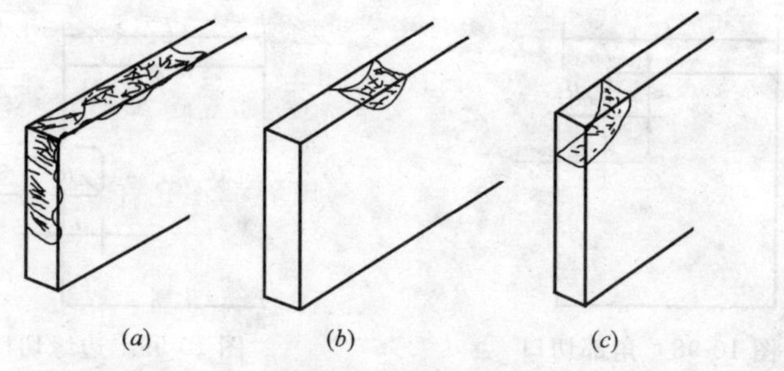

图 10-95　边缘明显缺陷

（a）麻边；（b）崩边（>5mm）；（c）崩角（>5mm）

① 直径 D 不小于板厚 t，不小于 5mm；

② 孔边至板边距离 a、b 不小于直径 D，也不小于 30mm。

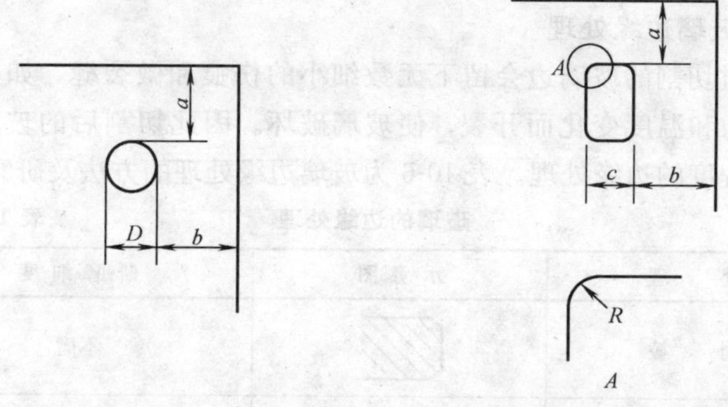

图 10-96　圆孔尺寸　　　　图 10-97　方孔尺寸

2）方孔（如图 10-97）

① 孔宽 c 不小于 25mm；

② 孔边至板边距离 a、b 不小于 $c+t$，t 为板厚；

③ 角部倒圆半径 R 不小于 2.5mm。

（3）玻璃边缘切口

玻璃边缘切口，其尺寸应符合以下要求：

1）角部切口（如图 10-98）

切口边长 a、b 不大于玻璃短边长度的 1/4；

角部倒圆半径 R 不小于 2.5mm。

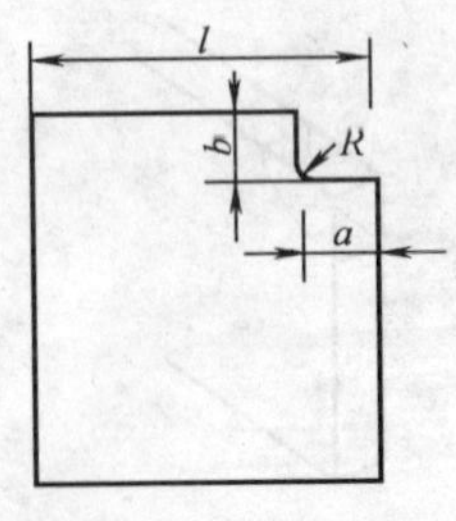

图 10-98　角部切口

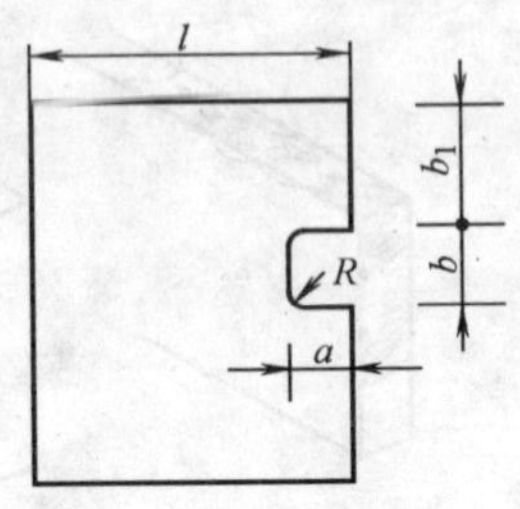

图 10-99　边缘切口

2）边缘切口（如图 10-99）

切口深度 a 不大于板短边长度的八分之一；

切口宽度 b 不大于 $2a$；

切口边到板边距离 b_1 不小于 $10t$，t 为板厚；

角部倒圆半径 R 不小于 2.5mm。

3. 玻璃边缘处理

经过切割的玻璃边会留下无数细小的伤痕和微裂缝，如不处理会因外力和温度变化而开裂，使玻璃破坏。因此切割后的玻璃要进行不同程度的边缘处理。表 10-6 为玻璃边缘处理的方法及研磨要求。

玻璃的边缘处理　　表 10-6

处　理	示意图	研磨细度
倒　棱	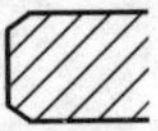	不磨
粗　磨	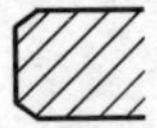	120 号～200 号
细　磨	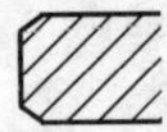	200 号～500 号
精　磨	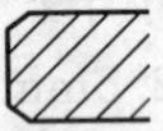	600 号以上
圆　边	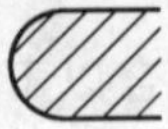	细磨，精磨
斜　边	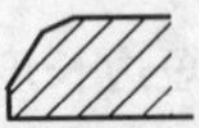	粗磨，细磨，精磨

4. 圆弧玻璃

圆弧形玻璃由平面玻璃经热加工弯曲而成。圆弧玻璃尺寸受下列条件限制：

玻璃尺寸：$W \times H \leqslant 2600\text{mm} \times 5500\text{mm}$

$\leqslant 5500\text{mm} \times 2600\text{mm}$

W——弧卡；

H——玻璃宽度。

弯曲半径：$R \geqslant 400\text{mm}$

矢高：$D \leqslant 1000\text{mm}$

圆心角：$Q \leqslant 120°$

加工成圆弧玻璃后，两边线对基准平面偏差应在下列范围内：

玻璃厚度 t 不大于 6mm 时；不大于 3mm；

玻璃厚度 t 大于 6mm 时，不大于 $t/2$。

（四）金属玻璃坡形屋面安装工艺

金属玻璃坡形屋面安装工艺，如图 10-100 所示。

弹线 → 屋架安装 → 檩条安装 → 玻璃安装 → 嵌缝

图 10-100　金属玻璃坡形屋面安装工艺

（五）金属玻璃坡形屋面安装要点

1. 弹线

将屋架的位置线弹在柱（或墙）上，并红铅油标出中心线及标高线。

2. 屋架安装

屋架安装应从房屋一端山墙开始，第一榀和第二榀屋架安装后，应用二榀之间的檩条进行固定，接着依次安装其他屋架。

3. 檩条安装

檩条安装与屋架固定用不锈钢螺栓连接。

4. 玻璃安装

将制作好的玻璃，安装在屋面框架内。

5. 嵌缝

玻璃与型材骨架的缝隙应用密封条和密封膏及金属型材压条进行密封。

建工书讯

征订号	书名	定价
10279	简明建筑五金手册(第二版)	57
10933	建筑幕墙工程手册(上)	130
10934	建筑幕墙工程手册(中)	121
10935	建筑幕墙工程手册(下)	75
13471	建筑装饰工长手册(第二版)	58

欲知更多图书详情，请登陆中国建筑工业出版社网站 www. china-abp. com. cn